南繁育制种作物

主要病害鉴定与防治

熊国如　赵更峰　主编

中国农业科学技术出版社

图书在版编目（CIP）数据

南繁育制种作物主要病害鉴定与防治／熊国如，赵更峰主编. —北京：中国农业科学技术出版社，2019. 12

ISBN 978-7-5116-4547-0

Ⅰ. ①南…　Ⅱ. ①熊…②赵…　Ⅲ. ①作物-植物病害-诊断-海南②作物-植物病害-防治-海南　Ⅳ. ①S435

中国版本图书馆 CIP 数据核字（2019）第 279581 号

责任编辑　史咏竹　高　静　古小玲
责任校对　李向荣

出 版 者　中国农业科学技术出版社
　　　　　北京市中关村南大街 12 号　邮编：100081
电　　话　（010）82105169（编辑室）　（010）82109702（发行部）
　　　　　（010）82109709（读者服务部）
传　　真　（010）82106626
网　　址　http://www.castp.cn
经 销 者　各地新华书店
印 刷 者　北京科信印刷有限公司
开　　本　787mm×1 092mm　1/16
印　　张　25.75
字　　数　627 千字
版　　次　2019 年 12 月第 1 版　2019 年 12 月第 1 次印刷
定　　价　98.00 元

《南繁育制种作物主要病害鉴定与防治》

编 委 会

编委会成员工作单位

致　　谢

本书由国家自然科学基金"甘蔗黑穗病拮抗菌株 HAS 抑菌机理研究"（31471555）（2015—2018）结余资金资助出版，特此致谢！

前　言

　　南繁是指每年秋冬季节到海南省利用热带地区适宜的光温条件，从事农作物品种选育、种子生产加代和种质鉴定等活动。海南国家南繁基地在我国农业发展中具有重要地位，是稀缺的、不可替代的国家战略资源。海南省南部三亚、陵水、乐东 3 个市县属典型的热带地区，是我国适宜冬季南繁的唯一区域。南繁可使品种选育时间缩短 1/3～1/2，种子南繁已成为育种研究的必备程序。南繁区在保障国家粮食安全、缩短农作物育种周期、促进现代农业发展和农民增收、培育科研育种人才等方面做出了突出贡献。近年来全国近 30 个省份 800 多家科研院所、高等院校及科技型企业约 7 000 多名农业科技专家、学者，来海南从事南繁育种工作。密集的人员流动极易导致南繁区有害生物尤其是入侵植物的种子随繁育材料传播到全国各地，做好海南省尤其是南繁区入侵生物的防除检疫工作，为保证南繁育种的生物安全和可持续发展保驾护航。

　　2018—2019 年度，在海南省南繁管理局检验检疫系统备案的从事南繁育制种单位为 690 家，南繁检疫备案作物品种已达到 39 种，南繁区是全国最大的农作物育种材料及产品的集散地，每年进出南繁基地的育种材料及产品达 20 万份以上，这些材料来自全国各地，又发往全国各地。大批种子、种苗调进调出，人员流动频繁，极易造成病虫草鼠等有害生物的传播扩散，如不严格控制，南繁区可能成为有害生物交叉传播的"大染缸"，将严重威胁我国农业生产发展与粮食安全。

　　本书编者熊国如于 2018 年 8 月至 2019 年 8 月挂职于海南省南繁管理局，任科研管理处副处长。在挂职工作期间，接触了众多的南繁育种基地的育种单位和育种专家，了解了一些育种单位、育种专家及基地相关工作人员在实际工作中的需求，结合自身的专业背景，随之萌生编写《南繁育制种作物主要病害鉴定与防治》一书，召集相关专家和海南省南繁局科研管理处和检验检疫处同志为解决生产一线的实际问题出一份力。

本书以南繁区域 39 种育制种作物为对象，收集汇编了这些作物的主要病害，并一一列举了这些病害的病原、症状、发病规律及防治措施，并对每种病害搜集了典型症状图片并通过认真鉴定，给出了相关链接以供使用者比对参考，做到尽可能科学诊断、对症下药、合理用药，以减少农药使用，促进南繁区农业生产健康发展。本书共收录了为害 39 种作物的 680 余种主要病害，其中由真菌引起的病害 491 种，由细菌引起的病害 78 种，由病毒侵染引起的病害 74 种，由线虫引起的病害 20 种以及由生理与环境原因引起的病害 17 种，可作为广大南繁育制种单位进行南繁工作人员，各南繁省份检验检疫人员，来南繁基地实习工作的广大农林院校学生、基层农技工作者及农药经营者等学习或提升南繁育制种作物病害诊断及识别技能的实践型参考书和专业工具书。

由于水平有限，书中尚有不完善之处，敬请读者批评指正！

中国热带农业科学院热带生物技术研究所　熊国如

2019 年 9 月 10 日

目 录

一、白菜主要病害

二、蓖麻主要病害

三、菜豆主要病害

四、蚕豆主要病害

五、大葱主要病害

六、大豆主要病害

七、冬瓜主要病害

八、番茄主要病害

九、甘薯主要病害

十、甘蔗主要病害

十一、高粱主要病害

十二、谷子主要病害

十三、哈密瓜主要病害

十四、花生主要病害

十五、黄瓜主要病害

二十、萝卜主要病害

二十一、绿豆主要病害

二十二、棉花主要病害

二十三、南瓜主要病害

二十四、茄子主要病害

二十五、桑主要病害

二十六、黍主要病害

二十七、水稻主要病害

二十八、丝瓜主要病害

二十九、苏丹草主要病害

三十、豌豆主要病害

三十一、莴笋主要病害

三十二、甜瓜主要病害

三十三、西瓜主要病害

三十四、向日葵主要病害

三十五、小麦主要病害

三十六、烟草主要病害

三十七、油菜主要病害

三十八、玉米主要病害

三十九、芝麻主要病害

一 白菜主要病害

1. 白菜霜霉病

病原：由鞭毛菌亚门真菌寄生霜霉 ［*Peronospora parasitica*（Pers.）Fr.］引起。

症状：主要为害叶片。最初叶正面出现灰白色、淡黄色或黄绿色周缘不明显的病斑，后扩大为黄褐色病斑，病斑因受叶脉限制呈多角形或不规则形，叶背面密生白色霜状霉。病斑多时相互连接，使病叶局部或整叶枯死。病株往往由外向内层干枯，严重时仅剩心部叶球。病害典型症状图片请参考 https://www.cnhnb.com/xt/article-39787.html 和 http://www.1988.tv/baike/nongyao/5339。

发病规律：病菌随病残体在土壤中，或留种株上，或附着于种子上越冬，借风雨传播，进行多次再侵染。阴雨天气，空气湿度大，或结露持续时间长，病害易流行。平均气温较低的年份，发病重。早播、脱肥或病毒病严重等条件下，发病重。

防治措施：①选用抗病品种，并进行药剂拌种；②合理轮作；③适期早播，并加强田间水肥管理；④治虫防病毒病，可以有效减轻霜霉病的发生；⑤拔除中心病株和清理病叶；⑥药剂防治，从大白菜苗期开始进行田间病情调查，发现中心病株后，立即拔除并喷药防治，在莲座末期要彻底进行防治。药剂可选用40%三乙膦酸铝可湿性粉剂、70%乙磷铝·锰锌可湿性粉剂、70%百菌清可湿性粉剂或72%霜脲·锰锌可湿性粉剂等杀菌剂。

2. 白菜炭疽病

病原：由半知菌亚门真菌芸薹刺盘孢菌（*Colletotrichum higginsianum* Sacc.）引起。

症状：主要为害叶片、叶柄和中脉，也可为害花梗、种荚等。病叶初生苍白色水渍状小点，后扩大为灰褐色至灰白色稍凹陷的圆斑。病斑多时连片，引起叶片早枯。后期病斑半透明状，易穿孔。叶脉上病斑多发生于叶背面，褐色，条状，凹陷。叶柄、花梗和种荚上病斑长椭圆形，淡褐色，凹陷。在潮湿条件下，病部往往产生粉红色黏质物，是病菌产生的分生孢子盘和分生孢子。病害典型症状图片请参考 http://p8.qhimgcom/t01febb98ed774c8678.jpg 和 http://img4.agronet.com.cn/users/101/288/444/2010830847444450.jpg。

发病规律：病菌以菌丝体在病残体内或以分生孢子粘附种子表面越冬。越冬菌源借风或雨水飞溅传播进行初侵染，潜育期 3~5 天，发病后病部能产生分生孢子进行再侵染。高温多雨、湿度大，有利于病害发生。地势低洼、通风透光差的田块，发病重。

防治措施： ①选用抗病品种，做好种子消毒，可用温水浸种，或用咪鲜胺、多菌灵浸种；②与非十字花科作物隔年轮作；③适时晚播，避开高温多雨季节，控制莲座期的水肥。选择地势较高，排水良好的地块栽种。增施磷、钾肥，收获后及时深翻土地，加速病残体的腐烂；④药剂防治，发病初期，用 25% 炭特灵可湿性粉剂、30% 绿叶丹可湿性粉剂、70% 甲基硫菌灵可湿性粉剂加 75% 百菌清可湿性粉剂、80% 炭疽福美可湿性粉剂等杀菌剂或组合兑水喷雾进行防治，每隔 7~10 天防治 1 次，连续防治 2~3 次。

3. 白菜根肿病

病原： 由鞭毛菌亚门真菌芸苔根肿菌（*Plasmodiophoa brassicae* Woron.）引起。

症状： 主要为害白菜根部。一般播种后，出苗正常，但随后白菜苗白天萎蔫，慢慢就不长了，严重的开始死亡。成株期，植株生长迟缓，矮小，外叶常在中午萎蔫，早晚恢复，后期外叶发黄枯萎，有时全株枯死。根部表现是主根肿大为球形的瘤子，瘤子成串，白色，表皮粗糙。病害典型症状图片请参考 https://p1. ssl. qhmsg. com/t014b0400a953339ea4.png 和 https://p0.ssl.qhimgs1.com/sdr/400_ /t01daca638d1bf99490.jpg。

发病规律： 病菌可在土壤中存活 10~15 年，远距离传播由病菌粘附在种子上进行。条件适宜时，从幼根或伤口侵入寄主，借雨水，灌溉水和农具等传播。土壤呈酸性有利于病菌繁殖，连年种植十字花科的地块和病田下水头的地块及施有未腐熟病残体厩肥的地块，发病重。

防治措施： ①选择抗病品种，并用消毒剂进行处理后再行种植；②与非十字花科作物实行 3~5 年左右的轮作，有效降低土壤中病菌残留；③加强生长期管理，适时浇水追肥，喷施叶面肥，提高植株吸水吸肥能力，促使植株叶片肥厚、植株茂盛、抗病性增强。并撒施适量生石灰以改变土壤酸碱度，减少根肿病发生概率；④采用生防制剂枯草芽孢杆菌 XF-1 在育苗、定植时用一定量菌液进行处理，可有效防治根肿病的发生；⑤加强田间排水，高畦栽培，发现染病植株及时拔除，并对全园喷施针对性药剂进行防控。

4. 白菜黑斑病

病原： 由半知菌亚门真菌芸薹链格孢菌 [*Alternaria brassicae*（Berk.）Sacc.] 引起。

症状： 主要为害叶片，白菜从苗期到成株期都可受害。发病一般多从外叶开始，初期产生近圆形褪绿斑，随后逐渐发展为黑褐色轮纹斑，略凹陷，病斑周围常出现黄色晕圈。在高温高湿条件下病部轻微腐烂穿孔，严重时病斑扩大连成片致叶片发黄甚至枯死。叶柄受害，病斑常呈纵条状，暗褐色。湿度大时植株各部位的病斑上会出现黑色霉状物。病害典型症状图片请参考 https://www.nongyao001.com/insects/show-15510.html

和 http://www.haonongzi.com/pic/news/20180531154825941.jpg。

　　发病规律：病菌以菌丝体及分生孢子在病残体、土壤、采种株或种子表面越冬。翌年产生分生孢子，借风雨传播侵染，发病后的病斑能产生大量分生孢子，进行再侵染。多雨高湿条件下，发病重。

　　防治措施：①选用抗病品种，并采用50℃温水浸种25分钟，或用杀菌剂75%百菌清可湿性粉剂、50%福美双可湿性粉剂、70%代森锰锌可湿性粉剂等拌种对种子进行消毒；②加强田间管理，合理密植，培育壮株；及时清除病叶等病残体，深埋或烧毁，减少田间菌源；注意控制田间湿度，发病严重的田块，应与非十字花科蔬菜进行2年以上的轮作；③药剂防治，发病初期，选用68.75%噁酮·锰锌水分散粒剂、43%戊唑醇悬浮剂、10%苯醚甲环唑水分散粒剂、25%嘧菌酯胶悬剂、42.8%氟吡菌酰胺·肟菌酯悬浮剂或2%嘧啶核苷类抗菌素水剂等杀菌剂兑水喷雾防治，每7天轮换喷施1次，连防2~3次。

5. 白菜猝倒病

　　病原：由鞭毛菌亚门真菌瓜果腐霉［*Pythium aphanidermatum*（Eds.）Fitzp.］等腐霉菌引起。

　　症状：主要为害幼苗。在幼苗长出1~2片真叶期时发生，3片真叶后，发病较少。出苗后，在茎基部近地面处产生水渍状斑，后缢缩折倒，湿度大时病部或土表有白色棉絮状物，为病菌菌丝、孢囊梗和孢子囊。病害典型症状图片请参考 http://a2.att.hudong. com/24/92/01200000195178136358921981981_ s.jpg 和 https://baijiahao.baidu.com/s?id =1612631125323509028。

　　发病规律：病菌以卵孢子在12~18厘米表土层越冬，并在土中长期存活。条件适宜时卵孢子萌发产生孢子囊，以游动孢子或直接长出芽管侵染幼苗引起猝倒。田间的再侵染主要靠病苗上产生的孢子囊及游动孢子，借灌溉水或雨水溅附到贴近地面的根茎上引致发病。病菌生长适宜地温15~16℃，温度高于30℃受到抑制；适宜发病地温10℃，低温对寄主生长不利，但病菌尚能活动，尤其是育苗期出现低温、高湿条件，利于发病。气温高、降水量多的地区栽培，病害易流行。

　　防治措施：①选择地势高，排水良好的地块作苗床，播前一次灌足底水，出苗后尽量不浇水，必须浇水时选择晴天浇小水，不宜大水漫灌；②种子处理，用种子重量0.3%~0.4%的50%福美双可湿性粉剂或40%拌种双可湿性粉剂，加上种子重量0.3%~0.4%的50%甲霜灵可湿性粉剂拌种；③苗床发现病株，应及时拔除，并用75%百菌清可湿性粉剂、70%代森锰锌可湿性粉剂、25%瑞毒霉可湿性粉剂、72.2%霜霉威盐酸盐水剂或3%恶霉·甲霜灵水剂等药剂兑水喷雾进行防治。

6. 白菜褐腐病

　　病原：由半知菌亚门真菌立枯丝核菌（*Rhizoctonia solani* Kühn）引起。

症状：苗期染病多为害根茎部，病部呈浅褐色坏死干缩，导致菜苗萎蔫死亡。大苗或成株染病，多从基部叶片的叶柄开始侵染，逐渐向上发展，病部呈黄褐色至暗褐色腐烂坏死，病斑不规则，周缘不太明显，随病害扩展，病叶萎蔫死亡，最后导致整株呈褐色干腐凹陷。湿度大时病部可产生少许蛛丝状菌丝及菌核。发病严重时叶柄基部腐烂，造成叶片黄枯、脱落。病害典型症状图片请参考 http://s13.sinaimg.cn/mw690/007hCvanzy7sySm3bsM2c&690 和 http://s7.sinaimg.cn/mw690/007hCvanzy7sySnCpKua6&690。

发病规律：病菌以菌核随病残体在土中越冬。在土壤中营腐生生活，存活 2~3 年。菌核萌发后产生菌丝，与受害部位接触后引起发病，主要借雨水、灌溉水、农具及农家肥传播。菜地积水或湿度大，通透性差，栽植过深，培土过多过湿，施用未充分腐熟的有机肥，发病重。

防治措施：①选择抗病品种并进行种子消毒；②加强田间管理，避免发芽期高温影响，苗床育苗采用遮阴降温或套种，幼苗期及时拔除病苗，结合农事操作及时拔除病株，摘除近地面的病叶，带出田外深埋或销毁，防止蔓延；③利用配方施肥技术，基肥要充分腐熟，种植密度不宜过大；④药剂防治，发病初期用 50%甲基托布津可湿性粉剂、70%代森锰锌可湿性粉剂、14%络氨铜水剂、40%双效灵可湿性粉剂、20%利克菌可湿性粉剂、15%恶霉灵可湿性粉剂、30%苯噻氰乳油、35%福·甲可湿性粉剂、50%农利灵可湿性粉剂、50%扑海因可湿性粉剂、5%井冈霉素可湿性粉剂等药剂兑水喷雾进行防治，每隔 5~7 天喷施 1 次，连喷 2~3 次。

7. 白菜白斑病

病原：由半知菌亚门真菌芥假小尾孢菌 [*Pseudocercosporella capsella*（Ell. & Ev.）Deighton] 引起。

症状：主要为害叶片。叶片上病斑初为散生的灰褐色圆形小斑点，后扩大为灰白色不定形病斑，病斑周缘有淡黄绿色晕圈。潮湿条件下病斑背面产生稀疏的淡灰色霉层。病斑后期变为白色半透明状，常破裂穿孔。病斑多时连片，导致叶片提早枯死。病株叶片由外向内层层干枯，似火烤状。病害典型症状图片请参考 http://www.zhongnong.com/Upload/BingHai/2011524100246.jpg 和 http://www.nobelseed.cn/upLoad/news/month_1301/201301061804263958.jpg。

发病规律：病菌主要以菌丝体在土表的病残体或采种株上越冬，或以分生孢子粘附于种子表面越冬。田间借风雨传播，进行初侵染和再侵染。气温偏低、连阴雨天气有利于病害发生。

防治措施：①选用抗病品种，并于播前进行种子消毒处理；②与非十字花科蔬菜隔年轮作，注意平整土地，减少田间积水；③加强栽培及田间管理；④药剂防治，发病初期用 68.75%恶酮·锰锌水分散粒剂、64%杀毒矾可湿性粉剂、40%克菌丹可湿性粉剂、43%戊唑醇悬浮剂、10%苯醚甲环唑水分散粒剂、25%嘧菌酯胶悬剂、42.8%氟吡菌酰胺·肟菌酯悬浮剂或 2%嘧啶核苷类抗菌素水剂等杀菌剂兑水进行防治，每 7 天轮换喷施 1 次，连续 2~3 次。

8. 白菜环斑病

病原：由半知菌亚门真菌芸薹叶点霉菌［*Phyllosticta brassicae*（Curr.）Westd.］引起。

症状：主要为害叶片，多在包心期后发病。植株外叶上产生病斑，圆形或近圆形，直径 8~15 毫米，灰白色，周围常有黄绿色晕环，病斑表面散生或轮生许多小黑点。病重时叶片上病斑常汇合连片。病害典型症状图片请参考 https://p1. ssl. qhmsg. com/t017b0eb3e52ff8d9e7.png。

发病规律：病菌随病残体在土壤中越冬，借风雨、灌溉水传播。病菌较喜温暖湿润条件。发病适宜温度 18~20℃，要求 85% 以上的相对湿度，叶面有水滴对病菌的扩散传播和侵入十分有利。缺肥或肥料过多时易发病。雨水多，发病重，而且病情发展快。

防治措施：①选择地势平坦、土质肥沃、排水良好的地块种植，高垄或高畦栽培；②与非十字花科蔬菜进行 2 年轮作；③加强栽培与田间管理，氮、磷、钾肥配合施用，切勿大水漫灌，雨后及时排水，收后彻底清除田间病残体，并深翻土地；④药剂防治，发病初期用 75% 百菌清可湿性粉剂、72.2% 霜霉威水剂、78% 科博可湿性粉剂、56% 霜霉清可湿性粉剂、69% 安克锰锌可湿性粉剂、50% 甲霜铜可湿性粉剂、90% 疫霜灵可湿性粉剂、70% 乙磷铝·锰锌可湿性粉剂、72% 克露可湿性粉剂、72% 克抗灵可湿性粉剂、58% 甲霜·锰锌可湿性粉剂、64% 杀毒矾可湿性粉剂等药剂兑水喷雾进行防治。每 7 天 1 次，连续防治 2~3 次。

9. 白菜白锈病

病原：由鞭毛菌亚门真菌白锈菌［*Albugo candida*（Pers.）O. Kuntze］或大孢白锈菌［*Albugo macrospora*（Togashi）S. Ito］引起。

症状：主要为害叶片。发病初期在叶背面出现稍隆起的白色近圆形至不规则形疱斑（孢子堆），其表面略有光泽，有的一张叶片上疱斑多达几十个，成熟的疱斑表皮破裂，散出白色粉末状物（病菌孢子囊）。在叶正面显现黄绿色边缘不明晰的不规则斑，有时交链孢菌在其上腐生，致病斑转呈黑色。种株的花梗和花器受害，致畸形弯曲肥大，其肉质茎也出现乳白色疱状斑。病害典型症状图片请参考 https://p1. ssl. qhmsg. com/t013644891e7a8c5b18.jpg。

发病规律：病菌以菌丝体在留种株或病残组织中或以卵孢子随同病残体在土壤中越冬。翌年，卵孢子萌发，产生孢子囊和游动孢子，游动孢子借雨水溅射到下部叶片上，从气孔侵入，完成初侵染，随后病部不断产生孢子囊和游动孢子，进行再侵染。低温多雨，昼夜温差大，露水重，连作或偏施氮肥，植株过密，通风差及地势低、排水不良的田块，发病重。

防治措施：①与非十字花科蔬菜进行隔年轮作；②蔬菜收获后，清除田间病残体，以减少菌源；③药剂防治，发病初期用 25%甲霜灵可湿性粉剂、50%甲霜铜可湿性粉剂、58%甲霜灵·锰锌可湿性粉剂、64%杀毒矾可湿性粉剂等药剂兑水喷施进行防治，隔 10~15 天防治 1 次，防治 1~2 次。

10. 白菜白粉病

病原： 由子囊菌亚门真菌十字花科白粉菌 [*Erysiphe cruciferarum*（Opiz）Junell] 引起。

症状： 主要为害叶片、茎、花器及种荚，产生白粉状霉层（分生孢子梗和分生孢子），初为近圆形放射状粉斑，随后布满各部位。发病轻的，病变不明显，仅荚果略有变形；发病重的造成叶片褪绿黄化早枯，采种株枯死，种子瘦瘪。病害典型症状图片请参考 https://p1.ssl.qhmsg.com/t0136a731f3d0e0ce41.png。

发病规律： 北方主要以闭囊壳随病残体越冬，成为翌年初侵染源。分生孢子借气流传播，孢子萌发后产出侵染丝直接侵入寄主表皮，菌丝体匍匐于寄主叶面不断伸长蔓延，迅速流行。南方全年种植十字花科蔬菜地区，则以菌丝或分生孢子在十字花科蔬菜上辗转为害。降水量偏少年份，发病重。

防治措施： ①选用抗病品种；②施足基肥，增施磷钾肥；③药剂防治，发病初期用 15%三唑酮可湿性粉剂、20%三唑酮乳油、30%固体石硫合剂、40%多·硫悬浮剂、2%农抗 120 水剂、2%武夷菌素水剂等药剂兑水喷雾进行防治，隔 7~10 天防治 1 次，防治 1~2 次。

11. 白菜菌核病

病原： 由子囊菌亚门真菌核盘菌 [*Sclerotinia sclerotioum*（Lib.）de Bary] 引起。

症状： 主要为害茎基部、叶片和叶柄，全生育期均可受害。幼苗被害时，在近地面茎基部产生水浸状病斑，很快腐烂或猝倒。成株期受害，多在地表的茎、叶柄或叶片上出现水浸状淡褐色凹陷病斑，叶片的病斑不凹陷，引起叶球或茎基部腐烂，病部密生白色绵毛状菌丝和散生黑色鼠粪状菌核，腐烂处无臭味。对采种株来说，在高湿条件下，病部表面及根部也生有白色菌丝和黑色菌核，已抽薹开花的植株迅速萎蔫死亡；种荚受害产生白色病斑，后在荚内产生黑色小粒菌核，病荚不能结实或结实不良。病害典型症状图片请参考 http://www.haonongzi.com/pic/news/20160513171638128.jpg 和 http://www.haonongzi.com/pic/news/20160513171619147.jpg。

发病规律： 病菌以菌核混在土壤中或附着在采种株上、混杂在种子间越冬或越夏。菌核萌发后产生子囊盘和子囊孢子，子囊孢子成熟后，稍受震动即行喷出。子囊孢子随风、雨传播，特别是大风可作远距离传播，也可通过地面流水传播后侵染。田间发病后，病部外表形成白色的菌丝体，通过植株间的接触进行再侵染。地势低洼、排水不良、大水漫灌，栽培过密或偏施氮肥造成枝叶徒长、通风不良的地块，易发病。病株入窖后若窖温高，可在窖内继续传染，引起腐烂。

防治措施：①实行轮作、深耕、种子处理等手段消灭菌核；②加强田间管理，摘除病叶，合理施肥，防止大水漫灌，雨后及时排水，低洼地采用高畦栽培；③加强菜窖管理；④药剂防治，发病初期用70%甲基托布津可湿性粉剂、50%托布津可湿性粉剂、50%多菌灵可湿性粉剂、50%氯硝胺可湿性粉剂等喷雾进行防治，或用5%氯硝胺粉剂、70%五氯硝基苯粉剂与细土拌后撒在行间地面上。

12. 白菜褐斑病

病原： 由半知菌亚门真菌芸薹生尾孢菌（*Cercospora brassicicola* P. Henn.）引起。

症状： 主要为害叶片，发生在外叶片上。叶片染病，初始产生水浸状圆形或近圆形小斑点，扩大后成为多角形或不规则形浅黄白色斑。大小0.5~6毫米。有的受叶脉限制，病斑略凸起。

发病规律： 病菌以菌丝块在病残体上越冬，或随种子传播。温暖多雨天气，病部产生大量分生孢子随风飞散到叶片上进行初侵染和再侵染。重茬地、与早熟白菜相邻的田块，易发病。氮肥施用过多，田间湿度高的黏土地、背阴或排水不良田块，发病重。病害典型症状图片请参考 https://p1.ssl.qhmsg.com/t01c34aeff8240033d3.jpg 和 https://ps.ssl.qhmsg.com/sdr/400_ /t0106403d384240438f.jpg。

防治措施： ①种植抗病品种，选用无病种子，并在播种前进行种子消毒处理；②清洁田园，与非十字花科蔬菜隔年轮作；③发病较重的地区，应适期晚播，避开高温多雨季节，控制莲座期的水肥；④加强田间管理，选择地势较高，排水良好的地块栽种，及时排除田间积水，合理施肥，增施磷钾肥，收获后深翻土地，加速病残体的腐烂；⑤药剂防治，发病初期用40%多·硫悬浮剂、70%甲基硫菌灵可湿性粉剂、70%甲基硫菌灵可湿性粉剂加75%百菌清可湿性粉剂、80%炭疽福美可湿性粉剂、40%氟硅唑乳油、60%腈菌·锰锌可湿性粉剂、12.5%腈菌唑乳油、78%波·锰锌可湿性粉剂、47%春·王铜可湿性粉剂等药剂及其配合兑水进行喷雾防治，交替使用，隔7~10天1次，连续防治2~3次。

13. 白菜灰霉病

病原： 由半知菌亚门真菌灰葡萄孢菌（*Botrytis cinerea* Pers. ex Fr.）引起。

症状： 主要为害叶片及花序。病部变淡褐色，稍软化，后逐渐腐烂，湿度大时病部出现灰色霉状物。在贮藏期该病害可继续发生为害，在干燥条件下，病部灰霉不长或不明显，也不散发恶臭，此有别于细菌软腐病。病害典型症状图片请参考 https://p0.ssl.qhimgs1.com/sdr/400_ /t010b702aafc7f837aa.jpg。

发病规律： 以菌丝体、菌核在土壤中，或以分生孢子在病残体上越冬。翌年分生孢子随气流及露珠或农事操作进行传播蔓延，喜低温、高湿、弱光条件，阴雨连绵或冷凉高湿的天气有利于发病，植株生势衰弱者往往病势明显加重。通常过度密植，施氮过多或不足，灌水过勤过多，棚室通透不良，贮藏窖内湿度过大等情况，皆易诱发病害。

防治措施：①加强肥水管理，增施磷钾肥，避免偏施过施氮肥；勿浇水过度，棚室栽培应改善通透条件；②注重田间及窖内卫生，及时收集烧毁病残物；③药剂防治，发病初期用 50%农利灵可湿性粉剂、50%扑海因可湿性粉剂、50%速克灵可湿性粉剂、50%多菌灵可湿性粉剂、60%防霉宝超微粉等药剂兑水喷雾进行防治，每 7 天 1 次，连续防治 2~3 次。

14. 白菜细菌性黑腐病

病原：由细菌油菜黄单胞菌油菜致病变种 ［*Xanthomonas campestris* pv. *campestris* (Pammel) Dowson］引起。

症状：幼苗出土前受害不出苗；出土染病，子叶呈水浸状，根髓部变黑，幼苗枯死。成株期发病，引起叶斑或黑脉，叶斑多从叶缘向内发展，形成 V 字形的黄褐色枯斑，病斑周围淡黄色。有时沿叶脉扩展，形成大块黄褐色斑或网状黑脉。叶柄染病，中肋呈淡褐色，病部干腐，叶片向一边歪扭，半边叶片或植株发黄，部分外叶干枯、脱落，严重时植株倒瘫。茎基腐烂，植株萎蔫，纵切可见髓中空。病害典型症状图片请参考 https://p1.ssl.qhmsg.com/t01fffe520d37d70091.png 和 https://p2.ssl.qhimgs1.com/sdr/400_/t01fd02b188089bb812.jpg。

发病规律：病菌随种子、种株或病残体在土壤中越冬。播种带菌种子引起幼苗发病，病菌通过雨水、灌溉水、农事操作和昆虫进行传播，多从水孔或伤口侵入。高温多雨，早播，与十字花科作物连作，管理粗放，虫害严重的地块，病害重。

防治措施：①选种抗病品种，无病株采种，播种时进行种子消毒；②与非十字花科作物实行 2~3 年轮作；③加强栽培及田间管理，适时播种，苗期适时浇水，合理蹲苗，及时拔除田间病株并带出田外深埋，并对病穴撒石灰消毒；④药剂防治，发病初期及时用 72%农用链霉素可溶性粉剂、新植霉素、47%加瑞农可湿性粉剂、70%敌克松可溶性粉剂等兑水喷雾进行防治。

15. 白菜细菌性叶斑病

病原：由细菌菊苣假单胞菌 ［*Pseudomonas cichorii* (Swingle) Stapp］引起。

症状：主要为害叶片。最初先在叶背产生水渍状小点，随后在叶面形成 0.2~0.5 厘米黄褐色或灰褐色圆形或不规则形的坏死斑，边缘颜色较深，呈油渍状，有的相互连接成大斑块，天气干燥时，病斑质脆，致叶片干枯死亡。湿度大时，叶背病斑分泌出乳白色菌脓，干燥时，病斑呈白色膜状，后来病部开裂，呈穿孔状。病害典型症状图片请参考 https://p1.ssl.qhmsg.com/t01c8290b5b6fa393ef.jpg。

发病规律：病菌主要在种子上或随病残体在土壤中越冬。播带菌的种子，发芽后病菌可侵染叶片，成为初侵染源。随病残体在土壤中越冬的病菌，第二年可通过雨水或灌溉水溅射到叶片上，成为初侵染源。多雨，特别是暴风雨后，发病重。重茬，地势低洼，肥料缺乏，植株衰弱，管理不善，造成植株伤口多，发病重。

防治措施：①选用抗病、包衣的种子；②水旱轮作、育苗的营养土要选用无菌土；③加强栽培及田间管理，选用地势高燥的田块，深沟高畦栽培；使用充分腐熟的有机肥；合理密植，发病时及时清除病叶、病株，并带出田外烧毁，病穴施药或生石灰；④药剂防治，发病初期用68%金雷水分散粒剂、72.2%普力克水剂、25%阿米西达悬浮剂、43%好力克悬浮剂、10%科佳悬浮剂、65.5%易保水分散颗粒剂、52.5%抑快净水分散颗粒剂、64%杀毒矾可湿性粉剂、80%大生可湿性粉剂、70%安泰生可湿性粉剂、70%代森锰锌可湿性粉剂、70%敌克松可湿性粉剂、72%克露可湿性粉剂、50%扑海因可湿性粉剂、58%甲霜灵可湿性粉剂、77%护丰安可湿性粉剂、40%乙磷铝可湿性粉剂等药剂兑水喷雾进行防治，注意交替使用。

16. 白菜细菌性角斑病

病原：由细菌丁香假单胞菌丁香致病型（*Pseudomonas syringae* pv. *syriange* Van Hall.）引起。

症状：主要为害叶片，起初在叶背上产生呈水浸状稍凹陷的斑点，随后扩展，因受到叶脉限制而呈不规则形角斑。叶子正面出现呈油渍状的黄褐色病斑。湿度大时，叶背病斑分泌出乳白色菌脓，干燥时，病斑呈白色膜状，之后病部开裂，呈穿孔状。病害典型症状图片请参考 http://img8.agronet.com.cn/Users/100/588/293/201711271612522066.jpg 和 http://s2.ymt360.com/img/bing/small/S2010830903369296.jpg。

发病规律：病菌随病残体在土壤中越冬，可通过雨水或灌溉水溅射到叶片上，成为初侵染源；播种带菌种子，也是初侵染源。发病后，病部的细菌借风雨、昆虫、农事操作等传播蔓延，从伤口或自然孔口侵入，进行再侵染。多雨，特别是暴风雨后发病重。病地重茬，地势低洼，肥料缺乏，植株衰弱，抵抗力差，或管理不善造成植株伤口多，发病重。

防治措施：①选用抗病品种，并与非十字花科蔬菜轮作2年以上；②及时清除田间病残体，培育壮苗，提高抗病能力；③实行高垄栽培；④及时清除田边地头杂草，减少虫源；⑤增施有机肥和磷钾肥，前期小水勤灌，中期实行稳水、足水灌溉，切忌大水漫灌，促进根系发育，植株健壮，提高抵抗力；⑥化学防治，发病初期及时用72%农用链霉素可湿性粉剂、新植霉素可湿性粉剂、50%利得可湿性粉剂、75%百菌清可湿性粉剂或58%甲霜锰锌可湿性粉剂等药剂兑水喷雾进行防治，轮换使用，每隔7~10天喷1次，连续喷3次。

17. 白菜软腐病

病原：主要由细菌胡萝卜软腐欧文氏菌胡萝卜软腐致病型［*Erwinia carotovora* subsp. *carotovora*（Jones）Bergey et al.］引起。

症状：主要为害叶片、叶柄和根部，常在莲座期到包心后期发生。最初发病于接触地面的叶柄和根部，叶柄发病部位呈水渍状，外叶失去水分而萎蔫，导致植株枯死。生长后期发病，首先出现水渍状小斑点，叶片半透明，呈油纸状，最后整株软化、腐烂，散发出特殊的恶臭。也可在运输途中发生软化腐烂现象。病害典型症状图片请参考 https://baijiahao.baidu.com/s?id=1612631125323509028。

发病规律：病菌以寄主植物根际土壤为中心形成菌落长期生存。降雨时借助土粒飞溅，从白菜下部叶片、叶柄部位的伤口和害虫食痕侵入。高温多雨年份发生较多，低洼地易发病。氮肥过多植株徒长、水淹状态及台风大雨造成伤害的植株易发病。害虫发生多的田块，所携带病菌，能从咬食伤口有效侵入，易发软腐病。高垄栽培不易积水，土壤中氧气充足，有利于根系和叶柄基部愈伤组织形成，可减少病菌侵染。

防治措施：①选用抗病耐病品种；②轮作；③及时防治地下害虫，减少虫伤口；④适期播种，避免因早播造成包球期的感病阶段与雨季相遇，雨后及时排水，降低土壤湿度。应行高垄栽培，增施基肥，施用净肥，及时追肥，使菜株生长健壮；⑤药剂防治，发病初期用72%农用链霉素可溶性粉剂、20%喹菌酮可湿性粉剂、45%代森铵水剂、77%可杀得可湿性粉剂、50%琥胶肥酸铜可湿性粉剂、60%琥·乙磷铝可湿性粉、14%络氨铜水剂等药剂兑水及时喷洒进行防治。药剂宜交替施用，隔7~10天1次，喷2~3次。

18. 白菜病毒病

病原：主要由芜菁花叶病毒（Turnip mosaic virus，TuMV）、黄瓜花叶病毒（Cucumber mosaic virus，CMV）和烟草花叶病毒（Tobacco mosaic virus，TMV）侵染引起。

症状：幼苗期发生较重，染病后常出现不同症状，染病轻时仅表现为轻度畸形花叶，幼苗或幼株叶片颜色浓淡不均，出现不均匀花叶、黄化或轻度皱缩、畸形。染病较重时明显畸形，心叶不发，皱缩或扭曲，外叶颜色浓淡不均，皱缩歪扭。采种株为害严重的，花梗未抽出即死亡，发病轻的，花梗弯曲畸形，高度不及正常的一半，花梗上有纵横裂口。花早衰，很少结实，或果荚细小，籽粒不饱满，发芽率低，发芽势劣。病害典型症状图片请参考 https://p1.ssl.qhmsg.com/t010878d609b9571b49.jpg 和 https://p1.ssl.qhmsg.com/t013b5da4a74e700bf1.jpg。

发病规律：周年循环，通过蚜虫或汁液接触侵染。苗期高温干旱时间越长，感病越早。白菜生长前期连阴雨或降大雨，发病重。秋菜适当晚播，与非十字花科蔬菜邻作时发病轻。高温干旱、地温高，寄主根系生长发育受影响，抗病力显著降低，而蚜虫繁殖快、活动频繁，致病害普遍发生。管理粗放、土壤干燥、缺水缺肥，发病严重。

防治措施：①选用较抗病品种；②合理间、套、轮作，夏秋种植，远离其他十字花科蔬菜，发现病株及时拔除；③采用遮阳网或无纺布覆盖栽培技术，增施有机底肥，高温干旱季节注意勤浇小水和防治蚜虫，控制病害的发生与传播；④发病初期，喷施对病毒具有抑制作用的药剂，或喷施复合叶面肥，抑制发病，增强寄主抗病力。

二 蓖麻主要病害

1. 蓖麻枯萎病

病原：由半知菌亚门真菌尖孢镰刀菌蓖麻专化型［*Fusarium oxysporium* Schl. f. sp. Ricini（Wr.）Gordon］引起。

症状：从幼芽到成株均可为害，幼芽阶段表现为幼芽或种子刚破口甚至未发芽即染病而烂于土中；幼苗受害后，常死亡于子叶还未展开时；2~3 片真叶期受害，常有水渍状病斑围绕茎部，幼茎基部呈黑褐色或红褐色，病处腐烂，叶变暗绿色，但不脱落；茎秆受害后，形成条状病斑，着生有粉红色霉状物，凹陷，维管束变褐色，导管中充满病菌，导致水分供应失调，造成萎蔫干枯。病害典型症状图片请参考 http://www.haonongzi.com/pic/news/20180601154927359.jpg。

发病规律：蓖麻枯萎病病菌以孢子或菌丝体在病残体或土壤中越冬。其传播途径主要有流水和土壤，一般从植株根部的伤口侵入，蓖麻二叶一心期开始发病，现蕾期病株逐渐增多，开花期病情快速发展，灌浆期达到发病高峰，成熟期发展缓慢。

防治措施：①选择优良抗病品种，同时严禁从病区引种和调种；②实行轮作；③营养钵育苗，加入消毒药剂后再下种；④加强管理，培育壮苗，幼苗期及时中耕施肥，注意及时排除田间积水，促使幼苗健壮生长，增加抗病力；⑤制种田必须拔除病株；⑥药剂防治，幼苗发病后，要立即用 50% 多菌灵可湿性粉剂、5% 腐霉利可湿性粉剂、50% 苯菌灵可湿性粉剂、50% 甲基托布津可湿性粉剂等兑水进行防治，每 7 天 1 次，连续防治 3 次。

2. 蓖麻疫病

病原：由鞭毛菌亚门真菌寄生疫霉（*Phytophthora parasitica* Past.）引起。

症状：苗期受害后，子叶上现圆形暗绿色病斑，后逐渐扩展至叶柄、茎部至整株，病斑有淡褐色同心轮纹，病健交界处灰绿色；成株期受害，初在叶片边缘现灰绿色圆形或不规则形水渍状病斑，随着病情扩展，病斑逐渐扩大，当田间湿度较大时，病斑上着生白色霜状霉，当田间湿度较小时，病部呈黄褐色轮纹状或青白色，茎、叶柄、果柄、幼果被害后初为水渍状、暗绿色，渐渐呈褐色，后变黑褐色水浸状，潮湿时病健交界处亦生白色霉状物，最后叶柄、果柄软化，渐明显缢缩，病部以上萎蔫下垂，蒴果不能成熟，幼果腐烂脱落。病害典型症状图片请参考 https://ima.nongyao001.com: 7002/file/upload/201110/28/16-43-27-85-1.jpg。

发病规律：以卵孢子、菌丝体、厚垣孢子在病残株及土壤中越冬，条件适宜时萌发并产生孢子囊，孢子囊遇水产生游动孢子。孢子囊萌发侵染蓖麻植株，形成中心病株，中心病株产生的孢子囊通过气流或风雨向四周扩散传播，并重复侵染。高湿条件易发病。

防治措施：①选用抗病品种；②合理轮作；③结合整枝打杈及时摘除病叶、病穗、病枝，集中烧毁或深埋；④降低田间空气湿度，可适当稀植，及时清沟排渍；⑤药剂防治，发病初期用 25%甲霜灵可湿性粉剂、70%代森锰锌可湿性粉剂、64%杀毒矾可湿性粉剂、40%乙磷铝可湿性粉剂、72.2%普力克水剂等兑水喷雾进行防治，每隔 10 天喷药 1 次，共喷 2~3 次。

3. 蓖麻灰霉病

病原：由半知菌亚门真菌灰葡萄孢菌 ［*Botryotinia ricini*（Godfrey）Whetzel.］引起。

症状：主要为害叶片，茎秆及花果。叶片感病，初现的水渍状病斑沿叶脉扩展，引起早期落叶；茎秆感病，叶痕处的病斑逐渐扩大，病部光泽消失、干枯并出现黑色菌核，常引起上部组织枯萎。花果感病，使花、蕾、蒴果变褐脱落，种子不成熟以致种子霉烂。遇雨水多、湿度大时，各部位的病斑均易长出一层鼠灰色霉状物及黑色菌核。病害典型症状图片请参考 http://static.pig66.com/uploadfile/2017/0508/20170508025138978.jpg。

发病规律：病原菌以菌丝体及分生孢子在病残体上或以菌核在土壤中越冬。蓖麻营养生长和生殖生长旺盛时，叶片多，叶面系数大，各级分枝都基本形成，田间通风较差，造成极利于发病的小气候环境，此时蓖麻主穗处于灌浆成熟期，果实幼嫩，是易感病时期。高湿条件，易发病。

防治措施：①实行合理轮作，以减少初侵染来源；②深耕，将带菌表土深翻到 15 cm 以下，促使菌核死亡；③降低田间湿度，创造不利于病菌生长的环境，实行合理稀植；④结合整枝打杈及时摘除病叶、病穗、病枝，集中烧毁；⑤排涝降湿；⑥药剂防治，在病害始发期用 50%速克灵可湿性粉剂、50%扑海因粉可湿性粉剂、50%农利灵可湿性粉剂、60%防霉宝超微粉剂、45%灰霉灵可湿性粉剂等杀菌剂兑水进行叶面喷雾防治。

4. 蓖麻黑斑病

病原：由半知菌亚门真菌蓖麻链格孢菌 ［*Alternaria ricini*（Yoshii et Takim.）Hausf.］引起。

症状：主要为害叶片和果穗。染病时，子叶和真叶最初产生不规则小型灰绿色病斑，病斑逐渐失去水分呈苍白色，随病斑逐渐扩大形成不规则形大斑，病斑中央为褐色，上有暗黑色轮纹，外围有苍白色晕圈。病斑上的黑色霉层为病菌的分生孢子梗和分生孢子。严重时病斑占据叶片的大部分，最后枯死。果穗受害后变黑腐烂。病害典型症状图片请参考 http://www.1nongjing.com/uploads/allimg/170508/1876-1F50Q15P33P.jpg。

发病规律：病菌以菌丝在病残体上越冬，成为翌年田间初侵染源。病菌在田间侵入寄主后，经过潜育，即在病部产生分生孢子，借风雨传播进行重复侵染。湿度是该病发生、蔓延的重要条件。多雨或连续阴雨、多雾，病情扩展迅速。连作地，发病重。

防治措施：①选育抗病品种；②采用无病种子，或用种子量 0.4% 的 50% 多菌灵可湿性粉剂拌种；③大田种植实行 3 年以上轮作；④收获后及时清除病残叶烧掉或深埋，并深翻深耕；⑤适期播种，不宜过早，避开发病高峰期；⑥加强田间管理，增施有机肥，提高抗病力；⑦药剂防治，发病时用 75% 百菌清可湿性粉剂、70% 代森锰锌可湿性粉剂、64% 杀毒矾可湿性粉剂、50% 扑海因可湿性粉剂、50% 多菌灵可湿性粉剂、50% 甲基托布津可湿性粉剂等药剂兑水进行喷雾防治。

5. 蓖麻斑点病

病原：由半知菌亚门真菌蓖麻尾孢菌（*Cercospora ricinella* Sacc. et Berl.）引起。

症状：主要为害叶片。叶片起初产生微小的黑褐色或茶褐色病斑，后病斑扩展成圆形至不规则形，大小 3~10 厘米，中间灰白色，边缘褐色至红褐色，后在叶背生灰黑色霉状物，即病原菌的分生孢子梗和分生孢子。病害典型症状图片请参考 https://ima.nongyao001.com:7002/file/upload/201110/28/16-42-23-66-1.jpg。

发病规律：病菌以菌丝和分生孢子在病残体上越冬，翌年产生分生孢子进行初侵染和再侵染。分生孢子着落在叶表后萌发产生芽管，芽管在气孔表面形成附着胞，然后通过侵染钉进入气孔。温暖、湿润有利于病害发生。

防治措施：①实行 3 年以上轮作；②收获后及时清除病残体，及时深翻；③加强田间管理，科学施肥，科学灌溉，对病叶进行摘除，并及时销毁；④药剂防治，发病初期用 50% 多菌灵可湿性粉剂、波尔多液、72% 农用链霉素可湿性粉剂、50% 苯菌灵可湿性粉剂、36% 甲基硫菌灵悬浮剂或新植霉素等药剂兑水喷施进行防治。

三 菜豆主要病害

1. 菜豆根腐病

病原：由半知菌亚门真菌茄类镰孢菌菜豆专化型［*Fusarium solani* f. sp. *phaseoli* (Burkh.) Snyder et Hansen］引起。

症状：主要为害根部及茎基部。病部呈褐色或黑褐色，形状不规则，有时形成红色条斑，病斑表面裂开，可深入皮层内。高温高湿季节，种子发芽后发病，胚根产生褐色条形病斑。茎部嫩叶先变褐色，萎缩、变形，老叶暂时保持正常。病株侧根少，植株矮小，主根腐烂后导致地上植株茎叶枯萎，植株枯死，维管束红褐色。潮湿时，病部产生粉红色霉状物。病害典型症状图片请参考 https://p1. ssl. qhmsg. com/t0110dd7b38265ae4af.jpg 和 https://p1.ssl.qhmsg.com/t0152f9fc453286f1c6.jpg。

发病规律：病菌在病残体上或土壤中越冬，可存活 10 年左右。病菌主要借土壤传播，通过灌水、施肥及风雨进行侵染。土壤湿度大，灌水多，有利于病害发生和发展。连作、地势低洼、排水不良，发病重。

防治措施：①选用抗病品种；②实行 2~3 年轮作、深翻改土，增施有机肥料、磷钾肥和微肥，适量施用氮肥，改善土壤结构，提高保肥保水性能，促进根系发达，植株健壮；③药剂防治，发病初期用 50%烯酰吗啉可湿性粉剂、70%甲基硫菌灵可湿性粉剂、77%氢氧化铜可湿性粉剂、50%福美双可湿性粉剂兑水喷雾进行防治。

2. 菜豆锈病

病原：由担子菌亚门真菌疣顶单胞锈菌［*Uromyces appendiculatus*（Pers.）Ung.］和菜豆单胞锈菌［*Uromyces phaseoli*（Pers.）Wint.］引起。

症状：主要为害叶片，严重时茎蔓、叶柄及豆荚均可发病。发病初期，叶背产生淡黄色小斑点，疱斑表皮破裂散出锈褐色粉末状物。叶柄和茎部染病，生出褐色长条状突起疱斑。豆荚染病与叶片相似，但夏孢子堆和冬孢子堆稍大些，病荚所结籽粒不饱满。表皮破裂，散出近锈色粉状物，通常叶背面发生较多，严重时锈粉覆满叶背面。病害典型症状图片请参考 https://p1.ssl.qhmsg.com/t012bacdcf873f4d35d.jpg 和 https://p1.ssl.qhmsg.com/t019c0303c153029351.jpg。

发病规律：病菌主要以冬孢子随病残体越季，作为该病的初侵染源，四季可辗转传播蔓延。条件适宜时冬孢子萌发长出担孢子，通过气流传播进行初侵染。初侵染发病后又长出大量新的夏孢子，传播后在同一生长季可进行多次再侵染。高温、多雨、雾大、露重、天气潮湿极有利于锈病流行。菜地低洼、土质黏重、耕作粗放、排水不良，或种植过密，插架引蔓不及时，田间通风透光状况差，及施用过量氮肥，均有利于锈病的发生。

防治措施：①选种抗病品种；②清洁田园，加强肥水管理，适当密植，棚室栽培尤应注意通风降温。收获后即时清除并销毁病残体，减少初侵染菌源；③降低田间湿度，适当增施磷钾肥，提高植株抗性；④按无病早防、有病早治的要求，及早喷药预防控病。发病初期及时用10%苯醚甲环唑水分散粒剂、50%萎锈灵可湿性粉剂、15%三唑酮乳油或40%氟硅唑乳油等药剂兑水喷雾进行防治。

3. 菜豆菌核病

病原：由子囊菌亚门真菌核盘菌［*Sclerotinia sclerotiorum*（Lib.）de Bery］引起。

症状：主要为害茎、叶片和豆荚。病害始发于茎基部或第一、第二分枝处，初呈水渍状，后变为灰白色，皮层组织干裂，甚至呈纤维状。叶片发病初呈水渍状，后生长有白色毛状物。湿度大时，在茎病处产生白色棉絮状菌丝及黑色鼠粪状菌核，病茎上端枝叶枯死。病害典型症状图片请参考 http://www.zhongnong.com/Upload/BingHai/201161382711.jpg 和 https://p1.ssl.qhmsg.com/t0185f83cd738561681.jpg。

发病规律：病菌以菌核在土壤、病残体、堆肥、种子中越冬，在适宜条件下菌核萌发，经过几天后释放孢子，随风进行传播。病株上的菌丝具有很强的侵染能力，可继续侵染而扩大传播。温度较低、湿度大的条件下易发生此病。多雨易引起病害流行。

防治措施：①种子消毒，种子混有菌核和病残体时，播种前用10%盐水浸种消毒，洗掉菌核及病残体后，再用清水冲洗种子播种；②实行与禾本科作物的水旱轮作；③经常除草、松土，摘除老叶及病残体；④防止过量施用氮肥，增施磷、钾肥及有机肥，提高植株的抗病能力；⑤地膜覆盖栽培，以降低田间湿度；⑥药剂防治，开花后可喷施50%乙烯菌核利可湿性粉剂、50%腐霉利可湿性粉剂、50%异菌脲可湿性粉剂、40%菌核净可湿性粉剂等化学农药进行防治。

4. 菜豆枯萎病

病原：由半知菌亚门真菌尖孢镰孢菌菜豆专化型（*Fusarium oxysporum* f. sp. *phaseoli* kendrick and snyder）引起。

症状：发病初期，下部叶片的叶尖、叶缘出现不规则褪绿斑块，似开水烫伤状，无光泽，之后全叶失绿萎蔫，变成黄色至黄褐色，并由下叶向上叶发展，几天后整株凋萎，叶片变黄脱落，有时仅少数分枝枯萎，其余分枝正常。病株根系不发达，变色腐烂，容易拔起。根颈处有纵向裂纹。剖视主茎、分枝或叶柄，可见维管束变褐色至暗褐色，有的荚果腹背合线也呈现黄褐色。严重时植株成片枯死。潮湿时茎基部常产生粉红色霉状物。病害典型症状图片请参考 https://p1.ssl.qhmsg.com/t018dee9b4ca0cf5c1d.jpg 和 http://a1.att.hudong.com/03/84/01300000164151121576845586464.jpg。

发病规律：病菌能在土壤中营腐生生活，也能附着在种子上越冬。在田间，病原主要靠流水传播，也可随病土借风吹和黏附在农具上传到远处。气温高，湿度大时，病害发展迅速，特别是结荚期如遇雨后暴晴或时晴时雨天气，病情常迅速发展。地势低洼，平畦种植，灌水频繁，田间湿度大，肥力不足，管理粗放，连作地，发病重。

防治措施：①选用抗病品种；②种子消毒，用种子重量 0.5% 的 50% 多菌灵可湿性粉剂拌种；③实行 3~4 年轮作，不与豇豆等连作；④高垄栽培，注意排水；⑤及时清理病残株，带出田外，集中烧毁或深埋；⑥药剂防治，发病初期用 75% 百菌清可湿性粉剂、50% 施保功可湿性粉剂、43% 好力克悬浮剂、70% 甲基托布津可湿性粉剂、20% 甲基立枯磷乳油、60% 百泰可分散粒剂、10% 苯醚甲环唑可分散粒剂、50% 多菌灵可湿性粉剂、10% 双效灵水剂等药剂兑水灌根进行防治，每 10 天 1 次，连灌 2 次。

5. 菜豆炭疽病

病原：由半知菌亚门真菌菜豆刺盘孢菌 [*Collitorichum lindemuthianum* (Sacc. et Magn.) Br. et Cav.] 引起。

症状：主要为害叶、茎、豆荚。苗期染病，在子叶上生成红褐色的圆斑，凹陷呈溃疡状。成株发病，叶片上病斑多发生在叶背的叶脉上、常沿叶脉扩展成多角形小条斑，初为红褐色，后为黑褐色。叶柄和茎上病斑凹陷龟裂。豆荚上病斑暗褐色圆形，稍凹陷，边缘有深红色的晕圈，湿度大时病斑中央有粉红色黏液分泌出来。病害典型症状图片请参考 https://p1.ssl.qhmsg.com/t01718d9914a7771051.jpg 和 https://p1.ssl.qhmsg.com/t010080bc1435ccc509.jpg。

发病规律：病菌主要以菌丝体在种子上越冬，是初侵染的来源，在田间靠风雨、昆虫传播，进行再侵染。温度为 20~25℃，湿度大利于病害发生；在天气凉爽，多雨、多露、多雾的季节发病重；地势低洼，连作，密度过大，土壤黏重会加重发病。

防治措施：①与非豆科作物实行 2 年以上轮作；②选地势高燥，排水良好，偏沙性土壤田块栽培；③从无病豆荚上采种，播种前进行种子消毒处理；④增施有机肥、磷钾肥和微肥，适量施用氮肥，改善土壤结构，提高保肥保水性能，促进根系发达，植株健壮；⑤药剂防治，发病初期可用 75% 百菌清可湿性粉剂、50% 甲基托布津可湿性粉剂等药剂兑水喷雾进行防治，间隔 7 天 1 次，共喷药 2~3 次。

6. 菜豆灰霉病

病原：由半知菌亚门真菌灰葡萄孢菌 (*Botrytis cinerea* Pers. ex Fr.) 引起。

症状：主要为害菜豆的茎、叶、花及荚。茎部感病，先从基部向上 11~15 厘米处出现云纹斑，周边深褐色，中部淡棕色至淡黄色，干燥时病斑表皮破裂形成纤维状，潮湿时病斑上生灰色霉层。有时病菌从茎分枝处侵入，使分枝处形成小渍斑、凹陷、继而萎蔫。成株叶片感病，形成较大的轮纹斑，后期易破裂。苗期子叶受害，呈水渍状变软下垂，最后叶缘出现清晰的白灰霉层。荚果染病，先侵染败落的花，后扩展到荚果，病斑初淡褐至褐色后软腐，表面生灰霉。病害典型症状图片请参考 http://www. gengzhongbang. com/data/attachment/portal/201705/12/030953awpwpwk0wn1ph615. jpg 和 http://www.wfzhiduoxing.com/nd.jsp?id＝339&groupId＝43#fai_ 12_ top。

发病规律：病菌以菌丝、菌核、分生孢子越夏或越冬，是初侵染来源。越冬病菌以菌丝在病残体上腐生并形成大量分生孢子，进行再侵染。在温度较高的情况下，不适宜病菌生活时，可形成抗性强的菌核，条件适宜时菌核长出菌丝直接侵染。病菌在田间随病残体借雨水、流水、气流等传播蔓延。温度 20℃ 左右，相对湿度大是发病的重要条件。

防治措施：①采取高畦定植，地膜覆盖，加强棚内通风，降低棚内湿度。适当降低密度，及时摘除病叶、病荚，清除病株残体，彻底销毁；②药剂防治，田间应注意检查，发现零星病斑时及时摘除，并用 50%速克灵可湿性粉剂、50%扑海因可湿性粉剂、30%克霉灵（美帕曲星）可湿性粉剂等药剂兑水进行喷雾防治，每 7 天喷 1 次，连续喷药 3 次。

7. 菜豆轮纹病

病原：由半知菌亚门真菌小豆壳二孢菌（*Ascochyta phaseolorum* Sacc.）引起。

症状：主要为害叶片及荚果。叶片初生紫色小斑，后扩大为近圆形褐色斑，斑面具赤褐色同心轮纹，潮湿时生暗色霉状物。荚上病斑紫褐色，具轮纹，病斑数量多时荚呈赤褐色。病害典型症状图片请参考 http://www.wfzhiduoxing.com/nd. jsp?id＝340&groupId ＝43#fai_ 12_ top 和 https://ima. nongyao001.com: 7002/file/upload/201409/01/16-33-46 -47-23384.jpg。

发病规律：病菌以菌丝体和分生孢子梗随病残体遗落土中。由风雨传播，进行初侵染和再侵染。高温多湿天气，发病重。栽植过密，通风差，易发病。连作、低洼地、氮肥施用过量、植株长势过旺、或肥料施用量小、造成植株生长过弱，抵抗力下降，发病重。

防治措施：①轮作；②生长季节结束时彻底收集病残物烧毁，并深耕晒土；③用种子重量 0.3% 的 40%福尔马林浸种进行种子处理；④药剂防治，发病初期，可用 50%福·异菌脲可湿性粉剂、70%甲基硫菌灵可湿性粉剂加 75%百菌清可湿性粉剂、25%嘧菌酯悬浮剂等杀菌剂兑水喷雾进行防治，间隔 7~10 天 1 次，连续防治 2~3 次，注意喷匀喷足。

8. 菜豆黑斑病

病原：由半知菌亚门真菌黑链格孢菌（*Alternaria atrans*）和长喙生链格孢菌（*Alternaria longirostrata*）引起。

症状：主要为害叶片。多在始花期开始发生，初在侧脉间叶肉部分褪色变黄，形成不规则长条状病斑，后期在斑面上密生黑色霉状物（分生孢子及分生孢子梗）。为害严重时，病叶早枯。病斑圆形至不规则形，病斑边缘齐整，周边有紫红色至暗褐色晕圈，斑面呈褐色至赤褐色，湿度大时其上遍布暗褐色至黑褐色霉层。病害典型症状图片请参考 https://p1. ssl. qhmsg. com/t01934d30700acd8c93.jpg 和 http://www.wfzhiduoxing.com/nd.jsp?id=341&groupId=43#fai_12_top。

发病规律：病菌以菌丝体和分生孢子在病部或随病残体遗落在土中越冬，第二年产生分生孢子借风雨传播，从寄主表皮气孔或直接穿透表皮侵入。在温暖高湿条件下发病较重。多雨、多雾、重露利于病害发生。管理粗放、排水不良、肥水缺乏导致植株长势衰弱、密度过大等都能加重病害。

防治措施：①与非豆科植物进行 2 年以上轮作；②合理密植，高垄栽培，合理施肥，适度灌水，雨后及时排水；③及时清除病残体，集中销毁，减少菌源；④药剂防治，发病初期用 10% 苯醚甲环唑水分散粒剂加 75% 百菌清可湿性粉剂、20% 唑菌胺酯水分散粒剂加 50% 克菌丹可湿性粉剂、25% 溴菌腈可湿性粉剂加 70% 代森锰锌可湿性粉剂、64% 氢铜·福美锌可湿性粉剂、20% 苯霜灵乳油加 75% 百菌清可湿性粉剂、60% 琥铜·锌·乙铝可湿性粉剂加 75% 百菌清可湿性粉剂等杀菌剂或组合兑水喷雾进行防治，间隔 7~10 天 1 次。

9. 菜豆褐斑病

病原：由半知菌亚门真菌菜豆假尾孢菌 [*Pseudocercospora cruenta* （Sacc.） Deighton] 引起。

症状：主要为害叶片。发病后，叶片正、背两面产生近圆形或不规则形褐色斑，边缘赤褐色，后期病斑中部变为灰白色至灰褐色，叶背病斑颜色稍深，边缘仍为赤褐色。湿度大时，叶背面病斑产生灰黑色霉状物。病害典型症状图片请参考 https://p1. ssl. qhmsg. com/t01dab8619bb1f358ba.jpg 和 http://www.wfzhiduoxing.com/nd.jsp?id=342&groupId=43#fai_12_top。

发病规律：病菌主要以菌丝体在病残体中越冬，分生孢子靠气流辗转传播进行初侵染和再侵染。高温雨季、连作地、种植过密、通风不良、土壤含水量高、偏施氮肥的地块，发病重。

防治措施：①与非豆类蔬菜轮作；②合理密植，采用配方施肥技术，清洁田园；③收获后及时清除病残体，集中深埋或烧毁；④田间发现病情后及时施药防治，发病初期，可使用 10% 苯醚甲环唑水分散粒剂、50% 咪鲜胺锰络化合物可湿性粉剂、50% 本菌灵可湿性粉剂+75% 百菌清可湿性粉剂、70% 甲基硫菌灵可湿性粉剂+70% 代森锰锌可湿性粉剂、6% 氯苯嘧啶醇可湿性粉剂+75% 百菌清可湿性粉剂等杀菌剂或杀菌剂组合兑水喷雾进行防治，隔 7~10 天防治 1 次，连续防治 2~3 次，采收前 7 天停止用药。

10. 菜豆斑点病

病原：由半知菌亚门真菌菜豆叶点霉（*Phyllosticta phaseolina* Sacc.）和赭斑叶点霉（*Phyllosticta noackiana* Allesch.）引起。

症状：主要为害叶片。叶片染病，病斑圆形或近圆形，始发于叶缘或叶尖的为半圆形，直径 6~15 厘米或更大，边缘褐色，中部淡褐至灰褐色，斑面出现明显或不明显轮纹，潮湿时其上散生或轮生小黑粒（分生孢子器）。病害典型症状图片请参考 https://ima. nongyao001.com: 7002/file/upload/201412/06/11-35-20-83-29630.jpg。

发病规律：北方以菌丝体和分生孢子器随病残体遗落土中越冬，翌年条件适宜时，产生分生孢子进行初侵染和再侵染，借雨水溅射传播蔓延。南方周年种植菜豆地区，病菌辗转传播为害，无明显越冬期。通常温暖多湿的天气或植地低洼、株间郁闭有利于病害发生。

防治措施：①注意清沟排渍，改善植地通透性；②做好田间卫生，及时清除初发病叶，减少菌源；③定期喷施叶面肥使植株健壮；④药剂防治，发病初期及时喷洒 78%波·锰锌可湿性粉剂、50%多菌灵可湿性粉剂、50%多·硫悬浮剂、53.8%可杀得 2000干悬浮剂等杀菌剂兑水喷雾进行防治，隔 10 天左右防治 1 次，连防 3~4 次。

11. 菜豆白绢病

病原：由半知菌亚门真菌齐整小核菌（*Sclerotium rolfsii* Sacc.）引起。

症状：在豆荚或茎上出现辐射状扩展的白色绢丝状菌丝体，后在其上形成菜籽状褐色菌核，导致豆荚湿腐。茎基部皮层变褐腐烂，甚至露出木质部，终致全株萎蔫枯死。病害典型症状图片请参考《现代蔬菜病虫原色图谱》（吕佩珂、苏慧兰、李明远等，2008 年，学苑出版社）和 https://ima. nongyao001.com: 7002/file/upload/201406/22/11-50-06-27-29630.jpg。

发病规律：病菌以菌核或菌丝体随病残体在土中越冬，或菌核混在种子上越冬。翌年初侵染由越冬病菌长出菌丝，从根茎部直接侵入或从伤口侵入。再侵染由发病根茎部产生的菌丝蔓延至邻近植株，也可借助雨水、农事操作传播蔓延。时晴时雨天气情况，发病严重。酸性土壤，连作地，种植密度高时，发病重。

防治措施：①施用腐熟有机肥，适当追施硝酸铵；②及时拔除病株，集中深埋或烧毁，并向病穴内撒施石灰粉；③定植前进行深耕，加强田间管理，避免果实直接与地面接触。保持地面干燥，防止地面积水；④药剂防治，发病初期用 15%三唑酮可湿性粉剂、40%五氯硝基苯可湿性粉剂、20%甲基立枯磷可湿性粉剂兑细土拌匀，撒在病部根茎处，防效明显。也可用上述药剂兑水喷雾进行防治，隔 7~10 天防治 1 次，防治 1~2 次。

12. 菜豆角斑病

病原：由半知菌亚门真菌灰拟棒束孢菌（*Isariopsis griseola* Sacc.）引起。

症状：主要为害叶片和荚果。在花期后发病，叶片上产生多角形黄褐色斑，后变紫褐色，叶背簇生灰紫色霉层（病菌子实体）。严重时为害荚果，荚上出现直径1厘米或稍大的霉斑，病斑边缘紫褐色，中间黑色，后期密生灰紫色霉层，严重时可使种子霉烂。病害典型症状图片请参考《中国现代蔬菜病虫原色图鉴》（吕佩珂、苏慧兰、李明远等，2008年，学苑出版社）。

发病规律：以菌丝块或分生孢子在种子上越冬，成为翌年初侵染源，生长季为害叶片，并产生分生孢子进行再侵染，扩大为害豆荚，并潜伏在种子上越冬。一般秋季发生重。

防治措施：①选无病株留种，并用45℃温水浸种10分钟进行种子消毒；②发病重的地块收获后进行深耕，有条件的可行轮作；③药剂防治，发病初期用27%铜高尚悬浮剂、78%科博可湿性粉剂、20%龙克菌悬浮剂等药剂兑水喷雾进行防治，注意药剂交替使用，隔7~10天1次，防治1~2次。

13. 菜豆细菌性疫病

病原：由细菌菜豆溃疡黄单胞菌（*Xanthomonas phaseoli*）引起。

症状：主要为害叶、茎蔓、豆荚和种子。叶片染病，先在叶缘处产生绿色油渍斑，后发展为红褐色病斑，病组织变薄近透明，周围有黄色晕圈，随着病情发展，病斑连片，全叶变黑枯，凋萎或扭曲畸形；茎蔓感病，病斑处产生凹陷红褐色溃疡状条斑，发病严重时病斑绕茎一周，病斑上部叶片枯萎后凋谢；豆荚感病，初生暗绿色油渍状小斑，随后扩大为稍凹陷的圆形至不规则形褐色病斑，严重的豆荚皱缩。潮湿时，病部有无色透明的菌脓溢出；种子染病，种皮皱缩或产生黑色凹陷斑。湿度大时，茎叶或种脐病部常有黏液状菌脓溢出。病害典型症状图片请参考 https://p1. ssl. qhmsg. com/t01001b95e8e35fadcb.jpg 和 https://p1.ssl.qhmsg.com/t017104fc962a16b2ae.jpg。

发病规律：病菌主要在种子内越冬，也可随病残体在土壤中越冬。植株发病后产生菌脓，借风雨、昆虫传播，从植株的气孔、水孔或伤口侵入，再侵染引起发病。该病发病最适宜温度为30℃，高湿高温条件下，发病严重。田间栽培管理不当，大水漫灌，肥力不足或偏施氮肥，造成长势差或徒长，发病重。

防治措施：①选用无病种子播种；②与非豆科蔬菜行2年以上的轮作；③加强田间管理，及时中耕除草和防治害虫；④药剂防治，发病初期用77%氢氧化铜可湿性粉剂、3%中生菌素可湿性粉剂、88%水合霉素可溶性粉剂、86.2%氧化亚铜可湿性粉剂、25%硫酸链霉素可溶性粉剂、77%可杀得可湿性粉剂、78%波·锰锌可湿性粉剂等药剂兑水进行喷雾防治，交替使用，每7天1次，连喷2~3次。

14. 菜豆细菌性晕疫病

病原：由细菌丁香假单胞杆菌菜豆致病变种 ［*Pseudomonas syrzngae* pv. *phaseolicola*（Burkh.）Young, Dye & Wilkie］引起。

症状：幼苗发病，子叶呈红褐色溃疡状。成株期叶片发病，初呈暗绿色油渍状小斑点，后扩大为不规则形，病部常溢出淡黄色菌脓，干后呈白色或黄白色菌膜。茎蔓发病，病斑呈红褐色溃疡状条斑，中央稍凹陷。豆荚上的病斑呈圆形或不规则形，红褐色，后为褐色，病斑中央稍凹陷，常有淡黄色菌脓，病重时全荚皱缩。种子发病时表面上出现黄色或黑色凹陷小斑点，种脐部常有淡黄色菌脓溢出。病害典型症状图片请参考 https://p1.ssl.qhimgs1.com/sdr/400＿/t01d9477167302998ad.jpg 和 http://www.wfzhiduoxing.com/nd.jsp?groupId=43&id=338。

发病规律：高温多雨，尤其是暴风雨容易引起病害的发生和流行；多雾和露重天气发病较重。经常大水漫灌，肥力不足，偏施氮肥，植株徒长，生长势弱，田间杂草丛生，均易引起发病。保护地通风不良，温度高，湿度大，易发病。蚜虫、红蜘蛛和茶黄螨等发生严重的田块，发病重。

防治措施：①严格检疫，防止种子带菌传播蔓延；②种植抗病品种，从无病株上选留种子，播种前温水浸种；③采用高垄地膜栽培，提高早春地温，增加土壤通透性，定植到结荚前，以保根壮秧为主，增加植株的抗病力；④及时除草，合理施肥和浇水；⑤在菜豆苗期、甩蔓至结荚期，及时拔除弱苗、病苗；⑥药剂防治，发病前或发病初期喷洒14%络氨铜水剂、72%农用硫酸链霉素可溶性粉剂、新植霉素等药剂兑水喷雾进行防治，每7~10天1次，连续2~3次。

15. 菜豆花叶病

病原：主要由菜豆普通花叶病毒（Bean common mosaic virus，BCMV）、菜豆黄花叶病毒（Bean yellow mosaic virus，BYMV）、黄瓜花叶病毒菜豆系（Cucumber mosaic virus-phaseoli）等侵染引起。

症状：病株出苗后即显症。其症状常因品种、环境条件，或植株发育阶段不同而异。感病品种，叶上现明脉、斑驳或绿色部分凹凸不平、叶皱缩；有些品种叶片扭曲畸形，植株矮缩，开花迟缓或落花。豆荚症状不明显，荚略短，有时出现绿色斑点。病害典型症状图片请参考 http://a0.att.hudong.com/31/29/20300396105035143426291446305＿s.jpg 和 https://p1.ssl.qhmsg.com/t01ff7632b1ab2bfade.jpg。

发病规律：由菜豆普通花叶病毒引起的花叶病主要靠种子传毒，也可通过桃蚜、菜缢管蚜、棉蚜及豆蚜等传毒；菜豆黄花叶病毒和黄瓜花叶病毒菜豆系初侵染源，主要来自越冬寄主，在田间也可通过桃蚜和棉蚜传播。该病受环境条件影响：26℃以上高温，多表现重型花叶、矮化或卷叶；18℃显症轻，只表现轻微花叶；20~25℃利于显症，光照时间长或强度大，症状尤为明显。土壤中缺肥、菜株生长期干旱发病重。

防治措施：①选用抗病品种；②建立无病留种田，选用无病种子；③及时喷洒杀虫剂防治传毒蚜虫；④加强田间管理，增施基肥，适时适量浇水，调节小气候，增强寄主抗病力；⑤药剂防治，发病初期用30%壬基酚磺酸铜水乳剂、0.5%菇类蛋白多糖水剂、10%混合脂肪酸铜水剂等药剂兑水喷洒进行防治，隔10天左右防治1次，连续防治3～4次。

四 蚕豆主要病害

1. 蚕豆立枯病

病原：由半知菌亚门真菌立枯丝核菌（*Rhizoctonitt solani* Kühn）引起。

症状：主要为害茎基或地下部。茎基染病，多在茎的一侧或环茎出现黑色病变，致茎变黑。有时病斑向上扩展达十几厘米，干燥时病部凹陷，几周后病株枯死。湿度大时菌丝自茎基向四周土面蔓延，随后产生直径 1~2 毫米、不规则形褐色菌核。地下部染病呈灰绿色至绿褐色，主茎略萎蔫，之后下部叶片变黑，上部叶片仅叶尖或叶缘变色，整株枯死，但维管束不变色，叶鞘或茎间常有蛛网状菌丝或小菌核。此外，病菌也可为害种子，造成烂种或芽枯，致幼苗不能出土或呈黑色顶枯。病害典型症状图片请参考 https://p1.ssl.qhmsg.com/t01240fe7ed4dcb3ad5.jpg 和 https://p1.ssl.qhmsg.com/t0153987e18a3bdf83f.jpg。

发病规律：病菌以菌丝和菌核在土中或病残体内越冬。翌春以菌丝侵入寄主，在田间辗转传播蔓延。土壤过湿或过干、沙土地及徒长苗、温度不适，发病重。

防治措施：①轮作提倡与小麦、大麦等轮作 3~5 年，避免与水稻连作；②适时播种。春蚕豆适当晚播，冬蚕豆避免晚播；③加强田间管理，避免土壤过干过湿，增施过磷酸钙，提高寄主抗病力；④药剂防治，一是用 40% 拌种双粉剂或 50% 福美双可湿性粉剂对种子进行拌种处理，二是发病初期用 58% 甲霜灵·锰锌可湿性粉剂、75% 百菌清可湿性粉剂、20% 甲基立枯磷乳油、72.2% 普力克水溶性液剂、5% 井冈霉素水剂等药剂兑水喷雾进行防治，隔 7~10 天防治 1 次，防治 1~2 次。

2. 蚕豆锈病

病原：由担子菌亚门真菌蚕豆单胞锈菌［*Uromyces fabae*（Pers.）de Bary］引起。

症状：主要为害叶和茎。初期仅在叶两面生淡黄色小斑点，直径约 1 毫米，之后颜色逐渐加深，呈黄褐色或锈褐色，斑点扩大并隆起，形成夏孢子堆。夏孢子堆破裂飞散出黄褐色的夏孢子，随后产生新的夏孢子堆及夏孢子扩大蔓延，发病严重的整个叶片或茎都被夏孢子堆布满，到后期叶和茎上的夏孢子堆逐渐形成深褐色椭圆形或不规则形冬孢子堆，其表皮破裂后向左右两面卷曲，散发出黑色的粉末（冬孢子）。病害典型症状图片请参考 http://p0.so.qhmsg.com/sdr/400_/t01f8251289532b9ba5.jpg 和 http://p3.

so. qhmsg.com/dmfd/241_ 163_ /t0170596a86b7fff9a8.jpg。

发病规律：病菌以冬孢子堆在病残体上越冬，第二年冬孢子萌发产生担子和担孢子，借气流传播到寄主植物上，在寄主组织内形成性孢子器和锈孢子器，锈孢子成熟后借气流传播进行再侵染。在南繁区以夏孢子进行初侵染和再侵染，并完成侵染循环。温度适宜，阴雨天湿度大的情况下，有利于发病。低洼积水、土质黏重、生长茂密、通透性差，发病重。植株下部的茎叶发病早且重。

防治措施：①选种适宜品种，适时播种，适时收获，避开锈病发生盛期；②合理密植，开沟排水，及时整枝，降低田间湿度；③药剂防治，发病初期用30%固体石硫合剂、15%三唑酮可湿性粉剂、50%萎锈灵乳油、50%硫黄悬浮剂、25%敌力脱乳油、25%敌力脱乳油+15%三唑酮可湿性粉剂等杀菌剂及其配方兑水进行喷雾防治，隔10天左右1次，连续防治2~3次。

3. 蚕豆褐斑病

病原：由半知菌亚门真菌蚕豆壳二孢（*Ascochyta fabae* Spegazzini）和小豆壳二孢（*Ascochyta phaseolorum* Sacc.）等引起。

症状：主要为害叶、茎及荚。叶片染病，初呈赤褐色小斑点，之后扩大为圆形或椭圆形病斑，周缘赤褐色，病斑中央褪成灰褐色，其上密生黑色呈轮纹状排列的小点粒，病情严重时相互融合成不规则大斑块，湿度大时，病部破裂穿孔或枯死。茎部染病，产生椭圆形较大斑块，中央灰白色稍凹陷，周缘赤褐色，被害茎常枯死折断。荚染病，病斑暗褐色，四周黑色，凹陷，严重的荚枯萎，种子瘦小，不成熟，病菌可穿过荚皮侵害种子，致种子表面形成褐色或黑色污斑。茎荚病部也长黑色小粒点（分生孢子器）。病害典型症状图片请参考 http://p1. so.qhmsg.com/sdr/400_ /t01e747d0965b12c256.jpg 和 http://p1. so.qhimgs1.com/sdr/400_ /t01febadf17de4c062d.jpg。

发病规律：病菌以菌丝在种子或病残体内，或以分生孢子器在蚕豆上越冬，成为翌年初侵染源，靠分生孢子借风雨传播蔓延。生产上未经种子消毒或偏施氮肥，或播种过早及在阴湿地种植，发病重。

防治措施：①选用无病豆荚，单独脱粒留种，播种前进行种子消毒；②适时播种，不宜过早，提倡高畦栽培，合理施肥，适当密植，增施钾肥，提高抗病力；③药剂防治，发病初期用30%绿叶丹可湿性粉剂、50%琥胶肥酸铜可湿性粉剂、12%绿乳铜乳油、47%加瑞农可湿性粉剂、80%大生M-45可湿性粉剂、80%喷克可湿性粉剂、14%络氨铜水剂、77%可杀得可湿性粉剂等兑水喷雾进行防治，隔10天左右防治1次，防治1~2次。

4. 蚕豆赤斑病

病原：由半知菌亚门真菌蚕豆葡萄孢菌（*Botrytis fabae* Sard.）引起。

症状：主要为害叶、茎和花。叶片染病，初生赤色小点，后逐渐扩大为圆形或椭圆形斑，直径 2~4 毫米，中央赤褐色略凹陷，周缘深褐色稍隆起，病健部交界明显，病斑布于叶两面；茎或叶柄染病，开始也出现赤色小点，之后扩展为边缘深赤褐色条斑，表皮破裂后形成裂痕；花染病，遍生棕褐色小点，扩展后花冠变褐枯萎，荚染病，透过荚皮进入种子内，导致种皮上出现小红斑。病害典型症状图片请参考 http://a1. att. hudong. com/74/90/01300000009075133886906258366. jpg 和 https://p1. ssl. qhmsg. com/t014532c40d981519f3. jpg。

发病规律： 以混在病残体中的菌核于土表越冬或越夏。菌核遇有适宜条件，萌发长出分生孢子梗，产生分生孢子进行初侵染，分生孢子借风雨传播。黏重或排水不良的酸性土壤及缺钾的连作田，发病重。低洼田，发病重。

防治措施： ①种植抗病品种，提倡高畦深沟栽培，雨后及时排水，降低田间湿度，适当密植，注意通风透光；②采用配方施肥技术，忌偏施氮肥，增施草木灰或其他磷钾肥，增强抗病力；③实行 2 年以上轮作，收获后及时清除病残体，深埋或烧毁；④药剂防治，一是用种子重量 0.3% 的 50% 多菌灵可湿性粉剂拌种，二是发病初期用 40% 多·硫悬浮剂、50% 农利灵可湿性粉剂、50% 扑海因可湿性粉剂、50% 扑海因可湿性粉剂+90% 三乙磷酸铝可湿性粉剂、50% 速克灵可湿性粉剂等兑水喷雾进行防治，隔 10 天左右防治 1 次，连续防治 2~3 次。

5. 蚕豆白粉病

病原： 由子囊菌亚门真菌豌豆白粉菌（*Erysiphe pisi* DC.）引起。

症状： 主要为害叶片、茎和荚果。叶片发病，病部表面初现白色粉斑，菌丝体生于叶两面，多在叶背面，有时形成斑片，消失或近留存，后期在粉斑上长出针头大小的小黑粒点（病原菌的闭囊壳）。侵害幼嫩器官易导致变形、肥肿或皱缩，幼荚畸形。病害典型症状图片请参考 https://p1. ssl. qhmsg. com/t012045f1d5463dedd7. jpg。

发病规律： 以闭囊壳在土表病残体上越冬，翌年条件适宜时散出子囊孢子进行初侵染。发病后，病部产生分生孢子，靠气流传播进行再侵染，经多次重复侵染，扩大为害。在潮湿、多雨或田间积水、植株生长茂密的情况下易发病。干、湿交替利于该病扩展，发病重。

防治措施： ①选用抗品种；②收获后及时清除病残体，集中深埋或烧毁；③施用充分腐熟有机肥，采用配方施肥技术，加强管理，提高抗病力；④药剂防治，发病初期用 2% 武夷菌素、10% 施宝灵胶悬剂、60% 防霉宝 2 号水溶性粉剂、30% 碱式硫酸铜悬浮剂、20% 三唑酮乳油、6% 乐必耕可湿性粉剂、12.5% 速保利可湿性粉剂、25% 敌力脱乳油、40% 福星乳油等杀菌剂兑水喷雾进行防治。

6. 蚕豆枯萎病

病原： 由半知菌亚门真菌尖镰孢菌蚕豆专化型（*Fusarium oxysporum* Schl. f. sp. *fabae* Yu et Fang）和燕麦镰孢菌蚕豆专化型 ［*Fusarium avenaceum*（Corda ex Fr.）

Sacc. f. sp. *fabae*（Yu）Yumamoto］引起。

症状：主要为害根部。苗期被害，先是须根尖端变黑色，然后蔓延到主根上，造成根部皮层腐烂，主根也变成黑色。由于根部被害，引起茎部变黑，地上部的茎叶变黄萎蔫，植株矮小，叶片枯焦，严重时，病株被害，根部皮层腐烂，须根消失，致使植株下部叶变黄，从上而下发展。有时病株萎蔫，若剖开根、茎部，可见维管束变黑色。为害严重时，病株枯死。病害典型症状图片请参考 http://p2. so. qhmsg.com/sdr/400_ /t01808993e18ae70467.jpg 和 http://p4. so. qhmsg.com/sdr/400_ /t0137bc784b9105bf79.jpg。

发病规律：病菌以菌丝体、厚垣孢子、拟菌核在土壤和病残株上，或以菌丝潜藏在病残体上越夏、越冬。在适宜条件下，菌核和菌丝都能产生分生孢子，引起初侵染。病菌主要通过伤口或根毛顶端细胞侵入。田间病株上陆续产生大量的分生孢子，借风雨传播，进行重复侵染。土壤湿度、温度和酸碱度对此病的发生有较大的影响。

防治措施：①与非寄主作物轮作 3~5 年，可明显降低发病率；②加强田间管理，注意灌溉和排水，保持土壤湿度，防止土壤过干或过湿。施足基肥，追施化肥。病田收获后，及时清除病残体并集中销毁，实行秋耕冬灌等；③选择无病种子，播前进行消毒处理；④药剂防治，发病初期用 2.5%适乐时悬浮剂、70%甲基托布津可湿性粉剂等杀菌剂兑水喷雾进行防治。

7. 蚕豆根腐病

病原：由半知菌亚门真菌茄类镰孢菌蚕豆专化型（*Fusarium solani* f. sp. *fabae* Yu et Feng）引起。

症状：主要为害根和茎基部，引起全株枯萎。根和茎基部发病，开始表现为水渍状，随后发展为黑色腐烂，侧根枯朽，皮层易脱离，烂根表面有致密的白色霉层（病菌的菌丝体），之后变成黑色颗粒。病茎水分蒸发后，变灰白色，表皮破裂如麻丝，内部有时有鼠粪状黑色颗粒。病害典型症状图片请参考 https://p1. ssl. qhmsg. com/t014cd301a16016748f.jpg 和 https://p1.ssl.qhmsg.com/t01f0a35ac59d9896e8.jpg。

发病规律：病菌随病残体在土壤中越冬，第 2 年在田间进行初侵染和再侵染。条件适宜时，从根毛或茎基部的伤口侵入，田间借浇水及昆虫传播蔓延，引起再侵染。一般在蚕豆花期发病严重。田间积水或苗期浇水过早，病害发生重。多年连作，发病重。

防治措施：①实行轮作；②选用无病种子，并于播前进行种子消毒处理；③加强栽培及田间管理；④药剂防治，发病初期用 50%多菌灵可湿性粉剂、70%的甲基硫菌灵可湿性粉剂等药剂兑水喷淋植株的茎基部进行防治，隔 7~10 天防治 1 次，连续防治 2~3 次。

8. 蚕豆茎基腐病

病原：主要由半知菌亚门真菌燕麦镰孢气生菌丝型［*Fusarium averenaceum*（Corda

ex Fr.）Sacc. f. *fabarum* Ruan et al.〕和燕麦镰孢黏孢团型（*Fusarium avenaceum* f. *fabalis* Ruan et al.）引起。

症状：主要为害幼苗，引起苗前烂种和刚出土幼苗发病。发病时子叶上产生椭圆形红褐色病斑，病害从苗期开始，到开花结荚期为高峰期，成株期染病，根先发黑腐烂，随后蔓延到茎基部，茎基逐渐变黑下陷，病部表皮腐烂，木质部变褐，直至枯死。病害典型症状图片请参考 https://p1.ssl.qhmsg.com/t01cec92666fa85936c.jpg。

发病规律：病菌随病残体在土壤中越冬，第二年在田间进行初侵染和再侵染。条件适宜时，从根毛或茎基部伤口侵入，借浇水及昆虫传播蔓延，引起再侵染。一般在蚕豆花期发病严重。田间积水或苗期浇水过早，病害发生重。多年连作发病重。种植密度大、通风透光不好，发病重。地下害虫、线虫多，易发病。地势低洼积水、排水不良、土壤潮湿，易发病。高温、高湿、多雨，易发病。

防治措施：①实行轮作；②选用无病种子，并于播前进行种子消毒处理；③加强栽培及田间管理；④药剂防治，发病初期用 12.5% 治萎灵水剂、70% 恶霉灵可湿性粉剂、甲基立枯磷乳油、75% 百菌清可湿性粉剂、70% 甲基托布津可湿性粉剂、50% 多菌灵可湿性粉剂、60% 防霉宝可湿性粉剂、50% 根腐灵可湿性粉剂、50% 扑海因可湿性粉剂、64% 杀毒矾可湿性粉剂、50% 速克灵可湿性粉剂、58% 甲霜灵·锰锌可湿性粉剂等兑水喷淋茎基部进行防治，隔 7~10 天防治 1 次，连续防治 2~3 次。

9. 蚕豆油壶火肿病

病原：由鞭毛菌亚门真菌蚕豆油壶菌（*Olpidium viciae* Kusano）引起。

症状：主要为害蚕豆的叶和茎部。叶片染病，在叶两面均可产生浅绿色病斑，隆起，出现圆形至扁圆形小肿瘤，直径数毫米，表面粗糙，单生或群生，后期叶片卷曲成畸形，肿瘤呈褐色溃烂，病叶凋萎干枯；茎部染病，也产生许多隆起的肿瘤，形状与叶上瘤相近，病株矮化，生长不良。病害典型症状图片请参考 http://p0.so.qhimgs1.com/t012ac9f934a41d723c.jpg。

发病规律：以休眠孢子囊越冬。翌年春天，休眠孢子囊萌发，释放出单鞭毛的游动孢子，侵入蚕豆幼芽、幼茎及幼叶，在寄主细胞里形成薄壁的游动孢子囊，致豆苗发病。此后游动孢子囊又通过释放游动孢子进行再侵染，潜育期 10~14 天。

防治措施：①选用抗病品种；②实行 3 年以上轮作，或采用豆麦间作；③收获后及时清洁田园；④药剂防治，一是用种子重量 0.1% 的 15% 三唑酮可湿性粉剂拌种；二是在发病初期用 25% 三唑酮可湿性粉剂、70% 甲基硫菌灵可湿性粉剂、50% 苯菌灵可湿性粉剂兑水喷雾进行防治，防治 2~3 次。

10. 蚕豆轮纹病

病原：由半知菌亚门真菌蚕豆尾孢菌（*Cercospora fabae* Fautrey）引起。

症状：主要为害叶片、茎、叶柄和荚。叶片染病，初生紫红褐色小点，之后扩展成边缘清晰的圆形或近圆形黑褐色轮纹斑，边缘明显稍隆起，一片蚕豆叶上常生多个病斑，病斑融合成不规则大型斑，致病叶变成黄色，最后成黑褐色，病部穿孔或干枯脱落。湿度大或雨后及阴雨连绵的天气，病斑正、背两面均可长出灰白色薄霉层。叶柄、茎和荚染病产生梭形至长圆形、中间灰色凹陷斑，有深赤色边缘。荚上生小黑色凹陷斑。病害典型症状图片请参考 https://p1.ssl.qhmsg.com/t014be35309b8e887af.jpg 和 http://www.zhongnong.com/Upload/BingHai/201522144028.JPG。

发病规律：病菌以分生孢子梗基部的菌丝块随病叶遗落在土表或附着在种子上越冬。翌年产生分生孢子引致初侵染，再产生大量分生孢子，通过风雨传播进行再侵染。蚕豆苗期多雨潮湿易发病，土壤黏重、排水不良或缺钾发病重。

防治措施：①择抗病品种，从无病田采种，选用无病荚，播种前用56℃温水浸种5分钟，进行种子消毒；②适时播种，不宜过早，采用高畦栽培，适当密植，增施有机肥，提高抗病力；③药剂防治，发病初期用30%碱式硫酸铜悬浮剂、30%氧氯化铜悬浮剂、50%多霉威可湿性粉剂、50%琥胶肥酸铜可湿性粉剂、14%络氨铜水剂、77%可杀得可湿性粉剂等药剂兑水喷雾进行防治，隔10天左右防治1次，防治1~2次。

11. 蚕豆细菌性茎疫病

病原：由细菌蚕豆茎疫病假单胞菌〔*Pseudomonas fabae*（Yu）Burkholder〕引起。

症状：主要为害蚕豆茎部。初在蚕豆茎顶端生黑色短条斑或小斑块，稍凹陷，高温高湿条件下病斑迅速扩展向茎下方蔓延，长达15~20厘米或达茎的2/3，病茎变黑，软化呈黏性或收缩成线状，后期叶片逐渐萎蔫，腐烂死亡。气候干燥或天旱，病情扩展缓慢，病茎大部分变黑，上方叶片枯萎脱落，仅留下黑化的茎端。病害典型症状图片请参考 https://p1.ssl.qhmsg.com/t017071f0879f388d35.jpg。

发病规律：主要通过种子传播，从气孔或伤口侵入，经几天潜育即见发病。

防治措施：①选用抗病品种，建立无病留种田，防止种子带菌传播；②药剂防治，发病初期用72%农用硫酸链霉素可溶性粉剂、新植霉素、50%琥胶肥酸铜可湿性粉剂、30%碱式硫酸铜悬浮剂、77%可杀得可湿性微粒粉剂等杀菌剂兑水喷雾进行防治，隔7~10天防治1次，防治2~3次。

12. 蚕豆细菌性疫病

病原：由细菌丁香假单胞菌丁香致病变种（*Pseudomona syringae* pv. *syringae*）引起。

症状：主要为害叶片、茎尖和茎秆，严重时也可为害豆荚。叶片染病，开始边缘变成褐色，逐渐发展成不规则黑色至暗褐色坏死斑，之后整叶变成黑色枯死，茎顶端生黑色短条斑或小斑块，稍凹陷，逐渐向下蔓延，变黑萎蔫；叶柄、茎部染病，向下或向上扩展延伸，出现长条形黑褐色病斑，温度较高的晴天病部变黑且发亮，花受害变黑枯死。高温高湿条件下，叶片及茎部病斑迅速扩大变黑腐烂。豆荚受害初期其内部组织呈水渍状坏死，逐渐变黑腐烂，后期豆荚外表皮也坏死变黑。豆粒受害表面形成黄褐至红褐色斑点，中间色较深。病害典型症状图片请参考 https://p1.ssl.qhmsg.com/t01a548e3a38d83a989.jpg，https://p1.ssl.qhmsg.com/t0100bb0682ea8b0d5a.jpg 和 https://p1.ssl.qhmsg.com/t01bd6b3211624f8c7f.jpg。

发病规律：病原细菌主要通过种子传播，从气孔或伤口侵入，经几天潜育即可发病。病害的发生和流行与蚕豆生育期以及生长季节中的雨日和雨量、土壤湿度、土壤肥力有密切关系。品种间抗病性差异大。雨日长，利于发病。低温多湿，植株受冻，加重发病。地势低洼排水不良，种植粗放的田块，发病重。土壤肥力差的田块，易发病。

防治措施：①选用抗病品种，建立无病留种田，防止种子带菌传播；②建好排灌系统，高垄栽培，雨季注意排水，降低田间湿度；③加强栽培管理，合理施肥，对发病重的田块补施硫酸钾；④及时拔除中心病株，减少再侵染；⑤药剂防治，发病初期用 72%农用链霉素可溶性粉剂、47%加瑞农可湿性粉剂、50%琥胶肥酸铜可湿性粉剂、14%络氨铜水剂、77%氢氧化铜可湿性粉剂等药剂兑水喷雾进行防治。

13. 蚕豆萎蔫病毒病

病原：由蚕豆萎蔫病毒（Broad bean vascula wilt virus，BBVW）侵染引起。

症状：发病初期，叶面呈深浅绿相嵌花叶，不久萎蔫坏死或顶端坏死。有些病株不显花叶，植株矮小，叶片变黄、易落。轻病株可结少量荚，但荚上呈现褐色坏死斑。病害典型症状图片请参考 https://p1.ssl.qhmsg.com/t018735ae8aeae32c40.jpg，https://p1.ssl.qhmsg.com/t01e0aa64c8b887a1b8.jpg 和 https://p1.ssl.qhmsg.com/t0105e789552f82b0a4.jpg。

发病规律：田间主要靠蚜虫传播，农事操作时可通过接触摩擦传毒。管理条件差，干旱，蚜虫发生量大，发病重。

防治措施：①加强田间管理，提高植株抗病力。早期发现病株及时拔除，减少传播；②药剂防治，一是及早防治蚜虫，防止病害蔓延。蚜虫发生期，用10%吡虫啉可湿性粉剂、50%抗蚜威可湿性粉剂、20%甲氰菊酯乳油、1.8%阿维菌素乳油、10%烯啶虫胺可溶性液剂等药剂兑水防治蚜虫；二是在发病初期，喷施1.5%植病灵乳剂、20%盐酸吗啉胍·乙酸铜可湿性粉剂、10%混合脂肪酸水剂等药剂兑水喷雾进行病害防控，每隔10天左右防治1次，防治1~2次。

14. 蚕豆病毒病

病原：由豌豆卷叶病毒（Pea roll leaf virus，PRLV）和豌豆花叶病毒（Pea mosaic virus，PMV）侵染引起。

症状：全株受害，主要表现为黄化卷叶和花叶两种类型。前者顶叶变狭小而卷曲，叶片褪绿呈淡黄色，叶质变厚和僵硬，有时病株生出少量花叶状新叶；后者叶片表现为明脉，叶色浓淡不均，花叶斑驳，有的皱缩变形。病株节间缩短，开花延迟，不结实或豆荚畸形，籽粒减少，秕粒多。病害典型症状图片请参考 http://www.zhongnong.com/

Upload/BingHai/201161185635. jpg 和 http://p0. so. qhimgs1. com/dmfd/261 _ 200 _ / t013b77cefb27b2102a.jpg。

发病规律：两种病毒田间的主要传毒介体都为豆蚜和桃蚜；两种病毒均不能通过种子传播。黄化卷叶病毒不能借助汁液传播，而普通花叶病毒则能借汁液传毒。任何有利于蚜虫繁殖、迁移活动的天气或植地环境，都有利于病毒病的发生。肥沃蚕豆田较瘦瘠蚕豆田容易发病。

防治措施：①从无病田留种，选择健康饱满无病种子播种；②适时播种，苗期发现病株及时拔除烧毁；③早期喷药防治蚜虫；④发病初期用 1.5%植病灵乳剂、20%病毒 A 可湿性粉剂、10%的 83 增抗剂等药剂兑水喷雾防治，注意交替使用。

15. 蚕豆染色病毒病

病原：由蚕豆染色病毒（Broad bean strain virus，BBSV）侵染引起。

症状：表现为系统侵染，病株叶片有的呈轻花叶、斑驳、褪色斑或畸形，有的小叶正常无明显病变，苗期、开花期前染病的，结荚少或籽粒小，其典型症状是种皮呈坏死色斑，严重时外种皮上形成连续坏死带。苗期植株矮化，顶端枯死，病叶呈褪色花叶或畸形，减产 40%~80%，花期后染病则影响小。病害典型症状图片请参考 https://ps. ssl. qhmsg. com/dmt/80 _ 80 _ /t011d44ff78e43a7d18. jpg 和 https://p1. ssl. qhmsg.com/t012a89c7228402a902.jpg。

发病规律：主要由花粉和种子传病，种子带毒率一般低于 10%，个别品系高达 18%。在欧洲，传毒媒介昆虫主要是豆长吻象甲和豌豆叶象甲，传毒率高达 4%~16%。

防治措施：①及时拔除并销毁病株，避免病毒通过种子或介体昆虫传播；②严格检疫制度，防止蚕豆染色病毒扩展蔓延。注意收集植物检疫信息，加强国外引种的隔离。③药剂防治，用杀虫剂适时防治传毒昆虫。

五 大葱主要病害

1. 大葱霜霉病

病原：由鞭毛菌亚门真菌葱霜霉菌（*Peronospora schleidenii* Ung.）引起。

症状：主要为害叶及花梗。发病轻的病斑呈苍白绿色长椭圆形，严重时波及上半叶，植株发黄或枯死，病叶呈倒 V 字形。花梗上初生黄白色或乳黄色较大侵染斑，纺锤形或椭圆形，其上产生白霉，后期变为淡黄色或暗紫色。中下部叶片染病，病部以上渐干枯下垂。假茎染病多破裂，弯曲。鳞茎染病，病株矮缩，叶片畸形或扭曲，湿度大时，表面长出大量白霉。病害典型症状图片请参考 https://p1.ssl.qhmsg.com/t01fc945efb56ff7381.jpg 和 http://www.nongyao168.com/Uploads/FCK/2013514186446892.jpg。

发病规律：病菌以卵孢子和菌丝形态附在叶片上越冬，翌年形成分生孢子后，成为初侵染源。分生孢子在夜间形成，白天飞散。孢子从叶片气孔处侵入，经 5~10 天潜伏期发病，叶表面形成许多分生孢子，成为再侵染源。降雨多时，容易发病。连作、排水不畅、低洼地、阴地等通风不良的地块病害较多。厚播、施肥过多的苗床，由于湿度大，有利于病害发生。

防治措施：①选用抗病或轻感病品种；②避免连作，实行轮作；③保持田园卫生，收获后要彻底清除病残体，带出田外销毁；④选择地势平坦、排水方便的肥沃壤土做苗床和栽植地；⑤多雨地区可推行垄栽和高畦栽培，及时排水，防止田间积水；⑥合理密植，加强肥水管理，定植时淘汰病苗，早期拔除田间系统侵染病株，带出田外烧毁；⑦药剂防治，苗期和发病初期喷药防治，药剂选用58%甲霜灵·锰锌可湿性粉剂、64%杀毒矾可湿性粉剂、72%克露可湿性粉剂等药剂兑水喷雾进行防治，每 7 天喷 1 次，连喷 2~3 次。因大葱叶面有蜡粉，不易着药，为了增加药剂的黏着性，药剂中可加适量中性洗衣粉。

2. 大葱灰霉病

病原：由半知菌亚门真菌大蒜盲种葡萄孢菌（*Botrytis porri* Buchw.）引起。

症状：叶片发病有 3 种主要症状，即白点型、干尖型和湿腐型。白点型最常见，发病叶片上出现白色至浅褐色小斑点，扩大后成梭形至长椭圆形，病斑长度可达 1~5 毫米，潮湿时病斑上生有灰褐色绒毛状霉层。后期病斑相互连接，致使大半个叶片甚至全叶腐烂，烂叶表面也密生灰霉，有时还生出黑色颗粒状物。病害典型症状图片请参考 https://p1.ssl.qhmsg.com/t01b2ed38d0936188a6.jpg 和 https://ss0.baidu.com/6ONWsjip0QIZ8tyhnq/it/u=2730472458,2365539301&fm=173&app=25&f=JPEG?w=444&h=270&s=15B452957E46585D1A24F5D20300D0B3。

发病规律：病菌随发病寄主越冬或越夏，也可以菌丝和菌核在田间病残体上及土壤中越夏或越冬，成为侵染下一季寄主植物的主要菌源。冷凉、高湿的环境条件最有利于灰霉病发生。适宜的温度和降雨是灰霉病流行的关键因素。露地大葱秋季苗期即可发病，冬季病情发展缓慢，春季再度蔓延并达到发病高峰。冬春季阴雨天多，降水量大，发病重。土壤黏重，排水不良，灌水不当，过度密植，偏施氮肥，植株衰弱，伤口、刀口愈合慢等情况都能导致发病加重。

防治措施：①选用抗病或轻感病品种；②实行轮作；③保持田园卫生，收获后要彻底清除病残体，带出田外销毁；④选择地势平坦、排水方便的肥沃壤土做苗床和栽植地；⑤推行垄栽和高畦栽培，雨季及时排水，防止田间积水；⑥合理密植，加强肥水管理，早期拔除田间系统侵染病株，带出田外烧毁；⑦药剂防治，发病初期用 3% 多氧清水剂、40% 灰霉灵可湿性粉剂、30% 百霉威可湿性粉剂、50% 腐霉利可湿性粉剂、50% 异菌脲可湿性粉剂等药剂兑水喷雾进行防治，每 7 天喷 1 次，连续防治 2~3 次。

3. 大葱紫斑病

病原：由半知菌亚门真菌香葱链格孢菌 [*Alternaria porri*（Ell）Ciferri.] 引起。

症状：发病多从叶尖或花梗中部开始向上蔓延，出现紫褐色小斑点，微凹陷，潮湿时长有黑褐色粉霜状物。病斑逐渐扩大成椭圆或纺锤形，暗紫色，长有同心轮纹。病斑扩展中常几个相互融合，或环绕叶和花梗，引起折倒，严重时叶大量枯死。鳞茎受害引起半湿性腐烂，收缩变黑。病害典型症状图片请参考 http://pic.baike.soso.com/p/20100903/20100903200713-261496248.jpg 和 http://www.haonongzi.com/pic/news/20170517162732678.jpg。

发病规律：病菌以菌丝体在寄主体内、种苗上或随病残体在土中越冬，也可以继续为害贮存的葱。在条件适宜时产生分生孢子，借气流、雨水传播。从寄主的伤口、气孔或表皮侵染所致。温暖、潮湿利于发病，管理粗放、排水不良、阴雨连绵、密度过大、长势衰弱等发病较重。

防治措施：①采用无病种苗和进行种苗消毒；②加强栽培管理，施足基肥，增施磷钾肥，提高植株抗病能力；③与非葱、蒜、韭菜等作物实行两年以上轮作；④清除病株残叶，减少病源，降低发病率；⑤适时收获，低温贮存；⑥药剂防治，发病初期用 70% 代森锰锌可湿性粉剂、75% 百菌清可湿性粉剂、64% 杀毒矾可湿性粉剂、58% 甲霜灵锰锌可湿性粉剂、50% 扑海因可湿性粉剂、40% 大富丹可湿性粉剂等药剂兑水喷雾进行防治，每隔 7~10 天喷 1 次，连喷 3~4 次。

4. 大葱黑斑病

病原：由半知菌亚门真菌匍柄霉菌（*Stemphylium botryosum* Wallroth）引起。

症状：为害叶片和花梗。叶染病后出现褪绿长圆斑，初呈黄白色，迅速向上、下扩展，变为黑褐色，边缘具黄色晕圈。病情扩展后，斑与斑连片后仍然保持椭圆形，病斑上略现轮纹，层次分明。后期病斑上密生黑短绒层（病菌分生孢子梗和分生孢子），发病严重的叶片变黄枯死或基部折断，采种株易发病。病害典型症状图片请参考 http://www.gengzhongbang.com/data/attachment/portal/201703/27/022801eo2t2yo0f2dzb2xb.jpg 和 http://www.gengzhongbang.com/attachment/portal/201703/27/022800kvxuhbsnblhxzxgc.jpg。

发病规律：病菌以子囊座随病残体在土壤中越冬，以子囊孢子进行初侵染，分生孢子进行再侵染。孢子随气流和雨水传播，孢子萌发后产生侵染菌丝，经气孔、伤口或直接穿透叶表皮而侵入。长势弱的大葱植株，易发病；在温暖多湿的季节发病重；田间不洁，遗留病残体多，施用未腐熟有机肥、连茬、土壤黏重、低湿积水等有利于病害发生。

防治措施：①施足有机底肥，增施磷钾肥，合理密植，清除田间病残体；②重病地实行 2~3 年非葱类作物轮作；③加强田间管理，雨后及时排水，促进植株稳健生长，提高植株抗病能力；④药剂防治，发病初期用 75%百菌清可湿性粉剂、50%扑海因可湿性粉剂、64%杀毒矾可湿性粉剂、70%大生可湿性粉剂、14%络氨铜水剂等杀菌剂兑水喷雾进行防治，隔 5~7 天防治 1 次，连续防治 3~4 次，各种药剂交替使用。

5. 大葱锈病

病原：由担子菌纲多孔菌目真菌葱柄锈菌 ［*Fomitopsis semiolaccatus*（Berk.）Ito.］引起。

症状：为害叶、花梗，有时也为害茎部。发病初期表皮上产生椭圆形或纺锤形稍隆起的橙黄色孢斑，之后表皮破裂向外翻，散出橙黄色粉末（病菌夏孢子堆和夏孢子）。秋后孢斑变为黑褐色，破裂时散出暗褐色粉末（冬孢子堆和冬孢子）。严重时，病斑连成片，致叶片上长满孢斑，病叶干枯。病害典型症状图片请参考 http://www.1988.tv/news/54798 和 https://ps.ssl.qhmsg.com/sdr/400_/t01ba421f23abf2ca59.jpg。

发病规律：在温暖地区周年发生，病原菌夏孢子随气流和雨滴飞溅传播，在葱属蔬菜间辗转为害。在田间出现发病中心，成点片状分布，植株密度大，偏施水肥，田间郁蔽，或者地势低洼，易于积水等都有利于锈病流行。

防治措施：①合理轮作换茬，一般一年一换；②大葱喜肥，应施足有机肥，增施磷钾肥，提高植株抗病力；③移栽时剔除病苗弱苗，摘除病叶，消除病残体；④药剂防治，发病初期用 25%三唑铜乳油、15%三唑酮可湿性粉剂、70%代森锰锌可湿性粉剂、40%福星乳油、10%世高水分散粒剂等杀菌剂轮换兑水喷雾进行防治，每 7 天左右防治

1 次，共防 2~3 次。

6. 大葱苗期立枯病

病原：由半知菌亚门真菌立枯丝核菌（*Rhizoctonia solani* Kühn）引起。

症状：此病多发生于发芽后半个月内，1~2 叶期大葱幼苗茎基部出现椭圆形或不规则形暗褐色或淡黄色病斑，逐渐向里凹陷，边缘较明显，扩展后绕茎一周，使茎部萎缩干枯，以后幼苗死亡，严重时幼苗成片倒伏死亡。在潮湿条件下，病部和附近地面生出稀疏的褐色蛛丝网状菌丝。病害典型症状图片请参考《中国现代蔬菜病虫原色图鉴》（吕佩珂、苏慧兰、李明远等，2008 年，学苑出版社）和 https://ima.nongyao001.com:7002/file/upload/201307/07/10-15-38-70-14206.jpg。

发病规律：病原菌可以在土壤中和病残体中越冬或越夏，可随雨水、灌溉水、农机具、土壤和带菌有机肥传播蔓延。病原菌在土壤中可以存活 2~3 年，在适宜的条件下直接侵入幼苗。土壤带菌多，湿度高，幼苗徒长时发病重。苗床过低、湿度过高，种植过密，通风不良，光照不足均有利于该病害的发生。

防治措施：①选用上季没种植过葱蒜类作物的田块作育苗床，同时用多宁处理苗床，预防苗床带菌发病，施用不带病残体的腐熟基肥；②加强苗期管理，保持土壤干湿适度，适时放风透气，及时除草、间苗；③药剂防治，发病初期要及时拔除病株，并用 20% 甲基立枯磷乳油、72.2% 普力克水剂、70% 噁霉灵可湿性粉剂、80% 代森锰锌可湿性粉剂、75% 百菌清可湿性粉剂、50% 多菌灵可湿性粉剂、50% 甲基硫菌灵可湿性粉剂等兑水喷淋进行保护，防止病害蔓延。

7. 大葱疫病

病原：由鞭毛菌亚门真菌烟草疫霉（*Phytophthora nicotianae*）引起。

症状：主要为害叶及花梗。染病后最初出现青白色不明显斑点，扩大后成为灰白色斑，致叶片枯萎。阴雨连绵或湿度大时，病部长出白色绵毛状霉；天气干燥时，白霉消失，撕开表皮可见绵毛状白色菌丝体。病害典型症状图片请参考 http://p3.so.qhmsg.com/sdr/400 _ /t0173b32b657eb51d58.jpg 和 http://p1.so.qhimgs1.com/sdr/400 _ /t0199a92a083256ad31.jpg。

发病规律：病菌以卵孢子、厚垣孢子或菌丝体在病残体内越冬，翌春产生孢子囊及游动孢子，借风雨传播，孢子萌发后产出芽管，穿透寄主表皮直接侵入，之后病部又产生孢子囊进行再侵染，扩大为害。病菌适宜高温高湿的环境，最易感病生育期为成株期至采收期。阴雨连绵的雨季，易发病；种植密度大、地势低洼、田间积水、植株徒长的田块，发病重。

防治措施：①彻底清除病残体，减少田间菌源；②与非葱蒜类蔬菜实行 2 年以上轮作；③选择排水良好的地块栽植，雨后及时排水，做到合理密植，通风良好；④采用配方施肥，增强寄主抗病力；⑤药剂防治，发病初期用 60% 琥·乙膦铝可湿性粉剂、70%

乙·锰锌可湿性粉剂、58%甲霜灵·锰锌可湿性粉剂、72.2%霜霉威水剂、25%甲霜灵可湿性粉剂、64%恶霜·锰锌可湿性粉剂、72%霜脲氰·代森锰锌可湿性粉剂等杀菌剂兑水喷雾进行防治，隔 7~10 天防治 1 次，连续防治 2~3 次。

8. 大葱白腐病

病原： 由子囊菌亚门真菌白腐小核菌（*Sclerotium cepivorum* Berk.）引起。

症状： 主要为害叶片、根及鳞茎。叶片从顶尖开始向下变黄后枯死。幼株发病通常枯萎，成熟的植株数周后衰弱、枯萎。湿度大时，葱头和不定根上长出许多绒毛状白色菌丝体，后菌丝减退而露出黑色球形菌核。根或鳞茎在田间即腐烂，呈水浸状。贮藏期鳞茎可继续腐烂。病害典型症状图片请参考 http://p0.so.qhimgs1.com/sdr/400_ / t0105236dea5843353c.jpg 和 http://p3.so.qhmsg.com/sdr/400_ /t01f5112c33c6f56328.jpg。

发病规律： 病菌以菌核在土壤中或病残体上存活越冬，遇根分泌物刺激萌发，长出菌丝侵染植株的根或茎。其营养菌丝在无寄主的土中不能存活，在株间辗转传播。土壤含水量对菌核的萌发有较大影响，多雨季节，病势发展快。长期连作，排水不良，土壤肥力不足，发病重。

防治措施： ①播前用种子重量 0.3% 的 50% 扑海因可湿性粉剂拌种；②实行 3~4 年轮作，发病田避免连作；③选用无病秧苗，控制种苗传病；④加强田间检查，发现病株及时挖除深埋，并用石灰或草木灰消毒土壤。收获后彻底清除病残体并深耕；⑤药剂防治，发病初期用 50% 多菌灵可湿性粉剂、50% 甲基硫菌灵可湿性粉剂、50% 扑海因可湿性粉剂、20% 甲基立枯磷乳油等药剂兑水喷雾进行防治，隔 10 天左右防治 1 次，连喷 1~2 次，贮藏期也用上述杀菌剂喷洒。

9. 大葱小菌核病

病原： 由子囊菌亚门真菌葱叶杯菌 ［*Ciborinia allii*（Sawada）L. M. Kohn］ 引起。

症状： 主要为害叶片和花梗。发病初期，先是叶片或花梗尖端变色，逐渐向下扩展，引起葱株局部或全部枯死，仅残留新叶。剥开病叶，可见白色棉絮状气生菌丝，病部表皮下散生黄褐色或黑色小菌核。病害典型症状图片请参考《中国现代蔬菜病虫原色图鉴》（吕佩珂、苏慧兰、李明远等，2008 年，学苑出版社）和 http://www. gengzhongbang.com/data/attachment/portal/201703/27/024340u1bccpd88bcb3w1d.jpg。

发病规律： 病菌以菌核随病残体在土壤中越冬。翌年条件适宜时，菌核萌发产生子囊孢子，子囊孢子借气流传播蔓延或病部菌丝与健株直接接触后侵染发病。地势低洼、积水严重、雨后受涝、偏施氮肥、过度密植的田块，发病重。

防治措施： ①与非葱类作物实行 2~3 年轮作；②收获后及时清除病残体，集中深埋或烧毁；③合理灌溉，雨季及时排水，降低田间湿度，避免发病环境条件；④适当密植，改善通风透光条件；⑤药剂防治，发病初期用 40% 多·硫悬浮剂、50% 甲基托布津可湿性粉剂、50% 多菌灵可湿性粉剂、40% 菌核净可湿性粉剂、50% 扑海因可湿性粉剂等杀菌剂兑水喷淋进行防治，隔7~10天喷1次，连续2~3次。

10. 大葱枯萎病

病原：由半知菌亚门真菌尖镰孢菌洋葱专化型［*Fusarium oxysporum* Schlecht f. sp. *cepae*（Hanz.）Snyd. et Hans.］引起。

症状：苗期至移植后15~60天期间易发病，苗期染病，呈立枯状。后期发病，茎盘侧部褐变，向一侧弯曲。移植后2~4周发病时，病株地上部的叶向下弯曲、黄化、萎蔫，下部叶叶鞘侧部腐烂。纵向剖开，可见茎盘褐变。病害典型症状图片请参考《中国现代蔬菜病虫原色图鉴》（吕佩珂、苏慧兰、李明远等，2008年，学苑出版社）。

发病规律：病原菌以厚垣孢子形态在土壤中存活，种子也可带菌，形成感染源。病原菌在茎盘附近死组织（枯死根）上增殖，侵入大葱内部引起发病。沙质土壤，易发病；土壤pH值低的地块，易发病；干燥和高温，易发病。

防治措施：①实行轮作，并注意调整土壤pH值；②选种抗病品种；③育苗及移植后要加强管理，避免过度干燥和高温；④药剂防治，发病初期用50%多菌灵磺酸盐可湿性粉剂或50%消菌灵可湿性粉剂等兑水喷淋进行防治。

11. 大葱叶霉病

病原：由半知菌亚门真菌葱疣蠕孢菌（*Heterosporium allii* Ellis et Martin）引起。

症状：为害葱叶。叶部染病，叶斑初呈水渍状，随后变暗褐色下陷，其上生黑色绒层（病原菌子实体）。病害典型症状图片请参考 https://p1.ssl.qhmsg.com/t01ea8a3c2a0fb6ef76.jpg。

发病规律：病菌以菌丝体潜伏在病部越冬，以分生孢子进行初侵染和再侵染，靠气流传播蔓延。天气温暖及连阴雨或田间湿度大，偏施、过施氮肥易发病。

防治措施：①收获后及时清除病残体，集中深埋或烧毁；②适当密植，适时适量浇水，雨后及时排水，防止湿气滞留；③药剂防治，发病初期用36%甲基硫菌灵悬浮剂、50%混杀硫悬浮剂、40%多·硫悬浮剂、50%苯菌灵可湿性粉剂等杀菌剂兑水喷淋进行防治。采收前3天停止用药。

12. 大葱软腐病

病原：由细菌胡萝卜软腐欧文氏杆菌胡萝卜软腐致病型［*Erwinia carotovora* subsp. *carotovora*（Jones）Berg. et al.］引起。

症状：主要为害鳞茎。鳞茎膨大期，在1~2片处外叶的下部，从脚叶的叶缘或中脉发病，初期在基部近地面处出现水渍状病斑，形成黄白色条斑，可贯穿整个叶片。温度高时，病部呈黄褐色软腐状，随后逐渐向上部叶片扩展，进而外叶倒折、软化腐烂，致全株枯黄。病害症状为大葱地上部分倒伏，容易拔起，茎下部腐烂，引起全株倒伏，并有恶臭。病害典型症状图片请参考 http://www.haonongzi.com/pic/news/20160418155954306.jpg 和 http://www.haonongzi.com/pic/news/20160418160006797.jpg。

发病规律：病菌在病组织中越冬，翌春经风雨、灌溉水及带菌土壤、肥料、昆虫等多种途径传播，从伤口或气孔、皮孔侵入，氮肥过多的田块和生长旺盛或虫伤的植株发病往往较重。高温高湿、机械伤、虫口伤容易引起病害流行。大雨过后或连续阴雨天气，发病重；低洼连作地植株徒长，排不水良，病菌积累多，发病重；土壤板结易发病。

防治措施：①选用抗病品种；②与粮食作物轮作，不与十字花科、伞形花科类蔬菜轮作；③加强栽培及田间管理，培育壮苗，适时早播，减少氮肥用量，增施有机肥，重施磷、钾肥，实行平衡施肥，浅浇水，及时除草；④药剂防治，发病初期用77%可杀得微粒可湿性粉剂、72%的农用链霉素、新植霉素等兑水喷淋进行防治，注意药剂交替使用，每隔7~10天喷1次，连喷2~3次。

13. 大葱黄矮病

病原：由葱黄矮病毒（Onion yellow dwarf virus，OYDV）侵染引起。

症状：主要为害叶片。大葱染病叶生长受抑，叶片扭曲变细，致叶面凹凸不平，叶尖逐渐黄化，有时产出长短不一的黄绿色斑驳或黄色长条斑，葱管扭曲，生长停滞，叶下垂变黄，严重的全株矮化或萎缩。病害典型症状图片请参考 https://ima.nongyao001.com:7002/file/upload/201610/15/17-12-52-63-29630.jpg 和 http://p3.so.qhmsg.com/sdr/400_/t0197e6104817a3c3c8.jpg。

发病规律：可由蚜虫和蓟马传播。高温干旱，管理条件差，蚜量大，与葱属植物邻作，发病重。

防治措施：①及时防除传毒蚜虫和蓟马；②精选葱秧，剔除病株，不要在葱类采种田或栽植地附近育苗及邻作。春季育苗应适当提早、育苗如与蚜虫迁飞期吻合，应在苗床上覆盖灰色塑料膜或尼龙纱防虫；③增施有机肥，适时追肥，喷施植物生长调节剂，增强抗病力；④管理过程中尽量避免接触病株，防止人为传播；⑤药剂防治，发病初期用1.5%植病灵乳剂、20%病毒A可湿性粉剂、83增抗剂等兑水喷淋进行防治，隔10天左右防治1次，防治1~2次。

六 大豆主要病害

1. 大豆根腐病

病原：由半知菌亚门真菌疫霉菌（*Phytophthora sojae*）、腐霉菌（*Pythium* sp.）、镰刀菌（*Fusarium* sp.）、立枯丝核菌（*Rhizoctonia solani* Kühn）等引起。

症状：从幼苗到成株期均可发病，主要被害部位为主根，初发病斑为褐色至黑褐色小斑点，之后迅速扩大呈梭形、长条形、不规则形大斑，病重时整个主根变为红褐色或黑褐色，皮层腐烂呈溃疡状，病部细缢，有的凹陷，重病株侧根和须根脱落使主根变成秃根。病害典型症状图片请参考 https://p1.ssl.qhmsg.com/t01dd2ed71c41511b7b.jpg 和 http://image.tianjimedia.com/uploadImages/2015/364/56/JH3GL7U06F7J.jpg。

发病规律：根腐病病菌多以卵孢子在土壤中越冬。当温湿度等条件适宜时，卵孢子打破休眠，产生游动孢子囊，孢子囊在低温、水分充足时产生卵圆形的游动孢子，并随水流传播，从植株的根部侵入，成为初侵染源。在被侵染的根系表面产生大量胞囊，并再度释放游动孢子，随水流传播，进行多次重复再侵染。

防治措施：①选用抗病、包衣的种子，或用拌种剂、浸种剂灭菌；②轮作，最好水旱轮作；③使用充分腐熟的有机肥，并不得混有上茬本作物残体及腐烂物；④深翻土壤，加速病残体的腐烂分解，深沟高畦栽培，雨停不积水；⑤合理密植，及时去除病枝、病叶、病株，并带出田外烧毁；⑥药剂防治，发病前或初期，用4%农抗120水剂、75%百菌清可湿性粉剂、70%甲基托布津可湿性粉剂、70%恶霉灵可湿性粉剂、50%多菌灵可湿性粉剂、20%龙克菌悬浮剂、10%双效灵水剂等药剂兑水浇灌进行防治。

2. 大豆羞萎病

病原：由半知菌亚门真菌大豆黏隔胞菌（*Septogloeum sojae* Yoshii & Nish.）引起。

症状：主要为害叶片、叶柄和茎。叶片染病，沿叶脉产生褐色细条斑，之后变为黑褐色。叶柄染病，从上向下变为黑褐色，有的一侧纵裂或凹陷，致叶柄扭曲或叶片反转下垂，基部细缢变黑，造成叶片凋萎。茎部染病主要发生在新梢。豆荚染病从边缘或荚梗处褐变，扭曲畸形，结实少或病粒瘦小变黑，病部常产生黄白色粉状颗粒。病害典型症状图片请参考 http://s1.sinaimg.cn/orignal/007hCvanzy7s5K77QD600，http://s11.sinaimg.cn/orignal/007hCvanzy7s5KabjVE0a 和 https://p1.ssl.qhmsg.com/t011f

238467f25b785d.jpg。

发病规律：病菌以分生孢子盘在病残体上越冬，也可以菌丝在种子上越冬，成为翌年的初侵染源。可经农事耕作、铲趟、昆虫、飞禽、风和水流传播。连作地发病重。大豆播种过早过深，遇低温出苗慢，长势差，易受病害侵染。苗期阴雨，低洼内涝地，大豆长势弱，抗逆性降低，发病重。

防治措施：①选用抗病品种，严格检疫，防止随种子传播蔓延；②与非本科作物实行 3 年以上轮作，收获后及时清洁田园，减少菌源；③采取大垄栽培模式，加强田间排涝，降低田间湿度。施用充分腐熟有机肥，适当增施磷钾肥，培育壮苗，增强植株抗病力，有利于减轻病害；④药剂防治，一是用种子重量 0.4% 的 40% 拌种双可湿性粉剂或 50% 苯菌灵可湿性粉剂拌种；二是在发病初期用 25% 咪鲜胺水乳剂加 43% 戊唑醇悬浮剂，必要时在结荚期用 50% 苯菌灵可湿性粉剂、36% 甲基硫菌灵悬浮剂、50% 多菌灵可湿性粉剂等药剂兑水喷雾进行防治。

3. 大豆叶斑病

病原：由子囊菌亚门真菌大豆球腔菌（*Mycosphaerella sojae* Hori.）引起。

症状：主要为害叶片。初期为散生灰白色不规则形病斑，病斑扩展后中间浅褐色，四周深褐色，病斑与健部界限明显，后期病斑干枯，其上生黑色小粒点，最后叶片枯死脱落。病害典型症状图片请参考 http://p0.qhimgs4.com/t01aba4e5a34b14e058.jpg 和 https://p1.ssl.qhmsg.com/t01d7a30b5e518b1571.jpg。

发病规律：病菌以子囊壳在病残组织里越冬，成为翌年初侵染源。该病多发生在生育后期，导致早期落叶，个别年份发病重。湿度高或多雨天气、土壤黏重，易发病。重茬地发病重。

防治措施：①选用优良品种和无病种子，播种前用种子重量 0.3% 的 47% 加瑞农可湿性粉剂拌种；②深翻土壤，实行 3 年以上轮作；③合理浇水，防止大水漫灌，注意通风降湿，缩短植株表面结露时间，注意在露水干后进行农事操作，及时防治田间害虫；④收获后及时清除病残体，集中深埋或烧毁；⑤药剂防治，在发病初期和结荚初期，用 70% 甲基托布津可湿性粉剂、50% 的福美双可湿性粉剂、50% 多菌灵可湿性粉剂、47% 加瑞农可湿性粉剂、50% 可杀得可湿性粉剂、25% 二噻农加碱性氯化铜水剂、25% 噻枯唑或新植霉素等兑水进行喷雾防治。

4. 大豆菌核病

病原：由子囊菌亚门真菌核盘菌［*Sclerotinia sclerotiorum*（Lib.）de Bary.］引起。

症状：从幼苗到成株均可发生，结荚后为害严重。在田间，植株上部叶片变褐枯死；茎部断续发生褐色病斑，其上生白色棉絮状菌丝体及白色颗粒状物，后变黑色成为菌核。纵剖病株茎部，内有黑色鼠粪状菌核依次排列。病株枯死后呈灰白色，茎中空，皮层往往烂成麻丝状。荚上病斑褐色，迅速枯死不能结荚，最后全荚呈苍白色，轻病荚虽可结粒，但病粒腐烂或干缩皱瘪。病害典型症状图片请参考 https://p1.ssl.qhmsg.com/dr/270_ 500_ /t019b168a22a7172223.jpg? size = 898x1356 和 https://p1.ssl.qhmsg.com/t01e874727251683aae.jpg。

发病规律：病菌以在土壤中和混在种子间的菌核越冬。菌核在大田封垄后，土壤温度和湿度适宜时萌发产生子囊盘，子囊孢子为初侵染源，随气流传播。阴雨连绵的年份，发病重；地势低洼和重茬地发病重；施氮肥过多，生长繁茂，茎秆软弱，倒伏地段，发病重；过度密植田，发病重。扬花期长品种易感病。

防治措施：①加强长期和短期测报发病程度，并据此确定合理种植结构；②实行与非寄主作物 3 年以上轮作；③选用优良品种在无病田留种；④及时排水，降低田间湿度，避免施氮肥过多，收获后清除病残体；⑤药剂防治，发病初期，最迟封垄前要及时用 50%速克灵可湿性粉剂、25%咪鲜胺可湿性粉剂、40%菌核净可湿性粉剂等药剂兑水均匀喷雾进行防治，隔 7 天再补喷 1 次，防效更好。

5. 大豆疫病

病原：又称大豆褐秆病，由鞭毛菌亚门真菌大雄疫霉大豆专化型（*Phytophthora megasperma* f. sp. *glycinea* Kuan & Erwin）侵染引起。

症状：整个生育期均可发生。幼苗期，幼苗出土前后猝倒，根及下胚轴变褐、变软。真叶期，幼苗茎部呈水浸状，叶片变黄，严重者枯萎而死。成株期，在茎基部发病，出现黑褐色病斑，并向上下扩展，病茎髓部变褐，皮层和维管束组织坏死，叶柄下垂但不脱落，呈倒八字形。根部受害变黑褐色，病痕边缘不清晰。病害典型症状图片请参考 http://s2.sinaimg.cn/mw690/007hCvanzy7s73stdbH41&690 和 http://www.haonongzi.com/pic/news/20181122175047735.jpg。

发病规律：病菌以卵孢子在土壤中存活越冬，成为翌年的初侵染源。土壤中病菌被风吹雨淋，溅到大豆苗或成株茎叶上引起初侵染。积水土壤中的游动孢子遇上大豆根以后，先形成休止孢，后萌发侵入，产生菌丝在寄主细胞间蔓延，形成球状或指状吸器汲取营养，同时还可形成大量卵孢子。土壤中或病残体上卵孢子可存活多年。湿度大或多雨天气、土壤黏重，易发病。重茬地发病重。

防治措施：①选用抗病品种，发病地块杜绝自留种子，播种前种子消毒；②与非豆科作物进行 2 年以上轮作；③清除病残体，深耕灭茬，减少菌源；④加强田间管理，及时中耕培土，雨后及时排除积水，防止湿气滞留；⑤药剂防治，发病初期用 72%杜邦克露、25%甲霜灵可湿性粉剂、58%甲霜灵·锰锌可湿性粉剂、64%杀毒矾 M8 可湿性粉剂、72%霜脲·锰锌可湿性粉剂、69%安克锰锌可湿性粉剂等杀菌剂兑水喷雾进行防治。

6. 大豆立枯病

病原：由半知菌亚门真菌立枯丝核菌（*Rhizoctonia solani* Kühn）引起。

症状：大豆立枯病仅在苗期发生。幼苗和幼株主根及近地面茎基部出现红褐色稍凹陷的病斑，皮层开裂呈溃疡状，病菌的菌丝最初无色，之后逐渐变为褐色。病害严重时，外形矮小，生育迟缓。靠地面的茎赤褐色，皮层开裂，呈溃疡状。病害典型症状图片请参考 http://att.191.cn/attachment/thumb/Mon_ 1405/63_ 10786_ 3af226fd59b76d5.jpg?56 和 http://s11.sinaimg.cn/mw690/007hCvanzy7s5G7brmO0a&690。

发病规律：以菌核或厚垣孢子在土壤中越冬。条件适宜时，病菌从根部的气孔、伤口或表皮直接侵入，引起发病后，病部长出菌丝继续向四周扩展。连作发病重，轮作发病轻；种子质量差发病重，凡发霉变质的种子一定发病重；播种愈早，幼苗田间生长时期长发病愈重；用病残株沤肥未经腐熟，能传播病害发病重；地下害虫多、土质瘠薄、缺肥和大豆长势差的田块发病重。

防治措施：①选用抗病品种；②与禾本科作物实行 3 年以上轮作；③加强栽培管理，选地势高、土质疏松、排水良好田块，增施钾肥，使植株健壮生长，增强抗病力；④药剂防治，一是药剂拌种；二是在发病初期先拔除病苗，随后用 75%百菌清可湿性粉剂、50%多菌灵可湿性粉剂、64%杀毒矾可湿性粉剂等杀菌剂兑水喷雾进行防治。苗床喷药后可撒施草木灰或细干土以降低湿度。

7. 大豆枯萎病

病原：由半知菌亚门真菌尖镰孢菌豆类专化型（*Fusarium oxysporum* Schl. f. sp. *tracheiphilum* Snyder et Hansen.）引起。

症状：大豆枯萎病是系统性侵染的整株病害，染病初期叶片由下向上逐渐变黄至黄褐色萎蔫，剖开病根及茎部维管束变为褐色，后期在病株茎的基部溢出橘红色胶状物，即病原菌菌丝和分生孢子。病害典型症状图片请参考 http://att.191.cn/attachment/photo/Mon_ 1108/6865_ 1af71313333235aadbac4ec6250bb.jpg 和 http://www.haonongzi.com/pic/news/20181123174921112.jpg。

发病规律：病菌以菌丝体和厚垣孢子随病残体遗落在土中越冬（种子也能带菌），能在土中营长时间的腐生生活。种植密度大、通风透光不好，发病重；地下害虫、线虫多易发病；土壤黏重、偏酸、多年重茬，田间病残体多，发病重；氮肥施用太多，生长过嫩，肥力不足、耕作粗放、杂草丛生的田块，植株抗性降低，发病重；地势低洼积水、排水不良、土壤潮湿易发病；高温、高湿、多雨易发病；连阴雨过后猛然骤晴发病迅速，可引起大面积萎蔫死亡。

防治措施：①选用抗病品种，选用无病、包衣的种子；②和非豆科作物轮作，水旱轮作最好；③采用测土配方施肥技术，适当增施磷钾肥，加强田间管理，培育壮苗，增强植株抗病力，有利于减轻病害；④药剂防治，发病初期用 20%萎锈灵乳油、25%萎锈灵可湿性粉剂、70%甲基托布津可湿性粉剂、50%多菌灵可湿性粉剂、75%百菌清可湿性粉剂、70%敌克松粉剂、20%络氨铜水剂、50%甲基硫菌灵悬浮剂、10%双效灵水剂、70%琥胶肥铜可湿性粉剂、20%龙克菌悬浮剂等药剂兑水喷淋或浇灌进行防治，隔 7~10 天防治 1 次，连续防治 2~3 次。

8. 大豆猝倒病

病原：由鞭毛菌亚门真菌瓜果腐霉（*Pythium debaryanum* Hesse.）和德巴利腐霉 [*Pythium aphanidermatum*（Eds.）Fitz.] 引起。

症状：侵染幼苗的茎基部，近地表的幼茎发病初现水渍状条斑，后病部变软缢缩，呈黑褐色，病苗很快倒折、枯死。根部受害后初呈不规则形褐色斑点，严重的引起根腐，地上部茎叶萎蔫或黄化。病害典型症状图片请参考 https://p1.ssl.qhmsg.com/t01c38862a5a2cd4c81.jpg 和 http://p9.qhimg.com/t01e8c93e8f5e1df91c.jpg。

发病规律：病菌随病株残体在土壤、粪肥里越冬，成为第二年的初侵染源。猝倒病从大豆种子萌芽至生育前期均可引起发病。在寄主感病、菌源多和气候、栽培条件充分有利于发病时，易造成病害的流行。低温多湿、排水不良低洼易涝地最，易发病。

防治措施：①选用抗病品种，并拌种；②实行 3 年以上轮作，采用垄作或高畦深沟种植技术；③下种前深翻土地，施足底肥，灌好底墒；④适期播种，合理密植，增强植株通透性；⑤药剂防治，发病初期及时用 40% 三乙膦酸铝可湿性粉剂、70% 乙磷铝·锰锌可湿性粉剂、58% 甲霜灵·锰锌可湿性粉剂、64% 杀毒矾可湿性粉剂、18% 甲霜胺·锰锌可湿粉、69% 安克锰锌可湿性粉剂、72.2% 普力克水剂等药剂兑水喷雾进行防治，隔 10 天左右防治 1 次，连续防治 2~3 次，并做到喷匀喷足。

9. 大豆灰斑病

病原：由半知菌亚门真菌大豆短胖胞菌 [*Cercosporidium sofinum*（Hara）Liu & Guo] 引起。

症状：主要为害叶片，也为害茎、荚及种子。带病种子长出的幼苗，子叶上现半圆形深褐色凹陷斑，低温多雨时，病害扩展到生长点，病苗枯死。成株叶片染病，初现褪绿小圆斑，逐渐形成中间灰色至灰褐色，四周褐色的蛙眼斑，大小 2~5 毫米，有的病斑呈椭圆或不规则形，湿度大时，叶背面病斑中间生出密集的灰色霉层，发病重的病斑布满整个叶片，融合或致病叶干枯。茎部染病，病斑椭圆形，中央褐色，边缘红褐色，密布微细黑点。荚上病斑圆形或椭圆形，中央灰色，边缘红褐色。豆粒上病斑圆形或不规则形，边缘暗褐色，中央灰白，病斑上霉层不明显。病害典型症状图片请参考 https://p1.ssl.qhmsg.com/t01b1d3536c40aad4b6.jpg 和 https://p1.ssl.qhmsg.com/t0167f21facfe6a01c1.jpg。

发病规律：病菌以菌丝体或分生孢子在病残体或种子上越冬，成为翌年初侵染源。种子带菌后长出幼苗的子叶即见病斑，温湿度条件适宜病斑上产生大量分生孢子，借风雨传播进行再侵染。重茬或邻作、前作为大豆，前一季大豆发病普遍，花后降雨多，湿气滞留或夜间结露持续时间长很易大发生。

防治措施：①选用抗病品种；②合理轮作，避免重茬，收获后及时深翻；③药剂防治，发病初期用 36% 多菌灵悬浮剂、40% 百菌清悬浮剂、50% 甲基硫菌灵可湿性粉剂、

50%苯菌灵可湿性粉剂、65%甲霉灵可湿性粉剂、50%多霉灵可湿性粉剂等药剂兑水喷雾进行防治，隔10天左右防治1次，防治1~2次。

10. 大豆茎枯病

病原：由半知菌亚门真菌大豆茎点霉（*Phoma glycines* Saw.）引起。

症状：主要为害茎部，多发生于植株生育的中后期。初发生于茎下部，后渐蔓延到茎上部。发病初期，茎部产生长椭圆形病斑，灰褐色，后逐渐扩大成黑色长条斑。落叶后收获前植株茎上症状最为明显，形成一块块长椭圆形病斑。病害典型症状图片请参考 https://ima. nongyao001.com: 7002/file/upload/201111/07/16-46-47-34-1.jpg 和 https://p1.ssl.qhmsg.com/t01327b8d981128fd6a.jpg。

发病规律：病菌以分生孢子器在病茎上越冬，成为翌年初侵染菌源，借风雨进行传播蔓延。连作地，高温高湿，发病重。

防治措施：①及时清除病株残体，秋翻土地将病株残体深埋土里，减少菌源；②选种发病轻的品种；③药剂防治，发病初期用50%多菌灵可湿性粉剂、70%百菌清可湿性粉剂等杀菌剂兑水喷雾进行防治。

11. 大豆黑点病

病原：由半知菌亚门真菌大豆拟茎点霉（*Phomopsis sojae* Lehman）引起。

症状：主要为害茎、荚和叶柄。茎部染病，生褐色或灰白色病斑，后期病部生纵行排列的小黑点。豆荚染病，初生近圆形褐色斑，后变灰白色干枯而死，其上也生小黑点，剥开病荚，里层生白色菌丝，豆粒表面密生灰白色菌丝，豆粒呈苍白色萎缩，失去发芽能力。病害典型症状图片请参考 https://p1.ssl.qhmsg.com/t018b686d968a0f747b.jpg 和 https://p1.ssl.qhimgs1.com/dmfd/200_ 171_ /t010e1c22433b88b94d.jpg。

发病规律：病菌以休眠丝体在大豆或其他寄主残体内越冬，翌年在越冬残体或当年脱落的叶柄上产生分生孢子器，初夏在越冬的茎上产生子囊壳。病菌侵入寄主后，只在侵染点处直径2厘米范围内生长，待寄主衰老时才逐渐扩展。多雨年份发病重。大豆生产地如果后期多雨，有利病害发生。免耕和连茬种植方法增加带菌越冬残体，会提高病害发生的风险。

防治措施：①与禾本科作物轮作；②收获后及时耕翻；③适时播种，及时收割；④加强田间管理；⑤药剂防治，一是用种子重量0.3%的50%福美双或拌种双粉剂拌种；二是在发病初期用65%代森锌可湿性粉剂、50%苯来特可湿性粉剂等杀菌剂兑水喷雾进行防治，隔10天再喷1次。

12. 大豆白粉病

病原：由子囊菌亚门真菌蓼白粉菌（*Erysiphe polygoni* DC.）引起。

症状：主要为害叶片。病菌生于叶片两面，菌丝体永存性。叶上病斑圆形，具暗绿色晕圈，不久长满白粉状菌丛，即病菌的分生孢子梗和分生孢子，后期在白色霉层上长出球形、黑褐色闭囊壳。病害典型症状图片请参考 https://p1.ssl.qhimgs1.com/bdr/326_/t0144e91e295018c51a.jpg 和 https://p1.ssl.qhmsg.com/t015bbca60355306482.jpg。

发病规律：病菌以闭囊壳里子囊孢子在病株残体上越冬，成为第二年的初侵染源。越冬后的闭囊壳春季萌发，产生子囊孢子先侵染下部叶片，所以中下部叶片比上部叶片发病重。在寄主感病、菌源多和气候、栽培条件充分有利于发病时，易造成病害的流行。氮肥多过多、发病重。低温干旱的生长季节发病会比较普遍。白粉病是一个气传病害，孢子量大，条件合适时传播很快。

防治措施：①选种抗病品种；②合理施用肥料，保持植株健壮；③药剂防治，发病初期及时用25%多菌灵可湿性粉剂、2%武夷菌素水剂、60%多菌灵盐酸盐水溶性粉剂、15%三唑酮可湿性粉剂、12.5%烯唑醇可湿性粉剂、6%氯苯嘧啶醇可湿性粉剂、25%丙环唑乳油、40%氟硅唑乳油等兑水喷雾进行防治。

13. 大豆霜霉病

病原：由鞭毛菌亚门真菌东北霜霉 [*Peronospora manschurica* (Naum.) Syd.] 引起。

症状：为害大豆地上部分。病苗子叶无症，第一对真叶从基部开始出现褪绿斑块，沿主脉及支脉蔓延，直至全叶褪绿，随后全株各叶片均出现症状。气候潮湿时，病斑背面密生灰色霉层，病叶变黄转褐而枯死。叶片受再侵染时，形成褪绿小斑点，以后变成褐色小点，背面产生霉层，受害重的叶片干枯，早期脱落。豆荚被害，外部无明显症状，但荚内有很厚的黄色霉层，被害籽粒色白而无光泽，表面附有一层黄白色粉末状卵孢子。病害典型症状图片请参考 https://p1.ssl.qhmsg.com/t0141ba7a7287898f8f.jpg 和 https://p1.ssl.qhmsg.com/t01ee0207caf30648ac.jpg。

发病规律：病菌以卵孢子在病残体上或种子上越冬，种子上附着的卵孢子是主要的初侵染源，病残体上的卵孢子侵染机会较少。卵孢子可随大豆萌芽而萌发，形成孢子囊和游动孢子，侵入寄主胚轴，进入生长点，蔓延全株成为系统侵染的病苗，病苗又成为再次侵染的菌源。多雨高湿易引发病害，干旱、低湿、少露则不利病害发生。

防治措施：①选育抗病品种，并用瑞毒霉、克霉灵、福美双、敌克松为拌种剂；②清除病苗，病苗症状明显，易于识别，铲地时可结合除去病苗，消减初侵染源；③药剂防治，病害流行条件出现时，及早用75%百菌清可湿性粉剂、50%多菌灵可湿性粉剂、50%退菌特可湿性粉剂等杀菌剂兑水喷雾进行预防和治疗。

14. 大豆锈病

病原：由担子菌亚门真菌豆薯层锈菌 (*Phakopsora pachyrhizi* Sydow.) 引起。

症状：主要为害叶片、叶柄和茎，叶片两面均可发病，一般情况下，叶片背面病斑多余叶片正面，初生黄褐色斑，病斑扩展后叶背面稍隆起，即病菌夏孢子堆，表皮破裂后散出棕褐色粉末，即夏孢子，致叶片早枯。生育后期，在夏孢子堆四周形成黑褐色多角形稍隆起的冬孢子堆。叶柄和茎染病产生症状与叶片相似。病害典型症状图片请参考https://p1.ssl.qhmsg.com/t01d30835f4daec9964.jpg。

发病规律：病原菌在南部沿海各省，海南省和越南越冬。在生长季节里，从南向北随气流做长距离转播。夏孢子随雨而降，降雨量大、降雨日数多、持续时间长发病重。品种间抗病性有差异，鼓粒期受害重。

防治措施：①选用抗病品种；②注意开沟排水，采用高畦或垄作，防止湿气滞留，采用配方施肥技术，提高植株抗病力；③药剂防治，发病初期用75%百菌清可湿性粉剂、36%甲基硫菌灵悬浮剂、10%抑多威乳油、15%三唑酮可湿性粉剂、50%萎锈灵乳油、50%硫磺悬浮剂、25%敌力脱乳油、6%乐必耕可湿性粉剂、40%福星乳油等杀菌剂兑水喷雾进行防治，隔10天左右防治1次，连续防治2~3次。

15. 大豆病毒病

病原：主要由大豆花叶病毒（Soybean mosaic virus，SMV），黄瓜花叶病毒（Cucumber mosaic virus，CMV），苜蓿花叶病毒（Alfalfa mosaic virus，AMV）等侵染引起。

症状：发病后，先是上部叶片出现淡黄绿相间的斑驳，叶肉沿着叶脉呈泡状凸起，接着斑驳皱缩越来越重，叶片畸形，叶肉突起，叶缘下卷，植株生长明显矮化，结荚数减少，荚细小，豆荚呈扁平、弯曲等畸形症状。发病大豆成熟后，豆粒明显减小，并可引起豆粒出现浅褐色斑纹。病害典型症状图片请参考 http://www.haonongzi.com/pic/news/20160721171745967.jpg 和 https://ps.ssl.qhmsg.com/bdr/300_115_/t0147f3f7433a59928f.jpg。

发病规律：病毒主要由昆虫传播。不同的病毒由不同的昆虫来传播。有的病毒也可以由带病毒的种子传播。南方大豆产区常见的大豆病毒包括几种病毒：大豆花叶病毒（SMV），黄瓜花叶病毒（CMV），苜蓿花叶病毒（AMV），他们由蚜虫和带病毒的种子传播。品种抗病性差，发病程度较重。有利于蚜虫的生长和活动的气候条件下，发病重。加强肥水管理，合理增施钾肥、磷肥，干旱天气及时灌水、浇水，及时清除田间及周围杂草，培育健壮大豆植株能减轻该病的发生。

防治措施：①选用抗病品种，建立无病留种田，选用无褐斑、饱满的豆粒作种子；②加强肥水管理，培育健壮植株，增强抗病能力；③及早防治蚜虫，从小苗期开始就要进行蚜虫的防治，防止和减少病毒的侵染；④药剂防治，从苗期开始，结合苗期蚜虫的防治施药。药剂可用20%病毒A、1.5%植病灵乳油、5%菌毒清等，连续使用2~3次，隔10天1次。

16. 大豆根结线虫病

病原：主要由植物寄生线虫南方根结线虫 ［*Meloidogyne incognita*（Kofoid and white）Chitwood］、花生根结线虫 ［*Meloidogyne arenaria*（Neal）Chitwood］、北方根结线虫（*Meloidogyne hapla* Chitwood）、爪哇根结线虫 ［*Meloidogyne javanica*（Treub）Chitwood］4 种线虫引起。

症状：主要为害根部。豆根受线虫刺激，形成节状瘤，病瘤大小不等，形状不一，有的小如米粒，有的形成"根结团"，表面粗糙，瘤内有线虫。病株矮小，叶片黄化，严重时植株萎蔫枯死，田间成片黄黄绿绿，参差不齐。病害典型症状图片请参考 https://p1.ssl.qhmsg.com/t01412757127fb4eb33.jpg。

发病规律：根结线虫以卵在土壤中越冬，带虫土壤是主要初侵染源。翌年气温回升，单细胞的卵孵化形成 1 龄幼虫，蜕一次皮形成 2 龄幼虫出壳，进入土内活动，在根尖处侵入寄主，头插入维管束的筛管中吸食，刺激根细胞分裂膨大，幼虫蜕皮形成豆荚形 3 龄幼虫及葫芦形 4 龄幼虫，经最后一次蜕皮性成熟成为雌成虫，阴门露出根结产卵，形成卵囊团，随根结逸散入土中，通过农机具、人畜作业，以及水流、风吹随土粒传播。是一种定居型线虫，由新根侵入，温度适宜随时都可侵入为害。连作大豆田发病重。偏酸或中性土壤适于线虫生育。沙质土壤、瘠薄地块利于线虫病发生。

防治措施：①选用抗线虫病品种；②与非寄主植物进行 3 年以上轮作；③药剂防治，一是种衣剂拌种，二是用 3%呋喃丹颗粒剂等处理土壤。

17. 大豆包囊线虫病

病原：由大豆胞囊线虫（*Heterodera glycines* Ichinohe.）引起。

症状：在大豆整个生育阶段均可发病。苗期发病，子叶及真叶变黄，发育迟缓。成株期发病，植株矮小，叶片变黄，叶柄及茎顶端失绿呈淡黄色，开花推迟，结荚小而少；发病严重时茎叶变黄，叶片干枯、脱落，大豆成片枯死，似被火烧焦一样。根部被线虫寄生后，根系不发达，侧根减少，须根增多，根瘤少而小，并在根系上着生许多白色或黄白色小颗粒（孢囊）。病害典型症状图片请参考 https://p1.ssl.qhmsg.com/t011547edbf31690ed8.png 和 https://p1.ssl.qhmsg.com/t010d29e9ac2883f10c.jpg。

发病规律：大豆胞囊线虫是一种定居型内寄生线虫，以 2 龄幼虫在土中活动，寻根尖侵入。胞囊线虫以卵、胚胎卵和少量幼虫在胞囊内于土壤中越冬，有的黏附于种子或农具上越冬，成为翌年初侵染源，胞囊角质层厚，在土壤中可存活 10 年以上。土壤内线虫量大，是发病和流行的主要因素。盐碱土、沙质土发病重；连作田，发病重。

防治措施：①种植前整地时用 5%的甲基异硫磷颗粒剂用细土拌匀后施入表层 20 厘米土壤中；②应用大豆保根菌剂进行防治，主要防治大豆胞囊线虫病。

七 冬瓜主要病害

1. 冬瓜猝倒病

病原： 由鞭毛菌亚门真菌瓜果腐霉（*Pythium debaryanum* Hesse.）引起。

症状： 主要为害育苗畦中的幼苗。种子在出土前发病，造成烂种；幼苗期发病，主要是茎基部产生水渍状暗色病斑，绕茎发展1周时茎细胞组织腐烂，绕缩成为线状，迅速倒伏。由于病害发展迅速，幼苗叶片仍为绿色时，病苗即可猝倒。病害扩展蔓延迅速，往往引起成片幼苗倒伏。在高温高湿的条件下，病苗表面及附近床土生有稀疏的白色菌丝。病害典型症状图片请参考 https://ima. nongyao001.com: 7002/file/upload/201405/28/16-43-15-78-23384.jpg。

发病规律： 病菌以卵孢子在土中越冬，可在土中长期存活。卵孢子萌发产生芽管，直接侵入幼苗细胞内，受病组织迅速腐烂。病株上产生的孢子囊可直接萌发或产生游动孢子，借雨水或灌溉水传播，引起再侵染。低温、高湿的条件下，幼苗生长衰弱最易发病。在苗期管理不当、密度太大、通风透光不良、光照不足、灌水过多、保温不良、连阴天时，易发病。

防治措施： ①选择地势高，水源方便，旱能灌，涝能排，前茬未种过瓜类蔬菜的地育苗；②育苗畦地消毒，种子消毒，适当希植，并及时间苗、分苗，提高育苗畦温度，降低湿度，疏松床土；③当病害发生时，应先清除病株，再及时喷洒53%精甲霜·锰锌水分散粒剂、69%烯酰·锰锌可湿性粉剂、70%恶霉灵可湿性粉剂、25%甲霜灵可湿性粉剂、70%代森联干悬浮剂、72.7%霜霉威水剂、75%百菌清可湿性粉剂、50%多菌灵可湿性粉剂等药剂，视病情间隔5~7天喷1次，连喷2次。

2. 冬瓜疫病

病原： 由鞭毛菌亚门真菌德氏疫霉（*Phytophthora drechsleri* Tucker）和辣椒疫霉（*Phytophthora capsici* Leon.）引起。

症状： 苗期至成株期均可染病。苗期染病，茎、叶、叶柄及生长点呈暗绿色水渍状，植株萎蔫，逐渐干枯死亡。成株发病多从茎嫩头或茎节部发生，开始为水渍状斑，以后变软，明显缢缩，病部以上叶片萎蔫或全株枯死；同株上往往有几处节部受害，维管束不变色；叶片染病产生圆形或不规则形水渍状大病斑，严重的叶片枯死。果实染病，开始现水渍状斑点，逐渐缢缩凹陷，有时开裂，溢出胶状物，潮湿时表面长出稀疏白霉，迅速腐烂，发出腥臭气味。病害典型症状图片请参考 http://www.gengzhongbang.com/data/attachment/portal/201612/26/020625hfdfygozxy9ogfwy.jpg 和 http://www.gengzhongbang.com/data/attachment/portal/201612/26/020623lvmm1nq1l11611bb.jpg。

发病规律：病菌随病残体在土壤或粪肥中越冬，借灌水、气流、风雨等进行传播蔓延。在潮湿、雨季或积水的情况下，有利于病害发生。

防治措施：①选用耐病品种；②与非瓜类作物实行 3 年以上轮作；③采用嫁接技术防病；④在瓜长大后用草或其他物件垫瓜，或把瓜吊起，不使其与地面接触；⑤雨季适当控水，雨后及时排水，使雨过地干，遇旱浇水，但忌大水漫灌；⑥及时拔除病株，病穴用石灰消毒，见到半熟病瓜及时摘除；⑦药剂防治，使用 25% 嘧菌酯兑水喷施，间隔 7~10 天，连用 2 次，效果更好。

3. 冬瓜枯萎病

病原：由半知菌类真菌尖镰孢菌冬瓜专化型 ［*Fusarium oxysporum*（Schl.）f. sp. *benincasae* S. D. Xie, T. S. Zhu & H. Yu.］引起。

症状：苗期、成株期均可发病。苗期发病，子叶变黄，干枯，幼茎、叶片及生长点萎蔫，根茎基部变褐、缢缩。成株发病，在茎基部出现水渍状腐烂缢缩，而后出现茎纵裂，流出胶质物；潮湿时病部会长出粉红色霉状物，干缩后成麻状；病茎维管束变褐色；发病植株初期白天萎蔫，夜间可恢复，数天后植株萎蔫死亡。病害典型症状图片请参考 https://p1.ssl.qhmsg.com/t01f9493b34686b6f43.jpg 和 https://p1.ssl.qhmsg.com/t0143e19518336e9282.jpg。

发病规律：病菌随病残体在土壤中越冬，种子带菌，从根部伤口或根冠侵入。土壤干旱、重茬、根结线虫或地下害虫多，发病重。

防治措施：①选用抗病品种；②选用无病新土育苗，采用营养钵或塑料套分苗；③轮作，最好水旱轮作，并选地势高排水好的地块种瓜；④播种前用 25% 咯菌腈兑水适量拌种；⑤采用嫁接防病技术；⑥加强栽培管理，培土不可埋过嫁接切口，栽前多施基肥，收瓜后应适当增加浇水，成瓜期多浇水，保持旺盛的长势；⑦发病期间减少浇水次数，严禁大水漫灌，雨后及时排水；⑧发现病株及时连根铲除销毁，并在病穴撒施石灰，防止扩展蔓延；⑨发病初期用 32.5% 苯甲·嘧菌酯叶片均匀喷雾防治。

4. 冬瓜霜霉病

病原：由鞭毛菌亚门真菌古巴假霜霉菌 ［*Pseudoperonospora cubensis*（Berk et Curt.）Rostov.］引起。

症状：主要为害叶片，结瓜期发生严重，一般下部叶片先发病，然后逐渐往上发展。病菌从叶片气孔侵入，病斑初为水浸状淡黄色斑点，扩大后受叶脉限制，呈多角形（炭疽病多成圆形或椭圆形）。潮湿时病斑背面会有紫黑色霉物，遇连续阴雨，病叶腐烂。遇晴天病斑干枯。病害典型症状图片请参考 http://www.zhongnong.com/Upload/BingHai/201171282954.jpg 和 https://p1.ssl.qhmsg.com/t01f31868ab444bc92a.jpg。

发病规律：冬季温暖地区，终年有瓜类作物种植，病菌可不断发生。北方冬季棚室栽培瓜类，发病后能不断产生孢子囊，是翌年主要初侵染源。多雨潮湿，忽晴忽雨，昼夜温差大利于病害蔓延。

防治措施：①选种抗病品种；②轮作；③加强栽培管理，植株适当稀植，增强通风透光；④加强肥水管理，增施有机肥和磷钾肥，生长前期适当控水，结瓜时期适当多浇水，但严禁大水漫灌；⑤药剂防治，幼苗定植前用68%精甲霜·锰锌600液喷施苗床一次；发病初期用68%精甲霜·锰锌兑水喷施，间隔7~10天，连续喷施2次。

5. 冬瓜白粉病

病原：由子囊菌亚门真菌瓜类单囊壳菌（*Erysiphe cucurbitacearum* Zheng.）引起。

症状：主要为害叶片。植株中下部叶片先开始发生，以后逐渐向上蔓延，初在叶片两面产生圆形至不规则形向上或向下隆起的粉状病斑，灰白色或较浅，之后逐渐扩大，连成一片。发病后期整片叶子布满白粉，然后变为灰白色，最后呈黄褐色干枯。病害典型症状图片请参考 https://p1.ssl.qhmsg.com/t01305e3bd70c18500e.jpg 和 https://p1.ssl.qhmsg.com/t019dc153e68f950dac.jpg。

发病规律：在瓜类作物或病残体上越冬，成为翌年初侵染源。田间再侵染主要是发病后产生的分生孢子借气流或雨水传播。由于此菌繁殖速度很快，易导致流行。雨后干燥，或少雨但田间湿度大，白粉病流行速度加快。较高的湿度有利于孢子萌发和侵入。高温干燥有利于分生孢子繁殖和病情扩展，尤其当高温干旱与高湿条件交替出现，极易引起该病害流行。

防治措施：①选用抗病品种；②加强田间管理，特别控制田间湿度；③药剂防治，发病初期喷洒农抗120或武夷菌素水剂，隔7~10天1次，连续防治2~3次。也可在发病初期用20%三唑酮乳油、60%防霉宝2号、15%庄园乐水剂、6%乐必耕可湿性粉剂、12.5%速保利可湿性粉剂、5%三泰隆可湿性粉剂、30%白粉松乳油、40%福星乳油等药剂兑水喷雾进行防治，隔20天左右防治1次，轮换使用。

6. 冬瓜炭疽病

病原：由半知菌亚门真菌葫芦科刺盘孢菌 [*Colletotrichum orbiculare*（Berk. & Mont.）Arx] 引起。

症状：主要为害叶片和果实。叶片被害，病斑呈近圆形或圆形，初为水渍状，后变为黄褐色，边缘有黄色晕圈。严重时，病斑相互连接成不规则的大病斑，导致叶片干枯。潮湿时，病部分泌出粉红色黏质物。果实被害，开始产生水渍状浅绿色的病斑，后变为黑褐色稍凹陷的圆形或近圆形病斑，其上生有粉红色黏质物。病害典型症状图片请参考 https://p1.ssl.qhmsg.com/t01266e94c4c7e75763.png 和 https://p1.

ssl.qhmsg.com/t01a0288c51fa5db97c.jpg。

发病规律：主要以菌丝体附着在种子上，或随病残株在土壤中越冬，亦可在温室或塑料木棚骨架上存活。越冬后的病菌产生大量分生孢子，成为初侵染源。通过雨水、灌溉、气流传播，也可以由昆虫携带传播或田间操作时传播。湿度高，叶面结露，病害易流行。氮肥过多、大水漫灌、通风不良、植株衰弱，发病重。

防治措施：①因地制宜选育和种植抗病品种；②与非瓜类作物实行 3 年以上轮作；③选择排水良好的沙壤土种植，避免在低洼、排水不良的地块种瓜；④施足基肥，增施磷钾肥，及时根外追肥；雨季注意排水，果实下最好铺草垫瓜，以防止瓜果直接接触地面；⑤收获后及时清除病蔓、病叶和病果；⑥种子处理，从无病株、无病果中采收种子，播种前进行种子消毒；⑦药剂防治，苗床土消毒或无病土育苗，发病初期用 50% 多菌灵可湿性粉剂、65% 代森锌可湿性粉剂、80% 炭疽福美可湿性粉剂等杀菌剂兑水喷雾防治。

7. 冬瓜蔓枯病

病原：由半知菌亚门真菌黄瓜壳二孢菌（*Ascochyta cucumeris* Fautrey et Roumegure）和西瓜壳二孢菌（*Ascochyta citrullina* Smith）引起，或由半知菌亚门真菌瓜类球腔菌（*Mycosphaerella melonis*）引起。

症状：主要为害茎、叶、果等部位。茎节最易发病，病部初呈暗褐色，后变黑色，病茎开裂，溢出琥珀色胶状物。叶部病斑多在叶缘处，半圆形黄褐色至淡褐色大病斑，后期病斑上散生小黑点。花发病引起幼瓜果肉呈淡褐色或心腐。病害典型症状图片请参考 https://p1.ssl.qhmsg.com/t01029cf0827b709178.jpg 和 https://p1.ssl.qhimgs1.com/bdr/326_/t01de85ad7e0315c636.jpg。

发病规律：以分生孢子器附于病残体上借灌溉水和雨水传播，从伤口或自然孔口侵入。土壤含水量高，气温 18~25℃，相对湿度 85% 以上易发病。重茬地，植株过密，通风透光差，生长势弱，发病重。

防治措施：①选用抗病品种；②与非瓜菜作物轮作 2~3 年；③加强田间管理，注意氮、磷、钾肥的平衡施用，施足充分腐熟有机肥。并注意及时中耕除草、科学浇水；④药剂防治，发病初期用 25% 嘧菌酯悬浮剂 +25% 咪鲜胺乳油、32.5% 嘧菌酯悬浮剂 +75% 百菌清可湿性粉剂、10% 苯醚甲环唑水分散性粒剂 +70% 代森联干悬浮剂、50% 苯菌灵可湿性粉剂 +50% 福美双可湿性粉剂、40% 双胍三辛烷基苯磺酸盐可湿性粉剂、50% 异菌脲可湿性粉剂、70% 甲基硫菌灵可湿性粉剂 +75% 百菌清可湿性粉剂等杀菌剂及其组合兑水喷雾防治，视病情隔 7~10 天 1 次，交替使用。

8. 冬瓜灰霉病

病原：由半知菌亚门真菌灰葡萄孢菌（*Botrytis cinerea* Pers. ex Fr.）引起。

症状：整个生育期均可发病，为害花、果实和叶片。花及幼瓜染病，花瓣、柱头上产生水渍状斑点，扩大后褪绿继续扩展到花蒂部及嫩瓜上，出现暗褐色水渍状病变，并长出灰褐色霉层，引起烂瓜。叶片染病，叶缘产生 V 字形较大病斑，叶面现黄褐色近圆形病斑，边缘浅黄色，病斑上有时产生轮纹。湿度大时病部长出灰褐色霉（病原菌分生孢子梗和分生孢子）。病害典型症状图片请参考 https://p1. ssl. qhmsg.com/ t01c1809154680471ab.jpg。

发病规律：以菌核在土壤中或以菌丝体及分生孢子在病株残体上越冬、越夏，病菌借气流、水溅及农事活动传播，结瓜期是病菌侵染和发病的高峰期。高湿环境（相对湿度大于 90%）、较低的气温（18~23℃）、长时间阴雨天气以及田间通风透光性不好时容易发病；当气温高于 30℃，相对湿度低于 90% 时，则停止蔓延。

防治措施：①加强检疫，严防此病传播蔓延；②选用抗病品种，并于播前进行种子消毒处理；③与非瓜类作物进行轮作；④加强栽培及田间管理；⑤药剂防治，发病初期用 40% 福星乳油、50% 多菌灵可湿性粉剂+70% 代森锰锌可湿性粉剂、2% 武夷菌素水剂+50% 多菌灵可湿性粉剂、2% 武夷菌素水剂、50% 多菌灵可湿性粉剂、75% 百菌清可湿性粉剂、50% 苯菌灵可湿性粉剂、80% 敌菌丹可湿性粉剂等兑水喷雾进行防治，隔 7~10 天防治 1 次，连续防治 3~4 次。

9. 冬瓜褐腐病

病原：由半知菌门真菌半裸镰孢菌（*Fusarium semitectum* Berk & Rav.）和叶点霉菌（*Phyllosticta* sp.）引起。

症状：主要为害花和幼瓜。已开的花染病，病花变褐腐败，称为"花腐"。病菌侵染幼瓜多始于花蒂部，从花蒂部侵入后，向全瓜扩展，致病瓜外部变褐，病部可见白色茸毛蔓延于瓜毛之间，以后隐约可见绵毛状霉顶具灰白色至黑色毛状物。湿度大时，病情扩展快，干燥条件下，果实局部或半个果实变色至黑褐色，病瓜逐渐软化腐败。病害典型症状图片请参考 http://p2. so. qhimgs1.com/sdr/400_ /t01a946fc52609c23b2.jpg 和 http://p2. so. qhmsg.com/sdr/400_ /t0136eff87cbc36ffa7.jpg。

发病规律：半裸镰孢菌以菌丝或厚垣孢子在冬瓜种子上或随病残体在土壤中越冬，翌春条件适宜时产生分生孢子借风雨传播，进行初侵染和多次再侵染。叶点霉菌则以菌丝体或分生孢子器随病残体遗落在土壤中越冬，温暖地区常在田间辗转传播，进行初侵染和再侵染。雨天多，降水量大，地势低洼或积水易发病；偏施、过施氮肥，发病重。

防治措施：①棚室要加强温湿度管理，注意通风排湿，严禁大水漫灌；②及时摘除残存花瓣和病瓜并深埋；③药剂防治，发病初期及时用 69% 安克锰锌可湿性粉剂兑水喷雾进行防治，视情况隔 7~10 天喷 1 次，共喷 2~3 次。

10. 冬瓜病毒病

病原：主要由小西葫芦黄花叶病毒（Zucchini yellow mosaic virus，ZYMV）、西瓜花叶病毒（Watermelon mosaic virus，WMV）、黄瓜花叶病毒（Cucumber mosaic virus，

CMV）等引起。

症状：早期病株明显矮化，节间缩短，叶片变小或畸形。中后期感病株的病叶呈浓淡相间的斑驳或叶面现泡状突起，皱缩。病瓜畸形，瓜面现泡状突起或浓淡斑驳状，难于继续长大。病害典型症状图片请参考 http://www.1988.tv/Upload_ Map/Bingchonghai/Big/2016/1 - 14/2016114100249844. jpg 和 https://p1. ssl. qhmsg. com/t01f286090dd8ca32a5.png。

发病规律：病毒经汁液和蚜虫传染。传毒蚜虫有桃蚜和棉蚜，可进行持续性传毒，土壤不能传染，种子传毒有文献报道，但其作用大小尚未明确，多认为不传播或作用不大。通常有利蚜虫繁殖及活动的天气或田间生态条件则有利于发病。

防治措施：①选用较抗病品种，集中育苗；②田间及时治蚜，消灭传毒媒介；③从无病瓜选留种，并用 10%磷酸三钠浸种 10 分钟，或种子经干热处理（70℃恒温处理 72 小时）；④药剂防治，发病初期用 5%菌毒清水剂、24%混脂酸·铜水剂、20%吗啉胍·乙铜水剂、3.85%三氮唑核苷·铜·锌水乳剂、6%菌毒·烷醇可湿性粉剂、2%宁南霉素水剂、0.5%菇类蛋白多糖水剂、10%混合脂肪酸铜水剂等杀菌剂兑水进行喷雾防治，隔 10 天左右 1 次，连续防治 2~3 次。

11. 冬瓜日灼病

病原：由太阳光直射在果面上而引起的生理性病害。

症状：果实向阳面果肩部果皮出现近圆形至不定形黄白色斑，大小不等，有的近半个巴掌大，斑面光滑或略皱，后呈皮革状，略下陷或不下陷。一些贴地的冬瓜果皮背阳面亦可变黄白色，与日灼向阳面果皮变色有别。通常日灼斑下果肉无病变，但日灼斑如受其他杂菌侵害，可引起内部组织坏死甚至导致果腐。病害典型症状图片请参考 https://p1. ssl. qhmsg. com/t01789d2a0727b268a9. jpg 和 https://p1. ssl. qhmsg. com/t01ac1447a6c6301b14. jpg。

发病规律：通常土壤缺水或天气过度干热，或雨后暴热，或不耐热的品种，易诱发日灼病。

防治措施：①管理好肥水，适时适度浇灌水，以满足果实发育所需，防止土壤过旱，结合管理，注意绕藤时用生长旺盛的主蔓叶片或稻草遮阳护瓜；②间作套种，高矮作物间作，避免阳光直射在果实上；③可用瓜叶自身叶片覆盖。

八 番茄主要病害

1. 番茄灰霉病

病原：由半知菌亚门真菌灰葡萄孢菌（*Botrytis cinerea* Pers. ex Fr.）引起。

症状：主要为害叶、茎和果实。叶片发病多从叶尖部开始，沿支脉间呈 V 形向内扩展。初呈水浸状，展开后为黄褐色，边缘不规则、深浅相间的轮纹，病、健组织分界明显，表面生少量灰白色霉层。茎染病时，开始是水浸状小点，后扩展为长圆形或不规则形，浅褐色，湿度大时病斑表面生有灰色霉层，严重时导致病部以上茎叶枯死。果实染病，残留的柱头或花瓣多先被侵染，后向果实或果柄扩展，致使果皮呈灰白色，并生有厚厚的灰色霉层，呈水腐状。病害典型症状图片请参考 https://p1.ssl.qhmsg.com/t01af98dcc779d90238.jpg 和 https://p1.ssl.qhmsg.com/t011588bbf4b7eea024.jpg。

发病规律：病菌主要以菌核或菌丝体及分生孢子梗随病残体遗落在土中越夏或越冬，条件适宜时，萌发菌丝，产生分生孢子，借气流、雨水和生产活动传播。开花期是侵染高峰期，始花至坐果期都可病；低温、连续阴雨天气多的年份，发病重。

防治措施：①选择抗病耐病品种；②清洁田园，一是整地前清除上茬残枝败叶减少菌源，二是大棚定植前高温闷棚和熏蒸消毒；③种子处理，在育苗下籽前，用臭氧水浸泡种子 40~60 分钟；④加强田间管理，推广起垄栽培、地膜覆盖、膜下浇水等措施，降低温棚空气湿度，改善透光条件，合理密植，防止中下部通风透光不良；及时整治打杈，摘取下部老叶；⑤药剂防治，以早期预防为主，重点抓住移栽前、开花期和果实膨大期 3 个关键用药，药剂可选异菌脲、嘧霉胺+百菌清、腐霉利+百菌清杀菌剂及其组合等兑水喷雾防治。

2. 番茄早疫病

病原：由半知菌亚门真菌茄链格孢菌（*Alternaria solani* Sorauer）引起。

症状：主要为害叶片，也为害幼苗、茎和果实。幼苗染病，在茎基部产生暗褐色病斑，稍凹陷有轮纹。成株期叶片被害，多从植株下部叶片向上发展，初呈水浸状暗绿色病斑，扩大后呈圆形或不规则形的轮纹斑，边缘多具浅绿色或黄色的晕环，中部呈同心轮纹，潮湿时病斑上长出黑色霉层（分生孢子及分生孢子梗），严重时叶片脱落；茎部染病，病斑多在分枝处及叶柄基部，呈褐色至深褐色不规则圆形或椭圆形，凹陷，具同心轮纹，有时龟裂，严重时造成断枝。青果染病，多始于花萼附近，初为椭圆形或不规则形褐色或黑色斑，凹陷，后期果实开裂，病部较硬，密生黑色霉层。叶柄、果柄染病，病斑灰褐色，长椭圆形，稍凹陷。病害典型症状图片请参考 https://p1.ssl.qhmsg.com/t01948c16f31d51cc79.jpg，https://p1.ssl.qhmsg.com/t010bead5d20782d85f.jpg 和 https://p1.ssl.qhmsg.com/t01226c48b111e7354a.jpg。

发病规律：病菌以菌丝体和分生孢子在病残体或种子上越冬。通过气流、微风、雨水，传染到寄主上，通过气孔、伤口或者从表皮直接侵入。在体内繁殖后产生孢子梗，进而产生分生孢子进行多次侵染。多雨、多雾，分生孢子形成快而多，病害易流行。番茄结果盛期，发病重。重茬地、低洼地、瘠薄地、浇水过多或通风不良地块发病较重。土质黏重的地块发病重。

防治措施：①选种抗病品种及播前种子处理；②与非茄科作物进行 2 年以上轮作；③加强田间管理，实行高垄栽培，合理施肥，定植缓苗后要及时封垄，促进新根发生。温室内要控制好温度和湿度，加强通风透光。结果期要定期摘除下部病叶，深埋或烧毁，以减少传病的机会；④药剂防治，发病初期，及时摘除病叶、病果及严重病枝，开始喷施杀菌农药，轮换交替或复配使用。

3. 番茄晚疫病

病原：由鞭毛菌亚门真菌致病疫霉 [*Phytophthora infestans* (Mont.) De Bary] 引起。

症状：主要为害叶、茎、果实。病斑先从叶尖或叶缘开始，初为水浸状褪绿斑，后渐扩大，在空气湿度大时病斑迅速扩大及叶的大半至全叶，并沿叶脉侵入到叶柄及茎部，形成褐色条斑。最后叶片边缘长出一圈白霉，雨后或有露水的早晨叶背上最明显，湿度大时叶正面也能产生。天气干旱时病斑干枯成褐色，叶背无白霉，质脆易裂，扩展慢。茎部皮层形成长短不一的褐色条斑，病斑在潮湿的环境下也长出稀疏的白色霜状霉。病害典型症状图片请参考 https://p1.ssl.qhmsg.com/t018400675edd6eef25.jpg，https://p1.ssl.qhmsg.com/t012a1ae2cfc1818930.jpg 和 https://p1.ssl.qhmsg.com/t019b8d28bdcfa9e101.jpg。

发病规律：病菌以卵孢子随病残体在土壤中越冬。主要靠气流、雨水和灌溉水传播，先在田间形成中心病株，遇适宜条件，引起全田病害流行。病菌发育的适宜温度为 18~20℃，最适相对湿度95%以上。多雨低温天气，露水大，早晚多雾，病害即可能流行。种植带病苗，偏施氮肥，定植过密，田间易积水的地块，易发病。连续阴雨天气多的年份发病严重。

防治措施：①选用抗病品种；②与非茄科蔬菜实行 3~4 年轮作；③加强栽培及田间管理，选择地势高燥、排灌方便的地块种植，合理密植。合理施用氮肥，增施钾肥。切忌大水漫灌，雨后及时排水。加强通风透光，保护地栽培时要及时放风，避免植株叶面结露或出现水膜，以减轻发病程度；④清洁田园，彻底清除病株、病果，减少初侵染源。经常检查植株下部靠近地面的叶片，一旦发现中心病株，立即除去病叶、病枝、病果或整个病株，在远离田块的地方深埋或烧毁，同时立即施用杀菌农药和连续消毒，防止病害蔓延。

4. 番茄茎基腐病

病原：由半知菌亚门真菌茄病镰孢菌 [*Fusarium solani*（Mart.）Sacc.]、子囊菌亚门真菌番茄小双胞腔菌（*Didymella lycopersici* Kleb.）和半知菌亚门真菌茄棒孢菌 [*Corynespora cassiicola*（Berk. et Curr.）Wei] 等引起。

症状：主要为害茎部。初期症状不明显，持续一段时间后，番茄植株呈枯萎状，茎基部产生褐色至深褐色略凹陷斑，向上下及四周扩展，当扩至绕茎 1 周时，出现枯萎状。番茄小双胞腔菌侵入番茄后引起茎叶产生褐斑。病害典型症状图片请参考 https://p1.ssl.qhmsg.com/t0138dae47b7a3e2f42.png 和 https://p1.ssl.qhmsg.com/t01896f89552907e323.png。

发病规律：以菌丝体和厚垣孢子随病残体在土壤中越冬，湿度大时病菌从伤口侵入，引起发病。番茄小双胞腔菌以子囊壳或分生孢子器在病部或病落叶上越冬，条件适宜时产生孢子借风雨传播进行初侵染和多次再侵染，致病害不断扩展。雨日多、湿气滞留，易发病。

防治措施：①发现病株及时拔除，病穴用生石灰消毒；②镰刀菌引起的茎腐病，于发病初期用 40%灭病威悬浮剂、50%多菌灵悬浮剂等兑水喷洒进行防治；③番茄小双胞腔菌引起的茎腐病于发病初期喷洒 40%百菌清悬浮剂、50%多宝可湿性粉剂等药剂兑水喷雾进行防治。

5. 番茄白绢病

病原：由半知菌亚门真菌齐整小核菌（*Sclerotium rolfsii* Sacc.）引起。

症状：主要为害茎基部或根部。病部初呈暗褐色水浸状斑，表面生白色绢丝状菌丝体，集结成束，向茎上部延伸，致植株叶色变淡。菌丝自病茎基部向四周地面呈辐射状扩展，侵染与地面接触的果实，致病果软腐，表面产出白色绢丝状物，之后菌丝纠结成菜籽状菌核，致茎部皮层腐烂，露出木质部，或在腐烂部上方长出不定根，最终全株萎蔫枯死。病害典型症状图片请参考 https://p1.ssl.qhmsg.com/t015ca845fdea2a6255.jpg 和 https://p1.ssl.qhimgs1.com/sdr/400_/t011d69bebb907eb44d.jpg。

发病规律：以菌核或菌丝遗留在土中或病残体上越冬。菌核萌发后产生菌丝，从根部或近地表茎基部侵入，形成中心病株，后在病部表面生白色绢丝状菌丝体及圆形小菌核，再向四周扩散。在田间病菌主要通过雨水、灌溉水、肥料及农事操作等传播蔓延。高温、湿度大或栽植过密，行间通风透光不良，施用未充分腐熟的有机肥及连作地发病重。

防治措施：①与禾本科作物轮作，水旱轮作更好；②深翻土地，把病菌翻到土壤下层，可减少该病发生；③在菌核形成前，拔除病株，病穴撒石灰消毒；④施用充分腐热的有机肥，适当追施硫酸铵、硝酸钙；⑤调整土壤酸碱度，使土壤呈中性至微碱性；

⑥药剂防治，发病初期用 40%五氯硝基苯悬浮液、50%混杀硫悬浮剂、36%甲基硫菌灵悬浮刑、20%三唑酮乳油、20%利克菌兑水喷淋进行防治，隔 7~10 天防治 1 次。

6. 番茄叶霉病

病原：由半知菌亚门真菌褐孢霉［*Fulvia fulva*（Cooke）Cif.］引起。

症状：主要为害叶片，严重时也为害茎、花和果实。叶片发病，初期叶片正面出现黄绿色、边缘不明显的斑点，叶背面出现灰白色霉层，后霉层变为淡褐至深褐色；湿度大时，叶片表面病斑也可长出霉层。病害常由下部叶片先发病，逐渐向上蔓延，发病严重时霉层布满叶背，叶片卷曲，整株叶片呈黄褐色干枯。嫩茎和果柄上也可产生相似的病斑，花器发病易脱落。果实发病，果蒂附近或果面上形成黑色圆形或不规则形斑块，硬化凹陷，不能食用。病害典型症状图片请参考 https://p1.ssl.qhmsg.com/t019e7beadb91180a25.jpg，https://p1.ssl.qhmsg.com/t016798d19bbf012fc8.jpg 和 https://p1.ssl.qhmsg.com/t012a7af7b2815977a7.jpg。

发病规律：病菌以菌丝体或菌丝块在病株残体内越冬，也可以分生孢子附着在种子或以菌丝体在种皮内越冬。翌年环境条件适宜时产生分生孢子，借气流传播，从叶背气孔侵入，形成病斑，病斑上又产生大量分生孢子，进行再侵染。连作、排水不畅、通风不良、田间过于郁闭、空气湿度大的田块，发病较重。连续阴雨，发病重。晚秋温度偏高、多雨，发病重。

防治措施：①选种抗病品种，并进行种子消毒；②和非茄科作物进行 3 年以上轮作；③加强栽培及田间管理，及时通风，适当控制浇水，浇水后及时通风降湿；及时整枝打杈，植株下部的叶片尽可能摘除，增加通风；实施配方施肥，避免氮肥过多，适当增加磷、钾肥；④药剂防治，发病初期用 25%阿米西达悬浮剂、30%爱苗乳油、50%凯泽水分散剂、96%天达恶霉灵、60%防霉宝超微粉剂等药剂兑水喷雾进行防治，每 7~10 天 1 次，连续喷洒 2~3 次。

7. 番茄枯萎病

病原：由半知菌亚门真菌番茄尖镰孢菌番茄专化型（*Fusarium oxysporum* f. sp. *lycopersici* Snyder et Hansen）引起。

症状：多在开花结果期发病，在盛果期枯死。发病初期，植株中、下部叶片在午后萎蔫，早、晚恢复，后萎蔫症状逐渐加重，叶片自下而上逐渐变黄，不脱落，直至枯死。有时仅在植株一侧发病，另一侧的茎叶生长正常。茎基部接近地面处呈水浸状，高湿时产生粉红色、白色或蓝绿色霉状物。拔出病株，切开病茎基部，可见维管束变为褐色。病害典型症状图片请参考 https://p1.ssl.qhmsg.com/t018f4237996e5892c1.jpg 和 https://p1.ssl.qhmsg.com/t019a3c043cd2607481.jpg。

发病规律：以菌丝体或厚垣孢子随病残体在土壤中或附着在种子上越冬。多在分苗、定植时从根系伤口、自然裂口、根毛侵入，到达维管束，在维管束内繁殖，堵塞导管，阻碍植株吸水吸肥，导致叶片萎蔫、枯死。高温高湿有利于病害发生。土温 25 ~ 30℃，土壤潮湿、偏酸、地下害虫多、土壤板结、土层浅，发病重。番茄连茬年限愈多，施用未腐熟粪肥，或追肥不当烧根，植株生长衰弱，抗病力降低，发病重。

防治措施：①选种抗（耐）病品种，并于播前进行种子消毒；②与十字花科、瓜类及葱蒜类等蔬菜实行 3 ~ 5 年轮作；③移栽前或收获后，清除田间及四周杂草，集中烧毁；④采用嫁接技术；⑤药剂防治，发病初期用 50% 多菌灵磺酸盐可湿性粉剂、3% 恶霉·甲霜水剂、30% 苯噻氰乳油等兑水喷淋进行防治。

8. 番茄黄萎病

病原：由半知菌亚门真菌大丽花轮枝菌（*Verticillium dahliae* Kleb.）引起。

症状：主要在番茄中后期为害。病叶由下至上逐渐变黄，黄色斑驳首先出现在侧脉之间，上部较幼嫩的叶片以叶脉为中心变黄，形成明显的楔形黄斑，逐渐扩大到整个叶片，最后病叶变褐枯死，叶柄仍较长时间保持绿色。发病重的植株不结果，或果实很小。剖开病茎基部，导管变褐色。病害典型症状图片请参考 https://p1.ssl.qhmsg.com/t016d5e8b5a02a16ce1.jpg。

发病规律：病菌以菌丝、厚垣孢子随病残体在土壤中越冬，一般可存活 6 ~ 8 年。病菌在田间靠灌溉水、农具、农事操作传播扩散。从根部伤口或根尖直接侵入。雨水多，或久旱后大量浇水使地温下降，或田间湿度大，则发病早而重。温度高，则发病轻。重茬地发病重，施未腐熟带菌肥料发病重，缺肥或偏施氮肥发病重。

防治措施：①选用抗病品种；②选择地势平坦、排水良好的沙壤土地块种植茄子，并深翻平整；发现过黄萎病的地块，要与非茄科作物轮作 4 年以上，其中以与葱蒜类轮作效果较好；③多施腐熟的有机肥，增施磷、钾肥，促进植株健壮生长，提高植株抗性；④发现病株及时拔除，收获后彻底清除田间病残体集中烧毁；⑤用嫁接育苗的方法防病；⑥加强水肥管理。

9. 番茄煤霉病

病原：由半知菌门真菌煤污假尾孢菌 [*Pseudocercospora fuligena*（Roldan）Deighton.] 引起。

症状：主要为害叶片、茎、叶柄和果实。叶片染病，初期症状不明显，后叶面产生褪绿色至黄绿色斑，边缘不明显，病斑逐渐变褐色。田间湿度高时，叶背病部产生一层厚密的褐色霉层（病菌的分生孢子梗和分生孢子）。茎和叶柄染病，产生褪绿色斑后被一层厚密的褐色霉层覆盖，病斑常绕茎和柄一周。病害典型症状图片请参考 http://p3.pstatp.com/large/66be00015e599f2c48e0 和 http://p1.pstatp.com/large/66bf00014b8017df3134。

发病规律：以菌丝体及分生孢子随病株残余组织遗留在田间越冬。在环境条件适宜时，菌丝体产生分生孢子，通过雨水及气流传播，引起初侵染，在病部产生分生孢子，成熟后脱落，借风雨传播，进行多次再侵染。病菌喜高温高湿的环境，连作地、地势低洼、排水不良的田块，发病较重。种植过密、通风透光差、浇水过多、不及时整除下部老叶的田块，发病重。

防治措施：①实行与非茄科蔬菜 2 年以上轮作；②加强田间管理，深沟高畦栽培，合理密植，雨后及时排水，施足基肥，增施磷、钾肥，促使植株生长健壮，提高植株抗病能力；③收获后及时清除病残体，带出田外深埋或烧毁，深翻土壤，加速病残体的腐烂分解；④药剂防治，发病初期用 80%新万生可湿性粉剂、40%达科宁悬浮剂、77%可杀得可湿性粉剂、50%速克灵可湿性粉剂等兑水喷雾防治，每隔 7~10 天喷 1 次，连续喷 3~4 次。

10. 番茄芝麻斑病

病原：由半知菌亚门真菌番茄长蠕孢菌（*Helminthosporium cctrposaprum* Pollack）引起。

症状：主要为害叶片，也为害叶柄、果梗及果实。叶上初生直径 1~10 毫米圆形或近圆形四周明显的灰褐色病斑，病部变薄凹陷，具光亮，叶背尤为明显，别于其他叶斑病。病斑有时出现轮纹、湿度高时长有深褐色霉状物；叶柄，果梗染病，病斑灰褐色凹陷，湿度大时长出黑霉；病斑大小不等，有时呈条状。病害典型症状图片请参考 https://ima. nongyao001. com: 7002/20181/6/C4E7EC62960B492F9AF64A1142CB6AA1. jpg。

发病规律：以菌丝体随病残体于田间越冬，条件适宜时产生分生孢子，借气流、雨水反溅到寄主植株上，从气孔侵入。高温高湿，特别是多雨高温季节易发生。土壤潮湿、番茄生长衰弱、种植过密、通风透光差或肥料不足，发病重。

防治措施：①选用抗病品种；②加强田间管理，低洼或易积水地应采用高畦深沟种植；不宜过密，改善田间通透性；采用配方施肥技术；采收后清除病残体，及时深翻；③药剂防治，发病初期用 25%络氨铜水剂、77%可杀得可湿性粉剂、50%混杀硫悬浮剂、50%多·硫悬浮剂或甲基硫菌灵可湿性粉剂等兑水进行喷雾防治，隔 10 天左右 1 次，连续防治 2~3 次。

11. 番茄斑点病

病原：由半知菌亚门真菌番茄匐柄霉［*Stemphylium lycopersici*（Enjoji）Yamamoto］引起。

症状：主要为害叶片，也可为害果实。叶片染病，初生绿褐色水浸状小斑点，随后扩大，周缘黑褐色，中间灰褐色，大小 2~3 毫米，病斑圆形或近圆形，病斑周围形成不规则形黄化区，后期病斑中间穿孔，叶片黄化枯死或脱落。病害典型症状图片请参考 https://p1.ssl.qhmsg.com/t01cf65ac38d5ac1a5b.jpg。

发病规律：以菌丝和分生孢子随病残体在土壤中越冬，翌年条件适宜时进行初侵染，发病后病部产生分生孢子借风雨传播，进行再侵染。连续阴雨后的多湿条件，易发病。

防治措施： ①采用配方施肥技术，施用充分腐熟的有机肥，合理灌溉，避免浇水过量，适时放风，防止湿度过高；②清洁田园，及时收集病残物烧毁；③药剂防治，发病初期用30%碱式硫酸铜悬浮剂、50%琥胶肥酸铜可湿性粉剂、14%络氨铜水剂、77%可杀得可湿性粉剂、56%靠山水分散微颗粒剂、47%加瑞农可湿性粉剂、36%甲基硫菌灵悬浮剂、50%混杀浮剂、40%多·硫悬浮剂、50%复方甲基硫菌灵可湿性粉剂、50%多菌灵可湿性粉剂加75%百菌清可湿性粉剂等药剂兑水喷雾进行防治，交替使用，隔10天左右1次，连续防治2~3次，采收前3天停止用药。

12. 番茄菌核病

病原： 由子囊菌亚门真菌核盘菌 ［*Sclerotina sclerotiorum*（Lib.）de Bary］引起。

症状： 主要为害果实，叶片和茎。果实被害多从果柄开始向果实蔓延，病部灰白色至淡黄色，斑面长出白色菌丝及黑色菌核，病果软腐。茎部染病，灰白色，稍凹陷，后期表皮纵裂，病斑大小、形状、长短不等，边缘水渍状，表面和病茎内均生有白色菌丝及黑色菌核。叶片多从叶缘开始，初呈水浸状，暗绿色，不定形病斑，潮湿时长出白霉，后期叶片灰褐色枯死。病害典型症状图片请参考 http://p0. so. qhmsg. com/bdr/300_ 115_ /t017f4a35ecc94ec87f. jpg，http://p4. so. qhmsg. com/bdr/300_ 115_ /t015c4bb33944eaa289. jpg 和 http://www.zhongnong.com/Upload/fckeditor/20142521092533. jpg。

发病规律： 以菌核在土中越冬，萌发时产生子囊盘及子囊孢子，借气流传播，先侵染衰老叶片及果托等处，再进一步侵染果实及茎部。过度密植，棚内湿度高，地面潮湿，均易引起茎腐和果腐。

防治措施： ①加强田间管理，注意通风排湿；②合理用肥，增施磷、钾肥；③药剂防治，发病初期用40%菌核净可湿性粉剂、50%速克灵可湿性粉剂、50%托布津可湿性粉剂、50%多菌灵可湿性粉剂等药剂兑水喷雾进行防治，每10天喷药1次，共2~3次。

13. 番茄斑枯病

病原： 由半知菌亚门真菌番茄壳针孢菌（*Septoria lycopersici* Speg.）引起。

症状： 主要为害叶柄、茎、花萼、果实。叶片染病，先从下部老叶开始，初期叶背出现水渍状小圆斑，之后叶片两面都出现圆形和近圆形病斑，病斑边缘深褐色，中央灰白色，凹陷，病部表面散生稀疏、隆起的小黑点。严重时，叶片布满病斑、渐枯黄、脱落，形成穿孔。茎上病斑椭圆形，褐色。果实上病斑褐色，圆形。病害典型症状图片请参考 http://p1. so. qhimgs1. com/sdr/400_ /t01f1c8e6e24f65692d. jpg，http://p3. so. qhimgs1. com/sdr/400_ /t01770e940ea2d90713. jpg 和 http://p0. so. qhmsg. com/sdr/400_ /t01cb3f3f92a2531ec5. jpg。

发病规律：病菌以菌丝体和分生孢子器在土壤中的病残体或种子上越冬，也可以在多年生的茄科杂草上越冬，翌年产生的分生孢子是初侵染来源。病菌分生孢子借风、雨水及农事操作传播到寄主，并从寄主表皮上萌发后从气孔侵入，菌丝在细胞间蔓延，以分枝的吸器穿入寄主细胞内吸取养分。菌丝成熟后形成新的分生孢子器和分生孢子，进行再次侵染。温暖潮湿和阳光不足的阴天，有利于病害发生。种植过密、通风透光差、缺肥、连作等不良的栽培条件下，植株衰弱，抗病力降低时，易发病。低洼地、排水不良，病害易流行。

防治措施：①选用抗病品种，从无病株上选留种子，播种前对种子进行消毒处理；②与非茄科作物实行 3~4 年轮作，最好与豆科或禾本科作物轮作；③加强田间管理；④药剂防治，发病初期用 50%多菌灵可湿性粉剂、70%甲基托布津可湿性粉剂、65%代森锌可湿性粉剂、58%甲霜·锰锌可湿性粉剂、70%代森锰锌可湿性粉剂、65%福美锌可湿性粉剂等杀菌剂兑水喷雾进行防治，每 7~10 天喷 1 次，连喷 2~3 次。

14. 番茄细菌性疮痂病

病原：由细菌油菜黄单胞菌疮斑致病型 [*Xanthomonas campestris* pv. *vesicatoria* (Doidge) Dye] 引起。

症状：主要为害茎、叶和果实。近地面老叶先发病，初生水浸状暗绿色斑点，扩大后形成近圆形或不规则形边缘明显的褐色病斑，四周具黄色环形窄晕环，内部较薄，具油脂状光泽。茎部染病，先出现水浸状暗绿色至黄褐色不规则形病斑，病部稍隆起，裂开后呈疮痂状。果实染病，主要为害着色前的幼果和青果，初生圆形四周具较窄隆起的白色小点，后中间凹陷呈暗褐色或黑褐色隆起环斑，呈疮痂状。病害典型症状图片请参考 https://ps. ssl. qhmsg. com/sdr/400 _ /t016c06ee93086994bf. jpg，http: //att. 191. cn/attachment/Mon_ 1507/3_ 214994_ 02fca5fa34a128f. jpg?27 和 http://www.1988.tv/Upload _ Map/2013nian/10/18/2013-10-18-08-45-33.jpg。

发病规律：病菌随病残体在田间或附着在种子上越冬，翌年借风雨、昆虫传播到叶、茎或果实上，从伤口或气孔侵入为害。高温、高湿、阴雨天，发病重；管理粗放，虫害重或暴风雨造成伤口多，易发病。

防治措施：①选用无病种子，并于播前进行消毒处理；②实行年以上轮作；③加强管理，及时整枝打杈，适时防虫；④药剂防治，发病初期用 77%多宁可湿性粉剂、70%可杀得 101 可湿性粉剂、新植霉素、50%琥胶肥酸铜可湿性粉剂等药剂兑水喷雾防治，每隔 7~10 天喷 1 次，连喷 3 次。

15. 番茄溃疡病

病原：由细菌番茄溃疡病密执安棒杆菌（*Clavibacter michiganense*）引起。

症状：病害在幼苗期即可发生，引起部分叶片萎蔫和茎部溃疡，严重时幼苗枯死。成株期染病，在番茄插架时最易看到早期症状，起初下部叶片凋萎下垂，叶片卷缩，似缺水状，植株一侧或部分小叶出现萎蔫，而其余部分生长正常。在病叶叶柄基部下方茎秆上出现褐色条纹，后期条纹开裂形成溃疡斑，多雨季节有菌脓流出。花及果柄染病也形成溃疡斑，果实上病斑圆形，外圈白色，中心褐色，粗糙，似鸟眼状，是此病特有的症状，是识别本病的依据。病害典型症状图片请参考 https://p1.ssl.qhmsg.com/t017ed6b29a0c7235b7.jpg 和 https://p1.ssl.qhmsg.com/t017b8ea0264ab6b87e.jpg。

发病规律：溃疡病是细菌性维管束病害。病菌可在种子和病残体上越冬，可随病残体在土壤中存活 2~3 年。病菌由伤口侵入寄主，也可从叶片毛状体、果皮直接侵入。田间主要靠雨水、灌溉水、整枝打杈传播。温暖潮湿的气候和结露时间长，有利于病害发生。气温超过 25℃，降雨多，病害易流行。偏碱性的土壤有利于病害发生。

防治措施：①加强检疫，严防病区的种子、种苗或病果传播病害；②实行轮作，清洁田园，及时整枝打杈，摘除病叶、老叶，收获后清洁田园，清除病残体，并带出田外深埋或烧毁；③药剂防治，发病初期用 77%可杀得可湿性粉剂、50%琥胶肥酸铜可湿性粉剂、60%琥·乙磷铝可湿性粉剂、72%农用硫酸链霉素、新植霉素等药剂兑水喷雾防治，隔 7~10 天 1 次，防治 2~3 次。

16. 番茄软腐病

病原：由细菌胡萝卜软腐欧氏杆菌胡萝卜软腐致病型 [*Erwinia carotovora* subsp. *carotovora* (Jones) Bergey et al.] 引起。

症状：主要为害茎秆和果实。茎部多从整枝伤口处开始，继而向内部延伸，最后髓部腐烂，有恶臭，失水后，病茎中空。病茎维管束完整，不受侵染。果实被害果皮完整，内部果肉溃烂，汁液外溢，有恶臭。病害典型症状图片请参考 https://p1.ssl.qhmsg.com/t01488666b3d6652428.jpg 和 https://p1.ssl.qhmsg.com/t01d6295e805eb2950d.jpg。

发病规律：病菌主要随病残体在土中越冬。植株生长期间，病菌借昆虫、雨水、灌溉水等传播，从伤口侵入。为害茎秆的，多从整枝伤口侵入；为害果实的，主要从害虫的蛀孔侵入。病菌侵入后，分泌果胶酶，使寄主细胞间的中胶层溶解，细胞分离，引起软腐。阴雨天或露水未落干时整枝打杈或虫伤多，发病重。

防治措施：①选用抗病品种，严把育苗关；②合理轮作，和非茄科作物进行 3 年以上轮作，以降低土壤中菌源基数；③加强田间管理，整枝抹芽宜早。结果期间防治蛀果害虫；④药剂防治，发病初期用 25%络氨铜水剂、50%琥胶肥酸铜可湿性粉剂、72%农用硫酸链霉素可溶性粉剂、77%可杀得可湿性微粒粉剂等杀菌剂兑水进行喷雾防治。

17. 番茄斑疹病

病原：由细菌丁香假单胞菌番茄致病变种 [*Pseudomonas syringae* pv. *tomato* (Okabe) Young, Dye et Wilkie] 引起。

症状：主要为害叶、茎、花、叶柄和果实，尤以叶缘及未成熟果实最明显。叶片染病，产生深褐色至黑色斑点，四周常具黄色晕圈；叶柄和茎染病，产生黑色斑点；幼嫩绿果染病，初现稍隆起的小斑点，果实近成熟时，围绕斑点的组织仍保持较长时间绿色。病害典型症状图片请参考 http://web.11315.cn/web/sdsgscxh/image/20110419094844432.jpg 和 https://p1.ssl.qhmsg.com/t01cb8cd6e05b9f1d1c.jpg。

发病规律： 病菌在种子、病残体及土壤里越冬，并通过雨水飞溅，或者整枝、打杈、采收等农事操作进行传播。潮湿、冷凉条件和低温多雨及喷灌易发病。

防治措施： ①选用耐病品种；②在干旱地区采用滴灌或沟灌，尽可能避免喷灌；③建立无病种子田，确保种子不带菌是杜绝病害传播的根本措施；④适期适法播种，促进正常、快速出苗，促进幼苗苗壮生长，增强幼苗自身的抗病性；⑤药剂防治，种子用1%次氯酸钠溶液+云大-120 500倍液，浸种20~30分钟，再用清水冲洗干净后催芽播种；初发病时用天达2116+天达诺杀、77%多宁可湿性粉剂、70%可杀得101可湿性粉剂、新植霉素、50%琥胶肥酸铜可湿性粉剂等杀菌剂兑水进行喷雾防治，每隔7~10天喷1次，连喷3次。

18. 番茄青枯病

病原： 由细菌青枯假单胞菌 ［*Pseudomonas solanacearum*（Smith）Smith］ 引起。

症状： 为害全株。当番茄株高30厘米左右时，开始显症。先是顶端叶萎蔫下垂，后下部叶片凋萎，中部叶片最后凋萎，或一侧叶片先萎蔫。发病初期，病株白天萎蔫，傍晚复原，病叶变浅。病茎表皮粗糙，茎中下部增生不定根或不定芽，湿度大时，病茎上可见初为水浸状后变褐色的斑块，病茎维管束变为褐色，横切病茎，用手挤压，切面上维管束溢出白色菌液。病害典型症状图片请参考 https://p1.ssl.qhmsg.com/t01f17355ea0ea25d89.jpg，https://p1.ssl.qhmsg.com/t01790ac9b48682816c.jpg 和 https://p1.ssl.qhmsg.com/t011e527d1943346278.jpg。

发病规律： 病菌主要随病残体留在田间越冬，成为该病主要初侵染源。通过雨水和灌溉水传播，病果及带菌肥料也可带菌，病菌从根部或茎基部伤口侵入，在植株体内的维管束组织中扩展，造成导管堵塞及细胞中毒致叶片萎蔫。高温高湿有利于发病。常年连作、排水不畅、通风不良、土壤偏酸、钙磷缺乏、管理粗放、田间湿度大的田块，发病较重。高温多雨年份，发病重。

防治措施： ①种植抗病品种；②轮作或嫁接；③加强栽培及田间管理，选择排水良好的无病地块育苗和定植；地势低洼或地下水位高的地区采用高畦种植，雨后及时排水。及时中耕除草，降低田间湿度；同时避免践踏畦面，以防伤根；④若田间发现病株，应立即拔除烧毁，清洁田园，并在拔除部位撒施生石灰粉或草木灰或在病穴灌注2%福尔马林液或20%石灰水。

19. 番茄病毒病

病原： 主要有烟草花叶病毒（Tobacccco mosaic virus，ToMV）、黄瓜花叶病毒

（Cucumber mosaic virus，CMV）、烟草卷叶病毒（Tobacco leaf curl virus，TLCV）、苜蓿花叶病毒（Alfalfa mosaic virus，AMV）等侵染引起。

症状：主要有 3 种症状。花叶型，叶片上出现黄绿相间或深浅相间斑驳，叶脉透明，叶略有皱缩，植株略矮；蕨叶型，植株不同程度矮化，由上部叶片开始全部或部分变成线状，中、下部叶片向上微卷，花冠变为巨花；条斑型，可发生在叶、茎、果上，在叶片上为茶褐色的斑点或云纹，在茎蔓上为黑褐色条形斑块，斑块不深入茎、果内部。此外，有时还可见到巨芽、卷叶和黄顶型症状。病害典型症状图片请参考 https://p1.ssl.qhmsg.com/t019498eb6d553b0fd6.jpg，https://p1.ssl.qhmsg.com/t01b42d9e6d666f6ada.jpg 和 https://p1.ssl.qhmsg.com/t01e0c761dd84399965.jpg。

发病规律：烟草花叶病毒可在多种植物上越冬，也可附着在番茄种子上、土壤中的病残体上越冬，田间越冬寄主残体、烤晒后的烟叶、烟丝均可成为该病的初侵染源。主要通过汁液接触传染，只要寄主有伤口，即可侵入。黄瓜花叶病毒主要由蚜虫传染，此外用汁液摩擦接种也可传染。一般高温干旱天气利于病害发生。施用过量的氮肥，植株组织生长柔嫩或土壤瘠薄、板结、黏重以及排水不良发病重。

防治措施：①选用抗病品种，并于播前进行消毒处理；②轮作倒茬；③加强栽培及田间管理，适期播种、适时早定植、早中耕锄草、及时培土促进发根、晚打杈、及时浇水等；④药剂防治，一是及时杀灭传毒媒介，二是在发病初期用 20% 盐酸吗啉胍·乙酸铜可湿性粉剂、2% 氨基寡糖素水剂、1.5% 的植病灵乳剂、32% 核苷·溴·吗啉胍水剂、2% 宁南霉素水剂、5% 菌毒清水剂等药剂兑水喷雾进行防治，每隔 5~7 天喷 1 次，连续喷 2~3 次。

20. 番茄褪绿病毒病

病原：由长线形病毒科毛形病毒属番茄褪绿病毒（Tomato chlorosis virus，ToCV）侵染引起。

症状：感染后，大约有 3 周的潜伏期，进入花期后显症。初期叶脉间褪绿黄化，类似于镁元素缺乏症，通常由下往上发展。进入结果期后症状加重，叶片变厚而脆，黄化部位会出现红褐色坏死小斑点，叶脉深绿，叶缘微卷，果实少而小，转色慢，严重影响商品性。病害典型症状图片请参考 http://image105.360doc.com/DownloadImg/2017/04/2422/97476416_ 3 和 http://image105.360doc.com/DownloadImg/2017/04/2422/9747641 6_ 2。

发病规律：高温、干旱是该病毒病发生的有利条件，粉虱的发生情况与该病的发生有直接关系，粉虱发生严重时，该病的发生也相应加重。同时植株长势以及品种都会影响植株抗性。

防治措施：①选择抗病品种；②确保无毒苗，育苗棚必须做好预防病毒侵入的准备；③防控传播媒介，定期喷施化学农药防治粉虱；④及时清除杂草，降低虫源基数，切断病毒传播途径；⑤调整定植时间，避开粉虱大发生期；⑥培育壮苗，增强植株抗病性，定植后及时蹲苗，适当控水控肥，中耕划锄，促进根系生长。缓苗后，加强田间管理；⑦合理用药，控制病毒病的发生发展。

21. 番茄黄化叶曲病毒病

病原：由双生病毒科菜豆金色花叶病毒属番茄黄化曲叶病毒（Tomato yellow leaf curl virus，TYLCV）侵染引起。

症状：染病番茄植株矮化，生长缓慢或停滞，顶部叶片常稍褪绿发黄、变小，叶片边缘上卷，叶片增厚，叶质变硬，叶背面叶脉常显紫色。生长发育早期染病植株严重矮缩，无法正常开花结果；生长发育后期染病植株仅上部叶和新芽表现症状，结果数减少，果实变小，成熟期果实着色不均匀（红不透），基本失去商品价值。病害典型症状图片请参考 https://p1.ssl.qhmsg.com/t0198a588053ca52b05.jpg 和 https://p1.ssl.qhmsg.com/t016044b39af58e4787.jpg。

发病规律：勤中耕松土的大棚发病重于不勤中耕松土的大棚，生长稳健的番茄较旺长的番茄发病轻。很多大棚缺少必要的防虫设施或虽有防虫网但密闭不严，虫网老化，烟粉虱能自由进出番茄大棚，为传毒提供了有利条件，造成病害大发生。

防治措施：①选择抗病品种；②培育无病无虫苗，预防要从育苗期抓起，做到早防早控，力争少发病或不发病；③防控传播媒介，定期喷施化学农药防治烟粉虱；④及时清除杂草，降低虫源基数，切断病毒传播途径；⑤调整定植时间，避开烟粉虱大发生期；⑥培育壮苗，增强植株抗病性，定植后及时蹲苗，适当控水控肥，中耕划锄，促进根系生长。缓苗后，加强田间管理；⑦合理用药，控制病毒病的发生发展。

22. 番茄根结线虫病

病原：由南方根结线虫（*Meloidogyne incognita* Chitwood）引起。

症状：主要为害番茄根部的须根或侧根。病部产生肥肿畸形瘤状结，解剖根结有很小的乳白色线虫埋于其内。一般在根结之上可生出细弱新根，再度染病，则形成根结状肿瘤。轻病株，地上部症状不明显；重病株，矮小，生育不良，结实少，干旱时中午萎蔫或提早枯死。病害典型症状图片请参考 https://p1.ssl.qhmsg.com/t013e1a138bbc170a87.png。

发病规律：根结线虫常以2龄幼虫或卵随病残体在土壤中越冬。翌年离开卵囊团的2龄幼虫，从嫩根侵入，并刺激细胞膨胀，形成根结，而幼虫在根结内继续发育、成熟，并交配产卵。初孵幼虫留在卵内，2龄幼虫离开卵块进行再侵染。土壤湿度是影响其发生与繁殖的重要因素。地势高而干燥、土壤质地疏松，有利发病。连作地，发病重。

防治措施：①多施有机活性肥或生物有机复合肥；②合理轮作；③选用无病土育苗；④深翻土壤；⑤加强田间管理，彻底处理病残体，集中烧毁或深埋；⑥药剂防治，用杀线虫颗粒剂在移栽时施入穴内或兑水喷淋根部周围。

23. 番茄脐腐病

病原：由水分供应失调、缺钙、缺硼等原因导致的生理性病害。

症状：主要为害青果。初期幼果和青果脐部出现水渍状暗绿色病斑，渐变成黑褐色。后期病斑凹陷，果实底部革质化，严重时病斑扩大，果实变红。在干燥时病部为革质，遇到潮湿条件，表面生出各种霉层，常为白色、粉红色及黑色。这些霉层均为腐生真菌，而不是该病的病原。发病的果实多发生在第一、第二穗果实上，这些果实往往长不大，发硬，提早变红。病害典型症状图片请参考 https://p1.ssl.qhmsg.com/t011913a162ea716764.jpg 和 https://p1.ssl.qhmsg.com/t01cf47d18501f3afa0.jpg。

发病规律：一是水分供应不均衡。由于干旱，植株输送到果实的水分被叶片夺取，甚至从果实内夺取水分，果实脐部首先因大量失水而引起组织坏死。二是土壤内钙素不足。植株不能从土壤中吸收生长发育所需的足够钙素，引起果脐周围细胞生理紊乱。氮肥过量，植株徒长，土层浅根系发育不良，土壤盐碱过重或伤根等，均可促使发病。

防治措施：①选用抗病品种；②浇足定植水，保证花期及结果初期有足够的水分供应；在果实膨大后，应注意适当给水；③育苗或定植时要将长势相同的放在一起，以防个别植株过大而缺水，引起脐腐病；④地膜覆盖可保持土壤水分相对稳定，能减少土壤中钙质养分流失；⑤使用遮阳网覆盖，减少植株水分过分蒸腾，对防治此病有利；⑥采用根外追施钙肥技术。番茄结果后 1 个月内，是吸收钙的关键时期，可喷洒 1% 的过磷酸钙，或 0.5% 氯化钙加 5 毫克/千克萘乙酸、0.1% 硝酸钙及爱多收、绿芬威 3 号等。从初花期开始，隔 10~15 天 1 次，连续喷洒 2~3 次。

24. 番茄畸形果

病原：由低温、光照不足、肥水管理不善、植物生长激素使用不当等原因引起的生理性病害。

症状：果实膨果期出现，果实呈桃形、瘤形、歪形、尖顶或凹顶、脐处果皮开裂、种子向外翻卷等畸形。病害典型症状图片请参考 http://www.haonongzi.com/pic/news/20170630153156753.jpg 和 http://www.haonongzi.com/pic/news/20170630153145977.jpg。

发病规律：低温影响，番茄花芽分化和发育期遇到持续低温时，果实易畸形；果实生长过程中养分供应不足，果实不同部位发育不均匀，出现畸形。

防治措施：①选用不易产生畸形果的品种；②做好光温调控，培育抗逆性强的壮苗；③加强肥水管理，防止植株徒长；④合理使用生长调节剂。

25. 番茄裂果病

病原：由畸形花、高温、强光照射、摘心过早及使用植物生长调节剂不当等原因引起的生理性病害。

症状：一是放射状裂果。在果蒂附近发生放射状裂痕，裂口深。二是环状裂果。在果实肩部出现同心环的龟裂，裂口浅。三是条状裂果。在果顶部位呈不规则条状开裂。病害典型症状图片请参考 https://p1.ssl.qhmsg.com/t013bd8f675a5bbe8d5.jpg 和 https://p1.ssl.qhmsg.com/t010edd515e7ef7ca8f.jpg。

发病规律：一是高温强光照射使果皮老化，果皮和果肉膨大不均匀而造成裂果；二是土壤内钙素、硼含量不足易裂果；三是土壤水分供应不均匀，果皮的生长速度慢于果肉组织膨大，造成裂果。偏施氮肥、土壤忽干忽湿、雨后积水、整株摘叶过度、温度调控不当等的田块发生严重。年度间夏季高温、烈日、干旱和暴雨等天气多的年份发病重。

防治措施：①选择抗裂性强的品种；②育苗期，特别是花芽分化期温度不要过高或者过低；③防止强光直射在果皮上，不要过早打掉底部叶，可起到为果实遮阴作用；④加强栽培管理，增施有机肥和生物肥，改善土壤结构，防止土壤过干或过湿，叶面应经常补充钙、硼等微量元素；⑤正确使用植物生长调节剂，在使用激素喷花时，浓度不易过大，要针对品种、温度，合理确定使用浓度；⑥整枝打杈要适度，保持植株有茂盛的叶片，加强植株体内多余水分的蒸腾，避免养分集中供应果实造成裂果；⑦化学防治，喷洒 0.1% 硫酸锌溶液，或 0.1% 氯化钙溶液，或 27% 高脂膜乳剂等药剂来预防裂果。

26. 番茄筋腐病

病原：由肥料使用不当、光照不足、温度过高，昼夜温差小等原因引起的生理性病害。

症状：主要发生在果实膨大至成熟期。果实受害，前期病果外形完好，隐约可见表皮下组织部分呈暗褐色，随后逐渐有自果蒂向果脐的条状灰色污斑出现，严重时呈云雾状，后期病部颜色加深，病健部界限明显，果实横切可见到维管束变褐，细胞坏死，严重时果肉褐色，木栓化，纵切可见自果柄向果脐有一道道黑筋，部分果实形成空洞。病害典型症状图片请参考 http://www.haonongzi.com/pic/news/20170117152003850.jpg 和 https://p1.ssl.qhmsg.com/t01c004e9f09a08015a.png。

发病规律：病害发生是由于土壤中氮肥过多，氮、磷、钾比例失调，土壤含水量高，施用未腐熟的人粪尿，光照不足，温度偏低，二氧化碳量不足，新陈代谢失常，维管束木质化而诱发病害发生。植株结果期间低温光照差，植株对养分吸收能力差，影响光合产物积累，易发病。土壤板结，通透性差，妨碍根系吸收养分和水分，发病重。另外，冬天气温较高，昼夜温差小也易诱导该病。一般情况下，叶量大，生长势强的品种，病轻或不发病。

防治措施：①选择抗病品种；②科学施肥，施足底肥，根据生长期合理追肥；③加强管理，一是适当浇水，避免土壤湿度过大，形成板结，通透性不好；二是增强光照；三是适量通风，使室内通风良好，避免室内温度过高。

27. 番茄绿背果

病原：由偏施氮肥、植株长势过旺等原因引起的番茄生理性病害。

症状：果实成熟后，在果实肩部或果蒂附近残留绿色区或斑块，始终不变红，果实红绿相间，绿色区果肉较硬，果实味酸。病害典型症状图片请参考 http://s8. sinaimg. cn/mw690/007hCvanzy7qMl03SvRd7&690 和 https://ima. nongyao001. com: 7002/file/upload/201608/29/15-09-53-38-29630.jpg。

发病规律：一是氮肥使用量超标，引起番茄营养生长过旺，钾肥少、缺硼肥，发病严重；二是温度不适、光照不足或过强、水分失调、营养失调也可发病。

防治措施：①精细整地，施足腐熟的有机肥，适时、适量追肥，注意氮、磷、钾肥合理配合，避免偏施氮肥；②加强中耕除草，适时浇水，防止土壤过分干旱；③果实膨大期，喷施含硼的复合微肥，提倡施用多元复合叶肥。

28. 番茄空洞果

病原：由缺肥、温度过高、光照不足、结果期浇水不当、激素使用不当等原因引起的生理性病害。

症状：从外表上看带有棱角，不圆润，切开果实，可以看到果肉与胎座之间缺少充足的胶状物和种子，而存在明显的空腔。病害典型症状图片请参考 http://spider. nosdn. 127. net/30044a9ef2cd998a1b7692abea4be9c4. jpeg 和 https://p2. ssl. qhimgs1. com/sdr/400_ /t014d9de393f20482fe.jpg。

发病规律：一是花粉形成期光照不足，导致授粉不良，容易产生空洞果。二是果实膨大期温度过低，光照不足，由于光合产物减少，向果实内运送的养分不足，造成果实生长不协调形成空洞果。三是肥水供应不足导致空洞果的产生。

防治措施：①选用心室多的品种；②注意光照和温度，控制栽植密度；③加强肥水管理；④合理应用植物生长调节剂。

九 甘薯主要病害

1. 甘薯根腐病

病原：由半知菌亚门真菌茄镰孢菌甘薯专化型（*Fusarium solani* Mart. Sacc. f. sp. *batatas* McClure）引起。

症状：主要发生在大田种植阶段。为害幼苗，从根尖或中部形成黑褐色病斑，随后大部分根变黑腐烂。地下茎被感染形成黑斑，表皮纵裂，严重时发病组织疏松，病株矮小，节间缩短，叶片发黄或发紫皱缩，增厚变脆，遇干旱或日晒叶片萎蔫甚至干枯脱落，生长停滞，造成大片缺苗甚至绝收。病薯块表面粗糙，布满很多大小不等的黑褐色病斑。储藏期间病斑不扩展。病害典型症状图片请参考 http://img. china. alibaba.com/blog/upload/2011/01/17/ec578bb1d014f48080e6018c5e26f268.jpg 和 https://p1.ssl.qhmsg.com/t01dbd761b2cc9a06ba.jpg。

发病规律：病菌主要集中在地表 0～25 厘米的土壤耕作层，通过灌溉、中耕等田间管理措施传播到健株上，病残体和带菌有机肥也是重要的初侵染源，流水携菌是近距离传播的主要途径。带菌种苗是远距离传播的重要途径。传播方式主要以分生孢子和厚垣孢子为主，也可以菌丝形式（在种薯和病残体上）。一般沙土地、连作地、土壤贫瘠的田块发病重。

防治措施：①选用高产抗病品种；②清洁田园，收获后及时清理病株残体，晒干烧掉；③加强田间管理，深翻改土，适时早栽壮苗，遇天气干旱及时浇水等；④轮作倒茬，与玉米、大豆、花生等轮作；⑤建立无病留种地，不用病薯做种薯，杜绝种苗传播。

2. 甘薯黑斑病

病原：由子囊菌亚门真菌甘薯长喙壳菌（*Ceratocystis fimbriata* Ell. & Halst.）引起。

症状：不同时期感病部位不同。育苗期，苗下部白嫩部分易受感染，产生黑色圆形或椭圆形病斑，稍凹陷。当温湿度适宜时，病斑上产生灰色霉状物，后期病斑表面粗糙，生出刺毛状突起物。发病严重时，造成烂床、死苗。大田生长期，栽插后 7～14 天即可发病。病苗基部叶片脱落，蔓不伸长，根部腐烂，仅剩下纤维状物，随即枯死。薯块受害，多在伤口处出现黑色或黑褐色病斑，初为近圆形，后扩大为不规则形，轮廓明显，中央稍凹陷，有时可见到黑色刺毛状物。切开病薯，可见病部薯肉变青褐色或黑绿色，病薯块有苦味。储藏期，多发生在伤口和根眼上，初为白色小点，随之扩大为圆形或不规则形病斑，中央产生刺毛状物，病薯块易被其他真菌和细菌病害侵入，引起各种腐烂，造成烂窖。病害典型症状图片请参考 https://p0.ssl.qhimgs1.com/sdr/400_/t0134b0532c47133a50.png 和 https://p1.ssl.qhmsg.com/t01b7857e5a4b884967.jpg。

发病规律：病菌以厚垣孢子和子囊孢子在贮藏窖或苗床及大田的土壤内越冬，或以菌丝体附在种薯上越冬，成为次年初侵染源。病菌主要从伤口侵入，发病温度 10～30℃，最适发病温度 25～28℃，低于 10℃、高于 35℃ 时不发生；地势低洼、阴湿、土质黏重，易发病。

防治措施：①培育无病薯苗，种薯经过严格挑选，汰除病、虫、冻、伤薯块，然后进行消毒处理；②栽插无病薯苗；③适时收获，安全贮藏。

3. 甘薯软腐病

病原：由接合菌亚门真菌匍枝根霉［*Rhizopus stolonifer*（Ehrenb ex Fr.）Yuill.］引起。

症状：是采收及贮藏期重要病害。薯块染病，初在薯块表面长出灰白色霉，后变暗色或黑色，病组织变为淡褐色水浸状，之后在病部表面长出大量灰黑色菌丝及孢子囊，黑色霉毛污染周围病薯，形成一大片霉毛。病情扩展迅速，约 2～3 天整个块根即呈软腐状，发出恶臭味。病害典型症状图片请参考 https://p1.ssl.qhmsg.com/t01f30ffe144f51dfba.jpg 和 https://p1.ssl.qhmsg.com/t01138664d6f34b4721.jpg。

发病规律：病菌以分生孢子形式存在于空气中或附着在被害薯块上或在贮藏窖越冬，由伤口侵入。病部产生孢子囊借气流传播进行再侵染，薯块有伤口或受冻后易发病。发病适温 15～25℃，相对湿度 76%～86%。气温 29～33℃，相对湿度高于 95% 不利于孢子形成及萌发，有利于薯块愈伤组织形成，发病轻。

防治措施：①适时收获，避免冻害，夏薯应在霜降前后收完，秋薯应在立冬前收完，收薯宜选晴天，避免伤口。②入窖前精选健薯，汰除病薯，把水气晾干后适时入窖。提倡用新窖，旧窖要清理干净，或把窖内旧土铲除露出新土，必要时用硫黄熏蒸。③科学管理，对窖贮甘薯应据甘薯生理反应及气温和窖温变化进行 3 个阶段管理。一是贮藏初期，即甘薯发干期，甘薯入窖 10～28 天应打开窖门换气，待窖内薯堆温度降至12～14℃ 时可把窖门关上。二是贮藏中期，即 12 月至翌年 2 月低温期，应注意保温防冻，窖温保持在 10～14℃，不要低于 10℃。三是贮藏后期，即变温期，从 3 月起要经常检查窖温，及时放风或关门，使窖温保持在 10～14℃。

4. 甘薯疮痂病

病原：由子囊菌亚门真菌甘薯痂囊腔菌［*Elsinoe batatas*（Sawada）Jenk. et Vieg.］引起。

症状：主要为害叶片、芽和薯块。叶片染病，叶变形卷曲。芽、薯块染病，芽卷缩，薯块表面产生暗褐色至灰褐色小点或小斑，干燥时疮痂易脱落，残留疹状斑或疤痕，造成病斑附近的根系生长受抑，健部继续生长致根变形，发病早的受害重。病害典型症状图片请参考 https://p1. ssl. qhmsg. com/t01ea6d7cce18196fe8. png 和 http://www. 1988.tv/Upload_ Map/Bingchonghai/Big/2016/6-22/201662290955131.jpg。

发病规律：病菌以菌丝体在种薯上或随病残体在土壤中越冬，种薯和土壤均可传病，病部产生分生孢子借风雨、气流传播，由皮孔或伤口侵入，当块茎表面形成木栓化组织后则难于侵入。气温 25~28℃，连续降雨，易发病。

防治措施：①选用抗病品种，用无病薯（蔓）育苗；②实行 4~6 年轮作；③提倡施用微生物沤制的堆肥，多施绿肥等有机肥料；④药剂防治，发病初期用 50% 甲基硫菌灵·硫黄悬浮剂、50% 多菌灵可湿性粉剂、50% 苯菌灵可湿性粉剂等药剂兑水喷施防治，隔 10 天喷 1 次，连喷 2~3 次。

5. 甘薯紫纹羽病

病原：由担子菌亚门真菌桑卷担菌（*Helicobasidium mompa* Tanaka.）引起。

症状：主要发生在大田期，为害块根或其他地下部位。病株表现萎黄，块根、茎基的外表生有病原菌的菌丝，白色或紫褐色，似蛛网状，病症明显。块根由下向上，从外向内腐烂，后仅残留外壳；须根染病，皮层易脱落。病害典型症状图片请参考 https://p1. ssl. qhmsg. com/t01f903f78947d22789. jpg 和 https://p1. ssl. qhmsg. com/ t010fb20b6ea76b7e0d.jpg。

发病规律：病菌以菌丝体、根状菌索和菌核在病根上或土壤中越冬。条件适宜时，根状菌索和菌核产生菌丝体，菌丝体集结形成菌丝束，在土里延伸，接触寄主根后即可侵入为害。一般先侵染新根的柔软组织，之后蔓延到主根。此外，病根与健根接触或从病根上掉落到土壤中的菌丝体、菌核等，也可由土壤、流水进行传播。低洼潮湿、积水地区，发病重；连作田，发病重；粗放管理、缺肥地，发病重；沙质壤土和山岗地，发病重。

防治措施：①实行轮作倒茬；②培育无病苗；③药剂防治，一是 种植时，每亩①用 40% 五氯硝基苯粉剂 1.5 千克，加细干土 25~40 千克，浇水后穴施，然后栽植薯苗；二是发病初期在病株四周开沟阻隔，防止菌丝体、菌索、菌核随土壤或流水传播蔓延，同时用 36% 甲基硫菌灵悬浮剂、70% 甲基托布津可湿性粉剂、50% 苯菌灵可湿性粉剂等药剂兑水喷淋或浇灌。

6. 甘薯枯萎病

病原：由半知菌亚门真菌尖镰孢菌甘薯专化型 [*Fusarium oxysporum* Schl. f. sp.

---

① 1 亩 ≈667 平方米，全书同。

batatas（Wollenw.）Snyder et Hansen.]引起。

症状：主要为害茎蔓和薯块。苗期染病，主茎基部叶片先变黄，茎基部膨大纵向开裂，露出髓部，横剖可见维管束变为黑褐色，裂开处呈纤维状。薯块染病，薯蒂部呈腐烂状，横切病薯上部，维管束呈褐色斑点，病株叶片从下向上逐渐变黄后脱落，最后全蔓干枯而死，临近收获期病薯表面产生圆形或近圆形稍凹陷浅褐色斑，比黑疤病更浅，贮藏期病部四周水分丧失，呈干瘪状。病害典型症状图片请参考 http://a0.att.hudong.com/74/70/20300000057127134024700603603.jpg，http://www.zgny.com.cn/eweb/uploadfile/20100312152014478.jpg 和 https://p1.ssl.qhmsg.com/t01d76648bd366ad449.jpg。

发病规律：土壤病菌、病薯苗、病薯种为初侵染源，土壤病菌菌丝侵染茎基部、蔓茎，病菌孢子通过气传侵染蔓茎。远距离传播是通过种苗调运，通过耕作以及病株上的分生孢子通过气流进行近距离传播。品种感病性、连作、N 肥过多、湿度大、阴雨多，易发病。

防治措施：①选用抗病品种，严禁从病区调运种子、种苗；②培养无病苗；③提倡施用微生物沤制的堆肥或腐熟有机肥；④重病区或田块实行 3 年以上轮作；⑤加强田间管理，降低田间湿度，开沟排水，发现病株及时拔除，集中深埋或烧毁；⑥药剂防治，必要时喷洒 30%绿叶丹可湿性粉剂 800 倍液或 50%苯菌灵可湿性粉剂 1 500 倍液进行防治。

7. 甘薯僵腐病

病原：由半知菌亚门真菌灰葡萄孢菌（*Botrytis cinerea* Pers.）引起。

症状：主要为害薯块。病薯表皮皱缩，失去光泽，表面布满灰褐色绒状霉层。发病初期呈软腐状，病薯组织渐变为棕褐色，水分蒸发，最后变为坚硬的僵薯。病害典型症状图片请参考 https://wenku.baidu.com/view/de55b5cdda38376baf1fae32.html 和 http://p3.pstatp.com/large/1b840003ae69e5701753。

发病规律：病原菌为弱性寄生菌，从伤口侵入发病。发病适温为 7.4～13.9℃，20℃以上发病缓慢。薯块有冻害或造成的伤口时，极易受侵染发病。

防治措施：①适时收获，避免冻害，收薯宜选晴天，避免伤口。②提倡用新窖，旧窖要清理干净，或把窖内旧土铲除露出新土，必要时用硫黄熏蒸。③入窖前精选健薯，汰除病薯，把水气晾干后适时入窖。④选择适当窖型，对薯窖进行科学管理，包括对窖贮甘薯应据甘薯生理反应及气温和窖温变化进行 3 个阶段管理。一是贮藏初期，甘薯入窖 10～28 天应打开窖门换气，待窖内薯堆温度降至 12～14℃时可把窖门关上；二是贮藏中期，应注意保温防冻，窖温保持在 10～14℃，不要低于 10℃；三是贮藏后期，即变温期，要经常检查窖温，及时放风或关门，使窖温保持在 10～14℃。

8. 甘薯蔓割病

病原：由半知菌亚门真菌尖镰孢菌甘薯专化型（*Fusarium oxysporum* f. sp. *batatas* W.

C. Snyder et H. N. Hansen）引起。

症状：主要为害茎部。苗期发病，主茎基部叶片先发黄变质。茎蔓受害，茎基部膨大，纵向破裂，暴露髓部，剖视维管束，呈黑褐色，裂开部位呈纤维状。病薯蒂部常发生腐烂，横切病薯上部，维管束呈褐色斑点。病株叶片自下而上发黄脱落，最后全蔓枯死。病害典型症状图片请参考 https://ima. nongyao001.com: 7002/file/upload/201305/19/11-11-04-90-14206.jpg 和 https://p1.ssl.qhmsg.com/dr/270_ 500_ /t01226a8f98e17c2db1.jpg?size=657x993。

发病规律：病菌以菌丝和厚垣孢子在病薯内或附着在遗留于土中的病株残体上越冬，为初侵染源。病菌从伤口侵入，沿导管蔓延，病薯和病苗是远距离传播的途径，流水和耕作是近距离传播的途径。土温 27~30℃，降水量大，降雨次数多，有利于病害流行，连作地、沙土地、沙壤土地，发病重。

防治措施：①选用抗病品种，禁止从病区调入薯种、薯苗；②选用无病种薯，无病土育苗，栽植前薯苗进行消毒处理；③施用充分腐熟粪肥，适量灌水，雨后及时排除田间积水；④重病地块与粮食作物进行 3 年以上轮作，与水稻 1 年轮作就可收效；⑤发现病株及时拔除，集中烧毁或深埋；⑥药剂防治，发病初期及时用 30%绿叶丹可湿性粉剂、50%苯菌灵可湿性粉剂、40%双效灵水剂、50%甲基托布津可湿性粉剂等兑水进行喷淋防治。

9. 甘薯叶斑病

病原：由半知菌亚门真菌甘薯叶点霉 [*Phyllosticta batatas* (Thüm.) Cooke] 引起。

症状：主要为害叶片。叶斑圆形至不规则形，初呈红褐色，后转灰白色至灰色，边缘稍隆起，斑面上散生小黑点（病原菌分生孢子器），严重时叶斑密布或连合，致叶片局部或全部干枯。病害典型症状图片请参考 http://s2. ymt360.com/img/bing/small/S20123311642453711.jpg 和 https://p1.ssl.qhmsg.com/t0125ea726a6568ccab.jpg。

发病规律：中国北方以菌丝体和分生孢子器随病残体遗落土中越冬，翌年散出分生孢子传播蔓延。在中国南方，周年种植甘薯的温暖地区，病菌辗转传播为害，无明显越冬期。分生孢子借雨水溅射进行初侵染和再侵染。雨水频繁、空气和田间湿度大、植地低洼积水，易发病。

防治措施：①收获后及时清除病残体烧毁；②重病地避免连作；③选择地势高燥地块种植，雨后清沟排渍，降低湿度；④药剂防治，发病初期及时用 70%甲基硫菌灵可湿性粉剂+75%百菌清可湿性粉剂、30%绿叶丹可湿性粉剂、80%喷克可湿性粉剂、50%苯菌灵可湿性粉剂、40%多·硫悬浮剂等杀菌剂及其组合兑水进行喷雾防治，隔 10 天左右 1 次，连续防治 2~3 次，注意喷匀喷足。

10. 甘薯黑疤病

病原：由子囊菌亚门真菌甘薯长喙壳菌（*Ceratocystis fimbriata* Ellis et Halsted）

引起。

症状：主要为害薯苗、薯块。薯苗染病，茎基白色部位产生黑色近圆形稍凹陷斑，之后茎腐烂，植株枯死，病部产生霉层。薯块染病，初呈黑色小圆斑，扩大后呈不规则形轮廓明显略凹陷的黑绿色病疤，病疤上初生灰色霉状物，后生黑色刺毛状物，病薯具苦味，贮藏期可继续蔓延，造成烂窖。病害典型症状图片请参考 https://p5. ssl. qhimgs1. com/sdr/400 _ /t01661af77a2a15ebfb. jpg 和 https://p1. ssl. qhmsg. com/t01c5b61d4e30dddc94.jpg。

发病规律：病菌以厚垣孢子或子囊孢子在贮藏窖或苗床及大田的土壤中越冬，也有的以菌丝体附在种薯上或以菌丝体潜伏在薯块中越冬，成为翌年的初侵染源。病菌能直接侵入幼苗根基，也可从薯块上伤口、皮孔、根眼侵入，发病后再频繁侵染。地势低注、土壤黏重的重茬地或多雨年份易发病，窖温高，湿度大，通风不好时发病重。

防治措施：①选用抗病品种；②建立无病留种田，入窖种薯认真精选，严防病薯混入传播蔓延；③种薯用 50%多菌灵可湿性粉剂 1 000 倍液浸泡 5 分钟进行消毒处理；④薯苗实行高剪后，用 50%甲基硫菌灵可湿性粉剂 1 500 倍液浸苗 10 分钟，要求药液浸至种藤 1/3～1/2 处；⑤与其他作物进行 3 年以上轮作，水旱轮作更好；⑥施足腐熟粪肥，及时追肥。适时灌水，防止土壤干旱或过湿。做好地下害虫、田鼠的防治；⑦适时收获，安全贮藏；收运时尽量避免碰伤，新窖贮藏；使用旧窖时，要先铲除一层窖内壁旧土，然后铺撒生石灰粉或用烟火熏烧消毒或喷施 1%福尔马林消毒；严禁伤、病薯入窖。做好贮藏窖温度、湿度管理。经常检查，随时消除病烂薯，以免传染。

11. 甘薯黑痣病

病原：由半知菌亚门真菌薯毛链孢菌（*Monilochaetes infuscans* Ell. et Halst. ex Harter）引起。

症状：主要为害薯块的表层。初生浅褐色小斑点，后扩展成黑褐色近圆形至不规则形大斑，湿度大时，病部生有灰黑色霉层，发病重的病部硬化，产生微细龟裂。受害病薯易失水，逐渐干缩，影响质量和食用价值。病害典型症状图片请参考 http://www. 1988.tv/Upload _ Map/2019nian/3/2/2019－03－02－09－04－09. jpg 和 http://www. nonglinzhongzhi.com/uploads/allimg/20170505/14n1j21u2z2nm07.jpg。

发病规律：病菌主要在病薯块上及薯藤上或土壤中越冬。翌春育苗时，引致幼苗发病，以后产生分生孢子侵染薯块。该菌可直接从表皮侵入，发病温限 6～32℃，温度较高利其发病。夏秋两季多雨或土质黏重、地势低注或排水不良及盐碱地发病重。

防治措施：①选用无病种薯，培育无病壮苗，建立无病留种田；②与禾科作物 3 年以上的轮作；③加强栽培措施及田间管理，注意排涝，减少土壤湿度；④药剂防治，一是苗床育秧期，用 50%多菌灵可湿性粉剂或 70%甲基托布津药液浸泡种薯进行消毒；二是大田移栽时用 50%多菌灵兑水穴施；⑤及时收获，晾干后窖藏，并加强薯窖温湿度管理，注意通风，经常观察。

12. 甘薯瘟病

病原： 由细菌青枯假单胞菌［*Pseudomonas solanacearum* pv. *batatae*（Smith）Smith］和茄雷尔氏菌（*Ralstonia solanacearum* Smith）引起。

症状： 甘薯各生育期均可发病，表现不同症状。苗期染病，顶端 1~3 片叶萎蔫，后整株枯萎褐变，基部黑烂。成株期染病，定植后半个月左右开始显症，维管束具黄褐色条纹，病株于晴天中午萎蔫呈青枯状，发病后期各节上的须根黑烂，易脱皮，纵切基部维管束具黄褐色条纹。薯块染病，轻者薯蒂、尾根呈水渍状变褐，较重者薯皮现黄褐色斑，横切面生黄褐色斑块，纵切面有黄褐色条纹，严重时薯皮上现黑褐色水渍状斑块，薯肉变为黄褐色，维管束四周组织腐烂成空腔或全部烂掉。病害典型症状图片请参考 http://a1. att. hudong.com/53/10/20300542846491144638106046308_ s.jpg 和 https://p1. ssl.qhmsg.com/t010ed373d77ddd681d.jpg。

发病规律： 病菌在病薯、病蔓以及病田土壤中越冬，成为主要初侵染源。病菌可通过种薯、种苗调运作远距离传播，扩大病区。在病区，还可通过带菌有机肥、人畜和农具黏附病土、田间灌溉水及地下害虫、田鼠等进行传播。土壤和肥料中的病菌通过切口或伤口侵入无病苗；病菌也可以从侧根侵入，但发病较晚；薯块形成后，病菌可以从地下茎病部蔓延到藤头而侵入薯块，也可以薯块顶端或须根侵入，导致发病。

防治措施： ①加强植物检疫；②选用抗病品种；③加强栽培管理，进行轮作；④药剂防治，发病初期用农用链霉素兑水喷雾进行防治，严重田应隔 6~7 天喷 1 次，连续喷 2~3 次。

13. 甘薯病毒病

病原： 主要由甘薯羽状斑驳病毒（Sweet potato feathery mottle virus，SPFMV）、甘薯潜隐病毒（Sweet potato latent virus，SPLV）和甘薯黄矮病毒（Sweet potato yellow dwarf virus，SPYDV）等侵染引起。

症状： 甘薯病毒病症状可分 6 种类型：①叶片褪绿斑点型，苗期及发病初期叶片产生明脉或轻微褪绿半透明斑，生长后期，斑点四周变为紫褐色或形成紫环斑，多数品种沿脉形成紫色羽状纹；②花叶型，苗期染病，初期叶脉呈网状透明，后沿叶脉形成黄绿相间的不规则花叶斑纹；③卷叶型，叶片边缘上卷，严重时卷成杯状；④叶片皱缩型，病苗叶片少，叶缘不整齐或扭曲，有与中脉平行的褪绿半透明斑；⑤叶片黄化型，形成叶片黄色及网状黄脉；⑥薯块龟裂型，薯块上产生黑褐色或黄褐色龟裂纹，排列成横带状或贮藏后内部薯肉木栓化，剖开病薯可见肉质部具黄褐色斑块。病害典型症状图片请参考 https://p1.ssl.qhmsg.com/t0136d7140dc84a3b9a.jpg 和 https://p1.ssl.qhmsg.com/t01fb70a023c324fdf6.jpg。

发病规律： 薯苗、薯块均可带毒，进行远距离传播，田间花叶型病毒由桃蚜、棉蚜传毒，皱缩型则由斑翅粉虱和烟粉虱传播。其发生和流行程度取决于种薯、种苗带毒率和各种传毒介体种群数量、活力、其传毒效能及甘薯品种的抗性，此外还与土壤、耕作制度、栽植期有关。

防治措施：①选用抗病品种及其脱毒苗；②用组织培养法进行茎尖脱毒，培养无病种薯、种苗；③大田发现病株及时拔除后补栽健苗；④加强薯田管理，提高抗病力；⑤药剂防治，一是及时用药防治传毒媒介；二是发病初期用10%病毒王可湿性粉剂、5%菌毒清可湿性粉剂、20%病毒宁水溶性粉剂、15%病毒必克可湿性粉剂等药剂兑水喷雾进行防治，隔7~10天喷1次，连喷3次。

14. 甘薯丛枝病

病原：由类菌原体（Mycoplasma-like organism，MLO）引起。

症状：主蔓萎缩变矮，侧枝丛生，叶色浅黄，叶片薄且细小、缺刻增多。侧根、须根细小、繁多。苗期染病，结薯小或不结薯；中后期染病，薯块小且干瘪，薯皮粗糙或生有突起物，颜色变深，病薯块一般煮不烂，失去食用价值。早期染病可致绝收，中后期染病产量低、质量差。病害典型症状图片请参考 https://p1.ssl.qhmsg.com/t015d2f8729e26be6fb.jpg。

发病规律：病藤、病薯上的病毒或类菌原体是初侵染源。通过粉虱、蚜虫、叶蝉等传毒昆虫进行传播为害。干旱瘠薄地、连作地、早栽地发病重。

防治措施：①加强检疫，截住病源，控制疫区，严防该病传播蔓延；②选用抗病品种，在此基础上，建立无病留种地，培育栽植无病种薯、种苗，发现病株及时拔除，补栽无病壮苗；③实行轮作，施用腐熟有机肥，增施钾肥，适时灌水，促进植株健壮生长，增强抗病力；④与大豆、花生套种；⑤药剂防治，及时用杀虫剂防治粉虱、蚜虫、叶蝉等传毒昆虫，以利灭虫防病。

15. 甘薯茎线虫病

病原：由甘薯茎线虫（*Ditylenchus destructor* Thorne）引起。

症状：主要为害甘薯块根、茎蔓及秧苗。秧苗根部受害，在表皮上生有褐色晕斑，秧苗发育不良、矮小发黄。茎部症状多在髓部，初为白色，后变为褐色干腐状。块根症状有糠心型、糠皮型和混合型。糠心型，由染病茎蔓中的线虫向下侵入薯块，病薯外表与健康甘薯无异，但薯块内部全变成褐白相间的干腐；糠皮型，线虫自土中直接侵入薯块，使内部组织变褐发软，呈块状褐斑或小型龟裂。严重发病时，两种症状可以混合发生，呈混合型。病害典型症状图片请参考 https://p1.ssl.qhmsg.com/t0131ac7b88aa226662.jpg 和 http://dingyue.nosdn.127.net/4y1rB5as2q2IHdHCiufGpjKBs11PgtxuUnGNW52v2qmw615377781650457.jpeg。

发病规律：甘薯茎线虫的卵、幼虫和成虫可以同时存在于薯块上越冬，也可以幼虫和成虫在土壤和肥料内越冬。病原能直接通过表皮或伤口侵入。主要以种薯、种苗传播，也可借雨水和农具短距离传播。病原在7℃以上就能产卵并孵化和生长，最适温度

25~30℃，最高35℃。温暖、湿润、疏松的沙质土及连作重茬地发病重；极端潮湿、干燥的地块发病轻。

防治措施：①选用抗病品种；②严格检疫，不从病区调运种薯；③建立无病留种田、培育无病壮苗；④轮作倒茬；⑤消灭虫源，每年育苗、栽插和收获时，清除病薯块，病苗和病株残体，集中晒干烧掉或煮熟作饲料。病薯皮，洗蔓水，饲料残渣，病地土，病苗床土都不要作沤肥材料，若做肥料要经50℃以上高温发酵；⑥药剂防治，可用5%神农丹颗粒剂，甘薯定植后未覆土前，直接将药剂撒入定植穴内，然后覆土。整个生长期施药1次即可。

16. 甘薯根结线虫病

病原：由高弓根结线虫［*Meloidogyne acrita*（Chitwood）Esser，Perry et Taylor.］引起。

症状：在苗期和大田期均可发生，以大田期发生受害最重。为害后地下部根系发生严重变形，地上部生长停滞。大田期发病，先从根的尖端形成米粒大小的根结，有时一条细根上有许多串生根结，根结逐渐增大或几个根结连接成大型根结，使根系发育受到抑制，结薯少而小。病薯表面凸凹不平、形成很多不规则的纵裂纹，重病薯块不膨大，仅发育成粗细不等的棒状肉根，肉根表面有许多米粒状凸泡，呈深褐色圆晕，严重时整个根系呈粗细不等的"牛蒡根"。地上部生长因根部受害受到限制，藤蔓生长停滞，节间短，叶色变黄。病害典型症状图片请参考 https://ps. ssl. qhmsg. com/sdr/400 _ /t0103e8a951bee86655. jpg 和 http://img1. sooshong. com/pics/201801/30/2018130141858124.png。

发病规律：病原线虫以二龄幼虫在土壤内越冬，或以卵囊及少量二龄幼虫在多年生寄主植物及薯块皮层内过冬。此病通过病薯、病苗和病土壤传播。流水、工具也可传病。越冬二龄幼虫主要分布在30厘米土层内，从根冠侵入主根内。土质疏松、连茬地最适于线虫生长发育，发病重；反之，土壤板结、轮作地发病轻。

防治措施：①加强检疫，查清病区，严格检疫制度，防止病种薯、种苗调运传播；②建立无病留种地；③选用抗病品种；④与花生、禾谷类作物实行2~3年轮作，防病效果明显。

➕ 甘蔗主要病害

1. 甘蔗凤梨病

病原：由子囊菌亚门真菌奇异长喙壳［*Ceratocystis paradoxa*（Dode）Sacc.］引起。

症状：主要为害甘蔗种茎。发病初期，受侵染种茎发生腐烂，组织变红色、棕色、灰色和黑褐色，散发出菠萝香味，在蔗段内的髓腔中产生密集交织的深灰色绒毛状菌丝体，种茎切口两端先发红后变黑色，长出小丛的约4~5毫米长黑色刺毛状子实体和大量煤黑色的霉状物（分生孢子），有时病菌突破蔗皮后在蔗茎表皮形成小丛的黑色刺毛状子实体和大量黑色霉层。后期发病的种茎内部组织崩解、变空，仅存维管束，蔗茎上的蔗芽萌发前呈水渍状坏死，或在萌发后不久即枯萎，部分已长出新根的萌芽可继续生长，但其生长明显受抑制。病害典型症状图片请参考 http://a3. att. hudong. com/50/17/01300000026741119790176211435 _ s. jpg，https://p0. ssl. qhimgs1.com/sdr/400 _ /t012777425b518e7c0a.jpg 和 http://a2. att. hudong. com/02/17/01300000026741119790174102930 _ s.jpg。

发病规律：病菌以菌丝体或厚垣孢子潜伏在带病的组织里或落在土壤中越冬，条件适宜时，便从寄主种苗的伤口处侵入，引致初侵染。种苗在窖藏时通过接触传染。秋植蔗下种后遇有高温干旱发病很轻，当遇有暴风雨或台风后，发病重。春植蔗下种后，地温低或遇有较长时间阴雨，发病重。此外，土壤黏重、板结，蔗田低洼积水，发病重。土壤湿度及温度对下种的蔗茎受凤梨病的危害程度影响极显著。温度过低、土壤过湿或干旱，种茎萌芽缓慢，有利于该病的发生，偏酸的蔗田发病严重。

防治措施：①对采种的甘蔗种茎进行消毒；②选育抗病和栽培萌芽力强的甘蔗品种；③对易发病的蔗田，及时增施磷、钾肥可有效减轻病情。

2. 甘蔗赤腐病

病原：由半知菌亚门真菌镰形刺盘孢（*Colletotrichum falcatum* Went.）引起。

症状：主要为害叶片、叶鞘、茎、根，其中茎、叶受害重。发病初期，受侵染的甘蔗叶片中肋上呈现几个发红的小斑点，小斑点沿中肋扩展成与叶脉平行的红色至红褐色梭形条斑，条斑宽0.4~0.5厘米，长约2~8厘米，最长可贯穿全叶，条斑外围具明显的浅色晕圈；后期条斑中央组织变草黄色至灰白色，周围深红色，潮湿条件下病斑上散生褐色小点。叶鞘受害呈现浅红色病斑，蔗茎受害后组织变红色或暗红色，出现纵向空洞，后期发病组织变泥色，萎缩，蔗叶干枯，甚至整株死亡。在发病已枯死或将枯死的叶、中肋和叶鞘上产生大量的小黑点。受害严重的蔗茎，蔗株中水分输导受阻，蔗叶枯干，生长停止，甚至整株死亡。病害典型症状图片请参考 https://p1. ssl. qhimg. com/t01878c6b5fd2bf7008. jpg 和 http://file. bangnong. com/cnkfile1/M00/20/70/ooYBAFqBZkCAWimhAAC7YOclKYc64.jpeg。

发病规律：病菌以菌丝、分生孢子和厚垣孢子在蔗种和蔗株病部越冬，是主要初侵染源。病叶上的分生孢子和厚垣孢子是当年重复侵染的重要菌源，孢子借风雨、雾、露、昆虫及流水传播，病菌主要由伤口侵入。螟虫及飞虱为害重的易发病，冬春甘蔗栽培季节土壤过湿或偏酸，甘蔗萌芽生长受抑时发病重。

防治措施：①选用抗病品种；②去除带菌的宿根，选用无病及无螟害的种苗；③酸性土入少量石灰；④冬春应选择冷尾暖头天气下种，下种时应进行催芽，以利早生快发，减少该病发生；⑤砍蔗后烧毁蔗田中残留病蔗叶；⑥发病初期及时剥除有病蔗叶可减轻病情；⑦适时防治螟虫等害虫，对甘蔗进行合理的水肥管理，对易发病的蔗田在雨季及时开沟排水。

3. 甘蔗轮斑病

病原：由子囊菌亚门真菌甘蔗小球腔菌（*Leptosphaeria sacchari* Breda de Haan）引起。

症状：主要为害甘蔗下层叶片，也可为害叶鞘或蔗茎。发病初期，受侵染的下部蔗叶呈现暗绿色或褐色斑点，斑点周围具一狭窄的黄晕圈，斑点扩展后成椭圆形草黄色病斑，边缘红褐色至深褐色，有时不整齐，后期在老病斑中央散生小黑点（病菌的子囊果和分生孢子器）。病害典型症状图片请参考 https://p1.ssl.qhimgs1.com/sdr/400_ /t01f811aa02f2b6a137.jpg 和 https://p1.ssl.qhimgs1.com/sdr/400_ /t014247d5b2ab7afe4b.jpg。

发病规律：病菌以子囊果在病组织中越冬。在甘蔗生长季条件适宜时，病组织上产生子囊孢子经风雨传播侵染叶片，显症后不断产生分生孢子进行再侵染。温暖潮湿的季节有利轮斑病的发生。高温高湿条件下发病重。

防治措施：①选育和栽培抗病品种；②实行轮作；③砍蔗后烧毁蔗田中残留病蔗叶，对易发病的蔗田，及时增施磷、钾肥可有效减轻病情；④病害较重的蔗地，要剥除老叶，除去无效茎以及过密和生长不良蔗株，使蔗田通风透气，降低温度；⑤药剂防治，发病初期剥除病叶烧毁，同时用50%多菌灵可湿性粉剂500倍稀释液，每隔10天喷1次，共喷2~3次。

4. 甘蔗褐条病

病原：由半知菌亚门真菌狭斑平脐蠕孢菌［*Bipolaris stenospila*（Drechs.）

Shoemaker〕引起。

症状：主要为害甘蔗叶片。发病初期，受侵染的嫩叶上呈现水渍状小点，后扩展成与叶脉平行、长梭形的黄色小斑，随病害发展，黄色小斑变为红褐色，病斑周围呈现明显的宽而长的黄色晕圈。病斑中央的褐红色小点发展成与叶脉平行的红褐色条纹，病斑周围黄色晕圈变窄，坏死条纹宽 0.11~0.42 厘米，长 0.18~2.26 厘米，初期条纹两端平截，后期病斑扩展成长梭形或长椭圆形。发病严重时叶片病斑密布，全叶变红，病株生长缓慢、矮小，天气潮湿时，病斑正面产生灰色霉状物；多个病斑汇合后造成叶片提早干枯。病害典型症状图片请参考 https://f11.baidu.com/it/u = 3488227882, 3214684602&fm = 173&s = 2DC823D9441A0FC660B04952030080D6&w = 640&h = 480&img.JPEG&access = 215967316 和 https://ss0.baidu.com/6ONWsjip0QIZ8tyhnq/it/u = 1479677457, 1654430896&fm = 173&s = EDF876D946FB18275010AD5B030040D3&w = 640&h = 480&img.jpeg。

发病规律：病菌以菌丝体在病残组织上越冬，在甘蔗生长季条件适宜时产生分生孢子通过气流传播侵染甘蔗嫩叶引发初侵染，在枯死蔗叶病斑上产生分生孢子进行再侵染，分生孢子在有水膜时萌发，主要通过叶片气孔侵入为害。土壤瘦瘠的蔗田发病严重，多是磷、钾肥不足。在雨水多的季节在缺肥的蔗地此病容易发生。

防治措施：①选用抗病和耐旱品种；②精细整地，施足基肥，注意氮肥、磷肥、钾肥配合施用，确保养平衡；③发病时，用 50%多菌灵可湿性粉剂 500 倍稀释液，每隔 10 天喷 1 次，共喷 2~3 次；④病害较重的蔗地，要剥除老叶，除去无效茎以及过密和生长不良蔗株，使蔗田通风透气，降低温度；⑤砍蔗后烧毁蔗田中残留病蔗叶。

5. 甘蔗褐斑病

病原：由半知菌亚门真菌长柄尾孢菌（*Cercospora longipes* E. J. Buller）引起。

症状：主要为害甘蔗下层叶片。发病初期，受侵染的甘蔗老叶上呈现黄色小斑点，继而形成长椭圆形或长梭形红褐色病斑，病斑外围有一狭窄的黄色晕圈，下表面产生较多的灰色霉层。叶片上大量病斑汇合后形成不规则形红褐色大斑，蔗叶提早枯死，严重发病的蔗田呈"火烧"状。病害典型症状图片请参考 http://www.dhlc.gov.cn/nyj/Attach/1808/01140153799EAC4.jpg。

发病规律：病菌以菌丝体在病残组织上越冬，在甘蔗生长季条件适宜时产生分生孢子通过气流传播侵染甘蔗嫩叶引发初侵染，在枯死蔗叶病斑上产生分生孢子进行再侵染，分生孢子在有水膜时萌发，主要通过叶片气孔侵入为害。土壤瘦瘠的蔗田发病严重。多雨天气有利于病害的发生。

防治措施：①选育和栽培抗病品种；②砍蔗后烧毁蔗田中残留病病蔗叶；③对易发病的蔗田，及时增施磷、钾肥可有效减轻病情；④种植前对蔗种消毒处理；⑤发病初期及时剥除有病蔗叶可减轻病情。

6. 甘蔗锈病

病原：由担子菌亚门真菌屈恩柄锈菌（*Puccinia kuehnii* Butler）和黑顶柄锈菌（*Puccinia melanocephala* Syd.）引起。屈恩柄锈菌引起黄锈病，黑顶柄锈菌引起褐锈病。

症状：主要为害甘蔗叶片。①甘蔗褐锈病：发病初期，叶片上呈现长形黄色小斑点，继而小斑点扩展加长变成长2~10毫米，宽1~3毫米的褐色短条斑，病斑周围具狭窄而明显的浅黄绿色晕圈，蔗叶下表面病斑处产生红褐色夏孢子堆，后期病斑变黑，组织坏死。发病严重的蔗叶提早枯死，病蔗分蘖减少，蔗茎变细。病害典型症状图片请参考 https://p3.ssl.qhimgs1.com/sdr/400_/t0198c806dbfd739823.jpg 和 https://p3.ssl.qhimgs1.com/sdr/400_/t017626536f1ec5c9d9.jpg。②甘蔗黄锈病：叶尖或叶片基部最先发病显症。发病初期，叶片上呈现圆形淡黄色小斑点，病斑周围具明显的浅黄绿色晕圈，后期在蔗叶下表面病斑处产生大量橘黄色夏孢子堆，散出大量锈褐色粉末，冬孢子堆黑色，与夏孢子堆混生。

发病规律：病菌夏孢子经气流或雨水传至蔗叶表面，夏孢子萌发后从蔗叶表皮直接侵入，引发初侵染。显症后在病斑上产生夏孢子，经风雨传播后进行再侵染。凉爽潮湿的天气有利于病害的发生，在雨水多的季节，发病重。

防治措施：①选育和栽培抗病品种；②砍蔗后烧毁蔗田中残留病蔗叶；③降低蔗田湿度，对甘蔗进行合理的水肥管理；④化学防治，发病初期开始喷洒80%大生M-45可湿性粉剂或80%喷克可湿性粉剂等杀菌剂兑水喷雾进行防治，隔7~10天防治1次，防治2~3次。

7. 甘蔗梢腐病

病原：由半知菌亚门真菌串珠镰孢菌（*Fusarium moniliforme* J. Sheldon）引起。近年，有报道甘蔗镰刀菌（*Fusarium sacchari*）和拟轮枝镰刀菌（*Fusarium verticillioides*）等多种镰刀菌均可引起该病害的发生。

症状：叶部染病，幼叶基部缺绿黄化，较正常叶狭窄，叶片明显皱褶、扭缠或短缩。病叶老化后，病部现不规则红点或红条，叶缘、叶端形成暗红褐色至黑色不规则形病斑，有的叶片展开受阻顶端出现打结状。叶鞘染病生有红色坏死斑或梯形病斑。梢头染病纵剖后具很多深红色条斑，节部条斑呈细线状，有的节间形成具横隔的长形凹陷斑似梯状。发病严重时形成梢腐，生长点周围组织变软、变褐，心叶坏死，使整株甘蔗枯死。病害典型症状图片请参考 https://p1.ssl.qhimgs1.com/sdr/400_/t01df407090a17bf89b.jpg 和 https://pic.duorouhuapu.com/2018/0816/1-1F9121PZ80-L.jpg。

发病规律：病菌可在土壤内或在病残组织内越冬，在土中可存活多年。条件适宜时产生分生孢子经气流传至半展开的蔗叶表面，分生孢子被雨水携带至蔗叶边缘，萌发后从蔗叶幼嫩表皮直接侵入，引发初侵染。显症后在潮湿条件下病部产生分生孢子，经风雨传播后进行再侵染。干旱天气之后遇连续降雨，发病严重。蔗龄在 3~7 个月且生长旺盛的蔗株易受侵染。施用氮肥过多导致蔗叶柔嫩，或干旱天气之后大量灌水的蔗地易发病。

防治措施：①选育和栽培抗病品种；②砍蔗后烧毁蔗田中残留病残组织；③降低蔗田湿度，对甘蔗进行合理的水肥管理。有条件的地方适时剥除枯死蔗叶，对易发病的蔗田在雨季及时开沟排水；④化学防治，病害发生严重的蔗区，必要时在雨季来临前用化学农药喷雾防治。

8. 甘蔗黑穗病

病原：由担子菌亚门真菌甘蔗鞭黑粉菌（*Ustilago scitaminea* Syd.）引起。

症状：主要为害蔗茎。甘蔗生长前期受侵染，仅受害的蔗株生长速度迅速，蔗茎变细，自顶端抽出一条黑色长鞭状结构，长鞭的中心灰白色，外层为一层黑色粉状物；甘蔗生长中后期受侵染，则蔗茎粗细正常，仅表现为蔗茎上染病的侧芽长出细弱的侧枝，后期会抽出细小的黑鞭。已染病的蔗种或宿根蔗萌芽后抽出的蔗株茎干更细，分蘗大量增加，10~30 条蔗株丛生，矮小，形似杂草，后期自各蔗株的顶端抽出众多粗 0.5~0.7 厘米、长 0.3~0.7 米的黑色长鞭，部分未能顺利抽出的黑鞭在顶梢处扭曲变粗，导致梢部畸形肿大。病害典型症状图片请参考 http://www.zhongdi168.com/Upload/InPic/E4615E825639A16BE64BE33A5E52A7A9.jpg 和 http://www.haonongzi.com/pic/news/20190211143050250.jpg。

发病规律：以菌丝体在蔗芽处或以冬孢子在土壤中越冬。冬孢子在干燥条件下可存活数月，在干旱的土中存活期较长，在潮湿的土中则很快萌发。田间带病的蔗种和带菌的土壤是主要的初侵染来源。鞭黑穗病可通调运带病蔗茎作远距离传播，田间靠气流近距离传播。高温高湿条件下，特别在台风过境年份，发病重。蔗茎带菌或带病率高，种植后蔗田发病率高，宿根蔗比新植蔗发病率高。

防治措施：①选用抗病或耐病品种；②定期巡田，在病株刚开始抽出黑鞭时整丛拔除，装入塑料袋内，带出蔗田深埋或烧毁；③选种健康蔗种，种植组培甘蔗苗，或选用蔗株近梢端被叶鞘包裹的蔗茎做种苗；④在条件允许的情况下，每年都采用新植不留宿根的甘蔗栽培方式植蔗；⑤下种前对甘蔗种茎进行消毒；⑥对发病严重的蔗田，实行轮作。

9. 甘蔗嵌斑病

病原：由半知菌亚门真菌巴布亚环纹梗孢（*Deightoniella papuana* D. Shaw）引起。

症状：主要为害蔗叶。发病初期，受侵染的甘蔗下层老叶上呈现草黄色或褐色的小斑点，初成卵圆形或短线状，边缘具明显黄晕圈。小斑点继而扩大成长椭圆形，病斑中央渐变灰白色，边缘红褐色至深褐色；随着病害的发展，以老病斑为中心，病斑两端平行叶脉呈水波状扩展形成 2~7 个相套的长桨叶形病斑，形似翼状，病斑长 0.8~4.5 厘米，宽0.3~0.8厘米，同一病斑中间较宽，两侧较窄，顶端矛尖状。潮湿条件下在蔗叶下表面病斑上形成黑色霉层（病菌的分生孢子梗和分生孢子）。病害典型症状图片请参考《海南甘蔗病虫害诊断图谱》（李增平、张树珍，2014，中国农业出版社）。

发病规律：病菌以菌丝体在病残组织内越冬。条件适宜时病斑上产生分生孢子经风雨传至蔗叶表面，分生孢子萌发后从蔗叶表皮直接侵入，引发初侵染。显症后在潮湿条件下病斑产生分生孢子，经风雨传播后进行再侵染。潮湿天气有利于病害的发生，在雨水多的季节，易发病。

防治措施：①砍蔗后烧毁蔗田中残留病蔗叶；②降低蔗田湿度，对甘蔗进行合理的水肥管理；有条件的地方适时剥除枯死蔗叶，对易发病的蔗田在雨季及时开沟排水；③为次要病害，一般不需要进行化学防治。

10. 甘蔗烟煤病

病原：主要由半知菌亚门真菌链格孢菌（*Alternaria* sp.）、芽枝霉菌（*Cladosporium* sp.）、散播烟煤（*Fumago vagans* Pers.）、煤炱菌（*Capnodium* sp.）等多种真菌单独或复合侵染引起。

症状：主要为害叶片、叶鞘，严重时茎部亦可受害。被害叶片和茎部表面部分或全部被黑色膜状霉层所覆盖，霉层色泽浅深不一，受风雨冲刷可以自然剥离，也可人为使其部分剥离，剥离有难有易。在田间，严重发生时蔗田一片黑色，相当触目。被害植株光合作用受阻，叶片易干枯，影响甘蔗生长和产量。病害典型症状图片请参考 http://att. 191.cn/attachment/Mon_ 1210/63_ 167733_ b9c8fa947006755.jpg，http://att. 191.cn/attachment/Mon_ 1210/63_ 167733_ ab72f3250701755. jpg 和 http://att. 191. cn/attachment/Mon_ 1210/63_ 167733_ bf8a2e890d7b4cc.jpg。

发病规律：煤烟病可由一种真菌单独引起或两种以上真菌混生引起。病菌均以菌丝体在病株上或随病残体遗落在土中存活越冬。以子囊孢子或分生孢子作为初侵接种体，借风雨传播，孢子落到叶片或茎部表面，即萌发为菌丝并扩展蔓延，在寄主表面发展为膜状菌膜，有的可产生吸孢伸入寄主表皮细胞中吸取养分而繁殖蔓延，有的借刺吸式口器害虫的排泄物（俗称蜜露）作为养料而繁殖蔓延。能产生吸孢伸入寄主表皮细胞吸取养料的烟霉菌，与寄主建立了寄生关系；而靠昆虫蜜露为养料而繁殖的烟霉菌与寄主并未建立寄生关系，其发生轻重视虫害猖獗与否而定，属于附生关系。病害的发生受气候条件和甘蔗虫害发生轻重关系密切，干旱后遇雨有利于该病害的发生；蔗田通风不佳利于发病。

防治措施：①结合防治甘蔗绵蚜、粉蚧、飞虱等害虫的防治即可防治此病；②合理安排种植密度，使蔗田通风透光，有利于减轻病害发生；③发病初期及时剥除有病蔗叶可减轻病情；④进行合理的水肥管理，对易发病的蔗田在雨季及时开沟排水。

11. 甘蔗虎斑病

病原： 由半知菌亚门真菌立枯丝核菌（*Rhizoctonia solani* Kühn）引起。

症状： 主要为害甘蔗叶鞘和叶片，以分蘖期、拔节期和伸长期发病重。病害通常从近地面的叶鞘及叶片发病，由下至上蔓延。发病初期，受侵染的甘蔗下层老叶上呈现暗绿色不规则形水渍状病斑，继而扩展成灰绿色或灰褐色波纹状或云纹状相连的大病斑，后期病斑中央变为草黄色或黄色，边缘红棕色，病健分界明显，外观呈虎皮斑纹状，故名虎斑病。潮湿条件下，病部可见白色蛛丝状菌丝体，病斑表面形成大小不一的灰白色和深褐色颗粒状菌核，菌核表面密布小孔。叶片上大量病斑汇合后造成叶片迅速干枯，蔗株生长受阻，发病严重时可导致整株枯死。叶鞘发病情况同叶片。在发病已枯死或将枯死的叶和叶鞘上产生大量的小黑点（病菌的子囊壳）。病害典型症状图片请参考 https://p0.ssl.qhimgs1.com/sdr/400_/t01167144479dfc4bd6.jpg 和 https://p5.ssl.qhimgs1.com/sdr/400_/t01949fcb50a38dc3cf.jpg。

发病规律： 病菌习居于土壤中。当甘蔗生长的蔗叶与带菌土壤或发病杂草叶片接触时引发初侵染，显症后产生气生菌丝，通过气生菌丝的蔓延或蔗叶的相互接触引发再侵染。侵染季结束后产生菌核落在土壤中越冬存活。高湿天气有利虎斑病的发生，台风、多雨季节，易发病。蔗田密闭，通风不良的甘蔗，易受侵染，发病重。

防治措施： ①砍蔗后烧毁蔗田中残留病蔗叶；②选育和栽培抗病品种；③选用无病及无螟害的种苗或使用组培苗种植；④对易发病的蔗田，在雨季到来前砍除蔗田边杂草，剥除下层枯叶；⑤化学防治，发病初期清除病叶集中烧毁，并用20%甲基立枯磷乳油、5%井冈霉素水剂、10%立枯灵水悬剂、95%绿亨1号等药剂兑水喷雾进行防治。

12. 甘蔗黄斑病

病原： 由半知菌亚门真菌散梗菌绒孢 [*Mycorellosiella koepkei*（Kruger）Deighton] 引起。

症状： 主要为害甘蔗叶片。发病初期，受侵染的甘蔗叶片上呈现黄色小斑点，继而小斑点扩展成直径1厘米左右的不规则形黄斑或锈色黄斑，蔗叶下表面病斑处变红；病斑两面生有暗灰色霉层（病菌的分生孢子梗和分生孢子），蔗叶下表面尤其明显。大量病斑汇合后造成蔗叶提早枯死。病害典型症状图片请参考 http://a0.att.hudong.com/54/08/01300000026741119790082274833.jpg 和 http://nc.mofcom.gov.cn/uploadimages/201208/20120820145515929.jpg。

发病规律： 病菌以菌丝体在病残组织内越冬，在土中的蔗叶上可存活3周。条件适宜时病斑上产生分生孢子经风雨传至蔗叶表面，分生孢子萌发后从蔗叶表皮直接侵入，引发初侵染。显症后在潮湿条件下病斑产生分生孢子，经风雨传播后进行再侵染。潮湿天气有利于黄斑病的发生，在雨水多的季节甘蔗黄斑病发病严重。病菌菌丝体生长和孢子萌发的最适温度为28℃。

防治措施：①砍蔗后烧毁蔗田中残留病蔗叶；②选育和栽培抗病品种。选用无病或使用组培苗种植；③降低蔗田湿度，对甘蔗进行合理的水肥管理。有条件的地方适时剥除枯死蔗叶，对易发病的蔗田在雨季及时开沟排水；④化学防治，病害发生严重的蔗区，必要时在雨季来临前用硫黄粉喷粉或用1%的醋酸铜加2%的波尔多液喷雾防治。

13. 甘蔗黑条病

病原：由半知菌亚门真菌黑线尾孢菌（*Cercospora atrofiliformis* Yen. Lo. et Chi.）引起。

症状：主要为害叶片和叶鞘。发病初期，受侵染的下层叶蔗片上呈现细小的黄色斑点，继而扩展成长5~36毫米、宽0.5~1.2毫米的棕黑色条纹，条纹与叶脉平行，外围具黄色晕圈。叶片上大量病斑汇合后造成叶片提早干枯，蔗株生长受阻。病害典型症状图片请参考《海南甘蔗病虫害诊断图谱》（李增平、张树珍，2014，中国农业出版社）。

发病规律：病菌以菌丝体在病残组织上越冬，在甘蔗生长季条件适宜时产生分生孢子通过气流传播侵染甘蔗嫩叶，可从叶片气孔或直接穿透表皮侵入引发初侵染，潮湿条件下在病斑上产生大量分生孢子进行再侵染。该病的发生与气候和品种关系较大。潮湿天气有利黑条病的发生，病菌生长的最适温度为21~33℃。P. O. J. 2883和N. Co. 310品种最易感病，Co. 281、F. 108、F. 1134等甘蔗品种感病。

防治措施：①砍蔗后烧毁蔗田中残留病蔗叶；②选育和栽培抗病品种；③对易发病的蔗田，在病害发生季节前不要大量施用氮肥可减轻此病的发生。

14. 甘蔗眼斑病

病原：由半知菌亚门真菌甘蔗平脐蠕孢菌〔*Bipolaris sacchari*（E. J. Butler）Shoemaker〕引起。

症状：主要为害甘蔗叶片。发病初期，受侵染的嫩叶上呈现细小的水渍状斑点，继而发展成约1毫米大小的浅红色小点，外围有明显的黄色晕圈，几天后扩展成0.5~1.2厘米长、0.3~0.6厘米宽的红褐色病斑，外围黄色晕圈从病斑前端向叶尖处形成与叶脉平行的长条形蔓痕（即拖尾现象），蔓痕长6~9厘米，形状像眼睛。后期变为赤褐色，数个病斑汇合后造成叶片迅速干枯，蔗株生长受阻，节间缩短，发病严重时导致蔗梢腐烂，甚至整株枯死。病害典型症状图片请参考 http://a0. att. hudong.com/43/88/01200000025690136358889466945.jpg 和 http://p1. pstatp.com/large/pgc-image/15288571686931d9210c6fc。

发病规律：病菌以菌丝体在病残组织上越冬，在甘蔗生长季条件适宜时产生分生孢子通过气流传播侵染甘蔗嫩叶，可从叶片气孔或直接穿透表皮侵入引发初侵染，潮湿条件下在病斑上产生大量分生孢子进行再侵染。高湿天气有利眼斑病的发生，冬季叶面结露水时间长和毛毛雨天气发病严重，蔗田偏施氮肥，长势浓密，通风不良的甘蔗易受侵染。病菌生长的最适温度为29℃，最适 pH 值为6.9。国外的 H. 109、拉海因蔗等甘蔗品种高度感病。

防治措施：①砍蔗后烧毁蔗田中残留病蔗叶；②选育和栽培抗病品种；③对易发病的蔗田，在病害发生季节前不要大量施用氮肥可减轻此病的发生。更新植蔗时，在病害易发生的季节过后下种种植，也可减轻此病的发生。

15. 甘蔗白疹病

病原：由半知菌亚门真菌甘蔗痂圆孢（*Sphaceloma sacchari* L.）引起。

症状：主要为害甘蔗叶片。发病初期，受侵染的甘蔗叶片上呈现紫色圆形或椭圆形的小斑点，继而扩展灰白色或粉白色具红褐色边缘的不规则形病斑，斑点略隆起，后期胀破表皮。多个病斑汇合后形成狭长的粉状条纹。病害典型症状图片请参考《海南甘蔗病虫害诊断图谱》（李增平、张树珍，2014，中国农业出版社）。

发病规律：病菌以菌丝体在病残组织内越冬。条件适宜时病斑上产生子囊孢子经风雨传至蔗叶表面，分生孢子萌发后从蔗叶表皮直接侵入，引发初侵染。显症后在潮湿条件下病斑产生分生孢子，经风雨传播后进行再侵染。病害的发生受气候条件影响较大，在雨水多的季节甘蔗白疹病容易发生。

防治措施：①砍蔗后烧毁蔗田中残留病蔗叶；②选育和栽培抗病品种。选用无病及无螟害的种苗或使用组培苗种植；③降低蔗田湿度，对甘蔗进行合理的水肥管理。有条件的地方适时剥除枯死蔗叶，对易发病的蔗田在雨季及时开沟排水。

16. 甘蔗叶焦病

病原：由半知菌亚门真菌甘蔗壳多孢（*Stagonospora sacchari* Lo and Ling）引起。

症状：主要为害甘蔗叶片。发病初期，先在幼嫩的叶片上出现密布或疏布的红色或红褐色小斑点，斑点逐渐伸长呈纺锤形，并有明显的淡黄色痕环。病斑沿维管束延伸至叶尖，形成纺锤状的条纹，天气干燥时，多数条纹合并扩展，病组织未成熟而先变色，最后整片叶表面呈典型的灼炙状。发病严重时，造成整片蔗叶枯死，阻碍蔗株生长，降低产量。病害典型症状图片请参考《甘蔗叶焦病发生危害特点及防控对策》（单红丽、李文凤、黄应昆等，发表于《中国糖料》，2012年第2期，52-54页）。

发病规律：病菌以菌丝在成熟的甘蔗植株或残留田间的病株残体上越冬，成为第二年的初侵染源，该菌不能通过土壤、种苗和农具传播，主要通过大风、雨水和露水传播。病菌侵入后随着病情发展，病斑上产生分生孢子器并排出大量分生孢子成为病害再侵染源，分生孢子借风雨传播使病害蔓延扩大。叶焦病的发生与气候、品种密切相关。雨后病害传播较快，特别是在夏季高温多雨天气更有助于病害的传播和蔓延。久旱后遇雨或干旱后灌水过多，都易诱发此病。该病的感病品种主要有Co290、H37-1933、H44-3098、SP70-1284等。

防治措施：①砍蔗后烧毁蔗田中残留病蔗叶；②选育和栽培抗病品种；③化学防治，在发病初期及时用50%多菌灵、75%百菌清可湿性粉剂70%甲基托布津、50%敌克松、65%代森锌等药剂兑水喷雾防治，每隔 7~10 天 1 次，连喷 2~3 次。

17. 甘蔗紫斑病

病原： 由子囊菌亚门真菌甘蔗小隔孢炱 ［*Dimeriella sacchari*（B. de Haan）Hansford］引起。

症状： 主要为害叶片。发病初期，受侵染的蔗叶上呈现红色小斑点，外围具黄晕圈。两三个小斑点汇合形 0.5~2 毫米的大小的不规则形紫红色病斑，病斑上散生小黑点（病菌的子囊壳）。病害典型症状图片请参考《海南甘蔗病虫害诊断图谱》（李增平、张树珍，2014，中国农业出版社）。

发病规律： 病菌以子囊壳在病残组织上越冬，在甘蔗生长季条件适宜时产生子囊孢子通过气流传播侵染甘蔗叶片，直接穿透表皮侵入引发初侵染。高温多雨易发生。

防治措施： ①砍蔗后烧毁蔗田中残留病蔗叶；②选育和栽培抗病品种；③对易发病的蔗田，合理施肥，增强蔗株的抗病性。

18. 甘蔗赤斑病

病原： 由半知菌亚门真菌叶鞘尾孢菌（*Cercospora vaginae* Kruger）引起。

症状： 主要为害叶鞘。发病初期，受侵染的蔗株下部叶鞘上呈现鲜红色的小圆点，扩展相连后在叶鞘形成不规则形鲜红色病斑，穿透叶鞘受继而侵染内层叶鞘。后期在发病叶鞘内部的表面产生黑色霉层。病害典型症状图片请参考《海南甘蔗病虫害诊断图谱》（李增平、张树珍，2014，中国农业出版社）。

发病规律： 病菌以菌丝体在病组织中越冬。在甘蔗生长季条件适宜时，病斑上产生分生孢子经风雨传播侵染叶鞘，显症后不断产生分生孢子进行再侵染。温暖潮湿的季节有利于该病的发生。病菌生长的适宜温度为 28℃。

防治措施： ①砍蔗后烧毁蔗田中残留病蔗叶；②发病初期剥除病叶鞘烧毁。

19. 甘蔗宿根矮化病

病原： 由细菌甘蔗宿根矮化病致病菌（*Leifsonia xyli* subsp. *xyli*，Lxx）引起。

症状： 病害非常严重的情况下才会表现出明显的外部症状，即植株发育阻滞，变矮，宿根蔗蔗茎变细，发株少，生长不良，叶缘枯死，田间植株高矮不一；幼嫩植株染病后其生长点呈现淡粉色；一些甘蔗品种在成熟期用利刀剖开蔗茎近基部的几个节，在节部的维管束上呈现圆点状、逗点状或短条状的橙红色至深红色小点。蔗种带病发芽不整齐。病害典型症状图片请参考《海南甘蔗病虫害诊断图谱》（李增平、张树珍，2014，中国农业出版社）和 http://www.nonglinzhongzhi.com/uploads/allimg/20170504/15ckcujv2g4ve40.jpg。

发病规律： 病菌主要通过收获机械和带病蔗种传播，是一种种苗传播病害。由于病菌会产生胶状物质堵塞甘蔗导管，从而阻断其水分和无机营养的运输，因而导管分支多且跨节间导管少的甘蔗品种抗性较强。土壤贫瘠、干旱，发病严重。

防治措施：①选种植抗病品种；②种植健康种苗是防治甘蔗 RSD 的主要措施，将保留蔗壳的双芽苗用 50℃ 的热水处理 2 小时获得健康原种，温汤处理的种苗下种前用杀菌剂处理以保护受损伤蔗细胞免受各种微生物的侵染，再通过扩繁或组织培养来生产健康种苗。也可利用甘蔗茎尖生长点分生组织直接培养脱除 RSD 病菌，脱除率可达90%以上；③农业防治，蔗田施足基肥，及时追肥，增强甘蔗抗病力；④发病严重的蔗区要减少宿根蔗的栽培年限和面积。

20. 甘蔗赤条病

病原：由薄壁菌门赤条假单胞杆菌（*Pseudomonas avenae* Manns.）引起。

症状：主要为害叶片。有叶条纹型和梢头腐烂型两种症状。①叶条纹型：幼蔗比成熟蔗更易受侵染，在嫩叶和刚展开的成叶上发生最多。初期蔗叶上有沿叶脉方向伸展的水渍状绿色条纹，继而发展成狭长的栗色或深红色条纹，条纹宽 0.5 ~ 4 毫米，长数厘米甚至贯穿全叶，二至数条条纹合并后发展成红色条带；在潮湿而温暖的季节，在叶片下表面的条纹表面有时可见一层菌脓溢出干燥后形成的白色薄片。②梢头腐烂型：蔗茎或芽受侵染或蔗梢部分展开的嫩叶受害后，导致梢头组织变红棕色腐烂，心叶易被拉出，腐烂组织散发出强烈的臭味，继而老叶黄化并枯死。病害典型症状图片请参考《海南甘蔗病虫害诊断图谱》（李增平、张树珍，2014，中国农业出版社）。

发病规律：风雨是此病传播的主要途径，很少通过种苗和斩蔗刀传播。在雨水多的季节、在排水不良的蔗地，病害易发生。

防治措施：①加强检疫，防止此病传入无病蔗区；②选育和栽培抗病品种；③对易积水的蔗田开沟排水，及时施肥增进蔗田的土壤肥力。

21. 甘蔗白条病

病原：由细菌白条黄单胞杆菌 [*Xanthomonas albilineans*（Ashby）Dowson] 引起。

症状：主要为害叶片。白条病症状分慢性型和急性型两种。①慢性型。幼苗期发病的蔗株矮小，近成熟蔗发病则大量萌生侧芽，叶片直立，蔗叶及叶鞘上有沿叶脉方向伸展的白色或奶油色狭窄条纹，条纹逐渐加宽，病健分界渐变为不清晰，后期发病的梢头部分或全部黄化，自叶尖叶缘向下向内枯死，叶片卷曲，枯死的叶尖似开水烫伤。将病蔗茎节部纵向劈开，可见节部有短线状变淡棕色至深棕色的维管束，感病品种蔗茎内出现空洞状的溶生腔。抗病品种在叶鞘处的条纹可变成紫红色。②急性型。蔗株近成熟时才发病表征，表现为整株受侵染或一丛中仅 1 ~ 2 条蔗茎受侵染，发病蔗株突然枯死，类同旱害。病害典型症状图片请参考《海南甘蔗病虫害诊断图谱》（李增平、张树珍，2014，中国农业出版社）和 http://www. gengzhongbang. com/data/attachment/portal/201607/21/145203q59m61ra0lifq8j9.jpg。

发病规律：带菌蔗种是远距离传播的主要途径，斩蔗刀是田间近距离传播的主要途径，或其他农事操作活动、苍蝇等昆虫及牲畜活动等也可传播，病菌从蔗叶上机械作用造成的伤口处侵入。在良好的生长条件下，部分品种可以带病但不显症，遇干旱、排水不良或土壤贫瘠时，此病能迅速发展造成严重危害。

防治措施：①加强检疫，防止此病传入无病蔗区；②选育和栽培抗病品种，选用无病及无螟害的种苗或使用组培苗种植；③在发病区，对斩蔗刀每隔一段时间用5%~10%的来苏水或福尔马林消毒可大大减少此病的传播；④对有病的蔗种用50℃热水进行温汤浸种2~3小时可获得较好的预防效果；⑤对易积水的蔗田开沟排水，及时施肥增进蔗田的土壤肥力。

22. 甘蔗流胶病

病原：由细菌野油菜黄单胞杆菌维管束致病变种 ［*Xanthomonas campestris* pv. *vasculorum* （Cobb） Dye］引起。

症状：主要为害叶片、蔗茎。近叶缘处的叶尖先发病，发症初期，接近成熟开始变色的病蔗叶片呈现与叶脉平行的奶油白色纵向条斑，最幼嫩的蔗叶则不表征。条斑宽约3~6毫米，感病品种上的条斑宽可达叶片的一半。每片病叶上有条斑一至数条，条斑向蔗叶两端扩展，但不扩展至叶鞘。新条斑病健边缘分界明显，老条斑病健分界则不清晰。蔗叶显症最典型，抗病品种仅在叶片显症，而感病品种可从受侵染的叶片扩展至蔗茎引发系统侵染，受系统侵染后的蔗茎抽出的病叶可产生分界明显、短而窄的深红色条纹或稀疏的红色斑点，深红色条纹近似甘蔗赤条病的症状，条纹可扩展至叶鞘，嫩叶亦可显症，重病株矮小，生长不茂盛，顶端生长点坏死，大量侧芽萌发，蔗叶失绿严重，失绿后不久导致生长点坏死。在发病的蔗茎或蔗叶维管束处切片可看到含细菌的胶质，将重病蔗茎横切后可见切口泌出黏稠的黄色至橙黄色菌脓。病害典型症状图片请参考《海南甘蔗病虫害诊断图谱》（李增平、张树珍，2014，中国农业出版社） 和 https://cdn.huaniaoy.cn/20160506/original/1462544641334.jpg@！pic280zw。

发病规律：带菌蔗种是远距离传播的主要途径，田间近距离传播主要靠风雨传播，斩蔗刀或其他农事操作活动、苍蝇等昆虫及牲畜活动等也可传播，病菌从蔗叶上机械作用造成的伤口处侵入。台风雨或暴风雨是此病发生的有利因素，新植蔗发病比宿根蔗严重，常导致整株死亡造成缺株。

防治措施：①加强检疫，防止此病传入无病蔗区；②选育和栽培抗病品种；③对新植蔗田发病中心处的病蔗及时犁除。

23. 甘蔗花叶病

病原：主要由甘蔗花叶病毒（Sugarcane mosaic virus，ScMV） 和高粱花叶病毒（Sorghum mosaic virus，SrMV） 等侵染引起。

症状：主要为害叶片。发病甘蔗其症状主要表现为花叶，以新抽叶片中下部显症最为明显。病叶上呈现明显黄绿相间的不规则嵌纹或条斑，病痕长短大小不一，布满整张叶片，对光呈半透明；有时病斑褪绿非常明显，病叶变黄白色，出现少量红色点状坏死。病株叶色比健株浅，生长缓慢。病害典型症状图片请参考 http://www.hrda.net.cn/Uploads/Article/image/20160426/20160426130711_ 78061.jpg，http://www.hrda.net.cn/Uploads/Article/image/20160426/20160426130708_ 51180.jpg 和 http://www.hrda.net.cn/Uploads/Article/image/20160426/20160426130710_ 53721.jpg。

发病规律：带毒甘蔗种茎、发病的宿根蔗和其他染病的禾本科寄主和杂草均可以成为甘蔗花叶病的侵染来源。病毒主要通过带毒蔗种调运作远距离传播，田间主要通过蚜虫进行近距离传播。机械汁液摩擦也可传，砍蔗时蔗刀可将病毒从病株上传染给留种蔗。田间主栽品种高度感病、气候异常、高温少雨天气较多、宿根蔗年限长、长期连作等，发病重。

防治措施：①种蔗脱毒，对甘蔗花叶病的防治生产上可以采用热水浸种，也可用2 000 毫克/升硫脲嘧啶或2,4-二硝基酚进行种蔗处理；②种植高抗或免疫品种；③选种无病蔗种，实施甘蔗健康种苗技术，采用热处理和茎尖分生组织培养脱毒相结合的办法培育无毒健康种苗；④清除毒源，适时除草，定期清除蔗田内外的禾本科杂草，适当缩短宿根蔗种植年限，重病田停种宿根蔗，避免与玉米、高粱等病原的寄主作物混栽，不同熟期的甘蔗也不要混栽；⑤及时防治传毒蚜虫。

24. 甘蔗黄叶病

病原：由甘蔗黄叶病毒（Sugarcane yellow leaf virus，ScYLV）侵染引起。

症状：主要为害甘蔗叶片。染病甘蔗生长前期显症不明显或无症状，生长中后期开始显症明显，从下层老叶开始显症，初期叶片中肋下表皮部分叶片组织变黄色，中肋上表皮为正常绿色；继而中肋变黄，全叶黄化；后期中脉两侧变为红褐色，严重时叶片组织自叶尖向叶基逐渐枯死。病害典型症状图片请参考《海南甘蔗病虫害诊断图谱》（李增平、张树珍，2014，中国农业出版社）。

发病规律：甘蔗黄叶病主要由种蔗带毒传播，亦可经甘蔗绵蚜、高粱蚜、玉米蚜及红腹缢管蚜等蚜虫以持久性方式传播，蚜虫能在甘蔗植株间高效传播黄叶病毒，甘蔗黄叶病症状多出现在甘蔗生长中后期，干旱条件下显症早而明显。低温、缺水、土壤不良、营养缺乏等均能促进显症明显。

防治措施：①严格进行引种检疫，防止引进新的带毒蔗种；②种植抗病品种和无黄叶病毒的健康蔗种；③实施甘蔗健康种苗技术，采用热处理和茎尖分生组织培养脱毒相结合的办法培育无毒健康种苗；④清除毒源，适时除草，定期清除蔗田内外的禾本科杂草，适当缩短宿根蔗种植年限，重病田停种宿根蔗；⑤甘蔗生长期及时防治传毒蚜虫。

25. 甘蔗线虫病

病原：主要由根结线虫（Meloidogyne spp.）、短尾线虫（Pratyleuchus spp.）、矮化

线虫（*Tylenchorhynchus* spp.）、螺旋线虫（*Helicotylenchus* spp.）等引起。

症状：①地上部，蔗株受害的中后期，大致表现出 3 种类型症状，一是叶片失绿、蔗茎节间缩短和矮化、蔗叶失水凋萎。二是叶片失绿黄化，蔗叶失绿变黄或呈青铜色，有明显的发病中心。蔗茎节间缩短和矮化，叶片变细、变窄，蔗茎变小、节间明显缩短、蔗株矮小，与周围长势良好的健蔗区别明显。三是蔗叶失水凋萎，在干旱缺水时病蔗从叶尖开始变褐干枯，蔗叶扭曲。②蔗根，表现根结、根斑、根腐等症状。根结是指发病蔗根根尖部明显肿大，生长减慢甚至停此生长，形成大小不一的椭圆形、纺锤形根结或称"盲根"，肿大部位明显弯曲。根斑是指根表呈现具裂口的条形坏死斑，紫红色至黑色。根腐是指侧根组织变黑腐烂。病害典型症状图片请参考《海南甘蔗病虫害诊断图谱》（李增平、张树珍，2014，中国农业出版社）。

发病规律：寄生线虫主要以卵在土壤中越冬。田间主要通过耕作农具和流水传播，也可通过线虫自身的游动较短距离的传播。在赤泥土蔗区优势类群为短体线虫和螺旋线虫，黄色土蔗区为矮化线虫和短体线虫，根结线虫在疏松透气、排水良好的沙质土中生长良好。

防治措施：①种植抗线虫病的甘蔗品种；②轮作可有效减轻线虫病害；③利用捕食线虫的真菌制剂防治寄生线虫；④蔗田增施有机肥、印楝饼、甘蔗渣等粗大有机物；⑤植蔗时用 10%克线磷颗粒剂、10%力满库颗粒剂、10%涕灭威颗粒剂等药剂撒施于土壤中，可有效预防甘蔗寄生线虫的为害。

十一 高粱主要病害

1. 高粱紫斑病

病原：由半知菌亚门真菌高粱尾孢菌（*Cercospora sorghi* Ellis & Everhart）引起。

症状：主要为害叶片和叶鞘。叶片染病，初生椭圆形至长圆形紫红色病斑，边缘不明显，偶尔产生淡紫色晕圈。湿度大时，病斑背面产生灰色霉层。叶鞘染病，病斑较大，椭圆形，紫红色，边缘不明显，产生淡紫色晕圈，不产生霉层。病害典型症状图片请参考 https://p1.ssl.qhmsg.com/t010299a6f381f703fc.jpg 和 https://www.mianfeiwendang.com/pic/ba00bf36f167f2fc055a8a08/1-569-png_ 6_ 0_ 0_ 288_ 587_ 315_ 225_ 892. 979_ 1262.879-695-0-42-695.jpg。

发病规律：病菌以菌丝块或分生孢子随病残体越冬，成为翌年初侵染源。病斑上产生的分生孢子通过气流传播，进行反复侵染，使病菌不断扩散，严重时高粱叶片从下向上逐步枯死。

防治措施：①选用和推广适合当地的抗病品种；②实行轮作；③采用配方施肥技术，施足充分腐熟的有机肥，增强植株抗病力；④收获后及时处理病残体，并进行深翻；⑤化学防治，一是用种子重量0.5%的50%多菌灵可湿性粉剂，或50%拌种双粉剂，或50%福美双粉剂拌种；二是发病初期用50%多菌灵可湿性粉剂、50%福美双可湿性粉剂等药剂兑水喷雾进行防治。

2. 高粱煤纹病

病原：由半知菌亚门真菌高粱座枝孢菌［*Ramulispora sorghi*（Ell. et Ev.）L. S. Olive et Lefebvre］引起。

症状：主要为害叶片。叶片上病斑梭形或长圆形，大小（10~50）毫米×（4~10）毫米，有的病斑周围具黄色晕圈。初期病斑两面生有大量灰色霉层（病原菌分生孢子梗和分生孢子），后期霉层消失，出现黑色粒状小菌核。病害典型症状图片请参考 https://ima.nongyao001.com: 7002/file/upload/201604/23/15 - 41 - 18 - 45 - 29630.jpg 和 https://p1.ssl.qhmsg.com/t012bd552bc622dd013.jpg。

发病规律：病菌以分生孢子、菌核、菌丝在病叶鞘上或病叶上越冬。翌年产生分生孢子，借风、雨传播蔓延。下部叶片先发病，病部产生新的分生孢子，进行多次再浸染。降雨次数多，降水量偏大，气温较低条件下，该病发生早且为害重。

防治措施：①选用抗病品种；②进行轮作和深翻，将病残体埋入深土层；③采用配方施肥技术，施用沤制的堆肥或充分腐熟的有机肥；④化学防治，一是用种子重量0.5%的50%多菌灵可湿性粉剂或50%拌种双粉剂拌种；二是发病初期用50%苯菌灵可湿性粉剂、60%多霉灵可湿性粉剂、50%多菌灵可湿性粉剂等药剂兑水喷雾进行防治，视病情防治1~2次。

3. 高粱紫轮病

病原：由半知菌亚门真菌高粱生座枝孢菌（*Ramulispora sorghicola* Harris.）引起。

症状：主要为害叶片和叶鞘。叶鞘染病，产生中央浅紫色、边缘紫红色的椭圆形病斑，一般不产生霉层和菌核。叶片染病，初生短圆形的病斑，四周紫红色、中央浅紫色。一般多发生在叶脉之间，有时在叶背可见灰色霉层（病原菌分生孢子梗和分生孢子）。病害典型症状图片请参考 http://www.doc88.com/p-8075677016220.html。

发病规律：病菌以分生孢子、菌核、菌丝在病残体上越冬。翌年产生分生孢子，借风、雨传播蔓延。降雨次数多，降水量偏大，气温较低条件下或年份，该病发生早且为害重。

防治措施：①选用抗病品种，进行轮作和深翻；②采用配方施肥技术，施用充分腐熟的有机肥或沤制的堆肥；③化学防治，一是用种子重量0.5%的50%多菌灵可湿性粉剂或50%拌种双粉剂拌种；二是发病初期用65%甲霉灵可湿性粉剂、60%多霉灵可湿性粉剂、50%多菌灵可湿性粉剂等药剂兑水喷雾进行防治，视病情防治1~2次。

4. 高粱黑束病

病原：由半知菌亚门真菌直枝顶孢霉（*Acremonium stictum* W. Gams.）引起。

症状：主要为害根部，通过维管束扩展引起发病。叶片显症时叶脉上产生褐色条斑，多沿主脉一侧或两侧呈现大的坏死斑，致叶片、叶鞘变为紫色或褐色，严重时叶片干枯，茎秆稍粗，病株上部有分枝现象。横剖病茎，可见维管束、尤其木质部导管变为褐色，并被堵塞。纵剖面可见维管束自下而上变成红褐色或黑褐色，基部节间的维管束变黑较上部节间明显。严重的病株早枯，不抽穗或不结实，减产50%。病害典型症状图片请参考 https://p1.ssl.qhmsg.com/t010241ec0f96f44dfe.jpg 和 http://s4.sinaimg.cn/mw690/007hCvanzy7sGjR0j9p03&690。

发病规律：该病是一种维管束病害。病菌以附着在种子上和土壤带菌为初侵染源。在自然条件下，田间病原菌也可侵染叶片和叶鞘。病菌从寄主根部侵入后，进入维管束组织，通过维管束扩展引起发病。

防治措施：①选育抗病品种；②进行检疫，防止该病传播蔓延；③实行轮作，收获后及时清洁田园，清除病株根、茎残体；④药剂处理，一是药剂处理种子，进行拌种后播种；二是在发病时用50%福·异菌可湿性粉剂、30%氯溴异氰尿酸水溶性粉剂等药剂兑水喷施或喷淋茎叶和穗部进行防治。

5. 高粱散黑穗病

病原：由担子菌亚门真菌高粱轴黑粉菌 ［*Sphacelotheca cruenta*（Kühn）Potter］引起。

症状：主要为害穗部。病穗的穗轴及分枝完整，子房被破坏，形成大量黑粉，外包灰白色薄膜，破裂后散出黑粉，只留下 1 个长而弯曲的中轴。病株矮于健株，且抽穗较早。护颖也较正常穗稍长，病穗多数全部发病，偶有个别小穗能正常结实。病害典型症状图片请参考 https://p1.ssl.qhmsg.com/t0103efc4cd16df97b2.jpg 和 https://p1.ssl.qhmsg.com/t0128055eccd2dfc687.jpg。

发病规律：高粱散黑穗病是一种芽期侵入系统性侵染的病害。病菌以种子传播为主，借冬孢子附着在种子表面来传播，孢子在室内可存活 3~4 年，散落土内的冬孢子只能存活 1 年，且存活率较低，所以土壤中的冬孢子不是主要的初侵染来源。当高粱种子在土内萌发的同时，附在种子表面的冬孢子也同时萌发，产生先菌丝和担孢子，形成双核侵入丝，侵染幼苗，以后侵入生长点，随同植株生长发育，进入穗部组织，在子房内形成冬孢子。土壤温度偏低或覆土过厚，幼苗出土缓慢，易发病。连作地，发病重。

防治措施：①因地制宜选用抗耐病品种；②适时播种，不宜过早；③温汤浸种，用温水浸种后接着闷种，待种子萌发后马上播种；④药剂拌种，使用内吸性杀菌剂进行拌种，可用种子重量 0.2% 的 25% 三唑酮可湿性粉剂，或 0.7% 的 50% 萎锈灵可湿性粉剂，或 0.5% 的 40% 拌种双可湿性粉剂。

6. 高粱坚黑穗病

病原：由担子菌亚门真菌高粱坚轴黑粉菌 ［*Sphacelotheca sorghi*（Link.）Clinton］引起。

症状：高粱坚黑穗病主要发生在穗上。抽穗前病株与健株形态无明显区别，抽穗后可见病穗籽粒变为灰包（菌瘿），露出于颖壳之外。穗形不变，内颖、外颖很少被害。灰包圆筒形，比健粒稍大，其内部充满病原菌黑粉状冬孢子，外被灰白色薄膜。薄膜较坚硬，不易破裂。破裂时，由顶部裂开小口，露出短形中轴的尖端。病穗全部或大多数籽粒被害，但有时也残留一些健粒。病害典型症状图片请参考 http://www.1988.tv/Upload_ Map/Bingchonghai/Big/2019/1-10/201911084857593.jpg 和 http://www.3456.tv/images/2011nian/16/2016-09-08-10-07-02.jpg。

发病规律：病原以冬孢子形式附着在种子表面越冬，种子上的病菌为主要的初侵染源。冬孢子在干燥情况下，能存活 3 年之久。在脱粒时，冬孢子堆粉碎，黏附健粒表面的冬孢子是翌年主要初侵染源。土壤的传播作用极小，冬孢子通过牲畜消化后死亡，因此农家肥也不能传病。坚黑穗病菌的冬孢子在温度 24℃ 以下都能侵入高粱幼芽，低温、低湿更为有利。地温高于 24℃，土壤湿度高于 30% 就不利于侵染发病。在种子带菌率高、高粱播种过深或覆土过厚、出苗缓慢时，发病重。

防治措施： ①选用抗耐病品种；②轮作，深耕，适时播种；③温汤浸种，用温水浸种后接着闷种，待种子萌发后马上播种；④药剂拌种，使用内吸性杀菌剂进行拌种，可用种子重量 0.2% 的 25% 三唑酮可湿性粉剂，或 0.7% 的 50% 萎锈灵可湿性粉剂，或 0.5% 的 40% 拌种双可湿性粉剂。

7. 高粱丝黑穗病

病原： 由担子菌亚门真菌高粱丝轴黑粉菌〔*Sphacelotheca reiliana*（Kühn）Clint〕引起。

症状： 高粱丝黑穗病主要发生在穗上。发病初期病穗穗苞很紧，下部膨大，旗叶直挺，剥开可见内生白色棒状物，即乌米。苞叶里的乌米初期小，指状，逐渐长大，后中部膨大为圆柱状，较坚硬。乌米在发育进程中，内部组织由白变黑，后开裂，乌米从苞叶内外伸，表面被覆的白膜也破裂开来，露出黑色丝状物及黑粉（残存的花序维管束组织和病原菌冬孢子）。叶片染病，在叶片上形成红紫色条状斑，扩展后呈长梭形条斑，后期条斑中部破裂，病斑上产生黑色孢子堆，孢子量不大。病害典型症状图片请参考 https://p1.ssl.qhmsg.com/t01b8b0719209242a08.jpg，https://p1.ssl.qhmsg.com/t014c51b2aca918e202.jpg 和 https://p1.ssl.qhmsg.com/t01fb643b429eff3577.jpg。

发病规律： 病菌以冬孢子在土壤和粪肥中越冬，也可混在种子中间或附在种子表面，但不是主要的初侵染来源。冬孢子抵抗不良环境的能力非常强，散落在土壤中的病菌能存活 1 年，冬孢子深埋土内可存活 3 年。高粱丝黑穗病为幼苗侵染系统性发病的病害。病菌冬孢子萌发后以双核侵入丝侵入幼芽，从种子萌发至芽长 1.5 厘米为最适宜的侵染时期，超过 1.5 厘米后，则不易发生侵染。侵入的菌丝初在生长锥下部组织中，40 天后进入内部，60 天后进入分化的花芽中。土壤温度偏低或覆土过厚，幼苗出土缓慢，易发病。连作地，发病重。

防治措施： 因地制宜选用抗耐病品种；适时播种，不宜过早；温汤浸种，用温水浸种后接着闷种，待种子萌发后马上播种；药剂拌种，使用内吸性杀菌剂进行拌种，可用种子重量 0.2% 的 25% 三唑酮可湿性粉剂，或 0.7% 的 50% 萎锈灵可湿性粉剂，或 0.5% 的 40% 拌种双可湿性粉剂。

8. 高粱茎腐病

病原： 由半知菌亚门真菌串珠镰刀菌（*Fusarium moniliforme* Sheld.）和禾谷镰孢菌（*Fusarium graminearum* Schw.）引起。

症状： 主要为害茎秆，也可为害叶片。茎秆染病，从基部第一节开始向上发展，多在第二或第三节茎节和节间形成红褐色圆形、长条形或不规则形病斑，后发展为淡红色至暗紫色斑块，病部生有白色粉状霉层。病茎髓部变红褐色、淡红色腐烂，阻滞水分、养分输导，叶片失水青枯或黄枯，穗部也失去光泽。植株生长不良，灌浆不饱满，易倒伏，花梗易折断。病害典型症状图片请参考 https://www.51fsw.com/Item/4245.aspx。

发病规律：病原菌主要以菌丝体和分生孢子随病残体越冬，也可以在土壤中越冬，成为翌年初侵染菌源。种子也能带菌传播。病原菌主要从机械伤口、虫伤口侵入根部和茎部。高粱在开花期至糊熟期，若先后遭遇高温干旱与低温阴雨，发病就严重。在病田连作、土壤带菌量高以及养分失衡、高氮低钾时发病趋重，早播比适期晚播发病重。

防治措施：①选择种植耐病、轻病的杂交种以及抗倒伏的品种；②轮作倒茬，及时清除病残体，以减少菌源；③改进栽培管理，合理施肥，防止偏施氮肥，缺钾地块应补施钾肥，使植株生长健壮，提高抗病能力；④合理密植，铲除杂草，干旱时及时灌水，改善植株水分状况；⑤及时防治害虫，减少虫伤口；⑥药剂预防，播种前用25%三唑酮可湿性粉剂或12.5%烯唑醇可湿性粉剂按种子重量0.2%拌种。

9. 高粱青霉颖枯病

病原：由半知菌亚门真菌草酸青霉菌（*Pcnicillium oxalicum* Currie et Thom.）引起。

症状：主要为害穗部，从灌浆初期即开始显症。颖壳由绿色变为褐色或灰色。胚乳变灰变暗。颖壳与枝梗连接处组织逐渐变为红色或暗红色，并趋于坏死、干枯，影响养分、水分向上输送，使籽粒秕瘦变小，颖壳张开度减小，似睁不开眼。籽粒表面皱缩，色泽发暗，光滑度降低。在枝梗上有时还形成不规则红色病斑。一般上半穗发病重，严重时全穗发病。病害典型症状图片请参考 https://p1.ssl.qhmsg.com/t010df88e31b5620c6c.jpg。

发病规律：该菌系常见的土壤菌，于高粱花期和灌浆期进行侵染。当侵入枝梗或种脐部位时，则阻碍茎、叶中碳水化合物向籽粒输送，致籽粒秕瘦腐败或变小变轻。也可通过病、健穗碰撞接触传染。

防治措施：①选用抗病品种；②药剂防治，在初花期用50%多菌灵可湿性粉剂、50%苯菌灵可湿性粉剂、36%甲基硫菌灵悬浮剂、70%甲基硫菌灵超微可湿性粉剂、65%甲霉灵可湿性粉剂、50%多霉灵可湿性粉剂等药剂兑水喷雾进行防治。

10. 高粱炭疽病

病原：由半知菌亚门真菌禾生炭疽菌［*Colletotrichum graminicola*（Cesati）Wilson］引起。

症状：主要为害叶片及叶鞘，从苗期到成株期均可染病。苗期叶片受害，多从叶片顶端开始发生，病斑梭形，中间红褐色，边缘紫红色，病斑上现密集小黑点，导致叶枯，造成死苗。叶鞘染病，病斑较大，椭圆形，后期密生小黑点。高粱抽穗后，病菌可侵染幼嫩的穗颈，受害处形成较大的病斑，其上也生小黑点，易造成病穗倒折。此外还可为害穗轴和枝梗或茎秆，造成腐败。病害典型症状图片请参考 https://p1.ssl.qhmsg.com/t011f5c4739c2f4a010.jpg 和 http://a0.att.hudong.com/02/59/20300543566590144688597474551_ 140.jpg。

发病规律：病菌随种子或病残体越冬。翌年田间发病后，苗期发病可造成死苗。成株期发病病斑上产生大量分生孢子，借气流传播，进行多次再侵染，不断蔓延扩展或引起流行。高粱品种间发病差异明显。多雨的年份或低洼、高湿田块普遍发生，致叶片提早干枯死亡。气温偏低、降水量偏多，发病重，导致大片高粱早期枯死。

防治措施：①选用和推广适合当地的抗病品种，淘汰感病品种；②实行大面积轮作，施足充分腐熟的有机肥，采用高粱配方施肥技术；③收获后及时处理病残体，进行深翻，把病残体翻入土壤深层，以减少初侵染源；④药剂处理种子，从孕穗期开始喷洒36%甲基硫菌灵悬浮剂、50%多菌灵可湿性粉剂、50%苯菌灵可湿性粉剂、25%炭特灵可湿性粉剂、80%大生 M-45 可湿性粉剂等杀菌剂进行预防和治疗。

11. 高粱靶斑病

病原：由半知菌亚门真菌高粱生离蠕孢菌 [*Bipolaris sorghicola* （Lefebvre et Sherwin）Shoem.] 引起。

症状：主要为害叶片、叶鞘。叶片、叶鞘受害，产生叶斑或叶枯，严重时病株叶片自下而上逐渐发病枯死，造成减产。病株叶片上初生淡紫红色小斑点，后扩大成为卵圆形、椭圆形或长椭圆形病斑，长径可达 1~2 厘米。病斑中心有一个明显的褐色或紫红色坏死点，周围黄褐色，病斑边缘紫红色或深褐色，整个病斑外形类似打靶的"靶环"，因而被称为"靶斑病"。病害典型症状图片请参考 http://a0.att.hudong.com/74/47/01300544483229151117472882843 _ s. jpg 和 https://www. 51fsw. com/UploadFiles/Image/20171011/636433206729046515 6334365.png。

发病规律：病原菌随田间地表的病残体和村庄内外堆积的秸秆越冬，翌年春季越冬菌丝体产生分生孢子梗和分生孢子。分生孢子随风雨传播，着落在高粱叶片上以后，萌发产生芽管和附着胞，从叶片表皮侵入。在一个生长季节中有多次再侵染，使病情逐渐加重。高温多雨适于靶斑病流行。高粱品种间抗病性差异明显。

防治措施：①种植抗病杂交种；②及时清除病田病残体，减少越冬菌源；③加强栽培管理，以增强植株抗病性和创造不利于病害发生的环境条件。

12. 高粱大斑病

病原：由子囊菌亚门真菌玉米毛球腔菌 [*Setosphaeria turcica* （Luttr.）Leonard & Suggs] 引起。

症状：主要为害叶片。叶片上病斑长梭形，中央浅褐色至褐色，边缘紫红色，早期可见不规则的轮纹，大小（20~60）毫米×（4~10）毫米，后期或雨季叶片两面生黑色霉层（病原菌子实体）。一般从植株下部叶片逐渐向上扩展，雨季湿度大扩展迅速，常融合成大斑导致叶片干枯。病害典型症状图片请参考 https://p1. ssl. qhmsg. com/t010108f48e574b8172.jpg。

发病规律：病菌以菌丝体在病残体上越冬。翌年孢子萌发进行初侵染和再侵染。常温多雨的年份易流行，引致高粱大面积翻秸。

防治措施： ①选用抗病品种；②适时秋翻，把病残株沤肥或烧毁，减少菌源；③适期早播，避开病害发生高峰；④施足基肥，增施磷钾肥；⑤做好中耕除草培土工作，摘除底部2~3片叶，降低田间相对湿度，使植株健壮，提高抗病力；⑥高粱收获后，清洁田园，将秸秆集中处理，经高温发酵用作堆肥；⑦实行轮作；⑧药剂防治，发病初期用50%多菌灵可湿性粉剂、50%甲基硫菌灵可湿性粉剂、75%百菌清可湿性粉剂、25%苯菌灵乳油、40%克瘟散乳油、农用抗菌素120水剂等兑水喷雾防治，隔10天防治一次，连续防治2~3次。

13. 高粱顶腐病

病原： 由半知菌亚门真菌亚黏团串珠镰孢菌（*Fusarium moniliforme* var. *subglutinans* Wr. & Reink.）引起。

症状： 苗期至成株期均可染病。苗期、成株期顶部叶片染病表现失绿、畸形、皱褶或扭曲，边缘出现许多横向刀切状缺刻，有的沿主脉一侧或两侧呈刀削状。病叶上生褐色斑点，严重的顶部4~5片叶的叶尖或整个叶片枯烂，后期叶片短小或残存基部部分组织，呈撕裂状。叶鞘、茎秆染病致叶鞘干枯，茎秆变软或倒伏。花序染病穗头短小，轻的部分小花败育，重的整穗不结实。主穗染病早的，造成侧枝发育，形成多头穗，分蘖穗发育不良，湿度大时，病部产生一层粉红色霉状物。病害典型症状图片请参考 https://www.nyzy.com/gaoliang/192.html 和 https://p1.ssl.qhmsg.com/t01936907eac5f01d05.jpg。

发病规律： 病菌以菌丝、分生孢子在病株、种子、病残体上及土壤中越冬。翌年苗期、成株期均可染病。发病期间降雨多，相对湿度大加重病情。

防治措施： ①实行3~4年以上轮作，减少菌源；②施用微生物肥料，减轻发病；③药剂防治，发病初期用50%苯菌灵可湿性粉剂、60%防霉宝超微可湿性粉剂、60%甲霉灵可湿性粉剂等药剂兑水喷雾进行防治。

14. 高粱立枯病

病原： 由半知菌亚门真菌立枯丝核菌（*Rhizoctonia solani* Kühn）引起。

症状： 主要为害幼苗根部。多发生在2~3叶期，病苗根部红褐色，生长缓慢。病情严重时，幼苗枯萎死亡，引致缺苗。生育中后期个别地块也有发生，为害根部，引致高粱烂根。病害典型症状图片请参考 https://p1.ssl.qhmsg.com/t01f30baf8e7ff77991.jpg。

发病规律： 病菌在土壤中存活，以菌丝体或菌核在土壤中越冬，是土壤传播病害。多雨的地区或年份易发病，低洼排水不良的田块发病重。

防治措施： ①选用粒大饱满、发芽势强的抗病品种；②使用种子包衣，未包衣种子进行浸种或拌种处理消毒；③药剂防治，发病初期用75%百菌清可湿性粉剂、50%多菌灵可湿性粉剂、80%代森锰锌可湿性粉剂、58%甲霜灵·锰锌可湿性粉剂、64%杀毒矾可湿性粉剂等杀菌剂兑水喷淋进行防治，上述药剂要交替使用。

15. 高粱苗枯病

病原：由半知菌亚门真菌串珠镰刀菌（*Fusarium moniliforme* Sheld.）引起。

症状：主要为害叶片。高粱生长到 4~5 片叶子时即可发病。初发生于下部叶片，随后向上扩展。染病叶片初生紫红色条斑，渐联合，导致叶片从顶端逐渐枯死，种子根变褐、须根少而细。病害典型症状图片请参考 https://p1.ssl.qhmsg.com/t017a1ee52f92120ff4.jpg。

发病规律：以菌丝体和厚垣孢子在患部组织或遗落土中的病残体上越冬。翌年产生分生孢子，借雨水溅射传播，从伤口侵入致病。病部上不断产生分生孢子进行再侵染。阴雨连绵，昼暖夜凉的天气有利发病。植地低洼积水，田间郁闭高湿，或施用未充分腐熟的土杂肥，会加重发病。

防治措施：①选用优良抗病品种；②实行 3 年以上轮作；③收获后及时处理病残体，进行深翻；④采用配方施肥技术，施足充分腐熟的有机肥；⑤加强管理，密度适当，采用高垄或高畦栽培，不要在低洼地种植高粱；雨后排水要及时，严禁大水漫灌。

16. 高粱豹纹病

病原：由半知菌亚门真菌高粱胶尾孢菌（*Gloeocercospora sorghi*）引起。

症状：主要为害叶片和叶鞘。初生小型红褐色水浸状斑点，后沿与叶脉平行方向扩展呈同心轮纹状，颜色转为黄褐色至深红色。发生在叶缘的，病斑呈半椭圆形，大小不定，有多圈明显的轮纹，但有的品种不生轮纹。湿度大时，病部可见红色或紫色的黏稠物及黑色菌核。严重时病斑融合呈豹纹状，致叶片枯死。病害典型症状图片请参考 https://p1.ssl.qhmsg.com/t01879d53712641b818.jpg。

发病规律：病菌随种子或病残体越冬。翌年田间发病后，苗期发病可造成死苗。成株期发病病斑上产生大量分生孢子，借气流传播，进行多次再侵染，不断蔓延扩展或引起流行。高粱品种间发病差异明显。多雨的年份或低洼高湿田块普遍发生，致叶片提早干枯死亡。

防治措施：①选用抗病品种；②实行大面积轮作；③收获后及时处理病残体，进行深翻，把病残体翻入土壤深层，以减少初侵染源；④施足充分腐熟的有机肥，采用高粱配方施肥技术，增强抗病力；⑤药剂防治，一是用药剂 50%福美双粉剂或 50%拌种双粉剂或 50%多菌灵可湿性粉剂进行拌种处理种子；二是从孕穗期开始用 36%甲基硫菌灵悬浮剂、50%多菌灵可湿性粉剂、50%苯菌灵可湿性粉剂、25%炭特灵可湿性粉剂、80%大生 M-45 可湿性粉剂等药剂兑水喷雾防治。

17. 高粱锈病

病原：由担子菌亚门真菌玉米柄锈菌（*Puccinia sorghi* Schw.）和紫柄锈菌（*Puccinia purpurea* Cooke）引起。

症状：主要为害叶片，高粱抽穗前后开始发病。初在叶片上形成红色或紫色至浅褐色小斑点，之后随病原菌的扩展，斑点扩大且在叶片表面形成椭圆形隆起的夏孢子堆，破裂后露出米褐色粉末（夏孢子）。后期在原处形成冬孢子堆，冬孢子堆较黑，外形较夏孢子堆大些。病害典型症状图片请参考 https://p1.ssl.qhmsg.com/t01148185479e00811f.jpg。

发病规律：病菌以冬孢子在病残体上、土壤中或其他寄主上越冬。翌年条件适宜时，冬孢子萌发产生担孢子侵入幼叶，形成性子器，后在病斑背面产生锈子器，器内锈孢子飞散传播后在叶片上有水珠时萌发，也从叶片侵入，形成夏孢子堆和夏孢子，夏孢子借气流传播，进行多次再侵染。高粱接近收获时，在产生夏孢子堆的地方，形成冬孢子堆，又以冬孢子越冬。雨季易发病。

防治措施：①选育抗病品种；②施用充分腐熟的堆肥，增施磷钾肥，避免偏施、过施氮肥，提高寄主抗病力；③加强田间管理，清除酢浆草和病残体，集中深埋或烧毁，以减少侵染源；④药剂防治，发病初期用 25%三唑酮可湿性粉剂、40%多·硫悬浮剂、50%硫黄悬浮剂、30%固体石硫合剂、25%敌力脱乳油、12.5%速保利可湿性粉剂等杀菌剂兑水喷雾进行防治，隔10天左右防治1次，连续防治2~3次。

18. 高粱纹枯病

病原：由半知菌亚门真菌立枯丝核菌（*Rhizoctonia solani* Kühn）的 AG-1-IA 和 AG-5 两个菌丝融合群引起。

症状：主要为害叶鞘和叶片。染病后在近地面茎秆上先产生水浸状病变，随后叶鞘上产生紫红色与灰白色相间的病斑。在生育后期或多雨潮湿条件下，病部生出褐色菌核。该病可蔓延至植株顶部，对叶片造成为害。发病重的植株提早枯死。茎基部叶鞘染病初生白绿色水浸状小病斑，之后扩大成椭圆形、四周褐色、中间较浅的病斑。叶片染病呈灰绿色至灰白色云状斑，多数病斑融合后，导致全叶枯死。湿度大时叶鞘内外长出白色菌丝，有的产生黑褐色小菌核。病害典型症状图片请参考 http://p99.pstatp.com/large/pgc-image/15331360992546a321cb39a 和 http://www.zgny.com.cn/eweb/uploadfile/20100304142226767.jpg。

发病规律：病菌以菌丝和菌核在病残体或在土壤中越冬。翌春条件适宜，菌核萌发产生菌丝侵入寄主，后病部产生气生菌丝，在病组织附近不断扩展。通过与邻株接触进行再侵染。播种过密、施氮过多、湿度大、连阴雨多，易发病。

防治措施：①收获后，及时深翻消除病残体及菌核；②实行轮作，合理密植，开沟排水，降低田间湿度，结合中耕消灭田间杂草；③药剂防治，一是用浸种灵按种子重量

0.02%拌种；二是发病初期用1%井冈霉素、50%甲基硫菌灵可湿性粉剂、50%多菌灵可湿性粉剂、50%苯菌灵可湿性粉剂、50%退菌特可湿性粉剂、40%菌核净可湿性粉剂、50%农利灵可湿性粉剂、50%速克灵可湿性粉剂等杀菌剂兑水喷雾进行防治。

19. 高粱链格孢叶斑病

病原： 由半知菌亚门真菌链格孢菌［*Alternaria alternata*（Fr.）Keissl］引起。

症状： 主要为害叶片。叶片染病后形成不规则、大小不相同的长形病斑。病斑边缘紫红色，中间浅褐色，放大时可见其上生有稀疏的黑色霉层，即病原菌的分生孢子梗和分生孢子。发病重的田块，植株提前枯死。病害典型症状图片请参考 http://www.zgny.com.cn/eweb/uploadfile/20100304142345809.jpg。

发病规律： 病菌以菌丝体和分生孢子在病残体上或随病残体遗落土中越冬，翌年产生分生孢子进行初侵染和再侵染。一般成熟老叶易染病，雨季或管理粗放、植株长势差，利于该病扩展。

防治措施： ①培育、选择抗病品种；②按配方施肥要求，充分施足基肥，适时追肥；③药剂防治，发病初期用75%百菌清可湿性粉剂、50%扑海因可湿性粉剂、50%速克灵可湿性粉剂、70%代森锰锌可湿性粉剂等药剂兑水喷雾进行防治，隔7～15天防治1次，防治2~3次。

20. 高粱球腔菌叶斑病

病原： 由子囊菌亚门真菌高粱球腔菌（*Mycosphaerella hlolci* Tehon）和蜡球腔菌（*Mycosphaerella ceres* Sacc.）引起。

症状： 主要为害叶片。初在叶片上形成不规则形病斑，淡褐色，边缘红褐色或紫红色，后期病部生小黑点（病原菌子囊壳）。病害典型症状图片请参考 http://www.zgny.com.cn/eweb/uploadfile/20100304142731469.jpg。

发病规律： 病菌在病残体上越冬，翌春散出子囊孢子，借风雨传播，从寄主气孔侵入，引起发病。

防治措施： ①培育、选择抗病品种；②按配方施肥要求，充分施足基肥，适时追肥；③药剂防治，发病初期用75%百菌清可湿性粉剂、50%扑海因可湿性粉剂、50%速克灵可湿性粉剂、70%代森锰锌可湿性粉剂等药剂兑水喷雾进行防治，隔7～15天防治1次，防治2~3次。

21. 高粱炭腐病

病原： 由半知菌亚门真菌菜豆壳球孢菌［*Macrophomina phaseoli*（Maubl.）Ashby］引起。

症状： 主要为害根、茎。根部染病，初呈水渍状，后变黑，内部组织崩溃，皮层腐烂并延及侧根。茎秆染病，植株提早成熟，穗小粒秕，遇风易折倒，茎秆内部组织崩解后，残存维管束，其中有大量黑色菌核。病害典型症状图片请参考 http://a3. att. hudong.com/15/54/01300000582386130199543706281.jpg 和 https://ima. nongyao001. com: 7002/201712/1/AAA8679D25AA47DD832813CB45A500F3.jpg。

发病规律：病菌以菌丝或菌核随病残体在土壤中越冬。产生分生孢子，借雨水溅射传播，孢子萌发进行初侵染，引起幼苗或成株发病。病部产生的分生孢子借风雨传播进行多次再侵染。田间高温、土壤湿度低利于该病发生。

防治措施：①使用抗病品种；②收获后及时清除病残体，集中深埋或烧毁以减少菌源；③与稻、麦轮作；④施用腐熟堆肥，注意增施钾肥，以增强寄主抗病力；⑤药剂防治，发病初期用50%琥胶肥酸铜可湿性粉剂、80%新万生可湿性粉剂等杀菌剂兑水喷雾进行防治，隔10天防治1次，连续防治2~3次。

22. 高粱弯孢霉穗腐病

病原：由半知菌亚门真菌菜豆壳球孢菌［*Macrophomina phaseoli*（Maubl.）Ashby］引起。

症状：主要为害根、茎。根部染病，初呈水渍状，后变黑，内部组织崩溃，皮层腐烂并延及侧根。茎秆染病，植株提早成熟，穗小粒秕，遇风易折倒，茎秆内部组织崩解后，残存维管束，其中有大量黑色菌核。病害典型症状图片请参考 http://a3. att. hudong.com/15/54/01300000582386130199543706281.jpg 和 https://ima. nongyao001.com: 7002/201712/1/AAA8679D25AA47DD832813CB45A500F3.jpg。

发病规律：病菌以菌丝或菌核随病残体在土壤中越冬。产生分生孢子，借雨水溅射传播，孢子萌发进行初侵染，引起幼苗或成株发病。病部产生的分生孢子借风雨传播进行多次再侵染。田间高温、土壤湿度低利于该病发生。

防治措施：①使用抗病品种；②收获后及时清除病残体，集中深埋或烧毁以减少菌源；③与稻、麦轮作；④施用腐熟堆肥，注意增施钾肥，以增强寄主抗病力；⑤药剂防治，发病初期用50%琥胶肥酸铜可湿性粉剂、80%新万生可湿性粉剂等杀菌剂兑水喷雾进行防治，隔10天防治1次，连续防治2~3次。

23. 高粱镰刀菌穗腐病

病原：由半知菌亚门真菌串珠镰孢菌（*Fusarium moniliforme* Sheld.）引起。

症状：主要为害花序和籽粒，也可引致茎腐或根腐，湿润地区还可为害叶片。花序染病，发生在抽穗前，受害花序谷粒覆盖有白色至粉红色菌丝，并在菌丝上产生粉状物，即病原菌的分生孢子梗和分生孢子。抽穗后染病，造成白穗。叶片染病，病斑褐色至紫红色，严重时叶片萎蔫，表生粉红色霉层。茎秆染病，症状主要在基部第1至第3节上发生，严重的导致植株萎蔫，遇大风时茎易从受害部折断。病害典型症状图片请参考 http://www.zgny.com.cn/eweb/uploadfile/20100304143726142.jpg。

发病规律：病原菌在病残体上、土壤中及种子上越冬。借风雨传播，病穗上产生分生孢子进行再侵染。该病多发生在高粱开花后子实成长期，连续阴雨，发病重，这种情况在南繁区相当明显，生产上已充分成熟的谷粒也不能幸免。

防治措施：①施用充分腐熟的有机肥，增施有机肥，氮、磷、钾肥合理搭配；②药剂防治，在初花期或发病初期用 70% 甲基硫菌灵可湿性粉剂、50% 多菌灵可湿性粉剂、50% 苯菌灵可湿性粉剂、65% 甲基硫菌灵·乙霉威可湿性粉剂、50% 多菌灵·乙霉威可湿性粉剂等杀菌剂兑水喷雾进行防治。

24. 高粱霜霉病

病原：由子囊菌亚门真菌蜀黍指霜霉 [*Peronosclerospora sorghi*（West et Uppal）Shaw] 引起。

症状：主要为害叶片。苗期染病，叶片上出现褪绿或浅黄白色区域，湿度大时叶背生出白色霉状物，后来叶片上出现绿色和白色平行条纹组织，最后出现浅红褐色条纹，褪绿的脉间组织变为坏死斑致叶片破裂，这是该病典型症状。苗期染病的植株矮化，多在开花结实前枯死，能活下来的不能开花，后期虽能开花但产量锐减。有些病株出现丛生症状，很像疯顶。高粱发生霜霉病后易诱发紫斑病。该病病组织不扭曲或畸形，别于疯顶病。病害典型症状图片请参考 https://p1.ssl.qhimg.com/t01dd214ebf215421e6.jpg。

发病规律：病菌以卵孢子在土壤中越冬，且可存活几个季节，翌年成为该病初侵染源。卵孢子萌发产生芽管，侵染幼苗的叶片，幼苗发病后病部产生孢子囊借风雨传播蔓延，进行再侵染。该菌孢子囊发芽需要高湿度和 20℃ 以下的气温，在田间干燥条件下，孢子经 3~4 小时即失去生活力。

防治措施：①选用抗病品种；②实行轮作；③收获后及时清除病残体；④田间发现病株随时拔除并集中烧毁；⑤加强田间管理，雨后及时排水，防止湿气滞留；⑥药剂防治，发病初期用 72% 克霜氰可湿性粉剂、72% 克露可湿性粉剂、69% 安克锰锌可湿性粉剂、64% 杀毒矾可湿性粉剂等杀菌剂兑水喷雾进行防治。

25. 高粱细菌性斑点病

病原：由细菌丁香假单胞菌丁香致病变种（*Pseudomonas syringae* pv. *syringae* Van Hall.）引起。

症状：主要为害叶片、叶鞘和种子。叶片染病，初期出现水渍状病斑，逐渐变为圆形或椭圆形，初呈暗绿色，随病情发展变为中央浅红色，边缘红色或红褐色，有黄色晕圈，直径 2~5 毫米。潮湿时有菌脓溢出，干燥后呈光亮的薄膜状。病斑多时常相连而造成叶片局部或全部枯死。病害典型症状图片请参考 https://p1.ssl.qhimg.com/t019f0e660ff02d49cb.jpg。

发病规律：病菌在落于土壤中的植株病残体内越冬，也可附着于种子上越冬，成为次年的初侵染源。带菌种子是病害远距离传播的重要途径。细菌在干种子上至少能够存活 3 个月。种子萌芽 3 天后就可以在种皮内、胚根鞘末端和种胚表面出现大量细菌，7 天后整个种子都布满细菌。病菌通过伤口、气孔和水孔侵入植株体内，病害潜育期仅 2~3 天。新病斑上产生的细菌通过风雨在田间传播。低温、多雨高湿天气，发病重。

防治措施：①选用抗病品种，无病田留种；②收获后及时深翻土壤，将植株病残体深埋于土壤中以便减少菌源；③药剂防治，一是用相关杀菌剂拌种；二是发病初期用链霉素等药剂兑水进行喷雾防治。

26. 高粱细菌性红条病

病原：由细菌油菜黄单胞菌高粱致病变种 [*Xanthomonas campestris* pv. *holcicola* (Elliott) Dye.] 引起。

症状：主要为害叶片。叶斑初呈水渍状窄细的小条斑，扩展后变为浅红褐色。有的病斑中央变成褐色，边缘红色，在条斑上间断出现宽的长卵形病斑。有时病斑可覆盖叶片的大部分面积。湿度大时可见小粒状细菌菌脓溢出，干燥后变为鳞片状薄层。病害典型症状图片请参考 http://s12.sinaimg.cn/mw690/007hCvanzy7sMJkrVLZ4b&690 和 http://s3.sinaimg.cn/mw690/007hCvanzy7sMJoNnMe62&690。

发病规律：病原细菌在病残体上越冬，从气孔侵入寄主。高温、多雨及多风的天气，利于该病发生和扩展。

防治措施：①选用抗病品种；②加强田间管理，防止染病。

27. 高粱细菌性条纹病

病原：由细菌高粱假单胞菌 [*Pseudomonas andropogonis* (E. F. Smith) Stapp.] 引起。

症状：主要为害叶片和叶鞘。病斑沿叶脉形成浅红色至浅紫红色条状纹，宽约 1~3 毫米。少数品种为黄褐色，病斑发亮，不呈水浸状，别于细菌性红条病。病斑多时形成红色大斑，导致病叶变红干枯。病害典型症状图片请参考 http://www.zgny.com.cn/eweb/uploadfile/20100304144331550.jpg。

发病规律：病原细菌在病组织中越冬。翌春经风雨、昆虫或流水传播，从伤口或气孔、皮孔侵入，病菌深入内部组织引起发病。高温多雨季节、地势低洼、土壤板结易发病，伤口多，偏施氮肥发病重。

防治措施：①选用抗病品种，选用无病、包衣的种子，如未包衣则种子须用拌种剂或浸种剂灭菌；②和非本科作物轮作，水旱轮作最好；③播种或移栽前或收获后，清除田间及四周杂草和高粱秸秆，集中烧毁或高温沤肥；深翻地灭茬，促使病残体分解，减少病原和虫原；④加强栽培及田间管理，防治好蚜虫、灰飞虱、玉米螟及地下害虫，断绝虫害传毒、传菌途径；⑤药剂防治，发病初期用 90% 新植霉素可湿性粉剂、医用土霉素、72.2% 农用链霉素可湿性粉剂、3% 中生菌素可湿性粉剂、20% 龙克菌悬浮剂、30% 琥胶肥酸铜悬浮剂、77% 宁可多可湿性粉剂、30%DT 可湿性粉剂、50% 速克灵可湿性粉剂、50%

敌枯双可湿性粉剂、77%丰护安可湿性粉剂、70%敌克松可湿性粉剂、47%加瑞农可湿性粉剂、50%多菌灵可湿性粉剂等杀菌剂兑水喷雾进行防治，注意药剂交替使用。

28. 高粱花叶病

病原： 由高粱花叶病毒（Sorghum mosaic virus，SrMV）侵染引起。

症状： 主要为害叶片。在叶片上出现不规则卵圆形至长圆形斑，浅绿色，与中脉平行，但不受叶脉限制。新展开幼叶症状明显。有些品种产生坏死斑，韧皮部坏死，叶片扭曲，有的矮化。病害典型症状图片请参考 https://p1.ssl.qhmsg.com/t01525fc746eb22a11f.jpg。

发病规律： 传毒介体主要是蚜虫，汁液也能传染。生产上越冬毒源和早春传毒蚜虫数量影响春播高粱发病。品种间抗病性差异明显。田间管理粗放，草荒重，易发病。偏施氮肥，少施微肥，可加重病情。

防治措施： ①选用抗病品种；②建立无病留种田，防止种子带毒。间苗、定苗时发现病株及时拔除，减少菌源；③适时播种，在保证高粱可以成熟的情况下避开蚜虫发生高峰；④药剂防治，一是用50%抗蚜威超微可湿性粉剂、10%吡虫啉可湿性粉剂等杀虫剂及时防治高粱田蚜虫；二是用0.5%菇类蛋白多糖水剂、20%病毒A可湿性粉剂、15%病毒必克可湿性粉剂等药剂在病害发生前或初期兑水喷雾进行预防和防治。

29. 高粱红条病毒病

病原： 由玉米矮花叶病毒（Maize dwarf mosaic virus，MDMV）侵染引起。

症状： 整个生育期都可发生，苗期发病的植株受害最重。初期心叶基部叶脉间出现褪绿条点，断续相连成行，后扩展到整个叶片，产生淡绿色、黄色条纹。有时条纹变红，出现紫红色梭条状坏死斑，病斑扩展受粗叶脉限制，严重时全叶紫红干枯。叶鞘、茎秆和花梗也出现紫红色斑驳。通常病株矮小，苗期被侵染的病株株高是健株的1/3~1/2，不能抽穗，提早枯死；拔节至孕穗期被侵染的病株株高为健株的1/2~4/5，穗数、穗长、穗粒数和粒重都有所减少；抽穗后被侵染的，株高基本正常。病害典型症状图片请参考 https://51fsw.com/UploadFiles/Image/20171010/6364322674807368389038735.png 和 https://51fsw.com/UploadFiles/Image/20171010/6364322681157096088971676.png。

发病规律： 病毒依靠蚜虫、病株汁液摩擦和带毒种子而传毒在自然条件下，由蚜虫以非持久方式为主传播。该病的流行程度与品种抗病性、越冬毒源数量、传毒蚜虫群体数量，以及影响蚜虫传毒的栽培条件、气象条件等有关。山坡、村边、路边的田块，发病重，而平坦肥沃、施用有机肥、植株生长健壮的地块，发病轻。

防治措施： ①种植抗病品种；②加强栽培管理，要适期播种，增施有机肥，及时中耕除草，培土保墒；③药剂防治，一是药剂治蚜，二是发病初期用抗毒剂兑水喷雾进行防治。

十二 谷子主要病害

1. 谷子白发病

病原：由鞭毛菌亚门真菌禾生指梗霉 [*Sclerospora graminicola*（Sacc.） Schroeter] 引起。

症状：种子萌芽时受到侵染，变褐色，扭曲，未出土前即死亡，造成缺苗断垄。病轻的可以出苗，在幼苗期，中下部叶片变黄绿色，并纵向形成黄白色条纹，潮湿条件下叶背面产生厚厚的灰白色霜霉状物，叶片提早枯死。当叶片出现灰背后，叶片干枯，心叶仍能继续抽出，抽出后不能正常展开，呈卷筒状直立，出现黄白色白尖，逐渐变褐色枪杆状。部分病株发展迟缓，能抽穗，或抽半穗，但穗变形，小穗受刺激呈小叶状，不结籽粒，内有大量黄褐色粉末。病害典型症状图片请参考 https://p1.ssl.qhmsg.com/t01c9e31c45f2d0afde.jpg 和 https://p1.ssl.qhmsg.com/t01248920c6fa34d4df.jpg。

发病规律：土壤温湿度和播种状况影响侵染和发病程度，幼苗在土温 11~32℃都能发病，在土壤相对湿度 30%~60%范围内，特别是 40%~50%间，发病较多。遭遇多雨高湿而温暖的天气后，再侵染发生较多，连作田土壤或肥料中带菌数量多，病害发生严重，而轮作田发病轻。播种过深，土壤墒情差，出苗慢，发病也重。

防治措施：①选用抗病品种；②及时清理田间病株，尤其要在未散粉前进行，并实行 3 年以上的轮作，以减少病源；③用药剂拌种进行种子处理，土壤带菌量大时，可沟施药土，用 40%敌克松掺细土，撒种后沟施盖种。

2. 谷瘟病

病原：由半知菌亚门真菌灰梨孢菌 [*Pyricularia grisea*（Cke.） Sacc.] 引起。

症状：叶片受害，初期为绿色或暗褐色小斑点，呈水渍状，逐渐发展为梭形斑，中央为灰白色，边缘褐色且有黄色晕圈。湿度大时，病斑背面密生灰色霉层，严重时叶片干枯死亡。抽穗前后发病，节部出现黄褐色或黑褐色小病斑，逐渐扩展，环绕全节，并干枯缩小，阻碍养分运输，影响灌浆结实，造成病节以上部位枯死，很容易折断；叶鞘上的病斑呈黑色椭圆形，严重时汇合成大病斑，叶鞘枯黄死亡。在穗颈上发病，初期为褐色小点，进而扩展为黑褐色梭形斑，受害早、发病重的地块则全穗死亡；穗主轴不发病的则半穗死亡；病情发生晚并且较慢的，则籽粒不饱满、病穗稀松。病害典型症状图片请参考 http://img1.cache.netease.com/catchpic/4/4F/4F22536847C8F55A6A4AD61806B103A8.jpg 和 https://p1.ssl.qhmsg.com/t01baa883f2d7d767a2.jpg。

发病规律：谷子各生育阶段都可发病，带菌种子和病株残体提供初侵染菌源。连续高湿、多雨、寡照，有利于叶瘟发生；阴雨多、露重、寡照，气温偏低，穗颈瘟发生严重；谷子种植密度过大或高秆作物间作，田间郁闭，湿度高，结露量大，发病重。连作田块，低洼积水田块，氮肥施用过多植株贪青徒长的田块，发病较重。

防治措施：①选用抗病品种；②种子田应保持无病，繁育和使用不带菌种子；③病田实行轮作，收获后及时清除病残体，减少越冬菌源；④合理调整种植密度，防止田间过度郁闭，合理排灌，降低田间湿度，减少结露；⑤合理施肥，防止植株贪青徒长，增强抗病能力；⑥药剂防治，用40%敌瘟磷乳油、50%四氯苯酞可湿性粉剂、2%春雷霉素可湿性粉剂等兑水进行喷雾防治，防治叶瘟在始发期喷药，防治穗颈瘟在始穗期和齐穗期各喷药1次。

3. 谷子纹枯病

病原：由半知菌亚门真菌立枯丝核菌（*Rhizoctonia solani* Kühn）引起。

症状：谷子自拔节期开始发病，在叶鞘上产生暗绿色、形状不规则的病斑，之后病斑迅速扩大，形成长椭圆形云纹状大块斑，病斑中央部分逐渐枯死并呈现苍白色，边缘呈现灰褐色或深褐色，时常有几个病斑互相愈合形成更大的斑块，有时达到叶鞘的整个宽度，使叶鞘和其上的叶片干枯。病害典型症状图片请参考 http://shuju.aweb.com.cn/upfile/1/2/2009526/104230158.jpg 和 http://www.ynagri.gov.cn/uploadfile_Temp/document/20150727094200984001.jpg。

发病规律：主要为害谷子叶鞘和茎秆，也侵染叶片和穗部。病原菌主要以菌核在土壤中越冬，也能以菌核和菌丝体在病株残体中越冬。发病程度与环境温、湿度关系密切。在温度18~32℃时，只要湿度适宜，病菌能很快侵染和扩展；而湿度过低不会发病。随着温度升高和降雨增多，纹枯病迅速发展。播期过早，氮肥施用过多，播种密度过大，因免耕或秸秆还田使菌源增多等，都有利于纹枯病发生。

防治措施：①选用抗病性较好的品种；②清除田间病残体，深翻土地，减少侵染源；③适期晚播以缩短侵染和发病时间；④合理密植，铲除杂草，改善田间通风透光条件，降低田间湿度；⑤科学施肥，以有机肥为主，增施磷、钾肥，改善土壤微生物结构，增强植株抵抗能力；⑥药剂防治，一是药剂拌种；二是按照植保要求选用针对性药剂进行防治。

4. 谷子锈病

病原：由担子菌亚门真菌单胞锈菌属粟单胞锈菌（*Uromyces setariaeitalicae* Yoshino.）引起。

症状：发病初期在叶片表面及背面，特别是背面，开始产生红褐色隆起斑点，即夏孢子堆，呈椭圆形，较小，排列成行或散生，进而向表皮下面侵害，致使表皮破裂，散出黄褐色粉末，即夏孢子，严重时植株大量失水，过早枯死。此病发展到后期，可在叶片和叶鞘上散生大量灰黑色小点，即锈病的冬孢子堆，呈圆形或长圆形，其内有大量的黑色粉末，即锈病的冬孢子。病害典型症状图片请参考 https://p1.ssl.qhmsg.com/t01e7602878511f4445.jpg。

发病规律：主要为害叶片和叶鞘，谷子抽穗初期最严重。降水多的年份，锈病发生普遍而严重，干旱年份发病轻。地势低洼、植株过密、施用氮肥过多的田块，发病重。

防治措施：①选用抗病品种；②清除田间病残株，实行秋翻地，减少田间越冬菌源；③要勤清除杂草，保持垄间、株间通风透光；④合理密植；⑤施肥要避免氮肥过多，氮、磷、钾配合比例应适量，可减轻锈病的发生；⑥药剂防治，发病初期用25%三唑酮可湿性粉剂、12.5%烯唑醇可湿性粉剂等药剂兑水喷雾进行防治。

5. 谷子黑穗病

病原：由担子菌亚门真菌粟黑粉菌（*Ustilago crameri* Koern.）引起。

症状：主要为害穗部，通常一个穗上只有少数籽粒受害。抽穗前不易发现，较难识别。病穗刚抽出时，因孢子堆外有子房壁及颖片掩盖不易发现。病穗短，直立，大部分或全部子房被冬孢子取代。当孢子堆成熟后全部变黑才显症。病粒较健粒略大或相等。颖片破裂、子房壁膜破裂后散出黑粉，即病原菌冬孢子。病害典型症状图片请参考 https://www.51fsw.com/UploadFiles/Image/20171215/636489475266194884529430 5.png 和 https://www.51fsw.com/UploadFiles/Image/20171215/636489475711031106768900 67.png。

发病规律：以冬孢子附着在种子表面越冬，成为翌年初侵染源。种子、土壤、粪肥均可带菌传病，但以种子传染为主，土壤和粪肥传病作用不大。发病适宜温度为12~28℃。冬孢子在10~35℃都能萌发，但以20~25℃为最适宜。土壤温度，除特别干燥和水分饱和以外，都能发病，但以30%~50%为最适。

防治措施：①选用抗病品种；②由于本病是种子传染，所以应使用净种，并进行种子消毒，播种前，用种子重量0.03%的15%三唑酮可湿性粉剂或50%多菌灵可湿性粉剂拌种；③发现病株，立即清除，集中烧毁，减少田间菌源。

6. 谷子大斑病

病原：由半知菌亚门真菌大斑凸脐蠕孢菌［*Exserohilum turcicum*（Pass.）Leonard et Suggs.］引起。

症状：主要为害叶片。一般从植株底部叶片逐渐向上蔓延发生，但也常有从植株中上部叶片开始发病的情况。发病初期，在叶片上产生椭圆形、黄色或青灰色水浸状小斑点。在较感病品种上，斑点沿叶脉迅速扩大，形成大小不等的黄褐色长梭状（纺锤形）病斑，一般长2~5厘米，宽0.6厘米左右。发病严重时病斑常相互汇合连成更大斑块，使叶片枯死。田间湿度大时，病斑表面出现明显的灰黑色霉层（病菌的分生孢子梗和分生孢子）。病害典型症状图片请参考 https://ima.nongyao001.com:7002/201711/23/660AFE07B77F449EABC272C7E64A3C49.jpg。

发病规律： 散落在田间地表的残枝落叶或谷子秸秆垛内残留在病叶组织中的菌丝体及附着的分生孢子均可越冬，成为第二年发病的初侵染来源。在谷子整个生长期都可发生，但一般要到中后期以后才陆续较重发生。在潮湿的气候条件下，病斑上可产生大量分生孢子，随气流传播，进行多次再侵染，通常平均温度在 18~22℃、相对湿度在 90% 以上时，该病害易发生并流行。

防治措施： ①选育和播种优质的抗病品种；②谷子收获以后，彻底清除田内外病残组织，通过深翻土地或进行轮作，可以清除埋在土壤里的病残体组织上的大斑病菌；③加强田间管理，施足基肥，增施追肥，提高植株的抗病性；注意中耕除草，减少菌源；④及时排灌避免土壤过旱、过湿；⑤合理密植，通风、通光等。

7. 谷子胡麻斑病

病原： 由半知菌亚门真菌狗尾草离蠕孢菌 [*Bipolaris setariae* (Saw.) Shoem.] 引起。

症状： 主要为害谷子的叶片、叶鞘和穗部，苗期与成株期皆可发病。病株叶片上生椭圆形黑褐色病斑，多数长 2~5 毫米，有的可达 9~10 毫米。病斑可相互连接，也可汇合形成较大的斑块，引起叶片枯死。在高湿条件下，病斑上产生黑色霉状物。叶鞘、穗轴、颖壳上也产生褐色的梭形、椭圆形或不规则形的病斑，病斑界限多不明显，有的相互汇合。病害典型症状图片请参考 http://www.zhongnong.com/Upload/BingHai/201144105206.jpg 和 http://a0.att.hudong.com/87/43/20300543498568144626436409622_s.jpg。

发病规律： 以菌丝体、分生孢子、分生孢子梗随病残体或种子越冬，成为下一季的初侵染菌源。病株产生的分生孢子，由风雨传播，反复进行再侵染。降水多，湿度高，叶面结露时间长，气温 25~30℃，有利于病菌侵染。土壤缺肥或遭遇干旱，谷子生机削弱，抗病能力降低，发病重。

防治措施： ①种植抗病品种，并使用无病种子；②重病田在收获后应及时清除病残体，或与非寄主作物进行轮作；③要加强栽培管理，增施有机肥和钾肥，适量追施氮肥，增强植株抗病能力；④药剂防治，一是进行药剂拌种，减少种子带菌；二是发病初期用三唑酮、多菌灵、苯咪甲环唑等药剂兑水进行喷雾防治，注意不同药剂要轮换施用，避免产生抗药性。

8. 谷子灰斑病

病原： 由半知菌亚门真菌粟尾孢菌（*Cercospora setariae* Atkinson）引起。

症状： 主要为害叶片。病斑椭圆形至梭形，大小（5~12）毫米×（0.5~2）毫米，中部灰白色，边缘褐色至深红褐色。病斑背面生灰色霉层（病菌的子实体）。病害典型症状图片请参考 https://ima.nongyao001.com: 7002/file/upload/201305/21/10-02-27-10-14206.jpg。

发病规律：病菌主要以子座或菌丝块在病叶上越冬，翌年条件适宜，产生分生孢子，借气流传播蔓延。南方冬春温暖，雾大露重，病害易发生。

防治措施：①实行轮作；②加强田间管理；③药剂防治，发病初期用40%多·硫悬浮剂、50%苯菌灵可湿性粉剂、70%甲基硫菌灵可湿性粉剂等杀菌药剂兑水进行喷雾防治，间隔7~10天1次，防治2~3次。

9. 谷子叶斑病

病原：由半知菌亚门真菌高粱叶点霉（*Phyllosticta sorghina* Sacc.）引起。

症状：主要为害叶片。叶斑椭圆形，大小2~3毫米，中部灰褐色，边缘褐色至红褐色。后期病斑上生出小黑粒点，即病菌分生孢子器。病害典型症状图片请参考 http://www.1988.tv/Upload_ Map/Bingchonghai/Big/2018/3-26/201832685218790.jpg。

发病规律：病菌主要以分生孢子器在植物病残体上越冬。翌春产生分生孢子，借风雨传播蔓延，进行初侵染和再侵染。多雨年份，多雨季节，缺肥易发病。

防治措施：①施用充分腐熟有机肥，提高寄主抗病力；②药剂防治，发病初期用36%甲基硫菌灵悬浮剂、50%苯菌灵可湿性粉剂、60%防霉宝超微可湿性粉剂、50%琥胶肥酸铜可湿性粉剂、30%碱式硫酸铜悬浮剂、47%加瑞农可湿性粉剂、12%绿乳铜乳油等杀菌剂兑水喷雾防治，隔10天左右1次，连续防治2~3次。

10. 谷子条点病

病原：由半知菌亚门真菌狗尾草叶点霉（*Phyllosticta setariae*）引起。

症状：主要为害叶片。病株叶片上形成狭长的条斑，中部灰白色至淡褐色，边缘褐色，扩展后长可贯穿全叶，宽度可达叶片宽度的1/4~1/2，病斑表面密生黑色小粒点，即病原菌的分生孢子器。后期病斑纵裂。病害典型症状图片请参考 https://ima.nongyao001.com: 7002/file/upload/201305/21/09-56-06-35-14206.jpg 和 https://p1.ssl.qhmsg.com/t01dddda523f862bd6c.jpg。

发病规律：病菌以分生孢子器在病株残体上越冬。翌春条件适宜时产生分生孢子借风、雨传播进行初侵染和再侵染。天气温暖多雨、田间湿度大或偏施过施氮肥，发病重。

防治措施：①收获后及时清除病残体，集中烧毁或深埋；②加强栽培及田间管理，合理密植，适量灌水，雨后及时排水；③药剂防治，发病初期用36%甲基硫菌灵悬浮剂、50%混杀硫悬浮剂、40%多·硫悬浮剂等药剂兑水喷雾进行防治。

11. 谷子黑粉病

病原：由担子菌亚门真菌狗尾草黑粉菌（*Ustilago neglecta* Niessl）引起。

症状：主要为害穗部，一般部分或全穗籽粒染病，病穗短小，常直立。通常半穗发病，也有全穗发病的。病害典型症状图片请参考 https://p1. ssl. qhmsg. com/t013aee7122335d08c3.jpg。

发病规律：病菌以冬孢子附着在种子表面越冬，成为翌年的初侵染源。冬孢子萌发产生菌丝，土温12~25℃适于病菌侵入幼苗。土壤过干或过湿不利其发病。

防治措施：选用抗病品种，建立无病留种田。

12. 谷子假黑斑病

病原：由半知菌亚门真菌链格孢菌（*Alternaria tenuis* Nees）引起。

症状：主要为害叶片，谷子整个生育期均可发生。叶上病斑长椭圆形，褐色，中间草黄色，背生褐色霉层，即病原菌的分生孢子梗和分生孢子。病害典型症状图片请参考 http://a3.att.hudong.com/55/36/01200000193398134394365652202_ s.jpg。

发病规律：病菌以菌丝体和分生孢子在病残体上或随病残体遗落土中越冬，翌年产生分生孢子进行初侵染和再侵染。该菌寄生性虽不强，但寄主种类多，分布广泛，在其他寄主上形成的分生孢子，也是玉米生长期中该病的初侵染和再侵染源。一般成熟老叶易染病，雨季或管理粗放、植株长势差，利于该病扩展。

防治措施：①培育、选择抗病品种；②按配方施肥要求，充分施足基肥，适时追肥；③药剂防治，发病初期用75%百菌清可湿性粉剂、50%扑海因可湿性粉剂、50%速克灵可湿性粉剂、70%代森锰锌可湿性粉剂等药剂兑水喷雾防治，隔7~15天1次，防治2~3次。

13. 谷子红叶病

病原：由大麦黄矮病毒（Barley yellow dwarf virus，BYDV）引起。

症状：谷子紫秆品种发病后叶片、叶鞘、穗部颖壳和芒变为红色、紫红色。新叶由叶片顶端先变红，出现红色短条纹，逐渐向下方延伸，直至整个叶片变红。有时沿叶片中肋或叶缘变红，形成红色条斑。幼苗基部叶片先变红，向上位叶扩展；成株顶部叶片先变红，向下层叶片扩展。青秆品种叶片上产生黄色条纹，叶片黄化，症状发展过程与紫秆品种相同。重病株不能抽穗，或虽抽穗但不结实。病害典型症状图片请参考 https://p1.ssl.qhmsg.com/t012e7445aa577eebf7.jpg。

发病规律：谷子红叶病毒主要由玉米蚜进行持久性传毒，麦二叉蚜、麦长管蚜、苜蓿蚜等也能传毒，但传毒能力较低。主要在多年生带毒杂草寄主上越冬，翌年春季经玉米蚜等传毒蚜虫由杂草向谷子传毒。谷子发病程度与蚜虫发生时期和虫口数量密切相关。春季干旱、温度回升较快的年份，玉米蚜发生早而多，红叶病发病就早而重。夏季降水较少的年份，有利于蚜虫繁殖和迁飞，发病也重。杂草多的田块，毒源较多，发病较重。谷子植株的感染时期越早，发病程度和减产程度也越高。

防治措施：①选育和种植抗病、耐病品种；②在杂草刚返青出土时，及时彻底清除，以减少毒源。加强田间管理，增施氮、磷肥，合理排灌，使植株生长健壮，增强抗病能力；③药剂治蚜，在蚜虫迁入谷田之前，喷药防治田边杂草上的蚜虫。

14. 谷子线虫病

病原：由线形动物门贝西滑刃线虫（*Aphelenchoides besseyi* Christie.）引起。

症状：线虫病可侵染谷子的根、茎、叶、叶鞘、花、穗和籽粒，但主要为害花器、子房，在穗部表现症状。大量线虫寄生于花部破坏子房，不能开花，即使开花也不能结实。颖片多张开，籽粒秕瘦，尖削，表面光滑有光泽，病穗瘦小，直立不下垂。发病晚或发病轻的植株症状多不明显，能开花结实，但只有靠近穗主轴的小花形成浅褐色的病粒，不同品种症状差异明显。红秆或紫秆品种的病穗向阳面的护颖在灌浆至乳熟期变红色或紫色，以后褪成黄褐色。而青秆品种无此症状，直到成熟时护颖仍为苍绿色。此外，病株一般较健株矮，上部节间和穗颈短，叶片苍绿色，较脆。病害典型症状图片请参考 https://ima. nongyao001. com: 7002/201711/29/3C5D10D86EAF44CB950CE712D8A3CC48.jpg。

发病规律：主要随种子传播，带病种子是主要初侵染源，秕谷和落入土壤及混入肥料的线虫也可传播。混在土壤中或保持在室内的线虫至少能存活 2 年。谷子播种后，在谷粒、秕粒的壳皮内侧卷曲休眠越冬的成虫和幼虫遇湿复苏，侵入幼芽，随着植株的生长，侵入叶原始体。拔节后线虫逐渐向叶鞘转移，幼穗形成后，又转移到穗部并大量繁殖，开花末期达到高峰，造成子房受损、柱头萎缩，不能结实，但不形成虫瘿。线虫病的轻重，主要取决于种子带线虫量和穗期降水量大小，二者同时具备，则可造成毁灭性危害。

防治措施：①选用抗、耐病品种、建立无病留种田；②施用腐熟的粪肥和堆肥、重病田实行 3 年以上轮作倒茬，禁止秸秆还田；③种子处理，在播种前可采用温汤浸种的方法杀灭种子表面线虫，或播种前可用 30%乙酰甲胺磷乳油或 50%辛硫磷乳油拌种，避光闷种 4 小时，晾干后播种。

十三　哈密瓜主要病害

1. 哈密瓜猝倒病

病原：由鞭毛菌亚门真菌瓜果腐霉菌［*Pythium aphanidermatum*（Edson）Fitzpatrick.］引起。

症状：育苗床幼苗和刚出土的幼苗发病较多，是苗期毁灭性病害。出土幼苗受害，茎基部呈现水渍状黄色病斑，后为黄褐色，缢缩成线状，倒伏，幼苗一拔就断，病害发展很快，子叶尚未凋萎，幼苗即突然猝倒死亡。湿度大时，病株附近长出一层白色絮状菌丝。病害典型症状图片请参考 http://ishare.iask.sina.com.cn/f/9N3pJgrCsGl.html。

发病规律：病原菌腐生性强，病菌在基质和土壤中长期存活，以菌丝体和卵孢子在病株残体及土壤中越冬。病菌主要借助雨水冲溅及灌溉水传播。低温、高湿，基质和土壤中施用未腐熟粪肥等，均可诱发该病。苗床通风不良，光照不足，湿度偏大，不利于幼苗根系生长发育，易引发猝倒病。

防治措施：①选种生长势强、抗性强的品种；②育苗时，对营养土和种子进行消毒处理；③加强苗期管理，施肥要适量，施用腐熟的有机肥，播前浇足底水，以提高土壤溶液浓度和床温。播后不浇水或少浇水，防止大水漫灌；要及时通风排湿，增加环境和苗床的蒸发量；子叶出土后，防止徒长苗，适当通风透气，增强光照和降低温度，培育壮苗。坚持每天仔细观察苗情，一旦发现中心病株，立即拔除，并进行局部消毒，防止病菌蔓延；④药剂防治，发病初期立即用72%克露可湿性粉剂1 000倍液喷雾或浇灌进行防治。

2. 哈密瓜立枯病

病原：由半知菌亚门真菌立枯丝核菌（*Rhizoctonia solani* Kühn.）引起。

症状：育苗床幼苗和刚出土的幼苗发病较多，严重时造成苗期毁灭性病害。播种后到出苗前感病受害，出现烂种和烂芽；幼苗出土后，染病株在根茎基部出现黄褐色长条形或椭圆形病斑，病斑逐渐凹陷，环绕幼茎，缢缩成蜂腰状，病苗很快萎蔫、枯死，但病株不易倒伏，呈立枯状。病害典型症状图片请参考 http://www.hrda.net.cn/Uploads/Article/image/20151028/20151028135838_ 85869.jpg。

发病规律：病菌主要以菌丝体或菌核在土壤及病残体中长期存活，在未完全腐熟的堆肥中也能越冬。病害发生与气候条件、耕作栽培技术、土壤、种子质量等密切相关；种子播入土壤后，若遇低温多雨，常发生烂根；瓜种籽粒饱满，生活力强，播种后快速出苗，苗齐苗壮，不易遭受病菌侵染，幼苗发病轻；多年连作，或施入未腐熟的农家肥，瓜苗期发病率高，病害重；种植地势低洼、排水不良、土壤黏重、通透气性差，幼苗植株长势弱，发病重。

防治措施：①适期播种；②进行种子处理，可用种子重量 0.3% 的 45% 特克多悬浮剂黏附在种子表面后，再拌少量细土后播种。也可将种子湿润后用十种子重量 0.3% 的 75% 卫福可湿性粉剂、40% 拌种双可湿性粉剂、50% 利克菌可湿性粉剂、70% 土菌消可湿性粉剂拌种；③施用充分腐熟的有机肥，增施过磷酸钙肥或钾肥。加强水肥管理，避免土壤过湿或过干，减少根伤，提高植株抗病力；④发病初期使用药剂防治，可选用 30% 倍生乳油、5% 井冈霉素水剂、45% 特克多悬浮剂、50% 扑海因可湿性粉剂等兑水喷浇茎基部进行防治，7~10 天 1 次，视病情防治 1~2 次。

3. 哈密瓜枯萎病

病原：由半知菌亚门尖孢镰刀菌甜瓜专化型（*Fusarium oxysporum* f. sp. *melonis*）引起。

症状：成株受害时，叶片从基部向上逐渐萎蔫，似缺水状态，早晚可恢复正常，中午萎蔫明显，反复多次，最终导致全株枯萎死亡。病株根表皮层呈水浸状黄褐色，根内部维管束呈黄褐色，是典型的土传病害。病害典型症状图片请参考 http://att.191.cn/ attachment/thumb/Mon_ 1107/3_ 125805_ 3a7f4e3f99e9223.jpg?313。

发病规律：病菌以菌丝体厚垣孢子和菌核在土壤和未充分腐熟的肥料中越冬。在适温高湿条件下迅速繁殖发病蔓延，尤其是连作地块发病严重。栽培区土质黏重、通透性不良、地势低洼、排水不良、耕作粗放、地不平整等，对瓜根系生长发育不利，发病较重；施用未腐熟有机肥料，或偏施氮肥，或追施化肥伤根的地块，发病重；整枝打杈过度，造成伤口多，病菌易侵染发病；天气时雨时晴、久旱后下雨、灌水量过大、灌水次数过多、灌水后积水、高温、高湿、瓜根系透气性差，病害极易发生。

防治措施：①引种、选育抗病品种，并从无病株上选留良种，并进行种子消毒处理；②实行轮作倒茬，如须连作，必须用重茬剂处理后方可种植；③清洁田园并深翻，及时清除病残体，在田外集中销毁并深埋，瓜田秋翻冬灌，压低田间越冬菌源；④加强田间管理，合理密植，高垄覆膜栽培，注意排水、控制温湿度，保持植株通风透光。在植株幼苗期、盛花期、果实膨大期喷施叶面肥，以提高植株抗病力，发病后适当控制浇水；⑤发现个别病株，及早拔除；⑥药剂防治宜灌根、喷洒或涂茎相结合。

4. 哈密瓜蔓枯病

病原：由子囊菌亚门真菌瓜黑腐小球壳菌［*Mycosphaerella melonis*（Passerini）Chiu et Walker］引起。

症状：整个生育期，植株地上各部位均可受害。主要为害根茎基部和瓜蔓，多见于瓜蔓分枝处。病斑初期呈水浸状灰绿色斑，逐渐向上蔓延呈条状斑，有时分泌出黄褐色、橘红色至黑红色胶状物，后期散生黑色小粒点。横切病茎，瓜蔓表皮变褐，其维管素不变色。在潮湿条件下，叶片、叶柄及果实也可被侵染。叶片多在叶缘呈半圆形病斑或 V 字形扩展，为淡褐色。病害典型症状图片请参考 http://att.191.cn/attachment/Mon_1005/63_92407_1e104210e774ac4.jpg? 123 和 http://att.191.cn/attachment/Mon_1005/63_92407_c00627236003e16.jpg?120。

发病规律：病菌以分生孢子及子囊壳随病残体在土壤中越冬。种子带菌，可做远距离传播；病菌借助风雨、灌溉水传播；通过茎蔓整枝打杈或吊绑形成的伤口侵染。若温室、大棚内湿度大，空气相对湿度超过 85% 以上，通风不良，或植株生长势旺，种植密度过大，灌水过多，排水不良，易发病。

防治措施：①清洁田园并深翻，及时清除病残体，在田外集中销毁并深埋，瓜田秋翻冬灌，压低田间越冬菌源；②实行轮作倒茬，如须连作，必须用重茬剂处理后方可种植；③引种、选育抗病品种，并从无病株上选留良种；④种子消毒；⑤加强田间管理，合理密植，高垄防积水覆膜栽培，注意排水、控制温湿度，保持植株通风透光。在植株幼苗期、盛花期、果实膨大期叶面施肥，以提高植株抗病力，发病后适当控制浇水；⑥发现个别病株，及早拔除；⑦药剂防治宜灌根、喷洒或涂茎相结合。

5. 哈密瓜疫病

病原：由卵菌门疫霉属的掘氏疫霉（*Phytophthora* drechsleri）引起。

症状：幼苗期受害，茎基部成水烫样，缢缩，呈暗红色，基部叶片萎蔫，幼苗呈青枯状死亡。成株发病，茎基部产生暗绿色水渍状病斑，病部缢缩，潮湿时腐烂，干燥时呈灰褐色干枯，地上部迅速青枯。瓜蔓受害，发生黄褐色腐烂，自病部以上瓜蔓迅速萎垂。叶片受害，叶缘向里扩展，形成黄褐色病斑，叶片破裂。被害果实初生暗绿色近圆形水渍样病斑，潮湿时斑迅速蔓延，病部凹陷腐烂，出现白色霉状物，并有腥臭味。病害典型症状图片请参考 http://mmbiz.qpic.cn/mmbiz_png/2eLUqKA42nyNqVDWUNmv9xTEAKzzP6q1bHB8kYoXCBLCYf5LHvuJoQOkNic5XctuxSTwccIKfWwMOMIhXD4gTUA/640? wx_fmt = png&tp = webp&wxfrom = 5&wx_lazy = 1&wx_co = 1。

发病规律：病菌以菌丝体、卵孢子或厚垣孢子随病残体在土壤中越冬。借助雨水、灌溉水和气流传播。设施栽培中相对湿度>85%，栽培环境温度高容易发病。种植密度大，通风、透光性差，排水不良，积水地块，发病重，病害流行快。重茬、高温、高湿时发病重。

防治措施：①轮作倒茬，与小麦、玉米、棉花等作物至少 3 年以上轮作；②清洁田园并深翻，及时清除病残体，在田外集中销毁并深埋，瓜田秋翻冬灌，压低田间越冬菌源；③选种抗病品种；④加强田间管理，合理密植，高垄覆膜栽培，注意排水、控制温湿度，保持植株通风透光。在植株幼苗期、盛花期、果实膨大期叶面施肥，以提高植株抗病力，发病后适当控制浇水；⑤发现个别病株，及早拔除；药剂防治，用适宜杀菌剂兑水灌根、喷洒相结合。

6. 哈密瓜白粉病

病原：由子囊菌亚门真菌单丝壳白粉菌［*Sphaerotheca fuliginea*（Schl.）Poll.］引起。

症状：整个生育期都可发生，可侵染叶片、叶柄和茎蔓。初期在叶面上形成白色小粉斑，多个病斑汇合成大型不规则斑，随后叶面布满白粉，即病菌分生孢子梗和分生孢子。随病害发展，病叶逐渐衰老枯死，有时可在坏死病斑上产生黑色小点，即病菌子囊壳。叶柄和茎蔓染病，表面亦产生白色粉状霉斑，严重时病斑密布，组织早衰，死亡。病害典型症状图片请参考 http://www.1988.tv/Upload_ Map/2014nian/11/17/2014-11-17-08-55-16.jpg 和 https://p1.ssl.qhmsg.com/t014a366a2d7ce732a4.jpg。

发病规律：病菌在设施栽培环境中，以菌丝体、分生孢子和闭囊壳在前茬栽培作物病残体上及残留杂草上越冬。病菌分生孢子借助气流、雨水传播，造成初次侵染。病害发病与温、湿度关系密切，夏季露地栽培，露水或小雨等湿热条件对病害发生有利。栽培管理不科学，偏施氮肥，造成植株徒长，植株叶片过密，通风不良，叶片光照不足，浇水灌溉不合理，均会引发白粉病。

防治措施：①选用抗病品种；②加强栽培管理。采用高畦种植，合理密植，注意通风透气；科学施肥，定植时施足底肥，增施磷、钾肥，避免后期脱肥，培育壮苗；适时灌溉，注意排灌结合，防止田间湿度过大；及时整枝打杈，发现病株及时拔除；③药剂防治，发病初期选用2%农抗120水剂、2%武夷菌素水剂、43%菌力克悬浮剂、10%世高水分散粒剂、40%福星乳油、25%百理通可湿性粉剂、30%特富灵可湿性粉剂、25%粉锈宁可湿性粉剂等杀菌剂轮换使用，兑水喷雾进行防治。

7. 哈密瓜霜霉病

病原：由半知菌亚门真菌灰葡萄孢菌（*Botrytis cinema*）引起。

症状：主要为害叶片。发病初期，叶片上显现出水渍状黄色斑点，随后病斑逐渐扩大，但受到叶脉限制，呈现出不规则多角形黄褐色斑。在潮湿环境下，叶片背面长有灰黑色霉层。病害发生严重时病叶向上卷曲焦枯，病叶易破碎，全叶迅速呈黄褐色，从植株基部向上迅速蔓延，病斑成片侵染，植株叶片全部卷缩枯黄。病害侵染后果实瘦小，畸形瓜增多，品质下降、含糖量降低。病害典型症状图片请参考 http://dingyue.nosdn.127.net/fIcobrLYvgYucJS2kOZ4sITHyso = QvX4QCjhPgblXEFdH1525684257182compressflag.jpg 和 http://s10.sinaimg.cn/large/005ykj8fzy74Dny1CNb79&690。

发病规律：以病菌卵孢子在前茬作物病残体内越冬，在设施栽培中以菌丝体和孢子囊在受侵染的植株上越冬。病菌孢子囊通过气流、雨水和昆虫等途径传播。哈密瓜霜霉病发生时间、传播途径与当地温、湿度关系密切，湿度大、温度高有利于发病。地势低洼、植株种植密度大、未及时整枝打杈，植株叶片通风透光不良、肥料追施不足、浇水次数过多且量过大、土壤渗排水条件不良、种植田区积水严重、地面湿度大或降降水量大等都易发病。

防治措施：①选用抗病品种；②加强栽培技术规范；③加强田间管理，使田间通风、透光，控制采浇水，减轻田间湿度和结露；④土壤灭菌与轮作，育苗基质选用无菌土育苗，种植田区与葫芦科作物、双子叶作物进行3年以上的轮作；⑤药剂防治，发病初期用70%克抗灵、70%百菌清、72%霉星等杀菌剂兑水喷洒，10～15天1次，连喷2～3次。

8. 哈密瓜镰刀菌果腐病

病原： 由半知菌亚门真菌半裸镰孢菌（*Fusarium semitectum* Berk. & Rav.）、亚黏团串珠镰孢菌（*Fusarium moniliforme* Sheldon var. *subglutinans* Woll. et Reink.）、尖镰孢菌（*Fusarium oxysporum* Schlecht）、腐皮镰孢菌［*Fusarium solani*（Mart）App. et Wollenw.］等引起。

症状： 主要为害果实。初在果柄处产生圆形略凹陷浅褐色病斑，大小10～30厘米，随后四周呈水渍状，病部有的略开裂，裂口上生出白色绒状菌丝体，有时呈粉红色，有时则产生橙红色黏质小粒，即病菌的分生孢子座。发病重的果肉呈海绵状、甜味变淡，之后成紫红色，果肉发苦不能食用。病害典型症状图片请参考 http://s7.sinaimg.cn/mw690/005ykj8fgy6ZGO9fCRw66&690。

发病规律： 镰刀菌广泛存在于土壤内、空气中，营腐生生活，条件适宜时，能从伤口侵入，发病后又产生分生孢子进行再侵染。适温高湿，易发病。

防治措施： ①种植抗病品种；②加强栽培管理，适时采收，同时减少各种伤口；贮运时控制好温湿度，并注意通风散湿；③药剂防治，发病初期喷洒60%多菌灵盐酸盐可溶性粉剂或50%多菌灵磺酸盐可湿性粉剂。

9. 哈密瓜炭疽病

病原： 由半知菌亚门真菌刺盘孢菌［*Coletotrichum orbiculare*（Berk & Mont）Arx.］引起。

症状： 在整个生育期均可发生。幼苗染病，在近地面茎上出现水浸状病斑，叶上病斑近圆形，黄褐色或红褐色，边缘有黄色晕圈；茎和叶柄染病，病部为稍凹陷，长圆形病斑；果实染病，病部凹陷开裂，湿度大时溢出粉红色黏稠物。病害典型症状图片请参考 http://laodao.co/static/upload/image/2015/6/11/93945220573642443_ m.jpg 和 http://laodao.co/static/upload/image/2015/6/11/94119120992105223.jpg。

发病规律： 主要以菌丝或拟菌核随病残体在土壤中越冬，翌年产生大量分生孢子，借雨水或地面流水传播，菌丝也可在种子上越冬，条件适宜时直接侵入子叶。适宜发病温度22～27℃，相对湿度85%～95%。

防治措施： ①种子处理，用40%甲醛100倍液浸种30分钟，随后用清水洗干净，播种前用新高脂膜拌种（可与种衣剂混用），能驱避地下病虫，隔离病毒感染，加强呼吸强度，提高种子发芽率；②加强管理，保证水肥充足，合理灌溉，同时在哈密瓜开花前、幼果期、果实膨大期各喷洒一次壮瓜蒂灵能使瓜蒂增粗，强化营养输送量，提高植株的抗病能力，促进瓜体快速发育、汁多味美，使哈密瓜高产优质；③及时防治，在哈密瓜炭疽病发病初期重点在于防治，应及时喷洒药剂加新高脂膜增强药效，提高有效成分利用率，抑制炭疽病进一步扩散。

10. 哈密瓜红粉病

病原：由半知菌亚门真菌粉红单端孢菌［*Trichothecium roseum*（Bull.）Link et Fr.］引起。

症状：主要为害果实。近成熟或成熟哈密瓜果实上产生近圆形至不规则形病斑，边缘不明显，浅褐色，病斑上生有初为白色，后呈粉红色霉状物（病原菌的分生孢子梗和分生孢子）。病斑下果肉变苦，无法食用。是贮运期重要病害之一。病害典型症状图片请参考 https://ima. nongyao001. com: 7002/file/upload/201307/31/13 – 50 – 40 – 64 – 14206.png。

发病规律：此菌广泛存在于大气中或土壤内及多种残体上，生长后期或贮运中湿度大时，病菌易从伤口或皮孔侵入，引起发病。哈密瓜、白兰瓜果皮愈伤能力差，很易染病。

防治措施：①适期采收，不可过迟，减少各种伤口；②贮运时控制好温湿度，哈密瓜 3～9℃、白兰瓜 5～8℃，相对湿度不宜超过85%，并注意通风散湿，同时在贮运前用新高脂膜 500 倍液浸泡，可防水分蒸发，防病菌感染，抗冻保温，延长保鲜期，同时可形成一层保护膜，防治气传性病菌侵入；③药剂防治，发病初期用 60% 多菌灵盐酸盐（防霉宝）可溶性粉剂 700 倍液或 50% 多菌灵磺酸盐（溶菌灵）可湿性粉剂 800 倍液进行防治，并配合喷施新高脂膜 800 倍液增强药效，提高药剂有效成分利用率，巩固防治效果。

11. 哈密瓜细菌性角斑病

病原：由细菌丁香假单胞菌流泪致病变种（*Pseudomonas syringae* pv. *lachrymans*）引起。

症状：在整个生长发育周期均可发生，为害叶片、茎蔓和果实。苗期幼苗子叶边缘出现水渍状、圆形或不规则淡黄褐色小斑，随后病斑不断扩展，造成子叶干枯或局部干枯，病菌发展侵染幼茎，造成幼苗死亡。叶片发病初期，叶面病斑多为黄色、半透明圆点状斑。田间有露水时，病斑背面呈现水浸状灰白色菌脓，菌脓干涸后在叶片形成白膜；侵染后期病斑焦枯，病斑中央叶片干枯脱落，产生多角形或不规则形褐色斑，后期常破裂穿孔。病菌分泌出大量细菌黏液，向果实内侵染扩展，造成瓜果腐烂，病菌侵染到种子上，导致种子带菌。病害典型症状图片请参考 http://5b0988e595225.cdn.sohucs.

com/images/20170828/de16405fd1b74eb8a9f4f719928c3df6.jpeg 和 http://5b0988e595225.
cdn.sohucs.com/images/20170828/de5a83088aa346a5b35eb5f520557f5b.jpeg。

发病规律：病菌随病株残体在土壤和种子上越冬。病菌可通过灌溉水、气流、人工整枝打杈、土壤病菌残留和昆虫传播。设施栽培中，连作而不进行土壤消毒、植株通风不良、湿度大，易发病。

防治措施：①选用抗病品种；②加强栽培、肥水、通风管理；③药剂防治，发病初期，用 20% 叶枯唑可湿性粉剂、25% 氨基·乙蒜素微乳剂、32% 唑酮·乙蒜素乳油、25% 中生·嘧霉胺可湿性粉剂、8% 苯甲·中生可湿性粉剂、40% 琥·铝·甲霜灵可湿性粉剂、45% 精甲·王铜可湿性粉剂、41% 乙蒜素乳油、30% 王铜悬浮剂、20% 噻菌铜悬浮剂、5% 中生菌素可湿性粉剂、50% 氯溴异氰尿酸可溶粉剂等杀菌剂兑水喷雾进行防治，轮换使用。

12. 哈密瓜细菌性果腐病

病原：由细菌燕麦嗜酸菌西瓜亚种（*Acidovorax avenae* subsp. *citrulli* Willems et al. ）引起。

症状：叶片上病斑呈圆形至多角形，边缘初呈 V 字形水渍状，后中间变薄，病斑干枯。病斑背面溢有白色菌脓，干后呈一薄层，且发亮。严重时多个病斑融合成大斑，颜色变深，多呈褐色至黑褐色。果实染病，先在果实朝上的表皮上现水渍状小斑点，渐变褐，稍凹陷，后期多龟裂，褐色。初发病时仅局限在果皮上，进入发病中期后，病菌可单独或随同腐生菌向果肉扩展，使果肉变成水渍状腐烂。病害典型症状图片请参考 http://p1.pstatp.com/large/pgc - image/1527557623254de9e487781 和 http://att.191.cn/attachment/Mon_ 1005/63_ 92407_ 594aec2fe38904d.jpg?114。

发病规律：病原细菌在种子和土壤表面的病残体上越冬，成为翌年的初侵染源。田间的自生瓜苗、野生南瓜等也是该病的初侵染源和宿主。远距离传播主要靠带菌种子，种子表面和种胚均可带菌。带菌种子萌发后，病菌就从子叶侵入，引起幼苗发病。病斑上溢出的菌脓借风雨、昆虫及农事操作等途径传播，形成多次再侵染。干旱年份发病轻，高温多雨年份和平作地块，发病重。

防治措施：①选用抗病品种；②选无病瓜留种，并进行种子消毒，瓜种用 50℃ 温水浸种 20 分钟，捞出晾干后催芽播种；③利用无病土育苗；④与非瓜类作物实行 2 年以上轮作，并注意清除病残体。

13. 哈密瓜病毒病

病原：主要由黄瓜花叶病毒（Cucumber mosaic virus，CMV）、西瓜花叶病毒 2 号（Watermelon mosaic virus 2，WMV-2）、甜瓜花叶病毒（Melon mosaic virus，MMV）、南瓜花叶病毒（Pumpkin mosaic virus，PMV）、哈密瓜坏死病毒（Cantaloupe necrosis virus，CNV）、瓜类褪绿黄化病毒（Melon chlorotic yellow virus，MCYV）等引起。

症状： 发病初期侵染植株生长点顶部叶片，使之呈深浅绿色相间的花叶斑驳，叶面表现凹凸不平，有泡斑花叶产生，叶脉为深绿色条带，叶片小而卷曲或黄化、变厚、发脆。发病植株节间缩短、生长点直立、整个植株矮化、不易坐果、坐果后果实畸形且小。病害典型症状图片请参考 http://5b0988e595225.cdn.sohucs.com/images/20170906/182ac8c69f684b13b94984a79e77b2bf. jpeg 和 http://5b0988e595225. cdn. sohucs. com/images/20170906/4ce49be91a7e4d04ba2a7e99484cdac5.jpeg。

发病规律： 病毒病主要通过种子带毒和蚜虫、白粉虱接触传毒。农事操作，如整枝、压蔓、授粉等接触也会传播病毒病。高温、干旱、日照强的气候条件，有利于蚜虫、白粉虱的繁殖和迁飞，蚜虫、白粉虱发生重的年份病毒病发病也重；肥水不足、管理粗放、植株生长势衰弱或邻近病毒病较重的瓜、菜作物，易感病。

防治措施： ①选用抗病、耐病品种；②加强田间管理；③做好传毒媒介昆虫的预测预报和及时防治工作，切断传播途径；④土壤处理或轮作，育苗基质选用无菌土育苗，种植田区与葫芦科作物、双子叶作物进行 3 年以上的轮作；⑤播前种子消毒；⑥发病初期可用 1%香菇多糖兑水喷雾进行防治。

十四 花生主要病害

1. 花生叶斑病

病原： 由半知菌亚门真菌落花生尾孢菌（*Cercospora arachidicola* Hori.）和暗拟束梗霉菌（*Cercospora personata* Berk. & Curt.）引起。

症状： 花生叶斑病为世界性病害，主要包括褐斑病、黑斑病。发病早期先从底部叶片产生褐色小点，随后逐步向上部叶片蔓延，逐渐发展为不规则形或圆形病斑，叶片呈现黄褐色至暗褐色，底部叶片比上部叶片发病重，发病严重时在茎秆、叶柄、果针等部位均能形成病斑，后期有灰色霉状物；黑斑病病斑圆形、黑褐色，病斑周围无黄色晕圈，病斑比褐斑病小。病害典型症状图片请参考 https://p1.ssl.qhmsg.com/t014ced068fec2d9ebd.jpg 和 https://p1.ssl.qhmsg.com/t018efe1cffca419ac7.jpg。

发病规律： 病菌主要在植物病残组织和种子上越冬。靠气流、风雨传播，有时也靠昆虫传播。病菌生长发育最适温度为 25~30℃，病害流行的适宜相对湿度在 80% 以上。夏秋季节，多阴雨天气时病害发生较重，干旱少雨时病害发生较轻。

防治措施： ①合理轮作；②选用抗病品种；③加强管理；④药剂防治，发病初期用 50% 多菌灵可湿性粉剂、75% 托布津可湿性粉剂、80% 代森锰锌可湿性粉剂、75% 百菌清可湿性粉剂等兑水喷雾进行防治，但需要注意生育后期不要喷施多菌灵，以防诱发锈病。

2. 花生茎腐病

病原： 由半知菌亚门真菌棉壳色单隔孢菌（*Diplodia gossypina* Cooke.）引起。

症状： 花生出土前即可感病，病菌常从幼根或子叶侵入植株。前期发病，子叶先变黑褐色，然后沿叶柄扩展到茎基部形成黄褐色水浸状病斑，最后形成黑褐色腐烂；后期发病，先在茎基部或主侧枝处生水浸状病斑，先为黄褐色后变为黑褐色，最后萎蔫枯死。病害典型症状图片请参考 http://imgs.bzw315.com/UploadFiles/image/News/2016/11/15/20161115143503_ 3671.jpg 和 http://imgs.bzw315.com/UploadFiles/image/News/2016/11/15/20161115143504_ 3675.jpg。

发病规律： 病菌主要在种子和土壤中的病残株上越冬，成为第二年发病来源。病株或荚果壳饲养牲畜后的粪便，以及混有病残株所积造的土杂肥也能传播蔓延。在田间传播，主要是靠田间雨水，其次是大风，不过农事操作过程中携带病菌也能传播。在多雨潮湿年份，特别是收获季节遇雨，收获的种子带菌率较高，是病害的主要传播者，且可以通过引种进行远距离传播。

防治措施：①选用抗病品种；②合理轮作，最好和小麦、高粱、玉米等禾本科作物轮作；③精细选种，不能使用霉种子、变质种子播种；④施用腐熟肥料，加强田间管理，发现病株，应立即拔除，将其带出田外深埋；⑤药剂防治，一是用药液拌种或浸种；二是发病初期用70%甲基托布津可湿性粉剂+新高脂膜或30%甲霜恶霉灵兑水喷淋一次。生长期发病，用50%多菌灵可湿性粉剂或70%托布津加50%多菌灵粉剂兑水喷雾进行防治。

3. 花生根腐病

病原：由半知菌亚门真菌尖镰孢菌（*Fusarium oxysporum* f. sp. *cucmrium*）、茄类镰孢菌（*Fusarium solani*）、粉红色镰孢菌（*Fusarium roseum* Link.）、三隔镰刀菌［*Fusarium tricinctum*（Corda）Sacc.］和串珠镰孢菌（*Fusarium moniliforme*）等引起。

症状：主要为害根部，各生育期均可发病。通常花生播种后出苗前染病，造成烂种不出苗；幼苗时受害，主根根茎上出现凹陷长条形褐色病斑，主侧根变褐腐烂，病株地上部矮小，生长不良，叶片发黄，开花结果少，严重者或致全株枯萎。病害典型症状图片请参考 https://p1.ssl.qhmsg.com/t01b5eb0c063656a0a7.jpg 和 https://p1.ssl.qhmsg.com/t014b7f06734deb6429.jpg。

发病规律：是常见的花生土传真菌性病害，病菌主要随病残体在土壤中越冬，随流水、大风以及施肥等农事操作传播。连作、地势低洼、土层浅薄的地块发病重；持续低温阴雨或大雨骤晴、少雨干旱的不良天气也会加重病害的发生。

防治措施：①把好种子关，做好种子的收、选、晒、藏等项工作，播前翻晒种子，剔除变色、霉烂、破损的种子，并用种子重量0.3%的40%三唑酮等药剂拌种，密封24小时后播种；②合理轮作；③抓好以肥水为中心的栽培管理措施；④药剂防治，一是采用种子包衣剂；二是发病初期采用特效杀菌剂+叶面肥混合灌根或茎基部喷施进行防治。

4. 花生锈病

病原：由担子菌亚门真菌落花生柄锈菌（*Puccinia arachidis* Speg.）引起。

症状：主要为害叶片。发病初期，先是叶背面出现针尖大小的白斑，与此同时在叶片的正面出现黄色小点，而后叶片背面病斑逐渐扩大并呈黄褐色隆起，表皮破裂后，用手摸可粘满铁锈色粉末。严重时，整个叶片变黄干枯，全株枯死，远望似火烧状。病害典型症状图片请参考 https://p1.ssl.qhmsg.com/t01b2451d77b5ab6bfd.jpg 和 http://www.huamu.cn/UploadFile/infoimg/20121030150135.gif。

发病规律：该病在广东、海南等四季种植花生地区辗转为害，在自生苗上越冬，塑春为害花生。夏孢子借风雨传播形成再侵染。夏孢子萌发温度 11～33℃，最适 25～28℃，病害潜育期 6～15 天。春花生早播病轻，秋花生早播则病重。施氮过多，密度大，通风透光不良，排水条件差，发病重。水田花生较旱田病重。高温、高湿、温差大利于病害蔓延。

防治措施：①选用抗病品种，选用无病、包衣的种子；②和非本科作物轮作，水旱轮作最好；③加强管理，播种前或收获后，清除田间及四周杂草和农作物病残体，集中烧毁或沤肥；深翻灭茬，促使病残体分解，减少病原和虫源；及时防治害虫，减少植株伤口，减少病菌传播途径；发病时及时清除病叶、病株，并带出田外烧毁，病穴施药或生石灰；④药剂防治，发病初期用 15%三唑酮可湿性粉剂、40%三唑酮可湿性粉剂、40%三唑酮·多胶悬剂、50%胶体硫、40%三唑酮·硫黄悬浮剂、95%敌锈钠可湿性粉剂、65%代森锌可湿性粉剂、50%克菌丹可湿性粉剂、75%百菌清可湿性粉剂、70%代森锰锌可湿性粉剂、25%阿米西达嘧菌脂悬浮剂、15%三唑醇可湿性粉剂等杀菌剂兑水喷施进行防治，喷药时加入 0.2%展着剂（如洗衣粉等）有增效作用。

5. 花生白绢病

病原：由半知菌亚门真菌齐整小核菌（*Sclerotium rolfsii* Sacc.）引起。

症状：主要为害茎基部、果柄、果荚及根部。病害发生时，在被害部位形成白色绢丝状菌丝。在气候比较潮湿、温度较高的条件下，在茎基部、地面和周围的杂草上会出现大量的菌丝，呈蛛网状，在临近的地面也会出现，进而传染到植株上。菌核萌发产生的菌丝从花生茎基部或根部直接侵入或从伤口侵入，进行繁殖为害。苗期发病时，白色菌丝通常是在接近地面的茎基部和附近的土壤表面形成，病部症状为暗褐色而有光泽，幼株茎基部被病斑包围直到萎黄枯死。成株期发病时，接近地面的茎部先变为褐色，被害部位长出白色绢丝状菌丝，形成菌核。菌核最先为白色，慢慢变为黄褐色。被害植株的叶片发生黄化，逐渐变为褐色，并变软腐，表皮脱落，呈现出纤维状叶片，最终叶片凋萎，植株因萎蔫而死亡。病害典型症状图片请参考 https://p1. ssl. qhmsg. com/ t01cb4a9201ef81f937.jpg, https://p1.ssl.qhmsg.com/t01f37e8815b8d56527.jpg 和 https:// p1.ssl.qhmsg.com/t01a71b08a475057274.jpg。

发病规律：病菌以菌核或菌丝在土壤中或病残体上越冬，可以存活 5～6 年，大部分分布在 1～2 厘米的表土层中。病菌在田间靠流水或昆虫传播蔓延。高温、高湿、土壤黏重、排水不良、低洼地及多雨年份，易发病。雨后马上转晴，病株迅速枯萎死亡。连作地、播种早的发病重。

防治措施：①选用无病种子，用种子重量 0.5%的 50%多菌灵可湿性粉剂拌种；②与水稻、小麦、玉米等禾本科作物进行 3 年以上轮作；③提倡施用微生物沤制的堆肥或腐熟有机肥，改善土壤通透条件；④苗期清棵蹲苗，提高抗病力，收获后及时清除病残体，深翻；⑤药剂防治，发病初期可喷淋 50%苯菌灵可湿性粉剂、50%扑海因可湿性粉剂、50%腐霉利可湿性粉剂、20%甲基立枯磷乳油等杀菌剂进行防治。

6. 花生疮痂病

病原：由半知菌亚门真菌落花生痂圆孢菌（*Sphaceloma arachidis* Bit. & Jenk.）引起。

症状：主要为害叶片、叶柄及茎部。叶片染病，最初叶片两面产生圆形至不规则形小斑点，边缘稍隆起，中间凹陷，叶面上病斑黄褐色，叶背面为淡红褐色，具褐色边缘。叶柄、茎部染病，初生卵圆形隆起的稍大病斑，多数病斑融合时，引起叶柄及茎扭曲，上端枯死。病害典型症状图片请参考 https://p1.ssl.qhmsg.com/t01901dad3b110fc253.jpg 和 https://p0.ssl.qhimgs1.com/sdr/400_ /t019ba790936f095caa.jpg。

发病规律：菌丝体产生的子座可在田间的病残体上越冬，到翌年春季子座上产生分生孢子成为该年的初侵染源。病害的发生为害程度与生态环境关系密切，种植地土壤黏重、偏酸、多年重茬、田间病残体多，易发病。花生出苗后，温度超过20℃、降雨天数和降降水量多，日照不足，在田间出现零星的早期病株，产生孢子，通过风雨向邻近的植株传播，逐渐形成植株矮化、叶片枯焦的明显发病中心。种植密度大，通风透光差，发病重。风雨后，病情极速蔓延，天气持续晴好，病情缓和或抑制，高温多雨有利于病害的蔓延。地下害虫、线虫多的田块，病菌易从伤口侵入，发病重。

防治措施：①对没发病的地块，及时做好监测预报，已发病的地块，要及时用药防治；②与禾本科植物轮作，避免重茬；③加强综合防控工作；④药剂提早防治，先正达"爱苗"，杜邦"万兴"都对疮痂病有很好的预防和治疗作用。

7. 花生网斑病

病原：由半知菌亚门真菌花生茎点霉（*Phoma arachidicola* Marass，Pauer & Boerema）引起。

症状：主要为害花生的叶片和茎部。常在花期染病，先侵染叶片，沿主脉产生圆形至不规则形的黑褐色小斑，病斑周围有褪绿晕圈，之后在叶片正面边缘呈网纹状的不规则形褐色斑，病部可见栗褐色小点。阴雨连绵时叶面病斑较大，近圆形，黑褐色；叶片背面病斑不明显，淡褐色，重者病斑融合，病部可见栗褐色小点，干燥条件下病斑易破裂穿孔。病害典型症状图片请参考 http://att.191.cn/attachment/Mon_ 0707/63_ 5974_ fe1945ff0d14e9b.jpg?179 和 https://p1.ssl.qhmsg.com/t01b69e3177a9453b7a.jpg。

发病规律：病菌以菌丝和分生孢子器在病残体上越冬。翌年条件适宜时从分生孢子器中释放分生孢子，借风雨传播进行初侵染。分生孢子产生芽管穿透表皮侵入，菌丝在表皮下呈网状蔓延，毒害邻近细胞，引起大量细胞死亡，形成网状坏死斑。病组织上产生分生孢子进行多次再侵染。连阴雨天有利于病害发生和流行。田间湿度大的地块，易发病；连作地，发病重。

防治措施：①选用抗病品种；②与非豆科作物轮作1~2年；③清洁田园，收获后及时清除病残体；④药剂防治，发病初期用70%代森锰锌可湿性粉剂、75%百菌清可湿性粉剂、64%杀毒矾可湿性粉剂、70%乙磷铝锰锌可湿性粉剂、80%喷克可湿性粉剂等杀菌剂兑水喷雾进行防治，隔 10~15 天防治 1 次，连防 2~3 次。

8. 花生冠腐病

病原： 由半知菌亚门真菌黑曲霉（*Aspergillus niger* van Tiegh.）引起。

症状： 为害全株，多在苗期发生。茎基部染病，先出现稍凹陷黄褐斑，边缘褐色，病斑扩大后表皮组织纵裂，呈干腐状，最后仅剩破碎纤维组织，维管束的髓部变为紫褐色，病部长满黑色霉状物；病株地上部呈失水状，很快枯萎而死。果仁染病，造成荚果腐烂且不能发芽，长出黑霉。侵染子叶与胚轴接合部，使子叶变黑腐烂。病害典型症状图片请参考 http://www.zgny.com.cn/eweb/uploadfile/20100317141505473.jpg 和 http://a4.att.hudong.com/05/74/01300001385827133889748233648_ s.jpg。

发病规律： 病菌以菌丝或分生孢子在土壤、病残体或种子上越冬。花生播种后，越冬病菌产生分生孢子侵入子叶和胚芽，严重者死亡不能出土，轻者出土后根颈部病斑上产生分生孢子，借风雨、气流传播进行再侵染。花生团棵期发病最重。高温高湿或旱湿交替有利于发病。排水不良，管理粗放地块，发病重。连作田，易发病。

防治措施： ①在无病田选留花生种子，播种前晒几天，然后剥壳选种；②与非寄主植物实行 2~3 年轮作；③加强田间管理，适时播种，播种不宜过深；合理密植，防止田间郁闭；施用充分腐熟的有机肥，增施磷钾肥，避免偏施氮肥，提高植株抗病力；适时灌溉，雨后及时排除积水，降低田间湿度；④药剂防治，一是药剂拌种，二是发病初期用 50%多菌灵可湿性粉剂、25%菲醌粉剂、50%福美双粉剂等药剂兑水喷淋进行防治。

9. 花生焦斑病

病原： 由子囊菌亚门真菌落花生小光壳菌 [*Leptosphaerulina crassiasca*（Sechet）Jackson & Bell.] 引起。

症状： 主要为害叶部，常产生焦斑和胡椒斑两种类型症状。焦斑症状，通常自叶尖、少数自叶缘开始发病，病斑呈楔形向叶柄发展，初期褪绿，逐渐变黄、变褐，边缘常为深褐色，周围有黄色晕圈。早期病部枯死呈灰褐色，上面产生很多小黑点。胡椒斑症状产生病斑小，不规则至圆形，甚至凹陷，病斑常出现在叶片正面。收获前多雨情况下，该病出现急性症状，叶片上产生圆形或不定形黑褐色水渍状大斑块，迅速蔓延至全叶枯死，并发展到叶柄、茎、果针。病害典型症状图片请参考 https://p1.ssl.qhmsg.com/t014acaaac398f9fe1f.jpg 和 http://www.agropages.com/UserFiles/FckFiles/20120410/2012-04-10-01-59-44-7276.jpg。

发病规律： 病菌以子囊壳和菌丝体在病残体上越冬或越夏，遇适宜条件释放子囊孢子，借风雨传播，侵入寄主。病斑上产生新的子囊壳，释放出子囊孢子进行再侵染。高温高湿有利于孢子萌发和侵入，田间湿度大、土壤贫瘠、偏施氮肥，发病重。黑斑病、锈病等发生重，焦斑病发生也重。

防治措施：①轮作；②深翻、掩埋病株残体，施足基肥，增施磷钾肥，适当增施草木灰；③适当早播，降低密度，雨后及时排水，降低田间湿度；④药剂防治，发病初期用75%百菌清、70%代森锰锌可湿性粉剂等兑水喷雾进行防治，视病情发展，相隔10~15天喷1次，病害重的喷2~3次。

10. 花生立枯病

病原：由半知菌亚门真菌立枯丝核菌（*Rhizoctonia solani* Kühn）引起。

症状：主要发生在苗期。苗期染病，腐烂不能出土。根颈和茎基部染病，形成黄褐色凹陷斑，有时为许多小斑，绕茎一周呈环状斑后引起整株死亡。拔起病株可见和土粒粘在一起的白色丝状菌丝，茎基部出现暗褐色狭长干缩凹陷斑。果柄和荚果染病，呈黑褐色腐烂。病害典型症状图片请参考 http://www.zgny.com.cn/eweb/uploadfile/20091023141545873.jpg。

发病规律：病菌以菌核或菌丝体在病残体或土表越冬，菌核次年萌发菌丝侵染花生，病部长出菌丝接触健株并传染，产生的菌核可借风雨、水流等进行传播。高温多雨、积水有利发病。偏施氮肥、生长过旺、田间郁闭，发病重。前茬水稻等纹枯病重的花生纹枯病也较重。水地较旱地重。

防治措施：①避免连作，进行轮作；②搞好排灌系统，及时排除积水，降低田间湿度；③合理密植，不偏施过施氮肥，增施磷钾肥；④药剂防治，发病初期用3%井冈霉素、50%多菌灵可湿性粉剂、70%甲基硫菌灵可湿性粉剂、60%防霉宝可湿性粉剂、50%纹枯利乳剂、50%甲基立枯磷可湿性粉剂、5%甲基砷酸铁铵乳剂等药剂兑水喷雾进行防治，隔10~15天防治1次，连防2~3次。

11. 花生纹枯病

病原：由半知菌亚门真菌立枯丝核菌（*Rhizoctonia solani* Kühn）引起。

症状：主要发生在成株期。叶片染病，在叶尖或叶缘出现暗褐色病斑，逐渐向内扩展后病斑连片成不规则云纹斑。湿度大时，下部叶片腐烂脱落，并向上部叶片扩展，在腐烂叶片上生出白色菌丝和菌核，菌核初为白色后变为暗褐色；茎部染病，形成云纹状斑，严重时造成茎枝腐烂，植株易倒伏；果柄、果荚染病，果柄易断，造成落果，后期病部产生暗褐色菌核。病害典型症状图片请参考 http://att.191.cn/attachment/Mon_1001/63_ 51654_ a21b869851d576d.jpg?15。

发病规律：病菌以菌核或菌丝体在病残体或土表越冬，菌核次年萌发出菌丝进行侵染，病部长出菌丝接触健株并传染，产生的菌核可借风雨、水流等进行传播。高温多雨、积水利于发病。偏施氮肥、生长过旺、田间郁闭，发病重。前茬存在水稻等纹枯病重的该病发生重。水地较旱地，发病重。

防治措施：①避免连作，进行轮作；②搞好排灌系统，及时排除积水，降低田间湿度；③合理密植，不偏施过施氮肥，增施磷钾肥；④药剂防治，发病初期用3%井冈霉素、50%多菌灵可湿性粉剂、70%甲基硫菌灵可湿性粉剂、60%防霉宝可湿性粉剂、50%纹枯利乳剂、50%甲基立枯磷可湿性粉剂、5%甲基砷酸铁铵乳剂等药剂兑水喷雾进行防治，隔10~15天喷1次，连防2~3次。

12. 花生菌核病

病原： 由子囊菌亚门真菌落花生核盘菌（*Sclerotinia arachidis* Hanz.）和宫部核盘菌（*Sclerotinia miyabeana* Hanz.）引起。

症状： 主要为害叶片、茎部和荚果。叶片染病，病斑暗褐色，近圆形，潮湿时病斑软化腐烂；茎部发病，病斑初为褐色，之后变为深褐色，最后呈黑褐色，造成茎秆软腐，植株萎蔫枯死。潮湿条件下，病斑上布满灰褐色绒毛状霉状物和灰白色粉状物。将近收获时，茎皮层与木质部之间产生大量小菌核，有时菌核能突破表皮外露；果针受侵染后，收获时易断裂。荚果染病后变为褐色，在荚果表面或荚果里生出白色菌丝体及黑色菌核，导致籽粒腐败或干缩。大菌核病引起症状和小菌核病相似，但仅在茎蔓上发生，后期产生菌核较大。病害典型症状图片请参考 http://p1.pstatp.com/large/pgc-image/7b18466d71b04043834a8d532e01f8bb 和 http://p1.pstatp.com/large/pgc-image/c919b862ec7e459880908a883669cd94。

发病规律： 病菌以菌核在病残株、荚果和土壤中越冬，菌丝体也能在病残株中越冬。次年小菌核萌发产生菌丝和分生孢子，有时产生子囊盘，释放出子囊孢子，多从伤口侵入。分生孢子和子囊孢子借风雨传播，菌丝也能直接侵入寄主。大菌核病菌菌核萌发产生子囊盘，释放子囊孢子并进行侵染。通常连作地发生病害严重。高温、高湿有利于病害的扩展蔓延，发病重。

防治措施： ①与小麦、谷子、玉米、甘薯等作物轮作；②生长期进行中耕；③田间发现病株立即拔除，集中烧毁。收获后清除病株，进行深耕；④药剂防治，发病初期用40%菌核净、50%复方菌核净、50%异菌脲可湿性粉剂、25%施保克乳油、50%农利灵可湿性粉剂等药剂兑水喷雾进行防治，视病情发生情况，隔7~10天再补喷1次。

13. 花生灰霉病

病原： 由半知菌亚门真菌灰葡萄孢菌（*Botrytis cinerea* Pers. ex Fr.）引起。

症状： 主要为害叶片、茎和荚果等部位。通常情况下，叶片先发病，然后向茎和地下部蔓延。病部初呈水渍状病斑，之后迅速变褐色、软腐。病组织上布满大量灰色霉状物（菌丝和分生孢子）和小黑点（菌核）。条件适宜时，病菌可迅速侵染植株所有部位，造成全株或部分枝条枯死。病害典型症状图片请参考 https://ima.nongyao001.com:7002/file/upload/201305/17/10-22-46-28-14206.jpg 和 http://p3.pstatp.com/large/1ad10000a5fff7755777。

发病规律： 病菌以菌丝体或菌核随病残体遗落土中越冬。以分生孢子作为初侵染与再侵染接种体，借风雨传播，从寄主伤口侵入。长时间多雨多雾天气，植株生长衰弱，病害易发生。沙质土，易发病。水田花生发生病害早，发生重。

防治措施：①选用抗病良种；②加强栽培管理；③药剂防治，在常发病区，可在花生齐苗后，或病害始见期开始用50%腐霉利可湿性粉剂、50%异菌脲可湿性粉剂、50%多菌灵可湿性粉剂、50%甲基硫菌灵可湿性粉剂、75%百菌清可湿性粉剂等药剂兑水喷雾进行预防和治疗，隔7~10天防治1次，连续防治2~3次。

14. 花生紫纹羽病

病原：由担子菌亚门真菌桑卷担子菌（*Helicobasidium mompa* Tanaka）引起。

症状：主要为害根部、茎基部和荚果。病害发生时多从花生根尾部细根开始发病，逐渐蔓延至主根、茎基部和荚果。发病初期，根、荚果表面缠绕白色根状菌索，之后菌索逐渐转为粉红色，最后呈现紫红色。菌索密结于根、荚果表面，形成紫红色绒状子实体。地上部表现为花生生长不良，叶片自茎基部渐次向上发黄枯落，最后病根腐烂，引起全株枯死。荚果早期发病，变褐腐烂，不能形成籽粒；后期发病，病籽较健籽小而皱，病果收获晒干后，果壳一捏即裂。病害典型症状图片请参考 http://zhibao.yuanlin.com/bchDetail.aspx?ID=385。

发病规律：病菌以菌丝体、根状菌索和菌核依附于病株残体或以拟菌核遗落在土壤中越冬，是第二年的初侵染源。条件适宜时，从菌核或根状菌索上长出菌丝，遇到寄主根、茎基部和荚果时侵入为害。田间农事操作，地面流水等均可传播此病。长期连作，或与甘薯连作、间作均可加重该病的发生。施用未腐熟的病残体沤肥，也可加重病害扩展蔓延。

防治措施：①播前晒种；②与禾本科作物2年以上轮作；③加强栽培及田间管理，勤中耕，增施磷、钾肥，多施有机肥，酸性土壤要增施碱性肥料，收获后清除田间病残体，集中销毁，并深翻土壤；④药剂防治，发病初期用80%代森锰锌可湿性粉剂、0.5%硫酸铜等药剂兑水喷淋病株及病区周围进行防治，隔5~7天喷淋1次，连续喷淋3次。

15. 花生炭疽病

病原：由半知菌亚门真菌平头刺盘孢菌［*Colletotrichum truncatum*（Schw.）Andr. et Moore］引起。

症状：主要为害叶片，下部叶片发病较多。发病起始，先从叶缘或叶尖开始，之后病斑沿主脉扩展。从叶尖侵入的病斑沿主脉扩展呈楔形、长椭圆或不规则形；从叶缘侵入的病斑呈半圆形或长半圆形，病斑褐色或暗褐色，有不明显轮纹，边缘黄褐色，病斑上着生许多不明显小黑点（病菌分生孢子盘）。病害典型症状图片请参考 http://www.rpnhcn.com/UploadFiles/files/image/20161201/20161201160130_7343.jpg 和 https://p1.ssl.qhmsg.com/t019a6eb0aae8ce0c67.jpg。

发病规律：病菌以菌丝体和分生孢子盘随病残体遗落土中越冬，或以分生孢子附着在荚果或种子上越冬。土壤病残体、带菌的荚果和种子是次年病害的初侵染源。产生的分生孢子为初侵染与再侵染接种体，借雨水溅射和小昆虫活动而传播，从寄主伤口或气孔侵入致病。温暖高湿的天气利于发病，连作地或偏施过施氮肥、植株长势过旺的地块，发病重。

防治措施：①选用抗病品种；②轮作；③清除病株残体，深翻土地；④加强栽培管理，合理密植，增施磷钾肥，清沟排水；⑤药剂防治，发病初期用25%溴菌腈可湿性粉剂、50%咪鲜胺锰盐可湿性粉剂等药剂兑水喷雾进行防治，隔7~15天喷1次，连防2~3次。

16. 花生黄曲霉病

病原：由半知菌亚门真菌黄曲霉菌（*Aspergillus flavus* Link）引起。

症状：主要为害果仁（种子）。栽培措施不当，为黄曲霉病的发生埋下隐患。发病症状在收获后的花生仁上可以明显而直观地表现出来。刚开始蔓延时，果仁呈褐色或黄褐色，有隆起的斑块儿。在贮藏期，感染病菌的花生仁渐变为黄绿色，上面有病菌产生的大量的分生孢子。受病菌感染果仁如果作为种子播下后，容易造成烂种和缺苗的现象。病害典型症状图片请参考 https://cdn2.ettoday.net/images/255/d255490.jpg。

发病规律：黄曲霉菌广泛存在于许多类型土壤以及农作物残体中。收获前，黄曲霉菌感染源来自土壤，土壤中的黄曲霉菌可以直接侵染花生的荚果。收获后，不及时晾晒，以及贮藏不当可以加重黄曲霉菌的感染和毒素污染，引起荚果的霉变，加重黄曲霉毒素的污染。如果荚果破损，黄曲霉菌易从伤口处侵染，在贮藏过程中迅速繁殖。如果花生收获过迟，感染黄曲霉病的概率增大。

防治措施：①改善花生地灌溉条件，及时灌溉；②除草不要伤害花生荚果；③防治地下害虫；④适时收获，在花生成熟期，在遇干旱又缺少灌溉的条件下，可以适当提前收获，收获后及时晒干荚果，一定要将花生种子的含水量控制在8%以下，这样可以有效地杜绝种子感染环境中的黄曲霉菌。

17. 花生青枯病

病原：由细菌青枯假单胞杆菌［*Pseudomonas solanacearum*（Smith）Smith.］引起。

症状：主要为害根部。侵染根部，导致主根根尖变色软腐，病菌从根部维管束向上扩展至植株顶端，最初于中午呈轻度萎蔫状，早晚又恢复正常，接着全株叶片失水萎蔫下垂，最后青枯而死。横切病部可见呈环状排列的维管束变成深褐色，用手捏压时溢出浑浊的白色细菌脓液。病害典型症状图片请参考 https://p1.ssl.qhmsg.com/t01b9a74f0cc4ab6be5.jpg 和 https://p1.ssl.qhmsg.com/t016221784af3a26cba.jpg。

发病规律：病菌主要在土壤中越冬，随土壤的迁移、翻耕和流水、农具等传播。该菌最适生长温度为26~32℃。一般久旱或阴雨连绵的高温高湿天气发病严重，连年种植的旱坡地发病严重，土层偏薄、质地偏酸、肥力偏差的土壤条件也会加重此病的发生。

防治措施：①合理轮作；②选用高产、优质、抗病品种；③加强管理，深耕土壤，增施磷、钾肥和有机肥，早施氮肥；雨后及时排水；施用石灰降低酸性土壤的酸度；及时拔除病株，带出田间深埋，土壤用石灰消毒；④药剂防治，一是在发病初期用72%农用链霉素兑水喷淋，每隔7～10天1次，连喷用2～3次；二是在初花期喷施叶面肥或微量元素，以促进根系有益微生物活动，抑制病菌发展。

18. 花生黄花叶病毒病

病原：由黄瓜花叶病毒（Cucumber mosaic virus，CMV）侵染花生引起。

症状：明显症状是黄花叶。花生出苗后即见发病，发病初期，植株顶端嫩叶上出现褪绿黄斑，叶片卷曲，随后发展为黄绿相间的黄花叶、网状脉和绿色条纹等症状。病害典型症状图片请参考 https://p1.ssl.qhmsg.com/t0147201a1a3479753f.jpg 和 https://ima.nongyao001.com:7002/file/upload/201610/18/17－19－58－39－28365.png。

发病规律：种子带毒率直接影响病害的流行程度。带毒率越高，发病越严重。田间主要依靠蚜虫传播。花生苗期降雨少、温度高的年份，蚜虫发生量大，病害流行严重；降水量多、温度偏低的年份，蚜虫发生量少，病害发生较轻。

防治措施：①加强检疫，不从病区调用种子；②种植抗病性较好的品种；③与小麦、玉米、高粱等农作物间作，合理施肥，适当增施草木灰，提高植株抗病力；④及时拔除病苗，以减少田间再侵染的发生；⑤适时灌溉，雨后及时排水；⑥及时防治蚜虫，减少由蚜虫引起的再侵染；⑦药剂防治，发病初期喷洒抗毒丰或10%病毒王可湿性粉剂药剂兑水喷施等进行防治。

19. 花生条纹病毒病

病原：由马铃薯Y病毒组花生条纹病毒（Peanut strip virus，PStV）引起。

症状：花生染病后，先在顶端嫩叶上现褪绿斑块，随后发展成深浅相间的轻驳状，沿叶脉形成断续的绿色条纹或橡叶状花斑或一直呈系统性的斑驳症状。发病早的植株矮化。病害典型症状图片请参考 http://pic.baike.soso.com/p/20140607/20140607105413－265321203.jpg 和 https://p1.ssl.qhmsg.com/t016f7a32b6dbd4bf99.jpg。

发病规律：带毒花生种子是主要初侵染源，通过豆蚜（Aphis craccivora）、桃蚜（Myzus percicae）、大豆蚜（Aphis glycines）、洋槐蚜（Aphis robiniae）、棉蚜（Aphis gossypii）等传毒，且传毒效率较高。生产上由于种子带毒形成病苗，田间发病早，花生出苗后10天即见发病，到花期出现发病高峰。小粒种子带毒率较大粒种子高。该病发生程度与气候及蚜虫发生量正相关。花生出苗后20天内的降水量是影响传毒蚜虫发生量和该病流行的主要因子。

防治措施：①选用抗病毒病品种；②选用无病毒花生种子，并进行种子消毒处理；③与小麦、玉米、高粱等作物间作，可减少蚜传；④及早防治蚜虫，切断传播媒介；⑤药剂防治，发病初期喷洒抗毒丰、10%病毒王可湿性粉剂等药剂兑水喷施进行防治。

20. 花生丛枝病

病原：由类菌原体（Mycoplasma-like Organism，MLO）侵染引起。

症状：花生丛枝病是整株系统的侵染性病害，病株枝叶丛生，节间短缩，严重矮化，多为健株株高的1/2，病株叶片变小变厚，色深质脆，腋芽大量萌发，正常叶片逐渐变黄脱落，仅剩丛生的枝条，子房柄（果针）不能入土或入土很浅或向上变成秤钩状，根部萎缩，荚果很少或不结实。病害典型症状图片请参考 https: // p1. ssl. qhmsg. com/t0168bad22b3d636d33. jpg 和 http://zhongnong. com/Upload/BingHai/201712994929.jpg。

发病规律：该病由小绿叶蝉传播，最短获毒期为24小时，在虫体里的循回期为24~48小时，成虫和若虫均能终身传毒，传毒效率差异不大，嫁接可传病，豆蚜和种子不传毒。干旱年份，小绿叶蝉大发生，发病重。

防治措施：①种植抗（耐）病品种；②适时播种，春花生适时早播，秋花生适时晚播；③加强肥水管理，提高抗病力；④铲除田间豆科杂草；⑤发病初期及时拔除病苗，及时防治叶蝉，可减轻病害发生。

21. 花生根结线虫病

病原：主要由北方根结线虫（*Meloidogyne hapla* Chitwood.）和花生根结线虫（*Meloidogyne arenaria* Neal.）引起。

症状：主要为害根及果实。根尖受害，初期乳白色，渐变为黄褐色，虫瘿如小米粒和绿豆般大小，接着虫瘿上长出大量幼小须根，须根被侵害后再长出虫瘿，如此反复，最终根部变成虫瘿团，上附大量细土，难以抖落。花生幼果受害，会长出乳白色虫瘿。成熟荚果受害，会在果壳上长出褐色突起虫瘿；根颈和果柄受害，可长出葡萄果穗样虫瘿。受害花生根部吸水、吸肥等能力明显下降，地上部生长缓慢；始花后基部叶片变黄，逐渐从叶缘开始焦枯并脱落，开花推迟；盛花期病株黄萎，生长几乎停止；病株较少枯萎死亡，结果多为空壳。病害典型症状图片请参考 https://p1. ssl. qhmsg. com/t01c6d9eb9fb4c9d2a0. jpg 和 https://p1. ssl. qhmsg. com/t01447b657e47393bec. jpg 和 https://p1.ssl.qhmsg.com/t01113ae9675183a1be.jpg。

发病规律：根结线虫以侵入根和果壳中的卵、幼虫在土壤及堆肥等处越冬。花生的荚果、种子、残根和被感染的野生植物、土、肥、风、雨、生产工具、人、畜等都可传播该病。根结线虫在南方1年发生4~5代，北方多发生2~3代。疏松、肥沃和沙性土壤，病害发生重；盐碱、低洼和黏重的土壤多不发病或只轻微发病。连作的花生田根结线虫病会逐年加重。降水量过多和过少的年份发生轻，反之发生则重。

防治措施：①加强检疫，不从病区调运花生种子；②与非寄主作物轮作 2 年以上；③清洁田园，深刨病根，集中烧毁。增肥改土，增施腐熟有机肥；④加强田间管理，铲除杂草，修建排水沟。忌串灌，防止水流传播；⑤药剂防治，用 10% 涕灭威颗粒剂、3% 呋喃丹颗粒剂、5% 克线磷颗粒剂、5% 硫线磷颗粒剂、5% 米乐尔颗粒剂，以及 10% 甲基异柳磷或甲拌磷、硫环磷、灭克磷颗粒剂等于整地时沟施进行防治。

十五 黄瓜主要病害

1. 黄瓜霜霉病

病原：由鞭毛菌亚门真菌古巴假霜霉菌［*Pseudoperonospora cubensis*（Berk. et Curt.）Rostov.］引起。

症状：主要为害叶片，有时也侵害卷须、瓜蔓及花梗。发病初期，黄瓜叶片正面呈浅绿色水渍斑，之后病斑扩大，受叶脉限制成多角形淡褐色病斑。田间湿度大时，叶片背面出现黑色霉层；发病后期，病叶上多个病斑连合成大斑块，导致整个叶片枯焦，就像火烧一样干枯卷缩。病斑在空气干燥时易碎裂，空气潮湿时易腐烂。病害典型症状图片请参考 https://p1.ssl.qhmsg.com/t017960236b5bcb1625.jpg，https://p1.ssl.qhmsg.com/t014ac72944d086cf61.jpg 和 https://p1.ssl.qhmsg.com/t011515fb2e95f9b261.jpg。

发病规律：病菌借气流、雨水、田间灌溉水传播蔓延，再侵染频繁。气温在10~25℃，病菌都可以侵入，而最适侵染温度为16~22℃，低于15℃或高于30℃，病菌活性明显受到抑制。相对湿度在80%以上，1~2天病斑上就形成孢子囊。相对湿度50%~60%，保持2~3天，病害可停止发展。叶面上有水滴、水膜时间长，或昼夜温差大，发病重。另外，耕作粗放、浇水量大、重茬发病重。

防治措施：①选用抗病品种；②播前种子消毒；③改善耕作条件，实行与禾本科作物轮作，及时清除初发病叶，前茬黄瓜收获后及时清洁田园，选择地势较高、通风良好、排灌方便的地块，尽量避开多雨的高发病季节。

2. 黄瓜白粉病

病原：由子囊菌亚门真菌瓜白粉菌（*Erysiphe cichoracearum* Zheng & Chen）和瓜单囊壳菌［*Sphaerotheca cucurbitae*（Jacz.）Z. Y. Zhao］引起。

症状：主要为害叶片，其次是叶柄及茎，一般不为害果实。染病初期，叶片上产生白色近圆形粉状斑点，随后逐渐向四周扩展蔓延成边缘不明显的连片白色粉状物，后期常变为灰白色或红褐色，有些病叶上的白粉中产生黑色颗粒状物，最后可使整个叶片变黄干枯死亡，但不脱落。病害典型症状图片请参考 https://p1.ssl.qhmsg.com/t0185141c6c61ec41bc.jpg 和 https://p1.ssl.qhmsg.com/t01be7d352482aa4f0b.jpg。

发病规律：整个生育期间均可发生，以中后期发生较重。病菌主要靠气流、雨水传播，其发生为害与田间温度、湿度及栽培条件密切相关，发生的最适温度为 20~25℃，对湿度的适应性较广，湿度越大越有利于病菌孢子的萌发，在栽培管理中，密度过大，通风透光性差，氮肥施用过多，土壤偏黏、偏酸，空气干燥以及多年重茬等，均易发病。

防治措施：①选种抗病品种；②播前或移栽前清洁田园，实行与非瓜类作物轮作或水旱轮作，合理密植，多施腐熟有机肥，增施磷钾肥，不过量施氮肥，采用地膜覆盖栽培；③在发病季节，在黄瓜行间浇小水，以通过提高空气湿度来抑制白粉病发生；在田间叶片出现白粉病为害症状，应注意用速效治疗剂，并注意加入适量保护剂合理混用，防止病害进一步加重为害与蔓延。

3. 黄瓜灰霉病

病原：由半知菌亚门真菌灰葡萄孢（*Botrytis cinerea* Pers. ex Fr.）引起。

症状：主要为害花及幼瓜，有时也为害叶和茎。病菌多从雌花开始侵入，被害后在花蒂产生水渍状病斑，并逐渐长出灰褐色霉层，此后逐步向幼瓜扩展，导致瓜病部先发黄，之后产生灰白色霉层，最终致病瓜停止生长、变软、萎缩、腐烂和脱落。叶片染病，病斑起初为水渍状，随后变为不规则形淡褐色病斑，病斑有轮纹，边缘明显，病斑中间有时产生褐色霉层。茎部染病，可引起茎部腐烂，瓜蔓折断，严重时可造成整株死亡。病害典型症状图片请参考 https://p1.ssl.qhmsg.com/t019e908ca00d0201c3.jpg 和 https://p1.ssl.qhmsg.com/t016bace82a22d94e74.jpg。

发病规律：病菌以菌核在土壤中或以菌丝体及分生孢子在病株残体上越冬、越夏。病菌借气流、水溅及农事活动传播，结瓜期是病菌侵染和发病的高峰期。高湿环境（相对湿度大于 90%）、较低的气温（18~23℃）、长时间阴雨天气以及田间通风透光性不好时，易发病；当气温高于 30℃，相对湿度低于 90% 时，则停止蔓延，病害消减。

防治措施：①清除病残体，前茬收获后彻底清除病残体，苗期、瓜膨大前及时摘除病花、病瓜、病叶；②加强栽培管理，合理密植，加强通风换气，浇水适量，防止高温高湿；③和禾本科作物实行轮作；④药剂防治，发病初期选用 25% 敌力脱乳油、30% 爱苗乳油、10% 宝丽安可湿性粉剂、50% 速克灵可湿性粉剂、25% 阿米西达乳油、45% 特克多悬浮剂、50% 扑海因可湿性粉剂、40% 多·硫悬浮剂、2% 武夷菌素水剂等杀菌剂兑水喷雾进行防治，交替使用，隔 7~10 天 1 次，连续 2~3 次。

4. 黄瓜枯萎病

病原：由半知菌类真菌尖镰孢菌黄瓜专化型〔*Fusarium oxysporum*（Schl.）f. sp. *cucumerinum* Owen.〕引起。

症状：整个生长期均能发生，以开花结瓜期发病最多。苗期发病，出现失水状，萎蔫下垂。成株发病，初期受害表现为部分叶片或植株一侧叶片中午萎蔫下垂，早晚恢复，数天后不能恢复而萎蔫枯死。主蔓茎基部纵裂，撕开根茎病部，维管束变黄褐色到黑褐色并向上延伸。潮湿时，茎基部半边茎皮纵裂，常有树脂状胶质溢出，上有粉红色霉状物，最后病部变成丝麻状。病害典型症状图片请参考 https://p1.ssl.qhmsg.com/t01f1fa7692a2d11d2f.jpg 和 https://p1.ssl.qhmsg.com/t0167989c3b8448f300.jpg。

发病规律：病菌以菌丝体、菌核和厚垣孢子在土壤、病残体和种子上越冬，在土壤中可存活 5~6 年或更长的时间，病菌随种子、土壤、肥料、灌溉水、昆虫、农具等传播，通过根部伤口侵入。重茬次数越多病害越重。土壤高湿、根部积水、高温有利于病害发生。氮肥过多、酸性、地下害虫和根结线虫多的地块，发病重。

防治措施：①选用无病新土育苗，采用营养钵或塑料套分苗；②嫁接防病；③与非瓜类作物实行 5 年以上轮作；④收获后及时清除病残体，集中烧毁或深埋；⑤加强田间管理，提高植株抗病能力，应合理施肥，改善透光强度，及时开沟排水；⑥加强栽培管理，采用高畦栽培有利于减少病害发生；田间发现病株枯死，要立即拔除，深埋或烧掉；拉秧后要清除田间病株残叶，搞好田间卫生；⑦药剂防治，发病初期或发病前用50%多菌灵可湿性粉剂、50%苯菌特可湿性粉剂、60%琥乙磷铝可湿性粉剂、50%甲基托布津可湿性粉剂、40%双效灵可湿性粉剂、70%敌克松可湿性粉剂等药剂灌根进行预防和治疗，早预防和早治疗效果较好，同时注意药剂要交替使用。

5. 黄瓜疫病

病原：由鞭毛菌亚门真菌瓜疫霉菌（*Phytophthora melonis* Katsura.）引起。

症状：幼苗期到成株期都可以染病。幼苗染病，开始在嫩尖上出现暗绿色、水浸状腐烂，逐渐干枯，形成秃尖。成株期主要为害茎基部、嫩茎节部，起始为暗绿色水浸状，之后变软，明显缢缩，发病部位以上的叶片逐渐枯萎。叶片染病，产生暗绿色水浸状病斑，后逐渐扩大形成近圆形的大病斑。瓜条染病，产生暗绿色、水浸状近圆形凹陷斑，后期病部长出稀疏灰白色霉层，病瓜皱缩，软腐，有腥臭味。病害典型症状图片请参考 http://www.hyzhibao.com/uploadfile/2017/1223/20171223051328798.jpg 和 https://p1.ssl.qhmsg.com/t0192e76e506718a230.jpg。

发病规律：病菌随病残体在土壤、粪肥或附着在种子上越冬，主要靠雨水、灌溉水、气流传播。该病害发病周期短，流行迅速，在高温高湿条件下很容易流行。连续阴雨天，发病重。

防治措施：①选用抗病、耐病品种，并于播种前对种子进行消毒；②与非葫芦科作物实行 3 年以上轮作，采用地膜高垄栽培方式；③防止大水漫灌，施用腐熟有机肥，增施磷钾肥，加强田间病情调查，及时拔除中心病株；④药剂防治，发病初期，及时拔除病株，并用25%甲霜灵可湿性粉剂、40%乙磷铝可湿性粉剂、58%甲霜灵锰锌可湿性粉剂等药剂兑水进行喷雾防治。

6. 黄瓜猝倒病

病原：由鞭毛菌亚门真菌德里腐霉（*Bythium deliense* Meurs.）和瓜果腐霉

［*Pythium aphanidermatum*（Eds.）Fitzp.］引起。

症状：直播种植的出苗前就可受害，染病后常造成种子、胚芽或子叶腐烂；幼苗受害，露出土表的茎基部或中部呈水浸状，之后变成黄褐色并枯缩为线状，往往子叶尚未凋萎即猝倒，致幼苗贴伏地面，有时瓜苗出土胚轴和子叶已普遍腐烂，变褐枯死。湿度大时，病株附近长出白色棉絮状菌丝。病害典型症状图片请参考 https://p0.ssl.qhimgs1.com/sdr/400_/t0132d75a923ba50030.jpg 和 https://p1.ssl.qhmsg.com/t01a265dc35c7c88a21.jpg。

发病规律：育苗期出现低温、高湿条件，利于发病。此外，在土中营腐生生活的菌丝也可产生孢子囊，以游动孢子侵染瓜苗引起猝倒。当幼苗子叶养分基本用完，新根尚未扎实之前是感病期。该病主要在幼苗长出 1~2 片真叶期时发生，3 片真叶后，发病较少。

防治措施：①选择地势高、地下水位低，排水良好的地块做苗床，播前一次灌足底水，出苗后尽量不浇水，必须浇水时一定选择晴天喷洒，不宜大水漫灌。育苗畦（床）及时放风、降湿，严防瓜苗徒长染病；②播种前进行种子消毒和苗床处理；③药剂防治，在发病前期用杀菌剂 53%精甲霜·锰锌水分散粒剂、25%嘧菌酯悬浮剂、25%甲霜·霜霉威可湿性粉剂、70%丙森锌可湿性粉剂+25%甲霜灵可湿性粉剂、72%霜脲·锰锌可湿性粉剂等兑水喷雾进行预防和治疗，视病情间隔 5~7 天喷 1 次。

7. 黄瓜立枯病

病原：由半知菌门真菌立枯丝核菌（*Rhizoctonia solani* Kühn）引起。

症状：一般在育苗的中后期发病，主要为害幼苗或地下根茎基部。起初在下胚轴或茎基部出现近圆形或不规则形的暗褐色斑，病部向里凹陷，扩展后绕茎一圈致使茎部萎缩干枯，造成地上部叶片变黄，最终幼苗死亡，但不倒伏。根部受害多在近地表根颈处，皮层变褐或腐烂。在苗床内，发病初期零星瓜苗白天萎蔫，夜间恢复，经数日反复后，病株萎蔫枯死。病害典型症状图片请参考 https://p1.ssl.qhmsg.com/t01fcd2d2bb0d87f468.jpg 和 https://p1.ssl.qhmsg.com/t01e5e5e22e8bcc81d8.jpg。

发病规律：病菌以菌丝体在病残体或土壤中越冬，可在土壤中腐生 2~3 年。病菌适应土壤 pH 值为 3~9.5，菌丝能直接侵入寄主，病菌主要通过雨水、水流、带菌肥料、农事操作等传播。幼苗生长衰弱、徒长或受伤，易受病菌侵染。当床温在 20~25℃时，湿度越大，发病越重。播种过密、通风不良、湿度过高、光照不足、幼苗生长细弱的苗床，易发病。

防治措施：①选择地势高，地下水位低，排水良好的地块做苗床，并于播种前对种子和苗床进行消毒处理；②加强苗床管理，及时通风降湿；③药剂防治，发现中心病株后及时拔除，带出苗床集中销毁，并用普力克、瑞毒铜、多菌灵、利克菌、甲基硫菌灵、百菌清等药剂兑水喷雾进行保护。

8. 黄瓜蔓枯病

病原：由子囊菌亚门真菌甜瓜球腔菌 [*Mycosphaerellamelonis*（Pass.）Chiuet Waler] 引起。

症状：主要为害叶片和茎蔓，瓜条及卷须等地上部分也可受害。叶片染病，多从叶缘开始发病，形成黄褐色至褐色 V 字形病斑，其上密生小黑点，干燥后易破碎。茎部染病，一般由茎基部向上发展，以茎节处受害最常见。病斑浅白色，长圆形、梭形或长条状，后期病部干燥、纵裂。纵裂处往往有琥珀色胶状物溢出，病部有许多小黑点。病害典型症状图片请参考 https://p2.ssl.qhimgs1.com/sdr/400_ /t01349a5b47b06d608e.jpg 和 https://p0.ssl.qhimgs1.com/sdr/400_ /t0123e9a2fa37edd95a.jpg。

发病规律：病菌以分生孢子器或子囊壳随病残体在土中，或附在种子、架杆、温室、大棚棚架上越冬。翌年通过风雨及灌溉水传播，从气孔、水孔或伤口侵入。病菌喜温暖、高湿的环境条件，温度 20~25℃，最高 35℃，最低 5℃，相对湿度 85% 以上时，发病重。

防治措施：①采用配方施肥技术，施足充分腐熟的有机肥。收获后及时清除病残体烧毁或深埋。合理密植，发病后适当控制浇水，降低湿度；②播前进行种子消毒处理；③零星发生时用高浓度药液涂茎防治；④保护地栽培可用烟熏法进行防治。

9. 黄瓜绵腐病

病原：由鞭毛菌亚门真菌瓜果腐霉 [*Pythium aphanidermatum*（Eds.）Fitzp.] 引起。

症状：主要为害成熟期的果实。多从贴近地面的部位开始发病，染病的瓜果表皮出现褪绿、渐变黄褐色不定形的病斑，迅速扩展，不久瓜肉变黄变软而腐烂，腐烂部分可占瓜果的 1/3 或更多。之后在腐烂部位长出茂密的白色绵毛状物，并有一股腥臭味。病害典型症状图片请参考 https://p1.ssl.qhmsg.com/t01879ea7cafe1c0528.jpg。

发病规律：该病菌是一类弱寄生菌，但有很强的腐生能力，可以在土壤中长期存活。病菌通过灌溉水和土壤耕作传播。瓜果成熟时，特别是贴近地面的部位，表皮受到一些机械损伤或虫伤时，病菌从伤口处侵入，侵入后破坏力很强（能分泌果胶酶使细胞和组织崩解），瓜果很快软化腐烂。一般地势低、土质黏重、管理粗放、机械伤、虫伤多的瓜田，发病重。高温、多雨、闷热、潮湿的天气，易发病。

防治措施：①采用温烫浸种或药剂浸种的方法进行种子消毒；②药剂防治，发病初期用 58% 瑞毒霉·锰锌可湿性粉剂、30% 氧氯化铜悬浮剂、50% 腐霉利可湿性粉剂、75% 百菌清可湿性粉剂、40% 乙磷铝可湿性粉剂、70% 百德富可湿性粉剂、70% 安泰生可湿性粉剂、69% 安克锰锌、72.2% 普力克水剂、70% 代森锰锌可湿性粉剂、15% 恶霉灵水等药剂兑水喷雾进行防治，每 10 天喷 1 次，连喷 2~3 次，重点喷地表。

10. 黄瓜黑星病

病原： 由半知菌亚门真菌瓜枝孢菌（*Cladosporium cucumerinum* Ell. et Arthur）引起。

症状： 主要为害生长点、嫩叶、嫩茎和幼瓜，全生育期均可发病。幼苗发病，子叶出现黄白色近圆形病斑，严重时心叶枯萎，形成秃头苗。成株生长点被为害，形成秃桩。嫩叶染病，叶面呈现近圆形褪绿小斑点，随后形成近圆形或不规则形病斑，淡黄褐色，多呈星状开裂，病叶多皱缩。茎、卷须、叶柄、果柄上的病斑长梭形，黄褐色，稍凹陷，易龟裂，潮湿时表面生灰黑色霉层。瓜条染病，最初产生暗绿色圆形至椭圆形病斑，溢出透明的黄褐色胶状物，之后变为琥珀色，凹陷、龟裂呈疮痂状，病部停止生长，瓜畸形，病瓜一般不腐烂，但无食用价值，潮湿时可产生明显的灰黑色霉层。病害典型症状图片请参考 https://p1.ssl.qhmsg.com/t01ac47d70544e5143a.jpg 和 https://p1.ssl.qhmsg.com/t01d3fec9befabbfbbd.jpg。

发病规律： 病菌以菌丝体或菌丝块随残体在土壤中越冬，分生孢子附着在种子表面或菌丝潜伏在种皮内越冬。播种带菌种子，病菌可直接侵染幼苗。田间植株发病后，在适宜条件下病部产生大量分生孢子，分生孢子借气流、雨水和农事操作传播。病菌喜弱光，温度低、湿度大、透光不好的温室内发病早而严重。连茬种植，发病重；植株长势弱，易发病且发病重。

防治措施： ①选用抗病品种，并于播前进行种子消毒处理；②与非瓜类作物轮作；③加强栽培管理，合理密植，科学控制温湿度，采用地膜覆盖、滴灌等技术；④加强田间管理，及时放风，降低棚内湿度，缩短叶片表面结露时间；⑤药剂防治，发病初期用10%苯醚甲环唑水分散粒剂、40%氟硅唑乳油、70%甲基硫菌灵可湿性粉剂、62.5%腈菌唑·代森锰锌可湿性粉剂等杀菌剂兑水喷雾进行防治。

11. 黄瓜炭疽病

病原： 由半知菌亚门真菌刺盘孢菌 [*Colletotrichum orbiculare*（Berk. & Mont.）Arx] 引起。

症状： 主要为害叶片、茎蔓、叶柄和瓜条，从幼苗到成株都可发病。幼苗发病，多在子叶边缘出现半椭圆形淡褐色病斑，其上有橙黄色点状胶质物；成叶染病，病斑近圆形，灰褐色至红褐色，严重时，叶片干枯；茎蔓与叶柄染病，病斑椭圆形或长圆形，黄褐色，稍凹陷，严重时病斑连接，绕茎一周，植株枯死；瓜条染病，病斑近圆形，初为淡绿色，后成黄褐色，病斑稍凹陷，表面有粉红色黏稠物，后期开裂。病害典型症状图片请参考 https://p1.ssl.qhmsg.com/t018f2fd8f39ecd5ab8.jpg 和 https://p1.ssl.qhmsg.com/t017df0bda11a901222.jpg。

发病规律： 病菌以菌丝体附着在种子表面，或随病残体在土壤中越冬。高温、高湿是炭疽病发生流行的主要条件。病菌可随雨水传播，温室大棚如果通风不良、闷热、早上叶片结露最易侵染流行。露地栽培在多雨季节病情严重。植株衰弱、田间积水过多、氮肥施用过多等都有利于病害发生。

防治措施：①选用抗病品种；②实行 3 年以上轮作；③加强栽培及田间管理；④药剂防治，发病初期用 30%苯噻硫氰乳油、25%溴菌腈可湿性粉剂、5%亚胺唑可湿性粉剂+75%百菌清可湿性粉剂、40%腈菌唑水分散粒剂+70%代森锰锌可湿性粉剂、25%咪鲜胺乳油+75%百菌清可湿性粉剂、10%苯醚甲环唑水分散粒剂+22.7%二氰蒽醌悬浮剂、40%多·福·溴菌腈可湿性粉剂、60%甲硫·异菌脲可湿性粉剂、70%福·甲·硫黄可湿性粉剂等杀菌剂或配方兑水喷雾进行防治，交替使用，视病情间隔 7~10 天1 次。

12. 黄瓜斑点病

病原：由半知菌门真菌瓜灰星菌（*Phyllosticta cucurbitacearum* Sacc.）引起。

症状：主要为害叶片，多在开花结瓜期发生，中下部叶片易发病，上部叶片发病机会相对较少。发病初期时，病斑呈水渍状，后变为淡褐色，中部颜色较淡，逐渐干枯，周围具水渍状淡绿色晕环，病斑直径 1~3 毫米，后期病斑中部呈薄纸状，淡黄色或灰白色，质薄。棚室栽培时，多在早春定植后不久发病，湿度大时，病斑上会有少数不明显的小黑点。病害典型症状图片请参考 https://p1. ssl. qhmsg. com/t010dfdfeade5894538.jpg 和 https://p1.ssl.qhmsg.com/t010f2d877846500199.jpg。

发病规律：病菌以菌丝体和分生孢子器随病残体在土壤中越冬。靠雨水溅射或灌溉水传播，侵染植株下部叶片，温暖、多雨天气，易发病。连作、通风不良、湿度高等条件下，发病重。

防治措施：①重病田实行与非瓜类蔬菜 2 年以上轮作；②收获后及时清除病残组织，减少田间菌源；③增施有机底肥，配合施用磷肥和钾肥，避免偏施氮肥。生长期加强管理，雨后及时排水，避免田间积水；④药剂防治，发病初期用 70%甲基拖布津可湿性粉剂加 75%百菌清可湿性粉剂、70%代高乐可湿性粉剂、50%退菌特可湿性粉剂、75%百菌清可湿性粉剂、40%杜邦福星乳油、80%万路生可湿性粉剂等杀菌剂兑水喷雾进行防治，交替使用，每隔 7 天 1 次，连喷 2~3 次。

13. 黄瓜菌核病

病原：由子囊菌门真菌核盘菌 [*Sclerotinia sclerotioum*（Lib.）de Bary] 引起。

症状：苗期至成株期均可发病，以距离地面 5~30 厘米处发病最多。瓜条被害，脐部形成水浸状病斑，软腐，表面长满棉絮状菌丝体。茎部被害，开始产生褪色水浸状病斑，后逐渐扩大呈淡褐色，病茎软腐，长出白色棉絮状菌丝体，茎表皮和髓腔内形成坚硬菌核，植株枯萎。幼苗发病时在近地面幼茎基部出现水浸状病斑，很快病斑绕茎一周，幼苗猝倒。一定湿度和温度下，病部先生成白色菌核，老熟后为黑色鼠粪状颗粒。病害典型症状图片请参考 https://ps.ssl.qhmsg.com/sdr/400_ /t01a177dffd2d2bfe17.jpg 和 https://p1.ssl.qhmsg.com/t01dc66eedf136db0f8.jpg。

发病规律：以菌核留在土里或夹在种子里越冬或越夏，随种子远距离传播。条件适宜时菌核产生子囊、子囊孢子随气流传播蔓延，孢子侵染衰老的叶片或花瓣、柱头或幼瓜，田间带病的雄花落到健叶或茎上，引起发病，重复侵染。连年种植葫芦科、茄科及十字花科蔬菜的田块，排水不良的低洼地，或偏施氮肥，或霜害、冻害条件下，发病重。

防治措施：①播种前进行种子处理和土壤消毒；②水旱轮作；③清洁田园，深翻土壤；④药剂防治，发病初期用高浓度的50%速克灵可湿性粉剂或50%多菌灵可湿性粉剂调匀后涂抹病部，或用50%腐霉利可湿性粉剂、50%农利灵可湿性粉剂兑水喷雾进行防治，每隔7天左右喷1次，连续防治3~4次。

14. 黄瓜白绢病

病原：由半知菌亚门门真菌齐整小核菌（*Sclerotium rolfsii* Sacc.）引起。

症状：主要为害近地面的茎基部或果实。茎部染病，初为暗褐色，其上长出白色绢丝状菌丝体，多呈辐射状，边缘明显。后期病部生出许多茶褐色，萝卜籽样的小菌核。湿度大时，菌丝扩展到根部四周，或果实靠近的地表，并产生菌核，植株基部腐烂后，致地上部茎叶萎蔫或枯死。病害典型症状图片请参考 http://p4.so.qhmsg.com/sdr/400 _/t0136920934085a18c9.png。

发病规律：病菌以菌核或菌丝体在土壤中越冬。条件适宜，菌核萌发产生菌丝，从寄主茎基部或根部侵入，潜育期3~10天，出现中心病株后，地表菌丝向四周蔓延。发病适温30℃，特别是高温、时晴时雨，利于菌核萌发。连作地、酸性土或砂性地，发病重。

防治措施：①与禾本科作物轮作，水旱轮作更好；②深翻土地，把病菌翻到土壤下层，可减少该病发生；③在菌核形成前，拔除病株，病穴撒石灰消毒；④施用充分腐热的有机肥，适当追施硫酸铵、硝酸钙；⑤调整土壤酸碱度，使土壤呈中性至微碱性；⑥药剂防治，发病初期用40%五氯硝基苯悬浮液、50%混杀疏、36%甲基硫菌灵悬浮刑、20%三唑酮乳油、20%利克菌等药剂兑水喷淋进行防治，隔7~10天防治1次。

15. 黄瓜黑斑病

病原：由半知菌门真菌瓜链格孢菌［*Alternaria cucumerina*（Ell. et Ev.）Elliott］引起。

症状：主要为害叶片。下部叶片先发病，随后逐渐向上扩展，重病株除心叶外，其余叶片均可染病。病斑圆形或不规则形，中间黄褐色。叶面病斑稍隆起，表面粗糙，叶背面病斑呈水渍状，四周明显，且出现褪绿的晕圈，病斑大多出现在叶脉之间，条件适宜时，病斑迅速扩大连接。病害典型症状图片请参考 http://p2.so.qhimgs1.com/sdr/400 _/t016e3f8195ba8d1cd2.jpg 和 https://p1.ssl.qhmsg.com/t011b5bdb9836bda29b.jpg。

发病规律：种子带菌是远距离传播的重要途径。该病的发生主要与黄瓜生育期温湿度关系密切。坐瓜后遇高温、高湿，该病易流行。特别在浇水或风雨过后病情扩展迅速。土壤肥沃，植株健壮，发病轻。

防治措施：①播种前进行种子消毒；②与非瓜类作物履行 2~3 年轮作；③施腐熟的有机肥，并增施磷、钾肥，增强植株抗病能力；④采取高垄地膜覆盖栽培，节制浇水量，避免大水漫灌；⑤药剂防治，在发病前或发病初期用 75% 百菌清、40% 克菌丹可湿粉剂、50% 扑海因可湿性粉剂、20% 施宝灵胶悬剂等药剂兑水喷施进行防治，隔 7~9 天喷 1 次，交替使用，连续 3~4 次。

16. 黄瓜褐斑病

病原：由半知菌亚门真菌山扁豆生棒孢菌 [*Corynespora cassiicola* (Berk. & Curt.) Wei.] 引起。

症状：多在盛瓜期开始发病，中下部叶片先发病，向上发展。初期在叶面生出灰褐色小斑点，逐渐扩展成大小不等的圆形或近圆形边缘不太整齐的淡褐色或褐色病斑，病斑多数直径 8~15 毫米。后期病斑中部颜色变浅，有时呈灰白色，边缘灰褐色。湿度大时病斑正、背面均生稀疏的淡灰褐色霉状物。有时病斑相融合，叶片枯黄。发病重时，茎蔓和叶柄上也会出现椭圆形的灰褐色病斑。病害典型症状图片请参考 https://p1.ssl.qhmsg.com/t01bd20807455957a23.jpg 和 https://p1.ssl.qhmsg.com/t01bed30de820f99751.jpg。

发病规律：病菌在土壤中越冬，借气流或雨水飞溅传播，进行初次侵染。初侵后形成的病斑所生成的分生孢子借风雨向周围蔓延。温、湿条件适宜，病菌很快侵入，病害以 25~28℃、饱和相对湿度下，发病重，昼夜温差大的环境条件会加重病情。植株衰弱，偏施氮肥，微量元素硼缺乏时，发病重。增施磷、钾肥能减轻病情。

防治措施：①播前种子消毒；②与非瓜类作物进行 2 年以上轮作；③加强田间管理，彻底清除田间病残株并随之深翻土壤；施足基肥，适时追肥，避免偏施氮肥，增施磷、钾肥，适量施用硼肥；浇水后注意放风排湿，发病初期摘除病叶；④药剂防治，发病初期及时用 75% 百菌清可湿性粉剂、70% 代森锰锌可湿性粉剂、50% 福美双可湿性粉剂 +65% 代森锌可湿性粉剂、75% 百菌清可湿性粉剂 +70% 多菌灵可湿性粉剂、75% 百菌清可湿性粉剂 +50% 速克灵可湿性粉剂等药剂和配方兑水喷雾进行防治，每 7 天防治 1 次，连续防治 2~3 次。

17. 黄瓜叶斑病

病原：由半知菌亚门真菌瓜类尾孢菌（*Cercospora citrullina* Cooke）引起。

症状：主要为害叶片。病斑褐色至灰褐色，圆形或椭圆形至不规则形，直径 0.5~12 毫米，病斑边缘明显或不太明显，湿度大时，病部表面生灰色霉层。病害典型症状图片请参考 https://p1.ssl.qhmsg.com/t013f06a0a58dec3a8d.jpg 和 https://p1.ssl.qhimgs1.com/bdr/326_/t01bf23f46a4f537eca.jpg。

发病规律：病菌以菌丝块或分生孢子在病残体及种子上越冬，次年产生分生孢子借气流及雨水传播，从气孔侵入，经7~10天发病后产生新的分生孢子进行再侵染。多雨季节，易发病。

防治措施：①选用无病种子，并于播前用55℃温水恒温浸种15分钟；②实行与非瓜类蔬菜2年以上轮作；③药剂防治，发病初期及时用50%混杀硫悬浮剂、50%多·硫悬浮剂等药剂兑水喷雾进行防治，隔10天左右防治1次，连续防治2~3次。

18. 黄瓜根腐病

病原：由半知菌亚门真菌瓜类腐皮镰孢菌 [*Fusarium solani* （Mart.）App. et Wollenw. f. *cucurbitae* Snyder et Hansen] 引起。

症状：主要为害根及茎部。发病初期，发病部位初呈水浸状，随后腐烂。茎缢缩不明显，病部腐烂处的维管束变褐，不向上发展，别于枯萎病。后期病部往往变糟，留下丝状维管束。病株地上部初期症状不明显，后期叶片中午萎蔫，早晚尚能恢复。严重的则多数不能恢复而枯死。病害典型症状图片请参考 https://p1.ssl.qhmsg.com/t01830a60ae293f4924.jpg 和 https://p1.ssl.qhmsg.com/t0149671edca06962c1.jpg。

发病规律：病菌以菌丝体、厚垣孢子或菌核在土壤中及病残体上越冬。尤其厚垣孢子可在土中存活5~6年，是主要初侵染源。病菌从根部伤口侵入，发病后在病部产生分生孢子，借雨水或灌溉水传播蔓延，进行再侵染。高温、高湿利其发病，连作地、低洼地、黏土地或下水头地，发病重。

防治措施：①有条件的实行3年以上轮作；②采用高畦栽培，防止大水漫灌雨后及时排出田间积水，苗期发病要及时松土，增强土壤透气性；③药剂防治，发病初期喷洒或浇灌50%甲基硫菌灵可湿性粉剂500倍液，或50%多菌灵可湿性粉剂500倍液。或配成药土撒在茎基部进行防治。

19. 黄瓜细菌性角斑病

病原：由细菌丁香假单胞菌流泪致病变种 [*Pseudomonas syringae* pv. *lachrymans* （Smith et Bryan）Young et al.] 引起。

症状：主要为害叶片和瓜条。叶片受害，最初为水渍状浅绿色，之后变淡褐色，因受叶脉限制呈多角形。后期病斑呈灰白色，易穿孔。湿度大时，病斑上产生白色黏液。茎及瓜条上的病斑初呈水渍状，近圆形，后呈淡灰色，病斑中部常产生裂纹，潮湿时产生菌脓。果实后期腐烂，有臭味。病害典型症状图片请参考 https://p1.ssl.qhmsg.com/t014660987c99ea6346.jpg 和 https://p1.ssl.qhmsg.com/t01c7c78a19a1f33d42.jpg。

发病规律：病菌在种子或随病株残体在土壤中越冬。翌春由雨水或灌溉水溅到茎、叶上发病。菌脓通过雨水、昆虫、农事操作等途径传播。发病适宜温度为18~25℃，相对湿度为75%以上。低温、高湿、重茬、大棚栽培，发病重。降雨多、湿度大、地势低洼、管理不当、连作、通风不良时，发病重。磷、钾肥不足时，发病重。

防治措施：①选种抗病、耐病品种和无病种子；②加强栽培管理，与非瓜类作物实行 2 年以上轮作。利用无菌大田土育苗。利用高垄栽培，地膜覆盖，减少浇水次数，降低田间湿度。保护地及时通风，雨季及时排水，及时清洁田园，减少田间病原；③药剂防治，用农用链霉素、新植霉素、50%琥胶肥酸铜、50%代森锌、50%甲霜铜、50%代森铵、14%络氨铜、77%可杀得可湿性粉剂等杀菌剂兑水喷雾进行防治，5~7 天喷 1次，连喷 3~4 次，药剂要轮换使用。

20. 黄瓜细菌性缘枯病

病原：由细菌边缘假单胞菌边缘假单胞致病型 [*Pseudomonas marginalis* pv. *marginalis*（Brown）Stevens] 引起。

症状：主要为害茎、叶、瓜条和卷须。叶部最初产生水浸状小斑点，扩大后呈褐色不规则形斑，周围有一晕圈。有时由叶缘向里扩展，形成楔形大坏死斑。茎、叶柄和卷须上病斑呈褐色水浸状。瓜条多由花器侵染，形成褐色水浸状病斑，瓜条黄化凋萎，失水后僵硬。空气潮湿时病部常溢出菌脓。病害典型症状图片请参考 http://p3.so.qhmsg.com/sdr/400_/t0133ecb8d29b57d9c8.jpg。

发病规律：病菌在种子上或随病残体留在土壤中越冬，从叶缘水孔等自然孔口侵入，靠风雨、田间操作传播蔓延和重复侵染。叶面结露时间长，叶缘水孔吐水，病害易发生并流行。

防治措施：①与非瓜类作物实行 2 年以上轮作；②加强田间管理，生长期及收获后清除病叶，及时深埋；③种子播前进行消毒处理；④药剂防治，发病前期或发病初期，用 20%噻菌铜悬浮剂、20%喹菌酮水剂、12%松醋酸铜乳油、2%春雷霉素可湿性粉剂等药剂兑水喷雾，视病情间隔 7~10 天喷施 1 次。发病普遍时，用 72%农用硫酸链霉素可溶性粉剂、88%水合霉素可溶性粉剂、3%中生菌素可湿性粉剂、20%噻唑锌悬浮剂+12%松醋酸铜乳油、20%噻菌铜悬浮剂、20%喹菌酮水剂等药剂及其组合兑水喷雾进行防治，视病情间隔 7~10 天喷施 1 次，注意药剂交替使用。

21. 黄瓜细菌性叶枯病

病原：由细菌油菜黄单胞菌黄瓜叶斑病致病型 [*Xanthomonas campestris* pv. *cucurbitae*（Bryan）Dye] 引起。

症状：主要为害叶片。叶片染病，其上初现圆形小水浸状褪绿斑，逐渐扩大呈近圆形或多角形的褐色斑，周围具褪绿晕圈，发病严重时病斑可布满整个叶片，病斑有联合现象，甚至整片叶干枯死亡。卷须染病，首先形成水渍状小点，继而折断枯死。病害典型症状图片请参考 http://www.1988.tv/Upload_Map/Bingchonghai/Big/2014/1-13/2014113172726429.jpg 和 https://p1.ssl.qhmsg.com/t011df856c9275b378f.png。

发病规律：通过种子带菌传播，也可随病残体在土壤中越冬。从幼苗子叶或真叶水孔及伤口处侵入，叶片染病后，病菌在细胞内繁殖，之后进入维管束，传播蔓延。保护地内温度高，湿度大，叶面结露，叶缘吐水，有利于病害发生。

防治措施：①进行种子检疫，防止该病传播蔓延；②播前进行种子消毒处理；③药剂防治，发病初期用20%噻唑锌悬浮剂、50%氯溴异氰尿酸可溶性粉剂、12%松脂酸铜乳油等药剂兑水喷雾进行防治，视病情间隔7～10天喷1次。发病普遍时，用72%农用硫酸链霉素可溶性粉剂、88%水合霉素可溶性粉剂、3%中生菌素可湿性粉剂、20%噻菌铜悬浮剂等兑水喷雾防治进行防治，视病情间隔5～7天1次，交替使用上述药剂。

22. 黄瓜病毒病

病原：主要由黄瓜花叶病毒（Cucumber mosaic virus，CMV）、烟草花叶病毒（Tobacco mosaic virus，TMV）和南瓜花叶病毒（Pumpkin mosaic virus，PMV）等病毒侵染引起。

症状：主要有4种症状。①花叶型。幼苗期感病，子叶变黄枯萎，幼叶为深浅绿色相间的花叶，植株矮小。成株期感病，新叶为黄绿相间的花叶，病叶小，皱缩，严重时叶反卷变硬发脆，常有角形坏死斑，簇生小叶。病果表面出现深浅绿色镶嵌的花斑，凹凸不平或畸形，停止生长，严重时病株节间缩短，不结瓜，萎缩枯死；②皱缩型。新叶沿叶脉出现浓绿色隆起皱纹，叶形变小，出现蕨叶、裂片；有时沿叶脉出现坏死。果面产生斑驳，或凹凸不平的瘤状物，果实变形，严重病株引起枯死；③绿斑型。新叶产生黄色小斑点，以后变淡黄色斑纹，绿色部分呈隆起瘤状。果实上生浓绿斑和隆起瘤状物，多为畸形瓜；④黄化型。中上部叶片在叶脉间出现褪绿色小斑点，之后发展成淡黄色，或全叶变鲜黄色，叶片硬化，向背面卷曲，叶脉仍保持绿色。病害典型症状图片请参考 https://p1.ssl.qhmsg.com/t019f6cd31125377567.jpg，https://p1.ssl.qhmsg.com/t01ae336729375c52f7.jpg，https://p1.ssl.qhmsg.com/t014762038baed350df.jpg，https://p1.ssl.qhmsg.com/t01de20196594f660ea.jpg 和 https://p1.ssl.qhmsg.com/t01322eacb60bf1bc65.jpg。

发病规律：病毒随多年生宿根植株和随病株残余组织遗留在田间越冬，也可由种子带毒越冬。主要通过种子、汁液摩擦、传毒媒介昆虫及田间农事操作传播至寄主植物上，进行多次再侵染。高温少雨，蚜虫、温室白粉虱、蓟马等传毒媒介昆虫大发生的年份发病重。防治媒介害虫不及时、肥水不足、田间管理粗放的田块，发病重。

防治措施：①选用抗病品种；②加强栽培及田间管理；③及时防治传毒媒介；④加强农事操作，发现中心病株及时拔除，采种注意清洁，防止种子带毒。

23. 黄瓜根结线虫病

病原：由南方根结线虫（*Meloidogyne incognita* Chitwood）引起。

症状：主要为害黄瓜的侧根和须根。须根或侧根染病，产生瘤状大小不一的根结，浅黄色至黄褐色。解剖根结，病部组织中有许多细长蠕动的乳白色线虫寄生其中。根结之上一般可以长出细弱的新根，在侵染后形成根结肿瘤。轻病株地上部分症状表现不明显，发病严重时植株明显矮化，结瓜少而小，叶片褪绿发黄，晴天中午植株地上部分出现萎蔫或逐渐枯黄，最后植株枯死。病害典型症状图片请参考 https://p0.ssl.qhimgs1.com/sdr/400_/t01bfaeca1931c801e0.jpg 和 https://p1.ssl.qhmsg.com/t0183342f7fc8751314.jpg。

发病规律：以幼虫或卵随根组织在土壤中越冬。带虫土壤、病根和灌溉水是其主要传播途径，一般在土壤中可存活 1~3 年。翌春，条件适宜时，雌虫产卵繁殖，孵化后的 2 龄幼虫侵入根尖，引起初次侵染。侵入的幼虫在根部组织中继续发育交尾产卵，产生新一代 2 龄幼虫，进入土壤中再侵染或越冬。结瓜期，易感病。

防治措施：①选用抗病和耐病品种；②选用无病土进行育苗，培育无病壮苗；③实行轮作，水旱轮作最好；④移栽时发现病株及时剔除；⑤药剂防治，移栽前进行土壤消毒处理或移栽时每穴施入杀线剂来进行防治，或于发病初期，用 5%丁硫克百威颗粒剂、35%威百亩水剂、10%噻唑膦颗粒剂、98%棉隆微粒剂、48%毒死蜱乳油、1.8%阿维菌素乳油、40%灭线磷乳油等兑水淋灌植株根围进行防治。

24. 黄瓜沤根病

病原：由长期低温、光照不足等原因引起的生理性病害。

症状：黄瓜根部不发新根，老根表皮初呈锈褐色而后腐烂状，致使地上部叶片变黄，植株枯萎，幼苗极易拔起，地上部叶缘枯焦。严重时，成片干枯，似缺素症。病害典型症状图片请参考 https://p2.ssl.qhimgs1.com/sdr/400_/t016b613db79fcddb22.jpg。

发病规律：长期低温（气温低于 12℃）和光照不足引起，早春育苗阶段或刚定植的幼苗易发生。

防治措施：①采用穴盘和营养钵保护地育苗，注意加强苗床管理，控制苗床温度，幼苗发生轻度沤根后及时松土，保持土壤疏松湿润；②喷施营养液，以增强黄瓜幼苗的抗病抗寒力，减少和控制病害的发生。

25. 黄瓜化瓜症

病原：由气温、营养、光照、温度等原因引起的生理性病害。

症状：主要表现在新坐瓜的瓜胎或正在发育的小瓜上，小瓜一旦发生化瓜症，即停止生长，并由瓜尖开始逐渐变黄、干瘪，最后干枯脱落，致使结瓜率大大下降。病害典型症状图片请参考 http://imgmini.dfshurufa.com/mobile/20160203122450_444333bec4aaee9dbed3827c76cb66c9_10.jpeg 和 http://05imgmini.eastday.com/mobile/20190419/20190419153131_207d92409d5f678691f8535acf320c01_4.jpeg。

发病规律：主要原因是在雌花谢花结瓜时，气温较低或气温过高；灌水过多，土壤透气不良，根系活力较弱；成熟瓜采摘过晚，各器官争夺养分造成幼瓜养分不足。在连续阴雨、光照不足的情况下，光合作用形成的产物少，新坐瓜因得不到足够养分易化瓜；夏季高温，呼吸作用过强，植株各器官消耗养分过多易化瓜；过量施用氮肥，植株徒长，营养器官过量地吸收养分，幼瓜得不到充足的营养也易化瓜。

防治措施：①加强栽培管理，适当控制浇水量；②加强通风透气，增加光照，提高光合作用强度；③控制好棚室温、湿度和氮肥施用量，防止瓜秧徒长，适时采摘瓜条及适度疏瓜。

26. 黄瓜"花打顶"

病原：由干旱、缺肥、低温等原因引起的生理性病害。

症状：主要发生在定植后开花结瓜初期，表现为植株顶部生长点不再向上生长，生长点附近的节间缩短，开花节位上升，严重的在顶端开花，开花后结出多条不能食用的小瓜，植株矮化，停止生长。病害典型症状图片请参考 http://www.8658.cn/uploads/allimg/150324/1_ 03241U130L58.jpg 和 http://www.qnong.com.cn/uploadfile/2018/0917/20180917035255691.jpg。

发病规律：干旱、缺肥、低温，棚室内夜间温度低于 15℃；土壤盐分浓度过高，根系受到伤害，植株长势差等因素，都会致使黄瓜发生花打顶。

防治措施：①采用基质穴盘和营养钵育苗，如采用苗床育苗，苗床多施充分腐熟有机肥；②在育苗期，加强水分和温度管理，培育壮苗；③适时移栽，避免移栽伤根。慎防大水漫灌和田间积水，防止干旱缺水，保持土壤良好的透气性；④移栽活棵后，施一次苗肥，以促进幼苗生长，减少和控制花打顶的发生。如发现早期生长的黄瓜顶端出现开花结小瓜现象，及时摘除，并喷施叶面肥补充养分。

27. 黄瓜褐脉叶

病原：由锰过剩、低温、多肥等原因引起的生理性病害。

症状：发生在棚栽黄瓜开花与结瓜初中期成叶上，发病初期叶脉变褐色，先是支脉变褐，发病严重时，主脉也变褐色。将病叶对光观察，可见叶脉变褐部位坏死。也有的沿叶脉出现黄色小斑点，并扩大为条斑。病叶上的叶脉多呈褐色病叶枯黄脱落，影响黄瓜开花结瓜和产量。即使湿度大，病部也不会形成霉状物、粉状物，不分泌乳白色菌脓，依据这一病征，可与侵染性病害加以区别。病害典型症状图片请参考 https://p1.ssl.qhmsg.com/t01949e277064491f42.png 和 https://p1.ssl.qhmsg.com/t0133c1b6ee4d4b5e55.jpg。

发病规律：该病发生与土壤里酸碱度有关，pH 值 7 以上时，锰元素在土壤中溶解度加大，导致黄瓜吸收过度，进而发生褐脉叶病。低温也会加重褐脉叶病的发生。此外，黄瓜开花结瓜进入中期，植株长势弱、衰退，易发生褐脉叶病。

防治措施：①增施有机肥和农家肥，避免在过碱性土壤种植；②科学施用三元复合肥，少用含锰多的复合肥；③冬春棚栽黄瓜注意保温防冷；摘除植株下部病老黄叶；黄瓜进入开花结瓜中期，追施速效肥，防止植株早衰，以控制和减轻褐脉叶病发生为害；④棚栽黄瓜开花结瓜初期，褐脉叶病初发生时，喷施叶面肥补充养分，可明显控制、减轻褐脉叶病的发生为害。

十六 黄秋葵主要病害

1. 黄秋葵疫病

病原：由鞭毛菌亚门真菌寄生疫霉（*Phytophthora parasitica* Past.）引起。

症状：主要为害嫩叶、嫩梢、嫩茎和嫩荚，全生育期均有发生，以幼嫩期发病受害重。幼苗染病，呈水渍状猝倒，之后腐烂，在病组织上产生少量白霉。幼叶染病，多从叶缘开始侵染，病斑初呈水渍状暗绿色坏死，迅速向四周扩展形成黄褐至灰褐色坏死大斑，近圆形至不规则形，中央颜色较深，空气潮湿病部很快腐烂，其表面产生少量白色霉状物。嫩梢、嫩茎和嫩荚染病，多呈暗绿色至深绿色水渍状坏死，潮湿时腐烂，在病组织表面产生白霉。干燥时萎缩枯死。病害典型症状图片请参考 http://www.haonongzi.com/pic/news/20180822161402191.jpg 和 http://p2.qhimgs4.com/t01b8acab6cb262a35c.jpg。

发病规律：苗期和生长前期雨水多、降水量大，或地势低洼、土质黏重，或偏施氮肥病害发生严重。

防治措施：①选择地势较高，排水良好的壤土种植；②精细整地，高垄或高畦栽培；③加强田间管理，雨后及时排水，避免田间积水；④发病后及时清除中心病叶和重病植株；⑤药剂防治，发病初期用72%霜脲氰·锰锌可湿性粉剂、50%溶菌灵可湿性粉剂、72.2%霜霉威水剂、69%烯酰吗啉·锰锌可湿性粉剂、58%甲霜灵·锰锌可湿性粉剂、64%恶霜灵可湿性粉剂等杀菌剂兑水喷雾进行防治，隔10~15天防治1次，视病情防治1~3次。

2. 黄秋葵炭疽病

病原：由半知菌亚门真菌木槿刺盘孢菌（*Colletrichum hibisci* Poll.）引起。

症状：主要为害蒴果，有时也为害叶片。蒴果染病，果面呈污褐色至黑褐色，有的干缩下陷，斑面出现针头大的小黑点或朱红色小点病斑（病菌分生孢子盘及分生孢子）。病害典型症状图片请参考 https://ima.nongyao001.com:7002/file/upload/201608/07/09-40-35-56-31540.png 和《中国现代蔬菜病虫原色图鉴》（吕佩珂、苏慧兰、李明远等，2008年，学苑出版社）。

发病规律：病菌以菌丝体和分孢盘在病株上和随病残体遗落在土中越冬，种子也可以带菌。病菌以分生孢子作为初侵染与再侵染的接种体，通过风雨传播侵染致病。温暖潮湿的天气或株间郁闭、通透性不良的植地环境，有利于发病；氮肥施用过多，易发病。

防治措施：①播前种子处理（用种子重量0.3%的50%退菌特，或80%炭疽福美，或40%三唑酮多菌灵可湿性粉剂拌种，密封5~7天后播种）；②注意田间清洁，收集烧毁病残物；③合理密植，改善株间通透性；适当增施磷钾肥，避免氮肥过施偏施；勿浇水过度，雨后及时清沟排渍降湿；④及早喷药控病，以保护蒴果为重点，于幼小蒴果出现、病害发生前，喷施80%炭疽福美、25%炭特灵、50%施保功、70%甲基托布津+75%百菌清等药剂及其组合兑水喷雾进行防治，隔10天左右防治1次，防治2~3次，交替施用，喷匀喷足。

3. 黄秋葵黄萎病

病原：由半知菌亚门真菌尖镰孢菌萎蔫专化型［*Fusarium oxysporum* Schl. f. sp. *tracheiphlium*（E. F. Smith）Snyder et Hansen］引起。

症状：苗期、成株均可发病，但以现蕾、开花期更明显。病株矮化、叶片小、皱缩，叶尖、叶缘变黄，病变区叶脉变成褐色或产生很多褐色坏死斑点。严重的病叶变褐干枯、易脱落。纵剖茎秆维管束变成褐色或深褐色。病害典型症状图片请参考《中国现代蔬菜病虫原色图鉴》（吕佩珂、苏慧兰、李明远等，2008年，学苑出版社）。

发病规律：病菌随病残体落在土壤中越冬，种子也带菌。未充分腐熟的堆肥，亦能带菌。病菌厚垣孢子在土中能生存多年。种植黄秋葵后，土壤中的分生孢子、厚垣孢子借灌溉水或雨水传播，经伤口或直接侵入根部，侵入后，在维管束中繁殖并向上部扩散，引起全株发病。该病的发生与土温关系密切，降雨、灌水影响土温和湿度变化较大时，常造成病势扩展。

防治措施：①从无病株上采种，并用50%多菌灵可湿性粉剂处理，或用种子重量0.3%的50%多菌灵可湿性粉剂或50%福美双粉剂拌种；②采用无病土育苗，栽植黄秋葵的地块要远离锦葵科植物，最好与粮食作物进行3年以上轮作；③施用腐熟有机肥，采用配方施肥技术，避免偏施、过施氮肥，合理灌溉，雨后及时排水，防止湿气滞留；④药剂防治，发现病株及时浇灌10%治萎灵水剂、50%多菌灵磺酸盐可湿性粉剂、10%多抗霉素可湿性粉剂等药剂进行防治。

4. 黄秋葵枯萎病

病原：由半知菌亚门真菌大丽花轮枝菌（*Verticillium dahliae* Kleb.）引起。

症状：苗期、成株均可发病，系统侵染。多从植株下部叶片先发病，之后向中上部扩展，叶片先在叶缘及叶脉间褪绿、变黄。扩展后，叶面上出现黄色近圆形至长条形病变，四周有黄晕，叶缘变褐，焦枯、卷缩。纵剖病茎可见维管束呈黄褐色。病害典型症状图片请参考《中国现代蔬菜病虫原色图鉴》（吕佩珂、苏慧兰、李明远等，2008年，学苑出版社）。

发病规律： 病菌以休眠菌丝或厚垣孢子以及拟菌核随病残体留在土中越冬，也可以菌丝潜伏在种子内或以分生孢子附在种子外越冬。病菌多从根部伤口或细根尖及侧枝分叉处侵入，经薄壁细胞进入维管束，在维管束中发育繁殖进行系统侵染。低温、湿度大，易发病。阵雨或灌溉后突然转晴，土壤水分迅速蒸发，土壤干裂伤根时，发病重。

防治措施： ①选用无病种子，并用 50% 多菌灵可湿性粉剂浸种后晾干播种；②与其他作物进行 3 年以上轮作；③施足腐熟有机肥，播前充分翻晒土壤；④药剂防治，在发病初期，用 50% 多菌灵可湿性粉剂或 12.5% 增效多菌灵浓可溶剂等药剂兑水喷淋进行防治。

5. 黄秋葵叶煤病

病原： 由半知菌亚门真菌秋葵假尾孢菌（*Cercospora abelmoschi* Ell. & Ev.）引起。

症状： 主要为害叶片。病斑生在叶片正背两面，近圆形至角状，受叶脉限制。叶面斑点黑色，叶背灰黑色。保护地叶片初生暗灰色点状霉丛，后逐渐变暗，形成煤状突起斑。严重时，整个叶背覆满黑色霉层，甚至叶面也出现霉层。病害典型症状图片请参考《中国现代蔬菜病虫原色图鉴》（吕佩珂、苏慧兰、李明远等，2008 年，学苑出版社）。

发病规律： 病菌以菌丝和分生孢子在枯枝残叶或随病残体在土壤中越冬。条件适宜时产生分生孢子借风传播，进行初侵染和多次再侵染。高温、多湿，易发病。

防治措施： ①棚室保护地栽培时，要注意通风换气、降低湿度；②药剂防治，发病初期，用 47% 加瑞农可湿性粉剂、60% 多菌灵盐酸盐可湿性粉剂、50% 多硫悬浮剂等兑水进行喷雾防治。

6. 黄秋葵茎腐病

病原： 由半知菌门真菌蚀脉镰孢菌（*Fusarium vasinfectum* Atk.）引起。

症状： 主要为害茎部，尤其是近地面茎基部时有发生。初在茎部产生椭圆形至短条状黑褐色斑点，后沿茎向上下扩散呈长条状。当扩展到绕茎 1 周时，致病部以上萎蔫，病部呈暗褐色至黑褐色。湿度大时，病部表面现粉红色或白色霉层。病情严重的病部以上茎叶萎蔫枯死。病害典型症状图片请参考《中国现代蔬菜病虫原色图鉴》（吕佩珂、苏慧兰、李明远等，2008 年，学苑出版社）。

发病规律： 病菌以菌丝体或厚垣孢子随病残体在土中营腐生生活或越冬，能存活多年。种植秋葵后，病菌从伤口侵入。发病后，产生大量分生孢子借风雨及灌溉水传播，进行多次再侵染，致病情不断扩展。温暖、潮湿或暴风雨后易发病，棚室栽培湿度大时发病重。

防治措施： ①与其他作物轮作 3 年以上；②采用高畦栽培，栽植密度适当；③施用腐熟有机肥，增施磷钾肥；④雨后及时排水，防止湿气滞留；⑤发现病株及时拔除，收获后及时清园；⑥棚室栽培时，注意放风换气，控制湿度；⑦药剂防治，发病初期用

78%波·锰锌可湿性粉剂、10%多抗霉素可湿性粉剂、50%多菌灵可湿性粉剂等兑水喷雾进行防治。

7. 黄秋葵角斑病

病原：由细菌油菜黄单胞菌锦葵致病变种 [*Xanthomonas campestris* pv. *malvacearum* (Smith) Dye.] 引起。

症状：全生育期均可发病，以成株受害重。叶片染病常见两种症状，一是初发病时叶背现水渍状灰绿色小斑点，扩展时受叶脉限制产生多角形深褐色病斑，严重的病斑融合，出现早枯；二是病斑沿叶脉扩展形成长条状，初水渍状，后变黑褐色，造成叶片歪曲或皱缩，严重时病叶发黄干枯。病害典型症状图片请参考《中国现代蔬菜病虫原色图鉴》（吕佩珂、苏慧兰、李明远等，2008年，学苑出版社）。

发病规律：病菌随病残体留在土表或潜伏在种子内部越冬。病菌常由伤口侵入，也可借助体表的水膜从气孔侵入。该病在温度 25~28℃，相对湿度高于85%，有夜露或水膜时，扩展很快。

防治措施：①选用无病种子，并于播种前进行药剂拌种或浸种处理；②采用起垄或高畦栽培，雨后及时排水，防止湿气滞留；③药剂防治，发病初期用78%波·锰锌可湿性粉剂、86.2%氧化亚铜可湿性粉剂、47%加瑞农可湿性粉剂等杀菌剂兑水喷雾进行防治。

十七 豇豆主要病害

1. 豇豆根腐病

病原：由半知菌亚门真菌腐皮镰孢菌菜豆专化型［*Fusarium solanif* sp. *phaseoli* (Burk.) Snyderet Hansen.］引起。

症状：主要为害根部。苗期染病，拔出后可看到根茎部有红褐色病斑，地上部分早期症状不明显，开花结荚后叶片由叶缘逐渐变黄枯萎，但叶片不脱落。病株主根受害后腐烂，容易拔出，植株矮小，主根全部腐烂时植株枯萎死亡。病害典型症状图片请参考 http://att.191.cn/attachment/thumb/Mon_ 1601/63_ 199910_ 62607e99dabd3b3.jpg?1617 和 http://www.haonongzi.com/pic/news/20180420162037762.jpg。

发病规律：病菌可寄生在土壤、未腐熟的有机肥及植株残体上，种子不带菌。初次侵染主要是通过带菌肥料、土壤及病残体，先从伤口侵入导致根部皮层腐烂。在降水较多、土壤湿度较大、土壤颗粒黏性较大、土壤透气性差等条件下栽培时，易发病。

防治措施：①选择抗（耐）病品种；②与十字花科、百合科作物实行 2 年以上轮作；③种子处理；④加强栽培和田间管理，施用微生物沤制的堆肥或腐熟有机肥；选择地势高排水良好地块或采用高畦栽培，严禁大水漫灌，雨后及时排水，发现病株及时拔除烧毁；⑤药剂防治，发病初期喷淋或浇灌 36% 甲基硫菌灵悬浮剂、50% 多菌灵可湿性粉剂、70% 敌克松可湿性粉剂等药剂进行防治，隔 10 天左右防治 1 次，连续防治 2~3 次。

2. 豇豆锈病

病原：由担子菌亚门真菌豇豆属单胞锈菌（*Uromyces vignae* Barclay）和豇豆单胞锈菌（*Uromyces vignaesinensis* Miura）引起。

症状：开花结荚期发病，主要为害老叶，也可为害茎蔓、豆荚。发病初期叶片背面形成黄白色小斑点，微隆起，逐渐扩大后形成黄褐色疱斑（夏孢子堆），表皮破裂后散放出黄褐色粉末，严重时也发生在叶片正面；生长后期病部产生橙红色斑点，进而形成黑色疱斑（冬孢子堆），散放出黑色粉末。病害典型症状图片请参考 https://p1.ssl.qhmsg.com/t01d93994f281eded64.jpg, http://att.191.cn/attachment/thumb/Mon_ 1208/63_ 143864_ 8b6998e96467927.jpg? 1521 和 http://www.haonongzi.com/pic/news/

20180806161505934.jpg。

发病规律：病菌主要寄存在病残体上，以冬孢子形式越冬，小孢子侵入寄主形成初次侵染。夏孢子成熟后随气流进入气孔再次侵染。在高温高湿、高密度、排水不畅条件下多，易发病。

防治措施：①选种抗病品种，并进行种子消毒，播种前晒种2~3天，用45℃温水浸种10~15分钟消毒后播种；②清洁田园，用生石灰进行大田消毒；深翻土壤，采用配方施肥技术；适当密植，及时整枝，雨后及时排水；收获后清洁田园，有条件的实行轮作；③药剂防治，发病初期用20%粉锈宁可湿性粉剂、50%多菌灵可湿性粉剂、20%苯醚甲环唑微乳剂等杀菌剂兑水喷雾进行防治，间隔10~15天再喷一次。

3. 豇豆煤霉病

病原：由半知菌亚门真菌菜豆假尾孢菌［*Pseudocercospora cruenta*（Sacc.）Deighton］引起。

症状：主要为害叶片，豆荚收获前容易发病，引起叶片脱落。发病时，最初出现不明显的近圆形黄绿色斑，继而在叶片两面生出紫色小点，之后扩大成近圆形或不规则形褐色病斑，湿度大时表面密生煤烟状霉层，尤其以叶片背面居多。严重时病叶干枯、早落，仅存顶端幼嫩叶片。病害典型症状图片请参考 https://p1.ssl.qhmsg.com/t015a646ce4681ff711.jpg 和 http://www.zhongnong.com/Upload/BingHai/201161091150.jpg。

发病规律：病菌以菌丝体寄生于病残体上，在土壤中越冬。翌年春季条件适宜时，菌丝体产生分生孢子，通过气流传播进行初次侵染，之后在病株上产生新生分生孢子，进行多次侵染。一般高温高湿、种植过密、通风透光差、排水不良、偏施氮肥、植株徒长时，易感病。

防治措施：①选择抗病品种；②合理轮作；③种子处理；④加强田间管理，适时浇水、追肥，施用有机肥及磷钾肥，促使植株生长健壮；⑤药剂防治，发病初期，及时拔除病株并带出集中烧毁，并根据植保要求喷施多菌灵、防霉宝可湿粉剂等针对性防治，严重时应用针对性药剂灌根处理进行防治，每隔7~10天1次，连浇4~5次。

4. 豇豆疫病

病原：由子囊菌亚门真菌豇豆疫霉（*Phytophthora vignae* Pruss）引起。

症状：主要为害茎蔓、叶片和豆荚。茎蔓发病，多发生在节部或节部附近，接近地面处更为明显。初期发病病部呈现水渍状不规则暗色斑，周缘不明显，病斑扩展绕茎1周后表皮变暗褐色且缢缩，病茎以上叶片迅速萎蔫死亡。遇到阴雨潮湿天气，病部皮层腐烂，表面产生白色霉状物。叶片染病，初生暗绿色水渍状圆形病斑，边缘不明显。天气潮湿时，病斑会快速扩大，能够蔓延到整个叶片，并在其表面着生稀疏的白色霉状物，导致叶片腐烂；干燥少雨天气，病斑呈淡褐色，叶片干枯。豆荚发病，产生暗绿色水渍状病斑，有不明显的边缘，后期病斑软化，表面产生白霉。病害典型症状图片请参考 http://5b0988e595225. cdn. sohucs. com/images/20170926/a27b76afd28a437bb25c75341ec7cb3d. jpeg 和 http://5b0988e595225. cdn. sohucs. com/images/20170926/60aaf54866f24d9d99739a5ca6e57192. jpeg。

发病规律：病菌以卵孢子、厚垣孢子随病残体在土中或种子上越冬，凭借风、雨、水等媒体传播。当存在多雨天气，田间湿度大，地势低洼、土壤潮湿、种植过密、植株间通风透光不良等因素时，会导致病害严重发生。

防治措施：①与非豆科作物实行 3 年或 3 年以上轮作；②选用抗病品种；③采取深沟高畦，覆盖地膜；合理化密植，以确保植株之间有良好的通风和透光；雨前不浇水，大雨过后及时排除积水；及时清洁田园，采收完毕后将病株残体集中深埋或烧毁；④药剂防治，采取灌根和喷雾预防和防治。

5. 豇豆轮纹叶斑病

病原：由半知菌亚门真菌多主棒孢菌 ［*Corynespora cassiicola*（Berk. & Curt.）］引起。

症状：主要为害叶片。发病初期，病斑为褐色小圆点，不受叶脉限制，随着病斑发展，逐渐形成轮纹状圆形斑，梭形斑和不规则病斑，微凹陷，病健交界明显；病斑背面颜色较深，受侵染的叶脉呈红褐色，也具有明显的轮纹。病害典型症状图片请参考 http://www.371zy.com/uploads/allimg/190301/2-1Z3010UH1W1.jpg 和 http://www.371zy.com/uploads/allimg/190301/2-1Z3010UI2K5.jpg。

发病规律：病菌以菌丝体及分生孢子随病残体在田间越冬。翌年环境条件适宜时，菌丝体产出分生孢子，借气流或雨水传播，形成初侵染，并在病部产生分生孢子，借风雨传播，进行再侵染。高温高湿有利于病害的发生，发病适温 25～30℃。病原菌喜欢高温高湿环境条件，气温高于 25℃，遇雨或连阴雨天气，特别是阵雨转晴，或气温高、田间湿度大时有利于分生孢子的产生和萌发。发病潜育期 5～7 天，结荚期最易感病。

防治措施：①及时清除田间的病残体，然后高畦深沟并覆盖地膜栽培，阻止土壤中病菌的传播，降低初侵染率；②种子消毒；③应及时摘除病叶，并进行药剂防治。

6. 豇豆红斑病

病原：由半知菌亚门真菌变灰尾孢菌（*Cercospora canescens* Ell. et Mart.）引起。

症状：主要为害叶片、茎蔓和豆荚。叶片染病，一般多在植株下部老叶上先发病，逐渐向上蔓延。初期病斑较小，呈紫色至紫红色，圆形或不规则形，随病情发展，受叶脉限制形成多角形或不规则形。后期病斑融合，易破碎穿孔，叶片枯萎，导致大量落叶，严重影响产量和持续结荚能力；茎蔓染病，病斑紫红色，多角形或不规则形；豆荚染病，出现较大红褐色病斑，病斑中心黑褐色，后期密生灰黑色霉层。病害典型症状图片请参考 http://s1. sinaimg. cn/mw690/007hCvanzy7qrCz5jWM90&690 和 http://

s8. sinaimg. cn/orignal/007hCvanzy7qrCBjebtb7。

发病规律：病菌以菌丝体或分生孢子在种子或病残体中越冬，成为翌年的初侵染源。生长季节为害叶片，经分生孢子多次再侵染，病原菌大量积累，遇有适宜条件即流行。在田间可通过气流及雨水溅射传播。高温高湿利于病害发生和流行，秋季多雨、连作地、反季节栽培地，发病重。

防治措施：①种子处理，选无病株留种，播前种子用 45 温水浸种 10 分钟消毒；②收获后清洁田园，进行深耕；③轮作；④化学防治，发病前或发病初期喷 50% 多霉威可湿性粉剂、75% 百菌清可湿性粉剂、50% 混杀硫悬浮剂等杀菌剂进行防治，每隔 7~10 天喷 1 次，连续 2~3 次。

7. 豇豆灰斑病

病原：由半知菌亚门真菌山扁豆生棒孢 [*Corynespora cassiicol* (Berk. et Curt.) Wei.] 引起。

症状：主要为害叶片，有时也为害茎、荚，主要发生在生长后期。发病初期，在叶片上形成大小不等的褪绿斑，病斑逐渐变成黄色至黄褐色，有些斑块扩展后可形成褐色至紫褐色轮纹斑，有的可融合成大斑，直径 1~19 毫米，有的与豇豆红斑病混合为害，引起叶片早落。病害典型症状图片请参考 http://s8. sinaimg. cn/mw690/007hCvanzy7qrCYWfZR27&690 和 http://s16. sinaimg. cn/mw690/007hCvanzy7qrD1Qoubff&690。

发病规律：病菌以分生孢子丛或菌丝体在土壤中的病残体上越冬，菌丝或孢子在病残体上可存活半年。此外，病菌还可通过产生厚垣孢子及菌核来度过不良环境。次年，产生的分生孢子借气流或雨水飞溅传播，进行初侵染。病部新生的孢子进行再侵染。在生长季节，再侵染多次发生，使病害逐渐蔓延。病菌侵入后经几天潜育即发病，高湿或通风透气不良，易发病。25~27℃及饱和湿度条件下，发病重。温差大有利于发病。

防治措施：①选用抗病品种；②与非豆类作物实行 2~3 年轮作；③收获后，彻底清除病残体，减少初侵染源；④加强温湿度管理，注意排湿，改善通风透气性能；⑤药剂防治，发病初期用 50% 多菌灵可湿性粉剂、75% 百菌清可湿性粉剂、50% 甲基硫菌灵可湿性粉剂、69% 安克锰锌可湿性粉剂、50% 甲霜铜可湿性粉剂、90% 疫霜灵可湿性粉剂、72% 克霉星可湿性粉剂、72% 克露可湿性粉剂、72% 克抗灵可湿性粉剂、50% 安克可湿性粉剂等杀菌剂兑水喷雾进行防治，每 7 天喷药 1 次，连续防治 2~3 次，注意药剂交替使用。

8. 豇豆斑枯病

病原：由半知菌亚门真菌菜豆壳针孢菌 (*Septoria phaseoli* Maubl.) 和扁豆壳针孢菌 (*Septoria dolichi* Berk. et Curt.) 引起。

症状：主要为害叶片。叶片染病后，叶斑呈多角形至不规则形，直径 2~5 毫米不等，初呈暗绿色，后转紫红色，中部褪为灰白色至白色，数个病斑融合为斑块，致叶片早枯。后期病斑正背面可见针尖状小黑点（分生孢子器）。病害典型症状图片请参考《中国现代蔬菜病虫原色图鉴》（吕佩珂、苏慧兰、李明远等，2008年，学苑出版社）。

发病规律： 病菌以菌丝体和分生孢子器随病残体遗落土中越冬或越夏，并以分生孢子进行初侵染和再侵染。借雨水溅射传播蔓延。温暖高湿的天气有利于病害发生。

防治措施： ①及时收集病残物烧毁；②药剂防治，结合防治豇豆其他叶斑病及早用75%百菌清可湿性粉剂+70%甲基硫菌灵可湿性粉剂、75%百菌清可湿性粉剂+70%代森锰锌可湿性粉剂、40%多·硫悬浮剂、50%复方硫菌灵等杀菌剂或组合兑水喷雾进行防治，隔10天左右防治1次，连续2~3次，注意喷匀喷足。

9. 豇豆枯萎病

病原： 由半知菌亚门真菌尖镰孢菌嗜管专化型〔*Fusarium oxysporum* Schl. f. sp. *tracheiphlium*（E. F. Smith）Snyder et Hansen〕引起。

症状： 为系统性侵染病害。常发生在开花结荚期，病株初期出现萎蔫状，早晚可恢复正常，后期枯死；下部叶片先变黄，然后逐渐向上发展，叶脉两侧变为黄色至黄褐色，叶脉呈褐色，严重时，全叶枯焦脱落。根系发育不良，根部皮层腐烂，新根很少或没有。剖开根茎部或茎部，可见到维管束变黄褐色至黑褐色。病害典型症状图片请参考 https://p0.ssl.qhimgs1.com/sdr/400_/t01bbc81dde8009117a.jpg 和 https://p0.ssl.qhimgs1.com/sdr/400_/t011d74fd7c0bf43130.jpg。

发病规律： 病菌以菌丝体在病残体、土壤和带菌肥料中越冬，种子也能带菌。成为翌年的初侵染源。通过伤口或根毛顶端细胞侵入，主要靠水流进行短距离传播，扩大为害。低洼地、肥料不足、缺磷钾肥、土质黏重，土壤偏酸和施未腐熟肥料，发病重。

防治措施： ①种子播前进行药剂消毒处理；②与非豆类蔬菜轮作3年以上，水旱轮作一年即可；③低洼地采取高垄地膜栽培，施足充分腐熟的有机肥，增施磷钾肥，防止大水漫灌，雨后及时排水，田间不能积水；④药剂防治，发病初期用96%"天达恶霉灵"粉剂、50%多·硫悬浮剂、60%琥·乙膦铝可湿性粉剂、70%百泰可湿性粉剂、66%敌磺·多可湿性粉剂、77%多宁可湿性粉剂等杀菌剂兑水喷淋植株根部进行防治。

10. 豇豆白粉病

病原： 由子囊菌亚门真菌蓼白粉菌（*Erysiphe polygoni* DC.）引起。

症状： 主要为害叶片。发病时，叶片上产生白粉状斑（分生孢子、分生孢子梗及菌丝体），严重时白粉覆盖整个叶片，导致叶片逐渐发黄、脱落。病害典型症状图片请参考 https://p1.ssl.qhimgs1.com/sdr/400_/t01868b813deeece6fd.jpg 和 https://p1.ssl.qhmsg.com/t01af01468d17ca6f7a.jpg。

发病规律： 病菌以闭囊壳随病残体留在地上越冬，分生孢子借气流传播，落到寄主表面，萌发时产生芽管，之后形成菌丝体，并在病部产生分生孢子进行再侵染。荫蔽、昼夜温差大，多露潮湿，利于病害发生。在干旱情况下，由于植株生长不良，抗病力弱，有时发病更为严重。

防治措施：①选择地势高，干燥、排水良好的地块种植豇豆；②加强栽培及田间管理，多施腐熟优质有机肥，增施磷、钾肥。及时浇水追肥，防止植株生长中后期缺水脱肥。避免种植过密，使田间通风透光。注意清洁田园，及时摘除中心病叶、收获后及时清除田间病残体，集中深埋处理；③药剂防治，发病初期用40%福星乳油、15%粉锈宁可湿性粉剂、75%百菌清可湿性粉剂、40%多·硫悬浮剂、50%硫黄悬浮剂、30%DT悬浮剂、50%多菌灵可湿性粉剂、50%甲基托布津可湿性粉剂等药剂兑水进行喷雾防治，每7~10天喷1次，连喷2~3次。

11. 豇豆炭疽病

病原：由半知菌亚门真菌豆类炭疽菌 [*Colletotrichum truncatum*（Schw.）Andrus & Moore] 引起。

症状：主要为害茎蔓，在茎上产生梭形或长条形病斑。茎蔓染病后，初为紫红色，之后色泽变淡，稍凹陷以至龟裂，病斑上密生大量黑点（病菌分生孢子盘）。病害多发生在雨季，病部往往因伴有腐生菌的生长而变黑，加速茎蔓组织的崩解。轻者生长停滞，重者植株死亡。病害典型症状图片请参考《中国现代蔬菜病虫原色图鉴》（吕佩珂、苏慧兰、李明远等，2008年，学苑出版社）。

发病规律：病菌以菌丝体随病残体或在种子内越冬。播种带菌种子，幼苗即染病。分生孢子借雨水、气流、接触传播。20℃和95%以上的相对湿度，最利于发病。当温度高于27℃，相对湿度低于90%时，很少发病。地势低洼、土质黏重、连年重茬、种植过密的地块及多雨、多露、低温、多雾，易发病。

防治措施：①选用无病种子，并进行种子消毒；②合理轮作，有条件水旱轮作或与葱蒜轮作1~2年；③药剂防治，发病初期用25%施保功乳油、80%大生M-45可湿性粉剂、70%品润悬浮剂、50%翠贝干悬浮剂、25%阿米西达悬浮剂、25%咪鲜胺乳油、80%喷克可湿性粉剂、78%科博可湿性粉剂、70%安泰生可湿性粉剂、25%炭特灵可湿性粉剂、50%炭疽福美可湿性粉剂、10%世高水分散颗粒剂、80%山德生可湿性粉剂、70%代森锰锌可湿性粉剂、70%甲基托布津可湿性粉剂、40%达科宁悬浮剂、75%百菌清可湿性粉剂等药剂兑水喷雾进行防治，每隔5~7天喷1次，注意药剂交替使用。

12. 豇豆黑斑病

病原：由半知菌亚门真菌芸薹链格孢菜豆变种 [*Alternaria brassicae*（Berk.）Sacc. var. *phaseoli* Brun.] 和簇生链格孢 [*Alternaria fasciculata*（Cooke et Ell.）Jones et Grout] 引起。

症状：主要为害结荚期豇豆叶片。病害发生时，叶片正、背两面产生褐色至黑色，圆形或近圆形病斑，有时出现不大明显的轮纹，病健部分界明显，病斑直径2~8毫米，一片叶上生几个至数个病斑，湿度大时，病斑上生出黑霉（病原菌分生孢子梗和分生孢子）。病害典型症状图片请参考 https://ima.nongyao001.com:7002/file/upload/201612/01/09-48-36-99-29630.jpg。

发病规律：病菌以菌丝体和分生孢子随病残体在土壤中越冬，翌春产生分生孢子借气流、雨水传播，进行初侵染和再侵染，导致该病不断扩展蔓延。在南繁区内，在豇豆、菜豆等寄主上辗转传播为害，不存在越冬问题。温暖、雨日多的天气有利于病害发生。土壤瘠薄、密度过大、湿气滞留，发病重。

防治措施：①与非豆科植物进行2年以上轮作；②收获后清洁田园，病残物集中烧毁；③采用高垄栽培，合理密植，适度灌水，雨后及时排水；保护地注意放风排湿；④合理施肥，采用配方施肥技术，施用腐熟有机肥，增强寄主抗病力；⑤药剂防治，发病初期用75%百菌清可湿性粉剂、58%甲霜灵·锰锌可湿性粉剂、50%扑海因可湿性粉剂、58%雷多米尔锰锌可湿性粉剂、64%杀毒矾可湿性粉剂、80%代森锰锌可湿性粉剂等及时兑水喷雾进行防治，每7天左右1次，连续防治2~3次。

13. 豇豆茎腐病

病原：由半知菌亚门真菌菜豆壳球孢菌 [*Macrophomina phaseoli* (Maubl.) Ashby] 和豇豆壳茎点霉菌 (*Phoma vignae* Henn.) 引起。

症状：主要为害豇茎枝蔓及茎基部。茎蔓部病害发生时，病部初现淡褐色椭圆形或棱形小斑，后绕茎蔓扩展，造成茎蔓成段变黄褐色至黄白色干枯，后期病部表面出现散生或聚生的小黑粒（分生孢子器）。茎基部染病可致苗枯，中上部枝蔓染病导致蔓枯，致植株生长势逐渐衰退，影响开花结荚。病害典型症状图片请参考 http://img8.agronet.com.cn/Users/100/581/426/20171025949325681.jpg 和 http://img8.agronet.com.cn/Users/100/581/426/20171025949378931.jpg。

发病规律：病菌以菌丝体和分生孢子器随病残体遗落在土中越冬。以分生孢子器内生出的分生孢子作为初侵染与再侵染接种体，通过雨水溅射而传播，从茎蔓伤口或表皮侵入致病。高温多雨潮湿天气或植地通透性差有利于病害发生，施肥过多或肥料不足的植株，易染病。

防治措施：①选用无病种子，并进行种子消毒；②合理轮作，有条件水旱轮作或与葱蒜轮作1~2年；③药剂防治，发病初期用25%施保功乳油、80%大生M-45可湿性粉剂、70%品润悬浮剂、50%翠贝干悬浮剂、25%阿米西达悬浮剂、25%咪鲜胺乳油、80%喷克可湿性粉剂、78%科博可湿性粉剂、70%安泰生可湿性粉剂、25%炭特灵可湿性粉剂、50%炭疽福美可湿性粉剂、10%世高水分散颗粒剂、80%山德生可湿性粉剂、70%代森锰锌可湿性粉剂、70%甲基托布津可湿性粉剂、40%达科宁悬浮剂、75%百菌清可湿性粉剂等药剂兑水喷雾进行防治，每隔5~7天喷1次，注意药剂交替使用。

14. 豇豆白绢病

病原：由半知菌亚门真菌齐整小核菌（*Sclerotium rolfsii* Sacc.）引起。

症状：主要为害茎基部及根部。染病后，病部皮层腐烂，表面密生白色绢丝状菌丝及菜籽状菌核。病株叶片由下向上变黄，枯萎，最后全株死亡。病害典型症状图片请参考 https://p1.ssl.qhmsg.com/t01720d3edfb29c82be.jpg。

发病规律：病菌主要以菌核在土壤中越冬，翌年萌发产生菌丝进行侵染。高温、时晴时雨，有利于菌核萌发。施用氨态氮化肥和土壤呈酸性反应的，易发病。

防治措施：①整地时增施消石灰，使土壤呈微碱性，可控制病害发生；②增施农家有机肥作基肥，促进有益微生物繁殖，具有生物防治作用；③加强田间管理；④药剂防治，发病初期用 25% 粉锈宁可湿性粉剂等杀菌剂兑水喷雾进行防治，着重喷淋茎基部，每 10 天喷药 1 次，连续 2~3 次。

15. 豇豆细菌性疫病

病原：由细菌野油菜黄单胞菌豇豆致病变种（*Xanthomonas campestris* pv. *vignicola*）引起。

症状：主要为害叶片，也为害茎蔓和荚。叶片染病，开始表现为在边缘和叶尖上出现为水渍状暗绿色小斑，随病情发展，病部扩大成不规则形状的褐色坏死斑，病斑组织变薄而透明，周围伴有黄色晕圈，病部变硬，容易脆裂，严重时病斑连合，导致全叶变黑枯或扭曲变形，呈现干枯火烧状。当嫩叶受害时表现为皱缩、变形，易脱落。茎蔓染病，最初是水渍状，之后发展成褐色溃疡状斑，稍微凹陷，环绕茎 1 周后，致病部以上枯死。豆荚发病，初期呈现暗绿色水渍状斑点，随后斑点会扩大，成为凹陷的近圆形红褐斑，后期严重时豆荚变皱缩。阴雨潮湿条件下，叶片、茎部、果荚病部及种子脐部常常溢出黄色菌脓。病害典型症状图片请参考 http://img4.agronet.com.cn/Users/100/585/410/201710251114078501.jpg 和 https://ima.nongyao001.com:7002/file/upload/201110/31/16-16-03-91-1.jpg。

发病规律：病菌在种子内或随病残体在地面上越冬。携带病菌的种子萌芽后，最初子叶发病，子叶上产生病原细菌，通过风雨、昆虫、人畜等传播到植株上，从气孔侵入。在高温、高湿、大雾弥漫、结有露水情况下，利于病情发生。在夏秋季节，连续阴雨、雨后骤晴等会导致病情发展极为迅速，导致流行。粗放化管理、重施氮肥、大水漫灌、杂草丛生、虫害严重、植株长势差等，病害易发生。

防治措施：①选择排灌条件较好的地块，与非豆科作物实行 3 年以上轮作；②播前进行种子消毒处理；③正确把握播种时期，种植密度要适合，采取科学肥水管理，及时防治病虫草害，增强植株抗性；④收获完毕后要及时把田园清理干净，并将病株残株集中深埋和烧毁。

16. 豇豆花叶病

病原：主要由黄瓜花叶病毒（Cucumber mosaic virus，CMV）、豇豆蚜传花叶病毒（Cowpea aphid – borne mosaic virus，CoAMV）、蚕豆萎蔫病毒（Broad bean wilt virus，BBWV）等侵染引起。

症状：花叶病是一种全株显症的病害，染病植株从上部叶最先显症，出现浓绿、淡绿相间的花叶或斑驳症状，严重的叶片皱缩畸形。病株生长衰弱，节间缩短，全株矮化。病株开花时花器畸形，花稀少，结荚少，豆荚呈鼠尾状，籽粒不充实，有时还可以出现褐色坏死斑纹。病害典型症状图片请参考 https://ima. nongyao001.com: 7002/file/upload/201407/03/14-30-22-86-29630.jpg。

发病规律：豇豆花叶病的毒源，除少数可以种子带毒的以外，其主要来源是田间受侵染的寄主植株和某些杂草寄主。病害在田间发生的再侵染主要通过传毒介体有翅蚜虫和农事操作造成的汁液接触传染完成。高温、干旱的天气，以及栽培管理粗放、缺肥缺水是诱发豇豆花叶病的最主要因素。

防治措施：①从无病植株所结的饱满豆荚选留种子；②加强控病栽培管理，清除田边野生杂草寄主，增施优质有机肥，及时追肥。干旱季节勤浇水防止土壤缺水，使植株长势旺盛，提高抗、耐病能力；③早期治蚜，为预防蚜虫田间传播病毒，从幼苗期开始就要防治蚜虫。可用 40%乐果乳剂、20%杀灭菊酯乳剂等兑水喷雾防治；④发病初期，用 20%病毒 A 可湿性粉剂、菌毒清等药剂加入增加营养的叶面肥一起兑水喷施进行防治。

十八 苦瓜主要病害

1. 苦瓜蔓枯病

病原：由子囊菌亚门真菌小双胞腔菌 [*Didymella bryoniae*（Auersw.）Rehm.] 引起。

症状：主要为害叶片、茎蔓和瓜条。叶片染病，初为水渍状小点，随病情发展变成圆形至椭圆形或不规则形病斑，病斑灰褐色至黄褐色，有轮纹，其上产生黑色小点。茎蔓病斑多为长条形或不规则形，浅灰褐色，上生小黑点，多引起茎蔓纵裂，易折断，空气潮湿时形成流胶，有时病株茎蔓上还形成茎瘤。瓜条受害，初为水渍状小圆点，后变成不规则稍凹陷木栓化黄褐色斑块，后期产生小黑点，染病瓜条组织变朽，易开裂腐烂。病害典型症状图片请参考 http://www.1988.tv/Upload_ Map/2015nian/8/11/2015 - 08 - 11 - 11 - 12 - 47.jpg，http://www.3456.tv/images/2011nian/10/2016 - 03 - 16 - 09 - 44 - 16.jpg 和 https://p1.ssl.qhmsg.com/t01eeb4a4ec7eda847b.jpg。

发病规律：病菌以子囊壳或分生孢子器随病残体留在土壤中或在种子上越冬。翌年病菌靠风、雨传播，从气孔、水孔或伤口侵入，引致发病。土壤湿度大，易发病；高温多雨，种植过密，通风不良的连作地，易发病，反季节栽培，发病重。

防治措施：①选用抗病品种；②实行 2～3 年与瓜类作物轮作；③收获后彻底清除瓜类作物病残体；④施用充分腐熟的有机肥，适时追肥；⑤生长期加强管理，避免田间积水；⑥药剂防治，发病初期，用 70%甲基托布津可湿性粉剂、50%扑海因可湿性粉剂、80%大生可湿性粉剂、40%多硫悬浮剂、45%特克多悬浮剂等兑水喷雾进行防治。

2. 苦瓜炭疽病

病原：由半知菌亚门真菌葫芦科刺盘孢菌 [*Colletotrichum orbiculare*（Bark. & Mont.）V. Arx.] 引起。

症状：主要为害瓜条、叶片和茎蔓。幼苗染病，多从子叶边缘侵染，形成半圆形凹陷斑，病斑由浅黄色变成红褐色，空气潮湿时产生粉红色黏稠物。幼茎染病，呈水渍状，红褐色，凹陷或缢缩，最后倒折。叶片染病，叶斑较小，黄褐至棕褐色，圆形或不规则形。茎蔓染病，蔓上病斑黄褐色，梭形或长条形，略下陷，有时龟裂。瓜条染病，病斑不规则，初为水渍状，之后显著凹陷，其上产生粉红色黏稠状物，后期病斑转变成黑色粗糙不规则斑块，其上生黑色小点（病菌的分生孢子盘、刚毛及分生孢子），受害瓜条多畸形，易裂开。病害典型症状图片请参考 https://ima. nongyao001. com: 7002/201712/22/7B80758064114E0EA5039E5E1CD9698D. jpg 和 https://p1.ssl.qhmsg.com/t01439610af0a820f5e.jpg。

发病规律： 病菌以菌丝体或拟菌核在种子上或随病残株在田间越冬。越冬后的病菌产生大量分生孢子，成为初侵染源。湿度是诱发病害的重要因素，温度低，湿度高，叶面结有大量水珠，苦瓜吐水或叶面结露，发病的湿度条件经常处于满足状态，易流行。连作、氮肥过多、大水漫灌、通风不良，植株衰弱，发病重。

防治措施： ①选用抗病品种；②实行与非瓜类作物 3 年以上轮作；③选无病种子播种，播种前进行种子处理；④采用地膜覆盖和滴灌、管灌或膜下暗灌等节水灌溉技术；⑤施用微生物沤制的堆肥或充分腐熟的有机肥；⑥加强田间管理，控制温湿度；⑥药剂防治，发病初期用 25%炭特灵可湿性粉剂、10%世高水分散粒剂、70%甲基托布津可湿性粉剂、80%大生可湿性粉剂、2%农抗 120 水剂、2%加收米水剂等杀菌剂兑水喷雾进行防治。

3. 苦瓜疫病

病原： 由鞭毛菌亚门真菌寄生疫霉（*Phytophthora parasitica* Dast.）引起。

症状： 主要为害茎、叶及果实。病害发生时，以蔓基部和嫩蔓节部发病较多，初呈暗绿色，水浸状，之后变淡褐色，缢缩变细，病部以上叶片萎蔫枯死，叶片色泽仍保持绿色；叶片发病，多从叶缘或叶尖开始，病斑暗绿色圆形或不规则形，水渍状，边缘不明显，有隐约轮纹，潮湿时，扩展很快，软腐，干燥时病斑停止发展，边缘褐色，中部青白色，干枯易破裂。果实染病，瓜果发生暗绿色近圆形水渍状病斑，无明显边缘，很快扩展至整个果面，皱缩，软腐，表面出现灰白色稀疏霉状物。病害典型症状图片请参考 http://pic.duorouhuapu.com/2018/0816/1-1F930115F60-L.jpg，https://i1.go2yd.com/image.php?url=0LKwvzZ4wg 和 https://p1.ssl.qhmsg.com/t0104426e5e5004c99c.jpg。

发病规律： 病菌以菌丝体、卵孢子或厚垣孢子随病残体留在土中越冬。种子亦能带菌。菌丝体直接侵染茎蔓基部，或卵孢子和厚垣孢子通过雨水反溅到寄主植物上，萌发后直接从表皮侵入植株内。病斑上产生的孢子囊及游动孢子，借风雨传播，进行再侵染。在适温范围内，雨季长短和降水量多少，是病害发生与流行的决定因素，雨季来得早、雨日持久、降水量大，发病早、病情重。田间排水不良、土壤湿度大，易诱发病害。

防治措施： ①实行与非瓜类蔬菜 2 年以上轮作；②用无病土育苗；③高畦深沟，加强防涝，雨后及时排除积水；④深翻土地，增施有机肥，提高植株抗病力；⑤发现中心病株及时拔除带到田外妥善处理，并及时进行化学防治；⑥药剂防治，发病初期用 69%安克锰锌可湿性粉剂、72%克露可湿性粉剂、72.2%普力克水剂、72%霜脲·锰锌可湿性粉剂、50%溶菌灵可湿性粉剂等药剂兑水喷雾进行防治。

4. 苦瓜斑点病

病原：半知菌亚门真菌正圆叶点霉（*Phyllosticta orbicularis* Ell. et Ev.）引起。

症状：主要为害叶片。叶片染病，初期在叶片上出现近圆形灰白色小点，略呈水渍状，随后周围组织褪绿，逐渐变成椭圆形至不规则形坏死斑，导致病叶局部干枯坏死，最终致全叶枯死。空气潮湿时，病斑上产生少量黑色小点（病菌的分生孢子器）。病害典型症状图片请参考 http://www.nonglinzhongzhi.com/uploads/allimg/20170505/14wopzvrblx0j12. jpg 和 http://www. nonglinzhongzhi. com/uploads/allimg/20170505/144btsui3splo12.jpg。

发病规律：病菌随病残体在土壤中越冬，翌年借雨水反溅作用传播分生孢子，引起田间发病。田间发病后，病株上产生的分生孢子借风雨传播和雨水溅射辗转传播，反复进行再浸染。高温多湿的天气有利于病害流行，植地连作，或低洼郁蔽，或偏施过施氮肥，发病重。

防治措施：①重病田实行与非瓜类蔬菜 2 年以上轮作；②收获后及时清除病残组织，减少田间菌源；③增施有机肥，配合施用磷肥和钾肥，避免偏施氮肥；④生长期加强管理，雨后及时排水，避免田间积水；⑤药剂防治，发病初期，用 70%甲基托布津可湿性粉剂、80%大生可湿性粉剂、40%多硫悬浮剂、50%敌菌灵可湿性粉剂、40%福星乳油等杀菌剂兑水喷雾进行防治。

5. 苦瓜猝倒病

病原：由鞭毛菌亚门真菌瓜果腐霉［*Pythium aphanidermatum*（Eds.）Fitzp.］德里腐霉（*Pythium deliense* Mours.）引起。

症状：主要为害根茎部。从播种到出苗均可发生，以 2~3 片真叶期前最易发病。种子发芽期染病常引起烂种。出苗后染病，幼茎基部初呈水渍状，黄褐色至暗绿色，随后软化腐烂，病部缢缩，很快幼苗倒折。随病情发展病苗迅速向四周扩展，引起成片倒苗。苗床湿度高时，病菌残体表面及附近土壤表面可长出白色霉层。病害典型症状图片请参考 https://p1.ssl.qhmsg.com/t0184ca03b770ad2592.jpg 和 https://p1.ssl.qhmsg.com/t018ea553dffae5a95a.jpg。

发病规律：苗床低温、高湿时，容易发病。育苗期遇阴雨或下雪天气，苦瓜幼苗感染该病的概率大大增加。在育苗期间苗床管理不善，甚至是漏雨或灌水过多，对苗床的保温不到位，造成床内低温潮湿条件时，都会加速病害的发展。

防治措施：①采用营养钵、营养盘等育苗技术育苗；②苗土选用无病新土或大田土，有条件的选用基质育苗；③肥料充分腐熟，并注意施匀；④育苗土壤消毒，可在苗床喷洒 72.2%普力克水剂，或霜脲·锰锌可湿性粉剂，或 69%安克·锰锌可湿性粉剂，或 98%恶霉灵可湿性粉剂；⑤加强管理，底水浇足，播种和刚分苗后，应注意适当控水和提高温度，切忌浇大水或漫灌；⑥药剂防治，发病初期用 72%克露可湿性粉剂、

72.2%普力克水剂、69%安克·锰锌可湿性粉剂、72%霜脲·锰锌可湿性粉剂、66.8%霉多克可湿性粉剂等杀菌剂兑水喷雾进行防治。

6. 苦瓜白粉病

病原：由子囊菌亚门真菌单丝壳白粉菌（*Sphaerotheca fuliginea*）和二孢白粉菌（*Erysiphe cucurbitacearum*）侵染引起。

症状：主要为害叶片，严重时也为害茎蔓和叶柄。发病初期，在叶片正面和背面产生近圆形大小不等的白色粉斑，随病情发展病斑迅速增多，最后粉斑密布，相互连接，导致叶片变黄枯死，终致全株早衰死亡。病害严重时向茎蔓和叶柄处蔓延，最终导致整株死亡。病害典型症状图片请参考 http://www.zhongnong.com/Upload/BingHai/201142080549.jpg 和 http://www.haonongzi.com/pic/news/20160421150016472.jpg。

发病规律：湿度大更适宜发病，但叶面有水珠或多雨天湿度过饱和时，病菌孢子易吸水膨胀破裂，因此，该病在干湿交替条件下为害更加严重。

防治措施：①选用抗病（耐病）品种；②实行轮作，不要和葫芦科蔬菜连作；③加强栽培及肥水管理，适当施用氮肥，降低田间湿度，雨天注意清沟排水，防止积水；④拉秧后彻底清除病残组织；⑤药剂防治，发病初期可选用40%福星乳油、43%菌力克悬浮剂、10%世高水分散粒剂、2%武夷菌素水剂、2%农抗120水剂、40%多硫悬浮剂、25%粉锈宁可湿性粉剂等药剂兑水喷雾进行防治。隔10~15天1次，视病情防治1~3次。

7. 苦瓜黑霉病

病原：由半知菌亚门真菌瓜链格孢菌［*Alternaria cucumerina*（Ell. et Ev.）Elliott］引起。

症状：主要为害叶片和果实。叶片染病，在叶缘或叶脉间产生近圆形或不规则形水渍状暗褐色病斑，湿度大时病斑扩展迅速导致叶片早枯。果实染病，初生水渍状略凹陷的褐色斑，边缘色深，中央灰褐色，后期病斑上生出黑色霉状物（病原菌分生孢子梗和分生孢子）。病害典型症状图片请参考《中国现代蔬菜病虫原色图鉴》（吕佩珂、苏慧兰、李明远等，2008年，学苑出版社）。

发病规律：病菌以菌丝体或分生孢子随病残体在土壤中、种子上越冬，成为初侵染源。病菌借气流、雨水传播，形成初侵染和再侵染。高温高湿是发病的重要条件，种子带菌是远距离传播的重要途径。土壤黏重、偏酸，多年重茬，田间病残体多，氮肥施用太多，生长过嫩，肥力不足，耕作粗放，杂草丛生的田块，植株抗性降低，发病重；地势低洼积水、排水不良、土壤潮湿、含水量大，易发病；高温、高湿、多雨有利于病害的发生流行。

防治措施：①选用无病种瓜留种，并进行种子消毒处理；②播种前、移栽前，清除田间及四周杂草，集中烧毁；③和非本科作物轮作，水旱轮作最好；④避免在阴雨天气整枝，及时防治害虫，减少植株伤口，减少病菌传播途径，发病时及时防治，并清除病叶、病株，带出田外烧毁，病穴施用生石灰消毒；⑤药剂防治，发病初期用 50%异菌脲可湿性粉剂、50%多菌灵可湿性粉剂、70%甲基硫菌灵可湿性粉剂、75%百菌清可湿性粉剂、70%丙森锌可湿性粉剂、5%腐霉利可湿性粉剂、58%甲霜灵·锰锌可湿性粉剂、43%戊唑醇水剂等药剂兑水喷雾进行防治，隔 7~9 天防治 1 次，视病情连续防治 2~3 次，注意药剂轮换使用。

8. 苦瓜绵腐病

病原：由鞭毛菌亚门真菌瓜果腐霉 [*Pythium aphanidermatum*（Eds.）Fitz.] 引起。

症状：主要为害果实，一般结瓜期染病。苦瓜贴近地面的果实易发病，发病时，病部初呈褐色水渍状，之后很快变软，呈软腐状，雨后或湿度大时长出白霉状物（病原菌的菌丝体）。病害典型症状图片请参考 https://ima.nongyao001.com: 7002/201712/30/D365B65253A84061AD0000A8E7A80637.jpg。

发病规律：该病菌是一类弱寄生菌，有很强的腐生能力，普遍存在于菜田土壤中、沟水中和病残体中，可以在土壤中长期存活。病菌从伤口处侵入，侵入后分泌果胶酶使细胞和组织崩解，瓜果很快软化腐烂。地势低、土质黏重、管理粗放、机械伤、虫伤多的田块，发病重。高温、多雨、闷热、潮湿的天气有利于病害发生。

防治措施：①播种前进行种子消毒处理；②采用高畦栽培，防止雨后积水。苦瓜定植后，前期宜少浇水，多中耕，注意及时插架，以减轻发病；③药剂防治，发病初期用 58%瑞毒霉·锰锌可湿性粉剂、30%氧氯化铜悬浮剂、50%腐霉利可湿性粉剂、75%百菌清可湿性粉剂、40%乙磷铝可湿性粉剂、70%百德富可湿性粉剂、70%安泰生可湿性粉剂、69%安克锰锌、72.2%普力克水剂、70%代森锰锌可湿性粉剂、15%恶霉灵水剂等药剂兑水喷施进行防治，每 10 天喷 1 次，连喷 2~3 次，交替使用，重点喷淋地表。

9. 苦瓜白绢病

病原：由半知菌亚门真菌齐整小核菌（*Sclerotium rolfsii* Sacc.）引起。

症状：主要为害茎基部。发病时，茎基部缠绕白色菌索或菜籽状茶褐色小核菌，患部变褐腐烂，最终导致全株枯萎，土表可见大量白色菌索和茶褐色菌核。病害典型症状图片请参考 https://p1.ssl.qhimgs1.com/sdr/400_ /t01821a38c207e3f24d.jpg 和 https://ps.ssl.qhmsg.com/sdr/400_ /t01e75a3120b0c19926.jpg。

发病规律：病菌以菌索及菌核随病残体遗落在土中越冬，借助灌溉水、雨水传播，从伤口侵入致病。发病后菌核又借助流水传播或借助菌丝攀缘接触邻近植株进行再次侵染致病。高温多湿的天气利于发病。植地连作、土壤偏酸、通透性好的沙壤土、施用未腐熟的土杂肥，发病重。

防治措施：①重病地避免连作；②及时巡田，发现病株及时拔除、烧毁，病穴附近用 5%井冈霉素、20%甲基立枯磷乳油等兑水淋灌；③该病害防治以预防为主。

10. 苦瓜细菌性角斑病

病原：由细菌丁香假单胞杆菌黄瓜角斑病致病变种 ［*Pseudomonas syringae* pv. *lachrymans*（Smith et Bryan）Young et al.］引起。

症状：主要为害叶片、茎和果实。叶片染病，感病后初生黄褐色水渍状小病斑，多角形或不规则形，病斑中央黄白色至灰白色，易穿孔或破裂。在茎上为害，出现水渍状浅褐色条斑，后期易纵裂，天气湿度大时则会分泌出白色至乳白色菌液。果实染病，初期可见到水渍状小圆点，之后迅速扩展，小病斑融合成大病斑，造成果实呈现水渍状腐烂，湿度大时瓜皮破损后种子及瓜肉外露，全瓜腐烂脱落，失去商品价值和食用价值，病部可溢出白色菌脓。在病害大发生时，对苦瓜生产造成严重损失，甚至导致失收。病害典型症状图片请参考 https://ps.ssl.qhmsg.com/sdr/400_/t01ff0d4994bb6df555.jpg 和 https://p1.ssl.qhmsg.com/t017da2e033b5735a01.jpg。

发病规律：病菌随病残体在土壤中或种子上越冬。播种带菌种子，种子萌发后侵染子叶引起幼苗发病。病残体上的病原菌可借灌溉水传播，侵染瓜秧下部叶片或瓜条引起发病。发病后，病部溢出菌脓，借浇水、叶面结露和叶缘吐水飞溅传播，昆虫、农事操作也可传播，病菌经气孔、水孔或伤口侵入，引起再侵染。棚室内空气相对湿度90%以上，温度24~28℃时，易发病。

防治措施：①进行种子消毒灭菌；②实行轮作；③栽培减病，栽植时可实行高厢起垄栽培，覆盖地膜，有利于降低田间湿度，阻断病菌传播；合理密植，雨后及时排水，保持田间干爽不积水，促进生长提高抗病性；④药剂防治，发病初期用72%农用硫酸链霉素可溶性粉剂、56%靠山水分散微颗粒剂、47%加瑞农可湿性粉剂、30%碱式硫酸铜悬浮剂等药剂兑水喷雾进行防治，采收前5天停止用药。

11. 苦瓜病毒病

病原：主要由黄瓜花叶病毒（Cucumber mosaic virus，CMV）和西瓜花叶病毒（Watermelon mosaic virus，WMV）侵染引起。

症状：主要为害叶片及生长点。发病后植株明显矮化，难以坐瓜，即使坐瓜，瓜条也会成畸形、硬化，使生产出来的苦瓜失去看相。黄瓜花叶病毒主要为害植株叶片和生长点，以顶部幼嫩茎蔓症状明显。西瓜花叶病毒侵染后表现为上部叶片先发病，叶子上有黄绿相间的花斑，叶面凹凸不平，新叶畸形、硬化，蔓顶端节间缩短，花器不育，难以坐果，或果实发育不良，形成畸形果。病害典型症状图片请参考 http://img8.agronet.com.cn/Users/100/586/678/201710251514141117.jpg，http://www.guaguo.cc/uploads/allimg/190512/224Kb617_0.jpg 和 http://www.guaguo.cc/uploads/allimg/190512/224J46404_0.jpg。

发病规律：该病发生广，无论是保护地还是露地栽培，均可发生。在天旱时，受到高温和强日光情况下发生更重。管理上粗放，田间杂草丛生，蚜虫大发生时，因其传毒概率大，会造成该病在大田蔓延与流行，导致失收。

防治措施：①选用抗病品种，从无病株上留种，播种前进行种子消毒；②播种后用药土覆盖，移栽前喷施一次除虫灭菌剂；③高温干旱时应经常浇水，提高田间湿度，减轻蚜虫为害与传毒；④加强管理，及早拔除病株，并喷施生长促进剂或叶面肥，促进植株生长；⑤在进行人工摘花、摘果、整枝、绑蔓等田间作业时，要注意病株和健株分别进行，防止人工传毒，减少不该出现的交叉传染；⑥药剂防治，治蚜灭虱减少传毒媒介，重点喷叶背和生长点部位进行防治。

12. 苦瓜根结线虫病

病原：由植物线虫南方根结线虫（*Meloidogyne incognita*）引起。

症状：主要为害苦瓜根部。植株受害后，受害植株表现为侧根和须根比正常植株增多，在幼嫩的须根上形成球形或不规则形瘤状物，根部瘤的大小随线虫寄生时间长短和数量而异，单生或串生。瘤状物初为白色，质地柔软，后呈褐色或暗褐色，表面粗糙、龟裂。受害植株多在结瓜后表现症状，地上部长势衰弱，叶片由下向上变黄、坏死，至全株萎蔫死秧。病害典型症状图片请参考 http://p1. ifengimg. com/fck/2017_ 16/9ef8101801df960_ w465_ h333. png 和 http://www. 1988. tv/Upload_ Map/Bingchonghai/Big/2015/9-6/201596141118804. jpg。

发病规律：线虫主要以雌成虫在根结内排出的卵囊团随病残体在保护地土壤中越冬。温度回升，越冬卵孵化成幼虫，或部分越冬幼虫继续发育，在土壤表层内活动。幼虫在根结内发育为成虫，并开始交尾产卵。卵在根结内孵化，1 龄幼虫留在卵内，2 龄幼虫钻出寄主进行再侵染。土温 20~30℃，湿度 40%~70%条件下线虫繁殖很快，容易在土壤内大量积累。一般地势高燥、土质疏松、缺水缺肥的地块或棚室，发病重。通常温室内发病重于大棚，大棚内发病重于露地。此外，重茬种植，发病重。

防治措施：①无病土育苗，施用不带病残体或充分腐熟的有机肥，也可用基质育苗，同时注意防止人为传播；②重病地块收获后应彻底清除病根残体，深翻土壤30~50厘米，在春末夏初进行日光高温消毒灭虫；③药剂防治，整地时撒施或移栽时穴施10%力满库颗粒剂、3%米乐尔颗粒剂等杀线虫颗粒剂进行防治。

十九 辣椒主要病害

1. 辣椒猝倒病

病原：由鞭毛菌亚门真菌瓜果腐霉菌 [*Pythium aphanidermatum*（Eds.）Fitzp.] 引起。

症状：多发生在早春育苗床或育苗盘上，常见的症状有烂种、死苗和猝倒 3 种。①烂种。播种后，尚未萌发或刚发芽时就遭受病菌侵染，造成腐烂死亡。②死苗。种子萌发后露出胚茎或子叶的幼苗，在其尚未出土前就遭受病菌侵染而死亡。③猝倒。幼苗出土后、真叶尚未展开前，遭受病菌侵染，导致幼茎基部发生水渍状暗斑，继而绕茎扩展，逐渐缢缩呈细线状，幼苗地上部因失去支撑能力而倒伏地面，苗床湿度大时，在病苗或其附近床面上常密生白色棉絮状菌丝。病害典型症状图片请参考 http://image64. 360doc. com/DownloadImg/2013/09/0213/34923147_ 1 和 http://image64. 360doc. com/DownloadImg/2013/09/0213/34923147_ 2。

发病规律：病原菌在病株残体或土壤内越冬，当环境条件适宜时，直接侵入寄主为害。发病初期，苗床上只有少数幼苗发病，几天后，以此为中心逐渐向外扩展蔓延，最后引起幼苗成片倒伏死亡。播种过密，低温多湿，浇水过多，光照不足，通气不良等情况下，易发病。地势低洼、排水不良和黏重土壤及施用未腐熟堆肥，易发病。

防治措施：①选用抗病品种，种子消毒；②以加强苗床栽培管理为主，药剂防治为辅的措施；③药剂防治，发病前喷腐光（含氟乙蒜素）乳油 1 500~2 000 倍液进行预防，发病初期喷施耐功水剂 1 000 倍液 1~2 次进行治疗。

2. 辣椒立枯病

病原：由半知菌亚门真菌立枯丝核菌（*Rhizoctonia solani* Kühn）引起。

症状：主要为害茎基部。刚出土幼苗及田间定植的大苗均能受害，一般多发生在育苗中后期。患病苗茎基部出现暗褐色病斑，呈椭圆形，明显凹陷。发病初期，病苗白天萎蔫，早晚恢复正常。随后病斑逐渐凹陷扩大，绕茎一周，收缩导致干枯死亡。站立枯死和淡褐色丝状霉是识别该病害的主要依据。病害典型症状图片请参考 https://p1. ssl. qhmsg. com/t01d3a0fb4a463c6134. jpg 和 https://p1. ssl. qhmsg. com/t018f4211a4944af11e. jpg。

发病规律：病原菌在病株残体或土壤内越冬，当环境条件适宜时，直接侵入寄主为害。播种过密，低温多湿，浇水过多，光照不足，通气不良等情况下，更易引起辣椒死苗。

防治措施：①以加强苗床的栽培管理为主，药剂防治为辅的措施；②选用抗病品种，并进行种子消毒；③及时清除病株，加强田间管理；④合理轮作；⑤药剂防治，发病初期，用30%苯醚甲·丙环乳油+70%代森锰锌可湿性粉剂、20%灭锈胺悬浮剂+75%百菌清可湿性粉剂、20%氟酰胺可湿性粉剂+65%福美锌可湿性粉剂、50%腐霉利可湿性粉剂+70%丙森锌可湿性粉剂、10%多抗霉素可湿性粉剂+75%百菌清可湿性粉剂等杀菌剂或配方兑水进行喷雾防治，视病情隔7~10天喷1次。

3. 辣椒灰霉病

病原：由半知菌亚门真菌灰葡萄孢菌（*Botrytis cinerea* Pers.）引起。

症状：苗期主要为害叶、茎、顶芽，发病初始，子叶先端变黄，之后扩展到幼茎，缢缩变细，常自病部折倒而死。成株期主要为害叶、花、果实。叶片受害，从叶尖开始，初始现淡黄褐色病斑，之后逐渐向上扩展成V形病斑。茎部发病，产生水渍状病斑，病部以上枯死。花器受害，花瓣萎蔫。果实被害，多从幼果与花瓣粘连处开始，呈水渍状病斑，扩展后引起全果褐斑。病健交界明显，病部有灰褐色霉层。病害典型症状图片请参考 http://wenwen.soso.com/p/20110422/20110422130555 - 42838284.jpg 和 https://p1.ssl.qhmsg.com/t01e01e5adcd958bb20.jpg。

发病规律：病菌在病株残体或土壤内越冬，当环境条件适宜时，直接侵入寄主为害。播种过密，低温多湿，浇水过多，光照不足，通气不良等情况下，易引起死苗。排水不良、偏施氮肥田块，易发病。光照充足对病害蔓延有抑制作用。

防治措施：①以加强苗床的栽培管理为主，药剂防治为辅的措施；②选用抗病品种，并进行种子消毒；③地膜覆盖栽培，合理密植；④加强田间管理，施足粪肥，适时追肥。适当控制灌水，严防大水漫灌；⑤及时清除病株，摘除病果、病叶、携出棚外深埋；⑥进行轮作；⑦药剂防治，发病初期用50%异菌·福可湿性粉剂、40%嘧霉胺可湿性粉剂、50%腐霉利可湿性粉剂等杀菌剂兑水喷雾进行防治，间隔7~10天1次，连续防治2~3次。同时，可加入0.1%~0.2%磷酸二氢钾，增强植株抗病力。

4. 辣椒根腐病

病原：由半知菌亚门真菌蚀脉镰孢菌（*Fusarium vasinfectum* Atk.）等引起。

症状：主要为害根部、茎基部。多发生在定植后的营养生长期。起初辣椒苗的下部叶片萎蔫，随后逐渐向上部叶片发展，一般白天萎蔫，晚间恢复，反复多日后整株枯死。枯死的病株常见叶片卷曲，不脱落，与甜椒和辣椒枯萎病有显著区别。茎基部及根部皮层呈淡褐色至深褐色腐烂，极易剥离。病部一般仅局限于根及根茎部，病死的植株很易拔起。病害典型症状图片请参考 http://p3.pstatp.com/large/1916000092d3dbb706df

和 https://p1.ssl.qhmsg.com/t01296410f3b817717e.jpg。

发病规律：病菌以菌丝体和厚垣孢子在病残体或土壤中越冬，种子也可带菌越冬。病菌可在土壤中存活 3~5 年，土壤中的病菌翌年萌发产生分生孢子直接侵染植株根及茎基部。分生孢子也可随雨水、灌溉水传播，从伤口侵入致病，病菌不断产生分生孢子进行再侵染，带菌种子萌发直接侵染幼苗。春季多雨、发病重。

防治措施：①连续多年种植辣椒的菜田实行 3~5 年的轮作到茬；②精心培育壮苗，在移植时尽量不伤根，精心整理，保证不积水沤根，施用完全腐熟的有机肥作基肥；③采用高垄栽培，不要大水漫灌，有条件可进行滴灌。保持土壤半干半湿状态，及时增施磷钾肥，增强抗病力；④药剂防治，发病初期用 5% 丙烯酸、2.5% 咯曲腈悬浮剂 + 68% 精甲霜·锰锌水分散粒剂、40% 多·硫悬浮剂、35% 福·甲可湿性粉剂、50% 氯溴异氰尿酸可溶性粉剂、50% 福美双可湿性粉剂、20% 二氯异氰尿酸可溶性粉剂、40% 根腐宁可湿性粉剂、30% 枯萎灵可湿性粉剂等杀菌剂及其组合兑水灌根或喷淋进行防治，隔 7~10 天防治 1 次，连续用药 2~3 次。

5. 辣椒枯萎病

病原：由半知菌亚门真菌尖镰孢菌辣椒专化型 [*Fusarium oxysporum* f. sp. *vasinfectum*（Atk.）Synder et Hansen.］引起。

症状：①苗期发病。发病初期，植株叶片中午萎蔫似缺水状，叶色暗沉，夜间恢复，可持续 2~3 天，随病情发展，叶片半边或全叶变黄，植株萎蔫不再恢复，拔出后可见根颈部出现水渍状褐色病斑。②成株期发病。发病初期，植株下部叶片开始萎蔫似缺水状，随后病情逐渐向上蔓延，萎蔫程度不断加重，叶片枯萎褪绿，呈半边黄叶，并大量脱落。发病中期，根茎表皮呈褐色，剖开茎部，维管束变为褐色。有时病部只在茎的一侧发展，形成一纵向条状坏死区。后期发病严重时，全株叶片萎蔫，枯死。病害典型症状图片请参考 https://p1.ssl.qhmsg.com/t012f9f6d77c358f751.jpg 和 https://p1.ssl.qhmsg.com/t01a87612b27fde5da2.jpg。

发病规律：病菌主要以厚垣孢子在土壤中越冬，或进行较长时间的腐生生活。通过灌溉水传播，从茎基部或根部的伤口、根毛侵入，进入维管束，堵塞导管，致使叶片枯萎。田间积水，偏施氮肥的地块，发病重。潮湿，特别是雨后积水条件下，发病重。

防治措施：①选用抗病品种，并拌种消毒；②选择排水良好的壤土或沙壤土地块栽培，不要选择地势低洼的地块；③用洁净田园土或商品化育苗基质，培育无菌壮苗；④实行轮作；⑤实行高畦深沟栽培，忌大水漫灌；⑥收获后彻底清除病残体，并将其烧毁；⑦药剂防治，发病初期用 50% 多菌灵可湿性粉剂或 14% 络酸铜水剂兑水灌根进行防治，每隔 7~10 天灌 1 次，连灌 2~3 次。

6. 辣椒疫病

病原：由鞭毛菌亚门真菌辣椒疫霉菌（*Phytophthora capsici* Leonian.）引起。

症状：主要为害叶、茎和果，苗期和成株期均受可受害。苗期发病，有的出现猝倒，茎基部成暗绿色水浸状缢缩或软腐，有的茎基部呈黑褐色。茎和枝条上的病斑初为水浸状，幼嫩的枝条会迅速缢缩折倒，稍老的则出现环绕表皮扩展的褐色或黑色条斑，病部以上的枝叶迅速凋萎。果实染病，起始于蒂部，初生水浸状暗绿色斑，之后迅速变褐软腐，湿度大时长出白色霉层，干燥后形成暗褐色僵果挂在枝上。病害典型症状图片请参考 https://p1.ssl.qhmsg.com/t0174125df484f94131.png 和 https://p1.ssl.qhmsg.com/t01a846923920e20274.jpg。

发病规律：病原菌在病残体或土壤及种子上越冬，随雨水或灌溉水飞溅到根茎部或果实上引起发病。高温高湿时，发病重。雨后天气突然转晴、温度升高，容易发病且引起病害流行。重茬地、田间积水、大水漫灌都会加重病害，易造成毁灭性灾害。

防治措施：①选用抗病品种，种子严格消毒；②实行轮作，深翻改土，增施有机肥料、磷钾肥和微肥，适量施用氮肥，改善土壤结构，提高保肥保水性能，促进根系发达，植株健壮；③加强田间管理，合理灌溉，采用滴灌或浇灌，严禁大水漫灌，收获后及时清除田间病株和病残体，集中烧毁，以减少菌源基数；④药剂防治，发病初期用45%百菌清烟剂或5%粉尘剂烟熏（棚室内）或喷粉，隔7～10天喷1次，连续防治2～3次；发病期，用64%杀毒矾可湿粉、50%甲霜铜可湿粉、72.2%普利克水剂等药剂兑水及时进行叶面喷洒和灌根进行防治。

7. 辣椒炭疽病

病原：由半知菌亚门真菌辣椒刺盘孢［*Colletotrichum capsici*（syd.）Butl.］和果腐刺盘孢［*Colletotrichum phomoides*（Sacc.）Chest.］引起。

症状：主要为害老叶和成熟果实。叶片染病，病斑初始呈水浸状，扩大后变成褐色不规则形，病斑中间灰白色，上面轮生小黑点，受害叶片易脱落。果实染病，病斑呈黄褐圆形水浸状，病斑凹陷，上有稍隆起的同心轮纹，密生许多小黑点，病斑边缘有湿润的变色圈。潮湿时，病斑上产生红色粘状物，干燥时呈膜状，易破裂。病害典型症状图片请参考 https://p1.ssl.qhmsg.com/t01b3e2f71934af02d7.jpg，http://p0.ifengimg.com/pmop/2018/0627/39342C28D37295A2D6EFF5909E848C983DF75CD8_size77_w800_h701.jpeg 和 https://p1.ssl.qhmsg.com/t01b5d8ed24d7743732.jpg。

发病规律：病菌以分生孢子附于种子表面或以菌丝潜伏在种子内越冬。病菌多从伤口传染，病害的发生与温湿度密切相关。田间排水不良，积水，湿度过高，保护地通风不及时，氮肥过剩，植株过密，虫害严重，或果实暴露于日光下产生日灼病等时，病菌易侵入，发病重。

防治措施：①种植抗病品种；②选用无病种子，并进行种子消毒；③加强田间管理，合理密植，增施磷肥，收获后清除病残物；④与非茄科蔬菜作物进行2～3年轮作倒茬；⑤药剂防治，发病初期用70%甲基托布津可湿性粉剂、75%百菌清可湿性粉剂、80%炭疽福美可湿性粉剂等杀菌剂兑水喷雾进行防治，间隔7～10天喷1次，连续喷洒2～3次。

8. 辣椒绵腐病

病原：由鞭毛菌亚门真菌瓜果腐霉［*Pythium aphanidermatum*（Eds.）Fitzp.］引起。

症状：主要为害幼苗茎基部和果实，苗期，成株期均可发病。苗期发病，幼苗茎基部腐烂，缢缩猝倒而死。成株期主要为害果实。果实发病，病部褐色湿腐，湿度大时病部长出白色致密絮状霉层。严重时整个果实发病后腐烂。病害典型症状图片请参考 https://ima. nongyao001. com: 7002/20185/11/A3BFBA716D5B43089C546702D0846787. png 和 http://p1.so.qhmsg.com/sdr/400_ /t0128fc086b19dda276.jpg。

发病规律：瓜果腐霉是一类弱寄生菌，但有很强的腐生能力，可以在土壤中长期存活。病菌通过灌溉水和土壤耕作传播。瓜果成熟时，特别是贴近地面的部位，表皮受到一些机械损伤或虫伤时，病菌从伤口处侵入，侵入后其破坏力很强，分泌果胶酶使细胞和组织崩解，很快使瓜果软化腐烂。一般地势低、土质黏重、管理粗放、机械伤、虫伤多的瓜田，病害较重。高温、多雨、闷热、潮湿的天气有利于病害发生。

防治措施：①挑选地形高燥，排水顺畅地块种植；②种植密度不要过密、及早搭架，整枝打杈，中期适度打去植株下部老叶，降低株间湿度；③防止生理裂果和防治其他病虫害；④果实成熟后及时采收，精心贮运；⑤合理施肥，防止偏施、过施氮肥，增施钾肥、雨后排水，保证雨后、灌水后地面无积水；⑥药剂防治，发病前期用25%甲霜灵可湿性粉剂、64%杀毒矾可湿性粉剂、40%乙磷铝可湿性粉剂、58%甲霜灵锰锌可湿性粉剂、72.2%普力克水剂、72%克露可湿性粉剂、77%可杀得可湿性微粒粉剂等兑水喷雾进行防治，注意药剂交替使用。

9. 辣椒褐斑病

病原：由半知菌亚门真菌辣椒枝孢菌［*Cladosporium capsici*（Marchal et Steyaert）Kovacevski］引起。

症状：主要为害叶片，也可为害茎部。叶片染病，在叶片上形成圆形或近圆形病斑，初为褐色，之后渐变为灰褐色，表面稍隆起，周缘有黄色的晕圈，病斑中央有一个浅灰色中心，四周黑褐色，严重时病叶变黄脱落。茎部染病，症状同叶片症状类似。病害典型症状图片请参考 http://www.gengzhongbang.com/data/attachment/portal/201803/31/230117h205o2s20m0eqouu. jpg 和 http://www. gengzhongbang. com/data/attachment/portal/201803/31/230117hknek3sxhbtk4ttx.jpg。

发病规律：病菌可在种子上越冬，也可以菌丝块在病残体上或以菌丝在病叶上越冬，成为翌年初侵染源。田间发病后病部产生分生孢子，借风雨、灌溉水和农事工具传播蔓延。病菌喜温暖高湿条件，温度适宜，湿度愈大发病愈重。植株生长不良，易发病。

防治措施：①采收后彻底清除病残株及落叶，集中烧毁；②与其他蔬菜实行隔年轮作；③药剂防治，发病初期用70%甲基硫菌灵可湿性粉剂+70%代森锰锌可湿性粉剂、50%异菌脲悬浮剂、50%多·霉威可湿性粉剂+65%福美锌可湿性粉剂、40%氟硅唑乳油+75%百菌清可湿性粉剂、50%腐霉利可湿性粉剂+75%百菌清可湿性粉剂、40%嘧霉胺可湿性粉剂+80%代森锌可湿性粉剂、25%咪鲜胺乳油+50%克菌丹可湿性粉剂、30%异菌脲·环己锌乳油、20%苯醚·咪鲜胺微乳剂、70%福·甲·硫黄可湿性粉剂、47%春雷霉素·氧氯化铜可湿性粉剂等杀菌剂和组合兑水均匀喷雾进行防治，视病情隔7~10天喷1次。

10. 辣椒叶枯病

病原： 由半知菌亚门真菌茄匐柄霉（*Stemphylium solani* G. F.）引起。

症状： 主要为害叶片。发病初期，叶片上呈现散生褐色小点，之后迅速扩大为圆形或不规则形病斑，病斑中部灰白色，边缘暗褐色，直径2~10毫米不等，病斑中央坏死，易穿孔，病叶易脱落。病害一般由下部向上部扩展，病斑越多，落叶越严重。病害典型症状图片请参考 http://p5. so. qhimgs1.com/sdr/400_ /t01d9db5321efcb5b7b.jpg 和 http://p2. so. qhimgs1.com/sdr/400_ /t01271be6cf277d42f2.jpg。

发病规律： 病菌以菌丝体或分生孢子随病株残体遗落在土中或附着在种子上越冬，以分生孢子进行初侵染和再侵染，借气流传播。高温高湿，通风不良，偏施氮肥，植株前期生长过旺，田间积水等条件下，易发病。

防治措施： ①实行轮作，与玉米、花生、棉花、豆类或十字花科作物等实行2年以上轮作；②加强栽培及田间管理，及时清除病残体，培养壮苗，使用腐熟的有机肥配制营养土，育苗过程中注意通风，严格控制苗床温湿度；合理施用氮肥，增施磷钾肥，定植后注意中耕松土，雨季及时排水；③药剂防治，一是对种子进行消毒处理；二是发病初期用68.75%噁唑菌酮·锰锌水分散粒剂、66.8%丙森·异丙菌胺可湿性粉剂、64%氢铜·福美锌可湿性粉剂、70%丙森·多菌可湿性粉剂、10%苯醚甲环唑水分散粒剂+70%代森联干悬浮剂等杀菌剂及其组合兑水均匀喷雾进行防治，视病情隔7~10天喷1次。

11. 辣椒黑点炭疽病

病原： 由半知菌亚门真菌辣椒丛刺盘孢菌 [*Vermicularia capsici*（Syd.）Butl & Bisby.] 引起。

症状： 主要为害果实，也可为害叶片。叶片染病，多发生在老熟叶片上，初始为水渍状褪绿斑点，之后渐成圆形病斑，中央灰白，长有轮纹状排列的黑色小粒点，边缘褐色，严重时可引致落叶。果实染病，病斑长圆形或不规则形、凹陷、呈褐色水渍状，有不规则隆起，呈轮纹状排列的黑色小粒点，湿度大时，边缘出现软腐状，干燥时病斑干缩呈膜状，易破裂。病害典型症状图片请参考《中国现代蔬菜病虫原色图鉴》（吕佩珂、苏慧兰、李明远等，2008年，学苑出版社）。

发病规律：病菌以拟菌核随病残体在地上越冬，也可以菌丝潜伏在种子里或以分生孢子附着在种皮表面越冬，成为翌年初侵染源。越冬后病菌在适宜条件下产生分生孢子，借雨水或风传播，病菌多从伤口侵入，发病后产生新的分生孢子进行重复侵染。高温多雨，发病重。排水不良、种植密度过大、施肥不当或氮肥过多、通风不好，加重病害发生。

防治措施：①选用抗病品种；②选用无病种子及种子消毒，建立无病留种田或从无病果留种；③轮作；④加强栽培管理，施足有机肥，配施氮、磷、钾肥，避免栽植过密和地势低洼地种植；营养钵育苗，培育适龄壮苗；预防果实日灼；清除田间病残体，减少病菌侵染源；⑤药剂防治，发病初期用70%甲基托津可湿性粉剂、80%代森锰锌可湿性粉剂、75%百菌清可湿性粉剂、50%炭疽福美可湿性粉剂、50%施保功、56%嘧菌酯百菌清、80%大生 M-45、75%达克宁、65%代森锌、80%普诺、60%拓福、70%甲基硫菌灵、80%炭疽福美、50%多菌灵等杀菌剂兑水喷雾进行防治，交替使用，隔 7~10 天喷 1 次，连喷 2~3 次。

12. 辣椒红色炭疽病

病原：由半知菌亚门真菌胶孢炭疽菌 ［*Colletotrichum gloeosporioides*（Penz.）Sacc.］引起。

症状：主要为害幼果和成熟果实。发病时，病斑黄褐色，水浸状，凹陷，病斑上密生橙红色小点，略呈轮纹状排列。湿度大时，表面出现红色黏性物质。病害典型症状图片请参考《中国现代蔬菜病虫原色图鉴》（吕佩珂、苏慧兰、李明远等，2008 年，学苑出版社）和 http://p0.so.qhimgs1.com/sdr/400_ /t015d902b8efb9699ca.jpg。

发病规律：病菌以拟菌核随病残体在地上越冬，也可以菌丝潜伏在种子里或以分生孢子附着在种皮表面越冬，成为翌年初侵染源。越冬后病菌在适宜条件下产生分生孢子，借雨水或风传播，病菌多从伤口侵入，发病后产生新的分生孢子进行重复侵染。高温多雨，发病重。排水不良、种植密度过大、施肥不当或氮肥过多、通风不好，加重病害发生。

防治措施：①选用抗病品种；②选用无病种子及种子消毒建立无病留种田或从无病果留种。若种子带菌，于播前进行消毒处理；③轮作；④加强栽培管理，施足有机肥的基础上配施氮、磷、钾肥；避免栽植过密和地势低洼地种植；营养钵育苗，培育适龄壮苗；预防果实日灼；清除田间病残体，减少病菌侵染源；⑤药剂防治，发病初期用70%甲基托津可湿性粉剂、80%代森锰锌可湿性粉剂、75%百菌清可湿性粉剂、50%炭疽福美可湿性粉剂、50%施保功水剂、56%嘧菌酯百菌清可湿性粉剂、80%大生 M-45可湿性粉剂、75%达克宁悬浮剂、65%代森锌可湿性粉剂、80%普诺可湿性粉剂、60%拓福可湿性粉剂、70%甲基硫菌灵可湿性粉剂、80%炭疽福美可湿性粉剂、50%多菌灵可湿性粉剂等杀菌剂兑水喷雾进行防治，交替使用，隔 7~10 天喷 1 次，连喷 2~3 次。

13. 辣椒白粉病

病原： 由半知菌亚门真菌辣椒拟粉孢霉 ［*Oidiopsis taurica*（Lev.）Salm.］ 引起。

症状： 主要为害叶片，老熟或幼嫩的叶片均可被害。发病时，叶片正面呈黄绿色不规则斑块，无清晰边缘，白粉状霉不明显；叶片背面密生白粉（病菌分生孢子梗和分生孢子）。病害发生严重时，导致叶片提前脱落。病害典型症状图片请参考 https://p1.ssl.qhmsg.com/t01e18976b3dc8c1c2c.jpg 和 https://p1.ssl.qhmsg.com/t01e1ecf3fe7d337865.jpg。

发病规律： 病菌以闭囊壳随病叶在地表越冬。越冬后产生分生袍子，借气流传播。一般以生长中后期发病较多，天气干旱时易流行。病菌从孢子萌发到侵入约 20 多个小时，病害发展很快，往往在短期内大流行。

防治措施： ①选用抗病品种；②选择地势较高、通风、排水良好的地块种植。增施磷、钾肥，生长期避免氮肥过多；③药剂防治，发病初期及时用 50%多菌灵可湿性粉剂、70%甲基托布津可湿性粉剂、15%三唑酮乳油、40%福星乳油、10%世高水分散性颗粒剂、25%腈菌唑乳油、47%加瑞农可湿性粉剂等药剂兑水喷雾进行防治，每 7 天左右喷 1 次，连续喷 3~4 次。

14. 辣椒白星病

病原： 由半知菌亚门真菌辣椒叶点霉（*Phyllosticta capsici* Speg.）引起。

症状： 主要为害叶片，苗期、成株期均可发病。叶片染病，从下部老熟叶片开始发生，之后向上部叶片发展，发病初始产生褪绿色小斑，扩大后成圆形或近圆形，边缘褐色，稍凸起，病、健部明显，中央白色或灰白色，散生黑色粒状小点（病菌的分生孢子器）。病害发生严重时，常造成叶片干枯脱落，仅剩上部叶片。田间湿度低时，病斑易破裂穿孔。病害典型症状图片请参考 https://p1.ssl.qhmsg.com/t016d51a6c63a9ecd27.jpg。

发病规律： 病菌以分生孢子器随病株残余组织遗留在田间或潜伏在种子上越冬。在环境条件适宜时，分生孢子器吸水后逸出分生孢子，通过雨水反溅或气流传播至寄主植物上，从寄主叶片表皮直接侵入，引起初次侵染。病菌先侵染下部叶片，逐渐向上部叶片发展，经潜育出现病斑后，在受害部位产生新生代分生孢子，借风雨传播进行多次再侵染。连作地、地势低洼、排水不良的田块，发病重。栽培上种植过密、通风透光差、植株生长不健的田块，发病重。

防治措施： ①隔年轮作；②采收完后彻底清除病残体，集中烧毁；③加强栽培及田间管理；④药剂防治，发病初期用 80%新万生可湿性粉剂、80%山德生可湿性粉剂、50%托布津可湿性粉剂、77%可杀得可湿性粉剂、75%百菌清可湿性粉剂、70%代森锰锌可湿性粉剂等药剂兑水喷雾进行防治，隔 7~10 天喷 1 次，连续喷 2~3 次。

15. 辣椒黑斑病

病原： 由半知菌亚门真菌链格孢菌 ［*Alternaria alternata*（Fr.）Keissl.］引起。

症状： 主要为害果实。果实初被侵染时，形成退色小斑点，随着扩大逐渐变淡褐色或黄褐色，形状不规则，中间稍凹陷。潮湿时病部散生密密麻麻的小黑点，严重时连片成黑色霉层。病斑在扩展过程中，常愈合成大坏死斑，使病果干枯。病害典型症状图片请参考 https://p1.ssl.qhmsg.com/t0145f5d448c42da491.jpg。

发病规律： 病菌以菌丝体随病残体在土壤中越冬，条件适宜时为害果实引起发病，完成初侵染。病部产生分生孢子借风雨传播，进行再侵染。病菌多由伤口侵入，果实被阳光灼伤所形成的伤口最易被病菌利用，成为主要侵入场所。病菌喜高温、高湿条件，温度在 23~26℃，相对湿度 80% 以上条件利于发病。

防治措施： ①地膜覆盖栽培，密度适宜；②加强肥水管理，促进植株健壮生长；③防治其他病虫害，减少日灼果产生，防止病菌借机侵染；④及时摘除病果，收获后彻底清除田间病残体并深翻土壤；⑤药剂防治，发病初期用 68.75% 噁唑菌酮·代森锰锌水分散粒剂、20% 唑菌胺酯水分散粒剂+75% 百菌清可湿性粉剂、50% 腐霉利可湿性粉剂+70% 代森锰锌可湿性粉剂、50% 异菌脲悬浮剂、40% 氟硅唑乳油+70% 代森锰锌可湿性粉剂、25% 嘧菌酯悬浮剂、70% 丙森·多菌灵可湿性粉剂 70% 丙森锌可湿性粉剂、25% 溴菌腈可湿性粉剂+50% 克菌丹可湿性粉剂、10% 苯醚甲环唑水分散粒剂等药剂及其组合兑水均匀喷雾进行防治，视病情隔 7 天左右喷 1 次，交替使用。

16. 辣椒早疫病

病原： 由半知菌亚门真菌茄链格孢菌 ［*Alternaria solani*（Ell. et Mart.）Jones et Grout］引起。

症状： 主要为害叶片、茎秆和果实。叶片发病，出现褐色或黑褐色圆形或椭圆形小病斑，随后逐渐扩大到 4~6 毫米，在病斑边缘一般具有浅绿色或黄色晕环，中部具有同心轮纹，引起落叶。茎秆发病，在分叉处产生褐色到深褐色不规则圆形或椭圆形病斑，病斑表面有灰黑色霉状物。果实发病，多发生在花萼附近，初始为椭圆形或不定形褐色或黑色斑，明显凹陷，到了后期，果实开裂，病部变硬，在潮湿条件下，病部着生黑色霉层。病害典型症状图片请参考 http://p5. so. qhimgs1. com/sdr/400 _ / t01bdfae147433f2fdb.jpg，http://p2. so. qhimgs1.com/sdr/400_ /t019b6874c5d4391932.jpg 和 http://p2. so. qhimgs1.com/sdr/400_ /t01e74fa6745d5ed692.jpg。

发病规律： 病菌以菌丝体及分生孢子随病残体在田间或种子上越冬。翌年产生新的分生孢子，借助风、雨水、昆虫等传播。病菌从气孔或伤口侵入，也可从表皮直接侵入，潜育期 3~4 天，发病后的病部产生大量分生孢子进行再侵染。当秧苗老化衰弱、过密、湿度过大、通风透光不良等都容易发生病害。定植过迟，土壤潮湿，透气不良等会加速病害蔓延。

防治措施：①选用抗病品种，并进行种子消毒；②合理轮作，高畦种植，合理密植，注意开沟排水，适时整枝，以有利于田间通风，降低湿度，防止发病和控制病害蔓延；③多施磷、钾肥，促进根系及茎秆的健壮生长，增强抗病力；④药剂防治，发病初期用75%百菌清可湿性粉剂、50%扑海因可湿性粉剂、64%杀毒矾可湿性粉剂等药剂兑水喷雾进行防治，交替使用，每隔7~10天喷1次，连续喷2~3次。

17. 辣椒菌核病

病原：由子囊菌亚门真菌核盘菌 ［*Sclerotinia sclerotiorum*（Lib.）de Bery］引起。

症状：主要为害幼苗、茎部、叶片和果实。苗期发病，在茎基部呈水渍状病斑，随后病斑变浅褐色，环绕茎一周，湿度大时病部易腐烂，无臭味，干燥条件下病部呈灰白色，病苗立枯而死。成株期，主要发生在主茎或侧枝的分杈处，病斑环绕分杈处，表皮呈灰白色，从发病分杈处向上的叶片开始萎蔫，剥开分杈处，内部往往有鼠粪状的小菌核。果实染病，往往从脐部开始呈水渍状湿腐，逐步向果蒂扩展至整果腐烂，湿度大时果实表面长出白色菌丝团。病害典型症状图片请参考 https://p1.ssl.qhmsg.com/t01acb231d477922c29.jpg 和 https://p1.ssl.qhmsg.com/t01c3dba6accc67b6ed.jpg。

发病规律：病菌以菌核在土中或混杂在种子中越冬和越夏。萌发时，产生子囊盘及子囊孢子。子囊孢子成熟后，从子囊顶端逸出，藉气流传播，先侵染衰老叶片和残留在花器上或落在叶片上的花瓣后，再进一步侵染健壮的叶片和茎。病部产生白色菌丝体，通过接触，进行再侵染。多雨，易引起病害流行。

防治措施：①水旱轮作或病田泡水；②播种前用10%盐水漂种2~3次，以去除菌核。③采用地膜覆盖；④种子和土壤消毒，50℃温水浸种10分钟，或播前用40%五氯硝基苯配成药土，施药土后播种；⑤药剂防治，发病初期用50%多菌灵、50%甲基硫菌灵可湿性粉剂、50%农利灵可湿性粉剂等兑水喷雾进行防治，每隔10天左右喷1次，连续防治2~3次。

18. 辣椒黑霉病

病原：由半知菌亚门真菌匍柄霉（*Stemphylium botryosum* Wallroth）引起。

症状：主要为害果实。发病时，一般先从果实顶部发病，也可从果面开始发病。发病初期病部颜色变浅，无光泽，果面逐渐收缩，后期病部有茂密的黑绿色霉层。病害典型症状图片请参考 http://p0.so.qhimgs1.com/sdr/400_/t0146167190a48de714.jpg 和 http://p1.so.qhimgs1.com/sdr/400_/t01a12d732c003e61c1.jpg。

发病规律：病菌随病残体在土壤中越冬，翌年产生分生孢子进行再侵染。病菌喜高温、高湿条件，多在果实即将成熟或成熟时发病。湿度高时叶片也会发病。

防治措施：①采用测土配方施肥技术，施用腐熟有机肥，适时追肥，增强抗病力；②播种前对种子进行消毒处理；③药剂防治，发病前期用50%甲·硫黄悬浮剂+70%丙森锌可湿性粉剂、64%氢铜·福美锌可湿性粉剂、50%腐霉利可湿性粉剂+70%代森锰锌可湿性粉剂、50%异菌脲悬浮剂等杀菌剂或配方兑水进行均匀喷雾进行防治，视病情隔 7 天左右喷 1 次。

19. 辣椒软腐病

病原： 由细菌胡萝卜软腐欧文氏菌胡萝卜亚种 ［*Erwinia carotovora* subsp. *carotovora* (Jones) Bergey et al.］引起。

症状： 主要为害果实。病果初呈水浸状暗绿色斑，不久变褐软腐，果肉腐烂变臭味，果皮变白。病果到后期脱落或失水干缩后留在枝上。病害典型症状图片请参考 http://p3.pstatp.com/large/pgc-image/154060089802222fae0bdec 和 https://p1.ssl.qhmsg.com/t0165b24885c60342ae.jpg。

发病规律： 病菌附着病组织在土壤中越冬，种子也可带菌。通过灌溉、雨水飞溅从伤口、虫口侵入。侵入发病后，再通过昆虫及风雨进行传播，扩大流行。田间低洼易涝，钻蛀性害虫多或连阴雨天气多、湿度大，易发病。

防治措施： ①选用无病种子及抗病品种，并于播种前进行种子消毒处理；②与豆类等其他蔬菜实行轮作；③加强田间管理，合理密植，合理施用氮肥，增施磷钾肥，严禁大水漫灌，雨后及时排水；④收获后及时清理植株病残体，田间巡查，及时摘除病果并带出田外深埋或烧毁；⑤防治蛀果害虫，防止造成伤口，引发病害；⑥药剂防治，一是用 5%功夫乳油或 4.5%高效氯氰菊酯等防治虫害；二是在辣椒结果期用 72%农用链霉素或 30%琥珀酸铜悬浮剂等杀菌剂及时兑水喷雾进行防治病害，注意药剂交替使用，施药间隔 7~10 天，连续防治 3~4 次。

20. 辣椒细菌性斑点病

病原： 由细菌野油菜黄单胞菌辣椒斑点病致病型 ［*Xanthomonas campestris* pv. vesicatoria (Doidge) Dowson］引起。

症状： 又称辣椒疮痂病，主要为害叶片、茎蔓、果实。叶片染病，初始叶片上出现许多圆形或不规则状的黑绿色至黄褐色斑点，有时出现轮纹，叶背面稍隆起，水泡状，正面稍有内凹；茎蔓染病，病斑呈不规则条斑或斑块；果实染病，出现圆形或长圆形墨绿色病斑，直径 0.5 厘米左右，边缘略隆起，表面粗糙，引起烂果，潮湿时，疮痂中间有菌液溢出。病害典型症状图片请参考 http://p0.so.qhimgs1.com/sdr/400_/t01f900091fc376423a.jpg，http://p0.so.qhmsg.com/sdr/400_/t016527e694330f936f.jpg 和 http://p0.so.qhimgs1.com/sdr/400_/t016c161090f0ffde34.jpg。

发病规律： 病原细菌主要在种子表面越冬，也可随病残体在田间越冬。旺长期易发生，病菌从叶片上的气孔侵入，潜育期 3~5 天。在潮湿情况下，病斑上产生的灰白色菌脓借雨水飞溅及昆虫作近距离传播。发病适温 27~30℃，高温高湿条件时，病害发生严重。暴风雨后，容易形成发病高峰。高湿持续时间长，叶面结露对该病发生和流行至关重要。

防治措施： ①与非茄科蔬菜进行 2~3 年轮作；②种子消毒；③高畦种植，避免积水；④深翻土壤，加强松土、追肥，促进根系发育，提高植株抗病力，并注意氮、磷、钾肥的合理搭配，提倡施用充分腐熟的有机肥或草木灰、生物菌肥；⑤药剂防治，发病初期用 3%中生菌素可湿性粉剂、50%氯溴异氰尿酸水溶性粉剂、2%春雷霉素液剂、53%精甲霜·锰锌水分散粒剂+2.5%咯菌腈悬浮剂、10%苯醚甲环唑微乳剂、20%喹菌酮可湿性粉剂等兑水喷洒或浇灌进行防治，隔 7~10 天防治喷 1 次，防治 2~3 次。

21. 辣椒细菌性叶斑病

病原： 由细菌丁香假单胞杆菌适合致病型 [*Pseudomonas syringae* pv. *aptata*（Brown et Jamieson）Young. Dye & wilkie] 引起。

症状： 主要为害叶片，在田间点片发生。成株叶片发病，初始呈黄绿色不规则水浸状小斑点，随后扩大变为红褐色或深褐色至铁锈色病斑，病斑膜质，大小不等。干燥时，病斑多呈红褐色。病害扩展速度很快，一株上个别叶片或多数叶片发病，植株仍可生长，严重时叶片大部分脱落。病健交界处明显，但不隆起，别于疮痂病。病害典型症状图片请参考 https://p0.ssl.qhimgs1.com/sdr/400_ /t01d23075abfab1b9ec.jpg 和 https://p1.ssl.qhmsg.com/t018a5ad93305665c0e.jpg。

发病规律： 病原细菌可在种子及病残体上越冬，在田间借风雨或灌溉水传播，从叶片伤口处侵入。雨后，易见病害扩展。连作地，发病重。

防治措施： ①与非十字花科蔬菜实行 2~3 年轮作；②采用高畦深沟栽培，雨后及时排水，防止积水，避免大水漫灌；③播前进行种子消毒处理；④收获后及时清除病残体，及时深翻；⑤药剂防治，发病初期用 50%琥胶肥酸铜可湿性粉剂、14%络氨铜水剂、77%可杀得可湿性微粒粉剂、72%农用硫酸链霉素可溶性粉剂或硫酸链霉素等杀菌剂兑水喷雾进行防治，隔 7~10 天喷 1 次、连续防治 2~3 次，注意药剂交替使用。

22. 辣椒青枯病

病原： 由细菌茄青枯劳尔氏菌 [*Ralstonia solanacearum*（Smith）Yabuuchi et al.] 引起。

症状： 发病初期仅个别枝条的叶片萎蔫，后扩展至整株。地上部叶色较淡，后期叶片变褐枯焦。病茎外表症状不明显，纵剖茎部维管束变为褐色，横切面保湿后可见乳白色黏液溢出，别于枯萎病。病害典型症状图片请参考 https://p1.ssl.qhimgs1.com/bdr/326_ /t0194953b24524f0414.jpg 和 https://p1.ssl.qhmsg.com/t0186e916f0e6db8137.jpg。

发病规律： 病菌主要随病残体在土中越冬。翌年春越冬病菌借助雨水、灌溉水传播，从伤口侵入，经过较长时间的潜伏和繁殖，至成株期遇高温高湿条件，向上扩展，在维管束的导管内繁殖，以致堵塞导管或细胞中毒，致使叶片萎蔫。病菌也可透过导管，进入邻近的薄壁细胞内，使茎上出现水浸状不规则病斑。当土壤温度达到 20℃时，出现发病中心，25℃时出现发病高峰。在高温高湿、重茬连作、地洼土黏、田间积水、土壤偏酸、偏施氮肥等情况下，病害易发生。久雨或大雨后转晴，气温急剧升高，发病重。

防治措施：①轮作；②改良土壤；③采用高垄或半高垄栽培方式，配套田间沟系，降低田间湿度，同时增施磷、钙、钾肥料，促进作物生长健壮，抗病能力提高，能减轻病害发生；④采用营养钵、温床育苗，培育矮壮苗，以增强作物抗病、耐病能力；⑤药剂防治，发病初期要预防性喷药，常用农药有14%络氨铜水剂、77%可杀得可湿性微粒粉剂、72%农用硫酸链霉素可溶性粉剂等，每隔7~10天喷1次，连续防治3~4次。

23. 辣椒病毒病

病原：主要由黄瓜花叶病毒（CMV）、辣椒斑驳病毒（Capsicum mottle virus，CaMV）、烟草花叶病毒（TMV）等引起。

症状：常见症状有花叶、黄化、坏死和畸形。花叶是辣椒植株上出现最早、最普遍的症状，主要表现为病叶出现浓绿和淡绿相间的斑驳。黄化常常表现在心叶、嫩叶明显变黄，有时整株或局部也有较多黄叶，出现落叶现象。坏死是指病株部分组织变褐坏死，出现条斑、顶枯、坏死斑驳及环斑等，引起大量落叶、落花、落果。畸形即病株变形，如叶片呈线条状，或植株矮小，分枝极多呈丛枝状、不结果或少结果。病害典型症状图片请参考 https://p1.ssl.qhmsg.com/t019cc4b636e555b676.jpg，https://p1.ssl.qhmsg.com/t0124996d291fc06b4d.jpg，https://p1.ssl.qhmsg.com/t01f56ba5770de75a63.jpg，https://p1.ssl.qhmsg.com/t01612bf924dfdf24b9.jpg，https://p1.ssl.qhmsg.com/t01bc75afefbb389bac.jpg 和 https://p1.ssl.qhmsg.com/t0134d987ca83aa0a33.jpg。

发病规律：主要靠昆虫传播和接触传染。高温干旱有利于蚜虫繁殖和传毒，降低植株抗性。烟草花叶病毒（TMV）靠接触及伤口传毒，通过整枝、打杈等农事操作传毒。重茬地、植株长势弱，易引起发病。

防治措施：①选用抗病品种，并进行种子消毒；②采用黄板诱杀蚜虫，与高秆作物间作诱蚜等，切断传播途径；③加强田间管理，适期早播，不能连作，多施磷、钾肥，同时清洁田园，减少菌源；④药剂防治，一是使用蔬果磷、2.5%天王星乳油等防治蚜虫；二是发病前或发病初期，用0.1%高锰酸钾、22%椒丰王可湿性粉剂、20%病毒A、5%菌毒清水剂、10%混合脂肪酸水剂等兑水喷洒进行防治，每隔7~10天喷1次，连续防治2~3次。

24. 辣椒斑萎病毒病

病原：由番茄斑萎病毒（Tomoto spotted wilt virus，TSWV）侵染引起。

症状：植株染病后，植株矮化、黄化，叶片上出现褪绿线纹或花叶并伴有坏死斑，茎上也有坏死条纹并可扩展到枝端。成熟果实黄化，伴有同心环或坏死条纹。病害典型症状图片请参考《中国现代蔬菜病虫原色图鉴》（吕佩珂、苏慧兰、李明远等，2008年，学苑出版社）。

发病规律：病毒通过烟蓟马、西方花蓟马、烟褐蓟马等自然传播，若虫能获毒，成虫不能获毒，但只有成虫能传毒，因此介体在若虫阶段由病株上取食而到成虫阶段才能传播。介体获毒后 22~30 小时后侵染力最强，有的介体终生保毒，但不能传给后代。种子可带毒进行远距离传播。

防治措施：①种植抗病品种，并于播种前进行种子消毒处理；②发病地区要及时铲除苦苣菜、野大丽花及田间杂草；③青椒苗期和定植后要注意防治媒介昆虫蓟马，由于蓟马获毒后需经一定时间才传毒，因此防控消灭媒介昆虫，可大大减少该病的发生和流行。

25. 辣椒脐腐病

病原：由植株缺钙或水分供应失调等原因引起的生理性病害。

症状：主要为害果实。果实顶部（脐部）呈水浸状，病部暗绿色或深灰色，随病情发展很快变为暗褐色，果肉失水，顶部凹陷，一般不腐烂，空气潮湿时病果常被某些真菌所腐生。病害典型症状图片请参考 https://p1.ssl.qhmsg.com/t01da2eaad2b9003a73.jpg 和 https://p1.ssl.qhimgs1.com/bdr/326_ /t01a225105b336cf788.jpg。

发病规律：土壤盐基含量低，酸化，尤其是沙性较大的土壤供钙不足。在盐渍化土壤上，虽然土壤含钙量较多，但因土壤可溶性盐类浓度高，根系对钙的吸收受阻，也会缺钙。施用铵态氮肥或钾肥过多时也会阻碍植株对钙的吸收。在土壤干旱，空气干燥，连续高温时易出现大量的脐腐果。干旱条件下供水不足，或忽旱忽湿，使辣椒根系吸水受阻，由于蒸腾量大，果实中原有的水分被叶片夺走，导致果实大量失水，果肉坏死，导致发病。

防治措施：①科学施肥，在沙性较强的土壤上每茬都应多施腐熟鸡粪，如果土壤出现酸化现象，应施用一定量的石灰，避免一次性大量施用铵态氮化肥和钾肥；②均衡供水，土壤湿度不能剧烈变化，否则容易引起脐腐病和裂果。在多雨年份，平时要适当多浇水，以防下雨时土壤水分突然升高。雨后及时排水，防止田间长时间积水；③叶面补钙，进入结果期后，每 7 天喷 1 次叶面易吸收的钙肥；④加强栽培和田间管理；⑤种植耐病品种。

26. 辣椒僵果病

病原：由不同生长阶段受外界条件影响而引起的生理性病害。

症状：主要为害果实。早期僵果呈小柿饼形，后期果实呈草莓形，直径 2 厘米，长 1.5 厘米左右，皮厚肉硬，色泽光亮，柄长，剖开室内无籽或少籽，无辣味，果实不膨大，环境适宜后僵果也不发育。病害典型症状图片请参考《中国现代蔬菜病虫原色图鉴》（吕佩珂、苏慧兰、李明远等，2008 年，学苑出版社）和 http://www.1988.tv/Upload_ Map/Bingchonghai/Big/2015/2-26/201522691634464.jpg。

发病规律：形成僵果主要是花芽分化期，即播种后 35 天左右，植株受干旱、病害、温度（13℃以下和35℃以上）影响，雌蕊由于营养供应失衡而形成短柱头花，花粉不能正常生长和散发，雌蕊不能正常授粉受精，生成单性果，此果缺乏生长刺激素，影响了对锌、硼、钾等果实膨大元素的吸收，故果实不膨大，久之成僵化果。另外，植株受肥害会造成矮化，受药害会造成僵化，高温高湿造成徒长，通风不良，可造成严重的落花落果，僵果多，且持续时间长，一般受害一次要持续 15 天左右出现僵果。土壤 pH 值 8 以上，植物病毒干扰植物体中的内在物（营养物质激素等）不能正常运转，同样会受害形成僵果。

防治措施：①在花芽分化期要防止受旱。其他时间控水促根，以防形成不正常花器；②必须在 2~4 片真叶时分苗，谨防分苗过迟破坏根系，影响花芽分化时养分供应，造成瘦小花和不完全花；③花芽分化期和授粉受精期棚室温度白天严格控制在 23~30℃，夜间 18~15℃，地温 17~26℃，土壤含水量相当于持水量的 55%，光照 1.5 万~3 万勒克司，pH 值 5.6~6.8；④选种适宜品种。

27. 辣椒日灼病

病原：由阳光直接照射引起的一种生理性病害。

症状：主要发生在果实上。果实向阳面被强烈日光照射后造成灼伤，褪色，呈黄褐色皮革状，病斑表皮失水变薄，组织坏死。后期病斑有时破裂，或因腐生菌感染形成霉层或腐烂。病害典型症状图片请参考 http://p3.pstatp.com/large/2eca0002cf1baa78e0ff 和 https://p2.ssl.cdn.btime.com/t01e99d8a24d36e570d.jpg?size＝640x439。

发病规律：日烧病主要由于果实暴晒在阳光下过于受热而造成。此外，在天气干热或雨后暴热的天气，因病毒病、蚜虫为害引起的早期落叶或土壤缺水，生长不良地块，易发病。

防治措施：①合理密植，选择叶片较多、果实下垂品种，与玉米、豇豆等高秆作物间作，增加田间遮光度；②加强栽培管理，结果期保持地面湿润，增施磷钾肥，促进枝叶茂盛，力争早封垄；③雨后及时排水，减少空气湿度，及时防治病虫害，避免早期落叶。

二十 萝卜主要病害

1. 萝卜霜霉病

病原：由鞭毛菌亚门真菌寄生霜霉［*Peronspora parasitica*（Pers.）Fr.］引起。

症状：主要为害萝卜叶片、茎、花梗和种荚。叶片发病，由下部叶片向上部叶片发展，发病初期在叶面形成浅黄色近圆形至多角形病斑，扩大后呈黄褐色，叶背病斑受叶脉限制呈多角形，在空气潮湿时叶背产生白色霜状霉层。严重时，叶片病斑变紫黑色，外叶逐渐枯死。种荚染病，病部呈淡褐色不规则斑，长出白色霜状霉层，后期病斑连片呈黑褐色不规则斑块，严重时整荚都变为黑褐色，病荚缩小，结实少。茎部发病，呈褐色不规则斑，并长出白色霜状霉层。花梗染病，同样出现淡褐色至黑褐色不规则斑，湿度大时病部产生白色霜霉。病害典型症状图片请参考 http：//www. haonongzi. com/pic/news/20160516160547572. jpg 和 http：//www. haonongzi. com/pic/news/20160516160535666.jpg。

发病规律：病菌以卵孢子在病株残体或土壤中、或以菌丝体在寄主体内越冬，待条件适合时产生孢子，借助风雨传播侵染。病菌喜温暖潮湿环境，适宜发病温度 7~28℃，最适发病温度为 20~24℃。相对湿度 70%以上，连续阴雨天气，有感病品种和菌源时，发病迅速。多雨、多雾或田间积水，发病重。栽培上连作、重茬、氮肥偏多、通风不良、密度过大，发病重。田间病毒病发生严重时，霜霉病发生也严重。不同品种间抗病性有差异。

防治措施：①选育和使用抗病品种，并于播种前进行种子处理；②合理轮作，萝卜重病地块与非十字花科蔬菜实行 2 年轮作，避免与十字花科蔬菜连作；③加强栽培管理，加强田间管理，排灌通畅，合理密植，适时通风，及时清洁田园，及时清除病残体。施足有机肥，适当增施磷钾肥，促进植株生长健壮，增强抗病力；④药剂防治，在发病初期或发现中心病株时立即用相关杀菌剂兑水喷雾进行防治，喷药时力求均匀周到，并注意药剂之间的交替使用。

2. 萝卜黑斑病

病原：由半知菌亚门真菌芸薹链格孢菌［*Alternaria brassicae*（Berk.）Sacc.］引起。

症状：主要为害叶片，茎和叶柄也可染病。叶片染病，叶面初生黑褐色稍隆起的小圆斑，随着病原菌生长，病斑向外扩形成一圈圈的同心轮纹，病斑中间淡褐至灰褐色，潮湿时病斑表面出现黑色霉状物（病原菌分生孢子梗和分生孢子）。病部发脆易破碎，发病重时病斑汇合引起叶片局部枯死。病害典型症状图片请参考 http://www.haonongzi.com/shop/pic/tuku/2015227160166.gif 和 http://www.zhibaochina.com/Diag4/images/solutions/1/pic/103_633418587377282500.jpg。

发病规律：病菌以菌丝体或分生孢子在病残体上、土壤及种子表面越冬。分生孢子借风雨传播，遇到适宜条件萌发产生芽管，从寄主气孔或直接穿透表皮侵入。发病后，病斑能够产生大量的分生孢子进行再次侵染。春季，萝卜留种田间因生长后期高温高湿环境条件极易发生该病。

防治措施：①选用抗病品种，并于播种前进行种子处理；②提倡水旱轮作，或与非十字花科作物实行 2 年以上轮作，避免重茬；③加强田间管理，增施有机肥，深翻晒垄，收获后清除病残体，减少田间菌源等；④进行根外追肥，可用 0.2%磷酸二氢钾或绿芬威 2 号粉剂兑水喷施，增强植株抗病能力；⑤药剂防治，发病初期用 70%品润干悬浮剂、80%大生 M-45 可湿性粉剂、50%扑海因悬浮剂、25%阿米西达悬浮剂、68.75%易保水分散粒剂、75%百菌清可湿性粉剂、50%腐霉利可湿性粉剂等兑水喷雾进行防治，注意药剂的合理交替使用。

3. 萝卜拟黑斑病

病原：由半知菌亚门真菌芸苔链格孢菌（*Alternaria brassicicola* Wilt.）引起。

症状：主要为害叶片，也可为害茎和荚果。叶片染病，病斑圆形至椭圆形，黑褐色，大小 2~5 毫米，具同心轮纹，湿度大时，病部生有黑灰色霉状物（病原菌分生孢子梗和分生孢子）。病害典型症状图片请参考 https://p1.ssl.qhmsg.com/t016e1bdc04af5de9d7.jpg 和 https://p1.ssl.qhmsg.com/t0145a085ccc080f2dd.jpg。

发病规律：病菌以菌丝体或分生孢子在病残体或留种株上越冬，也可以分生孢子附在种子表面越冬，翌年以分生孢子进行初侵染和再侵染，借气流传播侵染致病。在南方地区，病菌可在田间寄主作物上辗转传播侵染，不存在越冬问题。通常天气冷凉高湿，发病重；偏施、过施氮肥，加重病害。

防治措施：①选用抗病品种，并于播种前进行种子消毒；②提倡水旱轮作，或与非十字花科作物实行 2 年以上轮作，避免重茬；③加强田间管理，增施有机栏肥，深翻晒垄，收获后清除病残体，减少田间菌源等；④进行根外追肥，可用 0.2%磷酸二氢钾或绿芬威 2 号粉剂兑水喷施，增强植株抗病能力；⑤药剂防治，发病初期及时用 64%杀毒矾可湿性粉剂、75%百菌清可湿性粉剂、70%代森锰锌可湿粉、58%甲霜灵锰锌可湿性粉剂、40%灭菌丹可湿性粉剂、50%扑海因可湿性粉剂或其复配剂等兑水进行喷雾防治，隔 7~10 天防治 1 次，连续防治 3~4 次。采收前 7 天停止用药。

4. 萝卜根肿病

病原：由原生动物界根肿菌门根肿菌属芸薹根肿菌（*Plasmodiophora brassicae* Woronin.）引起。

症状：主要为害萝卜的肉质根。发病初期，地上部看不出异常；发病后期，根部形成肿瘤并逐渐膨大，致使地上部生长变缓，植株矮小，叶片中午萎蔫，后期植株变黄枯死。病害典型症状图片请参考 http://www.1988.tv/Upload_Map/2018nian/3/13/1360875964.jpg 和 https://ps.ssl.qhmsg.com/sdr/400_/t011f9d0fcb7942ebf9.jpg。

发病规律：病菌以休眠孢子囊随病株残体遗留在土壤中越冬，在土壤中可以存活 6 年以上，借雨水、灌溉水、害虫及农事操作等传播。近年来，随着全球气候变暖、土壤酸化程度加剧、十字花科作物栽培面积扩大、种植基地蔬菜生产轮作年限增加以及南北菜的相互调运，根肿病发生面积迅速扩大，为害逐年加重。

防治措施：①选种抗病、耐病品种；②严格检疫；③农家肥使用前充分腐熟；④与非十字花科蔬菜作物轮作 7 年以上；⑤用根际修复剂、生物菌肥改良土壤，调整土壤 pH 值；⑥搞好排灌系统，做好中沟、边沟，及时排出田间积水；⑦及时拔除病株并带出田外烧毁，病穴周围撒生石灰；⑧药剂防治，播前用 10%氰霜唑悬浮剂兑水对苗床消毒；大田撒施石灰消毒或用 50%氟啶胺悬浮剂、10%氰霜唑悬浮剂、40%五氯硝基苯粉剂等药剂兑水灌根处理进行防治。

5. 萝卜白斑病

病原：由半知菌亚门真菌白斑小尾孢菌（*Cercosphorella albomaculans*）引起。

症状：主要为害叶片。发病初期，叶片上散生灰白色圆形斑，之后扩大成浅灰色圆形至近圆形，直径 2~6 毫米，病斑周缘有浓绿色晕圈，但叶背病斑周缘晕圈有时不明显，严重时病斑连成片，导致叶片枯死，病斑不易穿孔，生育后期病斑背面长出灰色霉状物。病害典型症状图片请参考 http://img4.agronet.com.cn/Users/101/283/916/2010830808326948.jpg 和 https://p1.ssl.qhmsg.com/t0146a983891463e779.jpg。

发病规律：病菌以菌丝体，特别是分生孢子梗基部的菌丝块随病叶遗留在土表越冬、越夏，也能以菌丝体在留种植株病部越冬，还可以分生孢子附着在种子上越冬、越夏。病菌产生分生孢子随风雨传播，并落在寄主上萌发侵入，引起初次浸染。田间发病后，在病斑上又产生分生孢子，进行再侵染。雨水多，昼夜温差大，叶面易结露时，病害易流行。植株生长衰弱，抗病力差，易感病；连作田块，发病重。

防治措施：①选用抗病品种；②进行隔年轮作；③种子消毒；④收获后及时清除病叶用作堆肥或饲料，并深翻土壤，加速病残体的腐烂分解，以减少田间病菌来源；⑤药剂防治，发病初期用 50%多菌灵可湿性粉剂、70%甲基托布津可湿性粉剂、75%百菌清可湿性粉剂等杀菌剂兑水喷洒进行防治，隔 15 天喷 1 次，连喷 2~3 次。

6. 萝卜白锈病

病原： 由鞭毛菌亚门真菌白锈菌〔*Albugo candida*（Pers.）Kuntze〕和大孢白锈菌〔*Albugo macrospora*（Togashi）Ito.〕引起。

症状： 主要为害叶、茎和角果。叶片染病，病叶初期在正面出现淡绿色小斑点，之后变黄色，相应的叶背长出有光泽的白蜡状小疮斑点，成熟后表皮破裂，散出白色粉状物（病原菌的孢子囊）。病斑多时，病叶枯黄。种株的花梗染病，花轴肿大，歪曲畸形。病害典型症状图片请参考 https://p1.ssl.qhmsg.com/t01bf446eb93310919a.jpg 和 https://p1.ssl.qhmsg.com/t01ac95aa76bc5af4d0.jpg。

发病规律： 病菌以卵孢子在病残体中或混在种子中越夏，病菌以菌丝体在种株或病残组织中越冬，也可以卵孢子在土壤中越冬或越夏，卵孢子萌发长出芽管或产生孢子囊及游动孢子，侵入寄主引发初侵染，之后病部又产生孢子囊和游动孢子，通过气流传播进行再侵染，使病害蔓延扩大。在纬度高、海拔高的低温地区，低温年份或雨后，发病重。

防治措施： ①选用无病株留种，选用无病种子；②与非十字花科作物轮作；③清除田边杂草，及时摘除病枝、病叶和拔除重病植株，收获后收集田间残株枯叶，带出田外集中处理；④药剂防治，病害发生初期用75%百菌清可湿性粉剂、65%代森锌可湿性粉剂、65%甲霜灵可湿性粉剂、50%多霉威可湿性粉剂、50%福美双可湿性粉剂、58%甲霜灵·锰锌可湿性粉剂、64%杀毒矾可湿性粉剂、40%甲霜铜可湿性粉剂、50%多霉灵可湿性粉剂、20%粉锈灵乳油、70%代森锰锌可湿性粉剂等药剂兑水喷雾进行防治，隔5~7天喷1次，连续防治2~3次。

7. 萝卜炭疽病

病原： 由半知菌亚门真菌希金斯刺盘孢菌（*Colletotrichum higginsianum* Sacc.）引起。

症状： 主要为害叶片、叶柄，有时也侵染花梗及种荚。叶片染病，叶片上初生苍白色水浸状斑点，之后扩大为褐色小圆斑，略下陷，边缘褐色，直径1~2毫米，后期病斑灰白色，病部组织薄，半透明，易穿孔。在叶片背面，叶脉上生褐色条斑。叶柄染病，病斑长椭圆形或纺锤形，淡褐色，凹陷明显。种荚染病，病斑与叶片上的近似。在潮湿环境下，病斑上常溢出粉红色黏质物（病菌分生孢子）。病害典型症状图片请参考 https://p1.ssl.qhmsg.com/t01210d96b6668776c1.jpg。

发病规律： 病菌以菌丝体或分生孢子在病残体或种子上越冬。分生孢子借雨水传播，萌发时产生芽管，从伤口或直接侵入，潜育期3~5天。病斑上产生的分子孢子，通过风雨或昆虫进行再侵染。病菌喜高温潮湿，遇多雨天气，利于病害发生。种植过密、地势低洼、易于积水、通风不良、长势衰弱、管理不善的地块，发病重。

防治措施： ①选用无病种子或播前进行种子处理；②与非十字花科蔬菜隔年轮作；

③合理密植，合理施肥。收获后及时清除病残体，深翻土壤，加速病残体的腐烂分解。重病区适期晚播，避开高温多雨季节；④药剂防治，发病初期用25%施保克乳油、80%大生M-45可湿性粉剂、70%甲基托布津可湿性粉剂、50%多菌灵可湿性粉剂、75%百菌清可湿性粉剂、80%炭疽福美可湿性粉剂等药剂兑水喷雾进行防治，隔10天左右喷1次，连防2~3次。

8. 萝卜黄萎病

病原：由半知菌亚门真菌大丽轮枝菌（*Verticillium dahliae* Klebahn）引起。

症状：从苗期到收获期均可发生。一般情况下，在外观上症状不明显，只有病情严重时才出现萎蔫，经横剖可见四周维管束变黑。感病植株一侧的叶片变黄色，严重时下部叶枯死，仅残留中心叶，挖取根部可见蜡白色，导管部变黑褐色，中心变褐色。病害典型症状图片请参考 http://p0.so.qhimgs1.com/sdr/400_ /t01742adc194a53bf34.jpg。

发病规律：病菌以菌丝、厚垣孢子随病残体在土壤中越冬，一般可存活6~8年。病菌在田间靠灌溉水、农具、农事操作传播扩散。从根部伤口或根尖直接侵入。雨水多，或久旱后大量浇水使地温下降，或田间湿度大，发病早而重。温度高，则发病轻。重茬地，发病重。施未腐熟带菌肥料，发病重。缺肥或偏施氮肥，发病重。

防治措施：①选用抗病品种；②选择地势平坦、排水良好的沙壤土地块种植，并深翻平整。发生过黄萎病的地块，要轮作4年以上，其中以与葱蒜类轮作效果较好；③多施腐熟的有机肥，增施磷、钾肥，促进植株健壮生长，提高植株抗性；④发现病株及时拔除，收获后彻底清除田间病残体集中烧毁；⑤加强水肥管理。

9. 萝卜褐腐病

病原：由半知菌亚门真菌立枯丝核菌（*Rhizoctonia solani* Kühn）引起。

症状：可为害各部位，全生育期均可发生。苗期多侵染根茎部，初始形成水渍状坏死小斑，之后病部缢缩，导致幼苗萎蔫死亡。生长中期染病，大多从下部叶片叶缘或叶柄开始侵染，呈水渍状坏死小斑，逐渐发展成半圆形或近圆形灰褐色坏死斑，之后病部腐烂。病害典型症状图片请参考《中国现代蔬菜病虫原色图鉴》（吕佩珂、苏慧兰、李明远等，2008年，学苑出版社）和 https://ima.nongyao001.com: 7002/file/upload/201307/14/13-55-27-81-1.jpg。

发病规律：病菌以小菌核随病残体在土壤中越冬或营腐生生活，在土壤中可存活2~3年。菌核萌发产生菌丝直接侵入萝卜的茎部或近地面叶柄，进行初侵染。借灌溉水或雨水及带菌肥料、土壤传播。田间湿度大，有积水或土壤板结、培土过多过湿、肥料带菌，发病重。播种过密、间苗不及时、温度过高，易诱发病害发生。

防治措施：①施用腐熟有机肥，播种深浅适宜，覆土不宜过厚；②药剂防治，一是用种子量0.4%的50%扑海因或70%甲基托布津或50%利克菌拌种后再播种；二是在发病初期用20%甲基立枯磷乳油、5%井冈霉素水剂、15%恶霉灵水剂、72.2%普力克水剂+50%福美双可湿性粉剂等兑水喷淋进行防治，重点防治根茎和基部叶柄，5~7天喷1次，连续防治2~3次。

10. 萝卜软腐病

病原：由细菌欧文氏杆菌胡萝卜软腐致病型 [*Erwinia carotovora* subsp. *Carotovora* (Jones) Bergey et al.] 引起。

症状：主要为害根、短茎、叶和荚果。根部染病，多从根尖开始发病，出现油渍状的褐色病斑，发展后使根变软腐烂，继而向上蔓延使心叶变黑褐色软腐，烂成黏滑的稀泥状；肉质根在贮藏期染病亦会使部份或整个变黑褐软腐；采种株染病，常使髓部溃烂变空。植株所有发病部位除黏滑烂泥状外，均发出一股难闻的臭味。病害典型症状图片请参考 http://www.haonongzi.com/pic/news/20171218150903335.jpg 和 http://www.zhibaochina.com/Diag4/images/solutions/1/pic/3166_ 633498214389430000.jpg。

发病规律：连作地、前茬病重、土壤存菌多；或地势低洼积水，排水不良；或土质黏重，土壤偏酸；氮肥施用过多，栽培过密，株、行间郁闭，通风透光差；育苗用的营养土带菌、有机肥没有充分腐熟或带菌；早春多雨或梅雨来早、气候温暖空气湿度大；秋季多雨、多雾、重露或寒流来早时，易发病。

防治措施：①重病区或田块宜实行与葱蒜类蔬菜及水稻轮作；②合理用水，忌大水漫灌，雨后及时排水；③深翻晒土或灌水浸田，采用高畦种植，施用充分腐熟堆肥，及时防除地下害虫，以尽量减少伤口；④发现病株及时拔除，并用石灰消毒根穴；⑤收获后彻底清除病残株；⑥药剂防治，发病初期用72%农用链霉素可湿性粉剂、20%噻菌铜可湿性粉剂、14%络氨铜水剂、50%琥胶肥酸铜可湿性粉剂等杀菌剂兑水喷雾进行防治，每7天喷1次，连续防治2~3次。

11. 萝卜黑腐病

病原：由细菌野油菜黄单胞杆菌野油菜致病变种 [*Xanthomonas campestris* pv. *campestris* (Pammel) Dowson.] 引起。

症状：主要为害叶片和根。叶片发病，叶缘会出现 V 字形黄褐色病斑，叶脉变黑，叶缘变黄。萝卜的肉质根染病，髓部呈黑色干腐状，严重者可形成空洞，田间多并发软腐病，最终腐烂，并产生恶臭。病害典型症状图片请参考 https://p5.ssl.qhimgs1.com/sdr/400_ /t012a50ef3ffebc430b.jpg，https://p1.ssl.qhmsg.com/t01290db5e744fca510.jpg 和 https://p1.ssl.qhmsg.com/t01058418c3d2aec615.jpg。

发病规律：病原细菌可在种子内或随病残体在土壤中越冬，通过带菌菜苗、农具或者暴风雨传播。通过水孔和伤口及自然孔口侵入寄主。经幼苗子叶或真叶的叶缘水孔或者伤口处侵入，迅速进入维管束，引起叶片基部发病，并从叶片维管束蔓延到茎部维管束引起系统侵染。病害在平原丘陵或高山低洼处，高温高湿、大雾暴风雨频繁、排水不良、氮肥施用过多、氮肥早衰时，易发生。

防治措施：①选用抗病品种，并于播种前对种子进行消毒处理；②与非本科作物进行轮作；③进行科学管理，采用配方施肥技术，适当增施磷钾肥，加强田间管理，培育壮苗，增强植株抗病力；④播种前或收获后，清除田间及四周杂草和农作物病残体，集中烧毁或沤肥；深翻灭茬，促使病残体分解，减少病原和虫源；⑤药剂防治，发病初期用40%福美双、47%加瑞农可湿性粉剂、77%可杀得可湿性粉剂、14%络氨铜水剂、12%绿乳铜乳油、72%农用链霉素、50%代森铵水剂、12%松脂酸铜乳油等杀菌剂兑水喷洒进行防治。

12. 萝卜细菌性黑斑病

病原： 由细菌丁香假单胞菌斑点致病变种 ［*Pseudomonas syringae* pv. *maculicola* (Me. Cull.) Stew.］ 引起。

症状： 主要为害叶、茎、花梗、荚果等部位。叶片染病，叶片上初现水渍状不规则斑点，之后变为浅褐色至黑褐色有光泽的病斑，病斑形状不规则，薄纸状，最初在外叶上发生多，随后蔓延到内叶。采种株的茎、花梗染病，初生油渍状小斑点，随后变成紫黑色或近黑色不规则形斑块。荚染病，产生黑褐色近圆形病斑。病害典型症状图片请参考《中国现代蔬菜病虫原色图鉴》（吕佩珂、苏慧兰、李明远等，2008年，学苑出版社）。

发病规律： 病菌在土中、病残体及种子内越冬。病菌在土壤中能存活1年以上，田间主要借助灌溉水传播。阴雨、高湿条件持续时间长，伤口多，管理跟不上，易发病。连作地块，土质偏酸，地势低洼，雨后积水，缺肥缺水，长势较差，多雨的年份，发病重。

防治措施： ①与非十字花科蔬菜轮作2年以上；②选择地势较高、排水良好的地块种植。施足充分腐熟的有机肥，增施磷、钾肥，雨后注意排水，收获后及时清除田间病残体并深翻土壤；③药剂防治，发病初期用20%噻菌铜悬浮剂、14%络氨铜水剂、12%松脂酸铜乳油、72%农用链霉素可溶性粉剂、88%水合霉素可溶性粉剂、3%中生菌素可湿性粉剂等药剂兑水喷雾进行防治，视病情间隔5~7天喷1次，连防2~3次。

13. 萝卜病毒病

病原： 主要由芜菁花叶病毒（Turnip mosaic virus，TuMV）、黄瓜花叶病毒（Cucumber mosaic virus，CMV）、花椰菜花叶病毒（Cauliflower mosaic virus，CaMV）、萝卜耳突花叶病毒（Radish eard mosaic virus，REMV）和萝卜叶缘黄化病毒（Radish leaf margin yellowing virus，RYEV）等侵染引起。

症状： 感染病毒后，心叶表现明脉症，逐渐形成花叶斑驳。叶片皱缩，畸形，严重病株出现疱疹状叶，萝卜生长慢、品质低劣。另一症状是叶片上出现许多直径2~4毫米的圆形黑斑，茎、花梗上产生黑色条斑，有时与前者混合发生。病害典型症状图片请参考 http://www.gengzhongbang.com/data/attachment/portal/201702/01/040049xgaqjoqq5k

0a9pog. jpg, http:// www. gengzhongbang. com/data/attachment/portal/201702/01/040047 iyr3rrl34gcr2krx. jpg, http://www. gengzhongbang. com/data/attachment/portal/201702/01/040048jyjokox1r9xkjyl5. jpg, http://att. 191. cn/attachment/Mon _ 1505/385 _ 140670 _ f85bf729e128356.jpg 和 http://p8. qhmsg.com/dr/220_ /t01eb7516a722911b1a.jpg。

发病规律：病毒可在白菜、甘蓝、萝卜等采种株上越冬，也可在宿根作物及田边寄主杂草的根部越冬，常年生长十字花科蔬菜的地区，病毒不存在越冬问题。芜菁花叶病毒和黄瓜花叶病毒由蚜虫和汁液接触传染，但田间传毒主要是蚜虫（菜缢管蚜、桃蚜、甘蓝蚜、棉蚜），种子不带毒。苗期高温，除不利幼苗生长、抗病力减弱外，气候干旱，蚜虫滋生，虫口密度大，易诱发病毒病。

防治措施：①根据茬口和市场需求选用抗病品种；②高畦栽培，苗期多浇水，降低地温；③适当晚定苗，选苗留株；④与大田作物间套种，可明显减轻病害；⑤药剂防治，苗期防治蚜虫和黄奈跳甲。发病初期用 20% 病毒 A 可湿性粉剂或 20% 吗啉胍·乙铜可湿性粉剂等抗病毒剂兑水进行喷雾防治，隔 7~10 天喷 1 次，连续防治 2~3 次。

二十一 绿豆主要病害

1. 绿豆叶斑病

病原：由半知菌亚门真菌变灰尾孢菌（*Cercospora canescens* Ellis. et Martin.）引起。

症状：主要为害叶片。发病初期，叶片上出现水渍状褐色小点，随病情发展扩大后形成边缘红褐色至红棕色、中间浅灰色至浅褐色的近圆形病斑。湿度大时，病斑上密生灰色霉层。病情严重时，病斑融合成片，很快干枯。病害典型症状图片请参考 http://wap. yesky. com/uploadImages/2015/364/13/8E17C10SN3S9. jpg 和 https://p1. ssl. qhmsg. com/t01981638b6eb2e7cb0.jpg。

发病规律：病菌以菌丝体和分生孢子在种子或病残体中越冬，成为翌年初侵染源。生长季节为害叶片，开花前后扩展较快，借风雨传播蔓延。炎热潮湿条件下，经分生孢子多次再侵染，病原菌大量积累，遇有适宜条件即发生流行。高温高湿有利于病害发生和流行，秋季多雨、连作地或反季节栽培，发病重。

防治措施：①选用抗病品种，选无病株留种，播前用45℃温水浸种10分钟消毒；②发病地收获后进行深耕，有条件的实行轮作；③药剂防治，发病初期用50%多·霉威（多菌灵加乙霉威）可湿性粉剂、75%百菌清可湿性粉剂、12%绿乳铜乳油、80%大生 M-45 可湿性粉剂、47%加瑞农可湿性粉剂、50%混杀硫悬浮剂、30%碱式硫酸铜悬浮剂等杀菌剂兑水进行喷雾防治，隔 7~10 天 1 次，连续防治 2~3 次。

2. 绿豆轮纹病

病原：由半知菌亚门真菌小豆壳二孢菌（*Ascochyta phaseolorum* Sacc.）引起。

症状：主要为害叶片。出苗后即可染病，后期发病多。叶片染病，初始叶片上出现褐色圆形病斑，边缘红褐色，病斑上出现明显的同心轮纹。后期病斑上生出许多褐色小点（病菌的分生孢子器）。病斑干燥时易破碎，发病严重的叶片早期脱落，影响结实。病害典型症状图片请参考 http://a2. att. hudong. com/71/13/20300543551890144636130912646_ s.jpg 和 http://www.zhiwuwang.com/file/upload/201805/02/1109234640366.jpg。

发病规律：病菌以菌丝体和分生孢子器在病部或随病残体遗落土中越冬或越夏，以分生孢子借雨水溅射传播，进行初侵染和再侵染。在生长季节，天气温暖高湿，过度密植，株间湿度大，有利于病害发生。偏施氮肥、植株长势过旺、肥料不足、植株长势衰弱、寄主抗病力下降，发病重。

防治措施：①重病地在生长季节结束后要彻底收集病残物集中烧毁，并深耕晒土，有条件的实行轮作；②采用配方施肥技术，不能多施、偏施氮肥，要增加磷钾肥；③药剂防治，发病初期及早期及时用 1：1：200 倍式波尔多液、77%可杀得可湿性微粒粉剂、30%碱式硫酸铜悬浮剂、47%加瑞农可湿性粉剂、70%甲基硫菌灵可湿性粉剂加75%百菌清可湿性粉剂、40%多·硫悬浮剂等杀菌剂或其组合兑水喷雾进行防治，隔7~10 天防治 1 次，防治2~3 次。

3. 绿豆白粉病

病原：由子囊菌亚门真菌蓼白粉菌 (*Erysipe polygoni* DC.) 引起。

症状：主要为害叶片、茎秆和荚果。叶片染病，发病初期在病部表面产生一层白色粉状物，开始点片发生，随后扩展到全叶，后期密生很多黑色小点（病原菌的闭囊壳）。病害发生严重时，叶片变黄，提早脱落。病害典型症状图片请参考 https://ima. nongyao001. com: 7002/201712/20/8E9BDF6BBB764015B2F24B7AA212ED5C. jpg 和 https://p1.ssl.qhmsg.com/t01df7a7d1bf6a8402f.jpg。

发病规律：病菌以闭囊壳在土表病残体上越冬，翌年条件适宜散出子囊孢子进行初侵染。发病后，病部产生分生孢子，靠气流传播进行再侵染，经多次重复侵染，扩大为害。在潮湿、多雨或田间积水、植株生长茂密的情况下，易发病；干旱少雨条件下植株往往生长不良，抗病力弱，但病菌分生孢子仍可萌发侵入，尤其是干、湿交替有利于病害扩展，发病重。

防治措施：①选用抗病品种；②收获后及时清除病残体，集中深埋销毁；③提倡施用有益微生物沤制的堆肥或充分腐熟有机肥，采用配方施肥技术，注意氮磷钾的合理搭配，加强管理，提高植株抗病力；④药剂防治，发病初期及时用 2%武夷菌素、10%施宝灵胶悬剂、60%防霉宝 2 号水溶性粉剂、30%碱式硫酸铜悬浮剂、20%三唑酮乳油、5%乐必耕可湿性粉剂、12.5%速保利可湿性粉剂、25%敌力脱乳油、40%福星乳油等药剂兑水喷雾进行防治。

4. 绿豆炭疽病

病原：由半知菌亚门真菌菜豆炭疽菌 [*Colletotrichum lindemuthianum* (Sacc. et Magn.) Br. et Cav.] 引起。

症状：主要为害叶、茎及荚果。叶片染病，叶片上初始呈红褐色条斑，随后变黑褐色或黑色，并扩展为多角形网状斑。叶柄和茎染病，病斑凹陷龟裂，呈褐锈色细条形斑，病斑连合形成长条状。豆荚染病，豆荚上初始出现褐色小点，随病情发展扩大后呈褐色至黑褐色圆形或椭圆形斑，周缘稍隆起，四周常具红褐或紫色晕环，中间凹陷。湿度大时，溢出粉红色黏稠物，内含大量分生孢子。种子染病，出现黄褐色大小不等的凹陷斑。病害典型症状图片请参考 https://p1.ssl.qhmsg.com/t01d5ceba6f2616aec5.jpg。

发病规律：病菌以潜伏在种子内和附着在种子上的菌丝体越冬。播种带菌种子，幼苗染病，在子叶或幼茎上产出分生孢子，借雨水、昆虫传播。也可以菌丝体在病残体内越冬，翌春产生分生孢子，通过雨水飞溅进行初侵染，分生孢子萌发后产生芽管，从伤口或直接侵入，经 4~7 天潜育出现症状，并进行再侵染。多雨、多露、多雾的冷凉多湿地区，种植过密、土壤黏重，发病重。

防治措施：①选用抗病品种；②用无病种子或进行种子处理；③实行 2 年以上轮作；④药剂防治，开花后或发病初期用 25%炭特灵可湿性粉剂、80%大生 M-45 可湿性粉剂、75%百菌清可湿性粉剂、70%甲基硫菌灵可湿性粉剂、80%炭疽福美可湿性粉剂、70%甲基硫菌灵可湿性粉剂+75%百菌清可湿性粉剂等杀菌剂及其组合兑水喷雾进行防治，隔 7~10 天喷 1 次，连续防治 2~3 次。

5. 绿豆根腐病

病原：主要由半知菌亚门真菌尖孢镰孢菌（*Fusarium oxysporium*）和立枯丝核菌（*Rhizoctonia solani* Kühn）引起。

症状：主要为害根茎部。发病初期，心叶变黄，随病情发展，最终导致植株死亡。拔出根系观察，可见茎下部及主根上部呈黑褐色，稍凹陷。剖开茎看，维管束变为暗褐色。当根大部分腐烂时，植株便枯萎死亡。病害典型症状图片请参考 http://www.1988.tv/Upload _ Map/Bingchonghai/Big/2017/7 - 10/201771085828277. jpg 和 https://ima. nongyao001.com: 7002/file/upload/201611/07/17-20-20-51-29630.jpg。

发病规律：地势低洼，土壤水分大，地温低，根系发育不良，易发病。暴风雨天气有助于病菌的传播蔓延，发病重。

防治措施：①选择抗病品种，与非豆科作物实行 3 年以上轮作，也可用药剂拌种，驱避地下病虫害，隔离病菌感染；②及时中耕，深耕土地、疏松土壤，雨后及时排水，提高地温，防止因土壤水分大，地温低而引起根系发育不良，造成病害发生；③药剂防治，发病初期用 75%百菌清、15%腐烂灵、70%甲基托布津等杀菌剂兑水喷雾进行防治，隔 7~10 天喷 1 次，连喷 2~3 次。

6. 绿豆锈病

病原：由担子菌亚门真菌疣顶单胞锈菌 ［*Uromyces appendiculatus*（Pers.）Ung.］引起。

症状：主要为害叶片、茎秆和豆荚，以叶片受害为主。叶片染病，叶片上散生或聚生大量近圆形小斑点，叶背出现锈色细小隆起，之后表皮破裂外翻，散出红褐色粉末（病原菌的夏孢子）；秋季可见黑色隆起点混生，表皮裂开后散出黑褐色粉末（病菌冬孢子）。病情严重时，叶片早期脱落。病害典型症状图片请参考 https://p1.ssl.qhmsg.com/t01c13f3b9549f2db13.jpg 和 https://p1.ssl.qhmsg.com/t018545921b48d758cc.jpg。

发病规律：病菌以冬孢子在病残体上越冬，在翌年条件适宜时形成担子和担孢子。担孢子侵入寄主后形成锈子腔，产生锈孢子，锈孢子侵染绿豆并形成疱状夏孢子堆，夏孢子散出后进行再侵染，深秋产生冬孢子堆及冬孢子越冬。进入开花结荚期后，如遇高湿、昼夜温差大或结露持续时间长等情况，易发病；秋播绿豆及连作地，发病重。

防治措施：①种植抗病品种；②提倡施用充分腐熟的有机肥；③春播宜早，必要时可采取育苗移栽的方法避开发病高峰期；④清洁田园，加强管理，适当密植；⑤药剂防治，发病初期用15%三唑酮可湿性粉剂、50%萎锈灵乳油、25%敌力脱乳油、70%代森锰锌可湿性粉剂加15%三唑酮可湿性粉剂、12.5%速保利可湿性粉剂等杀菌剂及其组合兑水进行喷雾防治，隔10~15天喷1次，防治1~2次。

7. 绿豆细菌性疫病

病原：由细菌油菜黄单胞菌菜豆致病变种［*Xanthomonas campestris* pv. *phaseoli* (Smith) Dy.］引起。

症状：主要为害叶片、叶柄和荚果。叶片染病，病叶上出现褐色圆形至不规则形水泡状斑点，初为水渍状，后呈坏疽状，严重的变为木栓化，经常可见多个病斑聚集成大坏疽型病斑。叶柄、豆荚染病，生褐色小斑点或呈条状斑。病害典型症状图片请参考http://www.1988.tv/Upload_ Map/Bingchonghai/Big/2017/7-18/201771891042405.jpg。

发病规律：病菌主要在种子内部或黏附在种子外部越冬。播种带菌种子，幼苗长出后即发病，病部渗出的菌脓借风雨或昆虫传播，从气孔、水孔或伤口侵入，经2~5天潜育后引起茎叶发病。病菌在种子内能存活2~3年，在土壤中病残体腐烂后失活。高温多湿、雾大露重或暴风雨后转晴的天气，易诱发病害发生。栽培管理不当，大水漫灌或肥力不足，偏施氮肥，植株长势差或徒长，易加重病害。

防治措施：①实行3年以上轮作；②选留无病种子，从无病地采种，对带菌种子用45℃恒温水浸种15分钟捞出后移入冷水中冷却，或用种子重量0.3%的95%敌克松原粉或50%福美双拌种；③加强栽培管理，避免田间湿度过大，减少田间结露；④药剂防治，发病初期用72%杜邦克露可湿性粉剂、12%绿乳铜乳油、47%加瑞农可湿性粉剂、77%可杀得可湿性微粒粉剂、50%琥胶肥酸铜可湿性粉剂、72%农用硫酸链霉素可溶性粉剂、新植霉素、抗菌剂"401"等药剂兑水喷雾进行防治，隔7~10天喷1次，连续防治2~3次。

8. 绿豆病毒病

病原：由黄瓜花叶病毒（Cucumber mosaic virus，CMV）、苜蓿花叶病毒（Alfalfa mosaic virus，AMV）、番茄不孕病毒（Tomato aspermy virus，TAV）等引起。

症状：绿豆出苗后到成株期均可发病。叶片上出现斑驳或绿色部分凹凸不平，叶皱缩。有些品种出现叶片扭曲、畸形或明脉，病株矮缩，开花晚。豆荚上症状不明显，发病轻时，对产量影响不大；发病重时，病株发育迟缓，植株明显矮化，开花、结实减少，结实率降低，甚至颗粒无收。病害典型症状图片请参考 https://p1.ssl.qhmsg.com/t01f6e6502366b836d7.jpg。

发病规律：播种带病种子，易引起直接发病。CMV 种子不带毒，主要在多年生宿根植物上越冬，由媒介昆虫传播。绿豆田间蚜虫数量多，发病重。TAV 主要靠汁液和桃蚜进行非持久性传毒。风雨交加的天气，造成植株间磨擦，易加重传染，病害发生重。

防治措施：①选用抗病毒病品种；②要及时喷洒常用杀蚜剂进行防治，以防止蚜虫迁入豆田，减少传毒；③药剂防治，发病初期开始喷洒抗毒丰（0.5%菇类蛋白多糖水剂），或20%病毒A可湿性粉剂，或15%病毒必克可湿性粉剂等药剂兑水喷雾进行防治。

二十二 棉花主要病害

1. 棉花立枯病

病原： 由半知菌亚门真菌立枯丝核菌（*Rhizoctonia solani* Kühn）引起。

症状： 主要为害棉苗的茎基部。棉苗受害，在近地面的茎基部开始出现黄褐色病斑，随后变成黑褐色，并逐渐凹陷腐烂。严重时，茎的发病部变细，棉苗萎倒或枯死。子叶受害，出现不规则的黄褐色病斑，多位于子叶的中部，后病部破裂脱落成穿孔状。成株期受害，叶上出现不规则形褐色斑点，后脱落穿孔。茎受害时在离地面约 10 厘米处发生瘤状肿起，后腐烂变为黑褐色，病部组织缢缩，容易被风吹断。病害典型症状图片请参考 http://a3. att. hudong. com/44/07/203000009433001232316075099821. jpg 和 http://a1. att. hudong.com/33/03/01300000026741119797031553785_ s.jpg。

发病规律： 病菌主要以种子传播为主，一般种子内外部都能带菌。播种带菌的种子，病菌可直接侵染幼苗。幼苗的病斑可产生大量分生孢子，随风雨及昆虫传播进行再侵染。病菌除在棉籽内外越冬外，还能随同烂铃、病枝叶等留在棉田里过冬，还能在土壤内的植物病残体中及土壤中长期存活。条件适宜时，通过农事操作随人、畜、农具及水流等进行传播。多雨阴湿利于病菌的繁殖、传播和侵染，病害发生严重。

防治措施： ①选种、晒种，提高发芽率，消灭种子表面病菌；②适期播种，播种时深浅适当；③加强苗期肥水管理，培育壮苗；④加强田间管理，应及时中耕，降低湿度，促进根系发育；⑤轮作倒茬，清除病残体，减少侵染源；⑥药剂防治，播种前用 70% 代森锰锌可湿性粉剂拌种或用 50% 多菌灵可湿性粉剂拌种或浸种。

2. 棉花炭疽病

病原： 由子囊菌亚门真菌棉刺盘孢菌（*Colletotrichum gossypii* Soutllw.）引起。

症状： 主要为害棉苗和棉铃，整个生育期都能发病。幼苗染病，在茎基部发生红褐色梭形病斑，有时开裂。严重时病部变黑，幼苗萎倒死亡。潮湿时病斑上产生橘红色黏性物质。子叶上，在叶缘出现半圆形褐色病斑，边缘深红褐色，严重时枯死早落。成株期棉叶及茎部发病并不常见，受害后，叶上的病斑呈不规则圆形，病部易干枯开裂。茎部发病往往在叶痕处发生，病斑红褐色至棕褐色，病株易被风吹断。棉铃染病，出现明显的轮纹状圆形病斑。天气潮湿时，各部位的病斑表面都会产生橘红色的物质（分生孢子团）。病害典型症状图片请参考 https://p1.ssl.qhmsg.com/t01d30fa749601ec91e.jpg，https://p1.ssl.qhmsg.com/t011fd1aa9fe1cb9608.jpg 和 http://a3.att.hudong.com/46/92/01300001286161132222926826571.jpg。

发病规律：病菌以分生孢子和菌丝体在种子上或病残体上越冬，次年棉籽发病后侵入幼苗，之后在病株上产生大量分生孢子，随风雨或昆虫等传播，形成再次侵染。苗期低温多雨、铃期高温多雨，病害易流行。整地质量差、播种过早或过深、栽培管理粗放、田间通风透光差、连作多年等，发病重。

防治措施：①选用无病种子和播前种子消毒；②合理轮作，精细整地，改善土壤环境，提高播种质量；③药剂防治，发病初期用 50%多菌灵、70%甲基 70%代森锌等杀菌剂兑水均匀喷雾进行防治。

3. 棉花红腐病

病原：由半知菌亚门真菌串珠镰刀菌（*Fusarium monihforme*）引起。

症状：主要为害棉花的苗期及棉铃期的根、茎基、棉铃部位。苗期染病，幼芽出土前受害造成烂芽。幼茎发病，茎基部出现黄色条斑，之后变褐腐烂，导管变成暗褐色。子叶、真叶边缘产生灰红色不规则病斑，湿度大时全叶变褐湿腐，表面产生粉红色霉层。棉铃染病，初始产生不定形病斑，呈墨绿色，水渍状，遇潮湿天气或连阴雨时，病情扩展迅速遍及全铃，产生粉红色或浅红色霉层，病铃不能正常开裂，棉纤维腐烂成僵瓣状。成株根、茎基部偶有发病，产生环状或局部褐色病斑，皮层腐烂，木质部呈黄褐色。病害典型症状图片请参考 https://p1.ssl.qhmsg.com/t015663d72aa30d2ad9.jpg 和 https://p1.ssl.qhmsg.com/t010519e369714e1784.jpg。

发病规律：病菌以孢子黏附在种子表面，或以菌丝体潜伏于种子内部和随病残体在土壤中越冬，次年侵染棉苗引起发病，病部产生的分生孢子借风雨、水流及昆虫进行再侵染，至棉花结铃期间为害棉铃引起发病，之后棉铃病部产生的孢子又借风雨，昆虫等传播到棉铃上进行再侵染。日照少、降水量大、雨日多，病害易流行。苗期低温、高湿，发病重。铃期多雨低温、湿度大，易发病。棉株贪青徒长或棉铃受病虫为害、机械伤口多，病菌容易侵入，发病重。

防治措施：①选用抗病品种；②整枝摘叶，改善棉田通风透光条件；③抢摘病铃，减少损失；④药剂防治，一是种子处理，用 50%多菌灵可湿性粉剂、45%敌磺钠可湿性粉剂、40%拌种双可湿性粉剂、40%拌·福可湿性粉剂等拌种，有效预防苗期红腐病发生；二是苗期、铃期在发病初期及时用 65%代森锌可湿性粉剂+50%甲基硫菌灵可湿性粉剂、80%代森锰锌可湿性粉剂+50%多菌灵可湿性粉剂、50%苯菌灵可湿性粉剂等杀菌剂及其组合兑水进行喷雾防治，间隔 7~10 天喷 1 次，连续防治 2~3 次。

4. 棉花黑斑病

病原：主要由大孢链格孢菌（*Alternaria macrospora* Zimm.）、细极链格孢菌

（*Alternaria tenuissima* Wiltsh.）、棉链格孢菌 ［*Alternaria gossypina* （Thum.） Hopk.］、细交链格孢菌 ［*Alternaria alternata* （Fr.） Keissl.］ 等引起。

症状：主要为害棉叶和棉铃。叶片染病，病叶紫红色或褐色，背面可见凹陷的小斑点，天气潮湿时，病斑上产生明显的黑色霉层。棉铃染病，病铃黑色，铃壳僵硬，不开裂，其上密生许多小黑点。铃上布满黑色烟煤状物及少量白色粉状物。病铃内棉絮也变黑而僵硬。病害典型症状图片请参考 http://a3.att.hudong.com/28/75/01200000029868134377752048827_ s.jpg 和 http://www.e1617.com/images/201211/thumb_ img/34133_ thumb_ G_ 1352410410446.jpg。

发病规律：病菌以孢子黏附在种子表面，或以菌丝体潜伏于种子内部越冬，也能随病残体在土壤中越冬，翌年春季侵染棉苗引起发病。之后棉叶病部产生的孢子传播到棉铃上进行为害，棉铃病部产生的孢子又借风雨，昆虫等传播到棉铃上进行多次再侵染。阴湿、多雨、低温，有利于病害发生。

防治措施：①合理轮作，清除病残体，减少病菌越冬环境；②播种前，用腐熟的有机肥或生物有机肥作底肥，增施磷钾肥，精细整地，造足底墒；③选种抗病品种，健康饱满的种子，适期播种；④及时中耕，增温透气，促进发根壮苗；⑤抢摘病铃，减少损失；⑥药剂防治，发病初期喷洒波尔多液及 50%多菌灵可湿性粉剂、65%代森锰锌可湿性粉剂、50%退菌特等杀菌剂进行防治，每隔 7~10 天喷 1 次，连喷 2~3 次。

5. 棉花褐斑病

病原：由半知菌亚门真菌棉小叶点霉 （*Phyllosticta gossypina* Ell. et Mart.） 和马尔科夫叶点霉 （*Phyllosticta* malkoffii Bubak.） 引起。

症状：主要为害叶片，幼苗子叶和成株期叶片均可受害。幼苗染病，子叶受害时，最初出现针尖大小的紫红色斑点，之后扩大成圆形至不规则形病斑，病斑黄褐色，边缘紫红色略隆起，上面散生小黑点 （病原菌的分生孢子器）。受害严重时，子叶早落，棉株枯死。成株期叶片染病，起初为针尖大小的紫红色斑点，之后扩大为边缘紫红色、中间黄褐色的圆形病斑。病害典型症状图片请参考 http://www.1988.tv/Upload_ Map/Bingchonghai/Big/2014/8－14/201481495436331.jpg 和 https://p1.ssl.qhmsg.com/t0117adfd323dcd561f.jpg。

发病规律：病菌以菌丝体和分生孢子器在病残体上越冬。翌年春从分生孢子器中释放出大量分生孢子，通过风雨传播，湿度大的条件下孢子萌发。当棉苗第一真叶刚长出来时，遇低温降雨，幼苗生长弱，易发病。

防治措施：①选种抗病品种、晒种，提高发芽率，消灭种子表面病菌；②适期播种，播种时避免过深过浅；③加强苗期肥水管理，保障棉苗健壮生长；④加强田间管理，棉苗出土后，及时中耕，提高地温、降低湿度，促进根系发育；⑤轮作倒茬，清除病残体，减少侵染源；⑥药剂防治，发病初期用波尔多液、50%多菌灵可湿性粉剂、70%代森锰锌可湿性粉剂、50%退菌特等杀菌剂兑水喷雾进行防治，每隔 7~10 天喷 1 次，连续防治 2~3 次。

6. 棉花轮斑病

病原：由半知菌亚门真菌大孢链格孢菌（*Alternaria macrospora* Zimm.）、细链格孢菌（*Alternaria tenuissima* Wiltsh.）、棉链格孢菌［*Alternaria gossypina*（Thum.）Hopk.］等引起。

症状：主要为害叶片，茎和棉铃，苗期叶片受害最重。叶片染病，初为红色或淡褐色小圆斑点，之后扩大成近圆形褐色病斑，有同心轮圆斑纹。天气潮湿时，病斑上有褐色霉层。叶片逐渐枯萎脱落，严重时棉苗变黑枯死。茎受害出现不规则黑褐色病斑，铃上病斑不规则，紫褐色或淡褐色。病害典型症状图片请参考 http://a4.att.hudong.com/63/88/01200000024966136358886233566_ s.jpg 和 https://p1.ssl.qhmsg.com/t01cc29220a69aec34d.png。

发病规律：病菌以菌丝体和分生孢子在病残体及棉籽短绒上越冬，借气流及雨水飞溅传播。早春低温高湿，苗期发病。在适宜条件下，温度越高病害越重。因土壤贫瘠、缺肥或排水不畅、中耕不及时等都可造成棉苗生长不良而引起发病。生长中后期遇阴雨连绵，会造成病害大发生。

防治措施：①选用无病种子，并于播前进行种子消毒；②清除田间病残组织，实施深翻措施，将带病的植株残体和表层土壤埋到深处以减少初侵染来源；③加强栽培管理，适时播种、早中耕、勤松土，促进棉苗健壮生长。生长期间及时开沟排水，做到沟沟相通，雨停水干，降低地下水位和田间湿度。合理施肥，增施磷、钾肥，促进棉株生长健壮，提高植株抗病性；④药剂防治，发病初期用70%代森锰锌可湿性粉剂、70%百菌清可湿性粉剂、70%甲基托布津可湿性粉剂等杀菌剂兑水喷雾进行防治。

7. 棉花枯萎病

病原：由半知菌亚门真菌尖孢镰刀菌萎蔫专化型［*Fusarium oxysporum* f. sp. *vesinfectum*（Atk.）Snyder et Hansen.］引起。

症状：主要为害根部，通过维管束扩散，引起全株发病，在棉花生育期间随时呈现症状。苗期受害，在子叶上出现黄色网状斑纹，严重时幼苗枯死。棉株现蕾期症状最明显，病株稍矮，多变畸形，节间缩短，叶片变小，病株叶缘及主脉、支脉变黄褐色，叶脉间为绿色，形成网状斑纹。后期病部变褐色，叶片萎蔫脱落。一般先从顶部叶片开始枯死，逐渐向下部发展。严重时叶片全落，形成"光秆"，有时病株半边枯黄，半边正常。潮湿时病株秆上生淡红色霉层。病株结铃少而小，有时未经开裂即枯死。横切病株基部，可见其维管束变深褐色。病害典型症状图片请参考 https://p1.ssl.qhmsg.com/t01912c3dc8d6a07028.jpg 和 http://www.haonongzi.com/pic/news/20171102162316273.jpg。

发病规律：初侵染源主要是病田带菌土壤、病残体和混有病残体病菌的堆肥以及带菌的棉籽。病菌产生大量的孢子，借风雨和蚜虫传播。夏季大雨或暴雨后，地温下降易发病。地势低洼、土壤黏重、偏碱、排水不良或偏施、过施氮肥或施用了未充分腐熟带菌的有机肥或根结线虫多的棉田，发病重。

防治措施：①选用抗、耐病品种；②加强植物检疫，严格使用无病棉种；③消灭零星病区，合理轮作倒茬，清洁田园；④及时定苗、拔除病苗，并在棉田外深埋或烧毁；⑤药剂防治，一是发现萎蔫症状的轻度病株，及时在根际刨开表土灌浇70%敌克松1 000倍液，药水渗完后及时盖土；二是用50%多菌灵可湿性粉剂、70%甲基托布津可湿性粉剂等杀菌剂加腐殖酸类叶面肥混合喷施，增强植株抗病力，控制病害的发生。

8. 棉花黄萎病

病原：由半知菌亚门真菌大丽花轮枝孢菌（*Verticillium dahliae* Kleb.）引起。

症状：主要为害根部，通过维管束扩散，引起全株发病。先在下部叶片呈现症状，逐渐向上部叶片扩展。病部叶片边缘和侧脉间生褪绿斑，形成不规则形，扩大后变褐色，最后仅主脉附近呈绿色，整个叶片变成褐色掌状块斑。严重时叶片皱缩干枯，有时破裂。潮湿时病部产生白色霉层。横切病株茎部，可见维管束变褐色。铃期发病最重，吐絮期停止。病害典型症状图片请参考 https://p1.ssl.qhmsg.com/t017a920702542fc31a.jpg 和 http://www.agropages.com/UserFiles/FckFiles/20120209/2012-02-09-03-07-41-3041.jpg。

发病规律：初侵染源主要是病田带菌土壤、病残体和混有病残体病菌的堆肥以及带菌的棉籽。在温度适宜范围内，湿度、雨日、降水量是决定病害消长的重要因素。地温低、日照时数少、雨日天数多，发病重。连作棉田、施用未腐熟的带菌有机肥及缺少磷、钾肥的棉田，易发病。大水漫灌常造成病区扩大。

防治措施：①选用抗病品种；②做好检疫工作，严防病区扩大；③消灭零星病区，合理轮作倒茬，清洁田园；④科学施肥，不要偏施、过施氮肥，做好氮磷钾配合施用，提高抗病力；⑤加强田间管理，改善棉田生态环境使棉田土温较高，湿度适宜，忌大水漫灌；⑥利用木霉菌对大丽轮枝菌有较强拮抗作用，来改变土壤微生物区系进而减轻发病；⑦药剂防治，对于零星病株，采取人工拔除病株，挖除病土，并用16%氨水或氯化苦、福尔马林、90%~95%棉隆粉剂等进行土壤熏蒸或消毒。对于轻度病田，用杀菌农药30%恶霜嘧铜菌酯、12.5%治萎灵液剂，30%甲霜恶霉灵等兑水进行灌根处理。

9. 棉花茎枯病

病原：由半知菌亚门真菌棉壳二孢菌（*Ascochyta gossypii* Syd.）引起。

症状：主要为害叶片、叶柄或幼茎，苞叶、铃壳和棉绒上也可发生。幼苗染病，子叶和真叶发病，初始为黄褐色小圆斑，边缘紫红色，之后扩大成近圆形或不规则形的褐色斑，表面散生许多小黑点。茎部及叶柄受害，初始为红褐色小点，之后扩展成暗褐色梭形溃疡斑，中央凹陷，周围紫红。病情严重时，病部破碎脱落，茎枝枯死。病害典型症状图片请参考 https://p1.ssl.qhmsg.com/t01f2c88d6516e31ef0.jpg 和 http://www.

haonongzi.com/pic/news/20180802175221232.jpg。

发病规律：病菌以菌丝体和孢子器在土壤中的病残体上越冬。大风、暴雨造成枝叶损伤，有利于病菌侵染和传播。棉蚜为害严重的棉田，蚜虫造成的伤口也多，茎枯病也较重。连作棉田、苗期长势瘦弱的棉田，发病重。

防治措施：①选用抗病品种；②施足基肥，增施有机肥，创造良好的棉株生长环境，提高抗病力；及时中耕，改善田间通风透光条件，降低田间湿度；实行轮作；对发病重的田块，最好实行与禾本科作物轮作，尤其与水稻轮作。清除并翻埋病枝病叶，及时治虫防病；③整枝摘叶，改善棉田通风透光条件；④抢摘病铃，减少损失；⑤药剂防治，一是棉籽在硫酸脱绒后，拌上呋喃丹与多菌灵配的种衣剂，既防病又可兼治蚜虫；二是苗期或成株期发病初期，用 65% 代森锌或 70% 甲基托布津等杀菌剂兑水喷雾进行防治，隔 7~10 天喷 1 次，连续 1~2 次。

10. 棉花疫病

病原：由鞭毛菌亚门真菌苎麻疫霉（*Phytophthora boehmeriae* Sawada.）引起。

症状：主要为害棉铃，多发生于中下部果枝的棉铃上，多从棉铃苞叶下的果面、铃缝及铃尖等部位开始发生。染病后，初始产生淡褐、淡青至青黑色水浸状病斑，湿度大时病害扩展很快，整个棉铃变为有光亮的青绿至黑褐色病铃。多雨潮湿时，棉铃表面可见一层稀薄白色霜霉状物。青铃染病，易腐烂脱落或成为僵铃。病害典型症状图片请参考《棉花疫病和灰霉病的发生规律与防治措施》（李英、钟文，发表于《农业灾害研究》2015 第 5 卷第 4 期，1-2 页，11 页）。

发病规律：病菌在铃壳中可存活 3 年以上，且有较强的耐水能力，病菌随雨水溅散或灌溉等传播。积水可造成该病害大发生。棉花疫病的发生、流行与气候、虫害情况、寄主抗性、栽培管理等情况相关。结铃吐絮期间，阴雨连绵，田间湿度大，病害易发生。果枝节位低、短果枝、早熟品种受害重。迟栽晚发，后期偏施氮肥的棉田，发病重。郁闭，大水漫灌，易引起病害流行。

防治措施：①选用抗病品种；②实行宽窄行种植；③采用配方施肥技术，避免过多、过晚施用氮肥；④及时去空枝、抹赘芽、打老叶；⑤雨后及时开沟排水，中耕松土，合理密植；⑥摘除染病的烂铃，抓好前期病害防治；⑦及时防治棉田玉米螟、甜菜夜蛾、棉铃虫、红铃虫等棉田害虫，防止虫害造成伤口，减少病菌侵入途径；⑧药剂防治，发病初期及时用 65% 代森锌可湿性粉剂、50% 多菌灵可湿性粉剂、58% 甲霜灵·锰锌可湿性粉剂、64% 杀毒矾可湿性粉剂、69% 安克·锰锌可湿性粉剂等兑水喷雾进行防治，隔 10 天左右喷施 1 次，连续防治 2~3 次。

11. 棉花灰霉病

病原：由半知菌亚门真菌灰葡萄孢（*Botrytis cinerea* Pers.）引起。

症状：主要为害棉铃。灰霉病主要发生在棉花疫病、炭疽病侵染过的棉铃上，棉铃表面长有灰绒状霉层，病情严重的造成棉铃干腐。病害典型症状图片请参考《棉花疫病和灰霉病的发生规律与防治措施》（李英、钟文，发表于《农业灾害研究》2015 第 5 卷第 4 期，1-2 页，11 页）。

发病规律：病菌主要以菌核在土壤中或以菌丝及分生孢子在病残体上越冬。翌年条件适宜时，菌核萌发，产生菌丝体和分生孢子梗及分生孢子，分生孢子成熟后脱落，借气流、雨水或露珠及农事操作进行传播，萌发时产生芽管，从寄主伤口或衰老的器官及枯死的组织上侵入，发病后在病部又产生分生孢子进行再侵染。发育适温 20 ~ 23℃，最高 31℃，最低 2℃。空气相对湿度 85%以上或棉田小气候的相对湿度高于 90%，有利于病害的发生和流行。

防治措施：①选用抗病品种；②实行宽窄行种植；③采用配方施肥技术，避免过多、过晚施用氮肥；④及时去空枝、抹赘芽、打老叶；⑤雨后及时开沟排水，中耕松土，合理密植；⑥摘除染病的烂铃，抓好前期病害防治；⑦药剂防治，发病初期用 40%多·硫悬浮剂、50%多菌灵可湿性粉剂、70%甲基硫菌灵可湿性粉剂、50%扑海因可湿性粉剂等药剂兑水喷雾进行防治，隔 7 ~ 10 天喷施 1 次，共防治 2 ~ 3 次。也可用 65%甲霉灵可湿性粉剂或 50%多霉灵可湿性粉剂，隔 10 ~ 15 天喷施 1 次，防治 1 ~ 2 次。

12. 棉花猝倒病

病原：由鞭毛菌亚门真菌瓜果腐霉菌 [*Pythium aphanidermatum*（Eds.）Fitzp] 引起。

症状：主要为害未出土种子、幼苗及出土不久的棉苗。棉苗出土后，病菌先从幼嫩的细根侵入，在幼茎基部呈现黄色水渍状病斑，严重时病部变软腐烂，颜色加深呈黄褐色，幼苗迅速萎蔫倒伏，子叶也随着褪色，呈水浸状软化。高湿条件下，病部常产生白色絮状物，即病菌的菌丝。与立枯病不同的是，猝倒病棉苗茎基部没有褐色凹陷病斑。病害典型症状图片请参考 http://p0.qhimgs4.com/t01bea0d83796eb611e.jpg。

发病规律：病菌在土壤中越冬，主要借助于游动孢子在水中游动而蔓延，棉种萌发后直接或间接侵染棉苗，大雨及随后高温天气，病害大发生。低洼地、多雨季节、土壤湿度大时，发病重。

防治措施：①搞好播前整地，加强苗期中耕松土，降低土壤湿度；②注意田间排水；③药剂防治，一是用 90%恶霉灵粉剂以种子重量的 0.2%拌种，二是在棉苗出土后或病害始发期用 40%乙磷铝、25%甲霜灵、66.6%霜霉威盐酸水剂等兑水浇灌棉株进行防治。

13. 棉花角斑病

病原：由细菌油菜黄单胞菌锦葵致病变种 [*Xanthomonas campestris* pv *malvacearum*（E. F. Smith）Dowson] 引起。

症状：主要为害棉花的种芽、叶片、茎、枝、苞叶和棉铃，从子叶期到成株期均可发病。叶片染病，初始在叶片背面出现褪色小点，这些小点很快扩大成水渍状透明病斑，随后变黑褐色。病斑的发展因受到叶脉限制而呈现多角形。有时病斑沿叶脉呈长条弯曲状，通常基部叶片最易受害，受害叶片往往早落。幼茎染病，茎部出现水渍状条斑，随后变黑色，发病严重时容易折断导致棉株枯死。病害典型症状图片请参考https://p1. ssl. qhmsg. com/t018be49589a60f626a. jpg 和 https://p1. ssl. qhmsg. com/t01e87d3674c1c13c62.jpg。

发病规律：病菌主要以种子传播为主。播种带菌种子，病菌侵染幼苗，病斑产生大量分生孢子，随风雨及昆虫传播进行再侵染。病菌除在棉籽内外越冬外，还能随同烂铃、病枝叶等留在棉田里过冬。条件适宜时，通过农事操作随人、畜、农具及水流等进行传播。多雨阴湿有利于病菌的繁殖、传播和侵染。降雨次数多，降水量大，易发病；台风暴雨袭击，发病重。海岛棉，易感病。

防治措施：①选用抗病品种；②精选棉种，合理密植，雨后及时排水，防止湿气滞留，结合间苗、定苗发现病株及时拔除；③采用配方施肥技术，提倡施用有益微生物沤制的堆肥，避免偏施、过施氮肥；④提倡采用垄作或高畦栽培，科学灌溉，严禁大水漫灌，及时中耕；⑤轮作倒茬，清除病残体，减少侵染源；⑥药剂防治，发病初期用72%农用链霉素加配50%多菌灵可湿性粉剂、70%甲基托布津可湿性粉剂、25%络氨铜可湿性粉剂等药剂兑水喷雾进行防治，隔5天左右喷1次，连续喷2~3次。

二十三 南瓜主要病害

1. 南瓜白粉病

病原： 由子囊菌亚门真菌瓜白粉菌（*Erysiphe cichoracearum* Zheng &. Chen）和瓜单囊壳菌［*Sphaerotheca cucurbitae*（Jacz.）Z. Y. Zhao］引起。

症状： 主要为害叶片，也可为害叶柄和茎。初始叶片两面出现近圆形白色粉状小霉点，以叶面为多，之后逐渐扩大为直径1~2厘米的白色霉斑，随病情发展，白粉斑逐渐相连成片，发病严重时全叶布满白粉，白粉下面的叶组织先为淡黄色变褐色，后期变成灰白色，导致病叶枯黄变脆或卷缩，但不脱落。在秋季，病叶上还可产生黑色的点状物。叶柄和嫩茎的症状与病叶相似但白粉较少。病害典型症状图片请参考 https://p1.ssl.qhmsg.com/t013ce8b2f31581dd09.jpg，https://p1.ssl.qhmsg.com/t01f57fb4d54eba83b1.jpg 和 https://p1.ssl.qhmsg.com/t0123e350af10468cc6.jpg。

发病规律： 从苗期至收获期均可受害，以生长中后期为害较重。温暖多湿或高温干旱的天气有利于病害的发生。该病在高温高湿与高温干燥交替出现时发病达到高峰。种植过密、偏施氮肥、大水漫灌、植株徒长、湿度较大，都有利于发病。

防治措施： ①选用抗病良种，并于播前进行种子消毒；②重病地最好与禾本科作物实行2~3年轮作；③选择地势较高，通风、排水良好地块种植；④加强管理，合理施肥；⑤药剂防治，发病初期用10%世高、15%三唑酮可湿性粉剂、40%福星乳油、40%多硫悬浮剂、53.8%可杀得2000型、12.5%速保利、2%加收米等杀菌剂兑水进行喷雾防治，隔7~10天喷1次，连续喷2~4次。喷雾时尽量使用小孔径喷片，以降低叶片表面湿度，正反面都要喷到。

2. 南瓜炭疽病

病原： 由半知菌亚门真菌刺盘孢菌［*Colletotrichum orbiculare*（Berk. & Mont.）Arx.］引起。

症状： 主要为害叶片、叶柄、茎蔓和瓜果。幼苗期发病，子叶边缘出现圆形黑褐色病斑，外围有黄褐色晕圈，随病情发展，病部干枯易破碎穿孔；茎基部染病，变成黑褐色，病部缢缩；成株期发病，病叶初始呈水浸状圆形病斑，后呈黄褐色，茎或叶柄上病斑呈圆形、凹陷，病斑蔓延至周围，导致植株枯死；果实发病，幼果受害后发育不正常。成熟果实染病，初始出现浅绿色水渍状斑点，随后变成暗褐色凹陷斑，随病情发展扩大后，病斑凹处龟裂。湿度大时，产生粉红色黏质物，严重的整瓜腐烂。病害典型症状图片请参考 https://p1.ssl.qhmsg.com/t01243acbd7596d51b2.jpg 和 http://a1.att.hudong.com/82/08/20300533996319134008086953842.jpg。

发病规律：病菌以菌丝体及菌核随病残体在土壤中越冬，也可潜伏在种子上越冬，翌年菌丝体产生分生孢子，随雨水或地面流水再侵染，往往贴近地面的叶片先发病。地势低洼、排水不良，条件适宜时，易发病，造成植株生长停滞。多阴雨、地块低洼积水、重茬地种植、施用氮肥过多、通风透光性差、植株生长衰弱，易发病。

防治措施：①合理轮作；②种子消毒处理；③加强田间管理，筑高畦覆膜栽培，施足基肥，增施磷、钾肥，适当控制灌水，雨后及时排水，及早摘除初期病瓜、病叶，减少田间菌源，露水干后进行绑蔓、采收等农事操作，避免人为传播病菌，收获后彻底清除田间病残体，将其深埋或烧毁；④药剂防治，发病初期用75%百菌清、50%多菌灵、70%甲基托布津、2%武夷霉素（阿司米星）、80%炭疽·福美、80%大生、25%施保克、40%腈菌唑等药剂兑水喷雾进行防治，轮换使用，视病情隔7天喷1次，连续防治2~3次。

3. 南瓜霜霉病

病原：由鞭毛菌亚门真菌古巴假霜霉菌（*Pseudoperonospora cubensis*）引起。

症状：主要为害叶片。发病初期，叶片背面出现水浸状黄色斑点，之后病斑逐渐扩大，受叶脉限制呈黄褐色不规则的多角形病斑。在潮湿条件下，病斑背面长有灰黑色霉层。病害一般由下部叶片向上部叶片发展，发病重时，病斑相连成片，使叶片变黄干枯、易破碎，病田植株一片枯黄，似火烧状。病害典型症状图片请参考 http://www.1988.tv/Upload_Map/2016nian/12/22/2016-12-22-09-33-19.jpg，http://www.zhongnong.com/Upload/BingHai/201141985405.JPG 和 http://www.1988.tv/Upload_Map/Bingchonghai/Big/2016/11-9/201611990852835.jpg。

发病规律：病菌以在土壤或病株残体上的孢子囊及潜伏在种子内的菌丝体越冬或越夏。以孢子囊随风雨进行传播，从寄主叶片表皮直接侵入，引起初次侵染，以后随气流和雨水进行多次再侵染。春季多雨、多雾、多露，阴雨天和晴天交替出现时，且温度上升到20~25℃，病害可迅速发生流行。棚室内昼夜温差大，湿度高，夜间易结露水；或种植过密、缺乏肥料、浇水偏多、通风不良时，病害发生严重。

防治措施：①选用抗病品种；②加强栽培、营养、温湿度管理；③药剂防治，发病初期及时用75%百菌清可湿性粉剂、64%杀毒矾可湿性粉剂、70%乙磷铝·锰锌、72.2%普力克水剂、25%甲霜灵可湿性粉剂、50%甲霜铜可湿性粉剂、72%霜克可湿性粉剂、50%福美双可湿性粉剂、50%敌菌灵可湿性粉剂、50%退菌特可湿性粉剂、72%克露可湿性粉剂等杀菌剂兑水进行喷雾防治，注意交替使用。

4. 南瓜疫病

病原： 由鞭毛菌亚门真菌辣椒疫霉（*Phytophthora capsici* Leonian.）引起。

症状： 主要为害茎、叶、果。茎蔓部染病，病部凹陷，呈水浸状，变细、变软，致病部以上枯死，病部产生白色霉层。叶片染病，初始产生圆形暗色水渍状斑，软腐、下垂，干燥时呈灰褐色，易脆裂。果实染病，初始产生时水渍状暗色至暗绿色斑，之后迅速扩展，并在病部生出白色霉状物，几天后果实软腐，在成熟果实表面上有的产生蜡质物，生产上果实底部虫伤处最易染病。病害典型症状图片请参考 https://p1.ssl.qhmsg.com/t0105264808dd47479b.jpg 和 https://p1.ssl.qhmsg.com/t011068bd2eb8304982.jpg。

发病规律： 在南方温暖地区病菌主要以卵孢子、厚垣孢子在病残体或土壤及种子上越冬，其中土壤中病残体带菌率高，是主要初侵染源。一般雨季或大雨后天气突然转晴，气温急剧上升，病害易流行。易积水的菜地，定植过密，通风透光不良，发病重。

防治措施： ①选用抗病品种；②清洁田园，深翻土地，轮作，高畦栽培；③采用配方施肥，提高抗病力；④加强田间管理；⑤进入生长后期，田间发现中心病株后，须抓准时机，及时防治，喷洒与浇灌并举。浇灌或喷淋50%甲霜铜可湿性粉剂、70%乙铝·锰锌可湿性粉剂、72.2%普力克水剂、58%甲霜灵·锰锌可湿性粉剂、64%杀毒矾可湿性粉剂、60%琥铜·乙膦铝可湿性粉剂、47%加瑞农可湿性粉剂、56%靠山水分散微颗粒剂、72%克露或克霜氰或霜脲锰锌可湿性粉剂、30%绿得保胶悬剂、58%甲霜·锰锌可湿性粉剂等药剂进行防治，采收前3天停止用药。

5. 南瓜蔓枯病

病原： 由子囊菌亚门真菌瓜类黑腐小球壳菌［*Mycosphaerella melonis*（Passerini）Chiu et Walker.］引起。

症状： 主要为害叶片、茎蔓和果实。叶片染病，病斑初始褐色，圆形或近圆形，其上微具轮纹。茎蔓染病，病斑椭圆形至长梭形，灰褐色，边缘褐色，有时溢出琥珀色的树脂状胶质物，严重时形成蔓枯，导致果实不长。果实染病，轻则形成近圆形灰白色斑，具有褐色边缘，发病重的开始时形成不规则褪绿或黄色圆斑，随后变灰色至褐色或黑色，最后病菌进入果皮引起干腐，一些腐生菌乘机侵入引致湿腐，为害整个果实。病害典型症状图片请参考 http://www.1988.tv/Upload_ Map/2016nian/11/4/2016-11-04-09-39-10.jpg 和 https://p1.ssl.qhmsg.com/t01918adaa085f61134.jpg。

发病规律： 病菌以分生孢子器、子囊壳随病残体或在种子上越冬，翌年，病菌可穿透表皮直接侵入幼苗，对老的组织或果实由伤口侵入，在南瓜果实上也可由气孔侵入。

防治措施： ①选用抗病品种，并对种子进行浸种和种衣剂拌种处理，提高种子发芽率；②清洁田间，深翻土地，与非瓜类作物实行2~3年的轮作；③采用高畦栽培，雨季及时排除积水；④分别在花蕾期、幼果期、果实膨大期喷施植物营养素壮瓜蒂灵，使瓜蒂增粗，强化营养定向输送量，促进瓜体健康生长，增强其抗病能力；⑤药剂防治，预防用 25% 阿米西达悬浮剂，生长期始发病时，用内吸治疗性杀菌剂兑水喷雾进行防治，隔 7~10 天喷 1 次，连续防治 2~3 次。

6. 南瓜猝倒病

病原：由鞭毛菌亚门真菌瓜果腐霉 [*Pythium aphanidermatum*（Eds.）Fitzp.] 引起。

症状：主要为害幼苗茎基部。幼苗染病，在茎基部，初始呈水浸状，病斑很快变成黄褐色并迅速扩展至整个茎的周围，随后病部溢缩成线状，子叶青绿时，幼苗便倒伏死亡。在苗床上，最初是零星发生，形成发病中心，迅速扩展，最后引起成片倒苗。苗床湿度大时，病残体表面及附近土壤表面出现一层白色絮状霉，最后秧苗多腐烂或干枯。病害典型症状图片请参考 http://p3.so.qhimgs1.com/sdr/400_ /t013dacfaa3e6667363.jpg 和 http://p3.so.qhmsg.com/sdr/400_ /t011613f44bbd4ff9e8.jpg。

发病规律：病菌以卵孢子在土壤中越冬，由卵孢子和孢子囊从幼苗茎基部浸染发病。低温高湿，易发病。光照不足，幼苗长势弱，纤细，抗病力下降，特别是幼苗子叶中养分快耗尽而新根尚未扎实之前，易感病。苗床管理不善，漏雨或灌水过多，保温不良，造成苗床内低温潮湿条件时，病害发生严重。

防治措施：①选择地势高燥，水源方便，旱能浇，涝能排，前茬未种过瓜类蔬菜的地块做育苗床，选用无病新土做床土；②播种前对种子进行消毒处理；③出苗后尽量不浇水，必须浇水时，要选择晴天喷洒，切忌大水漫灌；④药剂防治，发病初期用 25% 甲霜灵可湿性粉剂、64% 杀毒矾可湿性粉剂、75% 百菌清可湿性粉剂、40% 乙磷铝可湿性粉剂等兑水喷淋进行防治，每 7~10 天喷 1 次，连喷 2~3 次。

7. 南瓜立枯病

病原：由半知菌亚门真菌立枯丝核菌（*Rhizoctonia solani* Kühn）引起。

症状：主要为害种子和幼苗茎基部。播种后出苗前染病出现烂种、烂芽。出土后染病，根茎基部出现长条形黄褐色病斑，初始发病时病株白天萎蔫，夜晚恢复，随病情发展，病部凹陷缢缩成蜂腰状，致病苗萎蔫枯死，常呈立枯状，但南瓜等子叶较大，有时支撑不住，也会出现倒伏。有时病部及四周土表长有浅褐色蛛丝状霉但不显著，且病程较长，常拖至十几天病苗才枯死，别于猝倒病。病害典型症状图片请参考 https://p1.ssl.qhmsg.com/t0165352c88ec9ccb5c.jpg。

发病规律：病菌以菌丝体或有性态产生的小菌核越冬，条件适宜时直接侵入为害。发病适温 20~40℃，最高 42℃，最低 14~15℃，温暖潮湿、通风不畅、幼苗徒长，易发病。高温、高湿时，发病重。

防治措施：①从健壮植株上采种，种子在使用前要消毒，必要时，床土及栽培田也要消毒。病株、病果应尽早剔除，深埋或焚烧；②药剂防治，发病初期用 50% 多菌灵可湿性粉剂、50% 甲基托布津可湿性粉剂、25.9% 抗枯宁可湿性粉剂、农抗 120、0.3%

硫酸铜溶液、50%福美双可湿性粉剂+96%硫酸铜、5%菌毒清可湿性粉剂、10%双效灵可湿性粉剂、高锰酸钾、60%琥铜·乙磷铝可湿性粉剂、20%甲基立枯磷乳油等药剂兑水喷淋根部进行防治，隔 5~7 天灌 1 次，连灌 2~3 次。

8. 南瓜果腐病

病原： 由半知菌亚门真菌茄类镰孢瓜类专化型（*Fusarium solani* f. *cucurbitae* Snyder et Hansen）引起。

症状： 主要为害果实，幼瓜或长成的果实均可发病。初始发病时果实上产生不规则形褐色病变，水渍状，后期病部表面长出白色稍带粉红色致密霉层。干燥时病果常成褐色僵果，湿度大时腐烂。病害典型症状图片请参考 https://ima. nongyao001.com: 7002/file/upload/201603/09/10-32-34-23-23384.png。

发病规律： 病菌在土壤中越冬，病菌借助雨水和灌溉水传播蔓延。果实与土壤接触，易发病。雨日多、湿度大或高湿持续时间长，发病重。

防治措施： ①选择抗病品种；②实行作物之间轮作；③加强栽培及田间管理，采用高畦或起垄栽植，注意通风，发现病果及时摘除烧毁，雨后及时排水，防止湿气滞留，注意减少伤口，提倡把果实垫起，避免与土面接触；④药剂防治，发病初期及时向叶面交替喷洒 70%甲基托布津可湿性粉剂 800 倍液加 75%百菌清可湿性粉剂 800 倍液，或 40%多·硫悬浮剂 500 倍液，直至控制住病情为止。

9. 南瓜花腐病

病原： 由接合菌门真菌瓜笋霉〔*Choanephora cucurbitarum*（Berk. et Rav.）Thaxt.〕、东北笋霉〔*Choanephora manshurica*（Saito et Nagan）Tai〕、刺孢小克银汉霉〔*Cunninghamella echinulata*（Thaxt.）Thaxt.〕引起。

症状： 主要为害叶、花、幼果及嫩枝，以为害花、果为主。叶片染病，发病初期在叶片尖端、边缘或中脉两侧产生赤褐色小病斑，随后逐渐扩大呈放射状，沿叶脉向叶柄蔓延，直达病叶基部。病叶腐烂，凋萎下垂，空气潮湿时，病部产生大量灰白色霉状物。果腐是病菌从花的柱头侵入后，通过花粉管到达胚囊内，再经子房壁到达表面。当果实长到豆粒大时，果面上有褐色斑出现，并有褐色黏液溢出，带有发酵气味，全果迅速腐烂，最后失水变为僵果。病菌自花梗向下蔓延至枝梢时，可发生溃疡性枝腐，且病部下陷干枯，严重时枝梢枯死。病害典型症状图片请参考 https://p1.ssl.qhmsg.com/t010f1b633af5bf6917.jpg 和 https://p1.ssl.qhmsg.com/t01f9110c26c763c7b4.jpg。

发病规律： 病菌以菌丝体随病残体或产生接合孢子留在土壤中越冬，翌春产生孢子侵染花和幼果，发病后病部长出大量孢子，借风雨或昆虫传播，从伤口或幼嫩表皮侵入生活力衰弱的花和果实。发病后病部又产生大量孢子借风雨进行多次再侵染，引起一批批花和果实发病，一直为害到生长季结束。雨日多的年份，发病重。

防治措施： ①与非瓜类作物实行 3 年以上轮作；②采用高畦或高垄栽培，覆盖地膜；③平整土地、合理浇水，严禁大水漫灌，雨后及时排水，严防湿气滞留；④坐果后及时摘除病花、病果集中烧毁；⑤药剂防治，发病初期用86.2%氧化亚铜可湿性粉剂、47%加瑞农可湿性粉剂、72%霜脲锰锌可湿性粉剂、69%烯酰锰锌可湿性粉剂等杀菌剂兑水喷雾进行防治，注意药剂交替使用。

10. 南瓜斑点病

病原：由半知菌亚门真菌南瓜叶点霉（*Phyllosticta cucurbitacearum* Sacc.）引起。

症状：主要为害叶片和花轴。叶片染病，出现圆形白色小斑点，斑点中部有黑色小粒点。叶缘黑褐色，病健部交界处呈湿润状，湿度大时斑面密生小黑点，严重的叶斑融合，导致叶片局部枯死。花轴或花染病，病部呈黑色湿润状，或呈黑褐色腐烂。病害典型症状图片请参考 http://www.haonongzi.com/pic/news/20160701144906902.jpg 和 http://p0.so.qhimgs1.com/sdr/400_/t01bebbb8dd4567844c.jpg。

发病规律：病菌以分生孢子器或菌丝体随病残体遗落土中越冬，翌春以分生孢子进行初侵染和再侵染，借雨水溅射传播。高温多湿的天气是南瓜斑点病发病的重要条件。地势低洼或株间郁闭，发病重。

防治措施：①选用抗病品种，播种前对种子进行消毒处理；②合理轮作，避免在低洼地种植，种植前应及时清除前茬作物病残体，深翻晒土，配合喷施消毒药剂对土壤进行消毒处理；③加强管理，适时中耕除草，浇水追肥，同时注意改善株间通透性；④药剂防治，发病初期用70%甲基托布津可湿性粉剂、75%百菌清可湿性粉剂、40%多硫悬浮剂、50%敌菌灵可湿性粉剂、50%扑海因可湿性粉剂等针对性药剂进行防治，每隔10~15天喷1次，注意喷匀喷足，连续2~3次。

11. 南瓜细菌性缘枯病

病原：由细菌边缘假单胞菌边缘假单胞致病型［*Pseudomonas marginalis* pv. *marginalis*（Brown）Stevens］引起。

症状：主要为害叶片。叶片染病，初在叶缘水孔附近产生水渍状斑点，之后扩展成浅褐色不规则形病斑，周围具晕圈；发病重的形成 V 字形褐色大斑。病斑多时，整个叶片枯死。病害典型症状图片请参考 http://a4.att.hudong.com/11/28/20300001385827140109286963750_s.jpg 和 http://www.nonglinzhongzhi.com/uploads/allimg/20170505/14eexnenxsxrl14.jpg。

发病规律：病原在种子上或随病残体留在土壤中越冬，成为翌年的初侵染源。病原从叶缘水孔等自然孔口侵入，靠风雨、田间操作传播蔓延和重复侵染。病害发生主要受降雨引起的湿度变化及叶面结露影响。当湿度上升到70%以上时6~8小时即可发病，结露时间越长，发病越重。

防治措施：①选用耐病品种或从无病瓜上选留种，并于播种前对种子进行消毒处理；②与非瓜类作物实行2年以上轮作；③加强田间管理，生长期及收获后清除病叶，及时深埋；④药剂防治，发病初期用14%络氨铜水剂、50%甲霜铜可湿性粉剂、50%琥胶肥酸铜可湿性粉剂、60%琥铜·乙膦铝可湿性粉剂、77%可杀得可湿性微粒粉剂、硫酸链霉素、72%农用链霉素可溶性粉剂等杀菌剂兑水进行喷雾防治。

12. 南瓜病毒病

病原： 主要由甜瓜花叶病毒（Melon mosaic virus，MMV），南瓜花叶病毒（Pumpkin mosaic virus，PMV），黄瓜花叶病毒（Cucumber mosaic virus，CMV），烟草花叶病毒（Tobacco mosaic virus，TMV），黄瓜绿斑花叶病毒（Cucumber green spot mosaic virus，CGSMV）等侵染引起。

症状： 主要要4种类型。①花叶型，叶片和瓜果呈不规则形褪绿或现浓绿与淡绿相间斑驳，植株叶片受害后先产生淡黄色不明显的斑驳，后呈现浓淡不均浅黄绿镶嵌状花叶，叶片变小，叶缘向叶背卷曲，变硬发脆。②黄化型，上部新生叶颜色逐渐变成浅黄色，受害叶片的叶脉呈绿色，叶肉变黄绿色至淡黄色。③皱缩型，新生叶沿着叶脉呈现浓绿色隆起皱斑或沿着叶脉坏死，叶片增厚、叶面皱缩，有时变成蕨叶、裂叶，甚至叶片变小。④绿斑型，新生叶上先出现黄色小斑点，后变为浅黄色或暗绿色斑纹。病害典型症状图片请参考 http://www.haonongzi.com/pic/news/20180607160029352.jpg 和 http://www.haonongzi.com/pic/news/20180607160049957.jpg。

发病规律： 病毒病可通过农事操作、传毒昆虫、植株间摩擦等交叉接触感染，传染迅速，寄主范围广。遇高温干旱天气，蚜虫发生重，病毒病发生为害就重。土质黏性重、板结，土壤瘠薄、施肥不足，或施用未腐熟有机肥，偏施氮肥，缺磷钾肥，植株长势弱或徒长，田间杂草多，以及连作地，发病重。

防治措施： ①选用抗病品种，培育壮苗，加强管理；②播种前种子处理；③及时防治蚜虫和其他害虫，减少传播媒介；④叶面喷肥，增强植株抵抗力；⑤药剂防病，发病初期用1.5%植病灵乳剂、0.5%抗毒剂1号水剂、20%盐酸吗啉胍铜可湿性粉剂、5%菌毒清水剂等药剂兑水喷雾进行防治。

二十四　茄子主要病害

1. 茄子猝倒病

病原：由鞭毛菌亚门真菌瓜果腐霉菌［*Pythium aphanidermatum*（Eds.）Fitzp］引起。

症状：主要为害幼苗，在 1~2 片真叶以前最容易受害。幼苗染病，病苗近地面的茎基部出现水浸状病斑，随病情发展病部变黄缢缩，凹陷成线状，随即折倒在地，幼苗叶片仍为鲜绿色。该病害在苗床上多零星发生，随后迅速向周围扩展而成片猝倒。环境潮湿时，在病苗及附近土面长出一层明显的白色绵状菌丝。病害典型症状图片请参考 https://p1.ssl.qhimgs1.com/bdr/326_ /t01e6acf00f1aabe28c.jpg。

发病规律：病菌随病株残体在土壤中越冬或在腐殖质中腐生，靠雨水或土壤中水分的流动传播，气温 15~20℃时繁殖较快。在春季或冬季育苗时，遇到阴雨或下雪天气，或浇水过多、通风不良时，会造成温床温度低、湿度大，导致病害严重发生。

防治措施：①选用抗病品种；②选多年未种过茄果类蔬菜的田园土作床土；床土要充分暴晒；③出苗后尽量少浇水，浇水后注意通风排湿；④选择地势高燥，排水良好的肥沃地块种植；⑤药剂防治，发病前喷腐光（含氟乙蒜素）乳油 1 500~2 000 倍液进行预防，发病初期用施耐功水剂、福美双、多菌灵等杀菌剂兑水喷雾进行治疗，连防 1~2 次。

2. 茄子立枯病

病原：由半知菌亚门真菌立枯丝核菌（*Rhizoctonia solani* Kühn）引起。

症状：主要为害茎基部，多发生在育苗中后期。幼苗染病，茎基部出现椭圆形褐色病斑，随病情发展，随后变细缢缩，最终导致茎叶萎蔫枯死。地上部表现为幼苗叶片白天萎蔫，晚上恢复，反复几次后枯萎死亡。病害典型症状图片请参考 https://p1.ssl.qhimgs1.com/bdr/326_ /t01ed17f1d91e460419.png 和 https://p1.ssl.qhmsg.com/t01b258793106bbb802.jpg。

发病规律：病菌以菌丝体或菌核在土壤中越冬，且可在土壤中腐生 2~3 年。菌丝能直接侵入寄主，通过水流、农具、带菌堆肥等传播。土壤水分多、施用未腐熟的有机肥、播种过密、幼苗生长衰弱、土壤酸性等的田块，发病重。育苗期间阴雨天气多，易发病，发病重。

防治措施：①使用营养钵育苗，使用腐熟的有机肥；②选种适宜品种，选择地势高，排水良好的肥沃地块，温室选多年未种过茄果类蔬菜的田园土作床土。床土要充分暴晒，或加入40%拌种双可湿性粉剂制成药土混入床土中；③出苗后尽量少浇水，浇水后注意通风排湿；④加强苗床管理，注意提高地温，科学放风，防止出现高温高湿条件；⑤药剂防治，发病初期用70%甲基托布津可湿性粉剂、50%多菌灵可湿性粉剂、20%利克菌可湿性粉剂、15%恶霉灵水剂等杀菌剂兑水进行喷雾防治。

3. 茄子枯萎病

病原：由半知菌亚门真菌尖镰孢菌茄专化型（*Fusarium oxysporum* f. sp. *melongenae* Matuo et lshigami Schlecht.）引起。

症状：主要为害根部，通过维管束扩散，影响全株。植株感病后，病株叶片自下向上逐渐变黄枯萎，病症多表现在一、二层分枝上，有时同一叶片仅半边变黄，另一半健全如常。横切病茎，可见维管束呈褐色。病害典型症状图片请参考 https://p1.ssl.qhmsg.com/t01de88caed4f3a7f5f.jpg 和 https://p1.ssl.qhmsg.com/t01cdab44f3fb25b825.jpg。

发病规律：病菌以菌丝体或厚垣孢子随病残体在土壤中或附着在种子上越冬，可营腐生生活。一般从幼根或伤口侵入寄主，进入维管束，堵塞导管，并产出有毒物质镰刀菌素，扩散开来导致病株叶片黄枯而死。病菌喜温暖、潮湿的环境。多年连作、排水不良、雨后积水、酸性土壤、地下害虫为害重及栽培上偏施氮肥等的田块，易发病，发病重。

防治措施：①选用抗病、耐病品种；②嫁接育苗防病；③实行3年以上轮作，施用充分腐熟的有机肥，采用配方施肥技术，适当增施钾肥，提高植株抗病力。采用高畦种植，合理密植，注意通风透气；合理灌溉，雨后排水，促进根系生长；④药剂防治，在田间发现病株，应及时拔除，并进行全田施药，用14%络氨铜水剂、54.5%恶霉·福可湿性粉剂、5%水杨菌胺可湿性粉剂、68%恶霉·福美双可湿性粉剂等药剂兑水向茎基部喷淋或浇灌进行防治，视病情隔7天灌1次。

4. 茄子黄萎病

病原：由半知菌亚门真菌的大丽轮枝菌（*Verticillium dahliae* Kleb.）引起。

症状：主要为害根部，通过维管束扩散影响全株。一般在门茄坐果后开始表现症状，植株半边下部叶片近叶柄的叶缘部及叶脉间发黄，渐渐发展为半边叶或整叶变黄，叶缘稍向上卷曲，有时病斑仅限于半边叶片，引起叶片歪曲。晴天高温，病株萎蔫，夜晚或阴雨天可恢复。病情急剧发展时，往往全叶黄萎，变褐枯死。症状由下向上逐渐发展，严重时全株叶片脱落，多数为全株发病，少数仍有部分无病健枝。病株矮小，株形不舒展，果小，长形果有时弯曲，纵切根茎部，可见到木质部维管束变色，呈黄褐色或棕褐色。病害典型症状图片请参考 https://p1.ssl.qhmsg.com/t015ef2d74dd2885e90.jpg 和

https://p1.ssl.qhmsg.com/t01f7de85718d18a997.jpg。

发病规律: 病菌以菌丝、厚垣孢子随病残体在土壤中越冬,一般可存活6~8年。病菌在田间靠灌溉水、农具、农事操作传播扩散。从根部伤口或根尖直接侵入。雨水多,地温低,田间湿度大,发病早而重。重茬地,发病重。施未腐熟带菌肥料,发病重。缺肥或偏施氮肥,发病重。

防治措施: ①选用抗病品种;②选择地势平坦、排水良好的沙壤土地块种植,并深翻平整。发现过黄萎病的地块,要与非茄科作物轮作4年以上,其中以与葱蒜类轮作效果较好;③多施腐熟的有机肥,增施磷、钾肥,促进植株健壮生长,提高植株抗性;④发现病株及时拔除,收获后彻底清除田间病残体集中烧毁;⑤用嫁接育苗的方法防病;⑥加强水肥管理。

5. 茄子绵疫病

病原: 由鞭毛菌亚门真菌茄疫霉菌(*Eggplant Phytophthora*)引起。

症状: 主要为害果实、叶、茎、花器等部位。苗期染病,在幼苗基部产生暗褐色水渍状斑,缢缩或倒伏而死;果实染病,下部老果受害较多,先从果实中部或脐部出现,初期病部产生有水浸状圆形或椭圆形大小为1厘米的凹陷斑点,之后扩大呈黄褐至暗褐色软腐凹陷,很快蔓延到整个果实,随后病部逐渐收缩,质地变软,表皮有皱纹。潮湿条件下,病斑上生有白色棉毛状物,内部果肉变黑腐烂,易与花萼一起掉落。病害典型症状图片请参考 https://p1.ssl.qhmsg.com/t011835694f0f98dbaf.jpg 和 https://p1.ssl.qhmsg.com/t017d3c88da8def601f.jpg。

发病规律: 病菌主要在土壤中的病残体上越冬,成为第二年的初侵染来源,可直接侵染幼苗的茎或根,或经雨水冲刷溅射到靠近地面的果实上发病。病菌生长的适宜温度为28~30℃,高湿或连阴雨条件下发病较快。连作、土壤黏重、地势低洼、排水不良的地块,发病重。栽植过密、田间通风不良、偏施氮肥、管理粗放的地块,发病重。

防治措施: ①选用抗病品种;②选择地势高燥、排水良好的沙质壤土,高畦或小高垄定植,以利于雨后排水;③合理密植,避免偏施氮肥及过量施用氮肥,适时整枝,及时摘除下部黄叶、老叶、病叶,改善行间通风透光条件,随时摘除病果、烂果,将病叶、病果集中烧毁或深埋,不要与茄科作物连作;④药剂防治,发病初期用50%甲基托布津、72%的杜邦克露可湿性粉剂、72.2%的普力克水剂、64%的杀毒矾可湿性粉剂等药剂兑水喷雾进行防治,每7~10天喷1次,防治2~3次,重点喷淋植株中下部的茄果及地面,采用交替用药混合用药的方式效果更佳。

6. 茄子根腐病

病原: 由半知菌亚门真菌腐皮镰孢菌[*Fusarium solani*(Mart.)Sacc.]引起。

症状: 主要为害根部。植株染病后,易见症状是叶片白天萎蔫,早晚复原,反复多日后,叶片开始变黄干枯;同时根部和根基部表皮呈褐色,初生根或支根表皮变褐,皮层遭到破坏或腐烂，毛细根腐烂，导致养分供应不足；下部叶片迅速向上变黄萎蔫脱落，继而根部和根基部表皮呈褐色，根系腐烂，且外皮易剥落致褐色木质部外露，但根基以上的部位以及叶柄内均无病变，叶片上亦无明显病斑，最后植株枯萎而死。病害典型症状图片请参考 https://p1.ssl.qhmsg.com/t01ec88d3b89d863b71.jpg 和 http://www.haonongzi.com/pic/news/20160415161400795.jpg。

发病规律： 病菌以菌丝体、厚垣孢子或菌核在土壤中及病残体上越冬。其厚垣孢子可在土中存活 5~6 年甚至 10 年，成为主要侵染源。病原由根部伤口或根直接侵入，通过水流传播。高温、高湿利于发病，连作地、低洼地、黏土地或下水头地，发病重。

防治措施： ①合理的选择茬口与轮作，实行高畦垄作栽培；②尽量施用农家肥，减少化肥的施用量，可减轻病害的发生；③不要在阴雨的天气进行浇水，忌大水漫灌；④药剂防治，一是用 50%多菌灵可湿性粉剂，或 50%苯菌灵可湿性粉剂 2 千克拌细土 30~40 千克制成的药土与适量细土拌匀，在定植前均匀撒入定植穴中；二是发病初期用 90%敌克松粉剂、克菌等药剂兑水进行交替灌根进行防治，敌克松药液要随配随用，避免日光照射引起光解。

7. 茄子白粉病

病原： 由子囊菌亚门真菌单丝壳白粉菌［*Sphaerotheca fuliginea*（Schlecht）Poll.］引起。

症状： 主要为害叶片。叶片染病，发病初期叶面出现不规则褪绿黄色小斑，叶背相应部位则出现白色小霉斑，以后病斑数量增多，白色粉状物日益明显而呈白粉斑。白粉状斑相互连合，扩展后遍及整个叶面，严重时叶片正反面全部被白粉覆盖，最后导致叶片组织变黄干枯。病害典型症状图片请参考 https://ima.nongyao001.com:7002/20184/16/F7D897EF845F474AA9678D3ED761ED60.png 和 https://p1.ssl.qhmsg.com/t01b15eccee9d1e7a7d.jpg。

发病规律： 病菌主要以闭囊壳在病残体上越冬，翌年条件适宜时，放射出子囊孢子进行传播，进而产生无性孢子扩大蔓延，引致病害流行。在高温高湿或干旱环境条件下，易发病。

防治措施： ①选用抗病品种；②实行轮作；③科学施肥，避免过量施用氮肥，增施磷钾肥，防止徒长；④合理密植，通风、降湿；⑤及时清除病、老叶和病残体；⑥药剂防治，发病初期及时用醚菌·啶酰菌悬浮剂+80%代森锰锌可湿性粉剂、40%硅唑·多菌灵悬浮剂、70%硫黄·甲硫灵可湿性粉剂、40%双胍三辛烷基苯磺酸盐可湿性粉剂+50%克菌丹可湿性粉剂、5%烯酯菌胺乳油+50%灭菌丹可湿性粉剂、75%十三吗啉乳油+75%百菌清可湿性粉剂等杀菌剂及其组合兑水喷雾进行防治，轮换使用，视病情隔 7~10 天喷药 1 次。

8. 茄子炭疽病

病原： 由半知菌亚门真菌平头刺盘孢菌 [*Colletotrichum truncatum*（Schw.）Andrus et Moore] 引起。

症状： 主要为害果实。果实染病，在果面形成近圆形病斑，大小 15～25 毫米，初始表面灰褐色，随后变成灰白色，病斑上生出大量黑点状毛刺（病菌分生孢子盘）。病害典型症状图片请参考 https://p1.ssl.qhmsg.com/t01ad87f2ad441aa448.jpg 和 https://p1.ssl.qhmsg.com/t0181c08fa0bfd4e633.jpg。

发病规律： 病菌以菌丝和未成熟的分生孢子盘随病残体遗留在土壤中越冬，病菌也可以菌丝潜伏在种子上，种子发芽后直接侵害子叶，使幼苗发病。田间靠风雨传播。低温多雨的年份，发病重，烂果多。重茬地、地势低洼、排水不良、氮肥过多、植株郁蔽或通风不良、植株生长势弱的地块，发病重。

防治措施： ①从无病果上采种，并于种子播种前进行温水浸种，晾干后再播种；②采用高畦或起垄栽培，及时插杆架果，可减轻发病；③发病地与非茄科蔬菜进行 2～3 年轮作；④培育壮苗，适时定植，避免植株定植过密；⑤合理施肥，避免偏施氮肥，增施磷、钾肥。适时适量灌水，雨后及时排水；⑥药剂防治，发病初期用 75％百菌清、50％多菌灵、70％甲基托布津、2％武夷霉素、80％炭疽·福美、80％大生、25％施保克、40％腈菌唑等药剂兑水喷雾进行防治，轮换使用，视病情隔 7～10 天喷 1 次，连续防治 2~3 次。

9. 茄子褐纹病

病原： 由半知菌亚门真菌茄褐纹拟茎点霉 [*Phomopsis vexans*（Sacc. et Syd.）Harter] 引起。

症状： 主要为害叶、茎和果实，苗期、成株期均可发病。幼苗受害，多在茎基部出现近菱形的水渍状斑，随后变成黑褐色凹陷斑，环绕茎部扩展，导致幼苗猝倒。稍大的苗则呈立枯，病部上密生小黑粒；成株受害，叶片上出现圆形至不规则形病斑，斑面轮生小黑粒；主茎或分枝受害，出现不规则形灰褐色至灰白色病斑，斑面密生小黑粒，严重的茎枝皮层脱落，造成枝条或全株枯死；茄果受害，长形茄果多在中腰部或近顶部开始发病，病斑呈椭圆形至不规则形，病斑中部下陷，边缘隆起，病部具明显轮纹，其上密生小黑粒，病果易落地变软腐，挂留枝上易失水干腐成僵果。病害典型症状图片请参考 https://p1.ssl.qhmsg.com/t01e67b74e853e1f68e.jpg，https://p1.ssl.qhmsg.com/t01a1c8b273432ff769.jpg，https://ps.ssl.qhmsg.com/bdr/300_115_/t01d2d45d42d387b4d6.png 和 https://p1.ssl.qhmsg.com/t01f560248b64f11fdb.jpg。

发病规律： 病菌以菌丝体或分生孢子器在土表的病残体上越冬，同时也可以菌丝体潜伏在种皮内部或以分生孢子黏附在种子表面越冬。病菌的成熟分生孢子器在潮湿条件下可产生大量分生孢子，分生孢子萌发后可直接穿透寄主表皮侵入，也能通过伤口侵染。病苗及茎基溃疡上产生的分生孢子为当年再侵染的主要菌源，然后经反复多次的再侵染，造成叶片、茎秆的上部以及果实大量发病。分生孢子在田间主要通过风雨、昆虫以及人工操作传播。种植密度大、通风透光不好，发病重。氮肥施用太多，生长过嫩，抗性降低，易发病。土壤黏重、偏酸；多年重茬，田间病残体多；氮肥施用太多、肥力不足、耕作粗放、杂草丛生的田块，发病重。肥料未充分腐熟、有机肥带菌或肥料中混有本科作物病残体，易发病。阴雨天或清晨露水未干时整枝，或虫伤多，病菌从伤口侵入，易发病。地势低洼积水、排水不良、土壤潮湿，易发病。高温、高湿、连阴雨、日照不足，易发病。

防治措施：①播种或移栽前，或收获后，清除田间及四周杂草，集中烧毁或沤肥；深翻地灭茬，促使病残体分解，减少病原和虫原；②和非本科作物轮作，选用抗病品种，选用无病、包衣的种子；③选用排灌方便的田块，开好排水沟，降低地下水位，达到雨停无积水；大雨过后及时清理沟系，防止湿气滞留，降低田间湿度，这是防病的重要措施；土壤病菌多或地下害虫严重的田块，在播种前撒施或沟施灭菌杀虫的药土。适时早播、早移栽、早间苗、早培土、早施肥，及时中耕培土，培育壮苗；④育苗移栽；⑤采用测土配方施肥技术，适当增施磷钾肥，加强田间管理，培育壮苗，增强植株抗病力，有利于减轻病害；⑥高温干旱时应科学灌水，以提高田间湿度，减轻蚜虫、灰飞虱危害与传毒；严禁连续灌水和大水漫灌；⑦药剂防治，一是苗床用50%多菌灵可湿性粉剂或50%福美双可湿性粉剂处理；二是对未包衣种子用10%的"401"抗菌剂、福尔马林溶液、1%高锰酸钾溶液、0.1%硫酸铜溶液等浸种处理，浸种后捞出，用清水反复冲洗后晾干播种，或用50%苯菌灵可湿性粉剂和50%福美双可湿性粉剂进行拌种；三是药剂喷施防治，苗期发病用75%百菌清可湿性粉剂、50%克菌丹可湿性粉剂、65%代森锌可湿性粉剂、40%氟硅唑乳油、77%护丰安可湿性粉剂、50%退菌特可湿性粉剂、70%代森锰锌可湿性粉剂、58%甲霜灵·锰锌可湿性粉剂、64%杀毒矾可湿性粉剂等药剂兑水喷淋防治，每隔5~7天喷1次，交替使用，共2~3次；坐果期发病用75%百菌清可湿性粉剂、70%代森锌可湿性粉剂、65%福美锌可湿性粉剂等药剂兑水喷雾进行防治。

10. 茄子菌核病

病原：由子囊菌亚门真菌核盘菌［*Sclerotinia sclerotiorum*（Lib.）De Bary］引起。

症状：主要为害茎基部，也可为害叶片、花蕾、花、果柄及果实，苗期和成株期均可发病。苗期染病，初始于茎基，初呈浅褐色水渍状，湿度大时，长出白色棉絮状菌丝，菌丝集结为菌核，病部缢缩，苗枯死。成株期发病，先从主茎基部或侧枝开始，初呈淡褐色水渍状病斑，稍凹陷，湿度大时长出白色絮状菌丝，在病茎表面及髓部形成黑色菌核，病部表面易破裂，导致植株枯死；叶片受害先呈水浸状，之后变为褐色圆斑，有时具轮纹，病部长出白色菌丝；花蕾及花受害，呈现水渍状湿腐，后脱落；果柄受害致果实脱落；果实受害，斑面长出白色菌丝体，后形成菌核。病害典型症状图片请参考 https://p3.ssl.qhimgs1.com/dmt/80_80_/t01c0019dcb02d40223.jpg 和 https://p1.ssl.

qhmsg.com/t01965bdf2fe6fec005.jpg。

发病规律：病菌以菌核在土壤中及混杂在种子中越冬或越夏。条件适宜时，菌核萌发产生子囊盘，散放出子囊孢子借气流传播，直接侵入，引起初次侵染。病菌通过病、健株间的接触，进行多次再侵染。病菌喜温暖潮湿的环境，地势低洼、排水不良、种植过密、棚内通风透光差及多年连作等的田块，发病重。

防治措施：①水旱轮作；②播种前用 10% 盐水漂洗种子 2~3 次，以汰除菌核；③加强栽培及田间管理；④药剂防治，发病初期用 50% 乙烯菌核利干悬浮剂+70% 代森锰锌可湿性粉剂、40% 菌核净可湿性粉剂+50% 克菌丹可湿性粉剂、66% 甲硫·乙霉威可湿性粉剂+70% 代森锰锌可湿性粉剂、50% 腐霉利·多菌灵可湿性粉剂、15% 水杨菌胺可湿性粉剂、30% 嘧霉·多菌灵悬浮剂等杀菌剂及其组合兑水喷雾进行防治，视病情隔 7~10 天喷 1 次，注意药剂交替使用。

11. 茄子灰霉病

病原：由半知菌亚门真菌灰葡萄孢菌（Botrytis cinerea Pers. ex Fr.）引起。

症状：可为害植株多个部位，苗期、成株期均可发病。幼苗染病，子叶先端枯死，之后扩展到幼茎，幼茎缢缩变细，常自病部折断枯死。真叶染病，出现半圆至近圆形淡褐色轮纹斑，后期叶片或茎部均可长出灰霉，致病部腐烂。成株染病，叶缘处先形成水浸状大斑，之后变褐，形成椭圆或近圆形浅黄色轮纹斑，密布灰色霉层，严重的大斑连片，致整叶干枯。茎秆、叶柄染病，产生褐色病斑，湿度大时长出灰霉。果实染病，幼果果蒂周围局部先产生水浸状褐色病斑，扩大后呈暗褐色，凹陷腐烂，表面产生不规则轮状灰色霉状物。病害典型症状图片请参考 https://p1.ssl.qhmsg.com/t01af99e3b97a2b38cf.jpg 和 ttps：/p1.ssl.qhmsg.com/t01cb6aebd5d828d9ea.jpg。

发病规律：病菌以菌丝体或分生孢子随病残体在土壤中越冬，也可以菌核的形式在土壤中越冬，成为次年的初侵染源。发病组织上产生分生孢子，随气流、浇水、农事操作等传播蔓延，形成再侵染。气温较低，湿度大，结露持续时间长，易发病，植株长势衰弱时病情加重。

防治措施：①选用耐病品种；②做好棚室内温湿度调控；③及时摘除病果、病叶、携出棚外深埋；④药剂防治，发病初期用 50% 速克灵可湿性粉剂、38.8% 霜嘧铜菌酯、41% 聚砹嘧霉胺、50% 扑海因可湿性粉剂、60% 防霉宝超微粉剂、45% 噻菌灵悬浮剂、2% 武夷霉素水剂、50% 农利灵可湿性粉剂等杀菌剂兑水喷雾进行防治。

12. 茄子褐色圆星病

病原：由半知菌亚门真菌茄生尾孢菌（Cercospora solani-melongenae Chupp）和茄尾孢菌（Cercospora melongenae Welles.）引起。

症状：主要为害叶片。叶片染病，病斑圆形或近圆形，初期褐色或红褐色，后期病斑中央褪为灰褐色，边缘仍为褐色或红褐色，最外面常有黄白色圈。湿度大时，病斑上可见淡灰色霉层（病原菌的繁殖体）。病害严重时，叶片上布满病斑，病斑汇合连片，叶片易破碎、早落。病斑中部有时破裂。病害典型症状图片请参考 https://ps.ssl.qhmsg.com/bdr/300_ 115_ /t01f84d4073d03be216.jpg 和 https://p1.ssl.qhimgs1.com/sdr/400_ / t01a5be49295fa8f7ed.jpg。

发病规律： 病菌以分生孢子或菌丝块在被害部越冬，翌年在菌丝块上产出分生孢子，借气流或雨水溅射传播蔓延。高温高湿，发病重。

防治措施： ①选种抗病品种；②加强肥水管理，合理密植，清沟排渍，改善田间通透性，增施磷钾肥；③药剂防治，发病初期用75%百菌清可湿性粉剂、50%多菌灵可湿性粉剂、40%多·硫悬浮剂、65%十二烷胍可湿性粉剂、47%春·王铜可湿性粉剂等兑水喷雾进行防治，隔7~10天防治1次，连续防治2~3次。

13. 茄子黑枯病

病原： 由半知菌亚门真菌茄棒孢菌（*Corynespora melongnae* Takimoto）引起。

症状： 主要为害叶、茎、果实。叶片染病，初始产生紫黑色圆形小点，之后扩大为圆形或不规则形病斑，直径0.5~1厘米，周缘紫黑色，内部浅些，有时形成轮纹，最终导致早期落叶。病害典型症状图片请参考 https://p1.ssl.qhmsg.com/t016ce3b1c20265086e.jpg。

发病规律： 病菌以菌丝或分生孢子附在寄主的茎、叶、果或种子上越冬，成为翌年初侵染源。此菌在6~30℃均能发育，发病适温20~25℃。高温高湿，易发病。

防治措施： ①播种前进行种子消毒处理；②加强田间管理，苗床要注意放风，田间切忌灌水过量，雨季要注意排水降湿；③药剂防治，发病初期用50%甲基硫菌灵可湿性粉剂、50%多菌灵可湿性粉剂、50%混杀硫悬浮剂、50%苯菌灵可湿性粉剂等杀菌剂兑水喷雾进行防治，隔7~10天防治1次，连续防治2~3次。

14. 茄子早疫病

病原： 由半知菌亚门真菌茄链格孢菌（*Alternarta solani* Sorauer）引起。

症状： 主要为害叶片，也可为害茎与果实。叶片染病，病斑圆形或近圆形，边缘褐色，中部灰白色，具同心轮纹，直径2~10毫米。湿度大时，病部长出微细的灰黑色霉状物。后期病斑中部脆裂，严重的病叶早期脱落。茎部症状同叶片。果实染病，产生圆形或近圆形凹陷斑，初始果肉褐色，之后长出黑绿色霉层。病害典型症状图片请参考 https://p1.ssl.qhmsg.com/t019b847d451946b918.png 和 https://p1.ssl.qhmsg.com/t017437922a326d4680.jpg。

发病规律： 病菌以菌丝体在病残体内或潜伏在种皮下越冬。植株发病后，在病部产生的分生孢子，借助风雨或灌溉水传播，进行再侵染。温暖多湿，发病重。管理粗放，底肥不足，生长衰弱，发病重。

防治措施： ①选用抗病品种，种子严格消毒，培育无菌壮苗；②实行轮作、深翻改土，结合深翻，增施有机肥料、磷钾肥和微肥，适量施用氮肥，改善土壤结构，提高保肥保水性能，促进根系发达，植株健壮；③药剂防治，发病初期用50%福美双·异菌脲可湿性粉剂、10%苯醚甲环唑水分散粒剂+75%百菌清可湿性粉剂、52.5%异菌·多菌灵可湿性粉剂、70%丙森锌可湿性粉剂、47%春雷霉素·氧氯化铜可湿性粉剂、64%氢铜·福美锌可湿性粉剂、75%肟菌·戊唑醇水分散粒剂、68.75%噁酮·锰锌水分散粒剂、0.3%檗·酮·苦参碱水剂等杀菌剂或配方兑水进行喷雾防治，视病情7~10天喷1次，注意药剂的交替使用。

15. 茄子茄生假尾孢褐斑病

病原：由半知菌亚门真菌茄生假尾孢菌（*Pseudocercospora solani-melongenicola* Goh & Hsieh）引起。

症状：主要为害叶片。叶片染病，病斑近圆形或稍呈角状，宽2~4厘米，暗灰色，边缘暗褐色至灰褐色，常围以不明显的浅黄色晕，并呈轮纹状。病害典型症状图片请参考《中国现代蔬菜病虫原色图鉴》（吕佩珂、苏慧兰、李明远等，2008年，学苑出版社）。

发病规律：病菌以分生孢子或菌丝块在被害部越冬，翌年在菌丝块上产出分生孢子，借气流或雨水溅射传播蔓延。高温高湿，易发病。

防治措施：①选种抗病品种；②加强肥水管理，合理密植，清沟排渍，改善田间通透性，增施磷钾肥；③药剂防治，发病初期用75%百菌清可湿性粉剂、50%多菌灵可湿性粉剂、40%多·硫悬浮剂、65%十二烷脒可湿性粉剂、47%春·王铜可湿性粉剂等兑水喷雾进行防治，隔7~10天防治1次，连续防治2~3次。

16. 茄子蠕孢褐斑病

病原：由半知菌亚门真菌茄长蠕孢菌（*Helminthosporium solani* Dur. & Mont.）引起。

症状：主要为害果实。果实染病，初始在果面上产生1个或几个褐色小斑点，随后扩展成棕褐色椭圆形凹陷斑，病斑四周产生紫色细线，病部果肉变软。湿度大时病斑中央出现黑褐色霉丛（蠕孢菌的分生孢子梗和分生孢子）。病害典型症状图片请参考《中国现代蔬菜病虫原色图鉴》（吕佩珂、苏慧兰、李明远等，2008年，学苑出版社）。

发病规律：病菌以菌丝体或分生孢子在种子内外、茄子病残体内以及茄子的根须或根内存活。生产上主要通过带菌种子或借气流和雨水飞溅及黏附在农具上传播。雨日多湿度大，易发病。采种茄子发病率高。长茄较圆茄，发病重。

防治措施：①选用抗病品种，选用无病种子，并于播种前进行种子消毒处理；②采用高垄栽培，雨后及时排水；③药剂防治，发病初期用40%多·硫悬浮剂、75%百菌清可湿性粉剂、80%多·福·锌可湿性粉剂、60%多菌灵盐酸盐可溶性粉剂、27.12%铜高尚水悬浮剂等药剂兑水喷雾进行防治。

17. 茄子褐斑病

病原：由半知菌亚门真菌茄叶点霉菌（*Phyllosticta melongenae* Sawada）引起。

症状：主要为害叶片和果实。叶片染病，发病初期先在叶面出现淡褐色水浸状小斑点，随后扩展成不规则形或近圆形大小不等的病斑，边缘褐色至深褐色，中央灰褐色至灰白色，病斑中央散生有很多小黑点，四周有一圈较宽的褪绿晕圈，病情严重时，叶上病斑连成大片或布满病斑，导致叶片早枯或脱落。病害典型症状图片请参考 http://www.gengzhongbang.com/data/attachment/portal/201611/29/020334cz1kscltzxttq39. jpg 和 http://www. gengzhongbang. com/data/attachment/portal/201611/29/020335zmueflpl4u6peilv.jpg。

发病规律：病菌以菌丝体或分生孢子器随病残体在土下越冬，翌春产生分生孢子，借风雨传播，遇有适宜的发病条件，分生孢子萌发经伤口或气孔侵入，潜育期 7~8 天，可进行多次重复侵染，导致病害不断加重。病菌喜高温高湿条件，发病适温 24~28℃，相对湿度高于 85% 或连阴雨、多露，病害易发生并流行。

防治措施：①实行 2 年以上轮作；②覆盖地膜，可减少初侵染；③合理灌溉，适时适量控制浇水，雨后及时排水，必要时把植株下部老叶打去，增加通透性；④采用配方施肥技术，增施有机肥；⑤药剂防治，发病初期用 75% 百菌清可湿性粉剂、70% 代森锰锌可湿性粉剂、64% 杀毒矾可湿性粉剂、58% 甲霜灵锰锌可湿性粉剂等兑水喷雾进行防治。

18. 茄子茎腐病

病原：由半知菌亚门真菌尖孢镰孢菌（*Fusarium oxysprorum* Schlecht.）、黄色镰孢菌［*Fusarium culmorum*（W. G. Smith）Sacc.］和子囊菌亚门真菌烟草疫霉（*Phytophthora nicotianae*）等引起。

症状：主要为害茎及茎基部。发病后，地上部分呈青枯状，茎基部靠近地面 3 厘米处产生褐色凹陷斑，向上下和左右扩展，病斑可围绕整个茎的基部，形成褐色凹陷病斑，随病情发展病部干缩，湿度大时皮层腐烂，露出木质部。重病株叶片萎蔫，似缺水状。发病初期中午萎蔫，早晚恢复正常，数日后不再恢复，全株枯死，有些病株叶片仍保持绿色，检视根部未发现异常。病害典型症状图片请参考 http://n.sinaimg.cn/sinacn13/470/w276h194/20180415/a5c0-fzcyxmu8611014.jpg 和 http://a1.att.hudong.com/46/87/20300001010898131678876822521.jpg。

发病规律：病菌以菌丝体和厚垣孢子随病残体在土壤中越冬，病菌由根颈部或伤口侵入，引起发病。两种病菌在 10~15℃ 均能生长，尖孢镰孢菌生长最适温度为 20~25℃，黄色镰孢生长最适温度为 20~30℃，后者耐高温能力更强，设施大棚的高温环境满足这两种镰刀菌的生长和发育、易发病。

防治措施：①合理轮作；②发现病株及时拔除，病穴用生石灰消毒；③药剂防治，发病初期用 50%多·硫悬浮剂等药剂兑水进行喷淋防治。

19. 茄子霜霉病

病原： 由鞭毛菌亚门真菌叉梗霜霉菌（*Peronospora tabacina* Adam.）引起。

症状： 主要为害叶片。叶片染病，病斑初始近水渍状，之后转黄褐色，受叶脉限制而呈角状斑。潮湿时病斑面出现稀疏的白色霜状霉（病原菌孢囊梗及孢子囊）。天气干燥时，病征一般不表现。病害典型症状图片请参考 http://p2.so.qhimgs1.com/sdr/400_/t0198c6a3fb0184a10e.jpg 和 http://p0.so.qhmsg.com/sdr/400_/t01a69c167277fc16ff.jpg。

发病规律： 病菌以菌丝体和卵孢子在活体寄主上潜伏越冬（北方菜区），在温暖的南方，病菌以无性态孢子囊及孢子囊形成的游动孢子在寄主作物间依靠风雨辗转传播为害，无明显越冬期。日暖夜凉、多雨高湿的天气，发病重。

防治措施： ①选用抗病品种；②与非茄科作物实行 3 年以上轮作；③加强栽培及田间管理，选择地势高，排水好、土质偏沙的地块定植。定植前精细整地，挖好排水沟，及时整枝打杈，去老叶、膛叶，使株间通风；地膜覆盖，阻隔地面病菌传到下部果实或时片上；及时清除病果，深埋或烧毁，收获后深翻整地，清洁田园，减少来年菌源；④药剂防治，发病初期用 40%乙磷酸铝可湿性粉剂、58%甲霜灵·锰锌可湿性粉剂、64%杀毒矾可湿性粉剂、60%琥·乙磷铝可湿性粉剂、25%甲霜灵可湿粉、58%瑞毒霉锰锌可湿性粉剂、72.2%普力克水剂等药剂兑水喷雾进行防治，注意药剂的交替使用。

20. 茄子果腐病

病原： 由半知菌亚门真菌茄属茎点霉（*Phoma solani* Halst）、茄属叶点霉（*Phyllosticta solani* El. et Mart）和损坏壳明二孢菌［*Diplodina destructiva*（Plowr.）Petr.］引起。

症状： 主要为害果实，青果、熟果均可发病，但以熟果居多。病菌主要侵害果实表面的日灼处或果实的裂口处，导致染病果的受害处变为褐色，发展后病斑发硬、凹陷，变成黑色斑，逐渐长出短绒毛状的黑色霉层（病菌的分生孢子梗和分生孢子）。病害典型症状图片请参考《中国现代蔬菜病虫原色图鉴》（吕佩珂、苏慧兰、李明远等，2008年，学苑出版社）和 http://p0.so.qhimgs1.com/sdr/400_/t01016eed6c87d086f4.jpg。

发病规律： 病菌随病残体在土壤中越冬，翌年产生分生孢子，借风、雨传播蔓延。孢子从伤口侵入，一般高湿多雨或多露，易发病。

防治措施： ①选用耐病品种；②收获后及时清洁田园；③药剂防治，发病初期用 75%百菌清可湿性粉剂、58%甲霜灵·锰锌可湿性粉剂、64%杀毒矾可湿性粉剂、50%扑海因可湿性粉剂、70%乙膦铝·锰锌可湿性粉剂等杀菌剂兑水喷雾进行防治，注意药剂的交替使用。采收前 7 天停用百菌清，其余采前 3 天停止用药。

21. 茄子花腐病

病原：由接合菌亚门真菌茄笄霉［*Choanephora mand shurica*（Saito. et Nagamoto）Tai］引起。

症状：主要为害花器和果实。花器染病后变褐腐烂，病花脱落或挂在枝上。果实染病后变褐软腐，果梗呈浅褐色或灰白色，病部组织水份消失逐渐干缩，湿度大时，病部密生白色或灰白色茸毛状物，顶生大头针状黑色孢囊梗及孢子囊。病害典型症状图片请参考 https://p1. ssl. qhmsg. com/t01eebcf42cdfe161d8. jpg 和 https://p1. ssl. qhmsg. com/t015f020e0795c03463. jpg。

发病规律：病菌以菌丝体随病残体或产生结合孢子留在土壤中越冬，翌春侵染茄子花和幼果。该病菌腐生性强，只能从伤口侵入生活力衰弱的花和果实。大棚茄子遇有高温、高湿及生活力衰弱或低温、高湿条件，日照不足，雨后积水、伤口多，易发病。

防治措施：①选择地势高燥地块，施足沤制的堆肥或有机肥；②实行 3 年以上轮作；③采用高畦栽培，合理密植，注意通风，雨后及时排水，严禁大水漫灌；④坐果后及时摘除残花病瓜，集中深埋或烧毁；⑤药剂防治，发病初期用 69% 安克锰锌可湿性粉剂、50% 苯菌灵可湿性粉剂、75% 百菌清可湿性粉剂、58% 甲霜灵锰锌可湿性粉剂等杀菌剂兑水进行喷雾防治，隔 10 天左右 1 次，防治 2~3 次。采收前 3 天停止用药。

22. 茄子青枯病

病原：由薄壁菌门细菌茄青枯劳尔氏菌［*Ralstonia solanacearum*（Smith）Yabuuchi］引起。

症状：初期个别枝条的叶片或一张叶片的局部呈现萎垂，之后逐渐扩展到整株枝条上。初呈淡绿色，变褐焦枯，病叶脱落或残留在枝条上。将茎部皮层剥开木质部呈褐色。这种变色从根颈部起一直可以延伸到上面枝条的木质部。枝条里面的髓部大多腐烂空心。用手挤压病茎的横切面，有乳白色的黏液渗出。病害典型症状图片请参考 https://p1. ssl. qhmsg. com/t01bd5f41eb6da161ab. jpg 和 https://p1. ssl. qhmsg. com/t01143aa5e043e2f1f3. jpg。

发病规律：病菌主要在病株残体遗留在土中越冬，从根部或茎基部的伤口侵入，通过雨水、灌溉水、农具、家畜等传播。高温和高湿的环境有利于病害的发生。雨后转晴，气温急剧上升时会造成病害的严重发生。连作、微酸性土壤，发病重。

防治措施：①与禾本科、瓜类、葱蒜类或十字花科作物进行 4 年以上的轮作；②选用抗病品种；③采用高垄或高畦，进行嫁接栽培。采用滴灌或微灌设施浇水，避免大水漫灌，发病期适当控制浇水；配方施肥，增施磷、钾肥；种子消毒，土壤消毒，防治地下害虫，以免地下害虫伤根，减少病原菌从根部或茎基部侵入的概率；④药剂防治，定植后或发病初期，用合适农药喷淋或灌根进行防治，注意药剂要交替使用；发现较晚时，应及时拔除病株，防止病害蔓延，在病穴处撒少许石灰防止病菌扩散。

23. 茄子病毒病

病原：由烟草花叶病毒（Tobacco mosaic virus，TMV）、黄瓜花叶病毒（Cucumber mosaic virus，CMV）、蚕豆萎蔫病毒（Broad bean wilt virus，BBWV）、马铃薯 X 病毒（Potato X virus，PXV）等单独或复合侵染引起。

症状：常见的有 3 种症状，花叶型、坏死斑点型、大型轮点型。①花叶型。整株发病，叶片黄绿相间，形成斑点花叶。②坏死斑点型。病株上部叶片出现局部侵染性紫褐色坏死斑，有时呈轮状坏死，叶面皱缩呈高低不平萎缩状。③大型轮点型。叶片产生由黄色小点组成轮纹斑点，有时轮纹斑点也坏死。病害典型症状图片请参考 http://p3.pstatp.com/large/b0e0003e169d5e8f24b 和 http://p6.qhmsg.com/dr/270_500_/t01b7c4e17f798c081f.jpg?size=600x441。

发病规律：烟草花叶病毒可在多种植物上越冬，也可附着在番茄种子上、土壤中的病残体上越冬。主要通过汁液接触传染，只要寄主有伤口，即可侵入。黄瓜花叶病毒主要由蚜虫传染，此外用汁液摩擦接种也可传染。蚕豆萎蔫病毒注意靠桃蚜、豆蚜传毒，汁液摩擦接种也可传染。一般高温干旱天气利于病害发生。偏施氮肥，蚜虫防治不及时，管理粗放及连作田块，发病重。

防治措施：①选用抗（耐）病毒品种或选无病株留种，并进行种子消毒处理；②及时防蚜避蚜，减少传毒介体；③加强肥水管理，清除田间地边杂草；④药剂防治，发病初期及时用 10%蚜虱净防治蚜虫、粉虱，同时用 2%宁南霉素水剂、24%混脂酸·碱铜水剂、3.85%氮畔核苷·铜·锌水乳剂、20%吗啉孤·乙铜可湿性粉剂、10%混合脂防酸铜水剂、0.5%菇类蛋白多糖水剂等兑水喷雾进行防治，隔 10 天左右防治 1 次，连续防治 2~3 次。

24. 茄根结线虫病

病原：由爪哇根结线虫（*Meloidogyne javanica* Treub.）引起。

症状：主要为害根部，尤以侧根和支根最易受害。侧根受害后长出很多近球形的瘤状物，瘤与瘤首尾相结成念珠状，初表面白色，后变褐色或黑色。地上部表现萎缩或黄化，天气干燥易萎蔫或枯萎。病株生长衰弱、矮小、黄花，状似水分不足引起的，不结实或结实不良。早晚气温较低或浇水充足，暂时萎蔫的植株可恢复正常，随着病情发展，萎蔫不能恢复，直到植株枯死。把瘤状物剖开，可见组织中有乳白色细小梨状雌虫。病害典型症状图片请参考 http://www.nonglinzhongzhi.com/uploads/allimg/20170505/14j41dqkd2znc16.jpg 和 https://p1.ssl.qhmsg.com/t01f998c510f422b7ab.png。

发病规律：以成虫或卵在病组织里，或以幼虫在土壤中越冬。病土和病肥是发病主要来源。翌年，越冬的幼虫或越冬卵孵化出幼虫，由根部侵入，引致田间初侵染，后循环往复，不断地进行再侵染。沙土或沙壤土，发病重。

防治措施：①实行 2 年以上轮作，有条件的最好实行水旱轮作；②彻底清除病根和病残体，以减少病源，减轻发病；③在播前深耕深翻 20 厘米以上，把可能存在的线虫翻到土壤深处，可减轻危害；④增施腐熟有机肥做基肥，可起到提高寄主抗性和耐性，增加根系发育强度和根表组织韧性，抵制线虫侵染的作用；⑤药剂防治，播种前进行土壤消毒，用杀线颗粒剂对苗床及移栽田进行消毒处理，或在发病前期，用杀线药剂兑水在根周喷淋。

二十五 桑主要病害

1. 桑叶枯病

病原：由半知菌亚门真菌桑单胞枝霉菌（*Hormodendrum mori* Yendo.）引起。

症状：主要为害叶片，以枝条先端 4~5 片嫩叶发生较多。发病时，病叶边缘出现深褐色、水浸状的连片病斑，随着桑叶的生长，多向反面卷缩，严重时全叶发黑、脱落，整枝新梢只剩下嫩芽。夏秋发病时，枝条顶端叶片的叶缘变褐，逐渐扩展后，叶片的前半部出现黄褐色大病斑。下部叶片受害，病叶叶缘及叶脉间形成黄褐色梭形大病斑，病斑边缘颜色较深，病、健部界限明显。湿度大时，病斑上产生暗蓝褐色霉状物。病叶容易腐烂或焦枯脱落。病害典型症状图片请参考 http://www.zhongnong. com/Upload/BingHai/2011112285245. JPG 和 https://p1. ssl. qhmsg. com/t01af230279b646e922.jpg。

发病规律：病菌以菌丝体在病叶组织中越冬。翌年春暖后产生分生孢子梗和分生孢子，借风雨传播到桑叶上，引起初侵染。发病后不断形成分生孢子进行再侵染。阴雨条件下能产生大量分生孢子引起病害大流行。

防治措施：①栽植抗病品种；②冬季彻底清除桑园病叶，集中烧毁或深埋，减少菌源；③发病初期及时摘除病叶，并带出桑园处理；④合理密植，适度采叶，改善桑园通风透光条件；⑤春季及时清沟排渍，降低桑园湿度；⑥桑园注意增施有机肥，增强树势，提高桑树抗病能力；⑦药剂防治，发病初期用 70% 甲基托布津可湿性粉剂或 50% 多菌灵可湿性粉剂等杀菌剂兑水及时喷雾进行防治。喷药时要全面细致周到，叶片正反两面都要喷到。

2. 桑紫纹羽病

病原：由担子菌亚门真菌桑卷担子菌（*Helicobasidium mompa* Tanakae.）引起。

症状：主要为害根部。桑树染病，初期根皮失去光泽，逐渐变成黑褐色。严重时皮层腐烂，只剩下相互脱离的栓皮和木质部。桑根表面缠有紫色根状菌索，树干基部及土面形成一层紫红色绒状菌膜。桑根受害后，树势衰弱，枝叶生长缓慢，叶形变小，叶色发黄，下部叶提早脱落，枝梢先端或细小枝枯死，最后整株死亡。病害典型症状图片请参考 http://www.zgny.com.cn/eweb/uploadfile/20100226131905550.jpg。

发病规律： 病菌以菌索和菌核在病根和土壤中越冬或越夏。主要借病根接触、水流、农具传播，很少由担孢子飞散传播。桑园发病时，先出现中心病株后，向四周扩散。如水源遭受病菌污染，则可致全园发病。土壤积水或酸性、砂砾土质的桑园，易发病。连作地或桑园间作甘薯、马铃薯等易感病作物，发病重。

防治措施： ①桑紫纹羽病为国内植物检疫对象，所以防治桑紫纹羽病首先要严格病苗检疫，禁止调运、种植未经处理的带病苗木；②加强桑园管理，做到及时清除桑园杂草，及时开沟排水。发现病株及早连根挖除，集中烧毁。挖去病株周围的桑树，周围挖1米深防护沟，并用5%福尔马林液对土壤杀菌消毒；③对发生紫纹羽病的桑园或苗地，须将病株全部掘去烧毁，改种水稻、玉米、麦类等禾本科作物，经3~5年后，再种桑树或育苗。

3. 桑褐斑病

病原： 由真菌桑粘隔孢菌（*Septogloeum mori* Briosi et Cavara）和壳丰孢菌［*Phloeospora maculans*（Bereng）Allesch］引起。

症状： 主要为害叶片，多侵染嫩叶，病斑可在叶片的正、背两面呈现。发病初期叶片退绿，形成芝麻粒大小的水渍状斑点，斑点周围叶色泛黄，随后斑点逐渐扩大成近圆形的茶褐色病斑，或者病斑受到叶脉的局限而形成多角形及不规则形状。发病后期，病斑轮廓明显，边缘颜色较深，多为深褐色，内部为淡褐色，中心环生白色或者粉红色至黑褐色的分生孢子块，叶片背面尤为明显。天气干燥时，病斑中部开裂，病斑相连形成大斑，随后叶片焦枯、脱落。在多雨高湿天气，病斑腐烂穿孔，严重病变的叶片病斑相互串连，导致叶片腐烂脱落。病害典型症状图片请参考 https://p1.ssl.qhmsg.com/t018f61cfcc69b5df7a.jpg，https://p1.ssl.qhmsg.com/t01825e9531102a4bdb.jpg 和 https://p1.ssl.qhmsg.com/t0137f4344813befa92.jpg。

发病规律： 病菌以分生孢子盘在落地未腐烂的病叶上越冬，或以菌丝体在枝条梢部的病斑上越冬。次年春暖越冬病菌产生大量分生孢子，经风、雨、昆虫传播至嫩叶上引起初次侵染。低温高湿利于病菌繁殖，雨水多或阴雨连绵的年份或地势低、排水不良，易发病。叶面光滑，叶肉厚，叶面不易积水、透光好的品种，发病轻。

防治措施： ①栽植或嫁接抗病力强的桑树品种；②控制病原，养蚕期将成熟多余的叶片、桑树底部叶片及已经感病的叶片及时摘除，以防止病原蔓延。冬季摘除桑树上的残存病叶，剪除病枝，收集桑园枯枝落叶及杂草集中焚烧，然后深耕桑园，降低越冬病原基数；③合理密植及科学管理；④药剂防治，一旦发现褐色斑点，立即用50%多菌灵可湿性粉剂或70%托布津可湿性粉剂兑水喷雾进行防治。

4. 桑赤锈病

病原： 由担子菌亚门真菌桑锈孢锈菌（*Aecidium mori* Barclay）引起。

症状： 主要为害桑芽、嫩叶、嫩梢。发病时，芽叶上布满金黄色病斑，造成叶片畸形卷缩，黄化易落。严重时，桑芽不能萌发，已萌发的桑芽扭曲变形。嫩芽染病，病部畸形或弯曲，桑芽不能萌发。新梢上的芽、茎叶、花椹染病，局部肥厚或弯曲畸变，出现橙黄色斑。叶片染病，在叶片正背两面散生圆形有光泽小点，逐渐隆起成青泡状，颜色变黄，后呈橙黄色，表皮破裂，散发出橙黄色粉末状的锈孢子，布满全叶。新梢、叶柄、叶脉染病，沿维管束方向呈纵条状扩展，出现弯曲畸形，表面生有橙黄色锈子器，新梢上病斑逐渐变黑凹陷。桑花染病，呈不规则膨大。桑椹染病，失去原来光泽，变黄，后期也布满橙黄色粉末。病害典型症状图片请参考 https://p1.ssl.qhmsg.com/t01cdfcfed479e5a3ef.png 和 http://www.agropages.com/UserFiles/FckFiles/20120508/2012-05-08-04-38-59-3938.jpg。

发病规律：北方以菌丝束在桑枝或冬芽组织内越冬。南方可以锈子器和锈孢子越冬。该病发生程度与品种及农业措施有关，新老桑树混栽、春伐夏伐兼行、收获叶不伐条、留枝留芽或出扦法收获以及留大树尾收获的，都造成桑树生育期间树上留有绿叶，利于病菌存留和侵染，易发病。夏季高温多湿时，发病最盛，发病重。

防治措施：①选种抗、耐病品种；②加强桑园管理，清除病叶、病枝，并集中烧毁，清除侵染源。进行彻底夏伐，雨后及时开沟排水，防止湿气滞留。及时采摘桑叶，促进桑树生长、增强其抗病能力；③药剂防治，发病初期用25%粉锈宁可湿性粉剂、5%三唑酮可湿性粉剂、40%拌种灵可湿性粉剂等杀菌剂兑水喷雾进行防治，连喷2~3次，间隔期20天左右。

5. 桑炭疽病

病原：由半知菌亚门真菌（*Colletorichum morifolium* Hara）引起。

症状：主要为害桑树叶部，实生苗、嫁接苗及成株桑树均可受害，不但基部叶片发病，顶端嫩叶也发病。发病时病斑形状因桑树品种不同而有差异，但叶背叶脉变红是症状的主要特征，一般病斑为圆形，初期红色，以后逐渐加深，呈暗红色或红褐色，边缘有时颜色较深；顶部叶片发病时，初期只有短段的细叶脉变红，有时也先形成不规则的红色小斑，然后逐渐扩大，病斑产生褐色小点，即分生孢子盘，小点由黄褐色逐渐变为黑褐色，散生或呈环状排列。有些品种严重发病时，整个枝条的叶片干枯，枯叶的叶柄及粗叶脉变红。病害典型症状图片请参考 https://p3.ssl.qhimgs1.com/sdr/400_/t01b18268202b3182c3.jpg 和 https://p1.ssl.qhmsg.com/t012cea44b9a153d875.jpg。

发病规律：病菌以分生孢子盘及菌丝体，在被害叶片上越冬。若病叶在越冬期间没有腐烂，则到翌年从分生孢子盘上再产生分生孢子引起初侵染。冬季少雨，病叶不易腐烂，其上的病菌可安全越冬而成为次年的初侵染源。在发病季节，若降水量多，使病斑上产生大量的分生孢子而造成病害流行。

防治措施：①严格检疫制度；②早期淘汰病苗，清除病枝、病叶、病树，施用药剂杀灭病源生物或将病苗用温水浸根处理，进行土壤消毒；③改进桑叶收获方法，防止过度采摘和伤害树体；④加强栽培管理以及选用抗病桑树品种。

6. 桑芽枯病

病原：病原由桑生浆果赤霉菌（*Gibberella baccata* var. *moricola*）、桑菌寄生菌（*Hypomyces solani* f. sp. *mori*）和豌豆菌寄生菌（*Hypomyces solani* f. sp. *pisi*）等引起。

症状：主要为害桑芽及其枝梢。桑树发芽前后，在芽或伤口周围产生红褐色或黄褐色下陷的油漆状病斑，逐渐扩大，并在病斑上密生略为隆起的小点，突破表面皮层后成为橙红色的肉质小颗粒（病原菌的分生孢子座）。枝条病部组织上产生紫黑色的由多数细小颗粒聚结成的小块（子囊壳座）。随着病情发展，病斑扩大互相连接，环绕枝条一周时，由于截断树液流通，桑芽萎凋，枝条干枯死亡。严重时，皮层腐烂，极易剥离，散发出酒精气味。病害典型症状图片请参考 https://ima.nongyao001.com: 7002/file/upload/201603/29/11－17－11－11－23384.png 和 https://ps.ssl.qhmsg.com/sdr/400＿/t018966b59fb72d7955.jpg。

发病规律：病菌在枝干上越冬，次年病菌萌发后随风雨及昆虫传播，通过皮孔和伤口侵入。偏施氮肥，造成桑树抵抗力下降，有利于病菌的侵入和发展。采叶时，树梢不留叶，粗暴采叶，造成桑树枝条受伤严重，病菌易侵入。桑园虫害严重，发病重。气候异常，有利于病害发生。

防治措施：①选栽抗病品种；②加强桑园管理，注意氮、磷、钾的配合比例，增强树势，提高抗病能力；桑叶落光后，做好清园工作，修剪弱病枝，及时处理，减少苗源；春季发芽时，发现病芽、病枝，及时剪除烧毁，控制蔓延为害；③冬季桑树休眠后或早春发芽前喷洒 200 倍的络胺铜等铜制剂或 80 倍的晶体石硫合剂，作为保护性处理。

7. 桑里白粉病

病原：由子囊菌亚门真菌桑生球针壳菌［*Pbllactinia moricola*（P. Henn.）Homma］引起。

症状：主要为害叶片。多发生于枝条中下部将硬化的或老叶片背面，枝梢嫩叶受害较轻。发病初期叶背出现圆形白粉状小霉斑，后扩大连片，白粉严重时布满叶背，叶面与病斑对应处可见淡黄褐斑，后期自色霉斑中出现黄色小颗粒物，渐由黄变褐，最后变为黑色小粒点（病原菌闭囊壳）。病害典型症状图片请参考 http://www.zhongnong.com/Upload/BingHai/2011112191219.JPG 和 https://p1.ssl.qhmsg.com/t013d35e0d1cf746d0c.jpg。

发病规律：病菌以闭囊果在桑树干或病叶中越冬，翌年条件适宜时，散出子囊孢子，随风、雨传播至桑叶上侵入，经 8~10 天潜育产生白色病斑，后产生大量分生孢子，进行再侵染，至晚秋形成闭囊壳越冬。气温低的山区较平地桑园，易发病。地下水位低、春伐系、过于密植或缺钾桑园，发病重。

防治措施：①选栽抗病品种；②清洁桑园，清理地面落叶、残叶用于沤制堆肥；③合理采叶，密植桑园要多次采叶。夏伐后要施足夏肥，注意增施钾肥；④药剂防治，发病初期用40%多·硫胶悬剂、70%甲基硫菌灵可湿性粉剂、50%硫菌灵、50%苯菌灵可湿性粉剂、40%福星乳油等兑水喷雾进行防治，间隔10~15天1次，连喷2次。

8. 桑污叶病

病原：由半知菌亚门真菌桑旋孢霉 [*Sirosporium mori*（H. &. P. Syb.） M. B. Ellis] 引起。

症状：主要为害叶片，多发生在较老的桑叶背面，嫩叶上很少见到。发病时，初始在叶背面产生小块煤粉状黑斑，随病情扩展，在对应的叶表面也产生同样大小的灰黄色至暗褐色变色斑，严重时病斑融合或布满叶背，造成整张叶片变色。该病常与桑里白粉病混合发生，在叶背形成黑、白相间的混生斑。病害典型症状图片请参考 https://p1.ssl.qhmsg.com/t014bed499c05789366.jpg 和 https://p1.ssl.qhmsg.com/t01bd1368c05068bfc6.jpg。

发病规律：病菌以菌丝或分生孢子在病叶组织上越冬，翌年夏秋两季在越冬菌丝上产生分生孢子，借风雨传播，引起初侵染，之后在新病斑上又产生分生孢子进行再侵染。通风透光差、干旱，发病重。

防治措施：①选栽抗病品种；②落叶前，摘去桑树上残留叶片作饲料或沤肥，减少下年菌源；③养蚕期间先采枝条下部的叶片，防止叶片老化发病；④加强肥培管理，夏伐后适时增施肥料，秋季干旱时及时灌溉，使桑叶鲜嫩；⑤药剂防治，发病初期用70%代森锰锌可湿性粉剂、65%代森锌可湿性粉剂、65%甲霉灵可湿性粉剂、50%多霉灵可湿性粉剂等兑水喷雾进行防治。

9. 桑拟干枯病

病原：由多种子囊菌和半知菌真菌引起。

症状：主要为害枝条，主茎和枝条均可发病。为害枝条时，多半发生在半截枝上，常以冬芽为中心，形成褐色长椭圆形的病斑，病斑湿润时为水肿状，干燥后皱缩，被害皮层易剥离，皮下密生黑色小点。若病斑围绕枝条一圈，枝条即枯死。病害典型症状图片请参考 http://www.zgny.com.cn/eweb/uploadfile/20100226113444765.jpg。

发病规律：病原菌在病枝干上越冬，来年病菌随风、雨及昆虫传播，不断侵入生长衰弱，幼龄的桑树及虫伤的枝条。采叶粗暴，过早过多、偏施或迟施氮肥及桑园管理粗放等引起桑树生长衰弱或徒长时，易发病；害虫发生较多，危害较重的桑园，在枝干上造成了大量的伤口，有利于病原菌的侵入，发病重。田间通风透光差，积水的田块，发病重。

防治措施：①加强田间管理，及时中耕除草，清沟沥水，合理施肥，促进桑树生长，提高自身抗病力；②合理采摘桑叶，以免损伤枝干，严禁过度采摘桑叶；③及时检查桑园，发现发病严重的枝条应剪除销毁；④药剂防治，对发病严重的桑园，用石硫合剂、1%的硫酸铜药液、70%甲基托布津等兑水喷淋进行预防和治疗。

10. 桑树膏药病

病原： 由担子菌亚门真菌茂物隔担耳菌（*Septobasidium bogoriense* Pat.）、田中隔担耳菌［*Septobasidium tanakae*（Miyabe）Boed. et Steinm.］引起。

症状： 主要为害老枝干。多在枝干上形成圆形至不规则形厚膜层，似贴膏药状。常见有灰色膏药病和褐色膏药病两种。前者初为茶色，后逐渐变为鼠灰色至褐黑色，后期发生龟裂。后者呈栗褐色，四周具狭灰白色带，菌丝膜表面为丝绒状。病害典型症状图片请参考 https://p1.ssl.qhmsg.com/t01daba24b3ddb4866f.jpg。

发病规律： 病菌以菌丝膜在枝干上越冬，翌年形成担孢子进行传播，担孢子有时依附于介壳虫虫体传到健枝或健株上为害，土壤湿润、通风透光不良的桑园，易发病。

防治措施： ①低洼潮湿桑园雨后及时排水，改善植株通风透光条件，增强抗病力；②用刀子或竹片刮除菌丝膜，然后涂抹石硫合剂或20%石灰乳进行保护和防治。

11. 桑葚菌核病

病原： 由子囊菌亚门真菌白杯盘菌（*Ciboria shiraiana* P. Henn.）、白井地杖菌［*Mitrula shiraiana*（P. Henn.）Ito et lmai］等引起。

症状： 主要为害桑花和桑果。桑葚菌核病是肥大性菌核病、缩小性菌核病、小粒性菌核病的统称。肥大性菌核病，花被厚肿，灰白色，病葚膨大，中心有一黑色菌核，病葚弄破后散出臭气；缩小性菌核病，病葚显著缩小，灰白色，质地坚硬，表面有暗褐色细斑，病椹内形成黑色坚硬菌核；小粒性菌核病，桑葚各小果染病后，膨大，内生小粒形菌核。病葚灰黑色，容易脱落而残留果轴。病害典型症状图片请参考 https://ps.ssl.qhmsg.com/sdr/400_ /t019147d9904340bb35.jpg 和 https://p1.ssl.qhmsg.com/t013f3e1340af3f778a.jpg。

发病规律： 病菌以菌核在土壤中越冬。翌年（桑花开放时）条件适宜，菌核萌发产生子囊盘，盘内子实体上生子囊释放出子囊孢子，借气流传播到雌花上，菌丝侵入子房内形成分生孢子梗和分生孢子，最后菌丝形成菌核，菌核随桑葚落入土中越冬。春季温暖、多雨、土壤潮湿利于菌核萌发，产生子囊盘多，病害重。通风透光差，低洼多湿，花果多，树龄老的桑园，发病重。

防治措施： ①清除桑园中病葚，病葚落地后应集中深埋；②翌年春季，菌核萌发产生子囊盘时，及时中耕，并深埋，减少初侵染源；③药剂防治，花期用50%腐霉利可湿性粉剂、50%农利灵可湿性粉剂、50%扑海因可湿性粉剂、70%甲基硫菌灵可湿性粉剂、50%多菌灵可湿性粉剂等兑水喷雾进行防治。

12. 桑青枯病

病原： 由细菌青枯假单胞菌（*Pseudomonas solanacearum*）引起。

症状：主要为害桑根部。桑园中病株呈点、块状发生，有明显的发病中心。桑树幼苗发病初期由桑树枝条上部叶片开始，继而全株叶片呈绿色失水萎凋，随着时间的推移，叶片逐步呈青枯、枯焦，直至脱落；主干和枝条外观正常，剥开皮层，轻度发病的木质部呈褐色条状病斑，严重的木质部呈褐色，植株死亡速度较快。成林桑（3年以上）发病时，部分枝条中上部叶片或叶片的叶尖、叶缘失水，逐步呈青枯后变褐干枯，并扩展到全株；枝干和根部症状与幼林桑相同，但死亡速度较慢，部分桑树当年恢复生长，翌年逐步死亡。病害典型症状图片请参考《新编植物医生手册》（成卓敏，2008，化学工业出版社）。

发病规律：病原菌在土壤、病株残体等处越冬，随气温升高繁殖加快，并随水流、农事操作和苗木等传播，遇桑树伤口侵入，阴雨后遇晴热高温导致大面积发病。幼龄桑较成林桑发病快、发病重，并与品种有关。高温多雨季节，易发病，久雨初晴出现高峰。

防治措施：①选育抗病品种或抗病砧木；②对少量发病的桑园，挖除病株时要把根上的土抖落到穴中，病株集中烧毁，并对病穴进行药剂处理，同时，桑园中不要间作豆类、茄科和葫芦科等易感病作物；③发病重的桑园，必须全部挖除，桑树集中烧毁，土壤最好采用水旱轮作的方式，栽种禾本科作物2~3年后才可以再次种桑。

13. 桑细菌性疫病

病原：由细菌丁香假单胞菌桑致病变种（*Pseudomonas syringae* pv. *mori*）引起。

症状：主要为害叶片。叶片受害，常产生近圆形或多角型两种病斑。病斑开始为湿润性油浸状，后变成黑褐色。病斑周围的叶肉稍褪绿，小斑常融合成大病斑，干枯时中央破裂，严重时叶片大部分变成黄色，容易脱落，有的则全部变成黑褐色而干枯。嫩梢被害后，产生暗黑色凹陷的细长条斑，受害部位常畸形生长。叶脉被害时，变成褐色，叶片向背面卷缩。嫩梢受害，叶、嫩梢和嫩叶常变黑腐烂，呈烂头状。在温暖潮湿的天气，病斑部位有淡黄色菌脓溢出，干燥后常凝结为有光泽的小珠或菌膜状。病害典型症状图片请参考 https://p.ssl.qhimg.com/t0170dbffb2f60e29a1.jpg 和 http://www.zhmmw.net/file/upload/201901/14/213304901.jpg。

发病规律：病菌在枝条和土壤中越冬，次年春暖潮湿时，病菌大量繁殖，并从病斑处溢出，经风、雨、昆虫传播或枝条接触传染引起发病。高温多湿、大风多雨天气，易发病，特别是暴风雨过后的暴晴天气，发病严重。地势低洼、排水不畅的多湿桑园，易发病。同时也与品种、施肥情况、桑园昆虫、种植密度和采叶过度造成桑树受损等相关。

防治措施：①栽植抗病优良品种；②春季注意及时挖沟排水；③发现病梢立即剪除烧毁，经常摘除病叶；④加强桑园治虫，避免枝叶产生伤口；⑤增施有机肥，适当控制氮肥施用量；⑥药剂防治，发病初期及时用盐酸土霉素或农用链霉素等杀菌剂兑水喷雾进行防治，隔7天喷1次，连喷3次。

14. 桑卷叶型萎缩病

病原：由线状病毒桑花叶病毒（Mulberry mosaic virus，MyMV）侵染引起。

症状：主要为害叶片。初发病时在叶片侧脉间出现浅绿至黄绿色斑块，叶脉附近仍绿色，出现黄绿相间的花叶或成镶嵌状，叶形不正，叶缘常向叶面卷缩，有的裂叶一半无缺刻，叶背脉侧易生小瘤状突起，细脉褐变，病枝细，节间缩短。发病重时，病叶小，叶面卷起明显，叶脉变褐更明显，瘤状、棘状突起更多，腋芽早发，侧枝多，病株逐渐衰亡，但根系不腐烂。病害典型症状图片请参考《新编植物医生手册》（成卓敏，2008，化学工业出版社）和 https://p1.ssl.qhmsg.com/t01f82b5aff9a76dc21.jpg。

发病规律：病原体在树体内越冬，主要通过病苗、病接穗、病砧木传播及扩展蔓延，其中嫁接传毒作用很大，其传毒率为80%左右。老树及排水不良的低洼桑园易发病，施肥量不足或偏施、过施氮肥发病重。

防治措施：①加强苗木检疫；②培育无病桑苗；③选用抗病品种；④加强桑园管理，增施有机肥，低洼桑园雨后及时排水，防止湿气滞留。

15. 桑萎缩型萎缩病

病原：由类菌原体（Mycoplasma-like organism，MLO）侵染引起。

症状：主要为害叶片。发病轻的叶片小、皱缩，裂叶品种叶片变圆，枝条细短，叶序乱，节间短缩。中度染病，枝条顶部或中部腋芽萌发提早，有的生出很多侧枝，全叶黄化，致秋叶早落，春芽早发，没有花葚。染病重的枝条瘦细徒长，病叶小，当全株所有枝条都发病时，顶端病叶长6厘米左右，最后致全株枯死。病害典型症状图片请参考 https://p1.ssl.qhmsg.com/t01099ee9264a1b94b0.jpg。

发病规律：病原在染病桑树体内越冬，可通过嫁接传染，也可通过介体昆虫拟菱纹叶蝉和凹缘菱纹叶蝉传播。高温季节，发病重。偏施、过施氮肥桑园发病重。

防治措施：①严格检疫，禁止从病区引进苗木；②选用抗病品种；③嫁接前接穗用55℃温汤浸泡消毒；④药剂防治，一是用10%一遍净（吡虫啉）可湿性粉剂、5%吡虫啉乳油等防治传毒媒介，隔30天1次，防治1~2次；二是用抗病毒剂兑水喷雾进行预防和治疗。

16. 桑黄化型萎缩病

病原：由类菌原体（Mycoplasma like organism，MLO）侵染引起。

症状：发病初期，一般从1根或2~3根枝条的顶端出现叶片缩小、黄化，稍向叶背卷缩，节间距离特短。从整根枝条来看，病健叶大小悬殊，发病的小叶在健康叶片上方形成菊花状丛生。随着病情发展，多数枝条发病，病叶更加黄化、瘦小，明显向叶背卷缩，病枝腋芽萌发，形成许多细小侧枝。枝条腋芽萌发成侧枝，一般从枝条上部开始，逐渐向枝条下部扩展。病情发展到后期，病株无健康枝条，细小侧枝成簇，像一把短小的鸡毛帚。病叶黄化、卷缩成猫耳朵状，最后整株枯死。病害典型症状图片请参考 https://p1.ssl.qhmsg.com/t01559a03039de00a12.png。

发病规律：病原在桑树主根里越冬，翌年5月到达枝叶，通过传毒媒介昆虫凹缘菱纹叶蝉及拟菱纹叶蝉传播蔓延。在桑树生长期内进行嫁接，不论砧木还是接穗，只要带病均可传播。潜育期长短、发病轻重，与桑树品种、气温高低、桑树采伐时期及程度有关。

防治措施：①选栽抗病品种；②加强苗木检疫，对无病区或无病桑园进行严格保护；③采用脱毒技术，培育桑苗；④加强桑园管理，如春伐复壮，适量采用夏秋叶，增施有机肥，采用配方施肥技术，科学施用氮磷钾肥，增强树势，提高抗病力；⑤巡回检视桑园，发现病株及时挖除，同时要严格防治拟菱纹叶蝉和凹缘菱纹叶蝉，切断传染途径，可控制桑黄化型萎缩病的蔓延和为害。

17. 桑根结线虫病

病原：由垫刃线虫目异皮线虫科桑根结线虫（*Meloidogyne arenaria*）、北方根结线虫（*Meloidogyne hapla*）、南方根结线虫（*Meloidogyne incognita*）等引起。

症状：主要为害桑树的侧根和细根，使之产生许多大小不等的根瘤，或使根系局部增粗。严重时根部的根瘤连成链珠状，细根变黑腐朽。桑根受线虫为害后，须根明显减少，水分养料输送受阻，导致地上部植株生长迟缓。枝条细短，叶小而薄，产量锐减，严重时整株枯死。病害典型症状图片请参考 http://tupu.3456.tv/Upload_ Map/2019/04/27/6369195769146211642980439.jpg。

发病规律：以成虫、幼虫及卵在病根残体或病土中越冬，翌春地温稳定在11.3℃时卵开始孵化，幼虫长至2龄即开始侵入桑根，逐渐形成根瘤。桑园一旦遭到根结线虫侵染，各种线虫往往世代重叠。雨水充足的温暖季节适合其传播。生产上山坡地、丘陵地、沙质土，发病重。

防治措施：①培育无病苗和病苗处理，选择不带根结线虫的地块培育桑苗，在起苗过程中，发现有根结线虫桑苗，仔细检查，剔除病苗后，用50～53℃温水浸根20～30分钟，或用2%福尔马林液浸根20分钟，杀灭遗留虫源；②改土增肥，增强树势，用圹泥、河泥、稻田土，同时加施有机肥混合，以改良土壤减轻为害程度；③药剂防治，对发病桑树，用80%二氯异丙醚乳油在病树四周灌药后覆土，或用10%克线丹颗粒剂、10%苯线磷颗粒剂，均匀撒施。

二十六 黍主要病害

1. 黍黑穗病

病原：由担子菌亚门真菌程轴黑粉菌 ［*Sphacelotheca destruens* (Schl.) Stevens et A. G. Johns］引起。

症状：主要为害花序，抽穗后显症。病株抽穗迟，健株大部分进入乳熟期以后，病穗才抽出心叶。病株矮小，一直保持绿色，整个穗子变成一团黑粉。孢子堆从苞叶中抽出后外露，所有分蘖上的小穗均已染病。染病株可以形成多个病瘿，病瘿外包一层由菌丝组织形成的乳白色薄膜。薄膜破裂后散出黑褐色冬孢子（厚垣孢子），最后残留丝状物。病害典型症状图片请参考 http://www.agropages.com/UserFiles/FckFiles/20111125/2011‐11‐25‐01‐20‐48‐4309.jpg 和 http://www.agropages.com/UserFiles/FckFiles/20111125/2011‐11‐25‐01‐22‐00‐3946.jpg。

发病规律：病菌以厚垣孢子黏附在种子上或遗落在土壤中传播。种子萌发时厚垣孢子即萌发，产生先菌丝，先菌丝上产生小孢子，不同性系的小孢子融合后形成侵染丝侵入幼芽鞘，在组织内蔓延至穗部而发病。湿土中播种较干土中发病重。将糜种贮藏于潮湿处较挂藏发病重。浸种后阴干较晒干的发病重。地温较高的沙地，以及下午播种者较地温稍低或上午播种者发病重。

防治措施：①选种抗病品种；②加强田间栽培管理，在糜黍抽穗后，发现病株及时拔除，减少病源；科学配方施肥，增施磷钾肥，避免偏施氮肥，提高植株抗病力；③种子处理，糜子成熟前在田间选大穗单收挂藏作为种子，有良好的防治效果，播种前进行种子消毒处理。

2. 黍红叶病

病原：由大麦黄矮病毒（Barley yellow dwarf virus，BYDV）引起。

症状：植株红化或黄化，影响结实。苗期染病重的枯死，轻的生长异常。抽穗前后染病植株呈现紫红色或不正常黄色，穗颈变短，植株矮化，造成部分小穗或全株不实。病害典型症状图片请参考 https://p1.ssl.qhmsg.com/t01ac15a9866f834170.jpg。

发病规律：病毒主要在多年生带毒杂草寄主上越冬，翌年春季经玉米蚜、麦长管蚜、麦二叉蚜等传毒蚜虫由杂草向黍传毒。发病程度与蚜虫发生时期和虫口数量密切相关。蚜虫发生早而多，红叶病发病就早而重。夏季降水较少的年份，有利于蚜虫繁殖和迁飞，发病重。杂草多的田块，毒源较多，发病重。

防治措施：①选用抗病品种，并进行种子处理；②加强田间管理，避免土壤过干过湿，增施过磷酸钙，提高寄主抗病力；③喷药消灭传毒蚜虫；④必要时喷洒抗毒丰（0.5%菇类蛋白多糖）水剂或20%病毒A可湿性粉剂等药剂兑水喷雾进行防治。

二十七　水稻主要病害

1. 水稻稻瘟病

病原：由半知菌亚门真菌稻梨孢菌（*Pyricularia oryae* Cav.）引起。

症状：整个生育期均可发生，根据被害部位不同，可形成苗瘟、叶瘟、节瘟、穗颈瘟和谷粒瘟等。苗瘟，主要发生于幼苗期叶片上，形成褐色、梭形或不定形病斑，有时可在病斑上形成灰绿色霉层；叶瘟，叶瘟有4种症状，除褐点型、白点型感病外，在田间常见的有急性型与慢性型病斑；穗颈瘟，发生于颈部、穗抽、枝梗上，病斑初为暗褐色小点，以后上下扩展形成黑褐色条斑，轻者影响结实、灌浆以至秕粒增多，重者可形成白穗，全不结实；谷粒瘟，发生于颖壳或护颖上，初为褐色小点，后扩大成褐色不规则形病斑，有时使整个谷粒变为褐色、暗灰色而成为秕谷。病害典型症状图片请参考 https://p1.ssl.qhmsg.com/t010e5920110fff6314.jpg，https://p1.ssl.qhmsg.com/t0185e29ae29eafef4b.jpg 和 https://p1.ssl.qhmsg.com/t0172481c80110e4045.jpg。

发病规律：病原菌借风雨传播到稻株上，形成中心病株，并借风雨传播进行再侵染。播种带菌种子可引起苗瘟。病稻草多，种子带菌率高，偏施氮肥，稻株徒长，长期深灌或冷灌、土壤缺氧是发病的有利条件。适温、高湿，有雨、雾、露存在的条件下有利于发病。在水稻分蘖期和抽穗期遇持续低温、多雨、寡照天气，易引起叶瘟和穗颈瘟的流行。

防治措施：①选用优质，高产，抗病或耐病品种；②及时处理病稻草，可将病稻草带离田间或集中烧掉；③加强田间肥水管理，合理施肥，防止氮肥使用过多，实行浅水灌溉，分蘖末期进行排水晒田，孕稻到抽穗期要做到浅灌，防止徒长，要合理密植，增加株行间通风透光能力；④田间调查与药剂防治，田间调查主要是观察有无急性型病斑出现，如有急性型病斑出现应立即用25%施保克乳油、40%稻瘟灵乳油等药剂兑水喷雾进行防治。

2. 水稻纹枯病

病原：由半知菌亚门真菌立枯丝核菌（*Rhizoctonia solani* Kühn）引起。

症状：主要为害叶鞘和叶片，也可为害茎秆、果穗。叶鞘染病，最初发生于近水面的叶鞘上，初呈暗绿色、边缘不清晰的斑点，之后扩大成椭圆形、边缘呈淡褐色，中央灰绿色，外围呈湿润状。湿度低时，边缘暗褐色，病斑多时，常融合在一起形成不规则形云纹状大斑。叶片上病斑与叶鞘上基本相似；茎秆染病，初始产生灰绿色斑块，后绕茎扩展，可使茎秆一小段组织呈黄褐色坏死，病重时可折倒；穗部染病，受害部呈湿润壮，青黑色，重者全穗枯死。湿度大时，病斑上长出白色蛛丝状菌丝体，以后集结成团，最后在其中形成褐色像萝卜籽样的小菌核。病害典型症状图片请参考 https://p1. ssl. qhmsg. com/t01c5c466bbb5ce2378. jpg，https://p1. ssl. qhmsg. com/t01ee68e7dd06232170.png 和 https://p1.ssl.qhmsg.com/t016e5e0aa610916fd4.jpg。

发病规律：病菌以菌核在土壤中越冬，也能以菌丝体在病残体上或在田间杂草等其他寄主上越冬。翌春春灌时菌核飘浮于水面与其他杂物混在一起，插秧后菌核黏附于稻株近水面的叶鞘上，条件适宜生出菌丝侵入叶鞘组织为害，气生菌丝又侵染邻近植株。由于菌核随水传播，受季候风的影响多集中在下风向的田角，田面不平时，低洼处也有较多的菌核，因而这些地方最易发现病株。

防治措施：①选用良种，并进行种子清选；②打捞菌核，减少菌源；③加强栽培管理，合理密植，施足基肥，追肥早施，不可偏施氮肥，增施磷钾肥，采用配方施肥技术，使水稻前期不披叶，中期不徒长，后期不贪青。灌水做到分蘖浅水、够苗露田、晒田促根、肥田重晒、瘦田轻晒、长穗湿润、不早断水、防止早衰，要掌握"前浅、中晒、后湿润"的原则；④药剂防治，发病时，用 1.5% 井冈霉素可溶性粉剂、5% 井冈霉素水剂、3% 多抗霉素可湿性粉剂、40% 多菌灵可湿性粉剂等兑水进行全田喷雾防治。

3. 水稻稻曲病

病原：由半知菌亚门真菌稻绿核菌［*Ustilaginoidea oryzae*（Patou）Bref.］引起。

症状：主要为害稻粒，在水稻开花后至乳熟期发生，只发生在穗部单个谷粒上。病菌侵入谷粒后，在颖壳内形成菌丝块，随着菌丝块逐渐长大，使谷粒颖壳裂开，露出橘黄色小型块状突起物，逐渐膨大，将颖壳包裹起来形成"稻曲"。稻曲比谷粒大数倍，近球形，颜色有黄色、黄绿色、墨绿色，表面最初平滑，以后龟裂，外表密生墨绿色粉状物。病害典型症状图片请参考 https://p1.ssl.qhmsg.com/t0198550a88c0c6a453.jpg 和 https://p1.ssl.qhmsg.com/t01b749972ad805d49f.jpg。

发病规律：病菌以菌核在土壤越冬，菌核萌发形成孢子座，孢子座上产生多个子囊壳，其内产生大量子囊孢子和分生孢子，孢子借助气流传播散落，在水稻破口期侵害花器和幼器，造成谷粒发病。抽穗扬花期遇雨及低温则发病重。施氮过量或穗肥过重加重病害发生。连作地块，发病重。

防治措施：①选用抗病品种，加强植物检疫，建立无病种子基地，调种时严格进行种子检疫检验，防止病菌引进新区；②加强栽培管理，发现稻曲病的田块在收获前，干净彻底的拔净稻曲病病穗，发病田的稻穗堆放时要选在远离稻田，脱粒时单独用脱粒机，严防稻曲病传播蔓延；③在肥水管理上要施足基肥，早施追肥，N、P、K 要适当配合。水层管理要干干湿湿，防止长期深灌，要单排单灌禁止污水灌溉；④药剂防治，在水稻孕穗期，始穗期，齐穗期用 20% 福美双等药剂兑水喷雾 1 次，或在水稻破口期喷施 50%DT 可湿性粉剂等药剂兑水喷雾进行防治。

4. 水稻恶苗病

病原：由半知菌亚门真菌串珠镰孢菌（*Fusarium moniliforme* Sheld.）引起。

症状：病谷粒播后常不发芽或不能出土。苗期发病病苗比健苗细高，叶片和叶鞘细长，叶色淡黄，根系发育不良，部分病苗在移栽前死亡。田间发病，节间明显伸长，节部常有弯曲露于叶鞘外，下部茎节逆生多数不定须根，分蘖少或不分蘖。剥开叶鞘，茎秆上有暗褐条斑，剖开病茎可见白色蛛丝状菌丝，之后植株逐渐枯死。湿度大时，枯死病株表面长满淡褐色或白色粉霉状物，后期生黑色小点。发病轻的提早抽穗，穗形小而不实。抽穗期谷粒受害，严重的变褐，不能结实，颖壳夹缝处生淡红色霉。病害典型症状图片请参考 https://p1.ssl.qhmsg.com/t01464dd86d4f629da5.gif，https://p1.ssl.qhmsg.com/t01321d295468d756aa.gif 和 https://p1.ssl.qhmsg.com/t017ddeef6018add8bf.gif。

发病规律：带菌种子和病稻草是该病发生的初侵染源。土温 30～50℃时，易发病；伤口利于病菌侵入；旱育秧较水育秧，发病重；施用未腐熟有机肥，发病重。一般籼稻较粳稻，发病重。糯稻发病轻。晚播发病重于早稻。

防治措施：①建立无病留种田，选栽抗病品种，避免种植感病品种，播种前进行种子清洗和浸种消毒；②加强栽培管理，催芽不宜过长，拔秧要尽可能避免损根；③清除病残体，及时拔除病株并销毁，病稻草收获后作燃料或沤制堆肥；④药剂防治，在水稻秧苗 1～2 叶期时，用青枯立克+大蒜油兑水喷雾进行防治，隔 5～7 天喷 1 次，连喷 2 次。

5. 水稻叶鞘腐败病

病原：由半知菌亚门真菌稻帚枝霉 [*Sarocladium oryzae*（Sawada）W. Gams. et Webster] 引起。

症状：主要为害水稻的叶鞘部位。幼苗染病，叶鞘上初生褐色病斑，边缘不明显；分蘖期染病，叶鞘上或叶片中脉上初生针头大小的深褐色小点，向上、下扩展后形成菱形深褐色斑，边缘浅褐色。叶片与叶脉交界处多现褐色大片病斑；孕穗至抽穗期染病，剑叶叶鞘先发病且受害严重，叶鞘上生褐色至暗褐色不规则病斑，中间色浅，边缘黑褐色较清晰，严重的现虎斑纹状病斑，向整个叶鞘上扩展，致叶鞘和幼穗腐烂。湿度大时病斑内外现白色至粉红色霉状物。病害典型症状图片请参考 https://p2.ssl.qhimgs1.com/sdr/400_/t0118ff27de15cd9b2e.jpg 和 https://p3.ssl.qhimgs1.com/sdr/400_/t01579e71a79d6249b3.jpg。

发病规律：在秧苗期至抽穗期均可发病。一是种子带菌的，种子发芽后病菌从生长点侵入，随稻苗生长而扩展，有系统侵染的特点；二是从伤口侵入；三是从气孔、水孔等自然孔口侵入。发病后病部形成分生孢子借气流传播，进行再侵染。生产上氮磷钾比例失调，尤其是氮肥过量、过迟或缺磷及田间缺肥时，发病重。早稻及易倒伏品种，发病重。

防治措施：①选用抗病品种；②合理施肥，采用配方施肥技术，避免偏施、过施氮肥，做到分期施肥，防止后期脱肥、早衰；沙性土要适当增施钾肥；杂交制种田母本要喷赤霉素，促其抽穗；③加强田间管理，开深沟，防积水，要浅水勤灌，适时涸田；④药剂防治，一是药剂处理种子；二是发病初期用50%苯菌灵可湿性粉剂、0.02%高锰酸钾溶液、50%丰米超微可湿性粉剂、40%禾枯灵可湿性粉剂等兑水喷雾进行防治，隔15天防治1次，防治1~2次。

6. 水稻稻粒黑粉病

病原：由担子菌亚门真菌狼尾草腥黑粉菌〔*Tilletia barclayana*（Bref.）Sacc. et Syd.〕引起。

症状：主要为害谷粒。染病稻粒呈污绿色或污黄色，其内有黑粉状物，成熟时腹部裂开，露出黑粉，病粒的内外颖之间具1黑色舌状凸起，常有黑色液体渗出，污染谷粒外表。扒开病粒可见种子内局部或全部变成黑粉状物（病原菌的厚垣孢子）。病害典型症状图片请参考 https://p2.ssl.qhimgs1.com/sdr/400_ /t0183782920c8f6569e.jpg 和 https://ps.ssl.qhmsg.com/sdr/400_ /t01fa826e77f96fac2f.jpg。

发病规律：病菌以厚垣孢子在种子内和土壤中越冬。种子带菌随播种进入稻田和土壤带菌是主要菌源。湿度大，通风透光，厚垣孢子萌发，产生担孢子及次生小孢子，借气流传播到抽穗扬花的稻穗上，侵入花器或幼嫩的种子，在谷粒内繁殖产生厚垣孢子。水稻孕穗至抽穗开花期及杂交稻制种田父母本花期相遇差的，发病率高，发病重。雨水多或湿度大，施用氮肥过多，发病重。

防治措施：①选用抗病品种。在杂交稻的配制上，要选用闭颖的品种；②实行检疫，严防带菌稻种传入无病区；③实行2年以上轮作；④加强栽培管理，避免偏施、过施氮肥，制种田通过栽插苗数、苗龄、调节出秧整齐度，做到花期相遇，孕穗后期喷洒赤霉素等；⑤药剂防治，杂交制种田或种植感病品种于水稻盛花高峰末期和抽穗始期用14%黑倭净胶悬剂、灭黑1号胶悬剂、30%百科乳油、50%百科可湿性粉剂、40%灭病威胶悬剂、25%三唑酮可湿性粉剂、25%敌力脱乳油等药剂兑水喷雾进行防治，防治1~2次即可。

7. 水稻胡麻斑病

病原：由半知菌亚门真菌稻平脐蠕孢菌〔*Bipolaris oryzae*（Breda de Haan）Shoemaker〕引起。

症状：主要为害叶片，稻株地上部分均可受害。种子芽期受害，芽鞘变褐，芽未抽出，子叶枯死；苗期叶片、叶鞘发病，多为椭圆形病斑，如胡麻粒大小，暗褐色，有时病斑扩大连片成条形，病斑多时秧苗枯死；成株叶片染病，初为褐色小点，之后渐扩大为椭圆形斑，如芝麻粒大小，病斑中央褐色至灰白色，边缘褐色，周围有深浅不同的黄色晕圈，严重时连成不规则形大斑。叶鞘上染病，病斑初为椭圆形，暗褐色，边缘淡褐色，水渍状，之后变为中心灰褐色的不规则形大斑。穗颈和枝梗发病，受害部暗褐色，造成穗枯。谷粒染病，早期灰黑色，之后扩展至全粒，造成秕谷、后期受害病斑小，边缘不明显。气候湿润时，上述病部长出黑色绒状霉层。病害典型症状图片请参考 https://p1. ssl. qhmsg. com/t01288bba6e123cfee7. jpg 和 https://p1.ssl.qhimgs1.com/bdr/326_ /t01691ebc9563be43c9.jpg。

发病规律：病菌以菌丝体在病残体或附在种子上越冬，成为翌年初侵染源。带病种子播后，潜伏菌丝体可直接侵害幼苗，分生孢子可借风吹到秧田或本田，萌发菌丝直接穿透侵入或从气孔侵入，条件适宜时很快出现病症，并形成分生孢子，借风雨传播进行再侵染。高温高湿、有雾露存在时，发病重。酸性土壤，沙质土，缺磷少钾时，易发病。旱秧田，发病重。

防治措施：①选在无病田留种或种子消毒；②深耕灭茬，病稻草要及时处理销毁；③加强栽培及田间管理，腐熟堆肥做基肥，及时追肥，增施磷钾肥，浅灌勤灌，避免长期水淹造成通气不良；④药剂防治，发病初期用25%施保克乳油、40%稻瘟灵乳油等药剂兑水喷雾进行防治。

8. 水稻菌核病

病原：由子囊菌亚门真菌水稻小球菌核菌（*Helminthosporium sigmoideum* Cav.）引起。

症状：主要为害叶鞘。初期在近水面的叶鞘上形成黑褐色小病斑，然后向上、下扩展成为黑色的细条线。病斑在扩大的同时，病菌浸染到叶鞘内部及茎秆，生成同样的黑色条斑，最后使茎秆基部变黑腐朽。病株上部失去光泽、叶片青萎、枯黄，稻穗发白，谷粒空瘪。严重时病株软化，倒伏。剥开病部可见叶鞘和茎内有无数黑色细小菌核。病害典型症状图片请参考 https://p1. ssl. qhmsg. com/t019b4e5c022ec7e9a4. jpg。

发病规律：病菌的菌核在稻草、稻桩上或散落在土壤中越冬。第二年整地灌水时，菌核浮在水面，当气温回升时，菌核萌发产生菌丝，病菌可由叶鞘的表面直接侵入或由伤口侵入，依靠气流或稻飞虱、叶蝉等传播，使病害不断扩展。高温高湿利于发病，氮肥施用过多过迟易发病，田间后期脱水过早，特别是孕穗到抽穗灌浆期田间缺水，遭遇干旱，发病重。长期深水、排水不良的田块，发病重。稻飞虱、叶蝉等为害严重的田块，发病重。

防治措施：①选用抗病良种；②加强肥水管理；③药剂防治，发病初期用70%甲基托布津可湿性粉剂、50%多菌灵可湿性粉剂等兑水进行喷雾防治，注意药液喷至下部叶鞘上。

9. 水稻烂秧病

病原： 由绵腐病菌（*Achlya* spp.）、腐败病菌（*Pythium* spp.）、立枯病菌（*Fusarium* spp.）等引起的侵染性烂秧以及不良环境引起的生理性烂秧。

症状： 主要为害根部。绵腐型烂芽，发病初在根、芽基部的颖壳破口外产生白色胶状物，渐长出绵毛状菌丝体，后变为土褐或绿褐色，幼芽黄褐枯死。立枯型烂芽，初在根芽基部有水浸状淡褐斑，随后长出绵置状白色菌丝，也有的长出白色或淡粉色霉状物，幼芽基部缢缩，易拔断，幼根变褐腐烂。生理性烂芽，淤籽播种过深，芽鞘不能伸长而腐烂；露籽种子露于土表，根不能插入土中而萎蔫干枯；跷脚种根不入土而上跷干枯；倒芽只长芽不长根而浮于水面；钓鱼钩根、芽生长不良，黄褐卷曲呈现鱼钩状；黑根根芽受到毒害，呈"鸡爪状"种根和次生根发黑腐烂。病害典型症状图片请参考 https://p1. ssl. qhmsg. com/t0172163e391433e085. jpg 和 https://p1. ssl. qhmsg. com/t012c60771e400de54c.jpg。

发病规律： 镰刀菌多以菌丝和厚垣孢子在多种寄主的残体上或土壤中越冬，条件适宜时产生分生孢子，借气流传播。丝核菌以菌丝和菌核在寄主瘤残体或土壤中越冬，靠菌丝在幼苗闻蔓延传播。腐霉菌以菌丝或卵孢子在土壤中越冬，条件适宜时产生游动孢子囊，游动孢子借水流传播。生产上低温缺氧易引致发病，寒流、低温阴雨、秧田水深、有机肥未腐熟等条件有利发病。烂种多由贮藏期受潮、浸种不透、换水不勤、催芽温度过高或长时间过低所致。烂芽多因秧田水深缺氧或暴热、高温烫芽等引发。

防治措施： ①精选种子，并进行种子处理；②加强水肥管理；③药剂防治，发病初期，根据引起病害原因选择针对性杀菌药剂兑水进行喷雾防治。

10. 水稻叶尖枯病

病原： 由半知菌亚门真菌稻生茎点霉（*Phoma oryzicola* Hara）引起。

症状： 主要为害叶片。病害始发生在叶尖或叶缘，然后沿叶缘或中部向下扩展，形成条斑。病斑初为墨绿色，之后渐变灰褐色，最后枯白。病健交界处有褐色条纹，病部易纵裂破碎。严重时可导致叶片枯死。为害稻谷，颖壳上形成边缘深褐色斑点后，中央呈灰褐色病斑，病谷秕瘦。病害典型症状图片请参考 http://www.3456. tv/images/2011nian/10/2013 - 08 - 14 - 10 - 00 - 37. jpg 和 https://p1. ssl. qhmsg. com/t01a20391b17eff2df1.jpg。

发病规律： 病菌以分生孢子器在病叶和病颖壳内越冬。越冬分生孢子器遇适宜条件释放出分生孢子，借风雨传播至水稻叶片上，经叶片、叶缘或叶部中央伤口侵入。在拔节至孕穗期形成明显发病中心，灌浆初期出现第二个发病高峰。低温、多雨、多台风有利于病害发生。暴风雨后，稻叶造成大量伤口，病害易大发生。施氮过多、过迟发病重，增施硅肥发病轻。水稻分蘖后期不及时晒田，积水多，发病重。田间密度大，发病重。

防治措施：①加强种子检疫，防止传入无病区；②选用抗病品种；③施足有机肥，增施磷钾肥和硅肥。分蘖后期要适时、适度晒田，生长后期干干湿湿。栽培不可过密，降低田间湿度；④药剂防治，一是用50%多菌灵、50%甲基硫菌灵可湿性粉剂、40%禾枯灵可湿性超微粉对种子进行播前消毒处理；二是在水稻孕穗至抽穗扬花期，发现中心病株后用40%多菌灵胶悬剂、40%禾枯灵可湿性粉剂等药剂兑水喷雾进行防治。

11. 水稻叶黑粉病

病原：由担子菌亚门真菌稻叶黑粉菌（*Entyloma oryzae* Syd.）引起。

症状：主要为害叶片。发病时，初始沿叶脉间纵向散生短条状病斑，之后病斑灰黑色，稍隆起，病斑周围变黄，内为厚垣孢子堆。严重时病斑可愈合成大病斑，造成叶尖枯黄。病害典型症状图片请参考 http://www.gengzhongbang.com/data/attachment/portal/201609/14/003212yjbpb92t4c41p255.jpg 和 http://www.gengzhongbang.com/data/attachment/portal/201609/14/003213a7zgh4g48gsosgl4.jpg。

发病规律：病菌以冬孢子在病残体或病草上越冬。第二年夏季萌发，产生担孢子和次生担孢子，借风雨传播侵入叶片。病菌萌发温度范围为21~34℃，最适生长温度为28~30℃。土壤贫瘠尤其是缺磷、缺钾的稻田，易发病。早熟水稻品种较晚熟品种，更易发病。任何诱发植株生活力衰退的因素都有利于本病发生。

防治措施：①选用抗病品种；②妥善处理病草，避免病草回田作肥；③加强肥水管理，适当增施磷钾肥，防止植株后期早衰；④药剂防治，发病前或发病初期用40%春雷·噻唑锌悬浮剂、20%咪鲜·己唑醇可湿性粉剂、75%百菌清可湿性粉剂等杀菌剂兑水喷雾进行预防和治疗，视病害发生情况，每7天左右施药1次，可连续用药2~3次，施药时要喷匀喷透。

12. 水稻云形病

病原：由半知菌亚门真菌稻格氏霉［*Gerlachia oryzae*（Hashioka et Yokogi）W. Gams］引起。

症状：主要为害叶片。叶片染病有两种症状。一种是出现云纹形病斑，先从下部叶的叶尖或叶缘产生水浸状小斑点，后迅速向叶基或内侧波浪状扩展，病斑中心灰褐色，外缘灰绿色，后期病斑上出现入场多明显的波浪状云纹线条，潮湿阴雨天气，叶片水浸状腐烂。高湿条件下，接近病健部产生白色粉状物，后期叶尖散生暗褐色小点。一种是出现褐色叶枯病斑，叶上先出现暗褐色小点，后扩展为长椭圆形病斑，对光观察，病斑周围有较宽的黄色晕圈，后期病斑中央淡褐色到枯白，周围褐色，外围有黄色晕圈，严重时病斑连片使叶褐色枯死。病害典型症状图片请参考 https://p2.ssl.qhimgs1.com/bdr/300_115_/t01cf80962be8d117ee.jpg 和 https://p1.ssl.qhmsg.com/t016e6ac5652ac01bcb.jpg。

发病规律：病菌在病残体或病种子上越冬，病种子播种后引起芽鞘腐烂。叶上病部产生分生孢子借风雨传播进行再侵染。扬花灌浆期易发病且病情较重，后叶片大量枯死并侵染枝梗、穗轴、谷粒。阴雨连绵，病害易于流行。一般籼稻和杂交稻发病重，粳稻次之，糯稻发病轻。地势低洼，排水不良，施氮过多，密度过大，稻株徒长容易诱发该病发生。

防治措施：①选用无病种子，避免在病田留种，精选种子，必要时进行种子处理；②采用配方施肥技术，合理施肥，防止偏施氮肥，增施磷钾肥，浅水灌溉，适时搁田，见干见湿，湿润灌溉，降低田间湿度，栽培密度不宜过大；③药剂防治，于水稻破口至齐穗期用20%三唑酮乳油、40%禾枯灵、40%克瘟散乳油、50%甲基硫菌灵可湿性粉剂、50%多菌灵可湿性粉剂、20%三环唑可湿性粉剂等兑水喷雾进行防治。

13. 水稻霜霉病

病原：由鞭毛菌亚门真菌大孢指疫霉水稻变种 [*Sclerophthora macrospora*（Saccardo）Thirumalachar，Shaw & Narasimhan var. *oryzae* Zhang & Liu] 引起。

症状：主要为害叶片。秧田后期开始显症，分蘖盛期症状明显。叶片发病，初始产生黄白小斑点，随后形成表面不规则形条纹，斑驳花叶。病株心叶淡黄色，卷曲，不易抽出，下部老叶渐枯死，根系发育不良，植株矮缩。受害叶鞘略松软，表面有不规则波纹或产生皱褶、扭曲，分蘖减少。若全部分蘖感病，重病株不能孕穗，轻病株能孕穗但不能抽出，包裹于剑叶叶鞘中，或从其侧拱出成拳状，穗小不实、扭曲畸形。病害典型症状图片请参考 https://p1.ssl.qhimgs1.com/bdr/326_/t0153ab082c406e81db.jpg 和 https://p1.ssl.qhmsg.com/t011864f39cce1aa435.jpg。

发病规律：病菌以卵孢子随病残体在土壤中越冬。翌年卵孢子萌发侵染杂草或稻苗，卵孢子借水流传播，水淹条件下卵孢子产生孢子囊和游动孢子，游动孢子活动停止后很快产生菌丝侵害水稻。在秧田后期及本田前期发病重，大田病株多从秧田传入。秧田水淹、暴雨或连阴雨发病严重，低温有利于发病。

防治措施：①地势较高地块做秧田，建好排水沟；②清除病源，拔除杂草、病苗；③药剂防治，发病初期用25%甲霜灵可湿性粉剂、90%霜疫净可湿性粉剂、80%克露可湿性粉剂、64%杀毒矾可湿性粉剂、58%甲霜灵·锰锌可湿性粉剂、70%乙磷铝·锰锌可湿性粉剂、72.2%霜霉威水剂等兑水喷雾进行防治。

14. 水稻疫霉病

病原：由鞭毛菌亚门真菌草莓疫霉稻疫霉变种（*Phytophthora fragariae* Hickman var. *oryzae-bladis* Wang et Lu）引起。

症状：主要为害早、中稻秧苗，在叶片上形成绿色水渍状不规则条斑，条斑边缘呈褐色。病害急剧发展时，条斑相互愈合，以至叶片纵卷成弯折。一般只造成秧苗中、下部叶片局部枯死，严重时全叶或整株死亡。病害典型症状图片请参考 http://www.3456.tv/images/2011nian/10/2015-09-25-09-41-03.jpg 和 http://www.dangyang.gov.cn/

uploadfile/image/20170522/20170522094657282.png。

发病规律：病菌在土壤中越冬，翌年春季水稻育秧期间在稻叶上萌发，从叶片气孔侵入，引起发病。发病最适宜温度为 16～21℃，超过 25℃ 病害受到抑制。秧苗三叶期前后，遇低温、连阴雨、深水灌溉，特别是秧苗淹水，病害发生严重。

防治措施：①秧田轮换，病区年年更换秧田，可减少初次侵染来源；②加强肥水管理，秧田畦面要平整，防治低处浸水。要浅水勤灌，避免漫灌，适当增施肥料，提高抗病力；③药剂防治，以早、中稻秧田三叶期为重点防治对象，发病前或发病初期用50%多菌灵可湿性粉剂、70%托布津可湿性粉剂等杀菌剂兑水进行叶面喷雾防治。

15. 水稻白叶枯病

病原：由细菌水稻黄单胞菌的两个致病变种 [*Xanthomonas oryzae* pv. *oryzae* Ishiyama. 和 *Xanthomonas oryzae* pv. *oryzicola* （Fang et al.）] 引起。

症状：主要为害叶片。病株叶尖及边缘初始产生黄绿色斑点，之后沿叶脉发展成苍白色、黄褐色长条斑，最后变灰白色而枯死。病株易倒伏，稻穗不实率增加。潮湿时，病部表面有蜜黄色黏性露珠状的菌脓，干燥后如鱼子状小颗粒，易脱落。病害典型症状图片请参考 https://p1.ssl.qhmsg.com/t01bbc822e3d82dae13.jpg 和 https://p1.ssl.qhmsg.com/t0192e6459b1037e072.jpg。

发病规律：带菌种子、带病稻草和残留田间的病株稻桩是主要初侵染源。细菌在种子内越冬，播后由叶片水孔、伤口侵入，形成中心病株，病株上分泌带菌的黄色小球，借风雨、露水、灌水、昆虫、人为等因素传播。病菌借灌溉水、风雨传播距离较远，低洼积水、雨涝以及漫灌可引起连片发病。晨露未干病田操作造成病菌扩散。高温高湿、多露、台风、暴雨是病害流行条件，稻区长期积水、氮肥过多、生长过旺、土壤酸性都有利于病害发生。

防治措施：①选用抗病品种；②播前种子处理；③清理病田稻草残渣；④搞好秧田管理，培育无病状秧；防止串灌、漫灌和长期深水灌溉。不能偏施氮肥，要配施磷钾肥；④药剂防治，在台风暴雨来临前或过境后，对病田或感病品种立即用 86.2%氧化亚铜水分颗粒剂、70%叶枯净胶悬剂、25%叶枯宁可湿性粉剂、高科 20%氟硅唑咪鲜胺、10%氯霉素可湿性粉剂、50%代森铵可湿性粉剂、25%消菌灵可湿性粉剂、32%核苷溴吗啉胍可湿性粉剂、15%消菌灵可湿性粉剂等杀菌剂兑水全面喷药 1 次进行预防和防治。

16. 水稻细菌性褐条病

病原：由假单胞杆菌属细菌燕麦假单胞菌 [*Pseudomonas yringae* pv. *panici* （Elliott） Young et a1.] 引起。

症状：主要为害叶片和叶鞘。苗期染病，初始在叶片或叶鞘上出现褐色小斑点，之后扩展呈紫褐色长条斑，有时与叶片等长，边缘清楚，病苗枯萎或病叶脱落，植株矮小。成株期染病，先在叶片基部中脉发病，初呈水浸状黄白色，之后沿脉扩展上达叶尖，下至叶鞘基部，形成黄褐至深褐色长条斑，病组织质脆易折，最终全叶卷曲枯死。叶鞘染病，呈不规则斑块，随后变黄褐，最后全部腐烂。心叶染病，不能抽出，死于心苞内，拔出有腐臭味，用手挤压有乳白至淡黄色菌液溢出。孕穗期染病穗苞受害后，穗早枯或有的穗颈伸长，小穗梗淡褐色，弯曲畸形，谷粒变褐不实。病害典型症状图片请参考 http://www.3456.tv/images/2011nian/10/2014-06-12-11-50-14.jpg 和 http://www.3456.tv/images/2011nian/10/2014-06-12-11-49-59.jpg。

发病规律：病原细菌在病残体或病种子上越冬，借水流、暴风雨传播蔓延，从稻苗伤口或自然孔口侵入，特别是秧苗受伤或受淹后，发病重。高温、高湿、阴雨天气有利于发病。偏施氮肥，发病重。高秆品种较矮秆品种抗病。

防治措施：①建立合理排灌系统，防止大水淹没稻田，及时排水；②增施有机肥，氮、磷、钾肥合理配合施用，增强植株抗病力；③及时清除田边杂草，处理带菌稻草；④加强检疫，防止病种子的调入和调出；⑤药剂防治，发病初期用70%叶枯净胶悬剂、25%叶枯宁可湿性粉剂、10%氯霉素可湿性粉剂、50%代森铵可湿性粉剂、25%消菌灵可湿性粉剂、15%消菌灵等药剂兑水喷雾进行防治。

17. 水稻细菌性褐斑病

病原：由细菌丁香假单胞菌丁香致病变种（*Pseudomonas syringae* pv. *syringae* Van Holl.）引起。

症状：主要为害叶片、叶鞘、茎、节、穗、枝梗和谷粒。叶片染病，初始产生褐色水浸状小斑点，之后扩大为纺锤形或不规则形赤褐色条斑，边缘出现黄晕，病斑中心灰褐色，病斑常融合成大条斑，使叶片局部坏死，不见菌脓。叶鞘染病，多发生在幼穗抽出前的穗苞上，病斑赤褐色，短条状，之后融合成水渍状不规则形大斑，后期中央灰褐色，组织坏死。剥开叶鞘，茎上有黑褐色条斑，剑叶发病严重时抽不出穗。穗轴、颖壳等部受害产生近圆形褐色小斑，严重时整个颖壳变褐，并深入米粒。病害典型症状图片请参考 http://image64.360doc.com/DownloadImg/2013/09/0212/34922318_ 1 和 https://p1.ssl.qhmsg.com/t01eafccd774fa6af0e.jpg。

发病规律：病菌在种子和病组织中越冬。从伤口侵入寄主，也可从水孔、气孔侵入。细菌在水中可存活 20~30 天，随水流传播。暴雨、台风可加重病害发生。偏施氮肥，灌水过多或灌串水，易发病。偏酸性土壤，发病重。

防治措施：①加强检疫，防止病种子的调入和调出；②浅水灌溉，防止田水串流；③采用配方施肥，忌偏施氮肥；④及时清除田边杂草，处理带菌稻草；⑤药剂防治，发病初期用70%叶枯净胶悬剂、25%叶枯宁可湿性粉剂、10%氯霉素可湿性粉剂、50%代森铵可湿性粉剂、25%消菌灵可湿性粉剂、15%消菌灵等杀菌剂兑水喷雾进行防治。

18. 水稻细菌性条斑病

病原： 由细菌黄单胞菌稻生致病变种 ［*Xanthomonas oryzae* pv. *oryzicola* （Fang） swing et al.］ 引起。

症状： 主要为害水稻叶片。发病后，病斑初为暗绿色水浸状小斑，很快在叶脉间扩展为暗绿色至黄褐色的细条斑，病斑两端呈浸润型绿色。病斑上常溢出大量串珠状黄色菌脓，干后呈胶状小粒。发病严重时条斑融合成不规则形黄褐色至枯白色大斑，与白叶枯类似，但对光看可见许多半透明条斑。病情严重时叶片卷曲，田间呈现一片黄白色。病害典型症状图片请参考 https://p1.ssl.qhmsg.com/t01e23206376b7a467a.jpg 和 http://www.tccxfw.com/bch/1/upfiles/201238223744622.jpg。

发病规律： 病菌主要在病稻种、稻草和自生稻上越冬，成为主要初侵染源。病菌主要从气孔或伤口侵入，借风、雨、露等传播。在无病区主要通过带菌种子传入。高温高湿有利于病害发生。晚稻比早稻易感染，后期水稻易发病蔓延；台风暴雨造成伤口，病害容易流行；偏施氮肥，灌水过深，加重发病；晚稻在孕穗、抽穗阶段，发病严重。

防治措施： ①加强检疫，防止调运带菌种子远距离传播；②选用抗（耐）病杂交稻，并在播种前进行种子处理；③避免偏施、迟施氮肥，配合磷、钾肥，采用配方施肥技术，忌灌串水和深水；④药剂防治，定时巡田，苗期或大田稻叶上看到有条斑出现时，应该立即用噻森铜、叶青双、消菌灵、86.2%铜大师等药剂兑水喷雾防治。

19. 水稻细菌性谷枯病

病原： 由细菌颖壳假单胞菌 （*Pseudomonas glumae* kurita et Tabei） 引起。

症状： 主要为害谷粒，也可引起水稻秧苗腐烂。染病谷粒初始出现苍白色似缺水状萎凋，之后渐变为灰白色至浅黄褐色，内外颖的先端或基部变成紫褐色，护颖也呈紫褐色。一般每个受害穗染病谷粒10~20粒，发病重的一半以上谷粒枯死，受害严重的稻穗呈直立状而不弯曲，多为不稔，若能结实多萎缩畸形，谷粒一部分或全部变为灰白色或黄褐色至深褐色，病部与健部界线明显。幼苗感病后，病健交界处明显呈褐色带状，新叶往往从病叶鞘内冲破而弯曲伸长，易从基部和病鞘腐烂处断离，病叶有水渍状斑，后转褐色，严重的腐烂枯死；谷粒萌发后，幼芽弯曲，有淡褐色条斑。病害典型症状图片请参考 https://p1.ssl.qhmsg.com/t01790431db84a430a2.jpg 和 https://ps.ssl.qhmsg.com/sdr/400_/t019fa40af28221bb95.jpg。

发病规律： 经稻种传播，带菌种子是主要的初侵染源。浸种催芽时污染健康种子，在育苗期间感染发病，腐烂枯死或带菌苗再移栽本田，其病菌潜伏到孕穗开花时再侵染谷粒，形成轻重不同的谷枯病状和带菌种子。抽穗期高温多日照，降降水量少，易发病。品种不同抗病性有明显差异。

防治措施： ①选用抗病品种；②加强检疫，防止病区扩大；③药剂防治，在5%抽穗时喷洒2%嘉赐霉素溶液、60%百菌通可湿性粉剂、12%绿乳铜乳油、47%加瑞农可湿性粉剂、53.8%可杀得 2000 干悬浮剂等药剂进行预防和防治。

20. 水稻细菌性基腐病

病原：由细菌菊欧文氏菌玉米致病变种 ［*Erwinia chrysanthemi* pv. *zeae*（Sabet）Victria，Arboleda et Munoz］引起。

症状：主要为害水稻根节部和茎基部。水稻分蘖期发病，常在近土表茎基部叶鞘上产生水浸状椭圆形病斑，之后逐渐扩展为边缘褐色、中间枯白的不规则形大斑，剥去叶鞘可见根节部变黑褐色，有时可见深褐色纵条，根节腐烂，伴有恶臭，植株心叶青枯变黄。拔节期发病，叶片自下而上变黄，近水面叶鞘边缘褐色，中间灰色长条形斑，根节变色伴有恶臭。穗期发病，病株先失水青枯，之后形成枯孕穗、白穗或半白穗，根节变色有短而少的侧生根，有恶臭味。病害典型症状图片请参考 http://res.ny.ntv.cn/a/10001/2017/0616/1497579069325.jpg 和 https://p1.ssl.qhmsg.com/t01a9c4cc4160275ea3.jpg。

发病规律：细菌可在病稻草、病稻桩和杂草上越冬。病菌从叶片上水孔、伤口及叶鞘和根系伤口侵入，以根部或茎基部伤口侵入为主。侵入后在根基的气孔中系统感染，在整个生育期重复侵染。早稻在移栽后开始出现症状，抽穗期进入发病高峰。晚稻秧田即可发病，孕穗期进入发病高峰。偏施或迟施氮肥，稻苗嫩柔，发病重。分蘖末期不脱水或烤田过度，易发病。地势低，黏重土壤通气性差，发病重。一般晚稻发病重于早稻。

防治措施：①选用抗病良种；②培育壮苗，推广工厂化育苗，采用湿润育秧。适当增施磷、钾肥确保壮苗。小苗直栽浅栽，避免伤口；③提倡水旱轮作，增施有机肥，采用配方施肥技术。

21. 水稻矮缩病

病原：由水稻矮缩病毒（Rice dwarf virus，RDV）侵染引起。

症状：主要为害叶片，病叶症状有两种类型。①白点型，在叶片或叶鞘上出现与叶脉平行的虚线状黄白色点条斑，以基部最明显。初始发病叶以上的新叶都出现点条症状，老叶一般不出现。②扭曲型，在光照不足情况下，心叶抽出呈扭曲状，随心叶伸展，叶片边缘出现波状缺刻，色泽淡黄。孕穗期发病，多在剑叶和叶鞘上出现白色点条，穗颈缩短，形成包颈或半包颈穗。病害典型症状图片请参考 https://p1.ssl.qhmsg.com/t01035b1f94b7eb6488.jpg 和 https://p1.ssl.qhmsg.com/t019d01c1bcd0bf36f3.jpg。

发病规律：病毒可由黑尾叶蝉、二条黑尾叶蝉和电光叶蝉传播。以黑尾叶蝉为主。带菌叶蝉能终身传毒，可经卵传染。病毒在黑尾叶蝉体内越冬，黑尾叶蝉在看麦娘上以若虫形态越冬，翌春羽化迁回稻田为害，早稻收割后，迁至晚稻上为害，晚稻收获后，迁至看麦娘、冬稻等 38 种禾本科植物上越冬。带毒虫量是影响病发生的主要因子。水稻在分蘖期前较易感病。冬春暖、伏秋旱利于发病。稻苗嫩，虫源多发病重。

防治措施： ①选用抗（耐）病品种；②成片种植，防止叶蝉在早、晚稻和不同熟性品种上传毒；早稻早收，避免虫源迁入晚稻；③加强管理，促进稻苗早发，提高抗病能力；④推广化学除草，消灭看麦娘等杂草，压低越冬虫源；⑤治虫防病，及时防治在稻田繁殖的第一代若虫，并要抓住黑尾叶蝉迁入双季晚稻秧田和本田的高峰期，把虫源消灭在传毒之前。

22. 水稻黑条矮缩病

病原： 由水稻黑条矮缩病毒（Rice black-streaked dwarf virus，RBSDV）侵染引起。

症状： 主要为害叶片，在水稻整个生长期内都可能发生，发病越早，危害越大。发病时，秧田期症状，叶片僵硬直立，叶色墨绿，根系短而少，生长发育停滞；分蘖期症状，植株明显矮缩，部分植株早枯死亡；拔节期症状，植株严重矮缩，高位分蘖、茎节倒生有不定根，茎秆基部表面有纵向瘤状乳白色凸起；穗期症状，植株严重矮缩，不抽穗或抽包颈穗，穗小颗粒少，直接影响水稻产量。病害典型症状图片请参考 https://p1.ssl.qhmsg.com/t0190d7d06b0412e19a.jpg 和 https://p1.ssl.qhmsg.com/t015adde89ea3a58604.jpg。

发病规律： 该病的发生流行与灰飞虱种群数量消长及携毒传播相对应。晚稻收获后，灰飞虱成虫转入田边杂草和冬播大小麦为害与越冬，病害的季节性流行是受灰飞虱种群数量消长，特别是秧苗期带毒灰飞虱种群数量关系密切。

防治措施： ①消灭传染源，田边地头杂草是病毒的中间寄主，应予以重点防除；秧田期首次迁入的飞虱同样是该病害的初侵染源，应在水稻催芽后，采用35%丁硫克百威种子干粉处理剂拌种，以防秧苗期飞虱迁入为害；②切断传播途径，水稻生长各阶段用25%吡蚜酮可湿性粉剂、50%烯啶虫胺可溶性粒剂等兑水喷雾防治传毒介体；③保护易感作物，播种期，水稻种子催芽后药剂拌种；移栽、抛秧定植后及水稻封行时，视田间发病情况，用30%毒氟磷可湿性粉剂兑水喷雾进行防治。

23. 水稻黄叶病

病原： 由水稻黄叶病毒（Rice transitory yellowing virus，RTYV）侵染引起。

症状： 主要为害叶片。苗期发病，以顶叶及下一叶为主，先在叶尖出现淡黄色褪绿斑，之后渐向基部发展，形成叶肉黄化、叶脉深绿的斑驳花叶或条纹状花叶，随后全叶变黄，向上纵卷，枯萎下垂。植株矮缩，不分蘖，根系短小。分蘖后发病的不能正常抽穗结实。拔节后发病，抽穗迟，穗行小，结实差。矮秆籼稻上多为金黄色，粳稻上色泽黄花叶不明显，糯稻上色泽灰黄色或淡黄。病害典型症状图片请参考 https://p0.ssl.qhimgs1.com/sdr/400_/t01a4a2e7ee69e93ea0.png 和 https://p1.ssl.qhimgs1.com/sdr/400_/t012f07140bbf1824ed.jpg。

发病规律： 由黑尾叶蝉、二点黑尾叶蝉、二条黑尾叶蝉传播，成为初侵染源。收获后叶蝉迁飞至二季稻上传毒，二季稻收获后，病毒又随介体寄主上越冬。籼稻较粳、糯稻发病轻，并以杂交稻耐病性最好。夏季少雨、干旱，促进叶蝉繁殖，有利于活动取食，还缩短了循回期和潜育期，有利于病害流行。

防治措施：①种植熟期相近的品种，减少传病媒介迁移传病；②早稻要种植抗病品种；③药剂防治传毒介体，一是在越冬代叶蝉迁移期和稻田1代若虫盛孵期进行防治，二是双季稻区在早稻大量收割期至叶蝉迁飞高峰前后防治。

24. 水稻条纹叶枯病

病原：由水稻条纹叶枯病毒（Rice stripe virus，RSV）侵染引起。

症状：主要为害叶片。苗期发病，心叶基部出现褪绿黄白斑，之后扩展成与叶脉平行的黄色条纹，条纹间仍保持绿色。分蘖期发病，先在心叶下一叶基部出现褪绿黄斑，之后扩展形成不规则形黄白色条斑，老叶不显病。拔节后发病，在剑叶下部出现黄绿色条纹，不枯心，但抽穗畸形，结实很少。病害典型症状图片请参考 https://p1.ssl.qhmsg.com/t016211d7fd500a8ea0.jpg 和 https://p1.ssl.qhmsg.com/t016121310fc3aa5f3f.jpg。

发病规律：条纹叶枯病的发生与灰飞虱发生量、带毒虫率有直接关系。品种间发病差异明显，气温偏高、降雨少、虫口多，发病重。水稻幼苗期最易发病，其发病程度按分蘖期、拔节期、孕穗期依次降低。稻麦两熟区发病重。

防治措施：①种植和推广抗病品种，忌种插花田，秧田要连片安排，远离虫源田，或与其他作物隔离；②水稻移栽期要避开灰飞虱的迁飞期。在苗期和分蘖期要避开灰飞虱的高发期；③清除田间地头和渠沟边禾本科杂草，清除寄主作物，有利于降低灰飞虱的发生量和带毒率；④药剂防除传毒介体，根据田间虫害发生情况，用48%毒死蜱、25%吡蚜酮可湿性粉剂、10%吡虫啉、25%噻嗪酮、80%敌敌畏、25%噻嗪酮+80%敌敌畏、10%吡虫啉+80%敌敌畏等药剂及配方兑水喷雾进行防治。

25. 水稻黄萎病

病原：由类菌原体（Mycoplasma-like organism，MOL）侵染引起。

症状：主要为害叶片。发病时，病株叶色均匀褪绿成为浅黄色，叶片变薄，质地也较柔软，植株分蘖猛增，呈矮缩丛生状，根系发育不良。苗期染病的植株矮缩不能抽穗，后期染病的发病轻，主要表现为分蘖增多，簇生，个别病株出现高节位分枝，叶片似竹叶状。病害典型症状图片请参考 https://p1.ssl.qhmsg.com/t01160839241e252bce.jpg 和 https://p1.ssl.qhmsg.com/t01cbdbf976a721f9b9.png。

发病规律：病原主要在黑尾叶蝉体内和几种野生杂草上越冬，成为翌年初侵染源。越冬代若虫从晚稻病株上获取毒原后越冬。叶蝉个体亲和力取决于叶蝉获取类菌原体的迟早及冬季气温高低，若叶蝉冬前获毒早，冬季气温越高，则越冬后具侵染性个体愈多。由于叶蝉从取食病原体到传病这段循回期长达27~90天，因此发病缓慢。生产上生长后期染病的，减产较少。

防治措施： ①选用抗病品种、抗虫品种；②注意结合传毒介体昆虫4种叶蝉生活史预测调整播种和插秧时间，把易染病的苗期与叶蝉活动高峰期调整开；③必要时在育秧期、返青分蘖期喷洒防治传毒介体的杀虫剂进行防治。

26. 水稻瘤矮病

病原： 由水稻瘤矮病毒（Rice gall dwarf virus，RGDV）侵染引起。

症状： 主要为害叶片。发病时，病苗显著矮缩，叶色深绿，叶背和叶鞘长有淡黄绿色近球形小瘤状突起，有时沿叶脉连成长条，叶尖卷转，个别新叶的一边叶缘灰白坏死，形成2~3个缺刻。病株根短纤弱、抽穗迟、穗小、空粒多。病害典型症状图片请参考 http://www.brrd.in.th/rkb/disease%20and%20insect/data_005/Image_Disease/rice_gall%20dwarf-05-013s.jpg 和 http://www.brrd.in.th/rkb/disease%20and%20insect/data_005/Image_Disease/rice_gall%20dwarf_zigzag-05-013s.jpg。

发病规律： 从苗期至孕穗期均可感病，苗期至分蘖期最易感病。由介体昆虫电光叶蝉、黑尾叶蝉、二点黑尾叶蝉进行持久性传毒，在电光叶蝉体内循回期为13~24天，最短获毒时间24小时，可终身传毒，但不经卵传毒。生产上，一般晚稻发病重于早稻，杂交稻受害严重。早稻受害轻，但是晚稻的主要侵染源。

防治措施： ①选用不适宜电光叶蝉食性的抗虫品种；②用25%扑虱蚜可湿性粉剂对种子进行拌种处理；③适期播种，避免收割耕田期间电光叶蝉迁入秧田的高峰期；④合理施肥，增施磷钾肥和有机肥，进行分期多次追肥，提高抗病力；⑤实行科学灌溉，湿润育秧，浅水分蘖，够苗露田、晒田，后期跑马水，杜绝串灌、浸灌、漫灌，改善田间小气候；⑥保护和利用自然天敌；⑦合理使用生物农药和化学农药，扑灭电光叶蝉。

27. 水稻干尖线虫病

病原： 由贝西滑刃线虫（Aphelenchoides besseyi Christie）引起。

症状： 主要为害叶片和稻穗。苗期症状不明显，在4~5片真叶时出现叶尖灰白色干枯，扭曲干尖。病株孕穗后干尖更严重，剑叶或其下2~3叶尖端1~8厘米渐枯黄，半透明，扭曲干尖，变为灰白或淡褐色，病健部界限明显。湿度大时，干尖叶片展平呈半透明水渍状，随风飘动，之后又复卷曲。有的病株不显症，但稻穗带有线虫，大多数植株能正常抽穗，但植株矮小，病穗较小，秕粒多，多不孕，穗直立。病害典型症状图片请参考 https://p1.ssl.qhmsg.com/t01907fbcaf41ce029b.jpg 和 https://p1.ssl.qhmsg.com/t016f49d9237bdfbaba.jpg。

发病规律： 以成虫和幼虫潜伏在谷粒的颖壳和米粒间越冬，因而带虫种子是本病主要初侵染源。秧田期和本田初期靠灌溉水传播，遇到幼芽、幼苗，从芽鞘、叶鞘缝隙处侵入，潜存于叶鞘内，以口针刺吸组织汁液，营外寄生生活。随着水稻的生长，线虫逐渐向上部移动，数量也渐增。在孕穗初期前，愈在植株上部几节叶鞘内，线虫数量愈多。到幼穗形成时，则侵入穗部，大量集中于幼穗颖壳内、外部。土壤不能传病。随稻种调运进行远距离传播。

防治措施：①选用无病种子，加强检疫，严格禁止从病区调运种子；②种子消毒，一是采用温汤浸种，二是利用药剂浸种和拌种处理。

28. 水稻根结线虫病

病原：由稻根结线虫（*Meloidogyne oryzae* Maas，Sanders & Dede.）引起。

症状：主要为害稻根根尖。根尖受害，扭曲变粗，膨大形成根瘤，根瘤初卵圆形，白色，后发展为长椭圆形，两端稍尖，棕黄至棕褐以至黑色，渐变软，腐烂，外皮易破裂。幼苗期根系出现根瘤时，叶色淡，返青迟缓。分蘖期根瘤数量大增，病株矮小，叶片发黄，茎秆细，根系短，长势弱。抽穗期表现为病株矮，穗短而少，常半包穗，或穗节包叶，能抽穗的结实率低，秕谷多。病害典型症状图片请参考 http://www.haonongzi.com/pic/news/20180103164552275.jpg 和 https://p1.ssl.qhmsg.com/t01ada18069be412b7c.jpg。

发病规律：以 1~2 龄幼虫在根瘤中越冬，翌年，二龄侵染幼虫侵入水稻根部，寄生于根皮和中柱间，刺激细胞形成根瘤，幼虫经 4 次脱皮变为成虫。雌虫成熟后在根瘤内产卵，在卵内形成 1 龄幼虫，经一次脱皮，以 2 龄幼虫破壳而出，离开根瘤，活动于土壤和水中，侵入新根。可借水流、肥料、农具及农事活动传播。线虫只侵染新根。酸性土壤，沙质土壤发病重，增施有机肥的肥沃土壤发病重。连作水稻重，水旱轮作病轻，水田发病重，旱地病轻；冬季浸水病重，翻耕晾晒田病轻。旱田铲秧比拔秧病轻。病田增施石灰发病明显减少。

防治措施：①选用抗病品种；②实行水旱轮作，或与其他旱作作物轮作半年以上，冬季翻耕晒田减少虫量；③旱育秧铲秧移植，减少秧苗带虫数；④药剂防治，用 10%克线磷颗粒剂、5%呋喃丹颗粒剂播种前撒施或用 92%巴丹药液浸种进行预防和防治。

29. 水稻赤枯病

病原：由缺钾、缺磷和土壤中有害物质等因素引起的生理性病害。

症状：缺钾型赤枯，在分蘖前出现，分蘖末发病明显，病株矮小，生长缓慢，分蘖减少，叶片狭长而软弱披垂，严重时自叶尖向下赤褐色枯死，似火烧状；缺磷型赤枯，多发生于栽秧后 3~4 周，初下部叶叶尖有褐色小斑，渐向内黄褐干枯，中肋黄化；中毒型赤枯，移栽后返青迟缓，株型矮小，分蘖很少。根系变黑或深褐色，新根极少。叶片自下而上呈赤褐色枯死，严重时整株死亡。病害典型症状图片请参考 https://p1.ssl.qhmsg.com/t018f1f60b8dc1b4e80.jpg 和 https://ps.ssl.qhmsg.com/bdr/300_ 115_ /t01979c285a3a36d6e7.png。

发病规律：土层浅的沙土、红黄壤及漏水田，分蘖时气温低影响钾素吸收，造成缺钾型赤枯。红黄壤冷水田，一般缺磷，低温时间长，影响根系吸收，发病严重。长期浸水，泥层厚，土壤通透性差的水田，有机质分解慢，随气温升高，土壤中缺氧，有机质分解产生大量硫化氢、有机酸、二氧化碳、沼气等有毒物质，使苗根扎不稳，随着泥土沉实，稻苗发根分蘖困难，加剧中毒程度。

防治措施：①改良土壤，加深耕作层，增施有机肥，提高土壤肥力，改善土壤团粒结构；②宜早施钾肥，缺磷土壤，应早施、集中施过磷酸钙或喷施 0.3% 磷酸二氢钾水溶液。忌追肥单施氮肥，否则加重发病；③改造低洼浸水田，做好排水沟。绿肥做基肥，不宜过量，耕翻不能过迟。施用有机肥一定要腐熟，均匀施用；④早稻要浅灌勤灌，及时耘田，增加土壤通透性；⑤发病稻田要立即排水，酌施石灰，轻度搁田，促进浮泥沉实，以利新根早发；⑥于水稻孕穗期至灌浆期叶面喷施叶面肥进行养分供给，隔15 天喷 1 次。

二十八　丝瓜主要病害

1. 丝瓜霜霉病

病原：由鞭毛菌亚门真菌古巴假霜霉菌［*Pseudoperonospora cubensis*（Berk. et Curt.）Rostov.］引起。

症状：主要为害叶片，在丝瓜整个生育期内均可发病，其中以生长前期为害最重。发病初期，在叶片正面出现不规则的褐黄色病斑，随后逐渐扩展成多角形黄褐色病斑。湿度大时，病斑背面长出灰黑色霉层，后期病斑连片整叶枯死。总体特征，病斑累累，瓜叶干枯，植株早衰，瓜条弯曲、瘦小、花化、产量和质量下降。病害典型症状图片请参考 http://att.191.cn/attachment/Mon_ 1508/3_ 215107_ cf20b1eca6343fd.jpg?100 和 https://p1.ssl.qhmsg.com/t0163e5e25bf7c5bca3.png。

发病规律：在南方，周年种植丝瓜地区，病菌在病叶上越冬或越夏。在北方，病菌孢子囊主要是借季风从南方或邻近地区吹来，孢子囊萌发产生游动孢子，直接产生芽管，从寄主表皮或气孔入侵，进行初侵染和再侵染。结瓜期阴雨连绵或湿度大，发病重。

防治措施：①选用抗病品种，并于播前进行种子消毒处理；②合理轮作；③加强栽培及田间管理，增施有机肥，提高抗病力，注意引蔓整枝，合理密植，保证株间通风透光通气；④药剂防治，在发病初期用58%雷多米尔水分散粒剂、金雷多米尔、64%杀毒矾可湿性粉剂、58%瑞毒霉、霜康等杀菌剂兑水喷雾进行防治，每隔7天喷1次，连防1~2次。

2. 丝瓜疫病

病原：由鞭毛菌亚门真菌甜瓜疫霉（*Phytophthora melonis* Katsura）引起。

症状：主要为害果实，茎蔓或叶片。果实发病，先在近地面的果面上出现水渍状暗绿色圆形斑，很快扩展为呈暗褐色的凹陷斑，并沿病斑周围作水渍状浸延。湿度大时病部表面生出许多灰白色霉状物，病斑迅速扩展，使丝瓜很快软化腐烂。茎蔓染病，初始呈水渍状，扩展后呈暗绿色，茎蔓整段软化湿腐。叶片染病，呈黄褐色近圆形或不规则形病斑，潮湿时病斑上生出稀疏白霉，使叶片腐烂。病害典型症状图片请参考 http://img8.agronet.com.cn/Users/100/586/678/201710311535185098.jpg 和 http://img8.agronet.

com.cn/Users/100/586/678/201710311534549435.jpg。

发病规律：病菌随病残体在土壤中越冬，也可在种子上存活越冬，借风雨及灌溉水传播。连阴雨或灌水过多，病害易流行。一般在植株结瓜初期发生，果实膨大期为发病高峰期，高温多雨，病害传播蔓延快，为害严重。土壤黏重，地势低洼，重茬地，发病重。

防治措施：①播前进行种子消毒处理；②与非瓜类作物实行 3~4 年以上轮作，避免连作；③加强栽培管理，选择排水良好的田块，采用高垄覆膜栽培，施用充分腐熟的农家肥，增施磷、钾肥；及时中耕、整枝，摘除田间病叶、病果，并集中深埋；④药剂防治，病害始发期用 75% 百菌清可湿性粉剂、50% 甲霜灵锰锌、70% 乙膦铝·锰锌可湿性粉剂、64% 杀毒矾可湿性粉剂、72.2% 普力克水剂等杀菌剂兑水喷雾进行防治，隔 7~10 天喷 1 次，连喷 3~4 次，也可用上述杀菌剂药液灌根，将喷雾与灌根同时进行，防治效果更明显。

3. 丝瓜炭疽病

病原：由半知菌亚门真菌瓜类炭疽菌 ［*Colletotrichum orbiculare*（Berk. & Mont.）Arx］引起。

症状：主要为害叶、叶柄、茎和果实。叶片受害，初期为近圆形小斑点，淡黄色，随病情发展扩大后变为黑褐色，有轮纹。干燥时病斑中央易穿孔破裂，严重时，叶片提早枯死，导致植株枯萎死亡。叶柄、茎蔓染病，病斑黄褐色，椭圆形或近圆形，稍凹陷。果实染病，病斑初呈水渍状，圆形或不定形，凹陷。湿度大时，各病部可均溢出近粉红色黏液（病菌分生孢子盘及分生孢子）。病害典型症状图片请参考 http://www.gengzhongbang.com/data/attachment/portal/201701/04/04090815o a957g2a5gv2io.jpg 和 http://www.gengzhongbang.com/data/attachment/portal/201701/04/040910wigglpbelsagdacp.jpg。

发病规律：病菌在种子上或随病残株越冬，也可以在温室或塑料大棚旧木料上存活。越冬后的病菌产生大量分生孢子，成为初侵染源。在气温 10~30℃均可发病。当气温稳定在 24℃左右时，发病重。30℃以上或 8℃以下停止发病。通风不良，氮肥偏多，灌水过量，重茬，发病重。

防治措施：①选种无病株、无病果留种，并于播前进行种子消毒；②实行 3 年以上轮作；③加强栽培及田间管理，采用地膜覆盖，赤地铺草，降低空气湿度，清除病残组织；④药剂防治，发病初期用 50% 甲基托布津可湿性粉剂+75% 百菌清可湿性粉剂、50% 苯菌灵可湿性粉剂、80% 炭疽福美可湿性粉剂、25% 溴菌清可湿性粉剂等杀菌剂及配方兑水喷雾进行防治，隔 7~10 天喷 1 次，连续防治 2~3 次。

4. 丝瓜褐斑病

病原：由半知菌亚门真菌瓜类尾孢菌（*Cercospora citrullina* Cooke）引起。

症状：主要为害叶片。叶片染病，病斑圆形或长形至不规则形，褐色至灰褐色。病斑边缘有时现出褪绿至黄色晕圈，霉层少见。日出或日落时，病斑上可见银灰色光泽。病害典型症状图片请参考 http://www. nonglinzhongzhi. com/uploads/allimg/20170505/14iavwg5sapyt11. jpg 和 http://www. nonglinzhongzhi. com/uploads/allimg/20170505/14dnq0g3ybg2y11.jpg。

发病规律：病菌在土壤中的病残体上越冬，借气流传播蔓延，以分生孢子进行初侵染和再侵染。温暖高湿，发病重。偏施氮肥，连作地，发病重。

防治措施：①清洁田园，集中烧掉病残体；②整地时以有机肥作底肥，结瓜期实行配方施肥；雨季及时开沟排水，防止田间积水；③药剂防治，发病初期用50%甲霜铜可湿性粉剂、60%琥·乙膦铝可湿性粉剂、64%噁霜·锰锌可湿性粉剂、40%甲基硫菌灵悬浮剂、60%百菌通可湿性粉剂、12%绿乳铜乳油、47%加瑞农可湿性粉剂等杀菌剂兑水喷雾进行防治，隔10天左右喷施1次，防治1~2次。

5. 丝瓜蔓枯病

病原：由半知菌亚门真菌西瓜壳二孢菌（*Ascochyta citrullina* Smith）引起。

症状：主要为害茎蔓、叶片和果实。茎蔓染病，多发生在基部分枝处或近节处，病部首先出现灰褐色不规则形病斑，之后病斑纵向蔓延，后期病部密生小黑点，有时还可溢出琥珀色胶状物，最终导致茎蔓枯死。叶片染病，多出现近圆形或不规则形的大块暗褐色湿润状病斑，病斑多自叶缘呈 V 字形向内发展，其上密生小黑点，病斑常破裂。丝瓜结果后，蔓枯病可从其花器中部侵染，花柱头变黑，伴随有腐烂出现，果实尖端出现腐烂。病害典型症状图片请参考 http://www. chaomindanbai. com/editor/attached/image/20170915/20170915055444_ 52618. jpg 和 http://www. chaomindanbai. com/editor/attached/image/20170915/20170915055522_ 44898.jpg。

发病规律：病菌以菌丝体、分生孢子器随病残体在土壤中越冬，种子也可带菌。以分生孢子进行初次侵染和再次侵染。初侵染菌源靠雨水反溅传播，发病后田间的分生孢子借风雨及农事操作传播。分生孢子萌发产生芽管，从气孔、水孔或伤口侵入。连作，种植过密，浇水过多，通风不良，湿度过大，氮肥过多，植株长势弱等情况都可加重病害的发生。

防治措施：①选用无病种子，播前进行消毒处理；②与非瓜类作物 2 年以上轮作；③加强栽培及田间管理，高畦深沟栽培，施足腐熟有机肥，适当增施磷、钾肥；合理灌水，雨后及时排水；合理密植，及时整枝绑蔓；适时追肥，防止植株早衰。彻底清除田间病残体；④药剂防治，发病初期用50%咪鲜胺可湿性粉剂、50%异菌脲可湿性粉剂、12.5%腈菌唑乳油、75%百菌清可湿性粉剂、50%多菌灵可湿性粉剂等兑水喷雾进行防治，5~7 天喷施 1 次，连续喷施 2~3 次。

6. 丝瓜黑斑病

病原：由半知菌门真菌瓜链格孢菌 ［*Alternaria cucumerina* （Ell. et Ev.） Elliott］ 引起。

症状：主要为害叶片和果实。叶片染病，病斑生于叶缘或叶面，褐色，不规则形，严重时，导致叶片大面积变褐干枯。果实染病，初生水渍状小网斑，褐色，随后逐渐扩展为深褐色至黑色病斑。病害典型症状图片请参考 https://ima. nongyao001.com: 7002/file/upload/201304/21/15-32-54-29-14206. jpg 和 https://ima. nongyao001.com: 7002/file/upload/201404/01/15-36-55-82-23384. jpg。

发病规律：种子带菌是远距离传播的重要途径。该病的发生主要与丝瓜生育期温湿度关系密切。坐瓜后遇高温、高湿，病害易流行，特别浇水或风雨过后病情扩展迅速。土壤肥沃，植株健壮，发病轻。

防治措施：①选用无病种瓜留种；②轮作倒茬，与非瓜类作物实行 3 年以上轮作；③翻晒土壤，采取覆膜栽培，施足基肥，增施磷钾肥，雨后及时排水；④药剂防治，发病前期用 10%苯醚甲环唑水分散粒剂+75%百菌清可湿性粉剂、20%苯醚·咪鲜胺微乳剂、20%唑菌胺酯水分散粒剂、25%溴菌腈可湿性粉剂+70%代森锰锌可湿性粉剂、50%甲基硫菌灵·硫黄悬浮剂+70%代森锰锌可湿性粉剂、50%异菌脲悬浮剂、40%嘧霉胺悬浮剂+75%百菌清可湿性粉剂、64%氢铜·福美锌可湿性粉剂、20%苯霜灵乳油+75%百菌清可湿性粉剂等杀菌剂或配方兑水进行喷雾防治，视病情间隔 7～10 天喷 1 次。

7. 丝瓜褐腐病

病原：由半知菌亚门真菌半裸镰孢菌 （*Fusarium semitectum* Berk. et Rav.） 引起。

症状：主要为害花和果实。发病初期，花和丝瓜呈水浸状湿腐，病花变褐、腐败，病菌从花蒂部侵入幼瓜，向瓜上扩展，造成整个幼瓜变褐、腐烂。病害典型症状图片请参考 https://ima. nongyao001.com: 7002/file/upload/201304/21/15-36-43-94-14206. jpg 和 http://p0.so.qhmsg.com/sdr/400_/t01ff5d35f23210ddff. jpg。

发病规律：病菌以菌丝体或厚垣孢子随病残体或在种子上越冬，翌春产生孢子借风雨传播，侵染幼果，发病后病部长出大量孢子进行再侵染。结果期遇高温多雨或湿度大，发病重。

防治措施：①选用抗病品种，无病种子，并于播前进行种子消毒；②与非瓜类作物实行 3 年以上轮作；③采用高畦或高垄栽培，覆盖地膜；合理浇水，严禁大水漫灌，雨后及时排水，严防湿气滞留；坐果后及时摘除病花、病果集中烧毁；④药剂防治，发病初期用 24%腈苯唑悬浮剂+75%百菌清可湿性粉剂、47%春雷·氧氯化铜可湿性粉剂、78%波·锰锌可湿性粉剂、50%苯菌灵可湿性粉剂+70%代森锰锌可湿性粉剂等杀菌剂或组合配方兑水喷雾进行防治，视病情间隔 7～10 天喷 1 次。

8. 丝瓜菌核病

病原：由子囊菌亚门真菌核盘菌［*Sclerotinia sclerotioum*（Lib.）de Bary］引起。

症状：主要为害瓜条和茎基部，苗期至成株期均可发病，以距地面5~30厘米发病最多。瓜条被害，脐部形成水浸状病斑，软腐，表面长满棉絮状菌丝体。茎部被害，开始产生褐色水浸状病斑，逐渐扩大呈淡褐色，病茎软腐，长出白色棉絮状菌丝体，茎表皮和髓腔内形成坚硬菌核，植株枯萎。幼苗发病时在近地面幼茎基部出现水浸状病斑，很快病斑绕茎一周，幼苗猝倒。一定湿度和温度下，病部先生成白色菌核，老熟后为黑色鼠粪状颗粒。病害典型症状图片请参考《中国现代蔬菜病虫原色图鉴》（吕佩珂、苏慧兰、李明远等，2008年，学苑出版社）。

发病规律：病菌以菌核留在土里或夹在种子里越冬或越夏，随种子远距离传播。条件适宜时菌核产生子囊、子囊孢子，随气流传播蔓延，孢子侵染衰老的叶片或花瓣、柱头或幼瓜，田间带病的雄花落到健叶或茎上，引起发病，重复侵染。连年种植葫芦科、茄科及十字花科蔬菜的田块，排水不良的低洼地，或偏施氮肥，或霜害、冻害条件下，发病重。

防治措施：①播种前进行种子处理和土壤消毒；②水旱轮作；③清洁田园，深翻土壤；④药剂防治，发病初期用高浓度的50%速克灵可湿性粉剂或50%多菌灵可湿性粉剂调匀后涂抹病部，或用50%腐霉利可湿性粉剂、50%农利灵可湿性粉剂兑水喷雾进行防治，每隔7天左右喷1次，连续防治3~4次。

9. 丝瓜黑星病

病原：由半知菌亚门真菌瓜枝孢霉菌（*Cladosporium cucumerinum* Ell. et Arthur.）引起。

症状：主要为害叶片、茎及果实。叶片染病，幼叶初始出现水渍状污点，之后扩大为褐色或墨色斑，易穿孔；茎蔓染病，茎上出现椭圆形或纵长凹陷黑斑，中部呈龟裂状；幼果染病，初生暗褐色凹陷斑，随后发育受阻呈畸形果；成果染病，病斑多疮痂状，有的龟裂或烂成孔洞，病部分泌出半透明胶质物，后变琥珀块状。湿度大时，各病部表面密生煤色霉层。病害典型症状图片请参考 http://www.tccxfw.com/bch/1/upfiles/201112101222237467.jpg 和 https://p1.ssl.qhmsg.com/t01ef2e41b9f55f0dee.jpg。

发病规律：病菌以菌丝体随病残体在土壤中或者附着在架材上越冬，成为初侵染源。病菌从表皮直接侵入，也可从气孔和伤口侵入。发病后产生的分生孢子靠气流、雨水、灌水、农事操作或架材等传播，进行再侵染。种植过密、通风透光不好，发病重；氮肥施用太多，生长过嫩，易发病；土壤黏重、偏酸，多年重茬，肥力不足、耕作粗放、杂草丛生的田块，发病重；阴雨天或清晨露水未干时整枝，或虫伤多，易发病；地势低洼积水、排水不良、土壤潮湿易发病，低温、高湿、多雨或长期连阴雨、日照不足，易发病。

防治措施：①选用抗病品种，选用无病、包衣的种子，如未包衣则种子须用拌种剂或浸种剂灭菌；②和非本科作物轮作，水旱轮作最好；③加强栽培及田间管理；④药剂防治，发病初期用50%多菌灵可湿性粉剂、50%苯菌灵可湿性粉剂、75%甲基托布津可湿性粉剂、50%甲米多可湿性粉剂、70%代高乐可湿性粉剂、40%杜邦福星、50%退菌特可湿性粉剂等药剂兑水喷雾进行防治，每7天1次，连续防治3~4次。

10. 丝瓜轮斑病

病原：由半知菌亚门真菌匐柄霉菌（*Stemphylium botryosum* f. sp. *lactucum* Padhi et Snyder）引起。

症状：主要为害采种株顶部叶片。叶片染病，初在叶片上产生小的近圆形亮绿色斑，后扩展，融合在一起形成直径1~12毫米的大病斑，病斑中央浅灰褐色，具明显轮纹，病斑边缘灰褐色，病健交界不明显，后期病斑中心组织脱落成穿孔状。病害典型症状图片请参考 http://www.doc88.com/p-194102242872.html。

发病规律：病菌以子囊座随病残体在土中越冬，以子囊孢子进行初侵染，靠分生孢子进行再侵染，借气流传播蔓延。该菌系弱寄生菌，长势弱的植株及冻害或管理不善，易发病。

防治措施：①选种适宜品种，可减轻发病；②药剂防治，发病初期用50%琥胶肥酸铜可湿性粉剂、14%络氨铜水剂、75%百菌清可湿性粉剂、58%甲霜灵锰锌可湿性粉剂、77%可杀得可湿性微粒粉剂、47%加瑞农可湿性粉剂、56%靠山水分散微颗粒剂等药剂兑水喷雾进行防治，隔7~10天防治1次，连续防治2~3次。

11. 丝瓜果腐病

病原：由接合菌亚门真菌真菌匐枝根霉菌［*Rhizopus stolonire*（Ehrenb. et Fr.）Vuill.］引起。

症状：主要为害果实，尤其是近地表的果实。发病初没有明显病变，发病后即见大面积软化，随后病部密生白色霉层，不久在白色霉层上长出密集的蓝黑色球状菌丝状物，导致果实腐烂。病害典型症状图片请参考 https://p1.ssl.qhmsg.com/t01492ac547ff57d1c6.jpg 和 https://ima.nongyao001.com:7002/file/upload/201306/12/08-56-48-98-14206.jpg。

发病规律：病菌以菌丝体和厚垣孢子随病残体遗落在土中，其次以分生孢子黏附在种子表面或以菌丝体潜伏在种子内越冬。植地连作、地势低湿或偏施过施氮肥，易发病。田间灌水多、湿气滞留易发病，落地果实，发病重。

防治措施：①及时清除病残体，集中深埋或烧毁，以减少初侵染源；②加强栽培及田间管理；③药剂防治，发病初期用36%甲基硫菌灵悬浮剂、50%苯菌灵可湿性粉剂、50%混杀硫悬浮剂、50%多菌灵可湿性粉剂、50%利得可湿性粉剂等药剂兑水喷雾进行防治，视病情隔10天防治1次，防治1~2次。

12. 丝瓜病毒病

病原：主要由黄瓜花叶病毒（Cucumber mosaic virus，CMV）、甜瓜花叶病毒（Melon mosaic virus，MMV）、烟草环斑病毒（Tobacco ring spot virus，TRSV）等侵染引起。

症状：主要为害叶片和果实。叶片染病，幼嫩叶片染病呈浅绿色与深绿色相间的小环斑，叶片皱缩；下部老叶染病呈黄色环斑或黄绿相间花叶，叶脉皱缩，致使叶片歪扭和畸形。发病严重的叶片变硬，发脆，叶缘缺刻加深，后期产生枯死斑，黄色病叶从下逐渐往上发展。果实染病，幼瓜上小下大，呈旋状畸形，或细小扭曲，瓜上产生褪绿色斑。病害典型症状图片请参考 https://ps.ssl.qhmsg.com/sdr/400_/t01a686d298e41780b7.jpg 和 https://p1.ssl.qhimgs1.com/sdr/400_/t01d5ece2285ea3a40d.jpg。

发病规律：黄瓜花叶病毒可在菜田多种寄主或杂草上越冬，在丝瓜生长期间，除蚜虫传毒外，农事操作及汁液接触也可传播蔓延。甜瓜花叶病毒除种子带毒外，其他传播途径与黄瓜花叶病毒类似。烟草环斑病毒主要靠汁液摩擦传毒。

防治措施：①选用抗病毒病品种；②培育壮苗，适期定植；③采用配方施肥技术，加强管理；④药剂防治，一是及时防治蚜虫，杀灭传毒媒介；二是发病初期喷洒 0.5% 抗毒丰菇类蛋白多糖水剂 300 倍液进行保护性防治。

二十九 苏丹草主要病害

1. 苏丹草豹纹病

病原： 由半知菌亚门真菌高粱胶尾孢菌（*Gloeocercospora sorghi* Bain. et Edg.）引起。

症状： 主要为害叶片。叶片染病，病斑近圆形或椭圆形，紫红色，大小不一，有2~8个极明显的轮纹。病斑常发生于叶缘，因而呈半椭圆形。严重时，病斑汇合，导致全叶枯萎。在温暖、潮湿的气候，病斑及叶片被暗红色胶状物质覆盖（病菌的分生孢子梗和分生孢子）。在剪股颖草地上，病草区为橙红色或铜色斑块，直径约3~9厘米。病害典型症状图片请参考 http://photocdn. sohu.com/20111011/Img321788022.jpg。

发病规律： 病菌以菌核在病株残体中越冬。当气温升到18~23.7℃时，菌核萌发。菌丝在温暖、潮湿的气候，21~29.5℃时，可迅速穿透侵入。新产生的病斑在1~2天内就可以大量产生分生孢子，分生孢子借飞溅的水滴或流水传播，也可借动物和人类活动及农机具传播。在适宜条件下，病害可在短时间内达到流行规模。

防治措施： 选育和种植抗病品种是根本措施，并注意加强草地管理。

2. 苏丹草大斑病

病原： 由半知菌亚门真菌大斑离蠕孢菌［*Bipolaris turcicum*（Pass.）Shoemaker］引起。

症状： 主要为害叶片，叶部病斑长梭形，大小为（20~60）毫米×（4~10）毫米，边缘水渍状，中央枯黄色至褐色，后期边缘紫色，叶斑正反面均可见黑色霉状物，即病菌的分生孢子梗和分生孢子，严重时全叶枯死。叶鞘及苞片上也能发生病斑。病害典型症状图片请参考 https://ima. nongyao001. com: 7002/201711/2/C756217A064848F0B2F241D63A327954.jpg。

发病规律： 病菌以休眠菌丝体和分生孢子在病残株体上越冬，成为第二年春季田间侵染来源。孢子借风雨传播，由表皮或气孔侵入。菌丝生长适温27~30℃，温度范围为5~35℃。孢子形成温度为11~30℃，最适温度23~27℃。田间流行适温约为25℃。孢子侵入后，10~14天便可在病斑上产生孢子。孢子萌发需要多雨有雾天气，相对湿度至少在60%~70%以上，且叶面要有液态水膜。新叶比老叶抗病力强，苗期或幼株比抽穗后成株发病轻。

防治措施：①选用抗病品种；②收割后彻底清除田间残体；③科学配方施肥，保证氮素充足；④适时早播，尽量避开高温多雨时期；⑤药剂防治，必要时在发病初期用50%麦穗宁可湿性粉剂、50%棉萎灵可湿性粉剂、50%退菌特可湿性粉剂、70%甲基托布津可湿性粉剂、65%代森锌可湿性粉剂、50%福美双可湿性粉剂等杀菌剂兑水进行喷雾保护。

3. 苏丹草紫轮病

病原：由半知菌亚门真菌蜀黍生座枝孢（*Ramulispora sorghicola* Harris）引起。

症状：主要为害叶片和叶鞘。叶片染病，病斑矩圆形或椭圆形，中心淡紫色，边缘紫红色，大小（2~8）毫米×（1~3）毫米，背面初生灰色霉层（病原菌分生孢子梗和分生孢子），后期霉层消失，产生小黑点（病菌的菌核），很易从病斑上掉落。严重时病斑互相汇合成不规则形的云形大斑，病斑可以布满整张叶片，使叶片提早枯萎。

发病规律：病菌以分生孢子、菌核、菌丝在病残体上越冬。翌年产生分生孢子，借风、雨传播蔓延。降雨次数多，降水量偏大，气温较低条件下，病害发生早且发病重。

防治措施：①选育和种植抗病品种；②加强草地管理，适期播种，合理密植；科学肥水管理，增施磷钾肥，合理排灌，提高植株抗性，防止倒伏；③药剂防治，留种田及科研地在发病初期用15%氯苯嗪可湿性粉剂、10%放线酮可湿性粉剂、50%克菌丹可湿性粉剂、75%百菌清可湿性粉剂、70%甲基托布津可湿性粉剂、80%代森锰锌可湿性粉剂、50%福美双可湿性粉剂、25%三唑酮可湿性粉剂等杀菌剂兑水喷雾进行防治。

4. 苏丹草小斑病

病原：由半知菌亚门真菌玉蜀黍平脐蠕孢菌［*Bipolaris maydis*（Nisikado et Miyake）Shoem］引起。

症状：主要为害叶片，从幼苗到成株期均可感病。叶片染病，一般先从下部叶片开始，逐渐向上蔓延。病斑初呈水浸状，后变为黄褐色或红褐色，边缘色泽较深。病斑呈椭圆形、近圆形或长圆形，有时病斑可见2~3个同心轮纹。

发病规律：病菌以休眠菌丝体和分生孢子在病残体上越冬，成为翌年发病初侵染源。分生孢子借风雨、气流传播，侵染苏丹草，在病株上产生分生孢子进行再侵染。遇充足水分或高温条件，病情迅速扩展。湿度高，容易造成小斑病的流行。低洼地、过于密植荫蔽地；连作田，发病重。

防治措施：①选种抗病品种；②合理轮作倒茬，实行间作套种；③加强农业防治清洁田园，深翻土地，控制菌源；摘除下部老叶、病叶，减少再侵染菌源；降低田间湿度；增施磷、钾肥，加强田间管理，增强植株抗病力；④药剂防治，发病初期用75%百菌清可湿性粉剂、70%甲基硫菌灵可湿性粉剂、25%苯菌灵乳油、50%多菌灵可湿性粉剂等兑水喷雾防治，间隔7~10天喷1次，连防2~3次。

5. 苏丹草叶点霉病

病原：由半知菌亚门真菌高粱叶点霉（*Phyllosticta sorghim* Sacc.）引起。

症状：主要为害叶片。叶片染病，病斑出现在叶片两面，椭圆形或梭形，直径 2~5 毫米，中心淡褐色，之后病部出现小黑点（病菌的分生孢子器）。病斑发生于叶缘或叶尖时，病斑呈半椭圆形和半梭形。病害典型症状图片请参考 https://icweiliimg1.pstatp.com/weili/bl/313575570947702805.jpg。

发病规律：病菌分生孢子器产生于叶片两面，散生，突破表皮后产生的孢子靠气流、雨水传播。温暖潮湿的气候条件，有利于病害发生。

防治措施：①因地制宜选育和种植抗病品种；②加强草地管理，适期播种，合理密植；科学施肥，增施磷钾肥，酸性土壤适量施用石灰，使土壤 pH 值保持在 6~7；合理灌溉，雨后注意及时排水，防止倒伏；适度放牧，及时收割，收割后清除田间病残体，减少来年菌源；③药剂防治，当日间气温达到 21~23.7℃时，用百菌清、氯苯或放线酮等杀菌剂兑水喷雾进行防治，每 10 天喷 1 次。发生严重时，每 4~5 天喷 1 次，直至病情得到控制后，再改为每 10 天喷 1 次。

6. 苏丹草丝黑穗病

病原：由担子菌亚门真菌丝轴黑粉菌［*Sphacelotheca reiliana*（Kühn）Clint］引起。

症状：主要为害花序。染病后，整个或部分花序变为黑粉（冬孢子）。病株比健株略矮小，色较浓。病穗中下部膨大，有时歪扭。包膜破裂后散出黑褐色粉末（病菌冬孢子），同时露出成束的黑色丝状物（寄主残存的维管束组织）。偶见病菌侵害叶片，产生稍隆起的灰色小瘤，后散出黑粉。病害典型症状图片请参考 https://p1.ssl.qhmsg.com/t01783977841e8998c6.jpg。

发病规律：病菌主要以冬孢子在土壤和病残组织内越冬，成为次年侵染来源，种子带菌的作用比较次要。冬孢子可在土壤中存活 3 年以上。冬孢子与种子同时萌发，产生担孢子并配合产生双核的侵染菌丝，之后侵入幼苗的芽鞘、胚轴或幼根，长入生长点，随寄主生长发育，最终进入穗部产生冬孢子。病菌萌发温度为 15~36℃，适温 28~36℃，土壤水分充足时发病轻，土壤含水量为 18%~20%，5 厘米深处土温 15℃上下时，最有利于侵染。若播种过早、覆土过厚、出苗缓慢，发病重。连作田块，发病重。不同品种的敏感性不一。

防治措施：①选用抗病品种；②实行 3 年以上轮作；秋季深耕；不用带病残组织的粪肥作基肥，以减少土壤中侵染来源；③精细整地，保持埔情良好，适期播种，避免深播，播后及时镇压，力求出苗迅速；④吸时剪除病穗，带出田间深埋。必须在未散出黑粉时进行，并从病株基部刈割；⑤药剂防治，将种子用 20% 萎锈灵乳油进行拌种，堆在塑料薄膜上，并覆以塑料薄膜，闷种 4 小时，稍晾晒后播种，效果良好。也可用 50% 多菌灵、50% 萎锈灵可湿性粉剂等药剂拌种。

三十 豌豆主要病害

1. 豌豆褐斑病

病原：由半知菌亚门真菌豌豆壳二孢菌（*Ascochyta pisi* Libert）引起。

症状：主要为害叶、茎、荚及种子。叶片染病，产生圆形淡褐色至黑褐色病斑，病斑边缘明显，病斑上具针尖大小的小黑点（病菌的分生孢子器）。茎荚染病，病斑褐色至黑褐色，纺锤形或椭圆形，稍凹陷，向内扩展波及种子，导致种子带菌；种子染病，病斑不明显，湿度大时呈污黄色或灰褐色。病害典型症状图片请参考 http://p0.so.qhimgs1.com/sdr/400_ /t01d9b483b7bc159014.jpg 和 http://p5.so.qhimgs1.com/sdr/400_ /t010394dd5c2d1eeadb.jpg。

发病规律：病菌以分生孢子器或菌丝体附着在种子上或随同病残体在田间越冬。播种带菌种子，长出幼苗即染病，子叶或幼茎上出现病痕和分生孢子器，产出分生孢子借雨水传播，进行再侵染，潜育期6~8天。田间15~20℃及多雨潮湿，易发病。

防治措施：①与非豆科蔬菜实行2~3年轮作；②选留无病种子，播种前温水浸泡后晾干播种；③选择高燥地块，合理密植，采用配方施肥技术，提高抗病力；④收获后及时清洁田园，进行深翻，减少越冬菌源；⑤药剂防治，发病初期用50%苯菌灵可湿性粉剂、40%多·硫悬浮剂、70%甲基硫菌灵可湿性粉剂、30%绿叶丹可湿性粉剂、80%喷克可湿性粉剂、75%百菌清可湿性粉剂等兑水喷雾进行防治，隔7~10天防治1次，连续防治2~3次。

2. 豌豆褐纹病

病原：由子囊菌亚门真菌豌豆小球腔菌 [*Mycosphaerella pinodes*（Berkeley et Bloxam）Stone］引起。

症状：主要为害叶、茎及荚。叶片染病，初始呈不规则的淡紫色小点，高温高湿条件下，病斑迅速扩展，布满整个叶片，随后病叶变黄扭曲而枯死；有的呈深褐色不规则形轮纹斑，中央坏死处产生黑色小点（病菌子囊壳或分生孢子器）。叶柄及茎染病，不形成轮纹，之后病斑中央凹陷。病菌可从荚果侵入种子内部。病害典型症状图片请参考 http://p1.so.qhimgs1.com/sdr/400_ /t01a89d32dc68751b51.jpg 和 http://www.haonongzi.com/pic/news/20180803170046828.jpg。

发病规律：病菌主要以菌丝体或分生孢子在种子上越冬，翌年播种带病菌的种子，出苗后即染病。产生的孢子借风雨传播蔓延，进行再侵染。播种过早或遭受低温冷害袭击或菜地土壤黏重湿度过大，或氮肥过多，植株生长过旺，易发病。

防治措施：①与非豆科作物实行 3 年以上轮作；②选用无病种子或进行温汤浸种，先把种子置于冷水中预浸 4~5 小时，再移入 50℃温水中浸 5 分钟后，放入冷水中冷却、晾干干，播种；③选择高燥地块种植，适当密植，增施钾肥；④药剂防治，发病初期开始喷洒 40%多·硫悬浮剂 800 倍液，或 50%混杀硫悬浮利 500 倍液，或 75%百菌清可湿性粉剂 600 倍液进行防治，隔 10 天左右防治 1 次，连续防治 2~3 次，注意药剂的交替使用。

3. 豌豆白粉病

病原：由子囊菌亚门真菌豌豆白粉菌（*Erysphe pisi* DC.）引起。

症状：主要为害叶、茎蔓和荚，多始于叶片。叶片染病，初期出现白粉状淡黄色小点，随后扩大，呈不规则形粉斑，互相连合，病部表面被白粉覆盖，叶背呈褐色或紫色斑块，病情扩展后波及全叶，导致叶片迅速枯黄。茎、荚染病，同叶片上症状一样，先出现小粉斑，严重时布满茎荚，导致茎部枯黄，嫩茎干缩，后期病部出现小黑点（闭囊壳）。病害典型症状图片请参考 http://www.haonongzi.com/pic/news/20170505151825751.jpg 和 https://p1.ssl.qhmsg.com/t010fd231f29f7f1d2e.jpg。

发病规律：病菌可通过豌豆荚侵染种子，是一种少见的种子带菌传播的白粉病。病残体上的闭囊壳及病组织上的菌丝体，也可越冬，翌年产生子囊孢子进行初侵染，借气流和雨水溅射传播。病部产生分生孢子进行多次重复侵染，使病害逐渐蔓延扩大，后期病菌产生闭囊壳越冬。在温暖的南繁区，病菌以分生孢子在寄主作物间辗转传播为害，无明显越冬期，也未见产生闭囊壳。日暖夜凉多露潮湿的环境适合该病害发生流行，但即使天气干旱，该病仍可严重发生。

防治措施：①因地制宜选用抗病品种，无病种子，并于播前进行种子消毒处理；②与非豆科作物实行 3 年以上轮作；③加强栽培及田间管理，合理密植、清沟排渍；④药剂防治，发病初期用 2%武夷菌素、10%施宝灵胶悬剂、60%防霉宝 2 号水溶性粉剂、30%碱式硫酸铜悬浮剂、20%三唑酮乳油、6%乐必耕可湿性粉剂、12.5%速保利可湿性粉剂、25%敌力脱乳油、40%福星乳油等药剂兑水喷雾进行防治，注意药剂的交替使用。

4. 豌豆根腐病

病原：由鞭毛菌亚门真菌根腐丝囊霉（*Aphanomyces euteiches* Dreehsler）、称终极腐霉（*Pythium ultimum* Trow），以及半知菌亚门真菌茄类镰孢豌豆专化型［*Fusarium solani*（Martius）f. sp. *pisi*（Jones）Snyder et Hansen］等引起。

症状：主要为害根或茎基部。发病时，病株下部叶片先发黄，逐渐向中、上部发展，致使全株变黄枯萎。主、侧根部分变黑色，纵剖根部，维管束变褐或呈土红色，根瘤和根毛明显减少，轻则造成植株矮化，茎细，叶小或叶色淡绿，个别分枝呈萎蔫或枯萎状，轻病株尚可开花结荚，但荚数大减或籽粒秕瘦；重病株的茎基部缢缩或凹陷变褐，呈"细腰"状，病部皮层腐烂或开花后大量枯死，颗粒无收，导致全田一片枯黄。病害典型症状图片请参考 http://p0.so.qhmsg.com/sdr/400_ /t0128af2a7dd201b805.jpg 和 https://p1.ssl.qhmsg.com/t01886d416e07bf0ccb.jpg。

发病规律： 根腐丝囊霉和终极腐霉均可在土壤中营腐生生活，以藏卵器和菌丝体在土壤中越冬。翌年春季土壤中水分充足时，产生孢子囊。孢子囊释放出大量游动孢子，发芽后穿透幼苗子叶下轴或根部外皮层侵入，经潜育后发病。土壤温度低，出苗缓慢，有利于病菌侵入，易发病。排水不良的下湿地、土壤黏重，发病重。茄类镰孢豌豆专化型病菌，可从须根侵入，向侧根及主根扩展，产生长形褐色病斑，使主根缢缩，根部皮层坏死。病斑也可扩展至茎基部，造成地上部矮缩枯死。

防治措施： ①选用抗病品种；②药剂防治，一是用种子重量 0.25% 的 20% 三唑酮乳油或用种子重量 0.2% 的 75% 百菌清可湿性粉剂拌种；二是在发病初期用 20% 甲基立枯磷乳油、72% 杜邦克露可湿性粉剂、72.2% 普力克水剂、95% 恶霉灵等药剂兑水喷雾进行防治。

5. 豌豆灰霉病

病原： 由半知菌亚门真菌灰葡萄孢菌（*Botrytis cinerea* Person ex Fr.）引起。

症状： 主要为害叶片、茎、荚。叶片染病，始于叶端或叶面，初呈水渍状，后在病部长出灰色霉层（病原菌的分生孢子梗和分生孢子）。果荚受害，由先端发病，严重时果荚上密生灰色霉层。病害典型症状图片请参考 https://p1.ssl.qhmsg.com/t0160c43d2f983d7d89.jpg 和 https://p1.ssl.qhmsg.com/t01dc2dc349d49684f8.jpg。

发病规律： 病菌以菌丝、菌核或分生孢子越夏或越冬。越冬的病菌以菌丝在病残体中营腐生生活，不断产出分生孢子进行再侵染。条件不适时病部产生菌核，在田间存活期较长，遇到适合条件，长出菌丝直接侵入或产生孢子，借雨水溅射或随病残体、水流、气流、农具及衣物传播。腐烂的病荚、病叶、病卷须、败落的病花落在健部即可发病。生产上在有病菌存活的条件下，只要具备高湿和 20℃ 左右的温度条件，病害易发生并流行。

防治措施： ①采取相关措施降低湿度；②巡田，及时拔除病株，集中深埋或烧毁；③药剂防治，巡田时发现病株即开始用 50% 速克灵可湿性粉剂、50% 农利灵可湿性粉剂、50% 扑海因可湿性粉剂、45% 特克多悬浮剂、50% 混杀硫悬浮剂、65% 甲霉灵可湿性粉剂、50% 多霉灵可湿性粉剂等杀菌剂兑水进行全田喷雾防治，隔 7~10 天 1 次，注意轮换、交替用药，视病情防治 2~3 次。

6. 豌豆链格孢叶斑病

病原：由半知菌亚门真菌链格孢菌［*Alternaria alternate*（Fr.）Keissler］引起。

症状：主要为害叶片和豆荚。叶片或豆荚染病后出现椭圆形病斑，病斑逐渐扩展后形成较大的同心环状斑，直径 5~8 毫米，中央棕褐色，向外颜色渐变浅至边缘绿色。病害典型症状图片请参考 http://p1. so. qhmsg. com/t01e5098fad0deca2ff. jpg 和 http://www.1988.tv/Upload_ Map/Bingchonghai/Big/2016/3-31/201633195019740.jpg。

发病规律：病菌以分生孢子和菌丝体的形式在病残体或其他寄主上越冬，成为翌年的初侵染源。病斑上产生的分生孢子借风雨传播进行重复侵染。高温高湿，发病重。

防治措施：①实行 3 年以上轮作；②收获后及时清除田间病残体，深翻土壤促使病残体腐烂，消灭菌源；③合理密植，植株间通风透光，提高抗病性；④药剂防治，发病初期用 75% 百菌清可湿性粉剂、50% 扑海因可湿性粉剂、50% 速克灵可湿性粉剂、70% 代森锰锌可湿性粉剂、10% 世高、85% 三氯异氰脲酸、80% 乙蒜素、20% 龙克菌等药剂兑水喷雾进行防治，隔 7~15 天防治 1 次，防治 2~3 次。

7. 豌豆锈病

病原：由担子菌亚门真菌豌豆单胞锈菌［*Uromyces pisi*（Pers.）Schrot］和野豌豆单胞锈菌［*Uromyces ervi*（Wallr.）Westnd.］引起。

症状：主要为害叶片和茎部。叶片染病，初始在叶面或叶背产生细小圆形赤褐色肿斑，破裂后散出暗褐色粉末，后期又在病部生出暗褐色隆起斑，纵裂后露出黑色粉质物。茎部染病后，病症与叶片相似。病害典型症状图片请参考 https://p1. ssl. qhmsg. com/t0173c45d4d9fb62096. jpg 和 http://img4. agronet. com. cn/Users/100/579/311/20179261606099407.jpg。

发病规律：我国北方以冬孢子附着在豌豆病残体上越冬，翌春萌发时产生担子及担孢子，担孢子成熟后脱落，借气流传播到寄主叶面，萌发时产出芽管，直接侵入豌豆，后在病部产生性子器及性孢子和锈子腔及锈孢子，然后形成夏孢子堆产出夏孢子，借气流传播进行再侵染。南方以夏孢子进行初侵染和再侵染，并完成侵染循环。雨日多，易大发生。低洼积水、土质黏重、生长茂密、通透性差或反季节栽培的，发病重。植株下部的茎叶发病早且重。

防治措施：①选用适宜品种，在锈病大发生前收获；②合理密植，及时开沟排水，及时整枝，降低田间湿度；③药剂防治，发病初期用 30% 固体石硫合剂、12.5% 速保利可湿性粉剂、80% 新万生可湿性粉剂、15% 三唑酮可湿性粉剂、50% 萎锈灵乳油、50% 硫黄悬浮剂、25% 敌力脱乳油、25% 敌力脱乳油+15% 三唑酮可湿性粉剂、10% 抑多威乳油、40% 杜邦福星乳油等杀菌剂及其组合兑水喷雾进行防治，隔 10 天左右防治 1 次，连续防治 2~3 次，注意药剂交替使用。

8. 豌豆枯萎病

病原：由半知菌亚门真菌尖孢镰刀菌豌豆专化型［*Fusarium oxysporum* Schl. f. sp. *pisi*（Van Hall）Snyder & Hansen］引起。

症状：主要为害根部，发生在土温较高和较干燥的地区，是维管束病害。发病后，病株地上部黄化，矮小，叶缘下卷，由基部渐次向上扩展，多在结荚前或结荚期死亡。病害典型症状图片请参考 https://p1.ssl.qhmsg.com/t01c84fdbbaa233f053.jpg 和 http://a4.att.hudong.com/36/23/20300543582830144711230691875_s.jpg。

发病规律：病菌以菌丝、厚垣孢子或菌核在病残体、土壤和带菌肥料中或种子上越冬。该病原寄生性不强，寄主植物由于受到不利环境条件的影响，在低温、湿度过大，持续时间长的情况下才会发病。

防治措施：①施用充分腐熟的有机肥，不要施用未充分腐熟的土杂肥；②合理浇水，雨后及时排水，防止土壤湿度过大，必要时进行中耕，使土壤疏松，创造根系生长发育良好的条件；③实行轮作，忌连作；④播种无病种子，并对种子进行播前消毒处理；⑤药剂防治，发病初期用50%苯菌灵可湿性粉剂、40%多·硫悬浮剂、50%多菌灵可湿性粉剂、70%甲基硫菌灵可湿性粉剂、75%百菌清可湿性粉剂、60%防霉宝超微粉等药剂兑水喷雾进行防治，隔7~10天防治1次，连续防治2~3次。

9. 豌豆菌核病

病原：由子囊菌亚门真菌核盘菌［*Sclerotinia sclerotiorum*（Libert）de Bary］引起。

症状：主要为害茎和荚。染病后，病部初呈水渍状，随后逐渐变为灰白色，豆荚和茎上生出棉絮状菌丝，之后在病组织上产生鼠粪状黑色菌核。病部白色菌丝生长旺盛时，也长黑色菌核。豌豆从地表茎基部发病，导致茎蔓萎蔫枯死。剖开病茎可见黑色鼠粪状菌核。病害典型症状图片请参考 https://p1.ssl.qhmsg.com/t01d1b6c353dea121f5.jpg。

发病规律：病菌以菌核在土壤中或豌豆田里病残体上或混在堆肥及种子上越冬。翌年越冬菌核在适宜条件下萌发产生子囊盘，子囊成熟后，将囊中孢子射出，随风传播。孢子放射时间长达月余，侵染周围的植株。该病在较冷凉潮湿条件下发生，适温5~20℃，15℃最适，子囊孢子0~35℃均可萌发，以5~10℃最有利。一般在开花后发生，病菌先在衰老的花上取得营养后才能侵染健部，为害期较长。

防治措施：①选用无病种子，并进行种子处理；②轮作、深耕及土壤处理；③勤松土、除草，摘除老叶及病残株。从初花期开始，坚持进行数次；④覆盖地膜，合理施肥，避免偏施氮肥，要增施磷钾肥；⑤药剂防治，发病初期用50%农利灵可湿性粉剂、50%扑海因可湿性粉剂、50%速克灵可湿性粉剂、40%纹枯利可湿性粉剂、50%混杀硫悬浮剂、50%多霉灵可湿性粉剂、65%甲霉灵可湿性粉剂等药剂兑水喷雾进行防治，隔10天左右防治1次，防治2~3次。

10. 豌豆细菌性疫病

病原：由细菌丁香假单胞菌豌豆致病变种［*Pseudomonas syringae* pv. *pisi*（Sackett）Young，Dye，et Wilkie］引起。

症状：主要为害叶片、茎和荚。叶片染病，从叶尖或叶缘开始，先为暗绿色油渍状小斑点，后扩展成不规则的褐斑，病部变薄近透明，呈膜状，周围有黄色晕圈，发病重的病斑连成一块，整个叶片变黑枯凋或扭曲变形；茎蔓染病，现红褐色溃疡状条斑，稍凹陷，绕茎一周后，上部茎叶凋萎；豆荚染病，先有暗绿色油渍状小斑，后扩大为稍凹陷的圆形或不规则形褐斑，严重时豆荚皱缩。病害典型症状图片请参考 http://img8. agronet.com.cn/Users/100/586/678/201710231440421414.jpg。

发病规律：病原细菌在种子里越冬，成为翌年主要初侵染源。植株徒长、雨后排水不及时、施肥过多易发病，生产上遇有低温障碍，尤其是受冻害后突然发病，迅速扩展。

防治措施：①严格检疫，阻止带菌种子出疫区；②摘除病叶及病蔓；③药剂防治，发病初期用农用链霉素、可杀得可湿性粉剂、细菌快克等药剂兑水喷雾进行防治。

11. 豌豆细菌性叶斑病

病原：由细菌丁香假单胞菌豌豆致病变种［*Pseudomonas syringae* pv. *pisi*（Sackett）Young，Dye，et Wilkie］引起。

症状：主要为害叶片和茎荚。苗期染病，种子带菌的幼苗即染病；较老植株叶片染病，病部水渍状，圆形至多角形紫色斑、半透明，湿度大时，叶背出现白色至奶油色菌脓，干燥条件下产生发亮薄膜，叶斑干枯，变成纸质状；茎部染病，初生褐色条斑；花梗染病，可从花梗蔓延到花器上，致花萎蔫、幼荚干缩腐败；荚染病，病斑近圆形稍凹陷，初为暗绿色，随后变成黄褐色，有菌脓，直径 3～5 毫米。病害典型症状图片请参考 http://img4.agronet.com.cn/users/101/283/879/201092927004125.jpg 和 http://www. zgny.com.cn/eweb/uploadfile/20100222143958968.jpg。

发病规律：病原细菌在种子里越冬，成为翌年主要初侵染源。植株徒长、雨后排水不及时、施肥过多，易发病。生产上遇有低温障碍，尤其是受冻害后突然发病，迅速扩展。

防治措施：①建立无病留种田，从无病株上采种，并用种子重量 0.3% 的 50% 甲基硫菌灵可湿性粉剂拌种，或进行温汤浸种，先把种子放入冷水中预浸 4～5 小时，移入 50℃温水中浸 5 分钟，后移入凉水中冷却，晾干后播种；②避免在低湿地种植豌豆，采用高畦或起垄栽培，注意通风透光，雨后及时排水，防止湿气滞留；③药剂防治，发病初期用 72% 农用硫酸链霉素、27% 铜高尚悬浮剂、30% 碱式硫酸铜悬浮剂、47% 加瑞农可湿性粉剂等兑水喷雾进行防治，采收前 5 天停止用药。

12. 豌豆花叶病

病原：由豌豆花叶病毒（Pea mosaic virus，PeMV）、花生矮化病毒（Peanut stunt virus，PSV）、花生斑驳病毒（Peanut mottle virus，PMV）、大豆花叶病毒（Soybean mosaic virus，SMV）和芜菁花叶病毒（Turnip mosaic virus，TuMV）等多种病毒单独或复合侵染引起。

症状：主要为害叶片，全株发病。发病后，病株矮缩，叶片变小、皱缩，叶色浓淡不均，呈镶嵌斑驳花叶状，结荚少或不结荚。病害典型症状图片请参考 http://www.zgny.com.cn/eweb/uploadfile/20100222144518539.jpg 和 http://www.haonongzi.com/pic/news/20190103164832515.jpg。

发病规律：病毒在寄主活体上存活越冬，由汁液传染，除 TuMV 外，还可由蚜虫传染，此外种子也可传毒，但其带毒率高低不一。土壤不能传染。在毒源存在条件下，利于蚜虫繁殖活动的天气或生态环境亦利于发病。

防治措施：①选用抗病品种；②实行 3 年以上的轮作；③收获后及时清洁田园，早期发现并拔除病株；④药剂防治，一是及时全面喷药防治蚜虫，药剂可选用 20% 高效氯氰菊酯·马拉硫磷乳油、50% 抗蚜威可湿性粉剂、2.5% 高效氯氟氰菊酯乳油、5%S-氰戊菊酯乳油等，每隔 7~10 天 1 次，连喷 2~3 次，尽可能大面积连防，杀蚜防病效果才明显；二是发病初期，用 20% 盐酸吗啉胍·乙酸铜可湿性粉剂、5% 菌毒清水剂、1.5% 植病灵乳剂等药剂兑水喷雾进行病害防治，可有效控制病害的蔓延。

13. 豌豆黄顶病

病原：由豌豆黄顶病毒（Pea yellow-top virus，PTV）侵染引起。

症状：主要为害叶片，全株发病。发病后，病株矮缩，新抽出的顶叶黄化，变小，皱缩卷曲，质脆，叶腋抽出多个不定芽，呈丛枝现象。早期感病植株多不结荚，发病严重的病株很快枯死。病害典型症状图片请参考 http://www.1988.tv/Upload_Map/2013nian/12/20/2013-12-20-09-45-58.jpg 和 https://p1.ssl.qhmsg.com/t01f607c8f60f0ffe3f.jpg。

发病规律：病毒在活体寄主上存活越冬，借豆蚜传染。蚜虫在病株上吸毒最短时间 3 小时，病毒在蚜虫体内的潜育时间含蚜虫吸毒时间在内最少 8~12 小时，带毒蚜虫在健株上取食时间最少达 15 分钟方可传毒，自此可持续传毒 5~9 天，但其子代不能传毒，本病在豌豆上的潜育期为 5~20 天，其长短视温度和品种而异。在毒源存在的条件下，利于传毒虫媒繁殖活动的天气或生态条件均利于本病的发生。

防治措施：①选用抗病品种；②早期发现并拔除病株；③及时全面喷药杀蚜。可选用 20% 高氯·马乳油、50% 抗蚜威乳油、50% 辟蚜雾可湿性粉剂、2.5% 功夫乳油、5% 来福灵乳油等。注意药剂交替使用与混用，隔 7~10 天喷 1 次，连喷 2~3 次，尽可能大面积联防，杀蚜防病效果才明显。

14. 豌豆种传花叶病毒病

病原：由豌豆种传花叶病毒（Pea seed-borne mosaic virus，PSbMV）侵染引起。

症状：主要为害种子。种子感染病毒后长出的植株矮化，节间缩短，植株成簇，花畸形，豆荚不规则扭曲，通常只产生一或两粒种子。被感染的叶片叶脉半透明，颜色不正常，小叶下卷，苗卷曲。早期感染病毒则减少花和果实的形成或延缓花和果实的发育，感染该病毒可使种子的种皮裂开。病害典型症状图片请参考 https://p1.ssl.qhmsg.com/t0103bc6c6b5191f71a.jpg。

发病规律：豌豆种传花叶病毒由蚜虫半持久性和非持久性传播，在传播时不需要辅助病毒。可以种子传播，种传率大于30%，如果没有种皮，种子可以100%传毒。也可以通过摩擦进行机械传播。

防治措施：①严格检疫，严禁从疫区引种；②种植无毒的种子；③采用反光地膜进行栽培，可以减轻病害发生；④第一次感染的植株必须立即拔掉避免第二次传播；⑤使用杀虫剂消灭蚜虫介体，控制植物上的蚜虫介体可以减少病毒在田间的扩散。

三十一 莴笋主要病害

1. 莴笋霜霉病

病原: 由鞭毛菌亚门真菌莴苣盘梗霉菌（*Bremia lactucae* Regel.）引起。

症状: 主要为害叶片，幼苗至成株均可发病。叶片染病，先在植株下部叶片发生后向上发展，初始叶片上产生淡黄绿色近圆形病斑，有时病斑扩大时受叶脉限制呈多角形，病斑颜色转为黄褐色，潮湿时病斑背面长出稀疏的霜状霉层。许多病斑相连可导致叶片枯干。病害典型症状图片请参考 http://www.1988.tv/Upload_ Map/2015nian/10/26/2015-10-26-09-23-43.jpg 和 https://p1.ssl.qhmsg.com/t0130127e3f6d8b693d.jpg。

发病规律: 病菌以卵孢子随病残体在土壤中越冬，或以菌丝体在秋播莴笋或菊科杂草上越冬，或在种子上越冬，第二年产生孢子囊，借风雨或昆虫传播。气温在15～17℃，多雾多雨时，发病重。栽植过密，定植后浇水过早过多，土壤潮湿或排水不良，易发病。

防治措施: ①选用抗病品种；②实行合理轮作；③选用无病菌种子或种子消毒；④收获后清理病株残体，铲除田间杂草；加强栽培管理；⑤药剂防治，发病初期用75%百菌清可湿性粉剂、25%甲霜灵可湿性粉剂、58%甲霜锰锌可湿性粉剂、40%增效瑞毒霉、40%乙磷铝可湿性粉剂、64%杀毒矾可湿性粉剂等杀菌剂兑水喷雾进行防治。

2. 莴笋菌核病

病原: 由子囊菌亚门真菌核盘菌［*Sclerotinia sclerotiorum*（Libert）de Bery.］引起。

症状: 主要为害叶片和茎基部，在莴苣整个生育期均可发病。苗期发病，病情发展迅速，短时间即可造成幼苗成片腐烂倒伏。发病盛期多出现在生长后期，植株近地面茎基部或接触土壤的衰老叶片边缘、叶柄先受害，病斑初为褐色水渍状，病情发展后成软腐状，并在被害部位密生棉絮状白色菌丝体，后期产生菌核。菌核初期为白色，随后逐渐变为鼠粪状黑色颗粒状物。病株叶片凋萎，生长不良，呈青枯状萎蔫，发病严重的植株常整株腐烂瘫倒。留种植株发病后期，剥开茎部，内壁可见有许多黑色菌核。病害典型症状图片请参考 http://www.haonongzi.com/pic/news/20160523114131876.jpg 和 https://p1.ssl.qhmsg.com/t016b5d43294e50847b.jpg。

发病规律: 病菌以菌核随病残体在土壤中越冬。病菌发育适温为15～24℃，高温不利于发病，春、秋两季温暖多雨，栽植过密，窝风，地势低洼，田间积水或浇水过多时，发病重。使用生粪或前茬病害多的地块，发病重。氮肥施用过多的田块，发病重。

防治措施：①选用抗病品种；②合理轮作；③选用无病菌种子或进行种子消毒；④药剂防治，发病初期及时用50%扑海因可湿性粉剂、70%甲托基布津可湿性粉剂、40%速克灵可湿性粉剂、40%菌核净可湿性粉剂、70%五氯硝基苯粉剂等兑水喷雾进行防治。

3. 莴笋灰霉病

病原：由半知菌亚门真菌灰葡萄孢菌（*Botrytis cinerea*）引起。

症状：主要为害茎基部和叶片。苗期开始发病，受害叶和幼茎病部出现淡褐色水渍状病斑，严重时小苗枯死；成株发病，从距地面较近处的叶片开始，初呈水浸状不规则形病斑，随病情发展扩大后出现褐色腐烂，致使上部茎叶凋萎。湿度大时病部产生灰褐色或灰绿色霉状物（分生孢子梗和分生孢子），最后，莴笋整株倒伏腐烂，干枯死亡。病害典型症状图片请参考 https://ss1.baidu.com/6ONXsjip0QIZ8tyhnq/it/u = 2127565384, 1125884585&fm = 173&s = 99002ED95A7393CC39B17E3C03008044&w = 450&h = 312&img. JPEG 和 https://ss0.baidu.com/6ONWsjip0QIZ8tyhnq/it/u = 337649511, 583217939&fm = 173&s = 8D902EDD440245571882EE6103002055&w = 640&h = 490&img.JPEG。

发病规律：病菌以菌核或分生孢子在土壤中的病残体上越冬，第二年菌核产生分生孢子，靠风雨、气流传播。植株生长衰弱，气候温暖潮湿的春季和秋季多雨时，发病重。

防治措施：①选用抗病品种，在无病株上留种；②实行合理轮作；③加强管理，增加通风，尽量降低空气湿度；④合理施肥浇水，小水勤浇，不可经常大水漫灌；⑤药剂防治，发病初期用50%速克灵可湿性粉剂、50%扑海因可湿性粉剂、50%甲基托布津可湿性粉剂等杀菌剂兑水进行喷雾防治。

4. 莴笋褐斑病

病原：由半知菌亚门真菌莴笋褐斑尾孢霉菌（*Cercospora longissima*）引起。

症状：主要为害叶片。表现两种症状，一种为水渍状，之后逐渐扩大为圆形至不规则形、褐色至暗灰色病斑，直径2~10毫米；另一种是出现深褐色病斑，边缘不规则，外围具水渍状晕圈，潮湿时有暗灰色霉状物，严重时病斑互相融合，致使叶片变褐干枯。病害典型症状图片请参考 http://img8.agronet.com.cn/Users/100/579/311/201711101108577295.jpg，http://img8.agronet.com.cn/Users/100/579/311/201711101109032258.jpg 和 http://img8.agronet.com.cn/Users/100/579/311/201711101109081920.jpg。

发病规律：病菌以菌丝体和分生孢子随病残体越冬。条件适宜时以分生孢子进行初次侵染，发病后产生分生孢子借气流和雨水溅射传播蔓延。温暖潮湿适宜发病，多阴雨、多露或多雾有利于发病。植株生长衰弱、缺肥或偏施氮肥、生长过旺，发病重。

防治措施：①结合采摘叶片收集病残体携出田外烧毁；②清沟排水，避免偏施氮肥，适时喷施叶面肥使植株健壮生长，增强抵抗力；③药剂防治，发病初期用75%百菌清可湿性粉剂、70%甲基托布津可湿性粉剂、50%扑海因可湿性粉剂、60%琥·乙膦铝可湿性粉剂、10%苯醚甲环唑可分散粒剂等杀菌剂兑水喷雾进行防治，隔10~15天防治1次，连续交替用药防治2~3次，收获前10天停止用药。

5. 莴笋黑斑病

病原：由半知菌亚门真菌链格孢菌（*Alternaria atternata*）引起。

症状：主要为害叶片。叶片染病，在叶片上形成圆形至近圆形褐色斑点，在不同条件下病斑大小不同，一般3~15毫米，具同心轮纹，田间病斑表面一般见不到霉状物。病害典型症状图片请参考 https://ima.nongyao001.com:7002/file/upload/201111/21/11-43-36-82-1.jpg 和 https://ima.nongyao001.com:7002/file/upload/201111/21/11-42-44-47-1.jpg。

发病规律：病菌以菌丝体或分生孢子在病残体上，或以分生孢子在病组织内，或附着在种子表面越冬，借气流或雨水传播，成为翌年初侵染源。遇高温、高湿易流行，特别是经常大水漫灌或连阴雨天后扩展迅速。缺肥缺水，植株长势差，发病重。土壤肥力不足，植株生长衰弱，发病重。

防治措施：①加强田间管理，施足有机肥，增施磷钾肥，适时适量浇水，提高植株抗病力；②不与菊科蔬菜连作；③及时打去老叶病叶，并携出田外集中烧毁或深埋；④棚室栽培在温度允许条件下，延长放风时间，降低棚内湿度，发病后控制灌水；⑤药剂防治，发病初期用75%百菌清可湿性粉剂、50%扑海因可湿性粉剂、70%乙膦铝锰锌可湿性粉剂等药剂兑水喷雾进行防治，隔10天喷1次，连喷2~3次。发病严重时，用10%苯醚甲环唑水分散粒剂+75%百菌清可湿性粉剂、20%唑菌胺酯水分散粒剂+50%克菌丹可湿性粉剂、25%溴菌腈可湿性粉剂+70%代森锰锌可湿性粉剂等杀菌剂配方兑水喷雾进行防治，视病情5~7天喷1次，连喷2~3次。

6. 莴笋白粉病

病原：由子囊菌亚门真菌棕丝单囊壳菌［*Sphaerotheca fusca*（Fr.）Blum.］引起。

症状：主要为害叶片。叶片染病时，初始在叶片两面出现白色粉状霉斑，随病情扩展后形成浅灰白色粉状霉层平铺在叶面上，条件适宜时，彼此连成一片，致使整个叶面布满白色粉状物，似铺上一层薄薄的白粉。病害多从种株下部叶片开始发生，之后向上部叶片蔓延，整个叶片呈现白粉，导致叶片黄化或枯萎。后期病部长出小黑点（病原菌闭囊壳）。病害典型症状图片请参考 http://img8.agronet.com.cn/Users/100/579/311/201711221020471237.jpg 和 https://p1.ssl.qhmsg.com/t012dae115bcb97b680.jpg。

发病规律：病菌以闭囊壳在莴苣病残体上或以菌丝在活体莴苣上越冬，产出的分生孢子借气流传播，进行初侵染和再侵染。相对湿度高，易发病。栽植过密，通风不良或氮肥偏多，发病重。

防治措施：①施足充分腐熟的有机肥，并增磷、钾肥；②种植密度适宜，加强通风，降低湿度；③病叶要彻底清除，带出田外；④药剂防治，发病初期用10%施宝灵胶悬剂、15%粉锈宁可湿性粉剂、50%苯菌灵可湿性粉剂、60%防霉宝超微可湿性粉剂或水溶性粉剂、47%加瑞农可湿性粉剂、30%绿得保悬浮剂、40%福星乳油等药剂兑水进行喷雾防治，隔10~20天防治1次，防治1~2次。采收前7天停止用药。

7. 莴笋炭疽病

病原：由半知菌亚门真菌莴苣盘二胞菌［*Marssonina panattoniana*（Berl.）Magn.］引起。

症状：主要为害老叶片，也可为害叶脉和叶柄。发病时，先在外层叶片的基部产生褐色较密集小点，扩展后形成圆形至椭圆形或不大规则形病斑，病斑中央浅灰褐色，四周深褐色，稍凸起，叶背病斑边缘较宽，向四周呈弥散性侵蚀，后期叶斑经常发生环裂或脱落穿孔。发病早的外叶先枯死，之后向内层叶片扩展，严重的整株叶片染病，导致全株干枯而亡，病斑边缘产生粉红色的病原菌子实体。叶脉和叶柄染病，病斑褐色梭形，略凹陷，后期病斑纵裂。病害典型症状图片请参考 https://ima. nongyao001. com: 7002/file/upload/201112/02/16 - 56 - 49 - 85 - 1. jpg 和 http://p1. qhimgs4. com/t012abcaabb7ebb360e. jpg。

发病规律：病菌以菌丝体或分生孢子盘在病叶上或随病残体在土壤中越冬。翌年产生新的分生孢子，借风雨及水滴飞溅传播，侵入叶片进行初侵染和再侵染。种植密度大，发病重；氮肥施用太多，生长过嫩，易发病。地势低洼积水、排水不良、土壤潮湿，易发病。夏天高温、高湿、多雨、日照不足，易发病。早春或秋季低温、冷凉、多雨、多雾、重露、日照不足或寒流来早时，易发病。

防治措施：①选用抗病品种，并进行种子消毒处理；②和非本科作物轮作，水旱轮作最好；③采用高畦栽培；④清除田间及四周杂草，集中烧毁或沤肥；⑤采用测土配方施肥技术，适当增施磷钾肥，加强田间肥水管理；⑥药剂防治，发病初期用25%炭特灵可湿性粉剂、30%绿叶丹可湿性粉剂、80%炭疽福美可湿性粉剂、50%福美双悬浮剂、40%多·硫悬浮剂、50%苯菌灵可湿性粉剂、70%甲基硫菌灵可湿性粉剂、50%扑海因可湿性粉剂等兑水喷雾进行防治，隔7~10天防治1次，连续防治2~3次。采收前3天停止用药。

8. 莴笋茎腐病

病原：由担子菌亚门真菌瓜亡革菌·［*Thanatephorus cucumeris*（Frank）Donk］引起。

症状：主要为害茎部。从近茎基部叶柄处开始发病，出现不定形的褐色坏死斑，随病情发展可扩展到整个叶柄，渗出深褐色汁液，使叶片腐烂。病害从下部叶片向上发展，使茎变褐腐烂，湿度大时发病部位长出网状菌丝体和褐色菌核，天气干燥时发病部位为褐色凹陷病斑。病害典型症状图片请参考 http://p0. so. qhmsg. com/sdr/400＿/t01cbc5af8ad0aa96ef.jpg。

发病规律：病菌可在受害植物及病残体上越冬，通过灌溉水或土壤耕作传播。温度过高、土壤湿度大、菜田积水、种植过密、氮肥施用过多，发病重。

防治措施：①种植前彻底清园、翻晒土壤；②与水稻轮作；③加强栽培及田间管理，提高畦面，不要大水漫灌；适度密植，降低田间湿度；施足有机肥，增施磷钾肥；田间发现病株立即拔除并撒少量药土消毒；④药剂防治，定期巡田，一旦发病，立即用72.2%普力克水剂、96%"天达恶霉灵"粉剂、50%安克可湿性粉剂、60%百泰可分散粒剂、25%凯润乳油、72.5%云大百思特可湿性粉剂、64%杀毒矾可湿性粉剂、25%嘧菌脂胶悬剂等兑水喷淋进行防治，视病情隔7~10天用药1次，连续防治2~3次。

9. 莴笋软腐病

病原：由细菌胡萝卜软腐欧文氏菌胡萝卜软腐致病变种 ［*Erwinia carotovora* subsp. *carotovora*（Jones）Bergeyetal.］引起。

症状：主要为害莴苣叶片、叶柄和茎等地上部分。叶片染病，多从叶缘开始，初始呈水渍状，随后变褐软腐、腐烂。干燥条件下，腐烂病叶迅速失水变干呈薄纸状。茎基部或叶柄染病，可使全株萎蔫，病部渗出恶臭液体。病害典型症状图片请参考 http://img4. agronet. com. cn/Users/100/585/410/201710161037449490. jpg 和 http://www.zhongnong.com/Upload/BingHai/201181783820.JPG。

发病规律：病菌随病残体遗留田间或混入粪肥越冬。病菌借雨水、水流、带菌肥料与昆虫传播，由伤口及自然孔口（气孔、水孔等）入侵。阴雨、高湿易引发病害。虫害重、施肥不当、田间管理粗放，均会加重病害发生。

防治措施：①选用抗病品种；②合理轮作；③深沟高畦栽培；④基肥要充分腐熟，追肥可用化肥，忌用人粪尿；⑤防虫治虫，以免制造伤口，田间作业时也要注意，不要伤及植株造成伤口；⑥发现病株及早拔除，深埋远处，病穴用石灰消毒；⑦药剂防治，发病初期在植株根际撒施草木灰，结合浇水滴灌农抗751，或用新植霉素等药剂兑水喷施进行防治。

10. 莴笋细菌性黑腐病

病原：由细菌油菜黄单胞菌葡萄蔓致病变种 ［*Xanthomonas campestris* pv. *vitians*（Brown）Dye.］引起。

症状：主要为害叶片和茎。叶片受害，常在叶缘处产生淡褐色 V 字形病斑。条件适宜时，病斑迅速扩大到大半个叶片，叶脉坏死变黑，叶片枯黄，但不软腐。最后，病叶变淡褐色干枯呈薄纸状；肉质茎受害，病斑纺锤形，稍凹陷，初为浅绿色，之后转为蓝绿色至褐色，病部软化，植株塌陷、萎蔫，最后枯死。病害典型症状图片请参考

https://p1. ssl. qhmsg. com/t016f4cf79ec705f477. jpg 和 https://p1. ssl. qhmsg. com/t019cb11cbabdaa2e35.jpg。

发病规律： 病菌在病残体上或种子内越冬，翌年从幼苗叶片的气孔或叶缘水孔、伤口处侵入，细菌侵入后形成系统侵染。远距离传播主要靠种子，在田间借雨水、昆虫、肥料传播蔓延，高温高湿条件下，易发病。地势低洼、重茬及害虫为害重的地块，发病重。

防治措施： ①与葱蒜类、禾本科作物实行2~3年以上轮作；②施用充分腐熟的堆肥，雨后及时排水，防治地下害虫；③药剂防治，在发病初期及时用30%氧氯化铜悬浮剂、30%绿得保悬浮剂、50%琥胶肥酸铜可湿性粉剂、70%琥·乙膦铝可湿性粉剂、72%农用硫酸链霉素可溶性粉剂等杀菌剂兑水喷雾进行防治，隔10天喷1次，连续1~2次。

11. 莴笋病毒病

病原： 由番茄不孕病毒（Tomato aspermy virus，TAV）侵染引起。

症状： 主要为害叶部。主要发病症状表现为花叶、畸形、黄花、矮缩、坏死等现象，病株发育不良。发病初期，叶片呈现淡绿或黄白色不规则斑驳，叶缘不整齐，出现缺刻，后期逐渐现出黄绿相间的斑驳或不大明显的褐色坏死斑点及花叶，严重降低莴笋产量和品质。病害典型症状图片请参考 https://p1. ssl. qhmsg. com/t011cdbf9a9fd2abe7c.jpg 和 https://p1.ssl.qhmsg.com/t01f1c643fb0cfa64e2.jpg。

发病规律： 莴笋病毒病在莴笋苗期与成株期均有可能发生。毒源来自田间越冬的带菌莴笋或种子。播种带毒的种子，苗期即可发病，在田间靠汁液和桃蚜等进行非持久性传毒。病害的发生与流行与气温有关，旬均温达18℃以上，病害扩展迅速。

防治措施： ①合理轮作，选择抗病能力强的优良品种，及时把田间和地头、地边周围的杂草铲除干净，并在地表喷施消毒药剂对全园土壤进行消毒处理，建立无病留种田，播种前应施足基肥、浇足底水；②加强田间管理，及时中耕除草，适度浇水，合理追肥，增施磷、钾肥，提高植株抗病力；③药剂防治，发病初期应根据植保要求喷施针对性药剂20%病毒A可湿性粉剂、高锰酸钾、5%菌毒清水剂等兑水喷雾进行防治。

三十二 甜瓜主要病害

1. 甜瓜霜霉病

病原：由鞭毛菌亚门真菌古巴假霜霉菌［*Pseudoperonospora cubensis*（Berk et Curt）Rostov］引起。

症状：主要为害叶片，也可为害茎和花梗，从瓜苗到成株都可以受害。子叶染病，叶正面有不均匀的褪绿斑，叶背面有灰黑色霉层，湿度大时病叶很快变黄枯死。成株叶片受侵染后，先在叶背面形成水浸状淡绿色小斑点，而后很快扩大成不规则形或多角形大斑。潮湿时，病斑上有灰黑色霉层。叶子正面病斑从黄绿色变成黄褐色，病害严重时，多个病斑连成一片，很快大多数叶片枯死，仅剩顶端嫩叶。病害典型症状图片请参考 http://uploads.5068.com/allimg/1809/210 – 1PZ1120234.jpg 和 https://p1.ssl.qhmsg.com/t012f6382a9e3b20a19.jpg。

发病规律：气候转暖，病菌从保护地传到露地为害，在生产季节有多次再侵染，随气流、风雨传播。病害的发生与温、湿度关系极大，尤其是湿度特别重要。在多雨、多雾、多露和昼夜温差大的条件下，发生严重。生产上浇水过量或浇水后遇中到大雨、地下水位高、株叶密集，易发病。成株期结瓜后，易发病。

防治措施：①选用和推广抗病品种；②避免与瓜类作物邻作或连作，有条件的采用避雨栽培；③加强栽培管理，选饱满无病种子育苗，注意苗床温湿度，增施磷、钾肥和腐熟优质农家肥，促进根系发育，少浇水、勤中耕，及时清除病株残叶，减少病害传播来源；④药剂防治，发病初期用72%霜霉疫净可湿性粉剂、3%秀苗（通用名称恶霉灵甲霜灵）或72%霜脲·锰锌可湿性粉剂等药剂兑水均匀喷雾进行防治，7～10天喷1次，连喷2~3次。

2. 甜瓜枯萎病

病原：由半知菌亚门真菌尖镰孢菌甜瓜专化型［*Fusarium oxysporum*（Schl.）f. Sp. *melonis*（Leach et Currenee）Snyder et Hansen］引起。

症状：甜瓜全生育期都可发生。苗期染病，病苗叶色变浅，逐步萎蔫，最后枯死，剖茎可见维管束变色。成株期发病，植株叶片由下向上萎蔫下垂，部分叶片叶缘变褐或产生褐色坏死斑，最后全株枯死。有时病茎上还出现凹陷坏死条斑，空气潮湿时病部表面产生白色粉红霉层，最后病茎腐烂纵裂，维管束变褐。病害典型症状图片请参考 http://uploads. 5068. com/allimg/1809/210 – 1PZ1120533. jpg 和 https://p1. ssl. qhmsg. com/t01959720570a23a54e.jpg。

发病规律：病菌主要以菌丝体、厚垣袍子在土壤、病残体或未腐熟的土菌肥中越冬。条件适宜时病菌通过根部伤口或直接从根尖细胞间侵入，形成初侵染。地温较低，甜瓜根系生长不良，伤口难于愈合时，病菌容易侵入。连茬种植，病菌连续积累病情较重。土壤偏酸（pH 值在 6.5 以下），土质黏重，地势低洼积水和施用未腐熟有机肥及地下害虫多等都有利于发病。

防治措施：①选用抗（耐）病品质；②轮作换茬，最好是水旱轮作；③采取高垄地膜覆盖或滴灌等节水栽培技术；④施用充分腐熟的有机肥，减少伤根，浇小水，并注意浇水后及时浅中耕；⑤药剂防治，发病前及初期，用3%秀苗水剂、绿亨1号、绿亨3号可湿性粉剂等药剂兑水喷雾进行预防和治疗。同时发现病株及时拔除，带出田外深埋，且用上述药剂处理病株穴。

3. 甜瓜白粉病

病原：由子囊菌亚门真菌瓜类单囊壳菌 [*sphaerotheca cucurbitae* （Jacz.） Z. Y. Zhao] 和葫芦科白粉菌（*Erysiphe cucurbitacearum* Zheng & Chen）引起。

症状：主要为害叶片、叶柄，茎蔓也可受害，果实受害少。叶片染病，发病初期叶面上产生白色粉状小霉点，不久逐渐扩大成一片白粉层，以后蔓延至叶背、叶柄、茎蔓及嫩叶上。后期白粉层变灰白色，白粉层中出现散生或堆生的黄褐色小粒点，后变成黑色。最后病叶枯黄坏死。病害典型症状图片请参考 https://p1. ssl. qhmsg. com/t0103e07b6bc975d78f. jpg，https://p1. ssl. qhmsg. com/t01cfa9fc59b1164237. jpg 和 https://p1.ssl.qhmsg.com/t018fbad3a872c58005.jpg。

发病规律：病原菌的有性态和无性态菌均可以越冬，成为翌年的初侵染源。雨季来临或灌溉时，病原孢子随水滴冲刷或飞溅传播，引起病害流行。雨后干燥有利于分生孢子的繁殖和病情扩展，容易造成流行。施肥不足、管理不善、土壤缺水、灌溉不及时、光照不足均易造成植株生长发育衰弱，从而降低植株抵抗力，易发病。浇水过多、氮肥过量、湿度增高等有利于病害发生。

防治措施：①选用抗白粉病品种，合理轮作倒茬，深翻改土，培育壮苗；②施足农家肥，增施磷钾肥，增强植株抗性，防止植株徒长和早衰；③及时整枝打杈，保持植株通风良好；④作物收获后清除病体残体，减轻第二年初侵染源；⑤调查发病中心，掌握植株发病初期及早喷药，控制病源蔓延；⑥药剂防治，发病初期用15%粉锈宁可湿性粉剂、20%粉锈宁乳油、50%硫黄悬浮剂、50%甲基托布津可湿性粉剂等杀菌剂兑水喷雾进行防治。

4. 甜瓜蔓枯病

病原： 由半知菌亚门真菌瓜类球腔菌瓜壳二孢菌（*Ascochyta cucumis* Fautrey et Roumeguere）引起。

症状： 主要为害叶、茎蔓和果实。叶片发病，初始呈现黄褐色至黑褐色圆形或不规则形病斑，其上有不明显的同心轮纹，病斑上可出现小黑点。湿度大时，病斑迅速扩展至全叶，叶片变黑枯死，干叶常呈星状破裂。瓜蔓染病，近节部呈现淡黄色油渍状、椭圆至不整齐状病斑，病斑稍凹陷，其上密生小黑点，严重时表皮破裂，分泌出黄白色胶状物，干枯后变为红褐色或黑色块状。果实染病，初始为水渍状病斑，之后中央变为黑褐色枯死斑，呈星状开裂，内部呈木栓状，发黑后腐烂。病害典型症状图片请参考 https:// p1. ssl. qhmsg. com/t0169381e4e2692c22f. jpg，https://p1. ssl. qhmsg. com/t01cca903319903ad00.jpg 和 https://p1.ssl.qhmsg.com/t01956cff78549a64f6.jpg。

发病规律： 病菌以子囊壳、分生孢子器、菌丝体潜伏在病残组织上留在土壤中越冬，翌年产生分生孢子进行初侵染。植株染病后释放出的分生孢子借风雨传播，进行再侵染。平均温度高于14℃，相对湿度高于55%，病害即可发生。气温 20～25℃病害可流行，在适宜温度范围内，湿度高，发病重。连作，易发病。密植田藤蔓重叠郁闭或大水漫灌的症状多为急性型，发病快且发病重。

防治措施： ①选用抗病品种，并对种子进行消毒处理；②与非瓜类作物实行 2～3 年轮作；③使用腐熟的农家肥，增施磷钾肥，及时留瓜、整枝、打杈，防止疯长；④发现病株及时拔除销毁；⑤可采用高畦或起垄种植，严禁大水漫灌，合理密植；⑥药剂防治，发病初期用 20%苯醚甲环唑可湿性粉剂、75%百菌清可湿性粉剂、70%代森锰锌等杀菌剂兑水喷雾进行防治，5～7 天喷 1 次，连喷 2～3 次，注意药剂交替使用。

5. 甜瓜炭疽病

病原： 由半知菌亚门真菌瓜刺盘孢菌［*Colletorichum orbiculare*（Rerk & Mont）Arx.］引起。

症状： 主要为害叶、茎、叶柄及果实，全生育期均可发病。幼苗染病，子叶上出现圆形褐色病斑，发展至幼茎基部变为黑褐色，病部缢缩，易折断。成株期发病，叶片上最初出现水渍状纺锤形或圆形斑点，很快干枯成黑色，外围有黑紫色晕圈，有时有同心轮纹，引起叶片干燥破裂而枯死。湿度大时病斑上生有红色小点，之后变为黑色。茎或叶柄染病，病斑成长圆形，稍凹陷，初始为水渍状黄色，后期病斑上生出许多黑色小点。果实染病，病部凹陷开裂，后期产生粉红色黏稠物。病害典型症状图片请参考 https://p1. ssl. qhmsg. com/t018481eba34d9f4639. jpg，https://p1. ssl. qhmsg. com/t01bdfff2a9cade5607.jpg 和 https://p1.ssl.qhmsg.com/t01419a049531b99fc1.jpg。

发病规律： 病菌在土壤内越冬，条件适宜时菌丝直接侵入引发病害，病菌借助雨水或灌溉水传播，形成初侵染，发病后病部产生分生孢子进行重复侵染。温暖（22～

27℃）及潮湿（相对湿度85%~95%）的天气及植地环境有利于发病，连作地、低湿地或偏施过施氮肥，发病重。采收后果实贮运销售过程中可继续发生危害，造成大量烂果。

防治措施：①选择当地适应品种，并于播前进行种子消毒；②与非瓜类作物实行3年以上轮作；③施用充分腐熟的农家肥，增施磷、钾肥，以提高植株抗性，防止田间积水，及时清除病秧、病果、病叶；④采用地膜覆盖和滴灌、管灌或膜下暗灌等节水灌溉技术；⑤药剂防治，发病初期用25%咪鲜胺乳油、70%代森锰锌可湿性粉剂、15%咪鲜胺水分散粒剂、50%甲基硫菌灵可湿性粉剂、50%多菌灵可湿性粉剂+75%百菌清可湿性粉剂等药剂及其组合兑水进行喷雾防治，每隔7~10天喷1次，连喷2~3次。

6. 甜瓜疫病

病原：由鞭毛菌亚门真菌甜瓜疫霉菌（*Phytophthora melonis* Katsura）引起。

症状：主要为害叶、茎和果实。叶片染病，初始产生圆形水浸状暗绿色斑，扩展速度快，湿度大时呈水烫状腐烂，干燥条件下产生青白色至黄褐色圆形斑，干燥后易破裂。茎染病，初始产生椭圆形水浸状暗绿斑，凹陷缢缩，呈暗褐色似开水烫过，严重时植株枯死，病茎维管束不变色。果实染病，多始发于接触地面处，初始产生暗绿色水渍状圆形斑，随后病部凹陷迅速扩展为暗褐色大斑，湿度大时长出白色短棉毛状霉，干燥条件下产生白色霜状霉，病果散发腥臭味。病害典型症状图片请参考 https://p1.ssl.qhmsg.com/t01f7e920ea89ba0b22.jpg。

发病规律：病菌以菌丝体和卵孢子随病残体组织遗留在土中越冬，翌年菌丝或卵孢子遇水产生孢子囊和游动孢子，通过灌溉水和雨水传播到甜瓜上萌发芽管，产生附着器和侵入丝穿透表皮进入寄主体内，遇高温高湿条件2~3天出现病斑，其上产生大量孢子囊，借风雨或灌溉水传播蔓延，进行多次重复侵染。病害发生轻重与当年雨季到来迟早、气温高低、雨日多少、降水量大小有关。生产上与瓜类作物连作、采用平畦栽培，易发病。长期大水漫灌、浇水次数多、水量大，发病重。

防治措施：①选用抗病品种；②实行与瓜类作物3年以上轮作；③采用高畦栽培，加强水肥管理；④尽量使瓜坐在垅上或高畦的畦面上，浇水时水深不要超过茎基部或坐瓜部位；⑤发现病株立即拔除，并撒生石灰消毒；⑥药剂防治，中心病株出现后及时用72%霜脲·锰锌可湿性粉剂、72%杜邦克露可湿性粉剂、72%克霜氰可湿性粉剂、56%靠山水分散微颗粒剂、18%甲霜胺·锰锌可湿性粉剂、70%乙膦铝·锰锌可湿性粉剂等药剂兑水喷雾进行防治，隔10天左右防治1次，视病情防治2~3次。

7. 甜瓜叶枯病

病原：由半知菌亚门真菌瓜链格孢菌 [*Alternaria cucumerina*（Ell. et Ev.）Elliott] 引起。

症状：主要为害叶片，偶尔也为害叶柄。发病初期，叶片上产生褪绿色小黄点，之后扩展成圆形至椭圆形褐色病斑,中央灰白色,边缘深褐色至紫褐色,微微隆起,外缘油渍状。后期,中部有稀疏霉层。严重时叶片卷曲、枯死,病株呈红褐色。病害典型症状图片请参考 https://p3.ssl.qhimgs1.com/sdr/400_/t01de9a2734a6522c23.jpg 和 https://p1.ssl.qhmsg.com/t0177c8b8a3dfd493ef.jpg。

发病规律:病菌以菌丝体和分生孢子在病残体上及病组织上越冬。病菌的分生孢子借气流或雨水传播,进行多次重复侵染。气温 14~36℃、相对湿度高于 80% 均可发病,田间雨日多、降水量大,相对湿度高于 90%,病害易流行或大发生;风雨利于病菌传播,致该病普遍发生。连作地、偏施或重施氮肥及土壤瘠薄,植株抗病力弱,发病重。

防治措施:①选用抗病品种,并对种子进行消毒;②轮作倒茬;③加强栽培及肥水管理,高畦栽培,增施有机肥,提高植株抗病力,避免大水漫灌;④播种或移栽前,或收获后,清除田间及四周杂草,集中烧毁或沤肥;⑤加强田间管理,早期发现病叶及时摘除,同时注意防虫;⑥药剂防治,发病前及发病初期,用 75% 百菌清可湿性粉剂、58% 甲霜灵·锰锌可湿性粉剂、40% 大富丹可湿性粉剂、50% 扑海因可湿性粉剂、50% 速克灵可湿性粉剂等兑水喷雾进行防治,每隔 7 天喷 1 次,连续喷 4~5 次。如果喷药后遇到大雨则要补喷,注意药剂的交替使用。

8. 甜瓜猝倒病

病原:由鞭毛菌亚门真菌德巴利腐霉菌(*Pythium debaryanum* Auct. Non. R. Hesse)

症状:主要为害幼苗。幼苗出土前发病引起烂种,幼苗出土后发病造成猝倒。瓜苗出土后受害,幼茎与地面接触处呈水浸状,黄褐色腐烂,病部缢缩凹陷,幼苗从缢缩处猝倒,以后植株失水,子叶萎蔫,幼苗枯死。在高温高湿条件下,病株表面及周围土壤长出白色绵毛状霉层。病害典型症状图片请参考 http://s4.sinaimg.cn/mw690/007hCvanzy7qacKgesz83&690 和 http://image104.360doc.cn/DownloadImg/2017/02/2423/92284794_4。

发病规律:病菌以卵孢子在土壤或以菌丝在病残体上越冬。翌年春季,由卵孢子或菌丝体产生的孢子囊萌发产生游动孢子,借雨水和灌溉水传播侵染,引起幼苗猝倒。带菌肥料、农具也能传播。病害的发生与温度、湿度、光照和管理有密切关系。低温高湿、夜间凉爽,阴雨天多,光照不足,有利于病害的流行。播种过密,间苗不及时,通风不良,也易诱发病害的发生。

防治措施:①苗床选择 选地势较高、排水良好、前茬未种过瓜菜的地块作苗床,若用旧床育苗要进行土壤消毒;②配制营养土,所用有机肥要充分腐熟,土与肥要混匀;③药剂防治,发现病苗立即拔除,并用 72.2% 普力克水剂、70% 代森锰锌可湿性粉剂、15% 恶霉灵水剂等药剂喷施进行防治。发病初期,除用上述药剂外,也可用根必治或猝倒必克等药剂兑水灌根进行防治,但注意不要过量,以免发生药害。

9. 甜瓜酸腐病

病原：由半知菌亚门真菌卵形孢霉（*Sporarum ovoideis*）引起。

症状：主要为害果实，常发生在半成熟至成熟瓜上。染病后，病瓜瓜皮表面初期成水渍状，以后软腐，在其表面产生一层致密的白色霉层，以后呈颗粒状，散发酸臭味。严重时可造成大批瓜果腐烂。病害典型症状图片请参考 https://ima.nongyao001.com: 7002/201710/28/738E8068217745FDB3B4E93BA7EE76C7.jpg 和 http://s7.sinaimg.cn/mw690/007hCvanzy7qeR3Z8LYe6&690。

发病规律：病菌以菌丝体随病残体在土壤中越冬。大雨、暴雨、刮风使病菌冲溅到果实上引起发病，产生的分生孢子借气流、雨水传播扩散。植株中下部瓜与地面接触处，或表面受伤，易染病。高温高湿有利于发病；结瓜期多雨，高湿，发病重。

防治措施：①收获后彻底清除病残组织，带到田外深埋，或集中妥善处理，减少田间菌源；②采用高畦或高垄栽培。施足底肥，加强中后期管理，适时浇水追肥，减少生理裂口和机械伤口。雨后及时排除田间积水；③发病后及时清除病株，避免大水漫灌；④药剂防治，发病初期用50%多菌灵可湿性粉剂、70%甲基托布津可湿性粉剂、30%土菌消水剂、10%双效灵水剂、40%多·硫悬浮剂、80%大生可湿性粉剂等杀菌剂兑水喷浇植株及邻近土壤进行防治。

10. 甜瓜黑星病

病原：由半知菌亚门真菌瓜枝孢菌（*Cladosporium cucumerinum* Ellis et Arthur）引起。

症状：主要为害叶、茎、卷须及果实。苗期染病，子叶上产生黄白色圆形斑点，心叶枯萎，幼苗停止生长，严重的全株枯死。成株染病，叶片上产生近圆形湿润状污点，之后变褐色至浅黑色斑点，最后病组织坏死，脱落而出现穿孔。茎蔓染病，产生椭圆形至长圆形凹陷斑，上生煤烟状霉。果实染病，病斑初呈暗绿色，凹陷，表面密生烟煤状物，后期病部多呈疮痂状，常龟裂。病害典型症状图片请参考 http://www.1988.tv/Upload_ Map/2016nian/5/30/2016-05-30-09-14-04.jpg。

发病规律：病菌以菌丝体或分生孢子附着在种子或病残体上越冬，翌春分生孢子萌发进行初侵染和再侵染，借气流和雨水传播蔓延。湿度大时，夜温低可加重病害扩展。植株叶面结露时，病害容易发生和流行。

防治措施：①严格检疫，对病区调种应格外重视；②播种前进行种子消毒处理；③加强栽培管理，施足底肥，增施磷、钾肥。合理密植，及时中耕锄草。适时整枝、打杈、压蔓，提高地温，促使瓜身生长健壮。严格控制浇水，降低湿度，减少发病；④药剂防治，发病初期用50%多菌灵可湿性粉剂、70%甲基托布津、75%百菌清可湿性粉剂、50%扑海因可湿性粉剂、40%福星乳油、10%世高水分散粒剂等药剂兑水喷雾进行防治，交替使用，每隔7~10天喷1次。

11. 甜瓜叶枯病

病原：由半知菌亚门真菌瓜链格孢菌［*Alternaria cucumerinum*（Ell. et Ev.）Elliott］引起。

症状：主要为害叶片。发病初期，叶片上产生褪绿色小黄点，随后扩展成圆形至椭圆形褐色病斑，病斑中央灰白色，边缘深褐色至紫褐色，微微隆起，外缘油渍状。后期病斑中央有稀疏霉层。病斑大小约 0.1～0.2 毫米，病叶上斑点数目很多。严重时叶片卷曲、枯死，病株呈红褐色。病害在坐瓜后期开始出现，糖分积累时达发病高峰，通常在中上部叶片上发生。病害典型症状图片请参考 https://p1. ssl. qhmsg. com/t0177c8b8a3dfd493ef.jpg。

发病规律：病菌除以菌丝体和分生孢子在病残体上及病组织外越冬外，西瓜种子内、外均可带菌。带菌的种子和土表的病残体是主要初侵染源。生长期间病部产生的分生孢子通过风雨传播，进行多次重复再侵染，致使田间病害不断扩大蔓延。田间雨日多、降水量大，相对湿度高于 90%，易流行或大发生；风雨利于病菌传播，致使病害普遍发生；连作地、偏施或重施氮肥及土壤瘠薄，植株抗病力弱，发病重。

防治措施：①选用抗病品种，并于播种前进行种子消毒处理；②加强栽培及田间管理，播种或移栽前，或收获后，清除田间及四周杂草，集中烧毁或沤肥；深翻地灭茬，促使病残体分解，减少病原和虫原。采用高畦栽培，适时早播或嫁接栽培；③轮作；④药剂防治，在发病前或发病初期用 50%速克灵可湿性粉剂、50%扑海因可湿性粉剂、75%百菌清可湿性粉剂、70%代森锰锌可湿性粉剂或干悬粉、80%大生可湿性粉剂等兑水喷雾进行防治，隔 7～10 天防治 1 次，连续防治 3～4 次。

12. 甜瓜白绢病

病原：由半知菌亚门真菌齐整小核菌（*Sclerotium rolfsii* Sacc.）引起。

症状：主要为害茎蔓基部和贴近地面的果实。茎蔓染病后，初始呈现褐色水渍状小斑，随后病部迅速扩展至绕茎 1 周，并变为茶褐色腐烂，皮层易脱落，造成病部以上蔓叶萎蔫枯死。湿度大时病部表面长出白色放射状菌丝，边缘尤为明显，后期产生油菜籽状褐色小菌核。病害典型症状图片请参考 https://p0. ssl. qhimgs1. com/sdr/400_ /t0108c39d43504c62a4.jpg 和 https://p1.ssl.qhmsg.com/t01d05711c7b2fd4ca4.jpg。

发病规律：病菌以菌索及菌核随病残体遗落在土中越冬，借助灌溉水、雨水传播，从伤口侵入致病。发病后菌核又借助流水传播或借助菌丝攀缘接触邻近植株进行再次侵染致病。高温多湿的天气有利于发病。植地连作，土壤偏酸，通透性好的沙壤土，施用未腐熟的土杂肥，发病重。

防治措施：①选用耐病品种；②加强栽培及田间管理；③生物防治，喷洒 2%农抗 120 或 2%武夷菌素水剂，隔 6～7 天再防 1 次；④化学防治，发病初期用 15%三唑酮可湿性粉剂、40%福星乳油、30%特富灵可湿性粉剂、40%多·硫悬浮剂、50%硫黄悬浮剂等药剂兑水喷雾进行防治，技术要点是早预防，午前防，喷雾均匀及大水量。

13. 甜瓜菌核病

病原： 由子囊菌亚门真菌核盘菌［*Sclerotina sclerotiorum*（Lib.）de Bary］引起。

症状： 主要为害叶片、茎蔓和叶柄，亦侵染果实。叶片染病，多侵染中下部叶，初期病斑水渍状，暗绿色，逐步发展为灰褐色坏死斑，边缘明显，黄褐色，具不明显轮纹，后期常破裂。茎蔓和叶柄染病，初始呈不规则水渍状腐烂并快速向上下发展，病部产生絮状白霉，最后变成鼠粪状菌核。果实染病，多从脐部软化腐烂，在病部产生浓密白霉，最后形成菌核。病害典型症状图片请参考《中国现代蔬菜病虫原色图鉴》（吕佩珂、苏慧兰、李明远等，2008 年，学苑出版社）和 https://ima.nongyao001.com: 7002/file/upload/201112/14/17-12-45-14-1.jpg。

发病规律： 病菌以菌核在土壤中或混杂在种子里越冬。在 5～20℃并吸足水分时菌核萌发产生子囊盘。子囊弹放出的子囊孢子，经气流、浇水传播，引起植株发病。棚室内主要通过病组织上的菌丝与健株接触传染，使病害蔓延。菌丝生长适宜温度范围广泛，但不耐干燥，相对湿度 85%以上有利于发病。带病的种苗调运和移栽病苗，可扩大传播。

防治措施： ①实行轮作，育苗土要进行药剂消毒；②播前深翻土地，及时清除田间杂草，采取地膜覆盖栽培。注意通风排湿，减少病原菌的传播蔓延；③药剂防治，发病初期用 10%速克灵烟剂熏烟防治，也可喷洒 40%菌核净可湿性粉剂、50%速克灵可湿性粉剂、50%扑海因可湿性粉剂等药剂兑水喷雾进行防治，每 7～10 天喷 1 次，连喷 2～3 次。

14. 甜瓜细菌性角斑病

病原： 由细菌丁香假单胞杆菌黄瓜角斑病致病变种［*Pseudomonas syringae* pv. *lachrymans*（Smith et Bryan）Young, Dye & Wilkie］引起。

症状： 主要为害叶、茎、瓜，以叶受害较重，在甜瓜各个生育期均可发生。子叶受害，初始呈水浸状近圆形凹陷斑，随后变成黄褐色。真叶受害，初始呈油浸状，逐渐变成淡褐色多角形至近圆形斑，边缘常有一锈黄色油浸状环，最后呈半透明状，干燥时破裂。空气潮湿时病斑溢出浅黄褐色菌脓。果实和茎蔓染病，病斑呈油浸状，深绿色，严重时龟裂或形成溃疡，溢出菌液。果实发病，病菌可向内一直扩展到种子，使种子带菌。病害典型症状图片请参考 http://spider.nosdn.127.net/82ce75591661e909b3e6dd39080e06ad.jpeg 和 https://p1.ssl.qhmsg.com/t01520deccc4f48eab4.jpg。

发病规律： 病菌在种子内或随病残体在土壤中越冬。通过伤口或气孔、水孔和皮孔浸入，发病后病菌通过雨水、浇水、昆虫传播。空气湿度大或多雨或夜间结露有利于发病。地势低洼、连作田，发病重。

防治措施： ①选用无病种子，并于播前进行种子消毒；②用无菌土育苗，拉秧后彻底清除病残落叶，与非瓜类作物进行 2 年以上轮作；③合理浇水，防止大水漫灌，保护地注意通风降湿，缩短植株表面结露时间，注意在露水干后进行农事操作；④药剂防治，发病初期用 50%氯溴异氰尿酸可溶性粉剂、50%可杀得可湿性粉剂等兑水均匀喷雾进行防治，每 5~7 天 1 次，连喷 2 次。

15. 甜瓜细菌性叶枯病

病原： 由细菌油菜黄单胞菌黄瓜叶斑病致病变种 ［*Xanthomonas campestms* pv. *cucurbitae*（Bryan）Dye.］ 引起。

症状： 主要为害叶片。发病初期，叶片上呈现水浸状褪绿斑，逐渐扩大呈近圆形或多角形，直径 1~2 毫米，周围具褪绿晕圈，病叶背面不易见到菌脓，从而与细菌性角斑病相区别。病害典型症状图片请参考 http://att.191.cn/attachment/photo/Mon_ 1106/5929_ 8c1c13091681864cd31a1b6bf630e.jpg 和 https://ps.ssl.qhimg.com/sdmt/181_ 132_ 100/t0117547ae00a649afe.webp。

发病规律： 病菌主要通过种子带菌传播蔓延，该菌在土壤中存活能力非常有限，可通过轮作防治此病。同时，经验表明，叶色深绿的品种发病重，大棚温室内栽培时比露地栽培时，发病重。

防治措施： ①选用抗耐病品种，并进行种子消毒；②进行种子检疫，防止该病传播蔓延；③实行 2~3 年轮作，结合深耕，以促进病残体腐烂分解，加速病菌死亡；④定植以后注意中耕松土，促进根系发育，雨后注意排水；⑤药剂防治，发病初期和降雨后及时用新植霉素、2%多抗霉素、14%络氨铜水剂等药剂兑水喷雾进行预防和治疗，每 7 天喷 1 次，连喷 3~4 次。

16. 甜瓜细菌性软腐病

病原： 由细菌软腐欧文氏杆菌胡萝卜软腐亚种（*Erwinia carotovora* subsp. *carotovora*）引起。

症状： 主要为害果实，有时也为害茎。染病后，病部初始呈现水渍状深绿色斑，扩大后稍凹陷，病部发软，逐渐转为褐色，病斑周围有水浸状晕环，从病部向内腐烂，散发出恶臭味。茎染病，多始于伤口，病斑呈不规则形水渍状，向内软腐，病部出水，严重的烂断，导致病部以上枯死。病害典型症状图片请参考 http://www.1988.tv/Upload_ Map/Bingchonghai/Big/2015/8－10/2015810140512911.jpg 和 https://p1.ssl.qhmsg.com/t010b78adbf884974c6.jpg。

发病规律： 病菌随病残体在土壤中越冬，可为害多种蔬菜。借雨水、灌溉水及昆虫传播，由伤口侵入，伤口多时，发病重。病菌生长温度范围较大，2~40℃均能活动、为害，最适温度 25~30℃，发病需 95%以上相对湿度，雨水、露水对病菌传播、侵入具有重要作用。

防治措施：①与非葫芦科、茄科蔬菜进行 2 年以上轮作；②及时清洁田园，尤其要把病果清除并带出田外烧毁或深埋；③培育壮苗，适时定植，合理密植；④雨季及时排水，尤其下水头不要积水；⑤保护地栽培要加强放风，防止棚内湿度过高；⑥药剂防治，一是及时喷洒杀虫剂防治瓜绢螟等蛀果害虫；二是雨后或发病初期及时用 72%农用硫酸链霉素可溶性粉剂、新植霉素、27%铜高尚悬浮剂、77%可杀得可湿性微粒粉剂、14%络氨铜水剂、47%加瑞农可湿性粉剂等药剂进行预防和治疗，每 7 天防治 1 次，连续防治 2~3 次。收获前 4 天停止用药。

17. 甜瓜细菌性果斑病

病原：由细菌燕麦嗜酸菌西瓜亚种（*Acidovorax avenae* subsp. *citrulli* Willems et al.）引起。

症状：主要为害叶片和果实。叶片染病，病斑呈圆形至多角形，边缘初呈 V 字形水渍状，之后中间变薄，病斑干枯，背面有白色菌脓，发亮。严重时多个病斑融合，颜色变深，呈褐色至黑褐色。果实染病，先在果实朝上的表皮出现水渍状小斑点，随病情发展逐渐变为褐色，凹陷，后期多龟裂。初发病时仅局限在果皮上，进入发病中期后，病菌可单独或随同腐生菌一起向果肉扩展，致使果肉变成水渍状腐烂。病害典型症状图片请参考 https://p1. ssl. qhmsg. com/t019f5b07224a5e60fd. jpg 和 http://p2. so. qhimgs1. com/sdr/400_ /t010647c3a372c1277e.jpg。

发病规律：病菌在种子和土壤表面的病残体上越冬，成为翌年的初侵染源。病菌主要从伤口和气孔侵入。该病的远距离传播主要靠带菌种子，种子表面和种胚均可带菌。带菌种子萌发后，病菌就从子叶侵入，引起幼苗发病。病斑上溢出的菌脓借风雨、昆虫及农事操作等途径传播，形成多次再侵染。高温多雨年份和连作地块，发病重。

防治措施：①选用抗病品种，选无病瓜留种，选无病土育苗。并对种子和苗床进行消毒处理；②与非瓜类作物实行 2 年以上轮作；③加强栽培及田间管理，起垄栽培，合理浇水，防止大水漫灌，注意通风排湿，清除病残体，及时将病株带出田外销毁；④药剂防治，发病初期用 47%加瑞农可湿性粉剂、77%可杀得可湿性粉剂、78%波·锰锌可湿性粉剂、10%世高水分散粒剂、72%农用链霉素可溶性粉剂、50%氯溴异氰尿酸水溶性粉剂等杀菌剂兑水进行喷雾防治，注意甜瓜幼瓜对铜制剂相对敏感，浓度要多稀释 1 倍使用，不影响幼瓜生长。

18. 甜瓜细菌性青枯病

病原：由细菌瓜萎蔫欧文氏菌［*Erwinia tracheiphila*（Smith）Bergey et al.］引起。

症状：主要为茎蔓，为维管束病害。茎蔓染病，病部变细呈水渍状，植株顶端茎蔓中午萎蔫，早晚恢复，病情扩展很快，仅 3~4 天全株叶片即萎蔫，致使叶片干枯，植株死亡。剖视茎蔓用手挤压时，从维管束断面溢出乳白色黏液（病原菌菌脓）。病害典型症状图片请参考 https://ima. nongyao001.com: 7002/file/upload/201112/14/17-23-09-

53-1.jpg。

发病规律： 病原细菌在病株组织内或食叶甲虫体内越冬，翌春条件适宜时从伤口侵入，引起发病。病菌生长最适温度 25～30℃，最高 34～35℃，最低 8℃，致死温度 43℃。气温高，湿度大持续时间长，伤口多，有甲虫为害，易发病。

防治措施： ①选用抗病品种；②加强田间管理，田间发现病株尽早拔除，并注意喷洒杀虫剂防治为害甜瓜的甲虫；③药剂防治，发病初期用 78%波·锰锌可湿性粉剂、47%加瑞农可湿性粉剂、68%或 72%农用链霉素等药剂兑水喷雾进行防治，隔 5～7 天防治 1 次，连续防治 2～3 次。

19. 甜瓜病毒病

病原： 主要由黄瓜花叶病毒（Cucumber mosaic virus，CMV）、甜瓜花叶病毒（Melon mosaic virus，MMV）和烟草环斑病毒（Tobacco ring spot virus，TRSV）侵染引起。

症状： 主要有 3 种症状类型。第一种是心叶出现明脉，随后发展为花叶或深绿色病斑、畸形，干旱时病叶缩小，瓜蔓失去结果能力。第二种是黄化型，在叶片上初为褪绿黄斑，随后转为斑驳花叶，叶变黄、变厚，叶脉突出，叶缘呈锯齿形，株形矮缩，节间短。第三种是坏死型，叶片上产生系统的不规则的坏死褪绿斑点和条斑，严重时植株矮化。病害典型症状图片请参考 https://p1. ssl. qhmsg. com/t01de8258b7641c6e59. jpg，https://p1. ssl. qhmsg. com/t0180345617d85d2b7d. jpg 和 https://p1. ssl. qhmsg. com/t01edad200a9b791ae3.jpg。

发病规律： 种子可带毒，也可通过棉蚜、桃蚜和机械摩擦传染。高温干旱或强光照有利于发病。发病早晚、轻重与种子带毒率高低和甜瓜生长期气候有关，种子带毒率高，病害发生早；生长期天气干燥高温，蚜虫数量多，发病重。

防治措施： ①以栽培防病为主，及时灭蚜；②适当早播，推广地膜覆盖，促幼苗快速生长，提高抗病力；③种子处理，用 55℃温水浸种 20 分钟后移入冷水中冷却，再催芽、播种；④注意选择地块，甜瓜、西瓜、西葫芦不宜混种，以免相互传毒；⑤培育壮苗，适期定植。整枝打杈及授粉等农事操作不要碰伤叶蔓，防止接触传染；⑥及时防治蚜虫。

20. 甜瓜根结线虫病

病原： 主要由花生根结线虫［*Meloidogyne arenaria*（Neal）Chitwood］、南方根结线虫［*Meloidogyne incognita*（Kofoid et White）Chitwood］、爪哇根结线虫［*Meloidogyne javanica*（Treud.）Chitwood］、北方根结线虫（*Meloidogyne hapla* Chitwood）等引起。

症状： 主要为害根系，在侧根或须根上产生大小不等的葫芦状浅黄色根结。甜瓜出苗后 5～7 天后，在甜瓜侧根或须根上，形成针头状根结，之后增生膨大，多个根结相连呈节状或串珠状，白色至黄白色，根结表面粗糙，致使整个根变成鸡爪状，病根易腐烂。该病造成植株地上部生长势衰弱，植株矮小黄瘦，果实小，严重时病株死亡。在甜瓜生长期间可重复多次侵染，造成更大的为害。病害典型症状图片请参考 https://p1. ssl. qhmsg. com/t01721bd3584669d696. jpg 和 http://www. haonongzi. com/pic/news/20180103170906831.jpg。

发病规律：病原线虫随病残体在土壤中越冬。温度回升后，遇到寄主便从幼根侵入，刺激寄主细胞分裂增生形成巨细胞，过度分裂形成瘤状根结。幼虫在根结内发育为成虫，并开始交尾产卵。卵在根结内孵化，一龄幼虫留在卵内，二龄幼虫钻出寄主进行再侵染。主要通过病土、病苗、浇水和农具等传播。一般地势高燥、土质疏松，及缺水缺肥的地块或棚室，发病重。重茬种植，发病重。

防治措施：①无病土育苗，病害常发区选用无虫土或大田土育苗，施用不带病残体或充分腐熟的有机肥；②重病地块收获后应彻底清除病根残体，深翻土壤 30~50 厘米；③药剂防治，用 1.8% 虫螨克乳油、98%~100% 必速灭微粒剂、3% 米乐尔颗粒剂等药剂在播种或定植前根据药剂性质进行土壤处理。

三十三 西瓜主要病害

1. 西瓜立枯病

病原：由半知菌亚门真菌立枯丝核菌（*Rhizoctonia solani* Kühn）引起。

症状：主要为害幼苗。瓜播种后到出苗前受病菌为害，可引起烂种和烂芽。幼苗染病，发病初期茎部出现椭圆形或不整齐的暗褐色病斑，向内凹陷，边缘较明显，随后扩展绕茎一周，叶片萎蔫不能复原，最后瓜苗干枯死亡，但不倒折。在苗床内出现白天萎蔫、夜间恢复现象，最后病株枯死。发病轻的幼苗仅在茎基部形成褐色病斑，幼苗生长不良，但不枯死。潮湿条件下病部常有淡褐色蛛丝网状霉。病害典型症状图片请参考http://www.3456.tv/images/2011nian/10/2014－06－03－09－45－23.jpg 和 http://img1.qjy168.com/provide/2018/07/20/6716017_20180720105250.png。

发病规律：病菌主要以菌丝体或菌核在土壤或病残体上越冬。条件适宜时，病菌萌发，菌丝直接侵入寄主，通过水流、农具与植株之间的接触等途径传播蔓延。病害的发生与气候条件和苗床管理有密切关系，光照不足、空气湿度大会加重病害的发生和蔓延；浇水过多、间苗太迟、幼苗密度大利于发病；阴雨天气，苗床湿度较大时，易引起幼苗徒长，发病重。

防治措施：①加强苗床管理，选择土壤疏松、通气透水性强、养分含量高的无病菌土壤作苗床，控制好苗床的温度和湿度，科学放风，防止苗床出现高温、高湿条件；②化学防治，一是苗床消毒，用40%五氯硝基苯与福美双按1∶1比例混用，加土4.0~4.5千克/平方米拌匀；二是发病初期用64%杀菌矾可湿性粉剂、75%百菌清可湿性粉剂、50%多菌灵悬浮剂、70%甲基托布津等杀菌剂兑水喷雾进行防治，隔7~10天喷1次，连续防治2~3次。

2. 西瓜猝倒病

病原：由鞭毛菌亚门真菌终极腐霉（*Pythium ultimum* Trow.）引起。

症状：主要为害幼苗。种芽感病，苗未出土，种芽或胚茎、子叶已腐烂；幼苗受害，近土面的胚茎基部开始有黄色水渍状病斑，随后变为黄褐色，干枯收缩成线状，子叶尚未凋萎，幼苗已猝倒。有时带病幼苗外观与健苗无异，但贴服土面，不能挺立，细检此苗，茎基部已干缩成线状。当苗床湿度大时，病部表面及其附近土表可长出一层白色棉絮状菌丝体。病害典型症状图片请参考 https://p1.ssl.qhmsg.com/t01e637db737b0f1550.jpg，https://p1.ssl.qhmsg.com/t01f61033e3b5575026.jpg 和 https://p1.ssl.qhmsg.com/t018b2cfde752d8c7da.jpg。

发病规律：病菌以菌丝体、卵孢子等在土壤 12~18 厘米的表土层越冬，并在土壤中长期存活。病菌生长适宜的地温为 15~16℃，适宜发病地温为 10℃。低温对寄主生长不利，但病菌尚能活动，尤其是苗期出现低温、高湿时利于发病。病害在苗床内蔓延迅速，开始只见个别病苗，几天后便出现成片猝倒。

防治措施：①选用抗病品种，严格选择营养土，选用无病新土进行育苗，或用50%多菌灵可湿性粉剂 0.5 千克加细土 100 千克制成药土进行播后覆盖，或对育苗土进行消毒；②加强苗床管理，选择排水良好、地下水位低、地势高的地块做苗床，育苗畦要及时放风、降湿，即使阴天也要适时适量放风排湿；③化学防治，发病初期用 64%杀毒矾可湿性粉剂、72%克露可湿性粉剂、72.2%普力克水剂、58%瑞毒霉可湿性粉剂等杀菌剂兑水喷淋进行防治，视病情一般 7~10 天喷 1 次，连喷 2~3 次。

3. 西瓜疫病

病原：由鞭毛菌亚门真菌德雷疫霉（*Phytophthora drechsleri* Tucker）和辣椒疫霉（*Phytophthora capsici* L.）引起。

症状：主要为害根颈部，也可为害叶、蔓和果实。根颈部染病，发病初期产生暗绿色水渍状病斑，病斑迅速发展环绕茎基呈软腐状、缢缩、全株萎蔫枯死，叶片呈青枯状，维管束不变色。有时在主根中下部发病，产生类似症状，病部软腐，地上部青枯。叶部染病，发病时产生暗绿色水渍状斑点，并迅速扩大为近圆或不规则大型黄褐色病斑，湿度大时呈全叶腐烂，干后病叶呈淡褐色极易破碎。茎部被为害时呈水渍状暗绿色纺锤形凹陷，病部以上枯死。果实受害表现为水渍状暗绿色圆形凹陷，迅速蔓延至整个果面，果实软腐，病斑表面长出一层稀疏的白色霉状物。病害典型症状图片请参考 http://att.191.cn/attachment/thumb/Mon_ 1103/63_ 114114_ 45a312166c18a5c.jpg?122，http://www.qnong.com.cn/uploadfile/2016/0806/20160806075505235.jpg 和 https://p1.ssl.qhmsg.com/t01e97b613acd3520ea.jpg。

发病规律：病菌主要以卵孢子在土壤中的病株残余组织内或未腐熟的肥料中越冬，并可长期存活。卵孢子和厚垣孢子通过雨水、灌溉水传播，形成孢子囊和游动孢子，从气孔侵入引起发病。植株发病后，在病斑上产生孢子囊，借风、雨传播，进行再侵染。病菌喜高温、高湿的环境，田间发病高峰在降水量高峰后。雨季高温高湿条件下，种植过密、排水通风不良，发病重。施氮肥过多或施用带菌肥料、种植过密、浇水过多、地势低洼，发病重。

防治措施：①选用抗病品种，并于播前进行种子消毒，培育壮苗，定植后加强管理，防止病害发生，一旦发生病害，应拔除病株深埋，立即喷药或灌根；②药剂防治，发病初期用 64%杀毒矾可湿性粉剂、58%甲霜灵·锰锌可湿性粉剂、72.2%普力克水剂、35%瑞毒唑铜可湿性粉剂、50%甲霜铜可湿性粉剂等药剂兑水喷雾进行防治，每

7~10 天喷 1 次，连续防治 3~4 次。

4. 西瓜菌核病

病原：由子囊菌亚门真菌核盘菌 ［*Sclerotina sclerotiorum* （Lib.） de Bary］引起。

症状：主要为害茎蔓和果实，叶和叶柄也可染病。叶、叶柄、幼果染病，初呈水渍状，后软腐，其上长出大量白色菌丝，后形成黑色鼠粪状菌核。茎蔓染病，初期在主侧枝或茎部呈水浸状褐色斑。高湿条件下，长出白色菌丝。茎髓部遭受破坏，腐烂中空或纵裂干枯。果实染病，多在残花部先呈水浸状腐烂，长出白色菌丝，之后逐渐扩大呈淡褐色，缠绕成黑色菌核。病害典型症状图片请参考 http://www.haonongzi.com/pic/news/20190312170048581.jpg，https://p1.ssl.qhmsg.com/t01fa3b326ad5462d7b.jpg 和 https://p1.ssl.qhmsg.com/t019d97620c763be8fa.jpg。

发病规律：病菌以菌核在土壤中或混杂在种子间越冬或越夏。越冬或越夏后的菌核，遇雨或浇水即萌发，萌发后产生子囊盘和子囊孢子，子囊孢子成熟后，稍受震动即行喷出，子囊孢子随风、雨传播，特别是在大风中可作远距离传播，也可通过地面流水传播。子囊孢子对老叶和花瓣的侵染力强，在侵染这些组织后，才能获得更强的侵染力，再侵染健叶和茎部。田间发病后，病部外表形成白色的菌丝体，通过植株间的接触进行再侵染，特别是植株中下部衰老叶上的菌丝体，是后期病害的主要来源。

防治措施：①种子消毒；②做好田园清洁；③实行水旱轮作；④采用地膜覆盖栽培；⑤调温控湿；⑥药剂防治，发病初期用 50%腐霉利可湿性粉剂、70%甲基硫菌灵可湿性粉剂、40%多菌灵胶悬浮剂、65%甲硫乙霉威可湿性粉剂、40%嘧霉胺可湿性粉剂等药剂兑水喷雾进行防治，每隔 5~7 天防治 1 次，连续防治 3~4 次。

5. 西瓜蔓枯病

病原：由子囊菌门真菌泻根亚隔孢壳菌 ［*Didymella bryoniae* （Auersw.） Rehm.］引起。

症状：主要为害茎蔓，也可为害叶片和果实。叶片染病，初始出现圆形或不规则形黑褐色病斑，病斑上生小黑点。湿度大时，病斑迅速扩及全叶，导致叶片变黑而枯死。瓜蔓染病，节部附近产生灰白色椭圆形至不整齐形病斑，斑上密生小黑点。发病严重的，病斑环绕茎及分杈处。果实染病，初始产生水浸状病斑，随后中央变为褐色枯死斑，呈星状开裂，内部呈木栓状干腐，稍发黑后腐烂。病害典型症状图片请参考 https://p1.ssl.qhmsg.com/t01f1c606cccfae9372.jpg，https://p1.ssl.qhmsg.com/t01b46e4063a0fdb391.jpg 和 https://p1.ssl.qhmsg.com/t01e683e38c71b3555a.jpg。

发病规律：病害发生为害程度与温度、湿度和栽培管理技术关系密切。在 10~34℃范围内，病原的潜育期随温度升高而缩短，空气相对湿度超过 80%以上，易发病。多雨的年份发病快且流行迅速。瓜类连作，地势低洼，雨后积水，缺肥和生长较弱，发病重，病情发展快。温室和大棚栽培，过度密植，通风不良，湿度过高，易发病。

防治措施：①选用抗病品种，并进行种子消毒；②选择苗床，并加强苗床管理；③采用轮作有利于降低发病率；④注意控湿栽培，重视田间肥水管理；⑤药剂防治，发病初期用22.5%啶氧菌酯悬浮剂等杀菌剂兑水喷雾进行防治，或用这些药杀菌剂涂抹茎蔓发病部位。

6. 西瓜白粉病

病原：由子囊菌亚门真菌瓜类单囊壳菌 ［*Sphaerotheca Cucurbitae*（Jacz.）Z. Y. Zhao］和葫芦科白粉菌（*Erysiphe Cucurbitacearum* Zheng & Chen）引起。

症状：主要为害西瓜的叶片、叶柄和茎。染病时，发病初期叶片正、背面及叶柄上产生离散的白粉状霉斑，以叶片的正面居多，之后逐渐扩大，成为边缘不明显的大片白粉区，严重时叶片枯黄，停止生长。发病后期白色粉状物转变成灰白色，进而出现很多黄褐色至黑色小点，叶片枯黄变脆，但一般不脱落。当环境条件不利于病菌繁殖或寄主衰老时，病斑上出现成堆的黄褐色的小粒点，后变黑（病菌的闭囊壳）。病害典型症状图片请参考 http://p98.pstatp.com/large/2896000373dcb4aef086 和 https://ps.ssl.qhmsg.com/sdr/400_/t01c90b5a9a2d13bca7.jpg。

发病规律：病菌在地上越冬，成为翌年的初侵染来源。病菌借气流传播到寄主叶片上进行侵染。病害发生和流行与温湿度和栽培管理有密切关系。高温干旱与高湿条件交替出现，又有大量白粉菌时，病害易流行。种植过密，通风透光不良；氮肥过多，植株徒长；土壤缺水，灌溉不及时，病势发展快，发病重。灌水过多，湿度增大，地势低洼，排水不良，发病重。

防治措施：①选用抗病品种；②加强栽培及肥水管理，合理密植，采取高畦深沟种植方式。以有机肥为主，结合无机肥，不偏施氮肥，增施磷、钾肥，促进植株健壮生长，提高抗病力。抓住西瓜爱水怕水的特性，采取干干湿湿的灌洒方式。雨后注意排水，防止田间积水；③注意田园清洁，及时摘除病叶，减少重复传播病菌的机会；④药剂防治，在生长前期喷洒 2~3 次 50%硫悬浮剂 300 倍液，可有效地预防白粉病发生。发病初期及时摘除病叶，然后用15%三唑酮可湿性粉剂、70%甲基硫菌灵可湿性粉剂等药剂兑水喷雾进行防治，每隔5~7天喷1次药，连续防治3~4次。

7. 西瓜枯萎病

病原：由半知菌亚门真菌尖镰孢菌西瓜专化型 ［*Fusarium oxysporum* f. sp. *niveum*（E. F. Smith）Snyder et Hansen］引起。

症状：西瓜全生育期均可发病。西瓜幼芽染病，在土壤中即行腐败死亡，不能出苗。出苗后染病，顶端呈失水状，子叶和叶片萎垂，茎蔓基部萎缩变褐猝倒。茎蔓发病，基部变褐，茎皮纵裂，常伴有树脂状胶汁溢出，干后呈红黑色。横切病蔓，维管束呈褐色。后期病株皮层剥离，木质部碎裂，根部腐烂仅见黄褐色纤维。天气潮湿时，病部常见到粉红色霉状物。病害典型症状图片请参考 https://p1.ssl.qhmsg.com/

t0143e19518336e9282.jpg 和 https://p1.ssl.qhmsg.com/t014afc6aaf2c03fc3e.jpg。

发病规律：病菌在土壤中越冬，存活 5~6 年，部分可存活 10 年以上。高温高湿，发病重。土壤偏酸发病快。连茬种植，偏施氮肥，排灌不良及肥料未腐熟等均会引起或加重枯萎病的发生。

防治措施：①选用抗病品种；②轮作换茬；③嫁接换根防病；④化学防治，一是预防，二是对初发病株，以根际为中心，挖 8~10 厘米深宽的圆坑，勿伤根部表皮，使根头和根颈部裸露，随即灌药进行防治。

8. 西瓜炭疽病

病原：由半知菌亚门真菌西瓜炭疽病菌 [*Colleetotrichum lagenarium*（Pass.）Ell. et Halst] 引起。

症状：主要为害叶片，也可为害茎蔓、叶柄和果实。幼苗染病，子叶边缘出现圆形或半圆形褐色或黑褐色病斑，外围常有黑褐色晕圈，病斑上常散生黑色小粒点或淡红色黏状物。近地面茎部染病，初始茎基部变成黑褐色，且缢缩变细猝倒。瓜蔓或叶柄染病，初始为水浸状黄褐色长圆形斑点，稍凹陷，之后变为黑褐色，病斑环绕茎一周后，全株枯死。叶片染病，初始为圆形或不规则形水渍状斑点，有时出现轮纹，干燥时病斑易破碎穿孔。潮湿时病斑上产生粉红色黏稠物。果实染病，初始为水浸状凹陷形褐色圆斑或长圆形斑，常龟裂，湿度大时病斑上产生粉红色黏状物。病害典型症状图片请参考 https://p1.ssl.qhmsg.com/t01455e33ea8a487910.jpg，https://p1.ssl.qhmsg.com/t0151f3a7535a77665e.jpg 和 http://n.sinaimg.cn/sinacn/w450h323/20171208/8c73 - fypnsip0411130.jpg。

发病规律：病菌在残株或土壤里越冬，翌年温度湿度适宜时，开始初次侵染。主要通过流水、风雨及人们生产活动进行传播。病害的发生和湿度关系较大，在适温下，相对湿度越高，发病越重。过多的施用氮肥，排水不良，通风不好，密度过大，植株衰弱和重茬种植，发病重。

防治措施：①选用抗病品种，进行种子消毒；②施用充分腐熟的有机肥，采用配方施肥，增强瓜株抗病力；③选择沙质土，注意平整土地，防止积水，雨后及时排水，合理密植，及时清除田间杂草；④药剂防治，发病初期用 50%甲基硫菌灵可湿性粉剂加 75%百菌清可湿性粉剂等兑水喷洒进行防治。

9. 西瓜霜霉病

病原：由鞭毛菌亚门真菌黄瓜霜霉菌（*Pseudopeonospora cubensis*）引起。

症状：主要为害叶片，偶尔也侵染为害茎、卷须、花梗等。叶片染病，一般先从基部叶片开始发病，逐步向上部叶片发展。发病初期叶片上先呈现黄绿色斑点，随后病斑扩大，受叶脉限制呈黄褐色不规则多角形病斑，潮湿环境下，在病斑背面有黑色霉层，严重时病斑连片，全叶呈黄褐色干枯，易破碎，全田叶片一片枯黄，像被火烧烤过一样。病害具有发病快，枯死快的特点。病害典型症状图片请参考 http://image109. 360doc.com/DownloadImg/2018/05/2311/133777056_ 1_ 20180523113241691 和 https:// ima.nongyao001.com: 7002/201712/11/EC0510872D3C4E90B27458792EA1F765.jpg。

发病规律：病菌主要通过气流、雨水、昆虫等途径传播。适温高湿有利于霜霉病的发生，温度在 16~20℃，遇多雨或雾大露重时，易发病。生产上浇水过量、地势低洼、种植过密、排水不畅、通风透光差的瓜田，发病重。

防治措施：①定植时严格淘汰病苗；②选择地势较高，排水良好的地块种植；③施足基肥，生长期不要过多地追施氮肥，以提高植株的抗病性；④药剂防治，发病初期要及时用 58%甲霜灵·锰锌可湿性粉剂、64%杀毒矾可湿性粉剂、43%瑞毒铜可湿性粉剂等杀菌剂兑水喷雾进行防治，每隔 7~10 天喷 1 次，连续防治 2~3 次。

10. 西瓜花腐病

病原：由接合菌亚门真菌瓜笄霉 [*Choanephora cucurbitarum* (Berk. et Rav.) Thaxt.] 引起。

症状：主要为害幼果脐部的残花和果实。发病后，引起花腐，进一步扩展时还常引起残花附近的幼果发病，呈水渍状软腐，严重的导致全果腐烂，湿度大时病部长出灰白色绵毛状物和灰白色至黑褐色头状物（病原菌的菌丝和孢囊梗及孢子囊）。病害典型症状图片请参考 https://p1.ssl.qhmsg.com/t01259e5e298c1e8fcc.jpg。

发病规律：病菌以菌丝体及接合孢子随病残体在土壤中越冬，翌年春季条件适宜时产生孢子囊和孢囊孢子，借风雨传播。侵染后，引起花、果腐烂，在病花、病果表面产生大量孢子囊和孢囊孢子，对花和果实进行多次重复侵染。高温多雨或雨后湿气滞留，发病重。

防治措施：①与非瓜类作物进行 2~3 年轮作，水旱轮作效果更好；②加强瓜田管理，雨后及时排水，尽量降低瓜田湿度，合理施肥增强抗病力；③药剂防治，一是用 75%百菌清可湿性粉剂或 50%异菌脲可湿性粉剂对种子进行消毒处理；二是发病初期用 80%乙蒜素乳油、64%杀毒矾可湿性粉剂、75%百菌清可湿性粉剂、58%甲霜灵·锰锌可湿性粉剂、18%甲霜胺·锰锌可湿性粉剂、70%乙磷铝·锰锌可湿性粉剂、50%甲霜铜可湿性粉剂、72%霜脲·锰锌可湿性粉剂、47%加瑞农可湿性粉剂、69%安克锰锌可湿性粉剂等药剂兑水喷雾进行防治，注意药剂交替使用。

11. 西瓜白绢病

病原：由半知菌亚门真菌齐整小核菌（*Sclerotium rolfsii* Sacc.）引起。

症状：主要为害近地面的茎蔓或果实。茎基部或贴地面的茎蔓染病，初始呈暗褐色，其上长出白色辐射状菌丝体。果实染病，病部变褐，边缘明显，病部亦长出白色绢丝状菌丝体，菌丝向果实靠近的地表扩展，后期病部产出茶褐色萝卜籽状小菌核，湿度大时病部腐烂。病害典型症状图片请参考 https://p3. ssl. qhimgs1. com/sdr/400 _ /

t013d6058bdcd8eb7e3.jpg 和 https://p1.ssl.qhmsg.com/t011e6741f2980884b1.jpg。

发病规律：病菌以菌核或菌索随病残体遗落土中越冬，翌年条件适宜时，菌核或菌索产生菌丝进行初侵染，病株产生的绢丝状菌丝延伸接触邻近植株或菌核借水流传播进行再侵染，使病害传播蔓延。连作或土质黏重及地势低洼或高温多湿的年份或季节，发病重。

防治措施：①调节土壤酸碱度，调到中性为宜，或大量施用充分腐熟有机肥；②发现病株及时拔除，集中销毁；③药剂防治，发病初期用 40%五氯硝基苯、15%三唑酮可湿性粉剂、50%甲基立枯磷可湿性粉剂等兑细土撒在病部根茎上，防效明显，也可喷洒20%甲基立枯磷乳油 1000 倍液，隔 7~10 天 1 次，防治 1~2 次。

12. 西瓜绵腐病

病原：由鞭毛菌亚门真菌瓜果腐霉 [*Pythium aphanidermatum*（Eds.）Fitzp.]引起。

症状：主要为害果实。苗期染病，引起猝倒。结瓜期主要为害果实，贴土面的西瓜先发病，病部初始呈褐色水浸状，之后迅速变褐软腐。湿度大时，病部长出白色绵毛（病原菌菌丝体）。病害典型症状图片请参考 https://p1.ssl.qhimgs1.com/sdr/400_/t018121de9f39a661a1.jpg 和 https://p1.ssl.qhmsg.com/t0162238514c7c7f37e.jpg。

发病规律：病菌以卵孢子在 12~18 厘米表土层中越冬，并在土中长期存活。翌春遇有适宜条件萌发产生孢子囊，以游动孢子或直接长出芽管侵入寄主。此外，在土中营腐生生活的菌丝也可产生孢子囊，以游动孢子侵染瓜苗引起猝倒。田间的再侵染主要靠病苗上产出孢子囊及游动孢子，借灌溉水或雨水溅附到贴近地面的根茎或果实上引致更严重的损失。阴雨连绵，果实易染病，发病重。

防治措施：①加强苗床管理，床土应选用无病新土，选择地势高、地下水位低，排水良好的地块做苗床，播前一次灌足底水，出苗后尽量不浇水，必须浇水时一定选择晴天喷洒，不宜大水漫灌。育苗畦及时放风、降湿；②药剂防治，发病初期用 72.2%普力克水剂、15%恶霉灵水剂等兑水喷雾进行防治。

13. 西瓜焦腐病

病原：由半知菌亚门真菌可可球二孢菌（*Botryodiplodia theobromae* Pat.）引起。

症状：主要为害果实。通常从蒂部开始果皮局部变褐，逐渐扩展成不规则形，颜色转深变黑后果肉迅速腐烂。后期烂瓜果实上产生许多黑色小黑点（病原菌的分生孢子器）。病瓜果柄往往也变黑，有时也长出黑色小点。病害典型症状图片请参考 http://img8.agronet.com.cn/Users/100/585/410/20179251409496894.jpg。

发病规律：病菌以子囊壳、分生孢子器和分生孢子在西瓜果实病部越冬，翌年随气温升高，均温 24~26℃，雨季，出现高温多湿条件，利于其传播和蔓延。低于 10℃病菌不能生长发育，子囊孢子释放需要有雨水，降雨 1 小时后即可释放子囊孢子，2 小时达高峰。排水不良、肥料不足，易发病。

防治措施：①加强栽培及田间管理，施足腐熟有机肥，雨后及时排水，防止湿气滞留。西瓜生长期间发现病果及时摘除，集中销毁，不可丢弃在西瓜地里；②药剂防治，发病初期及时用 78% 波·锰锌可湿性粉剂 600 倍液或 53.8% 可杀得干悬浮剂 900 倍液、10% 恶醚唑水分散粒剂 1 500 倍液等药剂进行喷雾防治。

14. 西瓜煤污病

病原：由半知菌亚门真菌枝孢菌（*Cladosporium* sp.）引起。

症状：主要为害叶片、茎和果实。发病初期，叶片上产生灰黑色或炭黑色菌落，呈煤污状，初始零星分布在叶面局部或叶脉附近，严重时覆满整个叶面，并向茎与果实蔓延。病害典型症状图片请参考 https://p1.ssl.qhmsg.com/t01a546195615645963.jpg。

发病规律：病菌以菌丝体和分生孢子随病残体遗留在地面越冬，翌年气候条件适宜借风雨传播进行初侵染和再侵染。光照弱，空气湿度大，易发病。高温高湿，遇连阴雨，特别是阵雨转晴，易发病。

防治措施：①收获后及时清除病残体，集中深埋或烧毁，同时在地表喷施消毒药剂对土壤进行消毒处理；②栽植密度应适宜，田间杂草及时清除。雨后及时排水，注意降低田间湿度；③药剂防治，发病初期根据植保要求喷施 50% 多菌灵可湿性粉剂、47% 加瑞农可湿性粉剂、78% 科博可湿性粉剂等针对性药剂进行防治。

15. 西瓜灰斑病

病原：由半知菌亚门真菌粟尾孢（*Cercospora setariae* Atkinson）引起。

症状：主要为害叶片。病斑椭圆形至梭形，大小（5~12）毫米×（0.5~2）毫米，中部灰白色，边缘褐色至深红褐色。病斑背面生灰色霉层（病菌的子实体）。病害典型症状图片请参考 https://ima.nongyao001.com:7002/file/upload/201306/17/08-45-46-75-14206.jpg。

发病规律：病菌以菌丝块或分生孢子在病残体及种子上越冬，翌年产生分生孢子借气流及雨水传播，从气孔侵入，经 7~10 天发病后产生新的分生孢子进行再侵染。多雨季节，病害易发生和流行。

防治措施：①选用无病种子，并于播前用 55℃ 温水恒温浸种 15 分钟；②实行与非瓜类蔬菜 2 年以上轮作；③药剂防治，发病初期及时用 50% 混杀硫悬浮剂、50% 多·硫悬浮剂、70% 甲基硫菌灵可湿性粉剂、50% 多霉威可湿性粉剂等药剂兑水喷雾进行防治，隔 10 天左右防治 1 次，连续防治 2~3 次。

16. 西瓜细菌性角斑病

病原：由细菌丁香假单胞菌流泪致病变种［*Pseudomonas syringae* pv. *lachrymans*

（Smith et Bryan）Young et al.〕引起。

症状： 主要发生在叶、叶柄、茎蔓、卷须及果实上。子叶染病，初始产生出圆形或不规则形的黄褐色病斑。叶片上病斑初呈水渍状，之后扩大并呈黄褐色多角形病斑，有时叶背面病部溢出白色菌脓，后期病斑干枯，易开裂。茎蔓和果实染病，病斑呈水渍状，表面溢出大量黏液，随病情发展，果实病斑处开裂，形成溃烂，从外向里扩展。病害典型症状图片请参考 https://p1.ssl.qhmsg.com/t01d0aa80e392bf535a.jpg 和 https://p1.ssl.qhmsg.com/t0161894d0aa89dd364.jpg。

发病规律： 病菌在种子上或随病残体留在土壤中越冬，借风雨、昆虫和农事操作进行传播，从寄主的气孔、水孔和伤口侵入。温暖高湿条件，易发病。

防治措施： ①选用种子时从无病瓜采种，并进行播前种子处理；②加强栽培管理，生长期间或收获后清除病叶、病株并深埋，实行深耕；③药剂防治，病株发病初期用30%琥胶肥酮酸可湿性粉剂、72%农用链霉素可湿性粉剂、70%琥珀酸酮可湿性粉剂、77%可杀得2000可湿性粉剂等杀菌剂兑水喷雾进行防治，每7~10天喷1次，连续喷2~3次。

17. 西瓜细菌性果腐病

病原： 由细菌类产碱假单胞西瓜亚种西瓜细菌性斑豆假单胞菌（*Pseudomonas pseudoalcaligenes* subsp. *citrulli*）引起。

症状： 主要为害西瓜幼苗、果实，叶片也可被害。瓜苗染病，沿叶片中脉出现不规则形褐色病斑，有的扩展到叶缘，叶背面呈水浸状。果实染病，果实表面出现数个几毫米大小灰绿色至暗绿色水浸状斑点，之后迅速扩展成大型不规则形病斑，变褐或龟裂，果实腐烂，并分泌出黏质琥珀色物质，瓜蔓不萎蔫，病瓜周围病叶上出现褐色小斑，病斑通常在叶脉边缘，有时有黄晕，病斑周围呈水浸状。病害典型症状图片请参考 http://upload.pig66.com/toutiao/1952035 - 49bc93b35d68abc9c07c4a087b766408 和 http://www.haogua.net/file/upload/201311/01/14-51-05-22-1.jpg。

发病规律： 病菌主要在种子和土壤表面的病残体上越冬。带菌种子是病害进行远距离传播的主要途径。病菌在田间借风雨、灌溉水、昆虫及农事操作进行传播，从伤口或气孔侵入。多雨、高湿、大水漫灌易发病。

防治措施： ①加强检疫，严禁病区种子传入，育苗或田间发现病株立即销毁；②实行轮作；③选用优良品种，苗前温室消毒；④搞好综合预防；⑤药剂防治，一是用杀菌剂进行种子消毒；二是发病初期用47%加瑞农可湿性粉剂、14%络氨铜水剂、50%琥胶肥酸铜可湿性粉剂、72%农用链霉素可湿性粉剂、3%中生菌素、波尔多液等杀菌剂兑水喷雾进行防治，每5~7天喷1次，连续防治3~4次。

18. 西瓜细菌性枯萎病

病原： 由细菌西瓜萎蔫病欧文氏菌〔*Erwinia tracheiphila*（Smith）Bergey et al.〕

引起。

症状： 主要为害茎蔓。茎蔓染病，初始呈水渍状，随后病斑迅速扩展，至绕茎蔓1周后，病部变细，两端仍呈水渍状，病部上端茎蔓先出现萎蔫，最后全株凋萎死亡。剖开病茎用手挤压，有乳白色菌脓从维管束切面上溢出，维管束一般不变色，根部亦不腐烂，别于镰刀菌引起的枯萎病。病害典型症状图片请参考 https://p1.ssl.qhmsg.com/t01e3607bf2a6cb612b.png。

发病规律： 病菌从根顶端附近的细胞间隙侵入，边增殖边到达中心柱产生毒素，堵塞导管，破坏根组织，阻碍水分通过。连续降雨后，天气晴朗，气温迅速上升时，发病迅速。连茬种植，地下害虫多，管理粗放，或土壤黏重，潮湿等，病害发生重。

防治措施： ①选择抗病品种，并于播前进行种子消毒处理；②水旱轮作；③采用嫁接栽培技术；④定期巡田，发现病株及时拔除，病穴用石灰消毒；⑤药剂防治，发病初期用78%波·锰锌可湿性粉剂、47%春·王铜可湿性粉剂、68%或72%农用硫酸链霉素等药剂兑水喷雾进行防治，一般连喷2~3次。

19. 西瓜细菌性软腐病

病原： 由细菌胡萝卜软腐欧文氏菌胡萝卜软腐致病变种 ［*Erwinia carotovora* subsp. *carotovora*（Jones）Bergey et al.］引起。

症状： 主要为害果实。果实染病，受害部初始为水渍状、深绿色病斑，之后逐渐扩大，稍凹陷，色渐变褐，从病部向内腐烂，有臭味，病部以上茎蔓枯萎。病害典型症状图片请参考 http://p0.so.qhimgs1.com/sdr/400_ /t01afc8523224c1eeb0.jpg。

发病规律： 病菌主要随病残体在土中越冬。植株生长期间，病菌借昆虫、雨水、灌溉水等传播，从伤口侵入。为害茎秆的，多从整枝伤口侵入；为害果实的，主要从害虫的蛀孔侵入。病菌侵入后，分泌果胶酶，使寄主细胞间的中胶层溶解，细胞分离，引起软腐。阴雨天或露水未落干时整枝打杈或虫伤多，发病重。

防治措施： ①选用抗病品种，选用无病、包衣的种子；②和非本科作物轮作，水旱轮作最好；③播种或移栽前，或收获后，清除田间及四周杂草，集中烧毁或沤肥；深翻地灭茬，促使病残体分解，减少病原和虫原；④高畦栽培，选用排灌方便的田块，开好排水沟，降低地下水位，达到雨停无积水；大雨过后及时清理沟系，防止湿气滞留，降低田间湿度；⑤采用测土配方施肥技术，适当增施磷钾肥，加强田间管理，培育壮苗，增强植株抗病力，有利于减轻病害；⑥药剂防治，发病初期用25%络氨铜水剂、50%琥胶肥酸铜可湿性粉剂、72%农用硫酸链霉素可溶性粉剂、77%可杀得可湿性微粒粉剂、12%绿乳铜乳油、47%加瑞农可湿性粉剂等杀菌剂兑水喷雾进行防治，隔7~10天防治1次，连续防治2~3次。采收前3天停止用药。

20. 西瓜病毒病

病原： 主要由西瓜花叶病毒（Watermelon mosaic virus，WMV）、黄瓜花叶病毒

（Cucumber mosaic virus，CMV）及烟草花叶病毒（Tobacco mosaic virus，TMV）引起。

症状：主要表现症状有花叶型、蕨叶型、斑驳型和裂脉型，以花叶型和蕨叶型最为常见。①花叶型，呈系统花叶症状，顶部叶片出现黄绿相间的花叶，叶形不整，叶面凹凸不平，严重时病蔓细长瘦弱，节间短缩，花器发育不良，果实畸形。②蕨叶型，表现为心叶黄化，叶变狭长，叶缘反卷，皱缩扭曲，病叶叶肉难以坐果，即使结果也容易出现畸形，果面形成浓绿色和浅绿色相间的斑驳，并有不规则形突起，瓜瓤暗褐色，似烫熟状，有腐败气味，不堪食用。病害典型症状图片请参考 https://ps.ssl.qhmsg.com/sdr/400_ /t0168db8cccb0503935.jpg 和 https://p1.ssl.qhmsg.com/t01d2a8487820b9920e.jpg。

发病规律：由病毒引起的病害，病株呈系统花叶症状。主要由病毒汁液磨擦接种传播，也可由桃蚜、棉蚜等进行非持久性传毒。与瓜类作物邻作，田间管理粗放，蚜虫发生量大，发病重。

防治措施：①选用抗病品种，并进行种子处理；②育苗移栽避开发病期，加强田间管理；③化学防治，一是及时治蚜，在蚜虫迁飞前要连续防治，杜绝传毒为害；二是发病初期用抗毒剂+叶面肥兑水进行喷雾防治。

21. 西瓜根结线虫病

病原：由植物寄生线虫南方根结线虫 1 号小种（*Meloidogyne incognita* var. *acrita* Chitwood.）引起。

症状：主要为害根部。子叶期染病，致幼苗死亡。成株期染病，主要为害侧根和须根，发病后西瓜侧根或须根上长出大小不等的瘤状根结。剖开根结，病组织内有很多微小的乳白色线虫藏于其内，在根结上长出的细弱新根再度受侵染发病，形成根结状肿瘤。有的呈串珠状，有的似鸡爪状。导致地上部生长发育不良，轻者病株症状不明显，重病株则较矮小黄瘦，瓜秧不再不长，坐不住瓜或瓜长不大，遇有干旱天气，不到中午就萎蔫，严重影响西瓜产量和品质。病害典型症状图片请参考 https://p1.ssl.qhmsg.com/t01f7722783aec6df4e.jpg 和 http://www.haonongzi.com/pic/news/20180103170906831.jpg。

发病规律：以卵和 2 龄幼虫随寄主的根结在土壤中越冬，一般可在土壤中存活 1~3 年。翌春条件适宜时，雌虫产卵繁殖，孵化后以 2 龄幼虫侵入根尖，引起初次侵染。带虫土壤、病根和灌溉水是其主要传播途径，根结线虫借助流水、病土、带病种子或农事操作传播。在一个生长季节可完成多个世代。雨季有利于卵孵化和侵染，土壤疏松、通气性好和连作地块，发病重。干燥或过湿的土壤均不利于其活动，发病轻。

防治措施：①农业防治，合理轮作；水淹；高温灭虫杀菌；②药剂防治，在伸蔓初期、膨瓜初期，用 1.8%阿维菌素 1 500 倍液灌根进行防治。

三十四 向日葵主要病害

1. 向日葵菌核病

病原： 由子囊菌亚门真菌核盘菌 [*Sclerotinia sclerotiorum* (Lib.) de Bary] 引起。

症状： 主要为害根、茎、叶和花盘。有根腐型、茎腐型、叶腐型和盘腐型等4种类型。根腐型，主要表现为向日葵的根部及茎基先出现病斑，随后向上蔓延，早期病斑凹陷、腐烂，高湿条件时产生黑色菌核；茎腐型，发病在茎的中上部，初期侵染茎秆为褐色椭圆形病斑，随着发病程度加深病斑变大，后期病斑变为黑褐色，而后腐烂；叶腐型，初期叶片上产生像水渍一样的病斑，随着感病程度加深，变成黑色圆形或椭圆形病斑，最后在叶片上形成孔洞；盘腐型，表现为初期病菌侵染花盘的背面，后出现黑色病斑，之后蔓延至花盘正面，发病部位的种子被白色菌丝缠绕形成形状不规整的菌核。病害典型症状图片请参考 http://zhibao.yuanlin.com/UpFile_ Image/main/201001180218416969.jpg 和 https://p1.ssl.qhmsg.com/t01bb9c6c2d2cc1ae2f.jpg。

发病规律： 整个生育期均可发病，造成茎秆、茎基、花盘及种仁腐烂。病菌以菌核在土壤内，病残体中及种子间越冬。种子上的越冬病菌可直接为害幼苗。菌核上长出菌丝也可侵染茎基部引起腐烂。高温、多雨是菌核病高发时期。春季低温、多雨茎腐重，花期多雨盘腐重。适当晚播，错开雨季，发病轻。连作田土壤中菌核量大，病害重。

防治措施： ①选择抗病品种，并进行种子处理；②与禾本科作物实行5年以上轮作；③适时晚播，增施磷钾肥，提高植株抗性；④中耕灭菌，破坏刚萌发的子囊盘，减轻病害发生；⑤及时清除田间病株，集中焚烧或深埋；⑥药剂防治，花盘期用40%纹枯利可湿性粉剂、50%农利灵可湿性粉剂、50%腐霉利可湿性粉剂、70%甲基硫菌灵可湿性粉剂、60%防霉宝超微可湿性粉剂等药剂兑水喷雾进行防治，重点保护花盘背面。

2. 向日葵黄萎病

病原： 由半知菌亚门真菌黄萎轮枝菌 (*Verticillium alboatrum* Reinke et Berthold) 引起。

症状： 主要为害维管束，引起全株发病。一般多在苗期和开花期发病，先从下层叶片的叶肉组织褪绿，叶缘和侧脉之间发黄，之后转为褐色，然后向上部叶扩展。将植株发病茎秆横剖，会发现其维管束变为褐色，疏导组织坏死，导致产量和品质下降。随着发病加重，下部叶片全部枯死。最后，整个植株开花前就会枯死，造成绝收。病害典型症状图片请参考 https://p1.ssl.qhmsg.com/t01e72da82c3e73a8a5.jpg。

发病规律：病菌一般残留在土壤、带病植株残体和种子中。病菌在种子萌发时侵入幼苗，之后通过维管束向上扩展蔓延至全株，造成植株营养供应链断裂，迅速死去。春播比夏播地块，发病重；重茬年限越长，发病越重；地势低洼地块、密度大地块，发病重。

防治措施：①种植抗病品种；②合理轮作，至少要有 3 年以上的轮作期；③清除田间病残体，及早把田间病株清除出来，集中销毁，以防病害扩散蔓延；④在保证成熟的情况下适时晚播，合理增施磷钾肥及微肥，提高植株抗病性；⑤化学防治，种子处理，使用抗重茬剂，叶面药剂喷施。

3. 向日葵霜霉病

病原：由鞭毛菌亚门真菌霍尔斯轴霜霉或向日葵单轴霉 ［*Plasmopara halstedii* （Farl.）Berl. et de Toni.］引起。

症状：主要为害叶片。苗期染病，2～3 片真叶时开始发病，叶片受为害后叶面沿叶脉开始出现褪绿斑块，叶背可见白色绒状霉层，病株生长缓慢或停住不长。成株染病，初期近叶柄处产生淡绿色褪色斑，沿叶脉向两侧扩展，之后变黄色并向叶尖蔓延，出现褪绿黄斑，湿度大时叶背面沿叶脉间或整个叶背出现白色绒层，厚密；后期叶片变褐焦枯，茎顶端叶簇生状，病株较健株矮，节间缩短，茎变粗，叶柄缩短，随病情扩展，花盘畸形，失去向阳性能，开花时间较健株延长，结实失常或空秆。病害典型症状图片请参考 https://p1.ssl.qhmsg.com/t01ba4f62c21419c082.jpg。

发病规律：病菌主要以菌丝体和卵孢子潜藏在内果皮和种皮中，种子间夹杂的病残体也带菌。该病发生程度与播种及出苗期的温湿度有关，向日葵播种后遇有低温高湿条件，容易引起幼苗发病，土壤湿度大或重茬地，易发病。播种过深，发病重。

防治措施：①选用抗病品种，建立无病留种田；②与禾本科作物实行 3～5 年轮作；③种子包衣或拌种；④适期播种，不宜过迟，密度适当。田间发现病株及时拔除并喷药或灌根，防止病情扩展；⑤药剂防治，苗期或成株发病后，及时清除全株性发病的植株，然后用 58%瑞毒霉锰锌、72%杜邦克露等杀菌剂兑水喷雾继续防治来控制其蔓延。

4. 向日葵褐斑病

病原：由半知菌亚门真菌向日葵壳针孢菌 （*Septoria helianthi* Ell. et Kell.）引起。

症状：主要为害叶片，也可为害叶柄和茎，主要在成株期受害。成株期染病，叶片从下向上枯死，严重时可导致整株过早死亡。成株叶片上有不规则或多角形的褐色病斑，病斑周围有黄色晕环，病斑上伴有黑色小点，潮湿时病斑脱落并形成穿孔。严重时病斑相连成片，致使整叶枯死。叶柄和茎上发病均呈褐色的狭条斑。病害典型症状图片请参考 https://p1.ssl.qhmsg.com/t0150567f8be3ebd53b.jpg。

发病规律：病菌以分生孢子器或菌丝在病残体上越冬，翌春温湿度条件适宜，分生孢子从分生孢子器中逸出，借风雨传播蔓延进行初侵染和再侵染。秋季发病普遍。多雨年份，湿度大，发病重。低洼、密植地块，发病重。

防治措施：①因地制宜选用优良抗病品种；②轮作倒茬，与禾本科作物实行3年以上轮作，促使土壤养分比例协调；③整地选种，耕种前彻底清除病残叶，减少菌源；深耕土地，积极保墒，施足基肥。按要求适期播种，合理密植；④加强田间管理，科学施肥，使用充分腐熟的有机肥，增施磷钾肥，避免偏施氮肥，提高植株抗病力；在开花前要喷施壮穗灵，强化向日葵生理机能，提高受精、灌浆质量，降低空壳率，提高结实率，增加产量；合理灌溉，雨后及时排除田间积水，降低田间湿度；⑤药剂防治，发病初期摘除病叶，并及时用30%碱式硫酸铜胶悬剂、50%苯菌灵可湿性粉剂等杀菌剂兑水喷雾进行防治，每10~15天1次，连续防治1~2次。

5. 向日葵锈病

病原：由担子菌亚门真菌向日葵柄锈菌（*Puccinia helianthi* Schw.）引起。

症状：主要为害叶片、叶柄、茎秆、葵盘等部位。叶片染病，初始在叶片背面出现褐色小疱（病菌夏孢子堆），之后，随着病情发展，孢子堆不断增加，从而导致叶片表皮破裂，光合作用受阻，蒸腾作用增加，失水过多致使叶片提早干枯脱落。叶片、叶柄、茎秆、葵盘等部位被侵染后都可形成铁锈斑状孢子堆。患病植株因为养分和水分的大量消耗，生长发育受到抑制，致使向日葵空壳率增加、果实瘦小、含油量降低。病害典型症状图片请参考 http://www.zhongnong.com/Upload/BingHai/2011121292122.jpg。

发病规律：病菌以冬孢子在病残体上越冬。夏孢子借气流传播，进行多次再侵染。病害发生与上年累积菌源数量、当年降水量关系密切，尤其是幼苗期锈孢子出现后，降雨对其流行起重要作用。进入夏孢子阶段后，雨季来得早，可进行多次重复侵染常引发病害流行。生产上种植中熟品种及食用葵，易发病。多雨，发病重。

防治措施：①选用抗病品种；②清除病株残体烧掉，并深翻土地；③加强前期管理，及时中耕，合理施用磷肥；④药剂防治，发病初期用15%三唑酮可湿性粉剂、50%萎锈灵乳油、50%硫黄悬浮剂、25%敌力脱乳油、25%敌力脱乳油加15%三唑酮可湿性粉剂、70%代森锰锌可湿性粉剂加15%三唑酮可湿性粉剂、25%萎锈灵可湿性粉剂或20%萎锈灵乳油、30%固体石硫合剂、12.5%速保利可湿性粉剂等杀菌剂或其组合兑水喷雾继续防治，隔15天左右1次，防治1~2次。

6. 向日葵白锈病

病原：由鞭毛菌亚门真菌白锈菌 [*Albugo tragopogonis* (Pers.) S. F. Gray.] 引起。

症状：主要为害叶片和茎。叶片染病，多发生在中下部叶片上，严重时可蔓延至上部叶片。叶正面病斑呈淡黄色斑点，叶背面产生白色疱状突起，后期逐渐变为微淡黄色，内有白色粉末状的孢子囊和孢囊梗。病斑多时可连接成片，造成叶片发黄而枯死，对产量影响很大。茎部被为害后形成肿大，并在病茎肿大部分产生白色粉末状孢子囊。病害典型症状图片请参考 https://www.taodocs.com/p-44828289.html。

发病规律： 病菌以卵孢子存于种子上，随同种子远距离传播，同时卵孢子主要在病残体（叶片）上越冬，少部分在土壤中越冬，是主要的初侵染源。游动孢子从向日葵叶片背面气孔侵入，在气孔下腔内变为静止孢子，静止孢子萌发后产生胞间菌丝和吸器，穿透向日葵叶片细胞壁，再在表皮下形成孢子堆，突破表皮外露，病斑上产生孢子囊和孢囊梗，依靠风、雨传播，田间再侵染频繁。降降水量大，有利于病害发生。

防治措施： ①加强植物检疫；②选用抗病性较强的品种；③清理病残体，实行轮作倒茬，合理密植，适时晚播，合理施肥，增施有机肥等；④药剂防治，发病初期用72%霜脲·锰锌可湿性粉剂、64%噁霜灵·代森锰锌可湿性粉剂、58%甲霜灵锰锌可湿性粉剂、50%氟吗啉锰锌可湿性粉剂等药剂兑水进行喷雾防治，每隔7～10天喷1次，连喷2次。

7. 向日葵列当病

病原： 由一年生全寄生的草本植物列当（*Orobanche cumana* Wallr.）引起。

症状： 主要为害根部。列当吸附在向日葵根系上汲取养分和水分，从而导致向日葵植株矮小、瘦弱，花盘直径减小，空瘪粒增多，含油率下降，产量降低。病害典型症状图片请参考 https://p1.ssl.qhmsg.com/t01f3a826dff2b12166.jpg。

发病规律： 列当种子一般在土壤中或混在向日葵种子中越冬，落入土中的种子遇到向日葵根部即萌发，没有接触寄主的种子在土中仍能存活5～10年之久。重茬地块，发病重。

防治措施： ①加强检疫，选用抗病品种；②扑灭措施，在列当发生较重地块，通过和禾本科作物轮作倒茬，年限在5～7年。在列当发生较轻地块，苗期至开花前中耕2～3次，开花后人工拔除残余列当，并将其烧毁或深埋，收获后深翻地块；③化学防除，可分别在向日葵现蕾期和开花前期，对植株下列当喷施抗列当微生物菌剂，或对发病地块喷施2,4-D丁酯乳油进行抑制，与双子叶作物间作地块不能喷施。

三十五　小麦主要病害

1. 小麦全蚀病

病原：由子囊菌亚门真菌禾顶囊壳禾谷变种［*Gaeumannomyces graminis* var. *graminis*（Sacc.）Walker］和禾顶囊壳小麦变种［*Gaeumannomyces graminis*（Sacc.）Arx et Oliver var. *tritici*（Sacc.）Walker］引起。

症状：主要为害小麦根和茎基部。染病后，苗期病株矮小，下部黄叶多，根和地中茎变成灰黑色，严重时造成麦苗连片枯死。拔节期冬麦病苗返青迟缓、分蘖少，病株根部大部分变黑，有的时候在茎基部及叶鞘内侧出现比较明显的灰黑色菌丝层。小麦全蚀病的典型症状表现为黑脚、黑根，病株很容易就被拔起。病害典型症状图片请参考http://www.zgny.com.cn/eweb/uploadfile/20091127094601309.jpg，https://p1.ssl.qhmsg.com/t012b7a836c842f4c64.jpg 和 https://p1.ssl.qhmsg.com/t013c607a8b7eb7197e.jpg。

发病规律：病菌以菌丝遗留在土壤中的病残体或混有病残体未腐熟的粪肥及混有病残体的种子上越冬、越夏。小麦播种后，菌丝体从麦苗种子根侵入，连作病重、轮作病轻。土壤土质疏松，肥力低，氮、磷、钾比例失调，尤其是缺磷地块，病害重。土壤潮湿利于病害发生和扩展，水浇地较旱地，发病重。根系发达品种抗病较强，增施腐熟有机肥可减轻发病。感病品种大面积种植是全蚀病逐年加重的重要原因，深翻倒土发病轻，浅刨发病重。冬小麦早播，发病重；晚播，发病轻。

防治措施：①禁止从病区引种，防止病害蔓延；②种植耐病品种，并进行种子处理；③实行稻麦轮作或与棉花、烟草、蔬菜等经济作物轮作；④增施腐熟有机肥，采用配方施肥技术；⑤药剂防治，用申嗪霉素、苯醚甲环唑、戊唑醇、咯菌腈等药剂及时兑水喷施来进行预防和治疗。

2. 小麦根腐病

病原：由子囊菌亚门真菌禾旋孢腔菌［*Cochliobolus sativas*（Ito et Kurib）Drechsl］引起。

症状：在小麦整个生育期，都有可能会产生根腐病。在苗期经常会引发根腐病，出现大片的黄枯苗。到了成株期，穗腐、叶斑以及黑胚等情况也会被引发，根、茎基部是主要被侵染的部分。成株期时形成的椭圆形或者梭形的褐斑，会被扩大，之后呈现出椭圆形或者不规则形的大斑。某些麦田的情况严重时，麦粒胚部甚至会变黑，进而形成了黑胚。病害典型症状图片请参考 http://www.guaguo.cc/uploads/allimg/190515/123I94K1_0.jpg 和 http://zhuanti.3456.tv/dongxiaomai/images/genfuIMg.jpg。

发病规律：病菌在病苗体内或病残体上越冬。土壤带菌和种子带菌是苗期发病的初侵染源。当种子萌发后，病菌先侵染芽鞘，之后蔓延至幼苗，病部长出的分生孢子，可经风雨传播，进行再侵染。不耐寒或返青后遭受冻害的麦株，易发病。高温多湿，重茬地块，发病重。

防治措施：①因地制宜地选用适合当地栽培的抗病品种；②提倡施用微生物沤制的堆肥或腐熟有机肥。麦收后及时翻耕灭茬，使病残组织当年腐烂，以减少次年初侵染源；③采用轮作方式进行换茬，适时早播，浅播，土壤过湿的要散墒后播种，土壤过干则应采取镇压保墒等农业措施减轻受害；④药剂防治，一是药剂拌种，二是在小麦返青拔节期，用 12.5% 烯唑醇可湿性粉剂等药剂兑水均匀喷洒至茎基部，隔 7~10 天施 1 次药，连续喷施 2~3 次。

3. 小麦茎基腐病

病原：由半知菌亚门真菌禾谷镰刀菌（*Fusarium graminearum*）等多个镰刀菌种引起。

症状：主要为害根茎基部。一般在小麦抽穗之后逐渐显现，表现为植株矮化、萎蔫、青枯和枯死等症状。典型症状为小麦灌浆期出现"白穗"，白穗分布较均匀，发病重时也会连片，剥开病株茎基部的叶鞘，可见茎基部变成黑褐色，严重时能扩展至茎部第三节。湿度较大时可在发病节和节间产生红色霉层。典型症状为根部中胚轴变褐或变黑，但根部中胚轴中柱不变色。病害典型症状图片请参考 http://p2.qhimgs4.com/t010c59312d5d756c20.jpg 和 http://p0.qhimgs4.com/t01b6ba20ea8f8e8192.jpg。

发病规律：病菌以菌丝体存活于土壤中及病残体上，病菌一般从根部和茎部侵入，在根茎连接处先发病，降降水量高，小麦群体大或生长偏弱的小麦田间后期茎基腐病发生较为普遍，枯白穗症状明显。小麦茎基腐病常与小麦根腐病在同一块田中发生，甚至在小麦同一株或茎上发生，但很少与小麦纹枯病或小麦全蚀病在同一块田或小麦同一株或茎中混合发生。

防治措施：一是拌种，用 3% 苯醚甲环唑悬浮种衣剂加 2.5% 咯菌腈悬浮种衣剂进行播前拌种。二是在小麦返青拔节期，用 12.5% 烯唑醇可湿性粉剂等药剂兑水均匀喷洒至茎基部，隔 7~10 天施 1 次药，连续喷施 2~3 次。

4. 小麦纹枯病

病原：由半知菌亚门真菌禾谷丝核菌（*Rhizoctonia cerealis* Vander Hoeven.）和立枯丝核菌（*Rhizoctonia solani* Kühn.）引起。

症状：主要为害茎秆，整个生育期都可发病。病症主要表现为小麦烂芽、植株枯死等。发病开始是在茎基部出现褐色的病斑，之后逐渐发展成灰色或褐色病斑，病斑呈现云纹状。当病斑融合后，慢慢会致使茎失水而枯死。小麦纹枯病的典型症状是"病株花秆"，茎基部叶鞘上会出现云纹状斑，后期典型症状是"花秆""白头"。病害典型症状图片请参考 https://p1.ssl.qhmsg.com/t019295153ec90cfe5a.jpg 和 https://p1.ssl.qhmsg.com/t0123f4116f2e68ef92.jpg。

发病规律：病菌在土壤、寄生物残体上越冬、越夏，条件适宜时进行侵染，造成为害。小麦品种抗性低，连作，土壤偏酸性，黏土，播种密度大，春季多雨，倒春寒，重氮肥轻磷钾肥等都是病害发生流行的重要因素。

防治措施：①选种抗病品种，并对种子进行消毒处理；②与其他作物进行轮作；③加强田间管理，控制适宜的田间密度，及时除草防草害；④科学浇水施肥，有机肥做底肥，氮肥不宜过量。病害多发地块要增施钾肥；⑤雨天及时清沟排水，避免出现积水，降低田间湿度；⑥药剂防治，在拔节期用 20% 的粉锈宁乳油、12.5% 禾果利可湿性粉剂、50% 的退菌特可湿性粉剂等杀菌剂兑水喷雾于茎基部进行防治，每 12~15 天喷 1 次，连喷 2~3 次。

5. 小麦叶锈病

病原：由担子菌亚门真菌小麦隐匿柄锈菌（*Puccinia recondita* Roberge ex Desmaz. f. tritici.）引起。

症状：主要为害小麦叶片。发病初期，叶片生出绿色病斑点，随病情发展后长出橙褐色的夏孢子堆，多为圆形至长椭圆形，不规则散生。后期形成黑色疮斑。叶片大多不会穿孔。病害典型症状图片请参考 https://p1.ssl.qhmsg.com/t01a4b9bbac58fa45c4.jpg 和 http://a2.att.hudong.com/77/05/20300000164151143270054129173_ s.jpg。

发病规律：病菌以菌丝体潜伏在叶片内或少量以夏孢子越冬，冬季温暖地区，病菌不断传播蔓延。叶锈病的高发流行主要是越冬菌源多、多雨、温度高、湿度大等条件时，发病重。

防治措施：①首选抗病品种；②合理轮茬倒作，整地要彻底；③适时播种，减少越冬菌源；④及时除草；⑤植株间距要合理，提高田间通透性；⑥科学进行水肥管理，避免过多过迟施用氮肥，少雨干旱要及时浇水；⑦药剂防治，一是用 20% 三唑酮乳油对种子进行消毒处理；二是在发病初期用 20% 三唑酮乳油兑水进行喷雾防治。

6. 小麦壳针孢叶枯病

病原：由半知菌亚门真菌小麦壳针孢（*Septoria tritici* Rob. et Desm.）引起。

症状：主要为害叶片，也可为害茎秆和穗，多在抽穗期开始发病。叶片染病，一般从下部叶片开始，发病初期，叶片出现淡黄色至淡绿色圆形小病斑，随后逐渐发展扩大成不规则形黄白色至黄褐色大斑块。后期植株下部病叶枯死并逐渐向上部叶片蔓延，影响光合作用和养分的吸收运输，最终导致植株衰弱死亡。茎秆和穗部也可染病，但病斑小，症状不明显。病害典型症状图片请参考 https://p1.ssl.qhimgs1.com/bdr/326_ /t015d57941b66a800c2.jpg 和 http://www.zgny.com.cn/eweb/uploadfile/20090728153714836.jpg。

发病规律：叶枯病具有发病范围广、发病率高、传播快、损失重等特点。品种抗病能力低，播种晚，密度大，春季日平均温度在15℃以上时，遇连阴雨，潮湿，疏于管理，施肥不当，蚜虫害等条件时，发病重。

防治措施：①首选抗病品种，并进行拌种；②适期适量播种，精耕细作，施足底肥，适时追肥，氮肥不宜过多，切忌大水漫灌；③雨水多、湿度大时，要及时排水降湿，提高植株间的通风透光条件，改善田间环境；④药剂防治，扬花期至灌浆期是防治叶枯病的重要时期，发病初期，用75%百菌清可湿性粉剂、50%多菌灵可湿性粉剂、40%氟硅唑乳油、50%异菌脲可湿性粉剂等兑水喷雾进行防治，每8天左右喷1次，连喷2次。

7. 小麦赤霉病

病原：由半知菌亚门真菌禾谷镰刀孢菌（*Fusarium graminearum* Schw.）、燕麦镰孢菌［*Fusarium ardenaceum*（Fr.）Sacc.］等多种镰刀菌引起。

症状：主要为害穗部。病菌最先侵染花药，其次为颖片内侧壁，通常一个麦穗的小穗先发病，然后迅速扩展到穗轴，进而使其上部其他小穗迅速失水枯死而不能结实。侵染初期在颖壳上呈现边缘不清晰的水渍状褐色斑，随后逐渐蔓延到整个小穗，染病小穗随即枯黄。发病后期在小穗基部出现粉红色胶质霉层，在田间可见零散的整穗白穗或半截白穗。病害典型症状图片请参考 https://p1.ssl.qhmsg.com/t0141781e2c9afa5476.jpg，https://p1.ssl.qhmsg.com/t01869ec7a722e7fc3f.jpg 和 https://p1.ssl.qhmsg.com/t01ab827de6e64ef6ad.jpg。

发病规律：病菌除在病残体上越夏外，还在水稻、玉米、棉花等多种作物病残体中营腐生生活越冬。翌年在这些病残体上形成的子囊壳是主要侵染源。在降雨或空气潮湿的情况下，子囊孢子经花丝侵染小穗发病。迟熟、颖壳较厚、不耐肥品种，发病重。田间病残体菌量大，发病重。地势低洼、排水不良、黏重土壤，偏施氮肥，密度大，田间郁闭，发病重。

防治措施：①选用抗（耐）病品种；②合理排灌，湿地要开沟排水；③收获后要深耕灭茬，减少菌源；④适时播种，避开扬花期遇雨；⑤采用配方施肥技术，合理施肥，忌偏施氮肥，提高植株抗病力；⑥药剂防治要把握3个方面，一是防治时期，从开始抽穗到初花期；二是药剂选择要准确，在用量上要依据说明书来操作和轮换使用；三是保证喷雾的质量，在喷雾时要找准部位，且要均匀喷施。

8. 小麦条锈病

病原：由担子菌亚门真菌条形柄锈菌小麦专化型（*Puccinia striiformis* West. f. sp.

tritici Eriks et Henn.）引起。

症状：主要为害叶片，也可为害麦芒、穗部和茎秆等部位。苗期染病，幼苗叶片上会出现许多夏孢子堆，大多呈多层轮状排列。小麦成株后染病，发病初期小麦叶脉上会出现许多鲜黄色长条状或椭圆形夏孢子堆，发病后期小麦叶片破裂，出现锈色粉状物。小麦快成熟时染病，发病初期小麦叶鞘上有许多黑褐色卵圆形或圆形夏孢子堆，发病后期出现扁平或短线状黑色冬孢子堆。病害典型症状图片请参考 https://p1.ssl.qhmsg.com/t0103dc9607781a8140.jpg 和 https://p1.ssl.qhmsg.com/t01f785b87e88db3f60.jpg。

发病规律：病菌以夏孢子在小麦上完成周年的侵染循环，遇有适宜的温湿度条件即可侵染。遇到雨水或结露天气时，孢子随高空气流四处传播，导致大面积小麦感染，形成流行。

防治措施：①选育抗病品种；②严密监测病情，采取分区防治策略；③重视农业防治，做到抗原布局合理及品种定期轮换；④药剂防治，对种子进行药剂包衣或拌种处理，当小麦条锈病的病叶率为1%~2%时，用丙环唑乳油或粉锈宁可湿性粉剂或粉锈宁乳油兑水喷洒进行防治。如果病情严重，可在10天后进行第二次喷药，做到"发现一片、控制全田"。

9. 小麦秆锈病

病原：由担子菌亚门真菌禾柄锈菌小麦变种（*Puccinia graminis* Pers. var. *tritici* Eriks et Henn.）引起。

症状：主要为害叶鞘和茎秆，也为害叶片和穗部。夏孢子堆大，长椭圆形，深褐色或褐黄色，排列不规则，散生，常连接成大斑。成熟后表皮易破裂，表皮大片开裂且向外翻成唇状，散出大量锈褐色粉末（夏孢子）。小麦成熟时，在夏孢子堆及其附近出现黑色椭圆形至长条形冬孢子堆，后表皮破裂，散出黑色粉末状物（冬孢子）。病害典型症状图片请参考 https://p1.ssl.qhmsg.com/t011edce8963eb31aec.jpg 和 https://p1.ssl.qhmsg.com/t01817992efed078fee.jpg。

发病规律：病菌以夏孢子完成病害的侵染循环。夏孢子借气流进行远距离传播，从气孔侵入寄主，病菌侵入适温18~22℃，降雨、结露或有雾，侵入率高。生产上遇有露温高、露时长时，发病重。

防治措施：①选用抗病品种；②严密监测病情，采取分区防治策略；③重视农业防治，做到抗原布局合理及品种定期轮换；④药剂防治，对种子进行药剂包衣或拌种处理，当发现病情时，用丙环唑乳油或粉锈宁可湿性粉剂或粉锈宁乳油兑水喷雾进行防治。如果病情严重，可在10天后进行第二次喷药，做到"发现一片、控制全田"。

10. 小麦白粉病

病原：由子囊菌亚门真菌禾本科布氏白粉菌小麦专化型（*Blumeria graminis* f. sp. *tritici*）引起。

症状： 主要为害叶片和叶鞘，严重时为害全株。初发病时，叶面出现 1~2 毫米的白色霉点，随后逐渐扩大为近圆形至椭圆形白色霉斑，霉斑表面有一层白粉，遇有外力或振动立即飞散（菌丝体和分生孢子）。后期病部霉层变为灰白色至浅褐色，病斑上散生有针头大小的小黑粒点（闭囊壳）。病害典型症状图片请参考 https://p1.ssl.qhmsg.com/t013a1f5f070c01f480.jpg 和 https://p1.ssl.qhmsg.com/t0192cfa986e0ec51d1.jpg。

发病规律： 病菌靠分生孢子或子囊孢子借气流传播到感病小麦叶片上，遇有温湿度条件适宜，病菌萌发长出芽管，芽管前端膨大形成附着胞和侵入丝，穿透叶片角质层，侵入表皮细胞，形成初生吸器，并向寄主体外长出菌丝，后在菌丝丛中产生分生孢子梗和分生孢子，成熟后脱落，随气流传播蔓延，进行多次再侵染。施氮过多，造成植株贪青、发病重。管理不当、水肥不足、土地干旱、植株生长衰弱、抗病力低、易发病。种植过密，发病重。

防治措施： ①种植抗病品种；②施用腐熟有机肥，采用配方施肥技术，适当增施磷钾肥，根据品种特性和地力合理密植。雨后及时排水，防止湿气滞留；③药剂防治，一是药剂拌种；二是在发病初期用 15% 三唑酮可湿性粉剂、12.5% 烯唑醇可湿性粉剂、15% 粉锈宁可湿性粉剂、20% 粉锈宁乳油等兑水进行喷雾防治，一般防治 1 次即可控制病害。

11. 小麦散黑穗病

病原： 由担子菌亚门真菌散黑粉菌 [*Ustilago nuda* (Jens.) Rostr.] 引起。

症状： 主要为害穗部，偶尔也为害叶片和茎秆。穗部染病，病穗比健穗较早抽出。最初病小穗外面包一层灰色薄膜，成熟后破裂，散出黑粉（病菌的厚垣孢子），黑粉吹散后，只残留裸露的穗轴。病穗上的小穗全部被毁或部分被毁，仅上部残留少数健穗。一般主茎、分蘖都出现病穗，但在抗病品种上有的分蘖不发病。散黑穗病菌偶尔也侵害叶片和茎秆，在其上长出条状黑色孢子堆。病害典型症状图片请参考 http://p3.so.qhmsg.com/sdr/400_/t011f0dc98bb530d018.jpg 和 http://p0.so.qhmsg.com/sdr/400_/t016f81c0e5573fefaf.jpg。

发病规律： 散黑穗病是花器侵染病害，一年只侵染 1 次，带菌种子是病害传播的唯一途径，病菌以菌丝潜伏在种子胚内。当带菌种子萌发时，潜伏的菌丝也开始萌发，随小麦生长发育经生长点向上发展，侵入穗原基。孕穗时，菌丝体迅速发展，使麦穗变为黑粉。厚垣孢子随风落在扬花期的健穗上，繁殖增殖，在珠被未硬化前进入胚珠，潜伏其中，种子成熟时，菌丝胞膜略加厚，在其中休眠，成为次年的初侵染源。刚产生厚垣孢子 24 小时后即能萌发，小麦扬花期空气湿度大，阴雨天有利于孢子萌发侵入，形成病种子多，翌年发病重。

防治措施： 主要是进行种子的消毒处理进行防治。一是温汤浸种，包括变温浸种和恒温浸种；二是石灰水浸种，浸种以后不用清水冲洗，摊开晾干后即可播种；三是药剂拌种，用 75% 萎锈灵可湿性粉剂、20% 三唑酮乳油、40% 拌种双可湿性粉剂、50% 多菌灵可湿性粉剂等药剂拌种。

12. 小麦腥黑穗病

病原：由担子菌亚门真菌小麦网腥黑粉菌［*Tilletia caries*（DC.）Tul.］和小麦光腥黑粉菌［*Tilletia foetida*（Wallr.）Liro］引起。

症状：主要为害穗部。在穗部发病，一般病株较矮，分蘖较多，病穗稍短且直，颜色较深，初为灰绿色，后为灰黄色。颖壳麦芒外张，露出部分病粒（菌瘿）。病粒较健粒短粗，初为暗绿色，后变灰黑色，包外一层灰包膜，内部充满黑色粉末（病菌厚垣孢子），破裂后散出含有三甲胺鱼腥味的气体。病害典型症状图片请参考 http://img4.cntrades.com/201212/07/10-56-42-31-507920.jpg 和 http://p3.so.qhimgs1.com/sdr/400_/t01e195fe8e90449673.png。

发病规律：病菌以厚垣孢子附在种子外表或混入粪肥、土壤中越冬或越夏。当种子发芽时，厚垣孢子也随即萌发，厚垣孢子先产生先菌丝，之后萌发为较细的双核侵染丝，从芽鞘侵入麦苗并到达生长点，随后以菌丝体形态随小麦而发育，到孕穗期，侵入子房，破坏花器，抽穗时在麦粒内形成菌瘿。小麦腥黑穗病菌的厚垣孢子能在水中萌发，有机肥浸出液对其萌发有刺激作用。一般播种较深，不利于麦苗出土，增加病菌侵染机会，发病重。

防治措施：①用 20%三唑酮、15%三唑醇、40%福美双、40%拌种双、50%多菌灵、70%甲基硫菌灵、20%萎锈灵等药剂拌种和闷种后播种进行防治；②春麦不宜种过早，冬麦不宜播种过迟。播种不宜过深。播种时施用硫铵等速效化肥做种肥，可促进幼苗早出土，减少侵染机会。冬麦提倡在秋季播种时，基施长效碳铵 1 次，可满足整个生长季节需要，减少发病。

13. 小麦颖枯病

病原：由半知菌亚门真菌颖枯壳针孢菌（*Septoria nodorum* Berk.）引起。

症状：主要为害未成熟穗部和茎秆，也为害叶片和叶鞘。穗部染病，先在顶端或上部小穗上发生，颖壳上开始为深褐色斑点，之后变为枯白色并扩展到整个颖壳，其上长满菌丝和小黑点；茎节染病，呈褐色病斑，能侵入导管并将其堵塞，使节部畸变、扭曲，上部茎秆折断而死；叶片染病，初为长梭形淡褐色小斑，之后扩大成不规则形大斑，边缘有淡黄晕圈，中央灰白色，其上密生小黑点，剑叶被害扭曲枯死；叶鞘发病后变黄，使叶片早枯。病害典型症状图片请参考 https://ps.ssl.qhmsg.com/bdr/300_ 115_/t0158cb0006cd046269.jpg 和 http://qnsunong.365sn.cn/58171522e09fa.jpg。

发病规律：冬麦区病菌在病残体或附在种子上越夏，秋季侵入麦苗，以菌丝体在病株上越冬。春麦区以分生孢子器和菌丝体在病残体上越冬，次年条件适宜，释放出分生孢子侵染春小麦，借风、雨传播。高温多雨条件有利于病害发生和蔓延。连作田，发病重。春麦播种晚，偏施氮肥，生育期延迟，发病重。使用带病种子及未腐熟有机肥，发病重。

防治措施：①选用无病种子，并于播前进行种子消毒处理；②清除病残体，麦收后深耕灭茬。消灭自生麦苗，压低越夏、越冬菌源；③实行 2 年以上轮作；④春麦适时早播，施用充分腐熟有机肥，增施磷、钾肥，采用配方施肥技术，增强植株抗病力；⑤药剂防治，小麦抽穗期用 70%代森锰锌可湿性粉剂、75%百菌清可湿性粉剂、25%苯菌灵乳油、25%丙环唑乳油等兑水喷雾进行防治，隔 15~20 天防治 1 次，视病情发展，防治 1~3 次。

14. 小麦炭疽病

病原：由半知菌亚门真菌禾生炭疽菌 ［*Colletotrichum graminicola*（Ces.）Wils.］引起。

症状：主要为害叶鞘、叶片和茎秆。麦株基部叶鞘先发病，初始产生褐色病变，产生 1~2 厘米长的椭圆形病斑，边缘暗褐色，中间灰褐色，之后沿叶脉纵向扩展成长条形褐色斑，致使病部以上叶片发黄枯死；叶片染病，形成近圆形至椭圆形病斑，后期病部连成一片，致叶片早枯。以上病部均有小黑粒点（病原菌的分生孢子盘）。茎秆染病生出梭形褐色病斑。病害典型症状图片请参考 http://www.nonglinzhongzhi.com/uploads/allimg/20170507/15g2a2pbfb0fd58.jpg 和 https://p1.ssl.qhmsg.com/t012419eae0c6d40862.jpg。

发病规律：病菌以分生孢子盘和菌丝体在寄主病残体上越冬或越夏，也可附着在种子上传播。播种带菌的种子，或幼苗根及根颈或基部的茎接触带菌的土壤，即可染病，侵染后 10 天病部就可出现分生孢子盘。在田间气温 25℃左右，湿度大，有水膜的条件下有利于病菌侵染和孢子形成。杂草多的连作地，肥料不足、土壤碱性地块，发病重。

防治措施：①选用抗病品种；②与非禾本科作物进行 3 年以上轮作；③收获后及时清除病残体或深翻；④药剂防治，发病初期及时用 50%苯菌灵可湿性粉剂、25%苯菌灵乳油等杀菌剂兑水喷雾进行防治，防治 1 次或 15 天后再防 1 次。

15. 小麦雪腐病

病原：由担子菌亚门真菌淡红或肉孢核瑚菌（*Typhula incarnata* Lasch ex Fr.）引起。

症状：主要为害小麦幼苗的根、叶鞘和叶片。染病后，病株上初始产生浅绿色水渍状病斑，布满灰白色松软霉层，随后产生大量黑褐色的菌核。病部组织烂腐、病叶极易破碎。病害典型症状图片请参考 https://p1.ssl.qhmsg.com/t01daad60a634705145.jpg 和 https://p1.ssl.qhmsg.com/t01c29f0f1468e444ab.jpg。

发病规律：病菌以菌核随病残体在土壤中生活。秋季土壤湿度适宜时，菌核萌发产生担孢子，借气流传播，从根或根颈及叶和叶鞘处侵入，菌核也可直接萌发产生菌丝进行扩展。病菌生长温限 5~15℃，1~5℃时致病力最强。冬季积雪时间长，土壤不结冻，土温 0℃左右，易发病。连作地，发病重。

防治措施：①轮作倒茬；②增施有机肥和磷、钾肥，以增强植株抗病力。宜浇水后适期播种。冬灌时间不宜过迟，以防积雪后致土壤湿度过大。积雪融化后要及时做好开沟排水和春耙工作，收获后深翻；③药剂防治，用40%多菌灵超微可湿粉等药剂拌种进行预防。

16. 小麦霜霉病

病原：由鞭毛菌亚门真菌大孢指疫霉小麦变种［*Sclerophthora macrospora*（Sacc.）Thirum，Shaw et Narasimhan var. *triticina* Wang & Zhang，J. Yunnan Agr.］引起。

症状：主要为害叶片。苗期染病，病苗矮缩，叶片淡绿或有轻微条纹状花叶。返青拔节后染病，叶片颜色变浅，并出现黄白条形花纹，叶片变厚，皱缩扭曲，病株矮化，不能正常抽穗或穗从旗叶叶鞘旁拱出，弯曲成畸形龙头穗。染病较重的导致病株千粒重下降，产量受损严重。病害典型症状图片请参考 http://s14. sinaimg. cn/mw690/007hCvanzy7rZh04nSt0d&690 和 http://s15. sinaimg. cn/mw690/007hCvanzy7rZh3g4b40e&690。

发病规律：病菌以卵孢子在土壤内的病残体上越冬或越夏。卵孢子在水中经5年仍具发芽能力。一般休眠5~6个月后发芽，产生游动孢子，在有水或湿度大时，萌芽后从幼芽侵入，成为系统性侵染。卵孢子发芽适温19~20℃，孢子囊萌发适温16~23℃，游动孢子发芽侵入适宜水温为18~23℃。气温偏低有利于病害发生。地势低洼、稻麦轮作田，易发病。

防治措施：①采用配方施肥技术，全面均衡土壤营养，适期播种，培育壮苗，增加植株抗寒抗病能力；②提高整地和播种的质量，注意清除田间杂草，以增加土壤的排水和通气性，促进麦株的迅速生长；③采用速灌速排，浇水量掌握以当日渗完为宜，避免田间积水；④药剂防治，一是用25%甲霜灵可湿性粉剂拌种；二是发病初期用0.1%硫酸铜溶液、58%甲霜灵·锰锌可湿性粉剂、72.2%霜霉威（普力克）水剂兑水喷雾进行防治。

17. 小麦褐斑病

病原：由半知菌亚门真菌禾生壳二孢菌（*Ascochyta graminicola* Sacc.）引起。

症状：主要为害下部叶片。发病时，在小麦下部叶片上初始产生圆形至椭圆形褪绿病斑，随后变为紫褐色，无轮纹，后期病部产生黑色小粒点，即病原菌的分生孢子器。病害典型症状图片请参考 https://p1.ssl.qhmsg.com/t01679767600207f3a5.jpg 和 https://p1.ssl.qhmsg.com/t01bc3c0ef453996f0b.jpg。

发病规律：病菌以菌丝体和分生孢子器在病残体上越冬或越夏，翌年产生分生孢子，借风雨传播进行初侵染和再侵染。植株生长茂密，天气潮湿或田间湿度大，易发病。基部接近地面叶片，发病重。

防治措施：①发病重地区避免在低洼处种植小麦；②合理密植；③雨后及时排水，

防止湿气滞留；④轮作倒茬。

18. 小麦眼斑病

病原：由半知菌亚门真菌匍毛拟小尾孢菌 [*Pseudocercosporella herpotrichioides* (Fron) Dei] 引起。

症状：主要为害距地面 15~20 厘米植株基部的叶鞘和茎秆。发病后，病部产生典型的眼状病斑，病斑初为浅黄色，具褐色边缘，随后中间变为黑色，长约 4 厘米，其上生黑色虫屎状物。病情严重时病斑常穿透叶鞘，扩展到茎秆上，严重时形成白穗或茎秆折断。病害典型症状图片请参考 https://p1.ssl.qhmsg.com/t0154da289a64077ec8.png。

发病规律：病菌以菌丝在病残体中越冬或越夏，成为主要初侵染源。分生孢子靠雨水飞溅传播，传播半径 1~2 米，孢子萌发后从胚芽鞘或植株近地面叶鞘直接穿透表皮或从气孔侵入，气温 6~15℃，湿度饱和利其侵入。冬小麦发病重于春小麦。

防治措施：①选用耐病品种；②与非禾本科作物进行轮作；③收获后及时清除病残体和耕翻土地，促进病残体迅速分解；④适当密植，避免早播，雨后及时排水，防止湿气滞留；⑤药剂防治，发病初期用 36% 甲基硫菌灵悬浮剂、50% 苯菌灵可湿性粉剂等药剂兑水喷雾进行防治。

19. 小麦杆枯病

病原：由子囊菌亚门真菌禾谷绒座壳菌（*Gibellina cerealis* Pass.）引起。

症状：主要为害茎秆和叶鞘，苗期至结实期都可染病。幼苗发病，初始在叶片与芽鞘之间有针尖大小的小黑点，以后扩展到叶鞘和叶片上，呈梭形褐边白斑并有虫粪状物。拔节期在叶鞘上形成褐色云斑，边缘明显，病斑上有灰黑色虫粪状物，叶鞘内有一层白色菌丝。有的茎秆内也充满菌丝。叶片下垂卷曲。抽穗后叶鞘内菌丝变为灰黑色，叶鞘表面有明显突出小黑点（子囊壳），茎基部干枯或折倒，形成枯白穗，籽粒秕瘦。病害典型症状图片请参考 http://www.1988.tv/Upload_ Map/Bingchonghai/Big/2014/2-27/2014227193559497.jpg 和 http://www.3456.tv/images/2011nian/10/2014-09-18-10-04-35.jpg。

发病规律：病菌以土壤带菌为主，未腐熟粪肥也可传播。病原菌在土壤中存活 3 年以上，小麦在出苗后即可被侵染，植株间一般互不侵染。田间湿度大，地温 10~15℃ 适宜病害发生。小麦 3 叶期前容易染病，叶龄越大，抗病力越强。病害流行程度主要决定于土壤带菌多少。

防治措施：①选用抗（耐）病品种；②重病田实行 3 年以上轮作；③麦收时集中清除田间所有病残体；④适期早播，土温降至侵染适温时小麦已超过 3 叶期，抗病力增强；⑤药剂防治，用 40% 拌种双可湿性粉剂、50% 福美双可湿性粉剂、40% 多菌灵可湿性粉剂、50% 甲基硫菌灵可湿性粉剂等药剂拌种进行预防和治疗。

20. 小麦杆黑粉病

病原：由担子菌亚门真菌小麦条黑粉菌（*Urocystis tritici* Korn）引起。

症状：主要为害茎、叶和穗。当株高 0.33 米左右时，在茎、叶、叶鞘等部位出现与叶脉平行的条纹状孢子堆。孢子堆略隆起，初为白色，随后变为灰白色至黑色，病组织老熟后，孢子堆破裂，散出黑色粉末（冬孢子）。病株多矮化、畸形或卷曲，多数病株不能抽穗而卷曲在叶鞘内，或抽出畸形穗。病株分蘖多，有时无效分蘖可达百余个。病害典型症状图片请参考 https://p1.ssl.qhmsg.com/t016836e15bb8492208.jpg 和 https://p1.ssl.qhmsg.com/t01cd38d2132fada8fe.jpg。

发病规律：病菌以冬孢子团散落在土壤中或以冬孢子黏附在种子表面及肥料中越冬或越夏，成为该病初侵染源。冬孢子萌发后从芽鞘侵入而至生长点，是幼苗系统性侵染病害，没有再侵染。小麦杆黑粉病发生与小麦发芽期土温有关，土温 9~26℃ 均可侵染，但以土温 20℃ 左右最为适宜。此外发病与否、发病率高低均与土壤含水量有关。一般干燥地块较潮湿地块，发病重。

防治措施：①选用抗病品种，无病种子；②与非寄主作物进行 1~2 年轮作；③精细整地，提倡施用净肥，适期播种，避免过深，以利出苗；④药剂防治，用 40% 拌种双可湿性粉剂、50% 福美双可湿性粉剂、20% 三唑酮乳油、15% 三唑醇可湿性粉剂等药剂进行拌种防治。

21. 小麦链格孢叶枯病

病原：由半知菌亚门真菌链格孢菌（*Alternaria tenuis* Nees.）引起。

症状：主要为害叶片，从下部叶片向上扩展。初染病时，叶片上初始产生卵形至椭圆形褪绿小斑，随后变黑至褐灰色，边缘黄色，湿度大时病斑上产生暗色霉层，严重时叶鞘和麦穗枯萎。病害典型症状图片请参考 https://p1.ssl.qhmsg.com/t01a7766dabb79f37b5.jpg。

发病规律：病菌随病残体在土壤中越冬或越夏，种子上也可带菌，翌年春天形成分生孢子侵染春小麦或返青后的冬小麦叶片。低洼潮湿或地下水位高的麦田，发生重。一般在接近成熟期，寄主抗性下降，病害扩展快。

防治措施：①施足充分腐熟有机肥，提倡施用沤制的堆肥；②采用配方施肥技术，提高小麦抗链格孢菌叶枯病的能力；③药剂防治，必要时用 75% 百菌清可湿性粉剂、70% 代森锰锌可湿性粉剂、64% 杀毒矾可湿性粉剂、50% 扑海因可湿性粉剂等杀菌剂兑水进行喷雾防治。

22. 小麦黄斑叶枯病

病原：由半知菌亚门真菌小麦德氏霉 ［*Drechslera tritici - repentis*（Died）Shoem］

引起。

症状：主要为害叶片。染病后，可在叶片上单独形成黄斑，有时与其他叶斑病混合发生。叶片染病初始产生黄褐色斑点，随后扩展为椭圆形至纺锤形大斑，大小（7~30）毫米×(1~6) 毫米，病斑中央颜色较深，有不太明显的轮纹，边缘边界不明显，外围生黄色晕圈，后期病斑融合，导致叶片变黄干枯。病害典型症状图片请参考 https://p1. ssl. qhmsg. com/t01123fb102d4fc15e7. jpg 和 https://p1. ssl. qhimgs1. com/bdr/326 _ / t013450913e9e13307b.jpg。

发病规律：病菌随病残体在土壤或粪肥中越冬。翌年小麦生长期子囊孢子侵染，发病后病部产生分生孢子，借风雨传播进行再侵染，致病害不断扩展。

防治措施：①与非寄主植物进行轮作，秋翻灭茬；②选用抗耐病品种，并于播前进行种子消毒处理；③适时播种，合理密植，增施磷、钾肥。合理灌水，控制田间湿度。及时进行中耕、除草、培土；④药剂防治，当初穗期小麦中下部叶片发病且多雨时，用70%代森锰锌可湿性粉剂、20%三唑酮乳油等兑水进行喷雾防治，隔7~10天再喷1次。

23. 小麦雪腐叶枯病

病原：由半知菌亚门真菌雪腐格氏霉 [*Gerlachia nivalis* (Ces. ex Sacc.) Gams and Mull.] 引起。

症状：主要为害叶片和叶鞘。染病后，叶上病斑较大，暗绿色，水浸状，近圆形或椭圆形，发生在叶片边缘的多为半圆形，病斑中央黄白色，常有不明显的轮纹和粉色霉层（病菌的菌丝和分生孢子）。气候潮湿或早上露水未干时病斑边缘常生出白色呈辐射状菌丝层，后期病叶枯死。病害典型症状图片请参考 http://www. agropages. com/ UserFiles/FckFiles/20111115/2011-11-15-01-38-53-8650.jpg 和 http://p1.pstatp.com/ large/pgc-image/15384664799846fe8089396。

发病规律：病菌以菌丝体或分生孢子在种子、土壤和病残体上越冬后侵染叶鞘，随后向其他部位扩展，进行多次重复侵染，使病害扩展蔓延。低温湿度大，有利病害发生。潮湿多雨和比较冷凉的阴湿山区和平原灌区，易发病。通风透光差的田块，发病重。施用氮肥过量、施用时期过晚，易发病。播种过早，播量过大，田间郁闭，发病重。

防治措施：①选用抗病品种和无病种子；②适时播种，合理密植。施用充分腐熟有机肥，避免偏施、过施氮肥，适当控制追肥。冬季灌饱，春季尽量不灌或少灌。严禁连续灌水和大水漫灌；③药剂防治，小麦返青后用80%多菌灵超微粉剂、36%甲基硫菌灵悬浮剂、50%苯菌灵可湿性粉剂、25%三唑酮乳油等杀菌剂兑水喷雾进行预防和防治。

24. 小麦蜜穗病

病原：由细菌小麦棒杆菌 [*Clavibacter tritici* (Carlson and Vidaver) Davis et al.] 引起。

症状：主要为害穗部，小麦抽穗后发生。发病后，染病株心叶卷曲，叶和叶鞘间含有黄色胶质物和细菌溢脓。新生叶片从含有上述菌脓叶筒内抽出时受阻，常粘有细菌分泌物。病株麦穗瘦小或不能抽出，护颖间也常粘有黄色胶质物，干燥后溢脓在穗部或上部叶片上变成白色膜状物，使穗、叶坚挺。湿度大时，溢脓增多或流淌下落。小麦成熟后，黄色胶质物凝结为胶状小粒。病害典型症状图片请参考 http://www.zhongnong.com/upload/binghai/201151092142.jpg 和 https://p1.ssl.qhmsg.com/t012b13eb6d1ee57a33.jpg。

发病规律：病菌主要靠小麦线虫为介体侵入小麦，侵入后细菌扩展快则全穗发病。线虫发展快时则病穗成为虫瘿粒或部分为虫瘿，部分为蜜穗。蜜穗病株中的虫瘿内皆带有密穗病病原细菌。可在虫瘿内存活两年半左右。

防治措施：重点防治小麦线虫病，防住小麦线虫病，即无小麦蜜穗病发生。

25. 小麦黑颖病

病原：由细菌油菜黄单胞菌小麦致病变种 ［*Xanthomonas campestris* pv. *translucens* (Jones et al.) Dye］引起。

症状：主要为害叶片、叶鞘、穗部、颖片及麦芒。穗部染病，穗上病部为褐色至黑色的条斑，多个病斑融合在一起后颖片变黑发亮。颖片染病，引起种子感染，致病种子皱缩或不饱满。发病轻的种子颜色变深。叶片染病，初始呈水渍状小点，之后逐渐沿叶脉向上、下扩展为黄褐色条状病斑。穗轴、茎秆染病，产生黑褐色长条状斑。湿度大时，以上病部均产生黄色细菌脓液。病害典型症状图片请参考 https://p1.ssl.qhmsg.com/t017210156ca8746eeb.jpg 和 https://p1.ssl.qhmsg.com/t019fcdf111cb36ba88.jpg。

发病规律：种子带菌是小麦黑颖病主要初侵染源。病残体和其他寄主也可带菌，是次要的。病菌从种子进入导管，后到达穗部，产生病斑。病部溢出菌脓具大量病原细菌，借风雨或昆虫及接触传播，从气孔或伤口侵入，进行多次再侵染。高温高湿利于病害扩展，小麦孕穗期至灌浆期降雨频繁，温度高，发病重。

防治措施：①建立无病留种田，选用抗病品种，播前采用变温浸种进行消毒处理；②药剂防治，一是用15%叶青双胶悬剂浸种；二是发病初期用25%叶青双可湿性粉剂、新植霉素等药剂兑水喷雾进行防治。

26. 小麦细菌性条斑病

病原：由细菌油菜黄单胞菌波形致病变种 ［*Xanthomonas campestris* pv. *undulosa* (Smith, Jones et Raddy) Dye］引起。

症状：主要为害小麦叶片，严重时也可为害叶鞘、茎秆、颖片和籽粒。染病后，病部初始呈现针尖大小的深绿色小斑点，随后扩展为半透明水浸状的条斑，之后变为深褐色，常出现小颗粒状细菌脓。褐色条斑出现在叶片上，故称为细菌性条斑病。病斑出现在颖壳上的称黑颖。病害典型症状图片请参考 https://p1.ssl.qhmsg.com/t014bd7534a8f618156.jpg 和 https://p1.ssl.qhimgs1.com/bdr/326_ /t01682c38eb7a1209

0d.jpg。

发病规律：病菌随病残体在土中或在种子上越冬，翌春从寄主的自然孔口或伤口侵入，经 3~4 天潜育即发病，在田间经暴风雨传播蔓延，进行多次再侵染。风雨次数多，造成叶片产生大量伤口，致细菌多次侵染，易流行成灾。土壤肥沃，播种量大，施肥多且集中，尤其是施氮肥较多，致植株密集，枝叶繁茂，通风透光不良，发病重。

防治措施：①选用抗病品种，播前温水浸种处理；②适时播种，冬麦不宜过早。春麦要种植生长期适中或偏长的品种，采用配方施肥技术；③药剂防治，用 1% 生石灰水、40% 拌种双粉剂等药剂拌种杀菌进行预防和治疗。

27. 小麦黑节病

病原：由细菌丁香假单胞菌条纹致病变种 ［*Pseudomonas syringae* pv. *striafaciens* (Elliott) Young et al.］引起。

症状：主要为害叶片、叶鞘、茎秆节与节间。叶片染病，初始产生水渍状条斑，之后病斑颜色变为黄褐色，最后呈浓褐色，病斑长椭圆形，也有中间色浅些的。叶鞘染病，沿叶脉形成黑褐色长形条斑，多与叶上病斑相连，随后叶鞘全部变为浅褐色。茎秆染病，主要为害节部，病部呈浓褐色，内部也变色，随后可扩展至节间，发病早的秆部逐渐腐败，叶片变黄，最终造成全株枯死。病害典型症状图片请参考 https://p1.ssl.qhmsg.com/t01e8a3a2ebb7e9c0b6.jpg。

发病规律：丁香假单胞菌条纹致病变种在干燥条件下可长期存活，干燥种子上的病菌可活到秋播季，主要靠麦种带菌传播。

防治措施：①病重田块的麦秆，及时处理；②在种子播前进行温汤浸种和药剂拌种处理。

28. 小麦黄矮病

病原：由小麦黄矮病毒（Wheat yellow dwarf virus，WYDV）侵染引起。

症状：主要为害叶片。幼苗发病，叶片逐渐褪绿，出现与叶脉平行的黄绿相间条纹，之后呈现鲜黄色，植株生长缓慢，明显矮化，分蘖少，根系入土浅，易拔起。拔节期发病，一般从心叶下 1~2 片叶开始黄化，自上而下，自叶尖沿叶脉向叶身扩展，叶色稍深，变窄、变厚、质脆，叶背有蜡质光泽，植株不矮化。孕穗期发病，仅叶发黄，自尖端向下逐渐延伸，根系不健全，主根短，次根系少，不矮化。病害典型症状图片请参考 https://p1.ssl.qhmsg.com/t01c692a746068ad942.jpg 和 https://p1.ssl.qhmsg.com/t018a5ab0d2916d87fb.jpg。

发病规律：该病只能由麦二叉蚜、禾谷缢管蚜、麦长管蚜、麦无网长管蚜及玉米缢管蚜等进行持久性传毒引起，不能由种子、土壤、汁液传播。冬麦播种早、发病重；阳坡重、阴坡轻；旱地重、水浇地轻；粗放管理重、精耕细作轻；贫瘠地，发病重。发病程度与麦蚜虫口密度有直接关系，有利于麦蚜繁殖温度，对传毒有利，发病重。

防治措施：①选种抗、耐病品种；②及时防治蚜虫是预防黄矮病流行的有效措施，种子拌种，药剂灭蚜，多举措杀灭传毒介体；③加强栽培管理，及时消灭田间及附近杂草。确定合理密度，加强肥水管理，提高植株抗病力。

29. 小麦黄花叶病

病原：由小麦黄花叶病毒（Wheat yellow mosaic virus，WYMV）侵染引起。

症状：主要为害叶片。发病时，染病株在小麦4~6叶后的新叶上产生褪绿条纹，少数心叶扭曲畸形，以后褪绿条纹增加并扩散。病斑联合成长短不等、宽窄不一的不规则形条斑，形似梭状，老病叶叶片渐变黄、枯死。病株分蘖少、萎缩、根系发育不良，重病株明显矮化。病害典型症状图片请参考 https://p1.ssl.qhmsg.com/t0118ca2838184368f7.jpg 和 https://p1.ssl.qhimgs1.com/bdr/326_/t01951de33e55a92dd2.jpg。

发病规律：病毒主要靠病土、病根残体、病田水流传播，也可经汁液摩擦接种传播，也随着机械耕作向周边田块扩展。不能经种子、昆虫传播。传播媒介是一种习居于土壤的禾谷多黏菌，其自身不会对小麦造成明显为害。冬麦播种后，禾谷多黏菌产生游动孢子，侵染麦苗根部，在根细胞内发育成原质团，病毒随之侵入根部进行增殖，并向上扩展，小麦收获后随禾谷多黏菌休眠孢子越夏。土壤湿度较大，有利于禾谷多黏菌游动孢子活动和侵染，发病重。

防治措施：①选用抗、耐病品种；②轮作倒茬，与非寄主作物油菜、大麦等进行多年轮作可减轻发病。冬麦适时迟播，避开传毒介体的最适侵染时期。增施基肥，提高苗期抗病能力；③加强管理，避免通过带病残体、病土等途径传播。

30. 小麦丛矮病

病原：由小麦丛矮病毒（Wheat rosette virus，WRV）侵染引起。

症状：主要为害叶片。发病后，染病植株上部叶片有黄绿相间条纹，分蘖增多，植株矮缩，呈丛矮状。最初症状心叶有黄白色相间断续的虚线条，随后发展为不均匀黄绿条纹，分蘖明显增多。冬前染病株大部分不能越冬而死亡，轻病株返青后分蘖继续增多，生长细弱，叶部仍有黄绿相间条纹，病株矮化。一般不能拔节和抽穗。病害典型症状图片请参考 https://p1.ssl.qhmsg.com/t01b8d35ef724e8b927.jpg。

发病规律：小麦丛矮病毒不经汁液、种子和土壤传播，主要由灰飞虱传毒。灰飞虱吸食后，经一段循回期才能传毒。1~2龄若虫易得毒，而成虫传毒能力最强。最短获毒期12小时，最短传毒时间20分钟。获毒率及传毒率随吸食时间延长而提高。一旦获毒可终生带毒，但不经卵传递。病毒随带毒若虫且在其体内越冬。套作麦田有利灰飞虱迁飞繁殖，发病重。冬麦早播，发病重。邻近草坡、杂草丛生麦田，发病重。夏秋多雨、冬暖春寒年份，发病重。

防治措施：①清除杂草、消灭毒源；②小麦平作，合理安排套作，避免与禾本科植物套作；③精耕细作、消灭灰飞虱生存环境，压低毒源、虫源。适期连片播种，避免早播。麦田冬季灌水保苗，减少灰飞虱越冬。小麦返青期早施肥水提高成穗率；④药剂防治，一是用60%甲拌磷拌种进行种子处理；二是出苗后用40%氧化乐果乳油、50%马拉硫磷乳油、50%对硫磷乳油、25%扑虱灵可湿性粉剂等兑水喷雾进行防治灰飞虱，压低虫源。

31. 小麦糜疯病

病原：由小麦条点花叶病毒（Wheat streak mosaic virus，WSMV）侵染引起。

症状：主要为害叶片和茎。染病后，引起严重花叶或产生黄色斑点、长短线纹或褪绿斑驳，植株矮化，分蘖高低参差不齐，引起不同程度坏死。有的分蘖死亡或茎叶扭曲，茎节上下拐折，造成植株散乱，故称糜疯或拐节病。病害典型症状图片请参考 https://p1.ssl.qhmsg.com/t01a84cb3a0eff25e26.jpg。

发病规律：病毒由曲叶螨传播，若虫期获毒后，可终身传毒。但不经卵传毒。距糜田近，易发病。糜子收获前小麦出土早，发病重。

防治措施：①糜疯病发生区，麦田宜远离糜子田；②适期播种，不宜过早。

32. 小麦红矮病毒病

病原：由小麦红矮病毒（Wheat red dwarf virus，WRDV）侵染引起。

症状：主要为害叶片，影响全株。染病后，病株叶片变红（红秆品种）、变黄（青秆品种），最后整株变红或变黄，叶片变厚直立。植株矮化，分蘖减少，严重的病株心叶卷缩成黄白色针状不能抽出，在拔节前即枯死。轻病株虽能拔节抽穗，但籽粒干秕，或不结实。病害典型症状图片请参考 https://p1.ssl.qhmsg.com/t018d4d0aa3d34d0b97.jpg 和 https://p1.ssl.qhmsg.com/t01bbe0a5d59815022a.jpg。

发病规律：红矮病是由条纹叶蝉传毒介体进行传播的。叶蝉在病株上吸食获毒后，可以持久性传毒，并能通过叶蝉卵传毒。秋季小麦苗出土后，叶蝉由杂草、自生毒苗、水稻等越夏寄主上迁飞到麦苗上取食传毒，冬季以成虫越冬。来年春季小麦拔节前病株症状明显。一般早播麦田或阳坡地虫口密度大，发病重。

防治措施：①选用抗红矮病的小麦品种；②科学播种，防止早播，精耕细作，及时清除田间杂草。麦收后马上灭茬深翻，麦苗越冬期搞好镇压耙糖，使麦苗安全越冬；③治虫防病，一是播种前用75%甲拌磷乳油拌种后晾干播种，防治出苗期遭受叶蝉为害；二是虫口密度大时用40%氧化乐果乳油、40%乐果乳油、25%亚胺硫磷乳油、10%一遍净可湿性粉剂等药剂兑水喷雾进行防治虫害以达到防治病害的目的。

33. 小麦土传花叶病毒病

病原：由小麦土传花叶病毒（Wheat soil-borne mosaic virus，WSBMV）侵染引起。

症状：主要为害冬小麦，多发生在生长前期。冬前小麦土传花叶病毒侵染麦苗，表现斑驳不明显。翌春，新生小麦叶片症状逐渐明显，呈现长短和宽窄不一的深绿和浅绿相间的条状斑块或条状斑纹，表现为黄色花叶，有的条纹延伸到叶鞘或颖壳上。病株穗小粒少，但多不矮化。病害典型症状图片请参考 http://img.agropages.com/UserFiles/FCKFile/zkc_ 2016 - 03 - 17 _ 10 - 38 - 47 _ 257. png 和 https://p1. ssl. qhmsg. com/t011d251c483ba0a383.jpg。

发病规律：小麦土传花叶病毒主要由习居在土壤中的禾谷多黏菌传播，可在其休眠孢子中越冬。小麦土传花叶病毒不能经种子及昆虫媒介传播，在田间主要靠病土、病根茬及病田的流水传播蔓延。侵染温度 12.2～15.6℃，侵入后气温 20～25℃病毒增殖迅速，经 14 天潜育即显症。

防治措施：①选用抗病或耐病的品种；②与豆科、薯类、花生等进行 2 年以上轮作；③加强肥水管理，施用农家肥要充分腐熟；④提倡高畦或起垄种植，严禁大水漫灌，禁止用带菌水灌麦，雨后及时排水，造成不利多黏菌侵入的传病条件；⑤零星发病区采用土壤灭菌法。

34. 小麦蓝矮病毒病

病原：由类菌原体（Mycoplasma like organism，MLO）侵染引起。

症状：主要为害叶片，影响全株。染病后，小麦冬前一般不表现症状，多在春季麦田返青后的拔节期出现明显症状。病株明显矮缩、畸形、节间越往上越矮缩，呈套叠状，造成叶片呈轮生状，基部叶片增生、变厚、呈暗绿色至绿兰色，叶片挺直光滑，心叶多卷曲变黄后坏死。成株期，上部叶片形成黄色不规则的宽条带状，多不能正常拔节或抽穗，即使能抽穗，则穗呈塔状退化，穗短小，向上尖削。染病重的生长停滞，显症后 1 个月即枯死，根毛明显减少。病害典型症状图片请参考 https://p1.ssl.qhmsg.com/t012eee0cabe8fa6daf.jpg。

发病规律：MLO 毒原只能通过条沙叶蝉进行持久性传毒，种子、汁液磨擦均不能传毒。最适饲毒期为 24 天，最短接毒期为 10 秒，延长接毒期能提高传毒能力。毒原在虫体内循回期最短 2 天，最长 8 天，平均为 5.2 天。叶蝉一次获毒，便可终身带毒，但卵不能传毒。条沙叶蝉喜干燥气候条件，山地干旱麦田及阳坡背风麦田虫口密度大，发病重。

防治措施：①选育、种植抗病品种；②深耕灭茬，清除杂草，适时播种，及时施肥等可减轻为害；③药剂防治，一是用甲拌磷、乐果乳剂拌种，二是用 40%乐果乳油、40%菊酯乳油、50%对硫磷乳油、1%对硫磷粉、1.5%乐果粉等兑水喷淋进行防治，也可用上述药剂拌细土撒在麦苗基叶上进行防治传毒媒介。

35. 小麦粒瘿线虫病

病原：由植物寄生线虫小麦粒线虫 [Anguina tritici (Steinbuch) Chitwood] 引起。

症状：主要为害茎叶、叶鞘和花器。染病的小麦苗期至成熟期都有症状表现，以在麦穗上形成虫瘿最为明显。受害麦苗叶片短阔、皱边、微黄、直立，严重者萎缩枯死。能长成的病株在抽穗前，叶片皱缩，叶鞘疏松，茎秆扭曲。孕穗期以后，病株矮小，茎秆肥大，节间缩短，受害重的不能抽穗，有的能抽穗但不结实而变为虫瘿。有时一花裂为多个小虫瘿，有时是半病半健，病穗较健穗短，色泽深绿，虫瘿比健粒短而圆，使颖壳向外开张，露出瘿粒。虫瘿顶部有钩状物，侧边有沟，初为油绿色，后变黄褐至暗褐色，老熟虫瘿有较硬外壳，内含白色棉絮状线虫。病害典型症状图片请参考 http://www. 1988. tv/Upload _ Map/Bingchonghai/Big/2014/8 - 15/2014815151638792. jpg 和 https://p1.ssl.qhmsg.com/t010d3507fe1cec6065.jpg。

发病规律：小麦粒线虫以虫瘿混杂在麦种中传播。虫瘿随麦种播入土中，休眠后 2 龄幼虫复苏出瘿。麦种刚发芽，幼虫即沿芽鞘缝侵入生长点附近，营外寄生，为害刺激茎叶原始体，造成茎叶以后的卷曲畸形，到幼穗分化时，侵入花器，营内寄生，抽穗开花期为害刺激子房畸变，成为雏瘿。灌浆期绿色虫瘿内幼虫迅速发育再蜕 3 次皮经 3~4 龄成为成虫。沙土干旱条件，发病重。黏土，发病轻。

防治措施：①加强检验，防止带有虫瘿种子远距离传播；②建立无病留种制度，设立无病种子田，种植可靠无病种子；③清除麦种中虫瘿；④实行 3 年以上轮作；⑤药剂防治，一是用 50%甲基对硫磷或甲基异柳磷拌种处理播前种子；二是用 15%涕灭威颗粒剂、10%克线磷颗粒剂、3%万强颗粒剂等撒施根基进行防治。

36. 小麦禾谷胞囊线虫病

病原：由燕麦胞囊线虫（*Heterodera avenae* Wollenweber）侵染引起。

症状：主要为害根部。染病后，受害小麦幼苗矮黄，根系短而分叉，后期根系被寄生呈瘤状，露出白亮至暗褐色粉粒状胞囊，此为该病害的主要特征。胞囊老熟易脱落，胞囊仅在成虫期出现，故生产上常查不见胞囊而误诊。线虫为害后，病根常受次生性土壤真菌如立枯丝核菌等为害，致使根系腐烂。或与线虫共同为害，加重受害程度，导致地上部小麦矮小，发黄，似缺少营养或缺水状，应注意区别。病害典型症状图片请参考 https://p1.ssl.qhmsg.com/t01f8cbcf3424abd31a.jpg 和 https://p1.ssl.qhmsg.com/t01c387b04759632fe4.jpg。

发病规律：以 2 龄幼虫侵入幼嫩根尖，头部插入后在维管束附近定居取食，刺激周围细胞成为巨型细胞。2 龄幼虫取食后发育，变为豆荚型，蜕皮形成长颈瓶形 3 龄幼虫，4 龄为葫芦形，然后成为柠檬形成虫。被侵染处根皮鼓起，露出雌成虫，内含大量卵而成为白色胞囊。连作麦田，发病重。缺肥、干旱地，发病重。沙壤土较黏土，发病重。

防治措施：①加强检疫，防止此病扩散蔓延；②选用抗（耐）病品种；③与麦类及其他禾谷类作物隔年或 3 年轮作；④平衡施肥，提高植株抵抗力；⑤药剂防治，在小麦返青时用 3%万强颗粒剂拌土撒施小麦根基部或用 24%万强水剂兑水喷淋根基部进行防治。

三十六 烟草主要病害

1. 烟草黑胫病

病原：由鞭毛菌亚门真菌寄生疫霉菌烟草致病变种 ［*Phytophthora parasitica* var. *nicotianae* （Bredade Hean） Tucker］ 引起。

症状：主要为害茎秆、叶片，多发生于成株期。茎秆染病，茎基部初始呈水渍状黑斑，之后向上部、下部及髓部扩展，绕茎一周时，植株萎蔫死亡。纵剖病茎，可见髓部黑褐色坏死，干缩呈笋节状，节间长满白色絮状菌丝。叶片染病，初始为水渍状暗绿色小斑，随后扩大为中央黄褐色坏死，边缘不清晰，隐约有轮纹，呈膏药状黑斑。潮湿条件下，表面有白色绒毛状菌丝。病害典型症状图片请参考 https://p1.ssl.qhmsg.com/t011f4ba62af88b1148.jpg，https://p1.ssl.qhmsg.com/t013d066e1fcb747a42.jpg 和 https://p1.ssl.qhmsg.com/t01b5d793d3b70d1a4f.jpg。

发病规律：病菌以厚垣孢子和菌丝体在土壤和粪肥中的病残体上越冬，翌年条件适宜时侵染烟株，病部产生大量孢子囊，靠风、雨、农事操作等传播进行再侵染。高温高湿条件下，易发病。低洼地，土壤黏重，碱性大的地块，发病重。平畦、大水漫灌地块，发病重。

防治措施：①选用抗病品种；②与禾本科作物轮作 3 年以上或水旱轮作；③推广高垄栽培，建全排灌设施，注意排水，防止田间积水。适时早栽，使烟株发病阶段躲过高温多雨季节。施用充分腐熟的有机肥，及时中耕除草、注意排灌结合，降低田间湿度；④定时巡田，发现病株及时拔除，带出田外集中烧毁；⑤药剂防治，播种前苗床用25%甲霜灵可湿性粉剂处理。成苗期，用 25%甲霜灵可湿性粉剂、58%甲霜灵·锰锌可湿性粉剂、25%霜霉威可湿性粉剂、40%甲霜铜可湿性粉剂等药剂兑水喷淋或灌根处理进行预防和防治。

2. 烟草赤星病

病原：由半知菌亚门真菌链格孢菌 ［*Alternaria alternata* （Fries） Keissler］ 引起。

症状：主要为害叶片、茎、花梗及蒴果等。叶片染病，多从烟株下部叶片开始发生，随后逐渐向上发展。最初在叶片上形成黄褐色圆形小斑，以后变成褐色，边缘明显，具有明显的同心轮纹，外围有淡黄色晕圈。天气潮湿时，病斑中央会出现黑色霉状物，天旱时有的病斑破裂。发生严重时，许多病斑相互连接合并，导致叶片枯焦脱落。有时在叶脉和茎秆上形成深褐色梭形小斑。病害典型症状图片请参考 https://p1.ssl.qhmsg.com/t0183b8be9ee4a1a890.jpg 和 https://p1.ssl.qhmsg.com/t01eeab46c59a5cf3b9.jpg。

发病规律： 病菌以菌丝在遗落田间的烟叶等病残体上或杂草上越冬，作为初侵染来源。病菌多从寄主气孔、伤口侵入，病部长出分生孢子进行再侵染。病害发生与寄主抗性、气候及栽培情况相关。雨天多、湿度大是病害流行的重要因素，采收期遇雨常致病害大流行。移栽迟、晚熟、追肥过晚、施氮过多及暴风雨后，发病重。种植密度大、田间荫蔽、采收不及时，发病重。

防治措施： ①选种抗病品种；②实行轮作；③适时早栽，培育壮苗，使发病阶段避开雨季；④合理密植，加大行距，改善通风透光条件，降低田间湿度；⑤合理施肥，增施磷钾肥，增强植株抗病能力；⑥适时采收烘烤，及早摘除底脚叶，可减少田间再侵染菌源；⑦搞好田间卫生，彻底销毁烟秆等残体，减少侵染菌源；⑧药剂防治，在底脚叶发病时及时用40%菌核净可湿性粉剂、50%多菌灵可湿性粉剂、70%甲基硫菌灵可湿性粉剂、75%百菌清可湿性粉剂、50%异菌脲可湿性粉剂、1.5%多抗霉素、50%腐霉利可湿性粉剂、12.5%异菌脲可湿性粉剂等交替使用兑水喷雾进行防治，隔7~10天喷1次，连续2~3次。

3. 烟草白粉病

病原： 由半知菌亚门真菌烟草粉孢菌（*Oidium tabaci* Thüm）引起。

症状： 主要为害叶片，严重时也蔓延到茎秆上，以大田为害最重，苗期也可发生。染病时，下部叶片先发病，依次向中、上部叶片蔓延。幼苗染病，病叶上长满白粉，叶色变黄，烟苗逐渐干枯死亡。大田发病，通常自脚叶开始，逐渐向上蔓延，很快遍及全株。初期病叶表面出现近圆形淡黄褐色斑块，然后在叶片正、反两面和茎上着生一层白粉，随后病斑相互联合，引起全叶呈灰白色，变褐枯死，发病叶变薄如纸状。病害典型症状图片请参考 https://p1.ssl.qhmsg.com/t0116b3b8a6f284db62.jpg 和 http://www.haonongzi.com/pic/news/20180424151828155.jpg。

发病规律： 病害发生与气候、栽培情况相关。病菌在病残体、茄科寄主或再生烟上越冬，借风、雨进行传播。发病的最适温度为16~26℃、相对湿度为60~75%。施氮肥过多、烟株生长茂密、株间通风透光不良时，下部叶片易发病。高温、高湿、遮阴，通风不良条件下，发病重。

防治措施： ①选种抗病品种；②平衡施肥，增施磷、钾肥，提高烟株抗病力；③田间发病后，及时摘除底脚叶及病叶，带出田外深埋或烧掉；④不用病残体沤制的肥料；⑤合理密植，降低田间湿度，改善光照条件；⑥适时早栽，及时采收，避过病害流行高峰期；⑦低洼地不宜种烟，平地则需作畦、开沟排水；⑧药剂防治，底脚叶开始发病时，用50%退菌特可湿性粉剂、20%三唑酮可湿性粉剂、75%百菌清可湿性粉剂、80%代森锌可湿性粉剂、70%甲基托布津可湿性粉剂等药剂兑水喷淋进行防治，叶片的正反面都要喷到，隔 7~10 天喷药 1 次，视病情连续防治 2~3 次。

4. 烟草猝倒病

病原：由真菌瓜果腐霉菌［*Pythium aphanidormatum*（Eds.）Fitzp.］、德巴利腐霉菌（*Pythium debaryanum* Hesse.）和终极腐霉菌（*Pythium ultimum* Trow.）等引起。

症状：主要为害茎基部，通常发生在幼苗期。染病后，发病初期茎基部呈湿腐状，随后发展成褐色水浸状腐烂。病苗萎蔫倒伏，呈暗绿色。往往是成片发生倒伏，湿度大时，苗床及病苗上有丝状白色菌丝体。病害典型症状图片请参考 https://p1.ssl.qhmsg.com/t0121ce5047ba9af4d7.jpg 和 https://p1.ssl.qhmsg.com/t01ecce5b0af3a46bba.jpg。

发病规律：病菌以卵孢子、厚垣孢子等随植物病残体在土壤中越冬。遇适宜条件萌发产生孢子囊，以游动孢子或者产生芽管侵入寄主，在寄主体内薄壁细胞中扩展。导致寄主发病，再侵染主要借助雨水、灌溉水传播，育苗期低温高湿有利于病害发生。

防治措施：①合理选择苗床并作消毒处理；②加强苗床管理，留苗密度要合适，留苗不宜过密，幼苗三叶期前少浇水，尤其在阴雨、低温情况下更要控制苗床湿度，注意排水，湿度过大可撒干细土吸湿，加强苗床的通风排湿；③药剂防治，发病初期用72.2%普力克水剂、3%恶甲水剂、95%恶霉灵可湿性粉剂、25%甲霜灵可湿性粉剂等杀菌剂兑水喷洒进行防治。

5. 烟草立枯病

病原：由半知菌亚门真菌立枯丝核菌（*Rhizoctonia solani* Kühn.）引起。

症状：主要为害烟苗的茎基部，多发生在 3 叶期以前。染病后，初始在病部表面产生褐色斑，随后逐渐扩展至绕茎一圈，造成茎基部缢缩或腐烂，湿度大时病部及周围的土壤黏附有菌丝，有时可见黑褐色小菌核。发病严重时，病苗干枯死亡。病害典型症状图片请参考 http://www.zhongnong.com/Upload/BingHai/201144163908.jpg 和 http://www.tobaccochina.com/uploadfiles/pic/20130130170319149A.jpg。

发病规律：病菌以菌丝潜伏在烟草病残体上或以菌核在土壤中长期存活，病菌可直接或间接侵入烟苗茎基部。苗期连阴天多，气温低于 20℃，湿度大，易发病。地势低注、土壤黏度大，发病重。

防治措施：①加强苗床管理，注意提高地温，科学放风，防止苗床高温、高湿条件出现；②药剂防治，发病初期用 40%百菌清悬浮剂、70%代森锰锌可湿性粉剂、50%退菌特可湿性粉剂、70%敌克松可湿性粉剂、3%恶甲水剂、95%恶霉灵可湿性粉剂等药剂兑水喷雾进行防治。

6. 烟草炭疽病

病原：由半知菌亚门真菌烟草炭疽菌（*Colletotrichum micotianae* Averna）引起。

症状：主要为害叶片和茎秆，也可为害其他部位。叶片染病，初始为暗绿色水渍状小斑，之后扩展为褐色圆斑，病斑中央稍凹陷，白至黄褐色，边缘明显，稍隆起，褐色。潮湿时病斑上产生轮纹和小黑点。干燥时病组织变硬，病斑多为黄色或白色，无轮纹和黑点。病害严重时病斑融合成大斑，使烟叶扭缩或枯焦。叶脉、叶柄及幼茎染病，病斑梭形，褐色，凹陷纵裂，严重时幼苗折倒，叶柄折断。成株期多从下部叶片发病，逐渐向上蔓延。茎秆染病，病斑较大，形成纵裂网状条斑，凹陷，黑褐色，气候潮湿时病部长出黑色小点。萼片、蒴果染病，产生褐色近圆形小斑。病害典型症状图片请参考 https://p1. ssl. qhmsg. com/t01b91230ef97a417dd. jpg 和 https://p1. ssl. qhmsg. com/t01312d6c4bcba1d676.jpg。

发病规律：病菌以菌丝随病株残体在土壤和肥料中越冬，也可以菌丝潜入种子内或以分生孢子黏附在种子表面越冬，成为翌年病害的初侵染菌源。在苗床发病后，移栽大田也发病，多限于底叶，病组织上产生的分生孢子借风雨形成再侵染。水分对病菌的繁殖和传播起着关键作用。土壤低湿，排水不良，发病重。

防治措施：①选育和种植抗病品种，并对种子播前进行消毒处理；②选好苗床，加强苗床管理；③加强大田栽培及田间管理；④药剂防治，发病前用波尔多液进行预防，发病初期用 50%克菌丹可湿性粉剂、50%退菌特可湿性粉剂、75%百菌清可湿性粉剂、50%代森锌可湿性粉剂、80%炭疽福美可湿性粉剂、50%福美双可湿性粉剂等杀菌剂兑水喷雾进行防治，注意药剂的交替使用。

7. 烟草蛙眼病

病原：由半知菌亚门真菌烟草尾孢菌（*Cercospora nicotianae* Ell. & Ev.）引起。

症状：主要为害叶片。叶片发病，病斑圆形，褐色、茶色或污白色，边缘狭窄，中央呈灰白色羊皮纸状，似蛙眼，故称"蛙眼病"。因环境、品种不同，病斑有时呈多角形，中央白色很小或没有。湿度大时病斑上产生灰色霉层，严重时病斑融合，导致整叶枯死。采收前 2~3 天叶片染病的在烘烤期间，可形成绿斑或黑斑。病害典型症状图片请参考 https://p1.ssl.qhmsg.com/t016fbdad1ab40e019a.jpg 和 https://p1.ssl.qhmsg.com/t01a82243639fe876c1.jpg。

发病规律：病菌以菌丝体随病残体在土壤中越冬，成为翌年的初浸染源。染病部位长出分生孢子借风雨传播进行再侵染。高温高湿有利于病害发生，地势低洼，排水不良，种植过密，通透性不良的烟田，易发病。

防治措施：①实行 2~3 年轮作；②早育苗，早移栽，适时采收，防止叶片过熟；③加强田间管理，注意排水，合理密植，采用配方施肥技术，施用充分腐熟有机肥；④烟田收获后，及时清除病残体并进行深翻；⑤药剂防治，一是移栽前定期喷洒 1：1：100 倍式波尔多液、50%多菌灵可湿性粉剂、70%代森锰锌可湿性粉剂等药剂，减少病苗；二是田间发病初期，用 50%多菌灵可湿性粉剂、70%代森锰锌可湿性粉剂、40%灭病威胶悬剂等药剂兑水喷雾进行防治，隔 7~10 天喷 1 次。

8. 烟草根黑腐病

病原：由半知菌亚门真菌基生根串珠霉〔*Thielaviopsis basicola*（Brek. et Br.）〕引起。

症状：主要为害根部，从幼苗至成株期均可发病。幼苗染病，引起"猝倒"，根部发黑。病菌从根茎部侵入，病斑环绕茎部一周，向上侵至于叶，向下侵至于侧根，致使整株幼苗枯死。较大烟株染病，侧根根尖变黑，病株生长迟缓，植株矮小，叶色黄褐。重病株拔起可见整株根系变为黑褐色、坏死。气候炎热时，白天病株萎蔫，夜间恢复正常，病株叶片变黄、变薄，严重影响烟草产量和质量。病害典型症状图片请参考 https://p1. ssl. qhmsg. com/t01ab395b085c5c48b9. jpg 和 https://p1. ssl. qhmsg. com/t01e8c6eb7144ea7447.jpg。

发病规律：病残体和带菌土壤是初侵染源。条件适宜时分生孢子或厚垣孢子萌发产生侵入丝由伤口侵入，菌丝在表皮细胞间分枝蔓延，形成大量分生孢子和厚垣孢子，进行再侵染，低温多雨或连阴雨天容易造成病害流行。连作地，发病重。低洼湿地、瘠薄盐碱地，易发病。

防治措施：①选栽抗病品种；②与禾本科作物实行 3 年以上轮作，避免与豆科、蔬菜作物连作；③加强栽培管理，育苗时选用无病苗床，不施带病菌有机肥，注意田间排湿，及时中耕松土；④药剂防治，发病初期用 50%甲基托布津可湿性粉剂、50%苯来特可湿性粉剂、50%甲基硫菌灵可湿性粉剂、50%多菌灵可湿性粉剂、50%福美双可湿性粉剂等杀菌剂兑水喷淋根茎基部进行防治。

9. 烟草破烂叶斑病

病原：由半知菌亚门真菌棉壳二孢菌（*Ascochyta gossypii* Syd.）引起。

症状：主要为害叶片和茎部。叶片染病，病斑为不规则圆形或近圆形，中部灰色至褐色，边缘隆起，病健交界处明显，大小 2.5 厘米或更大，病斑表面具同心轮纹，中部常产生多个褐色至暗褐色小点（病菌的分生孢子器）。中脉及叶耳处多产生褐色长形斑，病叶多从中脉病斑处折断。茎部染病，产生类似叶上的症状。病害典型症状图片请参考 http://www. haonongzi. com/pic/news/20160219115412793. jpg 和 https://p1. ssl. qhmsg.com/t01601cd0962f321f63.jpg。

发病规律：病菌以分生孢子器或菌丝在病株残体上越冬，烟种子也可带菌，成为翌年的初侵染源。主要靠雨水溅射传播蔓延。田间气温适宜，湿度大有利于病害的发生和流行。

防治措施：①合理轮作；②适时早栽，及早摘掉脚叶，发现病叶马上摘除，以减少菌源；③前作收获后及时耕翻土地，深埋病残体；④合理密植，改善通风透光条件，雨后及时排水，防止湿气滞留；⑤药剂防治，发病初期及时用 12%绿乳铜乳油、50%琥胶肥酸铜可湿性粉剂、47%加瑞农可湿性粉剂等杀菌剂兑水喷雾进行防治。

10. 烟草煤污病

病原： 由真菌芽短梗霉菌 ［*Aureobasidium pullulans*（de Bary）Arn.］、多主枝孢菌 ［*Cladosporium herbarum*（Pers.）link］、枝状枝孢菌 ［*Cladosporium cladosporioides*（Fries）de Varies］、草本枝孢菌（*Cladosporium herbarum*）、链格孢菌 ［*Alternaria alternata*（Fries）Keissler］等引起。

症状： 主要为害叶片。染病后，在烟叶表面，尤其是在下部成熟的叶片上，散布着像煤烟状的黑色霉层，多呈不规则形或圆形。由于霉层遮盖叶表，影响光合作用，阻碍碳水化合物和树胶的充分形成，致使病叶变黄。有时出现黄色斑块，使受害叶片变薄，品质变劣。病害典型症状图片请参考 https://p1.ssl.qhmsg.com/t016add558500fbdfc0.jpg 和 https://p1.ssl.qhmsg.com/t01223092826f6a74f7.jpg。

发病规律： 病菌腐生性很强，可在病株残体或土壤中存活越冬。病菌随风雨或昆虫传播，落到粉虱、蚜虫和蚧类的分泌物上，吸取养料生长繁殖，再次产生各种孢子，又随风雨或昆虫传播，引起再侵染。病害发生轻重与当年烟田里蚜虫发生轻重密切相关。气温高，烟株生长茂密，通风透光不良，持续阴雨天气，特别是蚜虫发生量大又防治不及时时，病害经常发生。

防治措施： ①加强田间管理，注意田间的排水，防止湿气滞留；②平衡施肥，合理施肥，合理密植，早打底叶；③收获后要及时清理前茬病残体，铲除田间、畦埂、地边杂草；④药剂防治，在蚜虫点片发生阶段开始及时用 50%抗蚜威可湿性粉剂、50%辟蚜雾可湿性粉剂等药剂兑水喷雾进行防治，注意叶片正反两面都要喷到。

11. 烟草低头黑病

病原： 由半知菌亚门真菌刺盘孢菌 ［*Colletotrichum capsici*（Sdy）Bulter & Bisby fnicotianae G. M. Zhang & G. Z. Jiang］引起。

症状： 主要为害烟草地上部分，从苗期至成株期均可发病。苗床期染病，先在叶片主脉或侧脉上产生病斑，很快病斑沿中脉扩展到叶柄处及茎部形成圆形至椭圆形黑斑，随后向上、下扩展成条斑，随之顶芽向有病斑的一面弯曲，同时病株有病一侧叶片凋萎，全株呈"偏枯"状态，严重的全株枯死。剖开病茎从基部到顶芽的维管束内具明显的黑线，近黑线处叶脉变黑发皱，茎外密生小黑点（病菌分生孢子盘）。大田期症状类似于苗床期症状。病害典型症状图片请参考 http://qnsunong. 365sn. cn/574c1810db69d.jpg 和 https://p0.ssl.qhimgs1.com/sdr/400_ /t010263fecaee0cb70a.jpg。

发病规律： 病菌以菌丝在土壤中或病残体上越冬，在土壤中该菌能存活 3 年，施用带有病菌的有机肥也可侵染。病部产生的分生孢子借风雨或流水传播，进行多次重复侵染。多雨高湿，易发病。地势低洼、土壤黏重，发病重。

防治措施： ①选用抗病品种；②合理轮作；③加强苗床管理，培育无病菌壮苗；④高畦栽培，加强田间管理，田间发现病株，应及早拔除，病叶也应及时摘除，集中深埋或烧掉；⑤药剂防治，苗床期自幼苗拉十字开始，每隔 7~10 喷 1 次 50%退菌特可湿性粉剂或 1∶1∶160 倍波尔多液进行预防；大田期，当发现少量病株时，及早拔除并用 50%退菌特可湿性粉剂、65%代森锌可湿性粉剂等药剂兑水喷雾进行防治。

12. 烟草灰霉病

病原：由半知菌亚门真菌灰葡萄孢菌（*Botrytis cinerea* Per. et Fries）引起。

症状：主要为害叶片、叶柄、茎秆、花器等部位。叶片染病，主要发生于近地面的叶片上，病斑近圆形，褐色，具有不清晰的淡色边缘。多雨高湿环境下病斑迅速扩展，直径可达 5 厘米以上，病斑呈湿腐状，其上布满灰色霉层，严重时整叶萎缩但不脱落。叶柄和茎秆发病，病斑黑色，长条形，表面布满灰色霉层，严重时，引起茎基部腐烂，整株死亡，后期在病斑处形成小黑点。花器发病，病斑褐色，表面布满灰色霉层，最后腐烂、脱落。病害典型症状图片请参考 http://www.yn-tobacco.com/gzfw/rqfw/yn/zhjs/201807/W02018072020478763860617.jpg 和 http://www.yn-tobacco.com/gzfw/rqfw/yn/zhjs/201807/W020180720478764129197.jpg。

发病规律：病菌以菌核或菌丝在病残体上越冬。翌年在适宜条件下，菌核萌发产生子囊盘和子囊孢子，有时亦可直接产生孢子。发病后，病部可产生大量分生孢子，分生孢子借气流传播扩散。低温高湿环境有利于病害发生。植烟密度过大，烟田排水不畅时，发病重。

防治措施：①合理密植，保证通风透光，防止田间积水，加强田间管理，增强烟株抗病性；②定期巡田，及时清除病叶、病株，带出田间烧毁；③收获后清除田间病残体，深翻土壤，减少越冬病菌数量；④药剂防治，发病初期用 50%吲唑磺菌胺水分散粒剂兑水喷雾进行防治，每隔 7~10 天喷洒 1 次，连喷 2~3 次。

13. 烟草斑点病

病原：由半知菌亚门真菌叶点霉菌（*Phyllosticta nicotianae* Ell. et Ev.）引起。

症状：主要为害叶片。苗期发病，在叶片上形成不规则的浅褐色病斑，中心深褐色，边缘较浅，严重时在叶片上形成较大的白色斑块，之后变为淡褐色，但不表现典型的穿孔症状。大田期，先从中下部叶片发病，开始为带有较窄的褐色边缘的白色小斑点，随后扩大成深褐色，中心坏死及浅褐色的边缘，其外周有黄绿色的晕圈围绕，中心坏死组织易开裂脱落形成穿孔。当病斑扩展或相连形成大斑时，几乎所有叶肉组织都可以脱落，仅留下叶脉及附着的少量叶肉组织。在围绕穿孔的浅褐色至灰白色的边缘有许多小的灰黑色颗粒（病菌的分生孢子器）。病害典型症状图片请参考 http://www.qgny.net/upload/image/2009,10,22,11,06,57.jpg 和 https://p1.ssl.qhmsg.com/t013564652a064119ee.jpg。

发病规律：病菌以菌丝和分生孢子器在病株残体上越冬。春季在分生孢子器内形成的分生孢子，靠风雨传播侵染。发病后病部继续产生分生孢子进行再侵染。缺氮的烟苗及混有病残而未消毒的苗床，易发病。病害可随病苗移栽传播到大田去。

防治措施：①选用抗病品种；②适当增施有机肥和饼肥，控制氮肥用量，加强田间管理，提高烟株抗病能力；③适时打顶采收，及早摘除底脚叶；④收获后及时清除田间病残体，深翻土壤；⑤实行 2 年以上轮作，以减少初侵染数量；⑥药剂防治：防治其他叶斑病时可兼治烟草斑点病，不需要单独防治。

14. 烟草青枯病

病原：由细菌青枯雷尔氏菌（*Ralstonia solanacearum* Yabuuhi et al.）引起。

症状：主要为害根、茎、叶，最典型的症状是枯萎。染病后萎垂的叶片，初期仍为青色，故称"青枯病"。烟株感病后，先是茎和叶脉里的导管变黑，随着病势的发展，外表出现黑色条斑。在感病初期，常表现一边枯萎，无低头现象。发病中期，病株全部叶片萎缩，条斑表皮组织变黑腐烂，根部亦变黑腐烂。将病茎横切，用力挤压切口，导管中渗出乳白色的黏液（细菌的溢脓）。茎髓部呈蜂窝状或全部腐烂形成空腔，仅留木质部。发病后期，导致整株死亡。病害典型症状图片请参考 https://p1.ssl.qhmsg.com/t01a7abf9b02bb479c5.jpg，https://p1.ssl.qhmsg.com/t018e258086d81b8ce3.jpg 和 https://p1.ssl.qhmsg.com/t01d731df2db21af930.jpg。

发病规律：病菌主要在土壤中、遗落在土壤中的病残体上及生长着的寄主体内及根际越冬。种子一般不带菌，土壤、病残组织和肥料中的病原菌是主要初侵染源。病菌借排灌水、流水、带菌肥料、病苗或附在幼苗上的病土，以及人畜和生产工具带菌传播。高温高湿有利于病害发生和流行。土壤黏重、排水不良、湿度过高和连作，发病重。中耕次数过多或过深，增加根部的伤口，发病重。过早打顶，在露水未干时打顶、采叶，因伤口难愈合，易发病。土壤缺硼、有线虫或其他地下害虫伤害根部，发病重。

防治措施：①选用抗病品种；②与禾本科作物进行轮作；③选择适宜田块种烟；④适当早播早栽，发病高峰躲过雨季；⑤采用高畦栽培，雨后及时排水，防止湿气滞留。不施用病残体沤制的堆肥，在缺硼烟田适当增施硼肥；⑥发现病株应立即连同泥土挖起带出田间深埋，病穴撒生石灰消毒；⑦收获后清除田间病残体，深翻土壤；⑧药剂防治，发病初期用 14%络氨铜水剂、77%氢氧化铜可湿性粉剂、47%加瑞农可湿性粉剂等杀菌剂兑水灌根进行防治，隔 10 天灌根 1 次，连续灌根 2~3 次。

15. 烟草野火病

病原：由细菌丁香假单胞杆菌烟草专化型［*Pseudomonas syringae* pv. *tabaci*（Wolf et Foster）Young et al.］引起。

症状：主要为害叶片，也可为害花、果和茎，多发生在烟草生长中后期。叶片染病，初始为黑褐色水渍状小圆斑，随后扩展，周围有宽的黄色晕圈，中心红褐色坏死，严重时病斑融合成不规则形大斑，上有轮纹。天气潮湿或有水滴存在时，病部溢出菌浓，干燥后病斑破裂脱落。茎、花和蒴果染病，形成不规则形小斑，初始水渍状，随后变褐坏死，茎部病斑凹陷，黄晕不明显。花、果因病斑较多而坏死腐烂脱落。病害典型症状图片请参考 http://www.agropages.com/UserFiles/FckFiles/20111223/2011-12-23-03-10-54-2181.jpg 和 http://www.agropages.com/UserFiles/FckFiles/20111223/2011-12-23-03-10-58-9212.jpg。

发病规律：病残体及带菌种子是野火病菌的主要越冬场所。在田间杂草及禾本科作物根部存活的病菌也可引起初侵染。在田间病菌靠雨水或露水传播。经叶片气孔或伤口侵入。该菌生长温度 2~34℃，最适温度 24~30℃。除适宜温度条件外，雨水多，降水量大，特别是暴风雨常引致野火病大发生。田间施氮过多，叶片幼嫩，贪青晚熟，湿度过大，打顶过早或过低，发病重。

防治措施：①选用抗病品种；②实行 3~5 年轮作，不与茄科、豆科、十字花科作物轮作；③不偏施氮肥，注意氮、磷、钾配合施用，不施混有烟草病残体粪肥；适期早栽，适时适度打顶，提早收获。收获后及时清洁田园并深翻土地；④选用无病种子，并对种子进行消毒；⑤药剂防治，初发病时及时摘除病叶并用 1:1:160 倍式的波尔多液、或新植霉素、农用链霉素等药剂兑水进行喷雾防治，间隔 7~10 天 1 次，连续防治 3~5 次。

16. 烟草角斑病

病原：由细菌丁香假单孢杆菌角斑专化型 [*Pseudomonas syringae* pv. *angula* (Frorme et al.) Holland] 引起。

症状：主要为害叶片、茎与花果。染病时，从叶缘和叶脉两侧开始发病，初期在叶肉组织上形成水渍状暗绿色斑点，随后病斑扩大呈多角形或不规则形，病斑周围没有黄色晕圈，病斑灰白色或黑褐色，颜色不均匀，常形成云形轮纹。潮湿时病部表面有溢脓，干燥时病斑常破裂脱落。在茎、花果上形成黑褐色凹陷斑。病害典型症状图片请参考 https://p1.ssl.qhmsg.com/t019984fb233be210a6.jpg 和 https://p1.ssl.qhmsg.com/t012a3cf6c4628a03bf.jpg。

发病规律：病菌在病残体或种子上越冬，也能在一些作物和杂草根系附近存活，成为翌年的初侵染源。病菌主要靠风雨及昆虫传播。苗期染病，造成大片死苗。在大田中，暴风雨造成烟株及叶片产生大量伤口，病菌通过伤口或从气孔、水孔侵入烟叶，引致发病。条件适宜时进行多次再侵染。栽植过密、植株郁闭、湿气滞留及施用氮肥过多，易发病。长期连作的烟田或田间大水漫灌，雨多造成积水田块，发病重。

防治措施：①种子消毒，加强苗床期管理，苗床地注意换土，苗床土、苗床肥进行消毒处理。在阴雨天气下，及时通风去湿，除草间苗，排水放湿；②忌连作，并且不能与马铃薯和其他茄科蔬菜轮作；③加强栽培及田间管理，合理密植，保证通风透光，合理安排氮、磷、钾肥比例，防止氮肥过量；④药剂防治，发病初期用 77% 硫酸铜钙可湿性粉剂、72% 农用硫酸链霉素可溶粉剂、57.6% 氢氧化铜水分散粒剂、4% 春雷霉素可湿性粉剂、50% 氯溴异氰尿酸可溶粉剂、20% 噻菌酮悬浮剂等药剂兑水喷施进行防治，每 7~10 天 1 次，连续防治 2~3 次。

17. 烟草空茎病

病原：由细菌胡萝卜软腐果胶杆菌胡萝卜软腐亚种（*Pectobacterium carotovora* subsp. *carotovora*）引起。

症状：主要为害茎部。烟株感病后，髓部很快变褐、湿腐，并有一种腐烂发臭的气味，正在腐烂一侧的叶片萎蔫。叶片主脉变黑，叶片下垂或脱落。后期烟株常常变成光杆，髓部出现空腔，故称"空茎病"。病害通常在打顶和抹杈后发生，并常与烟草青枯病混合发生，需要认真观察识别。病害典型症状图片请参考 http://www.tobaccochina. com/uploadfiles/pic/20160612104649282A.jpg 和 http://www.fjycw.com/manage/upload/userImage/20171/201719152443771.jpg。

发病规律：病菌在土壤及病株残体上越冬，主要通过雨水或人为因素传播，从打顶、抹杈或采收时造成的伤口处侵入为害。在阴雨天打顶、抹杈及采收时，容易引起病菌的侵染，造成病害发生。

防治措施：①选用抗病品种并坚持合理轮作；②打顶期间尽量避免阴雨天打顶抹杈，打顶后用仲丁灵、氟节胺涂抹顶部和杈部伤口；③打顶尽量不能打秃头顶或者高顶，最好留1~2厘米的斜切口，防止阴雨天气顶部伤口未愈合，灌入雨水；④尽量避免雨天打底脚叶和采烟；⑤合理施肥，避免烟田肥力过肥；⑥在种植规划时，尽量避免选择易积水田块；⑦发现空茎病田块，如果不严重则应主动剪掉发病的顶端，并及时点抑芽剂；⑧药剂防治，打顶、抹芽或采摘烟叶后，用72%硫酸链霉素可湿性粉剂、20%噻菌铜悬浮剂等药剂兑水对烟株进行喷雾进行防治，重点喷洒伤口。

18. 烟草剑叶病

病原：由细菌蜡样芽胞杆菌（*Bacillus cereus* Frankland and Frankland）引起。

症状：主要为害叶片，从苗期至开花期均可发生。发病初期，叶片边缘黄化，随后向中脉扩展，严重的整个叶脉都变为黄色，侧脉则保持暗绿色、网状。叶片只有中脉伸长而形成狭长剑状叶片。植株顶端的生长受到抑制，呈现矮化或丛枝状，根部常变粗，稍短。植株的下部叶片有时变黄。病害典型症状图片请参考 https://p1.ssl.qhmsg.com/t015226dc27ccd73383.jpg 和 https://p1.ssl.qhmsg.com/t01fa174c676b9601bb.jpg。

发病规律：病原细菌可在土壤中长期存活，一般不引起病害。只有在该病菌分泌毒素破坏寄主正常代谢、造成异亮氨酸积累达一定量时，才能引致烟草形成剑叶症状。土温偏高、35℃以上发病重。土温低于21℃症状不明显。土壤结构不好，整地粗糙、排水不良或初开荒的烟田，易发病。

防治措施：①增施有机肥，改良土壤，改善土壤理化性状，提高土壤排水能力，防止烟田积水，满足烟草生长需要，发病后补施氮肥可减轻症状；②加强田间管理，干旱年份及时灌溉和追肥。

19. 烟草病毒病

病原：主要由黄瓜花叶病毒（Cucumber mosaic virus，CMV）、烟草普通花叶病毒（Tobacco mosaic virus，TMV）、马铃薯 Y 病毒（Potato virus Y，PVY）3 种病毒引起。

症状：主要为害叶片，3 种病毒引起症状共同点为花叶，叶片浓绿、浅绿相间，但也存在一定的差异。黄瓜花叶病毒病，发病初期叶脉透明，几天后出现浓绿、浅绿相间的花叶，叶片常变窄、变薄、扭曲，叶基部拉长，表面茸毛脱落，失去光泽，叶缘一般向上翻卷，严重受害烟株矮缩，根系发育不良；普通花叶病毒病，初期叶脉及邻近叶肉组织色泽变淡，呈半透明"明脉"状，出现浓绿或黄绿相间的"花叶"状，叶片厚薄不均匀，严重病株叶片皱缩、扭曲，植株矮化，生缓慢，叶片不开片，花果变形；烟草马铃薯 Y 病毒病，发病初期叶片出现明脉，随后形成系统斑驳，小叶脉间颜色变淡，叶脉两侧的组织呈绿色带状斑。病害典型症状图片请参考 https://p1.ssl.qhmsg.com/t01ec0bea7bac2e8dd4.png 和 https://p1.ssl.qhmsg.com/t01f36e5098d289dfb9.png 和 https://p1.ssl.qhmsg.com/t015c76053bd32675fd.png。

发病规律：病害的发生流行取决于寄主抗性、气候、栽培情况、传毒媒介等因素。在杂草较多、距菜园较近、蚜虫发生较多的烟田，发病较重。施用带有病残体的未腐熟的有机肥，加重病毒传染。连作或与寄主作物套种，发病重。种植感病品种，土壤结构差，管理水平低，发病重。土壤板结，气候干旱，田间线虫为害重的地块，发病重。高温干燥，有利于传毒媒介发生，发病重。

防治措施：①选用抗病品种，精选育苗地，严格农事操作；②加强苗床管理，培育无病壮苗；③适当提早播种、提早移栽；④加强田期管理，提高烟草的自然抗病能力；⑤药剂防治，一是种子消毒，二是防治传毒媒介，三是发病初期用 2% 菌克毒克水剂、18% 抑毒星可湿性粉剂、3.95% 病毒必克可湿性粉剂等药剂兑水喷雾进行防治，隔 7~10 天喷 1 次，连续防治 3~4 次。

20. 烟草普通花叶病毒病

病原：由烟草花叶病毒（Tobacco Mosaic Virus，TMV）侵染引起。

症状：主要为害叶片。烟株染病后，首先在新叶上出现"明脉"症状，即叶脉及相邻叶肉组织色泽变淡，呈半透明状，迎光透视可见病叶的大小叶脉十分清晰。明脉出现 4~10 天后在新叶上形成"花叶"症状，叶片局部组织褪色，形成浓绿和浅绿相间的症状。病叶边缘有时向背面卷曲，叶基松散。病害典型症状图片请参考 https://p0.ssl.cdn.btime.com/t01658391b7eb4fc2aa.jpg?size=500x360 和 https://p1.ssl.qhmsg.com/t01878b28545788a350.png。

发病规律：病菌能在多种植物上越冬。田间主要通过汁液传播，病健叶轻微摩擦造成微伤口，病毒即可侵入，不从大伤口和自然孔口侵入。烟青虫等咀嚼式口器的昆虫可传毒。连作地或前茬为番茄、辣椒、油菜等，病害发生重。土壤肥力差，排水不良的地块，烟株长势弱，易发病。

防治措施：①选用抗病、耐病品种，建立无病留种田，从无病株上留种；②苗床应选用 2 年以上未种植寄主作物的田块，要远离菜地、烤房、晾棚，施用净肥，培育无病壮苗；③发现病苗，及时拔除，带出田间深埋或烧毁；④适当早播、早栽，移栽时要剔除病苗；⑤在苗床和大田操作前，手和工具要消毒，且在露水干后进行；⑥充分施足氮、磷、钾肥，及时喷多种微量元素肥料，提高植株抗病能力；⑦与禾本科作物进行 2~3 年轮作，并远离温室、大棚和露地栽培的茄科作物，防止传毒；⑧药剂防治，发病初期用 0.5%氨基寡糖素水剂、8%宁南霉素水剂、20%吗胍·乙酸铜可湿性粉剂等抗病毒剂兑水喷雾进行防治，间隔 7~10 天，防治 2~3 次。

21. 烟草黄瓜花叶病毒病

病原：由黄瓜花叶病毒（Cucumber mosaic virus，CMV）侵染引起。

症状：主要为害叶片。发病初期表现明脉，随后在新叶上表现花叶，叶片变窄，伸直呈拉紧状，叶片茸毛稀少，失去光泽。有的病叶形成深浅绿色相间花叶，呈疱斑，有的叶缘向上卷曲，有的叶片呈黄色斑驳，有的叶脉呈闪电状坏死，有的植株矮黄，有的病叶粗糙、发脆，叶基部伸长，两侧叶肉组织变窄变薄，叶尖细长，症状因品种、生育期不同表现有差异。病害典型症状图片请参考 http://a3.att.hudong.com/75/01/01200000018173213444101692 1072_s.jpg 和 http://a1.att.hudong.com/24/01/01200000018173213444101697 1901_s.jpg。

发病规律：病毒主要在越冬蔬菜、多年生杂草上越冬。来年春天由带毒有翅蚜虫刺吸烟叶，形成初侵染，田间通过蚜虫刺吸带毒植株获得病毒，然后通过刺吸健康植株引起再侵染。暖冬、湿度偏小的条件下，有利于蚜虫越冬。春季气温回升快，有翅蚜数量大，迁飞早，田间往往发病重。

防治措施：①选用抗病品种；②苗床消毒；③合理轮作；④田间操作时，严格按照先无病田，后有病田的无病株，再操作有病烟株的原则进行；及时追肥、培土、灌溉等；⑤加强栽培管理；⑥药剂防治，一是用 50%抗蚜威、80%的蚜必治等药剂兑水后大面积连片统防统治，统一进行蚜虫防治；二是发病初期用 2%菌克毒克水剂、18%抑毒星可湿性粉剂、3.95%的病毒必克可湿性粉剂、24%的毒消水溶剂、0.1%硫酸锌溶液、20%病毒 A 可湿性粉剂、6%病毒克可湿性粉剂、1.5%植病灵乳油、22%金叶宝可湿性粉剂等兑水喷雾进行防治，每 7~10 天防治 1 次，连续喷雾防治 3~4 次，注意药剂的交替使用。

22. 烟草马铃薯 Y 病毒病

病原：由马铃薯 Y 病毒（Potato Y virus，PYV）侵染引起。

症状：主要为害叶部。由于病毒株系不同而表现出不同症状。主要有脉带型、脉斑型和褪绿斑点型。脉带型，在烟株上部叶片呈黄绿花叶斑驳，脉间色浅，叶脉两侧深绿，形成明显的脉带，严重时出现卷叶或灼斑，叶片成熟不正常，色泽不均，品质下降、烟株矮化。脉斑型，下部叶片发病，叶片黄褐，主侧脉从叶基开始呈灰黑或红褐色坏死，叶柄脆，摘下可见维管束变褐，茎秆上现红褐色或黑色坏死条纹。褪绿斑点型，初期与脉带型相似，但上部叶片现褪绿斑点，后中下部叶产生褐色或白色小坏死斑，病斑不规则，严重时整叶斑点密集，形成穿孔或脱落。病害典型症状图片请参考 https://p1. ssl. qhmsg. com/dr/220 _ /t01507ef7e54e7f1297. jpg 和 http://www. agropages. com/UserFiles/FckFiles/20120113/2012-01-13-05-03-22-0781.jpg。

发病规律：病毒主要通过汁液摩擦传染和蚜虫传播。病叶和健叶只摩擦几下，叶片上的茸毛稍有损伤，就可能传染病毒，同 TMV 和 CMV 一样，农事操作也可传播病毒。蚜虫、其中桃蚜是 PVY 的重要介体，其次是棉蚜、马铃薯长管蚜、豌豆蚜、粟缢管蚜、桃短尾蚜等。蚜虫传毒效率因蚜虫种类、病毒株系、寄主状况和环境因素有关。

防治措施：①栽种抗耐病品种，从无病株上采种；②加强苗床管理，严格无毒操作规程；③适当提早播种、提早移栽。移栽时要剔除病苗；④加强田期管理，提高烟草的自然抗病能力；⑤注意驱避蚜虫、防其传毒；⑥药剂防治，用 50%抗蚜威、80%的蚜必治等药剂兑水后大面积连片统防统治蚜虫。

23. 烟草环斑病毒病

病原：由烟草环斑病毒（Tobacco ring spot virus，TRSV）侵染引起。

症状：主要为害叶片及维管束。叶片染病，叶片上产生轮纹状或波浪状的坏死斑纹，大多褪绿变黄，维管束受害后影响水分、养分输送，造成叶片干枯，品质下降。茎或叶柄上可见褐色条斑或凹陷溃烂。病害典型症状图片请参考 https://p1. ssl. qhmsg. com/t01f4b56268c63a3cbc.jpg 和 http://www. agropages. com/UserFiles/FckFiles/20120113/2012-01-13-04-20-32-1875.jpg。

发病规律：病毒可在多年生茄科、葫芦科、豆科等寄主上越冬。在田间主要靠汁液摩擦接触传播，病毒多通过叶片和根部的伤口侵入，昆虫、线虫也可传播该病毒。烟田施氮过多，易发病。土壤中线虫多或田间野生寄主多，发病重。

防治措施：①采用无病健株留种；②采用配方施肥技术，避免偏施、过施氮肥；③及时防治线虫和传毒昆虫；④加强田间管理，田间操作应先健株后病株，注意清除田间野生寄主，减少毒源。

24. 烟草蚀纹病毒病

病原：由烟草蚀纹病毒（Tobacco etch virus，TEV）侵染引起。

症状：主要为害叶片和茎，通常在烟株旺长以后发生。叶片染病后，叶部坏死症状多从下二棚开始，自下而上蔓延，顶部新叶可出现明脉和斑驳症状，病株一般不矮化。在田间可出现两种症状类型，一种是初期叶面形成褪绿小黄点，严重时布满整个叶面，进而沿细脉扩展呈褐白色点、线状蚀刻；另一种是初为明脉，进而扩展成蚀刻状坏死纹。两种症状严重时后期叶肉均坏死穿孔、脱落，仅留主、侧脉骨架。病害典型症状图片请参考 http://www.3456.tv/images/2011nian/10/2014-10-22-11-21-22.jpg 和 http://www.3456.tv/images/2011nian/10/2014-10-22-11-21-34.jpg。

发病规律： 田间杂草和越冬蔬菜为主要初侵染源。经汁液摩擦及蚜虫传毒，主要靠烟蚜、桃蚜传毒。蚜虫发生数量大，发病重。气温25℃，利于病毒增长，烟草蚀纹病毒浓度升高，发病重。

防治措施： ①选用抗病品种；②加强栽培措施管理，要大面积连片统防统治传毒蚜虫，减少传毒机会，调整烟田移栽期，烟田四周种植玉米、向日葵等，阻挡蚜虫向烟田迁飞；③生长前期发现病株及时拔除，防止扩展蔓延；铲除田间野生寄主，减少毒源；④药剂防治，发病初期，喷施抗病毒化学药剂进行病害控制。

25. 烟草甜菜曲顶病毒病

病原： 由甜菜曲顶病毒（Beet top virus，BTV）侵染引起。

症状： 主要为害叶片。发病初期新生叶片出现明脉，之后叶尖、叶缘向外反卷，节间缩短，腋芽丛生，叶片浓绿，质地变脆，中上部叶片皱褶，叶脉生长受阻，叶肉凸凹不平呈泡状，整个叶片反卷呈钩状，下部叶片往往正常。病株严重矮化，比健株矮1/2~2/3。严重病株顶芽呈僵顶状，并逐渐枯死。烟草生长后期发病，仅顶叶卷曲，呈"菊花顶"状，下部叶片仍可采收。病害典型症状图片请参考 http://www.1988.tv/Upload_Map/Bingchonghai/Big/2018/7-27/201872790458136.jpg。

发病规律： 病毒在多年生寄主上越冬，由叶蝉传播，并可在叶蝉体内存活85天以上。其发病程度与秋季叶蝉迁入量、越冬量及春季繁殖量有关。烟株受害程度受到寄主的种类、数量、汁液含量的影响。

防治措施： ①苗床消毒；②拔除病株，铲除苗床附近杂草等；③用防虫网覆盖苗床驱避传毒昆虫；④药剂防治，一是用50%抗蚜威、80%的蚜必治等击倒性较强农药兑水进行大面积连片统防统治，统一进行；二是发病初期用2%菌克毒克水剂、18%抑毒星可湿性粉剂、3.95%的病毒必克可湿性粉剂、24%的毒消水溶剂、0.1%硫酸锌、20%病毒A可湿性粉剂、6%病毒克可湿性粉剂等药剂兑水进行叶面喷雾防治，每7~10天防治1次，连续防治3~4次。

26. 烟草坏死病毒病

病原： 由烟草坏死病毒（Tobacco necrosis virus，TNV）侵染引起。

症状： 主要为害叶片。幼小植株受害常枯死，较大植株受害仅在下部老叶上出现坏死斑，上部叶片无坏死斑症状。受害烟株底部叶片的近尖端处，沿叶脉密生不规则形或圆形深褐色病斑，似疮痂状，数个病斑常汇合形成较大枯死斑。病害典型症状图片请参考 http://zhibao.yuanlin.com/UpFile_Image/main/201101070302007000.jpg。

发病规律：病毒可在土壤里和病残体上越冬，成为翌年的初侵染源。芸薹油壶菌是该病毒的重要传播媒介，但不能在芸薹油壶菌的休眠孢子中存活。该病毒及其卫星病毒均可经机械传染造成为害。雨水和灌溉水很容易将带毒的油壶菌从一处传播到另一处，从而不断扩展蔓延。低温和光照不足易诱发病害发生。

防治措施：①重病田可与禾本科作物实行 2 年以上轮作；②注意田间操作规程；③早期发现病株及时拔除；④施足基肥，合理增施磷、钾肥；⑤药剂防治，发病初期用 2%菌克毒克水剂、18%抑毒星可湿性粉剂、3.95的病毒必克可湿性粉剂、24%的毒消水溶剂、0.1%硫酸锌、20%病毒 A 可湿性粉剂、6%病毒克可湿性粉剂等进行叶面喷雾防治，每 7~10 天 1 次，连续防治 3~4 次。

27. 烟草曲叶病毒病

病原：由烟草曲叶病毒（Tobacco leaf curl virus，TLCV）侵染引起。

症状：主要为害叶片。发病初期，顶部嫩叶微卷，随后卷曲加重，叶背增厚，叶色深绿，叶缘反卷，叶脉黑绿，叶硬而脆，叶脉生耳状突起。重病者叶柄、主脉、茎秆扭曲畸形。烟株发病早，常矮化严重、枝叶丛生。病害典型症状图片请参考 http://www.zhongnong.com/Upload/BingHai/2011122695017.JPG 和 http://www.agropages.com/UserFiles/FckFiles/20120113/2012-01-13-04-13-49-5937.jpg。

发病规律：该病毒通过烟粉虱传播，汁液摩擦和菟丝子不能传毒。但嫁接可传毒，留在田间的染病枝杈和自生烟、番茄等带毒植物，经粉虱吸食后，迁飞到烟田传毒。粉虱传毒方式为非持久性传播。吸食 24~48 小时就能带毒，带毒粉虱在烟株上吸食 2~10 分钟即可完成接毒过程，接毒后显症时间与温度有直接关系。30℃左右显症最快。高温干旱，粉虱活动猖獗，发病重。烟叶收获后留有烟秆的地块，次年发病重。

防治措施：防治烟蚜和粉虱时可用击倒性较强的农药，要大面积连片统防统治，统一进行。烟株发病时，用黄化曲叶病毒灵 A 兑水喷雾进行防治，每 3~4 天 1 次，连喷 4 次，不能和带激素的叶面肥混用。严重时可配合冲施黄化曲叶病毒灵 B 配合进行防治。

28. 烟草丛枝病

病原：由类菌原体（Mycoplasma like organisms，MLO）侵染引起。

症状：主要为害叶片。烟株早期发病，植株严重矮化，顶芽不再生长，侧枝丛生，并产生很多坚硬、细小的枝条。病株叶片像花瓣一样，颜色较深。全株叶片细小，叶片皱缩，无利用价值。后期花萼，花瓣均变成绿色小叶状，无花无果或后期不开花、不结实。发病较晚的烟株，上部叶片细小、皱缩无利用价值，但下部叶片仍可利用。病害典型症状图片请参考 https://p1.ssl.qhmsg.com/t019707653e8ed1e8ba.jpg。

发病规律：类菌原体能在多种野生寄主如田旋花等上越冬。除主要以大青叶蝉、烟草叶蝉等多种叶蝉传播外，还可通过嫁接、菟丝子等途径传播。叶蝉一旦获毒便终生传病，甚至可经卵传播。叶蝉越冬虫口密度大、带毒野生寄主多、温，湿度适宜、大面积种植感病品种，均有利于病害的发生。

防治措施：①选用抗（耐）病品种；②清除田间周围杂草，消灭野生寄主；③及时拔除田间早期病株，减少传染源。对发病的烟株，可适当增施肥料，减轻危害；④适当调节播期、移栽期，使烟草幼嫩感病期避开叶蝉迁飞高峰期；⑤药剂防治，一是用40%氧乐果防治叶蝉；二是发病后，用四环素、土霉素药液进行防治，具有一定的防治效果。

29. 烟草根结线虫病

病原：主要由植物寄生线虫南方根结线虫［*Meloidogyne incognita*（Kofoid and white）Chitwood］、花生根结线虫［*Meloidogyne* arenaria（Neal）Chitwood］、北方根结线虫（*Meloidogyne* hapla Chitwood）、爪哇根结线虫［*Meloidogyne* javanica（Treub）Chitwood］4种线虫引起。

症状：主要为害根部，苗期到成株期均可发病，生长中后期症状明显。染病后，根部形成大小不等的圆形或不规则形的根结，须根极少。根结内可见有各期虫体。发病严重时可使整株根部肿胀呈鸡爪状，地上部分矮小，叶片黄萎，高温干燥时症状更为明显。病害典型症状图片请参考 http://www.tobaccochina.com/uploadfiles/pic/20121008120732835A.jpg 和 https://p1.ssl.qhmsg.com/t01e1efcfcc28de13fc.jpg。

发病规律：以卵囊、幼虫及成虫在病根残体、土壤和未腐熟的粪肥内越冬，翌年条件适宜，孵化成2龄幼虫侵染为害。主要随农事操作和灌排水传播。连作田、干旱以及保水、保肥力差的沙土或沙壤土，发病重。

防治措施：①选栽抗病品种；②与禾本科作物实行3年以上轮作，以水旱轮作最好；③选择无病田块育苗或进行苗床消毒培育无病壮苗；移栽时施足农家肥；④药剂防治，用50%克线磷颗粒剂、15%铁灭克颗粒剂、10%克线丹颗粒剂等在移栽时施入穴中进行防治。

30. 烟草孢囊线虫病

病原：由烟草孢囊线虫（*Heterodera tabacum* Lown et Lown）引起。

症状：主要为害根部。苗期染病，地上部生长缓慢或停滞，逐渐枯萎，与根结线虫病相似，但根部不长根结。主要表现为根系褐变，根少，小根粗细不等，根尖呈弯曲状，部分出现腐烂，在根上生出0.5毫米白色至棕色或黄色小颗粒（病原线虫的雌成虫）。发病轻的烟株，后期症状有所缓和，发病重的一直处于生育停滞状态直至枯死。病害典型症状图片请参考 http://www.zgny.com.cn/eweb/uploadfile/20100224134348879.jpg。

发病规律：以孢囊在土壤中越冬，卵在孢囊内或土壤中可长期存活，遇到适宜的寄主刺激以后，卵开始孵化成幼虫，初孵幼虫刺入根内取食，经几次蜕皮后变为洋梨形成虫。在烟田主要通过耕作、粪肥、灌溉水或移栽病苗进行传播。连作烟田或土壤瘠薄沙壤土，易发病。干旱年份，发病重。

防治措施：①与禾谷类作物、甘薯、棉花等 3~4 年轮作；②施用沤制的堆肥或腐熟有机肥，不施带有线虫的粪肥；③加强田间管理，干旱时及时浇水，收获后及时清除病根，集中深埋或烧毁；④药剂防治，移栽前整地时用 D-D 混剂、80%二氯异丙醚乳油等处理土壤，也可用 20%丙线磷颗粒剂、10%克线磷颗粒剂、3%呋喃丹颗粒剂、15%铁灭克颗粒剂药剂等在移栽时穴施。

三十七 油菜主要病害

1. 油菜枯萎病

病原：由半知菌亚门真菌尖孢镰孢菌黏团专化型〔*Fusarium oxysporium* Schl. f. sp. *conglutinans*（Woll.）Snyder et Hansen〕引起。

症状：主要为害根和茎的维管束，整个生长期均可发病。苗期在茎基部产生褐色或黄褐色病斑，严重时或土壤湿度低、气温高时，叶片失水、卷曲至枯死。初花期前后茎秆出现隆起和沟状的长斑，并造成落叶，根和茎的维管束有菌丝或分生孢子，并被黑色黏状物所填塞，植株矮化、萎蔫、最后枯死。病害典型症状图片请参考 http://www.1988.tv/Upload_ Map/Bingchonghai/Big/2014/8-4/201484182828813.jpg。

发病规律：病菌在土壤中可存活 11 年以上。病菌从根冠细胞间隙或表皮细胞进入分生组织细胞，通过木质部到达茎叶部分，破坏维管束组织。当土壤湿度低，温度达 27~33℃时，发病重。

防治措施：①种植抗病品种；②轮作，重病地实行 3~4 年轮作，尤其是水旱轮作；③在收获后及时清除地里的遗留病残株；④加强肥水管理，及时间苗、中耕除草，收获前在无病田或无病株上选留种子；⑤药剂防治，一是进行种子处理，播种前用 0.5%硫酸铜液浸种 20 分钟；二是发病初期，用 50%甲基硫菌灵悬浮剂、50%百·琉悬浮剂、20%二氯异氰脲酸钠可溶性粉剂等药剂兑水喷淋或灌根进行防治，隔 10 天左右防治 1 次，防治 1~2 次。

2. 油菜炭疽病

病原：由半知菌亚门真菌希金斯炭疽菌（*Colletotrichum higginsianum* Sacc.）引起。

症状：主要为害叶、茎和角果。叶片染病，初始产生苍白色或褪绿水浸状小斑点，随后扩展为圆形至长圆形病斑，病斑中心白色至黄白色，边缘紫褐色，略凹陷。叶柄、茎染病，病斑呈长椭圆形或纺锤形，淡褐色至灰褐色；果荚染病，病斑与叶上相似。湿度大时，病斑上均可溢出红色黏质物。病害典型症状图片请参考 http://www.hyzhibao.com/uploadfile/2018/0211/20180211010616951.jpg 和 https://p1.ssl.qhmsg.com/t0158e96a2fe60344dd.jpg。

发病规律：病菌以菌丝随病残体遗落土中或附在种子上越冬。翌年分生孢子长出芽管侵染，借风或雨水飞溅传播。潜育期3~5天，病部产出的分生孢子进行再侵染。发生期主要受温度影响，而发病程度则受适温期降降水量及降雨次数影响，属高温高湿型病害。气温升高、降雨多，易引起病害发生和流行。

防治措施：①种植抗病品种，并进行种子处理；②与非十字花科作物轮作1年以上；③发病较重的地区，适期晚播，避开高温多雨季节；④选择地势较高，排水良好的地块栽种，及时排除田间积水，合理施肥，增施磷钾肥；⑤收获后清洁田园，深翻土壤；⑥药剂防治，发病初期用40%多·硫悬浮剂、70%甲基硫菌灵可湿性粉剂、70%甲基硫菌灵可湿性粉剂加75%百菌清可湿性粉剂、25%炭特灵可湿性粉剂、30%绿叶丹可湿性粉剂、80%炭疽福美可湿性粉剂等杀菌剂及组合兑水喷雾进行防治，隔7~10天喷1次，连续防治2~3次。

3. 油菜菌核病

病原：由子囊菌亚门真菌核盘菌 [*Sclerotinia sclerotiorum* (Lib.) de Bary.] 引起。

症状：主要为害茎、叶、花、角果，茎部受害最重。茎部染病，初期出现浅褐色水渍状病斑，随后发展成为具轮纹状的长条斑，边缘褐色，湿度大时表面产生棉絮状白色菌丝，偶尔可见黑色菌核，病茎内髓部烂成空腔，内生很多黑色鼠粪状菌核。病茎茎易折断，导致病部以上茎枝萎蔫枯死。叶片染病，初始呈不规则水浸状，形成近圆形至不规则形病斑，病斑中央黄褐色，外围暗青色，周缘浅黄色，病斑上有时轮纹明显，湿度大时长出白色绵毛状菌丝，病叶易穿孔。花瓣染病，初始呈水渍状，之后渐变为苍白色，随后腐烂。角果染病，初始现水渍状褐色病斑，随病情发展，种子瘪瘦，无光泽。病害典型症状图片请参考 http://att.191.cn/attachment/Mon_0704/63_1_71bb1ac4aadbbd4.jpg? 202 和 http://a0.att.hudong.com/48/27/01300000321392123550272078368_s.jpg。

发病规律：病菌以菌核混在土壤中或附着在采种株上、混杂在种子间越冬或越夏。子囊孢子成熟后从子囊里弹出，借气流传播，病菌从叶片扩展到叶柄，再侵入茎秆，也可通过病、健组织接触或粘附进行重复侵染。生产上，病害流行取决于油菜开花期的降水量，降水量大，发病重。连作地或施用未充分腐熟有机肥、播种过密、偏施过施氮肥，易发病。地势低洼、排水不良、植株倒伏，发病重。

防治措施：①选用抗（耐）病品种，并进行种子处理；②实行水旱轮作；③加强栽培及田间管理，增强抗病性；④在初花期、盛花期，可摘除植株中下部的老叶、病叶、黄叶，改善田间通风透光条件，降低发病率；⑤药剂防治，在发病初期，尤其在初花期、盛花期，用50%多菌灵可湿性粉剂、70%甲基托布津可湿性粉剂、50%腐霉利可湿性粉剂、40%菌核净可湿性粉剂等药剂兑水喷施进行防治，每7~10天喷1次，连喷2~3次。

4. 油菜黑胫病

病原：由半知菌亚门真菌油菜黑胫病菌（*Leptosphaeria biglobosa*）弱侵染型引起。

症状：主要为害油菜的叶、茎秆、角果及种子。叶片染病，在叶片上形成黄褐色枯死斑；茎秆染病，形成梭形黄褐色坏死斑，或引起茎秆侧枝枯死，坏死组织上密生黑色小点；角果染病，在角果尖端密生黑色小点，角果里的种子也能被侵染，种子表皮上密生黑色小点。病害典型症状图片请参考《安徽省油菜主要病虫害发生规律及防治方法探析》（任竹，发表于《农业灾害研究》，2016年第6卷第7期，1-4页，8页）。

发病规律：病菌以菌丝体在病残体上越夏后形成假囊壳，在油菜子叶期湿度大的时候假囊壳释放子囊孢子，子囊孢子通过气流传播到油菜叶片上萌发，形成芽管，从气孔侵入，病菌可在叶片内潜伏侵染，沿着叶柄扩展到茎秆，最后在茎秆上形成病斑。高温、高湿能促进病害迅速发展。施用未腐熟的病残株堆肥、连作和使用病种，发病重。

防治措施：①种植抗病品种；②油菜秸秆无害化处理，深埋、焚烧或移除；③轮作，可以减少田间的初侵染源，对油菜黑胫病有显著的控制效果；④药剂防治，一是进行种子处理；二是发病初期用多菌灵、苯菌灵、异菌脲、福美双、粉唑醇、丙环唑等杀菌剂兑水喷雾进行防治。

5. 油菜猝倒病

病原：由鞭毛菌亚门真菌瓜果腐霉［*Pythium aphanidermatum*（Eds.）Fitzp.］引起。

症状：主要为害根和茎基部，在幼苗长出1~2片叶之前发生。染病后，发病初期在幼茎茎基部产生水渍状病斑，之后病部缢缩，最后折断倒伏死亡。根部发病，出现褐色斑点，严重时地上部分萎蔫，从地表处折断、倒伏。湿度大时，病部或土表长出白色棉絮状物。发病轻的幼苗，移栽后虽然可以长出新根，但植株生长发育不良。病害典型症状图片请参考 https://p1.ssl.qhmsg.com/t010b7ac1d1e679a1b0.jpg。

发病规律：病菌以卵孢子在土壤或病株残体内越冬，在土壤中能存活4年之久。卵孢子遇有适宜条件萌发产生孢子囊，以游动孢子或直接长出芽管侵入幼苗，引起幼苗发病。田间的再侵染主要靠病苗上产出孢子囊及游动孢子，借灌溉水或雨水溅附到贴近地面的根茎上，引致再侵染。育苗期出现低温、高湿条件，发病重。

防治措施：①选用抗病品种；②合理密植，及时排水、排渍，与非十字花科作物轮作；③药剂防治，一是用种子重量0.2%的40%拌种双可湿性粉剂拌种；二是用95%恶霉灵可湿性粉剂或72.2%普力克水剂兑水喷洒苗床进行苗床消毒；三是发病初期用25%瑞毒霉可湿性粉剂、75%百菌清可湿性粉剂等杀菌剂兑水喷洒进行防治，喷药要均匀周到。

6. 油菜白斑病

病原：由半知菌亚门真菌芥假小尾孢菌［*Pseudocercosporella capsella*（Ell. & Ev.）Deighton.］引起。

症状：主要为害叶片，在整个生育期均可受害，病斑在老叶上较多。叶片染病，初始在叶片上产生淡黄色小斑，随病情发展扩大成圆形或不规则形病斑，中央灰白色或浅黄色，有时略带红褐色，周围黄绿色或黄色，病斑稍凹陷，并经常破裂穿孔。湿度大时，病斑背面产生淡灰色霉状病菌，病斑相互连接形成大斑，常导致叶片枯死。病害典型症状图片请参考 https://p1.ssl.qhmsg.com/t01f1aee1ddbe80cf08.jpg 和 http://a1.att.hudong.com/65/90/01200000025145136358902473965_s.jpg。

发病规律：病菌主要以菌丝或菌丝块附着在病叶上，或以分生孢子黏附在种子上越冬。翌年产生分生孢子借风雨传播，也可附着在种子上传播，引致初侵染。病斑上产生的分生孢子借风、雨传播进行多次再侵染。春暖多雨地区，发病重。生育后期，气温低、温差大，遇大雨或暴雨，可促进病害发生和流行。一般靠近菜园、播种早、连作年限长、下水头、缺少氮肥或基肥不足的地块，发病重。

防治措施：①选用抗病品种，或从无病田、无病株上采种，播前进行种子消毒；②与非十字花科蔬菜进行 3 年以上轮作；③收获后及时深耕，清洁田园，清除田间病残体；④适时播种，不宜过早播种，中熟品种可适期早播。密度适宜，适期蹲苗；⑤科学施肥，增施基肥，避免偏施氮肥，施用腐熟肥料；⑥合理浇水，雨后及时排水，注意减少伤口，及时防虫；⑦药剂防治，发病初期用 50%苯菌灵可湿性粉剂、25%多菌灵可湿性粉剂、50%多菌灵可湿性粉剂、40%多·硫悬浮剂、65%甲霉灵可湿性粉剂、50%多霉威可湿性粉剂等药剂兑水均匀喷雾进行防治，隔 15 天左右喷 1 次，连续防治 2~3 次。

7. 油菜根肿病

病原：由芸薹根肿菌（*Plasmodiophora brassicae* Woron.）引起。

症状：主要为害油菜根部。染病后，在主根或侧根部位膨大成纺锤状或形成不规则形状的肿瘤，初始肿瘤的表面呈白色、光滑，后期逐渐变得粗糙暗淡，最后腐烂。染病初期，地上部无明显的表现症状，但是随着时间的推移会减缓生长速度，植株变得矮小，遇到晴天高温叶片下垂、萎蔫，最初早晚可恢复成正常状态，后期叶片会从下至上逐渐发黄萎蔫最后导致全株枯死。病害典型症状图片请参考 https://ps.ssl.qhmsg.com/sdr/400_/t01f1f4ef39af50cf78.jpg 和 https://p1.ssl.qhmsg.com/t012dd6598312339e34.jpg。

发病规律：病菌靠休眠孢子传播，其生长繁殖大部分在寄主组织中完成。休眠孢子萌发产生游动孢子，游动孢子侵染寄主的根部，在寄主根部肿大的细胞内形成休眠孢子囊。病菌随病根在土壤中越冬和越夏，病株、病土及未腐熟病残体的肥料是次年的初侵染源。田间湿度大，发病重，干旱发病轻，特别是水量若低于 45%病菌易死亡。酸性土质有利于发病，黏土地有利于发病，地下害虫为害及人工操作伤害油菜的根部等因素均可引起病害发生。

防治措施：①加强对种子检疫与处理；②选用抗病品种；③与非十字花科作物轮作；④改良酸性土壤，育苗移栽，适时早播，早移栽，中耕培土，培育壮苗，降低田间湿度，及时处理病株；⑤生物防治，可选用枯草芽孢杆菌，在播种之前施于田间或于苗期灌根，对病菌有较好的防效；⑥药剂防治，移栽前用75%百菌清可湿性粉剂、20%菌毒清可湿性粉剂、50%多菌灵可湿性粉剂等药剂喷根或淋浇后带药移栽，在发病初期及时进行防治，每隔7~10天喷淋1次，连续防治2~3次。

8. 油菜霜霉病

病原：由鞭毛菌亚门真菌寄生霜霉 [*Peronospora parasitica* (Pers.) Fr.] 引起。

症状：主要为害叶、茎和角果，也可为害花梗。叶片染病，初始出现浅绿色小斑点，随病情发展扩展为多角形的黄色斑块，叶背面长出白霉。茎和角果染病，受害处变黄，长有白色霉状物。花梗染病，顶部肿大弯曲，呈"龙头拐"状，花瓣肥厚变绿，不结实，上生白色霜霉状物。病害典型症状图片请参考 https://p1.ssl.qhmsg.com/t011c004b6458544a47.jpg 和 https://p1.ssl.qhmsg.com/t0129e686b8bf2a892c.jpg。

发病规律：冬油菜区，病菌以卵孢子随病残体在土壤中、粪肥里和种子内越夏，秋季萌发后侵染幼苗，病斑上产生孢子囊进行再侵染。远距离传播主要靠混在种子中的卵孢子，卵孢子主要靠气流和灌溉水或雨水传播。病害的发生与气候、品种和栽培条件关系密切，气温8~16℃、相对湿度高于90%、弱光有利于病菌侵染。生产上低温多雨、高湿、日照少，易发病。连作地、播种早、偏施过施氮肥或缺钾地块及密度大、田间湿气滞留地块，易发病。低洼地、排水不良、种植白菜型或芥菜型油菜，发病重。

防治措施：①种植抗病品种；②与大小麦等禾本科作物进行2年轮作；③加强田间管理，做到适期播种，密度合理。采用配方施肥技术，雨后及时排水，防止湿气滞留和淹苗；④药剂防治，一是对种子进行药剂拌种；二是发病初期用40%霜疫灵可湿性粉剂、75%百菌清可湿性粉剂、72.2%普力克水、64%杀毒矾可湿性粉剂、36%露克星悬浮剂、58%甲霜灵·锰锌可湿性粉剂、70%乙磷铝·锰锌可湿性粉剂、40%百菌清悬乳剂等药剂兑水喷雾进行防治，隔7~10天防治1次，连续防治2~3次。

9. 油菜黑斑病

病原：由半知菌亚门真菌芸苔链格孢 [*Alternaria brassicae* (Berk.) Sacc.]、芸苔生链格孢 [*Alternaria brassicicola* (Schw.) Wilts.]、萝卜链格孢 (*Alternaria raphani* Groves et Skolko) 引起。

症状：主要为害叶片、叶柄、茎和角果。叶片染病，初始产生褐色圆形病斑，略具同心轮纹，有时四周有黄色晕圈，湿度大时其上产生黑色霉状物。叶柄、叶柄与主茎交接处染病，形成椭圆形至梭形轮纹状病斑，环绕侧枝与主茎一周时，导致侧枝或整株枯死。病害典型症状图片请参考 http://p5. so. qhimgs1. com/sdr/400＿/ t0106f2cd108a7fd17b.jpg 和 https://p1.ssl.qhmsg.com/t01221f304117b595f9.jpg。

发病规律： 病菌以菌丝和分生孢子在种子内外越冬或越夏，种子带菌率 60%，带菌种子造成种子腐烂和死苗。除种子外，病菌可在病残体上越夏，病残体上产孢时间可延续 150 多天，该病在南方周年均可发生，辗转为害，无明显越冬期。油菜开花期遇有高温多雨天气，潜育期短，易发病。地势低洼，连作地，偏施过施氮肥，发病重。

防治措施： ①选用抗病品种；②进行大面积轮作，采用配方施肥技术，避免偏施过施氮肥，注意增施钾肥；③药剂防治，一是用 50% 福美双可湿性粉剂或 50% 扑海因可湿性粉剂拌种进行种子消毒处理；二是发病初期及时用 75% 百菌清可湿性粉剂、40% 大富丹可湿性粉剂、80% 大生 M-45 可湿性粉剂、64% 杀毒矾可湿性粉剂、50% 扑海因可湿性粉剂、80% 喷克可湿性粉剂、12% 绿乳铜乳油等药剂兑水喷雾进行防治。

10. 油菜白锈病

病原： 由鞭毛菌亚门真菌白锈菌 [*Albugo candida* (Pers.) Kuntze] 引起。

症状： 主要为害叶、茎、角果。叶片染病，初始在叶面上可见浅绿色小点，之后渐变为黄色圆形病斑，叶背面病斑处长出白色漆状疱状物。花梗染病，顶部肿大弯曲，花瓣肥厚变绿，不能结实。茎、枝、花梗、花器、角果等染病部位均可长出白色漆状疱状物，且多呈长条形或短条状。病害典型症状图片请参考 http://www. hyzhibao.com/ uploadfile/2018/0205/20180205121340477. jpg 和 http://a0. att. hudong. com/24/22/ 163000000449351268022226830956.jpg。

发病规律： 病菌以卵孢子在病残体中或混在种子中越夏，越夏的卵孢子萌发产出孢子囊，释放出游动孢子侵染油菜引致初侵染。在被侵染的幼苗上形成孢子囊堆进行再侵染。冬季则以菌丝和孢子囊堆在病叶上越冬，翌年春季气温升高，孢子囊借气流传播，遇有水湿条件产生游动孢子或直接萌发侵染油菜叶、花梗、花及角果进行再侵染，油菜成熟时又产生卵孢子在病部或混入种子中越夏。降水量大，雨日多，发病重。

防治措施： ①选用抗病品种；②与大小麦等禾本科作物进行 2 年轮作，采用配方施肥技术，避免偏施过施氮肥，注意增施钾肥；③药剂防治，发病初期及时用 40% 霜疫灵可湿性粉剂、75% 百菌清可湿性粉剂、72.2% 普力克水剂、64% 杀毒矾可湿性粉剂、36% 露克星悬浮剂、58% 甲霜灵·锰锌可湿性粉剂、70% 乙磷铝·锰锌可湿性粉剂、40% 百菌清悬乳剂、65% 甲霉灵可湿性粉剂、50% 多霉灵可湿性粉剂等药剂兑水喷雾进行防治，隔 7~10 天防治 1 次，连续防治 2~3 次。

11. 油菜根腐病

病原： 主要由真菌链格孢菌 (Alternaria tenuis Nees)、尖镰孢菌 (Fusarium oxysporum Sehlecht)、德巴利腐霉 (Phthium debaryanum Hesse)、齐整小核菌 (Sclerotium rolfsii Sacc.) 等引起。

症状：主要为害根和茎部。染病时，最初靠近地面的茎叶上出现黑色凹陷病斑。湿度大时，病斑上长出淡褐色蛛丝状菌丝，病叶萎垂发黄，易脱落。菜苗根茎部染病，在茎基部或靠近地面处出现褐色病斑，略凹陷，以后渐干缩，根茎部细缢，病苗折倒。成株期染病，根茎部膨大，根上出现灰黑色凹陷斑、稍软，主根易折断，断截上部常产生有少量次生须根。严重时油菜苗全株枯萎，越冬期不耐严寒，易受冻害死苗。病害典型症状图片请参考 https://p1.ssl.qhmsg.com/t0119b35ca2f2fcf9a6.jpg。

发病规律：病菌以各自方式在病残体或土壤中越冬，或附着在种子上越冬。翌年在适宜条件下通过不同进行侵染和再侵染。连作，土质黏重，地势低洼，高温多湿的年份或季节，发病重。

防治措施：①避免连作；②施用充分腐熟的有机肥；③加强田间管理，发现病株及时拔除、烧毁，并对病穴进行药剂消毒处理；④药剂防治，发病初期及时用 75%百菌清可湿性粉剂、50%多菌灵可湿性粉剂、70%敌克松可湿性粉剂等药剂兑水进行喷淋防治，隔 7 天喷洒 1 次，连续 2~3 次。

12. 油菜白粉病

病原：由子囊菌亚门真菌十字花科白粉菌〔*Erysipe cruciferarum*（Opiz）Junell〕引起。

症状：主要为害叶片、茎、花器和种荚。发病时，叶片上产生近圆形放射状白色粉斑，菌丝体生于叶的两面，随病情发展，随后白粉常铺满叶片、花梗和荚的整个表面，即白粉菌的分生孢子梗和分生孢子，发病轻者病变不明显，仅荚果稍变形；发病重的叶片褪绿黄化早枯，种子瘦瘪。病害典型症状图片请参考 http://www.zgny.com.cn/eweb/uploadfile/20100127161025119. jpg 和 http://www. 1988. tv/Upload _ Map/Bingchonghai/Big/2014/4-11/2014411143946963.jpg。

发病规律：南方全年种植十字花科蔬菜的地区，主要以菌丝体或分生孢子在十字花科蔬菜上辗转传播为害。北方主要以闭囊壳在病残体上越冬，成为翌年该病初侵染源。条件适宜时子囊孢子释放出来，借风雨传播，发病后，病部又产生分生孢子进行多次重复侵染，致病害流行。降水量少的干旱年份，易发病，时晴时雨，高温、高湿交替有利该病侵染和病情扩展，发病重。

防治措施：①选用抗病品种；②采用配方施肥技术，适当增施磷钾肥，增强寄主抗病力；③选择地势较高、通风、排水良好地块种植；④药剂防治，发病初期用 15%粉锈宁可湿性粉剂、20%粉锈宁乳油、50%多菌灵可湿性粉剂、50%托布津可湿性粉剂、70%甲基托布津可湿性粉剂、40%多硫悬浮剂、50%硫黄悬浮剂、2%武夷霉素水剂、农抗 120 水剂、30%特富灵可湿性粉剂、47%加瑞农可湿性粉剂、60%防霉宝水溶性粉剂等药剂兑水进行喷雾防治，每 7~10 天防治 1 次，连续防治 2~3 次。

13. 油菜软腐病

病原：由细菌胡萝卜软腐欧文氏菌胡萝卜软腐致病变种［*Erwiinia carotovora* subsp. *carotovora*（Jones）Bergey et al.］引起。

症状：主要为害根、茎和叶。发病时，初始靠近地面的根茎部位产生不规则水渍状病斑，随后逐渐扩大，略凹陷，表皮稍皱缩，继而皮层龟裂易剥开，病害向内扩展，病茎内部软腐呈空洞。靠近地面的叶片叶柄纵裂、软化、腐烂。病部溢出灰白色或污白色黏液，有恶臭味。发病初期叶萎蔫，早期尚可恢复，晚期则失去恢复能力。苗期重病株因根颈部腐烂而死亡。成株期，轻病株部分分枝能继续生长发育，重病株抽薹后倒伏死亡。病害典型症状图片请参考 http://www. hyzhibao. com/uploadfile/2018/0225/20180225050744375.jpg 和 https://p1.ssl.qhmsg.com/t010ffdac9e6ab2c460.jpg。

发病规律：病菌由土壤带菌传播，从伤口侵入，进行初侵染，靠雨水和害虫传播，进行再侵染。平畦栽培，虫害多，遇寒流侵袭或湿度大、温度高，发病重。施用过多氮肥，易发病。

防治措施：①选用抗病品种；②加强栽培管理，深耕晒土，高畦栽培，施用腐熟的有机肥料，降低田间湿度，适期播种，彻底治虫，减少昆虫传播，减少伤口；③水旱轮作或旱地与禾本科作物轮作 2~3 年；④药剂防治，发病初期用 50%氯溴异氰尿酸可溶性粉剂、90%新植霉素可溶性粉剂、72%农用硫酸链霉素可溶性粉剂、47%春雷霉素·氧氯化铜可湿性粉剂、30%碱式硫酸铜悬浮剂、14%络氨铜水剂等药剂兑水喷雾进行防治，7~10 天喷 1 次，连续 2~3 次。油菜对铜制剂敏感，要严格控制用药量，以防药害。

14. 油菜黑腐病

病原：由细菌油菜黄单胞菌油菜致病变种［*Xanthomonas campestris* pv. *campestris*（Pammel）Dowson］引起。

症状：主要为害叶片、根、茎及维管束。叶片染病，初始出现黄色 V 字形病斑，叶脉黑褐色，叶柄暗绿色水渍状，有时溢有黄色菌脓，病斑扩展致使叶片干枯。抽薹后主轴上产生暗绿色水渍状长条斑，湿度大时溢出大量黄色菌脓，随后变黑褐色腐烂，主轴萎缩卷曲，角果干秕或枯死。角果染病，产生褐色至黑褐色病斑，稍凹陷。种子上出现油浸状褐色斑，局限在表皮上。该病可致根、茎、维管束变黑，后期部分或全株枯萎。病害典型症状图片请参考 https://p1.ssl.qhmsg.com/t0139b3269f230663d9.jpg 和 https://p1.ssl.qhmsg.com/t01d9c10cbbac9b1b6d.jpg。

发病规律：病菌在种子上或遗留在土壤中的病残体内及采种株上越冬，成株叶片染病，病原细菌在薄壁细胞内繁殖，再迅速进入维管束，引起叶片发病，再从叶片维管束蔓延至茎部维管束，引致系统侵染。高温多雨天气及高湿条件，叶面结露、叶缘吐水，有利于病菌侵入而发病。光照少，发病重。肥水管理不当，植株徒长或早衰，寄主处于感病阶段，害虫猖獗或暴风雨频繁，发病重。

防治措施：①种植抗病品种或从无病田或无病株上采种，播前进行种子消毒处理；②与非十字花科蔬菜进行2~3年轮作；③收获后及时深耕，清洁田园，清除田间病残体；④适时播种，不宜过早播种，中熟品种可适期早播。密度适宜，适期蹲苗；⑤科学施肥，增施基肥，避免偏施氮肥，施用腐熟肥料；⑥合理浇水，雨后及时排水，注意减少伤口，及时防虫；⑦药剂防治，在发病初期及时用14%络氨铜水剂、新植霉素、12%绿乳铜乳油等药剂兑水喷雾进行防治。

15. 油菜细菌性黑斑病

病原：由细菌丁香假单胞菌斑点致病变种 ［*Pseudomonas syringae* pv. *maculicola*（Mcculloh）Young et al.］引起。

症状：主要为害叶、茎和荚果。叶片染病，先在叶片上形成1毫米大小的水浸状小斑点，初始为暗绿色，随后变为浅黑色至黑褐色，病斑中间色深发亮具光泽，有的病斑沿叶脉扩展，数个病斑常融合成不规则形坏死大斑，严重的叶脉变褐，叶片变黄脱落或扭曲变形。茎和荚染病，产生深褐色不规则条状斑。在角果上产生凹陷不规则褐色疹状斑。病害典型症状图片请参考 https://p1.ssl.qhmsg.com/t01f4a811fe5df6cba8.jpg 和 https://p1.ssl.qhmsg.com/t0156c302966a9de740.jpg。

发病规律：油菜细菌性黑斑病病菌主要在种子上或土壤及病残体上越冬，在土壤中可存活1年以上，可随时侵染，雨后，易发病。

防治措施：①种植抗病品种；②与非十字花科蔬菜进行2~3年轮作；③收获后及时深耕，清洁田园，清除田间病残体；④适时播种，不宜过早播种，中熟品种可适期早播；⑤合理密植，适期蹲苗；⑥增施基肥，避免偏施氮肥，施用腐熟肥料；⑦合理浇水，雨后及时排水，注意减少伤口，及时防虫；⑧药剂防治，发病初期用14%络氨铜水剂、47%加瑞农可湿性粉剂、50%琥胶肥酸铜可湿性粉剂、12%绿乳铜乳油、77%可杀得可湿性微粒粉剂、30%碱式硫酸铜悬浮剂等杀菌剂兑水喷雾进行防治，7~10天喷施1次，连续防治2~3次。

16. 油菜病毒病

病原：主要由芜青花叶病毒（Turnip mosaic virus，TuMV）侵染引起。

症状：主要为害叶片，甘蓝型油菜出现系统型枯斑。发病时，老叶片发病早，症状明显，随后波及到新生叶片上。初始发病时叶片上产生针尖大小透明斑，随后扩展成近圆形黄斑，中心呈黑褐色枯死斑，坏死斑四周油渍状。茎薹染病，其上出现紫黑色梭形至长条形病斑，一般从中下部向分枝和果梗上扩展，后期茎上病斑多纵裂或横裂，花、荚果易萎蔫或枯死。角果染病，产生黑色枯死斑点，多畸形。病害典型症状图片请参考 https://p0.ssl.qhimgs1.com/sdr/400_/t016df91b321e8f0b9a.jpg 和 https://p1.ssl.qhmsg.com/t01afab89501372fdc2.jpg。

发病规律：在田间自然条件下，桃蚜和萝卜蚜、甘蓝蚜是传播病毒病的主要传毒介体，蚜虫在病株上短时间（几分钟）取食后就具有传毒能力。芜青花叶病毒是非持久性病毒，蚜虫传染力的获得和消失都很快。田间的有效传毒主要是依靠有翅蚜的迁飞来实现。病毒病的发生与气候条件关系密切，油菜苗期如遇高温干旱天气，影响油菜的正常生长，降低油菜的抗病能力，同时在这样的条件下有利于蚜虫的大发生及其活动，从而引起油菜病毒病的发生和流行。

防治措施：①选用抗病品种；②根据当地的气候、油菜品种的特性和当地蚜虫的发生情况，适时播种；③杀灭蚜虫是预防和控制病毒病关键，通过灭蚜，切断传毒来源；④加强苗期管理，油菜移植活苑后，应及时中耕除草，做到勤施肥促长，不偏施氮肥；及时间苗，剔除病苗；遇到干旱应及时灌水，促进油菜健壮生长，增强油菜的抗病能力；⑤药剂防治，发病初期用 0.5% 抗毒丰菇类蛋白多糖水剂、10% 病毒王可湿性粉剂、1.5% 植病灵乳剂、83 增抗剂等药剂兑水喷雾进行控制，每隔 7~10 天左右喷 1 次，连喷 2~3 次。

17. 油菜华而不实病

病原：由油菜生长过程中缺硼和管理不当等原因引起的生理性病害。

症状：苗期缺硼，叶片增厚、倒卷、皱缩、叶色暗绿。蕾薹期缺硼，花蕾枯萎，叶色黄褐，生长缓慢，薹短茎细。花期硼素营养供应不足，花色淡黄，花序缩短，开花缓慢，分枝丛生，只开花，不结实或籽粒秕瘦，角果缩短。病害典型症状图片请参考 http://www.hyzhibao.com/uploadfile/2018/0225/20180225063021974.jpg。

发病规律：油菜在生长发育过程中，当油菜进入营养生长和生殖生长旺盛期，对硼素的需求增多，特别是播种期和苗期未施硼肥的田块，在油菜开花期硼素营养供应不足，造成花而不实。干旱天气也会造成油菜花而不实。

防治措施：在油菜苗期、蕾薹期、初花期，各喷施一次 0.3%~0.4% 的硼砂溶液。硼砂采用两次稀释法，先用少量温水将硼砂溶解，再加入适量的水稀释后喷施。缺硼严重的田块，在初花期可相隔 7~10 天再补喷一次。同时要在干旱天气时及时浇水，以免因干旱造成华而不实。

三十八 玉米主要病害

1. 玉米大斑病

病原：由半知菌亚门真菌大斑突脐蠕孢菌〔*Exserohilum turcicum*（Pass.）Leonard et Suggs.〕引起。

症状：主要为害玉米叶片。发病初期，叶片上出现水浸状青色病斑，以后逐渐沿叶脉向两端扩展，形成中央黄褐色、边缘褐色的梭形大斑。温度高时，病斑在叶正反两面产生大量灰黑色霉层。病斑能结合连片，使植株早期枯死。病害典型症状图片请参考 https://p1.ssl.qhmsg.com/t01fbb7b6b9234d0afa.jpg 和 http://img.mp.itc.cn/upload/20161123/0e8011c5dd084432938368fa37fc80c4_th.jpg。

发病规律：病菌以菌丝体或分生孢子在病残体内外越冬。来自玉米秸秆上越冬病组织重新产生的分生孢子是田间传播发病的初侵染菌源，借风雨、气流传播。适宜发病温度为20~25℃，超过28℃对病害发生有抑制作用。气温适宜，遇连续阴雨天，病害发展迅速，易大流行。玉米孕穗、出穗期间氮肥不足，发病重。低洼地、密度过大、连作地，易发病。

防治措施：①选种抗病品种；②合理轮作倒茬，实行间作套种；③合理密植，早播早管，改善田间小气候；④加强中耕、排水等田间管理，以增强植株抗病力；⑤施足底肥，施用有机肥，适时增施磷、钾肥，防止后期脱肥；⑥及时灌水，抽雄前后要保证水分供应充足；⑦清除酢浆草和病残体，集中深埋或烧毁，以减少侵染源；⑧收后深翻，压埋病菌，减少初侵染源；⑨药剂防治，在苗期用96%恶霉灵可湿性粉剂等杀菌剂兑水喷施进行防治，在拔节期后，用50%多菌灵可湿性粉剂、70%甲基托布津可湿性粉剂等药剂兑水喷雾进行防治。

2. 玉米小斑病

病原：由半知菌亚门真菌玉蜀黍平脐蠕孢菌〔*Bipolaris maydis*（Nisikado et Miyake）Shoem〕引起。

症状：主要为害玉米叶片，从幼苗到成株期均可感病，以抽雄、灌浆期发病重。发病时，一般先从下部叶片开始，随后逐渐向上蔓延。病斑初始呈水浸状，之后变为黄褐色或红褐色，边缘色泽较深。病斑呈椭圆形、近圆形或长圆形，有时病斑可见 2~3 个同心轮纹。病害典型症状图片请参考 http://baike.zidiantong.com/file/2011/8605f5f8391f454bd9f9fdbc.jpg 和 https://p1.ssl.qhmsg.com/t01f7a1cbacca78fcbc.jpg。

发病规律： 病菌以休眠菌丝体和分生孢子在病残体上越冬，成为翌年发病初侵染源。分生孢子借风雨、气流传播，侵染玉米，在病株上产生分生孢子进行再侵染。遇充足水分或高温条件，病情迅速扩展。玉米孕穗、抽穗期降水多、湿度高，容易造成病害的发生和流行。低洼地、过于密植荫蔽地、连作田，发病重。

防治措施： ①选种抗病品种；②合理轮作倒茬，实行间作套种；③清洁田园，深翻土地，控制菌源；摘除下部老叶、病叶，减少再侵染菌源；降低田间湿度；增施磷、钾肥，加强田间管理，增强植株抗病力；④药剂防治，发病初期用 75% 百菌清可湿性粉剂、70% 甲基硫菌灵可湿性粉剂、25% 苯菌灵乳油、50% 多菌灵可湿性粉剂等兑水喷雾进行防治，间隔 7~10 天 1 次，连续防治 2~3 次。

3. 玉米灰斑病

病原： 由半知菌亚门真菌玉米尾孢菌（*Cercospora zeae maydis* Tehon & Daniels.）和高粱尾孢菌（*Cercospora sorghi* Ell. et Ev.）引起。

症状： 主要为害叶片。叶片染病，发病初期病斑淡褐色，具有褪色晕圈，随病情发展逐渐扩展为黄褐色、灰色至灰褐色条斑，与叶脉平行延伸呈矩形。发病中期，病斑中央灰色，边缘褐色，在感病品种上的病斑可长达 6 毫米。严重时，病斑汇合连片，致使叶片枯死。潮湿时，叶片两面尤其是叶背面病部会产生出灰色霉层。病害典型症状图片请参考 https://p1.ssl.qhmsg.com/t0156713c47ac48f662.jpg 和 https://p1.ssl.qhmsg.com/t0108a6459497079087.jpg。

发病规律： 病菌以菌丝体在病株上越冬，成为翌年玉米田间初次侵染源。病菌在病残体上可存活 7 个月，但埋在土壤里的病残体上的病菌则很快丧失生命力。在免耕田块上种植的玉米发病严重。田间温度、相对湿度和降水量都影响病害的发生和发展。降水量大、相对湿度高、气温较低的环境条件有利于病害的发生和流行。

防治措施： ①选用抗病或耐病的品种；②收获后及时清除病残体；③进行大面积轮作；④加强田间管理，雨后及时排水，防止湿气滞留；⑤药剂防治，发病初期用 75% 百菌清可湿性粉剂、50% 多菌灵可湿性粉剂、40% 克瘟散乳油、50% 苯菌灵可湿性粉剂、25% 苯菌灵乳油、20% 三唑酮乳油等药剂兑水喷雾进行防治。

4. 玉米圆斑病

病原： 由半知菌亚门真菌炭色长蠕孢菌（*Bipolaris carbonum* Wilson.）引起。

症状： 主要为害果穗、叶片和叶鞘。果穗染病，从果穗尖端向下侵染，果穗籽粒呈煤污状，籽粒表面和籽粒间长有黑色霉层（病原菌的分生孢子梗和分生孢子）。病籽粒呈干腐状，用手捻动籽粒即成粉状。叶片染病，为害初期出现水渍状淡绿色小斑，随后扩大为圆形，微具轮纹，病斑中部浅褐色，边缘褐色，外围生黄绿色晕圈，病斑表面生黑色霉层。叶鞘染病，初始产生褐色斑点，随后扩大为不规则形大斑，具同心轮纹，表面产生黑色霉层。病害典型症状图片请参考 https://p1.ssl.qhmsg.com/t012de7d2b20fec4453.jpg 和 https://p1.ssl.qhmsg.com/t01d3497611d5dddd1a.jpg。

发病规律：由于穗部发病较重，所以带菌种子作用较大，有些感病种子因不能发芽而腐烂在土壤中，易引起幼苗发病或枯死。遗落在田间或秸秆垛上的病株残体以及果穗籽粒上潜存的菌丝体均可安全越冬，成为翌年田间发病的初侵染源。条件适宜时，其产生分生孢子传播到玉米植株上，萌发侵入。病斑上产生的分生孢子借风雨传播，进行再侵染。多雨天气、田间湿度大时，容易诱发病害的发生和流行。

防治措施：①选用抗病品种；②合理轮作倒茬，实行间作套种；③严禁从病区调种，在玉米出苗前彻底处理病残体，减少初侵染源；④加强栽培管理，合理密植，早播早管，改善田间小气候；⑤加强中耕、排水等田间管理，增强植株抗病力；⑥施足底肥，充分施用有机肥，适时增施磷、钾肥，防止后期脱肥；⑦及时灌水，抽雄前后要保证水分供应充足；⑧药剂防治，在玉米吐丝盛期，即50%~80%果穗已吐丝时，用25%粉锈宁可湿性粉剂、50%多菌灵可湿性粉剂、70%代森锰锌可湿性粉剂等药剂兑水后向果穗上喷洒进行防治，隔7~10天防治1次，连续防治2次。

5. 玉米弯孢菌叶斑病

病原：由半知菌亚门真菌新月弯孢菌［*Curvularia lunata*（Wakker）Boed.］引起。

症状：主要为害叶片，也可为害叶鞘和苞叶。叶片染病，叶片上初始出现水渍状褪绿半透明小点，随后扩大为圆形、椭圆形、梭形或长条形病斑，病斑中心灰白色，边缘黄褐色或红褐色，外围有淡黄色晕圈，并具黄褐色相间的断续环纹。潮湿条件下，病斑正反两面均可产生灰黑色霉状物。感病品种叶片密布病斑，病斑相互连接后导致叶片枯死。病害典型症状图片请参考 https://p1.ssl.qhmsg.com/t0122a14a3fdb35f0e1.png 和 https://p1.ssl.qhmsg.com/t015f5d57e30fda2785.jpg。

发病规律：病菌以菌丝潜伏于病残体组织中越冬，也能以分生孢子状态越冬，遗落于田间的病叶和秸秆是主要的初侵染源。品种抗病性随植株生长而递减，苗期抗性较强，1~3叶期很易感病，此病属于成株期病害。氮肥少、后期脱肥、管理粗放的地块，抗病性较弱，发病重。高温、高湿、降水量较多的年份有利于发病。低洼积水田和连作地块，发病重。

防治措施：①选用抗病品种；②清洁田园，玉米收获后及时清理病株和落叶，集中处理或深耕深埋，减少初侵染来源；③药剂防治，天气适合发病、田间发病率达10%时，用25%敌力脱乳油、75%百菌清可湿性粉剂或50%多菌灵可湿性粉剂等杀菌剂兑水喷雾进行防治。

6. 玉米锈病

病原：由担子菌亚门真菌玉米柄锈菌（*Puccinia sorghi* Schw.）引起。

症状：主要为害叶片，严重时也可为害果穗、苞叶乃至雄花。发病初期，仅在叶片两面散生浅黄色长形至卵形褐色小脓疱，之后小疱破裂，散出铁锈色粉状物，即病菌夏孢子；发病后期，病斑上生出黑色近圆形或长圆形突起，开裂后露出黑褐色冬孢子。病害典型症状图片请参考 https://p1.ssl.qhmsg.com/t010883af177d3b1694.jpg，https://p1.ssl.qhmsg.com/t01a4ca91ee14d3f906.jpg 和 https://p1.ssl.qhmsg.com/t01355790d3fb2f147b.jpg。

发病规律：在南方温暖地区，病原菌以夏孢子的形态越冬，翌年借气流传播进行初次侵染。田间叶片染病后，病部产生的夏孢子借气流传播，进行再侵染，蔓延扩展。生产上早熟品种，易发病。高温多湿或连阴雨、偏施氮肥，发病重。

防治措施：①选用抗病品种；②施用腐熟堆肥，增施磷钾肥，避免偏施、过施氮肥，提高寄主抗病力；③加强田间管理，清除病残体，集中深埋或烧毁，以减少侵染源；④药剂防治，在发病初期及时用 25%三唑酮可湿性粉剂、40%多·硫悬浮剂、50%硫黄悬浮剂、30%固体石硫合剂、25%敌力脱乳油、12.5%速保利可湿性粉剂等药剂兑水喷雾进行防治，隔 10 天左右防治 1 次，连续防治 2~3 次。

7. 玉米炭疽病

病原：由半知菌亚门真菌禾生炭疽菌（*Colletotrichum graminicola*）引起。

症状：主要为害叶片和茎秆。叶片染病，病斑梭形至近梭形，中央浅褐色，四周深褐色，病部生有黑色小粒点（病菌分生孢子盘），后期病斑融合，导致叶片枯死。病害发生严重时，造成植株顶端死亡。侵染玉米茎秆，引起玉米茎基腐，造成玉米减产。病害典型症状图片请参考 http://www.haonongzi.com/pic/news/20160324141838704.jpg 和 https://p1.ssl.qhmsg.com/t01e4b19482a1fb6508.jpg。

发病规律：病菌以分生孢子盘或菌丝块在病残体上越冬。翌年产生分生孢子借风雨传播，进行初侵染和再侵染。种植密度大，株、行间郁闭，通风透光不好，发病重。氮肥施用太多，生长过嫩，抗性降低，易发病。土壤黏重、偏酸；多年重茬地，土壤得不到深耕，耕作层浅缺少有机肥；田间病残体多；肥力不足、耕作粗放、杂草丛生的田块，植株衰弱，发病重。种子带菌、堆肥未充分腐熟、有机肥带菌或肥料中混有本科作物病残体的，易发病。地势低洼积水、排水不良、土壤潮湿，易发病。高温、高湿或长期连阴雨的年份，发病重。

防治措施：①选用抗病品种，并于播前进行种子消毒；②实行 3 年以上轮作，深翻土壤，及时中耕，提高地温；③采用配方施肥技术，施用充分腐熟的堆肥或有机肥；④适时早播，早移栽、早间苗、早培土、早施肥，及时中耕培土，培育壮苗；⑤加强田间栽培及排灌管理；⑥药剂防治，发病初期用 50%甲基硫菌灵可湿性粉剂、50%苯菌灵可湿性粉剂、25%炭特灵可湿性粉剂、80%炭疽福美可湿性粉剂等药剂兑水喷雾进行防治。

8. 玉米褐斑病

病原：由鞭毛菌亚门真菌玉蜀黍节壶菌（*Phrsoderma maydis* Miyabe.）引起。

症状：主要为害玉米叶片、叶鞘及茎秆。叶片染病，先在顶部叶片的尖端发生，以叶和叶鞘交接处病斑最多，常密集成行，最初为黄褐色或红褐色小斑点，病斑为圆形或椭圆形到线形，隆起，附近的叶组织常呈红色，小病斑常汇集在一起，严重时叶片上出现几段甚至全部布满病斑，在叶鞘上和叶脉上出现较大的褐色斑点，发病后期病斑表皮破裂，叶细胞组织呈坏死状，散出褐色粉末，病叶局部散裂，叶脉和维管束残存如丝状。茎上多在节的附近发病。病害典型症状图片请参考 https://p1.ssl.qhmsg.com/t01710615852857e4a0.jpg，https://p1.ssl.qhmsg.com/t0137de1ac8f26ed8ce.jpg 和 https://p1.ssl.qhmsg.com/t016b005ba9e39d287c.jpg。

发病规律：病菌以休眠孢子囊在土中或在病残体上越冬。第二年病菌靠气流传播到玉米植株上，遇到合适条件萌发产生大量的游动孢子，游动孢子在叶片表面上水滴中游动，并形成侵染丝，侵害玉米的嫩组织。温度高、湿度大，阴雨日较多时，有利于发病。在土壤瘠薄的地块，叶色发黄，病害发生严重。在土壤肥力较高的地块，玉米健壮，叶色深绿，病害较轻甚至不发病。

防治措施：①玉米收获后，及时清除田间病残株，深耕深埋，减少病菌初侵染来源；②合理排灌，降低田间湿度，创造不利于病害发生的环境条件；③不用病株作饲料或沤肥；④重病田应和其他作物轮作 2～3 年；⑤采用配方施肥技术，适时追肥、中耕锄草，促进植株健壮生长，提高抗病力；⑥合理密植，提高田间通透性；⑦药剂防治，发病初期用 25% 的粉锈宁可湿性粉剂加入叶面肥兑水喷雾进行防治，间隔 7 天左右 1 次，连喷 2 次。

9. 玉米穗腐病和粒腐病

病原：主要由禾谷镰刀菌（*Fusarium graminearum*）、串株镰刀菌（*Fusarium verticillioides*）、层出镰刀菌（*Fusarium proliferatum*）、青霉菌（*Penicillium* spp.）、曲霉菌（*Aspergilllus* spp.）、枝孢菌（*Cladosporium* spp.）、单瑞孢菌（*Trichothecium* spp.）等近 20 多种霉菌浸染引起。

症状：主要为害果穗及籽粒。被害果穗顶部或中部变色，并出现粉红色、蓝绿色、黑灰色或暗褐色、黄褐色霉层。病粒无光泽，不饱满，质脆，内部空虚，常为交织的菌丝所充塞。果穗病部苞叶常被密集的菌丝贯穿，黏结在一起贴于果穗上不易剥离，仓贮玉米受害后，粮堆内外则长出疏密不等，各种颜色的菌丝和分生孢子，并散出发霉的气味。病害典型症状图片请参考 http://www.zhongnong.com/Upload/BingHai/2012421110859.jpg 和 http://www.haonongzi.com/shop/pic/tuku/201394172460.jpg。

发病规律：病原菌的传播方式因病原菌不同而不同。病菌主要从伤口侵入，分生孢子借风雨传播。温度在 15～28℃，相对湿度在 75% 以上，有利于病菌的侵染和流行，高温多雨以及玉米虫害发生偏重的年份，发病重。成熟期多雨会导致玉米颗粒染病。玉米粒没有晒干，入库时含水量偏高，以及贮藏期仓库密封不严，库内温度升高，利于各种霉菌腐生蔓延，引起玉米粒腐烂或发霉。

防治措施：①实行轮作，清除并销毁病残体；②适期播种，合理密植，合理施肥，促进早熟，注意虫害防治，减少伤口侵染的机会；③玉米成熟后及时采收，充分晒干后入仓贮存；④药剂防治，一是播种前用200倍福尔马林浸种，或用50%多菌灵可湿性粉剂或50%甲基硫菌灵可湿性粉剂100倍液浸种，用清水冲洗晾干后播种；二是在田间发病初期用50%多菌灵可湿性粉剂、50%甲基硫菌灵可湿性粉剂、25%苯菌灵乳油等杀菌剂兑水喷果穗和下部茎叶进行防治，隔7~10天防治1次，防治1~2次。

10. 玉米干腐病

病原：由半知菌亚门真菌玉米狭壳柱孢菌 [*Stenocarpell maydis*（Berk）Sutton.]、大孢狭壳柱孢菌 [*Stenocarpell macrospora*（Earle）Sutton.]，干腐色二孢菌（*Diplodia frumenti* Ell. et Ev.）等引起。

症状：玉米地上部均可发病，茎秆和果穗受害重。茎秆、叶鞘染病，多在近基部的4~5节或近果穗的茎秆上产生褐色或紫褐色至黑色大型病斑，随后变为灰白色。叶鞘和茎秆之间常存有白色菌丝，严重时茎秆折断，病部长出很多小黑点。叶片染病，多在叶片背面形成长条斑。果穗染病，多表现早熟、僵化变轻。剥开苞叶可见果穗下部或全穗籽粒皱缩，苞叶和果穗间、粒行间常生有紧密的灰白色菌丝体。病果穗变轻易折断。严重的籽粒基部或全粒均有少量白色菌丝体，散生很多小黑点。纵剖穗轴，穗轴内侧、护颖上也生小黑粒点，这些症状是识别该病的重要特征。病害典型症状图片请参考http://www.cnncty.com/file/upload/201709/12/170934886465.jpg 和 https://p1.ssl.qhmsg.com/t011331bc2b989a54e5.jpg。

发病规律：病菌以菌丝体和分生孢子器在病残组织和种子上越冬。翌春遇雨水，分生孢子器吸水膨胀，释放出大量分生孢子，借气流传播蔓延。玉米生长前期遇有高温干旱，气温28~30℃，雌穗吐丝后半个月内遇有多雨天气有利于病害发生。

防治措施：①加强检疫，防止该病传入；②病区要建立无病留种田，供应无病种子；③病区应实行大面积轮作，不连作；④收获后及时清洁田园，以减少菌源；⑤药剂防治，一是播前用杀菌剂浸种或拌种，二是在发病初期用50%多菌灵可湿性粉剂、50%甲基硫菌灵可湿性粉剂、25%苯菌灵乳油等杀菌剂兑水喷施进行防治，重点喷果穗和下部茎叶，隔7~10天1次，防治1~2次。

11. 玉米顶腐病

病原：由半知菌亚门真菌串珠镰刀菌微胶（亚黏团）变种（*Fusarium moniliforme* var. *subglutinans* Woll. & Reink.）引起。

症状：从苗期到成株期都可发病，症状复杂多样，有的尚未明确。轻病株在展开的上部叶片基部腐烂，叶片边缘出现刀切状缺刻和黄化条纹，如果病情不再发展，可抽穗结实，但产量有一定影响；重病株顶叶基部腐烂，茎节受害，心叶纵卷扭曲，潮湿条件下，在叶片基部腐烂的组织上可见白色或粉白色的霉层；最严重的病株顶部几个茎节受害，植株不再拔节而严重矮化，不及健株的 1/2，剖开茎部，茎节变褐，后期心叶逐渐枯死，植株不能结实。病害典型症状图片请参考 https://p1.ssl.qhmsg.com/t016480c03b7fe278b6.jpg 和 https://p1.ssl.qhmsg.com/t01200db90f5a3af161.jpg。

发病规律：病菌在土壤，病残体和带菌种子中越冬，成为下一季玉米发病的初侵染菌源。种子带菌还可远距离传播，使发病区域不断扩大。顶腐病具有某些系统侵染的特征，病株产生的病菌分生孢子还可以随风雨传播，进行再侵染。虫害蓟马、蚜虫等的为害会加重病害发生。高温高湿有利于病害发生和流行，雨后或田间灌溉后，低洼或排水不畅的地块，发病重。

防治措施：①要充分利用晴好天气加快铲趟进度，排湿提温，消灭杂草，以提高秧苗质量，增强抗病能力；②及时追肥；③药剂防治，对发病地块可用 50%多菌灵可湿性粉剂、70%甲基托布津可湿性粉剂等广谱杀菌剂兑水喷雾进行防治。

12. 玉米黑束病

病原：由半知菌亚门真菌直枝顶孢霉菌（*Acremonium stictum* W. Gams）引起。

症状：主要为害叶片，常在生长后期发病。在玉米乳熟期出现大面积枯死，为害严重，从田间表现症状后，仅十几天就能发展到全田枯死。发病初期叶片主脉变黄褐色或红褐色，叶片中脉一侧或两侧出现黄褐色或红褐色坏死条斑，扩展后纵贯整个叶片，病株枯萎，不能正常结实；有时还出现过度分蘖、复穗、更高的茎节上长出气生根等，潮湿时，叶鞘的罹病部位可生一层粉红色霉状子实体。病害典型症状图片请参考 http://www.3456.tv/images/2011nian/10/2014－08－13－10－46－40.jpg 和 http://www.3456.tv/images/2011nian/10/2014－08－13－10－46－55.jpg。

发病规律：病菌在种子上或随病残体在土壤中越冬。主要靠种子和土壤传播，病菌直接或通过伤口侵入茎部组织。该病发病急速，品种间抗病性差异明显。

防治措施：①严格检疫，防止该病蔓延；②选用抗病品种，并于播种前进行种子消毒或用包衣种子播种；③实行轮作；④在玉米地不施用玉米秸秆堆制的农家肥；⑤收获后及时清洁田园。

13. 玉米丝黑穗病

病原：由担子菌亚门真菌黍轴黑粉菌［*Sphacelotheca reiliana*（Kühn）Clint.］引起。

症状：在苗期至成株期均可表现症状。一旦发病往往全株颗粒无收。苗期发病幼苗分蘖增多呈丛生型，植株明显矮化，节间缩短，叶色暗绿。有的叶片上出现与叶脉平行的黄白色条斑，有的幼苗心叶紧紧卷在一起弯曲成鞭状。成株期病株果穗较短，整个果穗变成一个黑粉包，苞叶破裂散出黑粉。病害典型症状图片请参考 http://att.191.cn/

attachment/photo/Mon_ 1207/12893_ c9ae1342081255380b84b592970c4.jpg 和 https://p1. ssl.qhmsg.com/t01d1e905ae5ef8ba51.jpg。

发病规律：病菌以冬孢子散落在土壤中，混入粪肥里或沾附在种子表面越冬。用病株残体或病土沤粪未经腐熟的带菌粪肥是重要的侵染来源。幼芽出土期间土壤温湿度、播种深度、出苗快慢、土壤中病菌含量等与玉米丝黑穗病的发生程度关系密切。连年重茬、连作，造成土壤菌源量累积，发病重。

防治措施：①选用抗病品种；②播前用杀菌剂对种子进行处理；③拔除病株，减少菌量，根据苗期的发病症状，结合定苗和田间除草及时铲除病苗或可疑病株；④加强耕作栽培措施；⑤轮作；⑥加强检疫，防止由病区传入带菌种子。

14. 玉米茎腐病

病原：由腐霉菌（*Pythium aphanidermatum*）、镰刀菌（*Fusarium moniliforme*）、炭疽菌（*Colletotrichum graminicola*）、炭腐菌（*Macrophomina phaseolina*）等多种病原真菌单独或复合侵染引起。

症状：主要为害根和茎基部，在玉米灌浆期开始发病，乳熟后期至蜡熟期为发病高峰期。先从根部受害，最初病菌在毛根上产生水渍状淡褐色病变，逐渐扩大至次生根，直到整个根系呈褐色腐烂，最后粗细根变成空心。根的皮层易剥离，松脱，须根和根毛减少，整个根部易拔出。逐渐向茎基部扩展蔓延，茎基部 1~2 节处开始出现水渍状梭形或长椭圆形病斑，随后很快变软下陷，内部空松，一掐即瘪，手感明显。节间变淡褐色，果穗苞叶青干，穗柄柔韧，果穗下垂，不易掰离，穗轴柔软，籽粒干瘪，脱粒困难。病害典型症状图片请参考 http://www.rpnhcn.com/UploadFiles/files/image/20160831/20160831164540_ 1701. jpg 和 https://p1. ssl. qhmsg. com/dr/270_ 500_ /t0146b8b9fbbf2292c5.jpg?size=268x361。

发病规律：病菌可在土壤中病残体上越冬，翌年从植株的气孔或伤口侵入。玉米60 厘米高时组织柔嫩易发病，害虫为害造成的伤口利于病菌侵入。高温高湿利于发病，地势低洼或排水不良，密度过大，通风不良，施用氮肥过多，伤口多，发病重。

防治措施：①选种抗病品种；②加强栽培管理，合理施肥，合理密植，降低土壤湿度等措施可以使植株健壮，减少茎腐病；③合理轮作，深翻土地，清除病残和不施用未腐熟的有机肥；④药剂防治，发病初期用50%多菌灵可湿性粉剂、65%代森锰锌可湿性粉剂、70%百菌清可湿性粉剂、20%三唑酮乳油、50%苯菌灵可湿性粉剂、98%恶霉灵可湿性粉剂等药剂兑水喷淋或灌根进行防治。

15. 玉米纹枯病

病原：由半知菌亚门真菌立枯丝核菌（*Rhizoctonia solani* Kühn）引起。

症状：主要为害叶鞘，茎秆及果穗。发病初期，多在基部第一、第二茎节叶鞘上产生暗绿色水渍状病斑，之后扩展融合成不规则形或云纹状大病斑，病斑中部灰褐色，边缘深褐色，由下向上蔓延扩展。穗苞叶染病，产生同样的云纹状斑。果穗染病后秃顶，籽粒细扁或变褐腐烂。严重时根茎基部组织变为灰白色，次生根黄褐色或腐烂。多雨、高湿持续时间长时，病部长出稠密的白色菌丝体，菌丝进一步聚集成多个菌丝团，形成小菌核。病害典型症状图片请参考 http://att.191.cn/attachment/thumb/Mon_ 1208/63_ 140670_ 954a79d9f9f2803.jpg?616 和 http://p2.qhimgs4.com/t01a36a25d2cfaa9824.jpg。

发病规律：病菌以菌丝和菌核在病残体或在土壤中越冬。翌春条件适宜，菌核萌发产生菌丝侵入寄主，后病部产生气生菌丝，在病组织附近不断扩展。菌丝体侵入玉米表皮组织时产生侵入结构，菌丝体沿表皮细胞连接处纵向扩展，随即纵、横、斜向分枝，菌丝顶端变粗，生出侧枝缠绕成团，紧贴寄主组织表面形成侵染垫和附着胞，通过与邻株接触进行再侵染。播种过密、施氮过多、湿度大、连阴雨多，易发病。

防治措施：①选用抗（耐）病品种或杂交种；②实行轮作，合理密植，注意开沟排水，降低田间湿度，结合中耕消灭田间杂草；③清除病残体，及时深翻，发病初期摘除病叶；④药剂防治，一是药剂拌种，二是发病初期用5%井冈霉素可湿性粉剂、50%甲基硫菌灵可湿性粉剂、50%多菌灵可湿性粉剂、50%苯菌灵可湿性粉剂、50%退菌特可湿性粉剂、40%菌核净可湿性粉剂、50%农利灵可湿性粉剂、50%速克灵可湿性粉剂等药剂兑水喷雾进行防治，喷药重点为玉米植株基部。

16. 玉米瘤黑粉病

病原：由担子菌亚门真菌玉蜀黍黑粉菌［*Ustilago maydis*（DC.）Corda］引起。

症状：主要为害玉米叶、秆、雄穗和果穗等部位幼嫩组织，产生大小不等的病瘤。植株地上幼嫩组织和器官均可发病，病部的典型特征是产生肿瘤。病瘤初呈银白色，有光泽，内部白色，肉质多汁，并迅速膨大，常能冲破苞叶而外露，表面变暗，略带淡紫红色，内部则变灰至黑色，失水后当外膜破裂时，散出大量黑粉（病菌的冬孢子）。果穗发病可部分或全部变成较大肿瘤，叶上发病则形成密集成串小瘤。病害典型症状图片请参考 https://p1.ssl.qhmsg.com/t0145f0c2f3bcfd1c0b.jpg。

发病规律：病菌主要以冬孢子在土壤中或在病株残体上越冬，成为翌年的侵染菌源。越冬后的冬孢子，遇到适宜的温、湿度条件，萌发产生担孢子，进而产生双核侵染菌丝，从玉米幼嫩组织直接侵入，或者从伤口侵入。冬孢子、担孢子可随气流和雨水分散传播，也可以被昆虫携带而传播。干旱、伤口多，发病重。连作，收获后不及时清除病残体，施用未腐熟农家肥，发病重。种植密度大，偏施氮肥的田块，易发病。

防治措施：①种植抗病品种；②实行2~3年轮作；③加强栽培及田间管理，抽雄前后适时灌溉，防止干旱；④药剂防治，一是加强玉米螟等害虫的防治，减少虫伤口，二是对种子进行药剂消毒处理，三是发病初期用50%福美双可湿性粉剂、2%戊唑醇可湿性粉剂、15%三唑酮可湿性粉剂、50%克菌丹可湿性粉剂等杀菌剂兑水喷雾进行防治。

17. 玉米苗枯病

病原：由半知菌亚门真菌串珠镰刀菌（*Fusarium moniiforme* Sheld.）为主引起。

症状：主要为害幼苗。苗期染病，在种子根的一处或几处及根尖发生褐变，后扩展成一段或侵染到中胚轴，致根发育不良或根毛减少，次生根少或无，初生根老化、皮层坏死，根系黑褐色，并在节间形成坏死环，茎基出现水浸状腐烂，易断裂，地上部叶鞘变褐呈撕裂状，叶片变黄，边缘枯焦，心叶卷曲易折，以后叶片由下向上逐渐干枯，无次生根的，出现死苗，有少量次生根的形成弱苗，湿度大时在地面近病苗处长出白霉。病害典型症状图片请参考 https://p1.ssl.qhimgs1.com/sdr/400_ /t0101f610a1406cb77d.jpg 和 https://p1.ssl.qhmsg.com/t0192dfda1e1ce2c4e2.jpg。

发病规律：病菌以菌丝体在病残体及种子上越冬，未腐熟有机肥也带菌，都是发病的初侵染源。地势低洼，土壤贫瘠，黏土地、盐碱地发病重，播种过深也易发病。土壤积水的田块，苗期会形成芽涝现象，幼苗不能正常生长发育，使根系发育不良引发苗枯病。

防治措施：①选用粒大饱满、发芽势强的抗病品种；②种子包衣，未包衣种子进行浸种或拌种处理消毒；③合理施肥，加强管理；④加强苗期管理，及时中耕、松土、雨后及时排水，注意提高低温，增强抗病力；⑤药剂防治，在发病初期及时用70%甲基硫菌灵可湿性粉剂、20%三唑酮可湿性粉剂、70%噁霉灵可湿性粉剂、50%多菌灵可湿性粉剂、72%霜脲氰·锰锌可湿性粉剂、58%甲霜灵锰锌可湿性粉剂等杀菌剂兑水进行喷淋防治，间隔7天左右1次，连喷2~3次。

18. 玉米根腐病

病原：由立枯丝核菌（*Rhizoctonia solani* Kühn），串珠镰刀菌（*Fusarium moniliforme* Sheldon），禾谷镰刀菌（*Fusarium graminearum* Schwabe）等引起。

症状：主要为害根部。在玉米幼苗期至抽穗吐丝期均可出现症状，整株植株茎叶暗绿。病叶自叶尖向下或从边缘向内逐渐变黄干枯。病株的叶片由下而上发展而呈焦枯状；须根初期表现水渍，变黄，后腐烂坏死，根皮容易脱落。当玉米植株长到七八片叶时，根部变黑腐烂，叶片自下而上逐渐变黄枯萎；或抽雄以后根部迅速腐烂，植株枯黄倒伏死亡。轻病植株可抽穗，但籽粒不充实，甚至秕瘪，穗抽疏松，秃尖，严重减产，重至枯萎。病害典型症状图片请参考 https://p1.ssl.qhmsg.com/t01b2662d47d4aa02e9.png 和 https://p1.ssl.qhmsg.com/t01437f1a8702611ccb.jpg。

发病规律：引起根腐病的病原菌种类较多，发病特点也不尽相同。这些不同种类的病原菌在土壤中广泛存在，遇到适宜条件即可侵染植物引发病害。当玉米播种后遇到降雨，造成土壤积水，易发病。

防治措施：①选用粒大饱满、发芽势强的抗病品种；②使用种子包衣，未包衣种子进行浸种或拌种处理消毒；③药剂防治，发病初期用75%百菌清可湿性粉剂、50%多菌灵可湿性粉剂、80%代森锰锌可湿性粉剂、58%甲霜灵锰锌可湿性粉剂、64%杀毒矾可湿性粉剂等杀菌剂兑水喷淋进行防治，上述药剂要交替使用，以应对不同病原菌引起的根腐病。

19. 玉米疯顶病

病原： 由鞭毛菌亚门真菌大孢指疫霉［*Sclerophthora macrospora*（Sacc）Thirum.，Shaw et Naras］引起。

症状： 全株性病害，病株雌、雄穗增生畸形，结实减少，严重的颗粒无收。早期病株叶色较浅，叶片卷曲或带有黄色条纹。病株变矮，分蘖增多。抽雄以后症状明显，最常见的症状是雄穗增生畸形，小花叶化，使雄穗变为刺猬状，有的呈圆形绣球状。有的病株雌穗不抽花丝，苞叶尖端变态，成小叶状簇生。有的籽粒位置转变为苞叶，雌穗叶化，穗轴多节茎状。发病的雌穗结实很少，籽粒秕小。另一种症状类型表现为上部叶片异常，病株较正常植株高大，无雌穗和雄穗，上部茎秆节间缩短，叶片对生，叶片变厚，有明显的黄色条状突起。病害典型症状图片请参考 http://www.haonongzi.com/pic/news/20180404170734282.jpg。

发病规律： 病原菌主要以卵孢子在病残体或土壤中越冬。玉米播种后，在饱和湿度的土壤中，卵孢子萌发，相继产生孢子囊和游动孢子，游动孢子萌发后侵入寄主。高温高湿时，孢子囊萌发直接产生芽管而侵入。病株种子带菌，可以远距离传病，成为新病区的初侵染菌源。玉米播种后到5叶期前，田间长期积水是疯顶病发病的重要条件。玉米发芽期田间淹水，尤其适于病原菌侵染和发病。春季降水多或田块低洼，土壤含水量高，发病重。

防治措施： ①种植抗病品种，使用无病种子；②加强栽培管理，收获后及时清除病株残体和杂草，集中销毁，并深翻土壤，促进土壤中病残体腐烂分解，或实行玉米与非寄主作物轮作；玉米苗期严格控制浇水量，防止大水漫灌，及时排除田间积水，降低土壤湿度；发现病株后，要及时拔除；③药剂防治，用58%甲霜灵·锰锌可湿性粉剂、64%杀毒矾可湿性粉剂等药剂进行拌种处理。

20. 玉米黑粉病

病原： 由担子菌亚门真菌玉蜀黍黑粉菌［*Ustilago maydis*（DC.）Corda］引起。

症状： 主要为害茎、叶、雌穗、雄穗、腋芽等幼嫩组织。受害组织受病原菌刺激肿大成瘤，病瘤未成熟时，外披白色或淡红色具光泽的柔嫩组织，后变为灰白或灰黑色，最后外膜破裂，放出黑粉。病瘤形状和大小因发病部位不同而异，叶片和叶鞘上瘤似豆粒，很少产生黑粉。茎节、果穗上瘤较大。同一植株上常多处生瘤，或同一位置数个瘤聚在一起。茎秆多扭曲，病株矮小。受害早，果穗小，导致不能结穗。该病能侵害植株任何部位，形成肿瘤，破裂后散出黑粉。病害典型症状图片请参考 https://p1.ssl.qhmsg.com/t0115e198ef2560e7ff.jpg 和 https://p1.ssl.qhmsg.com/t0187571dcb5264ea43.

jpg。

发病规律：病菌在土壤、粪肥或病株上越冬，成为翌年初侵染源。种子带菌进行远距离传播。春季气温回升，在病残体上越冬的厚垣孢子萌发产生担孢子，随风雨、昆虫等传播，引致苗期和成株期发病形成肿瘤，肿瘤破裂后厚垣孢子还可进行再侵染。高温高湿利于孢子萌发。寄主组织柔嫩，有机械伤口病菌易侵入。玉米受旱，抗病力弱，遇微雨或多雾、多露，发病重。前期干旱，后期多雨或干湿交替，易发病。连作地或高肥密植地，发病重。

防治措施：①种植抗病品种；②加强田间管理，及时防治玉米螟等害虫，防止造成伤口。在病瘤破裂前割除深埋。收获后清除田间病残体并深翻土壤；③实行 3 年及以上轮作；④施用充分腐熟有机肥。注意防旱排涝，抽雄前适时灌溉。采种田在去雄前割净病瘤，集中深埋，减少病菌在田间传播。

21. 玉米假黑粉病

病原：由半知菌亚门真菌稻绿核菌 ［*Ustilaginoidea oryzae*（Patou.）Bref］引起。

症状：主要为害雄花花序。玉米雄花序上产生菌瘿或称菌核，代替雄花，好像玉米麦角病。一般仅有少数花受侵染。在雄花上形成一个近椭圆形的墨绿色孢子座，外表看类似玉米黑粉病的椭圆形菌瘤，因此称为假黑粉病。病害典型症状图片请参考 https://p1.ssl.qhmsg.com/t0145a9cca75fb452c6.jpg。

发病规律：以菌核混杂在种子里或在地面上越冬。翌春菌核萌发，产生孢子进行初侵染和再侵染。潮湿的气候条件有利于该病的发生和流行。

防治措施：①选用抗病品种；②加强水肥及田间管理，玉米抽雄前后不能干旱，不要过多偏施氮肥，及时防治棉铃虫、玉米螟等害虫，减少耕作机械损伤；在玉米苗期结合田间管理，拔除病株带出田外集中处理，拔节至成熟期，将病瘤在成熟破裂钱切除深埋，玉米秸秆不要堆放在田间地头，不施用含有病菌或未经充分腐熟的农家粪肥；③实行 2~3 年的轮作；④药剂防治，一是用 50% 多菌灵可湿性粉剂、25% 三唑酮可湿性粉剂等在播种前对种子进行拌种处理；二是在玉米快抽穗时，用硫酸铜∶熟石灰∶水 = 1∶1∶100 的波尔多液喷雾，在玉米抽穗前 10 天左右用 50% 福美双可湿性粉剂兑水喷雾进行防治，可以减轻黑粉病的再侵染。

22. 玉米眼斑病

病原：由半知菌亚门真菌玉蜀黍球梗孢菌（*Kabatiella zeae* Narita et Hiratsuka）引起。

症状：主要为害叶片，经常发生在接近成熟的上部叶片上。发病初期，叶片上出现小而透明的圆形至卵形水渍状病斑，中央乳白色至茶褐色，四周具褐色至紫色的环，并有具黄色晕圈的狭窄带，大小（1~2）毫米×（0.5~1.5）毫米。从外表看像一种"眼斑"，故称眼斑病。条件适宜时，病斑融合为大的坏死区，发病早的病斑扩展成带状或片状。叶鞘、苞叶也可产生类似的症状。病害典型症状图片请参考 https://p1.ssl. qhmsg.com/t01cfd359c6c159c938.jpg 和 http://www.zhiwuwang.com/file/upload/201710/ 19/1404433140160.jpg。

发病规律：病菌在种子和病残组织上越冬，也可在幼嫩玉米的病组织上越夏。传播到幼苗上后，分生孢子萌发侵入叶片，经 7~10 天潜育后出现病症。病斑上产生的孢子借风力传播，进行多次再侵染。气温不高、降雨多的年份有利于病害的发生和流行。

防治措施：①选用抗病品种；②实行轮作；③深翻土壤，及时中耕，提高地温。雨后及时排水，降低土壤湿度；④药剂防治，一是用 50%苯菌灵可湿性粉剂拌种；二是发病初期用 50%苯菌灵可湿性粉剂、50%甲基硫菌灵可湿性粉剂等药剂兑水进行喷雾防治。

23. 玉米轮纹斑病

病原：由半知菌亚门真菌高粱胶尾孢菌（*Gloeocercospora sorghi* D. Bain. et Edgerton）引起。

症状：主要为害叶片。叶片染病，初始在叶面上产生圆形至椭圆形的褐色至紫红色病斑，后期轮纹较明显。病斑汇合后很像豹纹，导致叶片枯死。湿度大时，叶片背面可见微细橙红色黏质物（病原菌的子实体）。病害典型症状图片请参考 https://p1.ssl. qhmsg.com/t01dca4a0e5ce2e258a.jpg。

发病规律：病菌随种子或病残体越冬。翌年田间发病后，苗期发病可造成死苗。成株期发病病斑上产生大量分生孢子，借气流传播，进行多次再侵染，不断蔓延扩展或引起流行。多雨的年份或低洼高湿田块普遍发生，发病重，导致叶片提早干枯死亡。

防治措施：①选用和推广适合当地的抗病品种；②实行大面积轮作，施足充分腐熟的有机肥，采用高粱配方施肥技术，在第三次中耕除草时追施硝酸铵等，做到后期不脱肥，增强抗病力；③收获后及时处理病残体，进行深翻，把病残体翻入土壤深层，以减少初侵染源；④药剂防治，一是用 50%福美双粉剂、50%拌种双粉剂、50%多菌灵可湿性粉剂等药剂拌种；二是在病害流行年份或个别感病田块，从孕穗期开始用 36%甲基硫菌灵悬浮剂、50%多菌灵可湿性粉剂、50%苯菌灵可湿性粉剂、25%炭特灵可湿性粉剂、80%大生 M-45 可湿性粉剂等杀菌剂兑水喷雾进行预防和治疗。

24. 玉米霜霉病

病原：主要由鞭毛菌亚门真菌玉蜀黍指霜霉 ［*Peronosclerophthora maydis*（Racib.）Shaw］、菲律宾指霜霉 ［*Peronosclerophthora philippinensis*（West.）Shaw］、甘蔗指霜霉 ［*Peronosclerophthora sacchari*（Miyake）Shaw］、蜀黍指霜霉 ［*Peronosclerophthora sorghi*（West. et Uppal）Shaw］ 等引起。

症状：主要为害叶片，叶鞘和苞叶，玉米幼苗期和成株期都可发生。苗期发病，全株淡绿色至黄白色，后逐渐枯死。成株期发病，多由中部叶片基部开始，逐渐向上蔓延，发病初期为淡绿色条纹，之后互相连合，叶片的下半部或全部变为淡绿色至黄白色，以致枯死。在潮湿的环境下，病叶的正背两面均长白色霉状物。重病植株不结苞，轻病植株能抽穗结苞，但籽粒不饱满，产量低。病害典型症状图片请参考 https://p1.ssl.qhmsg.com/t01440db1360dbd1e89.jpg 和 http://www.zhongnong.com/Upload/BingHai/2014827175157.JPG。

发病规律：病菌在病残体上越冬。翌春产生孢子囊借风雨传播，进行初侵染，以后不断产生孢子囊进行再侵染。气候潮湿或雨水充沛、地势低洼利于发病。

防治措施：①选用抗病品种；②及时拔除病株集中烧毁或深埋；③平整土地，注意排水，防止苗期淹水；④药剂防治，发病初期用40%乙磷铝可湿性粉剂、64%杀毒矾可湿性粉剂、72%杜邦克露可湿性粉剂、12%绿乳铜乳油、69%安克锰锌可湿性粉剂等杀菌剂兑水喷雾进行防治。

25. 玉米链格孢菌叶枯病

病原：由半知菌亚门真菌链格孢菌（*Alternaria tenuis* Nees）引起。

症状：主要为害叶片、叶鞘及苞叶。初期病部出现水渍状小圆斑点，随后逐渐扩展成椭圆形至近圆形的病斑，中央灰白色至秸白色，边缘红褐色，病健部交界明显。病斑扩展不受叶脉限制，大小（6~13）微米×（4~8）微米。后期病部可见黑色霉层，一些病斑中间破裂穿孔，严重的整株叶片病斑满布，呈撕裂状干枯坏死。病害典型症状图片请参考 https://p1.ssl.qhmsg.com/t0129a554b8485e6b90.jpg 和 https://p1.ssl.qhmsg.com/t0122a0110b160ab515.jpg。

发病规律：病菌以菌丝体和分生孢子在病残体上或随病残体遗落土中越冬，翌年产生分生孢子进行初侵染和再侵染。该菌寄主种类多，分布广泛，在其他寄主上形成的分生孢子，也是玉米生长期中该病的初侵染和再侵染源。一般成熟老叶易染病，雨季或管理粗放、植株长势差，利于病害扩展，发病重。

防治措施：①培育、选择抗病品种；②按配方施肥要求，充分施足基肥，适时追肥；③药剂防治，发病初期用75%百菌清可湿性粉剂、50%扑海因可湿性粉剂、50%速克灵可湿性粉剂、70%代森锰锌可湿性粉剂、10%世高水分散剂、85%三氯异氰脲酸、20%龙克菌等药剂兑水喷雾进行防治，7~15天防治1次，防治2~3次，注意药剂交替使用。

26. 玉米赤霉病

病原：由半知菌亚门真菌燕麦镰孢菌［*Fusarium avenaceum*（Fr.）Sacc.］引起。

症状：主要为害果穗。穗染病端部变为紫红色，有时籽粒间生有粉红色至灰白色菌丝，病粒失去光泽，不饱满，发芽率降低，播后易烂种。轻的幼苗生长发育不正常，叶片变黄。有时现茎腐病症状，茎秆局部褐色，髓部变成紫红色，易倒折。叶鞘染病生有橙色点状粘分生孢子团。病害典型症状图片请参考 https://p1.ssl.qhmsg.com/t01a5ae8a29278077a4.jpg。

发病规律：病菌主要从伤口侵入，分生孢子借风雨传播。干旱、温暖的气候有利于该病的扩展和流行。当玉米产生生长裂伤或玉米穗虫玉米螟及其他害虫为害造成伤口，易发病。

防治措施：①选用抗病品种；②轮作换茬，适当调节播种期；③加强田间管理，于玉米拔节或孕穗期增施磷钾肥，配合氮肥，增强植株抗病力；注意开沟排水，防止湿气滞留；④药剂防治，发病初期用5%井冈霉素水剂、50%甲基硫菌灵可湿性粉剂、50%多菌灵悬浮剂、50%苯菌灵可湿性粉剂、40%农利灵可湿性粉剂等药剂兑水往穗部喷洒进行防治，视病情防治1~2次。

27. 玉米枝孢穗腐病

病原：由半知菌亚门真菌多主枝孢菌［*Cladosporium herbarum*（Pers.）Link.］引起。

症状：主要为害果穗。果穗上散布具黑色至墨绿色污斑或条斑的病粒。附着在穗轴上的籽粒近脐部首先变色，然后上部出现污斑，但很少到达顶端。贮藏时发展为穗腐。病害典型症状图片请参考 https://p1.ssl.qhmsg.com/t014665e39ad3ee8280.jpg。

发病规律：病菌在病残体上越冬，翌年春季形成子囊孢子，进行初侵染，从生长破裂处侵入籽粒冠部，繁殖为害。种植密度大，株、行间郁闭，通风透光不好，发病重。氮肥施用太多，生长过嫩，抗性降低，易发病。土壤黏重、偏酸；多年重茬地，土壤得不到深耕，耕作层浅缺少有机肥；田间病残体多；肥力不足、耕作粗放、杂草丛生的田块，植株衰弱，发病重。种子带菌、肥料未充分腐熟、有机肥带菌或肥料中混有本科作物病残体，易发病。地势低洼积水、排水不良、土壤潮湿，易发病。苗期低温多雨，成株期高温、高湿或长期连阴雨的年份，发病重。

防治措施：①选用抗病品种，选用无病、包衣的种子；②和非本科作物轮作，水旱轮作最好；③加强栽培及田间管理；④药剂防治，一是未包衣种子播前药剂处理；二是及时喷施除虫药剂，防治好蚜虫、灰飞虱、玉米螟及地下害虫，断绝虫害传毒、传菌途径；三是发病初期用5%井冈霉素水剂、25%阿米西达悬浮剂、50%甲基硫菌灵可湿性粉剂、50%多菌灵悬浮剂、50%苯菌灵可湿性粉剂、40%农利灵可湿性粉剂等药剂兑水喷雾进行防治，视病情防治1~2次，重点喷施穗部。

28. 玉米青霉穗腐病

病原：由半知菌亚门真菌草酸青霉（*Penicillium oxalicum* Currie et Thorn）引起。

症状：主要为害果穗。该病主要发生在机械损伤、害虫或鸟等为害的果穗上，在籽粒上或籽粒间产生青绿色或绿褐色霉状物，多发生在穗的尖端。病菌侵入种胚的，种子发芽时，引致幼苗萎凋。病害典型症状图片请参考 https://p1.ssl.qhmsg.com/

t0133068c45bc073f91.jpg。

发病规律：病原菌一般腐生于各种有机物上，产生分生孢子，借气流传播。通过各种伤口侵入为害，也可通过病健果穗接触传染。青霉病病菌发育适温18~28℃，相对湿度95%~98%时利于发病。

防治措施：①选用健康无病的种子；②尽量避免造成伤口，注意防控鸟害；③药剂防治，发病初期用70%甲基硫菌灵超微可湿性粉剂、50%苯菌灵可湿性粉剂、40%多菌灵胶悬剂、50%甲基硫菌灵可湿性粉剂、45%特克多悬浮剂等药剂兑水喷雾进行防治，重点喷施穗部。

29. 玉米粉红聚端孢穗腐病

病原：由半知菌亚门真菌粉红聚端孢菌［*Trichothecium roseum*（Bull.）Link］引起。

症状：主要为害果穗。致果穗全部或部分生出浅红色霉状物，使籽粒发霉。多发生在收获后的果穗上，遇有多雨连绵的年份也可发生在田间。病害典型症状图片请参考 https://p1.ssl.qhmsg.com/t013331e5ebc643bde2.jpg。

发病规律：病菌以菌丝体随病残体留在土壤中越冬。翌春条件适宜时产生分生孢子，传播到果穗上，由伤口侵入。发病后，病部又产生大量分生孢子，借风雨传播蔓延，进行再侵染。病菌发育适温25~30℃，相对湿度高于85%，易发病。

防治措施：①选用抗病品种，选用无病、包衣的种子；②和非本科作物轮作，水旱轮作最好；③加强栽培及田间管理；④药剂防治，一是未包衣种子播前药剂处理；二是及时喷施除虫药剂，防治好蚜虫、灰飞虱、玉米螟及地下害虫，断绝虫害传毒、传菌途径；三是发病初期用5%井冈霉素水剂、25%阿米西达悬浮剂、50%甲基硫菌灵可湿性粉剂、50%多菌灵悬浮剂、50%苯菌灵可湿性粉剂、40%农利灵可湿性粉剂等药剂兑水喷雾进行防治，视病情防治1~2次，重点喷施穗部。

30. 玉米丝核菌穗腐病

病原：由半知菌亚门真菌立枯丝核菌（*Rhizoctonia solani* Kühn）引起。

症状：主要为害果穗。丝核菌侵入玉米果穗后，早期在果穗上长出橙粉红色霉层，后期病果穗变为暗灰色，在外苞叶上生出白色至橙红色或暗褐色至黑色小菌核。病害典型症状图片请参考 https://p1.ssl.qhmsg.com/t01e7f0ba6c7bd24756.jpg。

发病规律：以休眠菌丝和菌核在籽粒、土壤或植物残体上越冬。温暖、潮湿的天气有利于该菌的侵染和病害扩展。

防治措施：①选用抗病品种，选用无病、包衣的种子；②和非本科作物轮作，水旱轮作最好；③加强栽培及田间管理；④药剂防治，一是未包衣种子播前药剂处理；二是及时喷施除虫药剂，防治好蚜虫、灰飞虱、玉米螟及地下害虫，断绝虫害传毒、传菌途径；三是发病初期用5%井冈霉素水剂、25%阿米西达悬浮剂、50%甲基硫菌灵可湿性粉剂、50%多菌灵悬浮剂、50%苯菌灵可湿性粉剂、40%农利灵可湿性粉剂等药剂兑水喷雾进行防治，视病情防治1~2次，重点喷施穗部。

31. 玉米小斑病 T 小种穗腐病

病原：由半知菌亚门真菌玉蜀黍平脐蠕孢菌 T 小种［*Bipolaris maydis*（Nisikado et Miyake）Shoem.］引起。

症状：主要为害穗部。T 型雄性不育系被小斑病菌 T 小种侵染果穗后，病部生不规则的灰黑色霉区，引起穗腐，严重的果穗腐烂，种子发黑霉变，别于小斑病菌 O 小种。T 小种还可侵染叶片、叶鞘及苞叶，病斑较大，叶片上的病斑大小为（10~20）毫米×（5~10）毫米，苞叶上产生直径2厘米的大型中央黄褐色、边缘红褐色的圆形斑，四周具明显中毒圈，病斑上有霉层。病害典型症状图片请参考 https://p1.ssl.qhmsg.com/t01c95e9c53c0231eb4.jpg 和 http://cnki.hilib.com/CRFDPIC/r200610128/r200610128.0756.830bf0.jpg。

发病规律：主要以休眠菌丝体和分生孢子在病残体上越冬，成为翌年发病初侵染源。分生孢子借风雨、气流传播，侵染玉米，在病株上产生分生孢子进行再侵染。玉米孕穗、抽穗期降水多、湿度高，容易造成小斑病的流行。低洼地、过于密植荫蔽地、连作田发病较重。

防治措施：①选种抗病杂交种；②清洁田园，深翻土地，控制菌源；摘除下部老叶、病叶，减少再侵染菌源；降低田间湿度；增施磷、钾肥，加强田间管理，增强植株抗病力；③药剂防治，发病初期用75%百菌清可湿性粉剂、70%甲基硫菌灵可湿性粉剂、25%苯菌灵乳油、50%多菌灵可湿性粉剂等兑水喷雾进行防治，间隔7~10天防治1次，连续防治2~3次。

32. 玉米色二孢穗腐病

病原：由半知菌亚门真菌玉米色二孢菌［*Diplodia zeae*（Schw.）Lév.］引起。

症状：主要为害果穗。发病早的果穗苞叶呈苍白色或稻草色，在吐丝后两星期内染病，果穗变为灰褐色，整个果穗萎缩或腐烂。重量轻或小的果穗呈直立状态，这时果穗和内苞叶或内苞叶之间紧密黏附，菌丝在其间生长繁殖，后期苞叶上、花苞上及籽粒边缘产生黑色的分生孢子器。植株生长后期果穗染病，外表症状不明显。侵染始于果穗基部，从果穗梗处向上扩展。剥开果穗或脱粒时，可发现籽粒之间长有一层白色的霉菌，其顶部已变色。病害典型症状图片请参考 https://p1.ssl.qhmsg.com/t01142f251d59db44e2.jpg。

发病规律：病菌以分生孢子器在带病种子或秸秆上越冬，翌年产生分生孢子随风传播。玉米吐雄时叶鞘较松散，落入叶鞘里的病菌直接或经伤口侵入，也可从茎秆基部、不定芽或花丝、穗梗的苞叶间直接侵入。该菌可随种子调运进行远距离传播。高温多雨有利于病原菌的侵染和扩展。

防治措施：①选种抗病品种；②与豆科等作物实行 2～3 年以上的轮作，避免在低洼阴冷的地块种植玉米，收获后及时清除病残体和病果穗，千方百计减少越冬菌源；③药剂防治用 40%拌种双、50%多菌灵可湿性粉剂等于播种前拌种；④采收时果穗水分控制在 18%、脱下的籽粒保持在 15%以下，做到安全贮藏。

33. 玉米灰葡萄孢穗腐病

病原：由半知菌亚门真菌灰葡萄孢菌（*Botrytis cinerea* Pers. ex Fr.）引起。

症状：主要为害雌穗。花丝染病，病部呈水渍状。果穗染病，多发生在有机械伤或昆虫为害的穗上，籽粒上或籽粒间生灰色至灰绿色霉状物，常在穗的尖端或上半部发生。叶片染病，从叶尖开始慢慢蔓延至整个叶片，且下部叶片先发病，后逐渐向上蔓延。严重者叶片干枯其上布满灰白色霉状物，叶片上有黄绿相间的条状。病害典型症状图片请参考 https://p1.ssl.qhmsg.com/t01907a03f25d5873a8.jpg。

发病规律：以菌核或分生孢子随病残体在土壤中越冬。翌年菌核萌发产生菌丝体，其上着生分生孢子，借气流传播蔓延。遇有适温及叶面有水滴条件，孢子萌发产生芽管，从伤口或衰弱的组织上侵入。病部产生大量分生孢子进行再侵染，后逐渐形成菌核越冬。寄主衰弱或受低温侵袭，相对湿度高于 94%及适温，易发病。地势低洼、栽植密度过大，发病重。

防治措施：①选用抗病品种；②不可栽植过密，注意田间通风；③采用垄作或高、矮品种隔畦种植；④雨后及时排水，防止湿气滞留；⑤加强田间管理，提高病害抵抗力。

34. 玉米斑枯病

病原：由半知菌亚门真菌玉蜀黍生壳针孢菌（*Septoria zeicola* Stout）、玉蜀黍壳针孢菌（*Septoria zeina* Stout）引起。

症状：主要为害叶片。初生病斑椭圆形，红褐色，后中央变为灰白色、边缘浅褐色的不规则形斑，致叶片局部枯死。两者常混合发生，较难区别。病害典型症状图片请参考 https://p1.ssl.qhmsg.com/t01611fca8add384e3d.jpg 和 http://www.haonongzi.com/pic/news/20181016154334269.jpg。

发病规律：以菌丝和分生孢子器在病残体或种子上越冬，成为翌年初侵染源。一般分生孢子器吸水后，器内胶质物溶解，分生孢子逸出，借风雨传播或被雨水反溅到植株上，从气孔侵入，随后在病部产生分生孢子器及分生孢子扩大为害。冷凉潮湿的环境利于病害的发生和流行。

防治措施：①及时收集病残体烧毁；②药剂防治，发病初期用 75%百菌清可湿性粉剂+70%甲基硫菌灵可湿性粉剂、75%百菌清可湿性粉剂+70%代森锰锌可湿性粉剂、40%多·硫悬浮剂、50%复方硫菌灵可湿性粉剂等杀菌剂及其配方兑水进行喷雾防治，隔 10 天左右 1 次，连续防治 1～2 次。

35. 玉米叶斑病

病原：由子囊菌亚门真菌玉蜀黍球腔菌［*Mycosphaerella maydis*（Pass.）Lindau］引起。

症状：主要为害叶片和苞叶。病斑不规则、透光，中央灰白色，边缘褐色，上生黑色小点（病原菌的子囊座）。病害典型症状图片请参考 https://p1.ssl.qhmsg.com/t01ef48ff3ffc67adfd.jpg 和 https://p1.ssl.qhmsg.com/t01a65b1468411d2f67.jpg。

发病规律：病菌在病残体上越冬，翌年春季形成子囊孢子，进行初侵染。冷湿条件，易发病。

防治措施：①及时收集病残体烧毁；②药剂防治，发病初期用75%百菌清可湿性粉剂+70%甲基硫菌灵可湿性粉剂、75%百菌清可湿性粉剂+70%代森锰锌可湿性粉剂、40%多·硫悬浮剂、50%复方硫菌灵可湿性粉剂等杀菌剂及其配方兑水进行喷雾防治，隔10天左右1次，连续防治1~2次。

36. 玉米全蚀病

病原：由子囊菌亚门真菌禾顶囊壳菌玉米变种［*Gaeumannomyces graminis*（Sacc.）Arx. et Olivier var. *maydis* Yao，Wang et Zhu］和禾顶囊壳菌水稻变种［*Gaeumannomyces graminis*（Sacc.）Arx. et Olivier var. *graminis* Trans.］引起。

症状：为玉米土传病害，苗期染病时症状不明显，抽穗灌浆期地上部开始出现症状，初叶尖、叶缘变黄，逐渐向叶基和中脉扩展，后叶片自下而上变为黄褐色。严重时茎秆松软，根系呈褐色腐烂，须根和根毛明显减少，易折断倒伏。土壤湿度大时，根系易腐烂，病株早衰，影响灌浆，导致千粒重下降。病害典型症状图片请参考 https://p1.ssl.qhmsg.com/t01861c562b0e17b36a.jpg 和 https://p1.ssl.qhmsg.com/t01915db8db2a60de1f.jpg。

发病规律：该菌是较严格的土壤寄居菌，只能在病根茬组织内于土壤中越冬。染病根茬上的病菌在土壤中至少可存活3年，罹病根茬是主要初侵染源。病菌从苗期种子根系侵入，后病菌向次生根蔓延，致根皮变色坏死或腐烂，为害整个生育期。沙壤土发病重于壤土，洼地重于平地，平地重于坡地。高温多雨，发病重。

防治措施：①选用抗病品种；②提倡施用沤制的堆肥或增施有机肥，改良土壤，并合理追施氮、磷、钾速效肥；③收获后及时翻耕灭茬，发病地区或田块的根茬要及时烧毁，减少菌源；④与非禾本科作物实行大面积轮作；⑤适期播种，提高播种质量；⑥药剂防治，一是用含多菌灵、呋喃丹的玉米种衣剂包衣；二是穴施3%三唑酮或三唑醇复方颗粒剂来进行防治。

37. 玉米细菌性条纹病

病原： 由细菌须芒草假单胞菌 [*Pseudomonas andropogonis*（E. F. Smith.）Stapp.] 引起。

症状： 主要为害叶片、叶鞘。在玉米叶片、叶鞘上产生褐色至暗褐色条斑或叶斑，严重时病斑融合。有的病斑呈长条状，致叶片呈暗褐色干枯。湿度大时，病部溢出很多菌脓，干燥后成褐色皮状物，被雨水冲刷后易脱落。病害典型症状图片请参考 http://www.zhiwuwang.com/file/upload/201801/11/1326255940160.jpg 和 https://f11.baidu.com/it/u = 762011479, 620044287&fm = 173&s = 8B906EC972A7E54D4019D2380300F057&w = 398&h = 252&img.JPEG&access = 215967316。

发病规律： 病原细菌在病组织中越冬。翌春经风雨、昆虫或流水传播，从伤口或气孔、皮孔侵入，病菌深入内部组织引起发病。高温多雨季节、地势低洼、土壤板结，易发病。伤口多，偏施氮肥，发病重。

防治措施： ①提倡施用沤制的堆肥，多施充分腐熟有机肥；②加强田间管理，地势低洼多湿的田块雨后及时排水。

38. 玉米细菌型茎腐病

病原： 由细菌菊欧文氏菌玉米致病变种 [*Erwinia chrysanthemi* pv. *zeae*（Sabet）Victoria, Arboleda et Munoz] 引起，也有报道玉蜀黍假单胞菌（*Pseudomonas zeae* Hsi. et Fang.）也可引起该病。

症状： 主要为害植株中部的叶鞘。在玉米植株约 10 片叶时，叶鞘上出现水渍状腐烂，病组织开始软化，散发出臭味。叶鞘上病斑呈不规则形，边缘浅红褐色，病健组织交界处水渍状尤为明显，湿度大时，病斑向上下迅速扩展，严重时植株常在发病后 3~4 天后病部以上倒折，溢出黄褐色腐臭菌液。病害典型症状图片请参考 http://video1. dihe.cn/news_ 151693707068.jpg 和 https://p1.ssl.qhmsg.com/t011109e40793c41d27.jpg。

发病规律： 病菌存在于土壤中的病残体上，自植株的气孔或伤口侵入，害虫为害造成的伤口利于病菌侵入。此外害虫携带病菌同时起到传播和接种的作用，高温高湿，害虫为害造成伤口时发病严重。地势低洼或排水不良，密度过大，通风不良，施用氮肥过多，伤口多，发病重。

防治措施： ①选种抗病品种；②加强栽培管理，合理施肥，合理密植，降低土壤湿度等措施可以使植株健壮，减少茎腐病；③合理轮作，深翻土地，清除病残和不施用未腐熟的有机肥；④药剂防治，在发病初期用 18% 松脂酸铜乳油、33.5% 喹啉铜悬浮剂、72% 农用硫酸链霉素可湿性粉剂等药剂兑水喷雾进行防治，隔 7~10 天再喷 1 次。

39. 玉米细菌性萎蔫病

病原： 由细菌斯氏欧文氏菌 [*Xanthomonas stewartii* (Smith) Dowson] 引起。

症状： 主要为害维管束。最初的症状是萎蔫，叶片现灰绿色至黄色线状条斑，有不规则形或波浪形的边缘，与叶脉平行，严重的可延伸到全叶。这些条斑迅速变黄褐干枯，在近地面处茎的髓部变为中空。细菌通过维管束扩展，有时从维管束切口处流出黄色细菌脓液。有的还能进入籽粒。受害株变矮或雄花过早变白死亡。病害典型症状图片请参考 http://www.sxncb.com/uploadfile/2012/1024/20121024100710382.jpg 和 https://p1.ssl.qhmsg.com/t0172364411d7d2e984.jpg。

发病规律： 种子可以带菌，病菌还可在玉米跳甲体内越冬，带菌跳甲也可传播。施用过多铵态氮和磷肥可增加感病性，高温有利于该病流行。

防治措施： ①选用培育抗病品种；②药剂防治，及早喷洒杀虫剂控制玉米跳甲。

40. 玉米粗缩病

病原： 由玉米粗缩病毒（Maize rough dwarf virus，MRDV）引起。

症状： 玉米整个生育期都可感染发病，以苗期受害最重。苗期染病，心叶基部及中脉两侧产生透明的油浸状褪绿虚线条点，逐渐扩及整个叶片。病苗浓绿，叶片僵直，宽短而厚，心叶不能正常展开，病株生长迟缓、矮化叶片背部叶脉上产生蜡白色隆起条纹，用手触摸有明显的粗糙感。植株叶片宽短僵直，叶色浓绿，节间粗短，顶叶簇生。叶背、叶鞘及苞叶的叶脉上具有粗细不一的蜡白色条状突起，有明显的粗糙感。生长后期，病株矮化现象明显，上部节间短缩粗肿，顶部叶片簇生。果穗畸形，花丝极少，植株严重矮化，雄穗退化，雌穗畸形，严重时不能结实。病害典型症状图片请参考 http://i.weather.com.cn/images/cn/science/2010/04/14/5030B9B3B713EE244DB8EB9C90AAF570.jpg 和 https://p1.ssl.qhmsg.com/t01077f1f44441e25c9.jpg。

发病规律： 粗缩病毒在冬小麦及其他杂草寄主越冬，也可在传毒昆虫体内越冬。玉米出土后，借传毒昆虫将病毒传染到玉米苗，辗转传播为害。5叶期以前易感病，10叶期后抗性增强，发病轻。玉米出苗至5叶期如果与传毒昆虫迁飞高峰相遇，发病严重。田间管理粗放，杂草多，灰飞虱多，发病重。

防治措施： ①加强监测和预报；②选用抗病品种，同时要注意合理布局，避免单一抗源品种的大面积种植；③调整播期，清除杂草，加强田间管理；④药剂防治，一是使用杀虫剂和杀菌剂拌种，二是使用杀虫剂控制灰飞虱。

41. 玉米褪绿斑驳病毒病

病原： 由玉米褪绿斑驳病毒（Maize chlorotic mottle virus，MCMV）侵染引起。

症状：主要为害叶片。单独侵染玉米时主要导致叶片褪绿斑驳和植株生长略微缓慢等轻微症状，当它与马铃薯 Y 病毒科病毒复合侵染时能发生协同作用，引起玉米致死性坏死病，当该病在玉米幼苗期发生时，会引起叶片褪绿斑驳，植株矮化，叶片从边缘向内逐渐坏死，最终导致整株植物死亡；在玉米茎秆伸长期发生时会导致叶片褪绿斑驳并从边缘开始坏死，植株不能抽穗，玉米棒畸形或不结籽粒；在玉米生长后期发生时，会导致叶片边缘部分坏死，苞叶较早干枯，籽粒不饱满。病害典型症状图片请参考 http://www.3456.tv/images/2018nian/5/19/2018-05-19-09-06-18.jpg。

发病规律：MCMV 可通过机械、种子和昆虫介体传播。它易通过根或叶机械接触传播。玉米种子可传播 MCMV，尽管其传播效率仅为 0.04%，但种子传播是 MCMV 远距离传播的主要方式。传毒昆虫介体有叶甲和蓟马，一旦感染就会发病严重。

防治措施：①加强检验检疫；②培育及选用抗病品种；③建立无病留种田；④及时发现并拔除染病植株，对染病植株集中深埋或烧毁；⑤及时清除田间地头杂草，除去中间寄主；⑥调整播期，避免介体昆虫发生高峰期与玉米感病敏感期重合；⑦与非禾本科作物轮作；⑧合理布局，避免品种单一化；⑨农耕器具消毒，防止通过摩擦接种传播；⑩合理施肥和灌溉，增强植株抗病能力；⑪做好介体昆虫流行的预报和防治，及时杀死介体昆虫，减轻 MCMV 的发生与为害。

42. 玉米矮花叶病

病原：由玉米矮花叶病毒（Maize dwarf mosaic virus，MDMV）引起。

症状：玉米整个生长期中，均可受害。发病初期，首先在最幼嫩的叶片上表现不规则、浅绿或暗绿色的条点或斑块，形成斑驳花叶，并可发展成沿叶脉的狭窄条纹。生长后期，病叶变成黄绿色或紫红色而干枯。病株的矮化程度不一，早期感病矮化较重，后期感病矮化轻或不矮化。早期侵染能使玉米幼苗根茎腐烂而死苗。受害植株，雄穗不发达，分枝减少，甚至退化，果穗变小，秃顶严重，有的还不结实。病害典型症状图片请参考 https://p1.ssl.qhmsg.com/t013166c88e9929ac8e.jpg 和 https://p1.ssl.qhmsg.com/t01dd3f2ab7c51afd57.jpg。

发病规律：一是种子带毒，二是越冬杂草上寄生。借助于蚜虫吸食叶片汁液而传播，汁液磨擦和种子也有传毒作用。蚜虫介体，主要是麦二叉蚜、高粱缢管蚜、玉米蚜、桃蚜和菜蚜等，其中以麦二叉蚜最为重要。病害的流行及程度，取决于品种抗性、毒源及介体发生量，以及气候和栽培条件等。品种抗病力差、毒源和传毒蚜虫量大、幼苗生长较差等都会加重发病程度。

防治措施：①种植抗病品种；②优化种植方式；③施足底肥、合理追肥、适时浇水、中耕除草等项栽培措施可促进玉米健壮生长，增强植株的抗病力，减轻病害的发生；④及早拔除病株及杂草；⑤药剂防治，一是防治蚜虫，杀死介体，减轻危害；二是选用 7.5% 克毒灵、病毒 A、83 增抗剂等抗病毒剂，并在发病初期施药，每隔 7 天喷 1 次。

43. 玉米条纹矮缩病

病原：由玉米条纹矮缩病毒（Maize streak dwarf virus，MSDV）引起。

症状：主要为害叶片。玉米发病后，节间缩短，整株矮缩，最初上部叶片稍硬、直立，沿叶脉出现连续的或断续的淡黄色条纹，自叶片基部向叶尖发展。后期条纹坏死呈灰黄色或土红色，病叶提早枯死，果穗短小，子粒瘪小，茎上有条形坏死线，剖茎维管束变色。病害典型症状图片请参考 https://p1.ssl.qhmsg.com/t014de17daaeea40fa2.jpg 和 https://p1.ssl.qhmsg.com/t01df06499ec8561d5a.jpg。

发病规律：该病毒由灰飞虱传播。病害发生与灰飞虱若虫的发生有直接关系，带毒若虫是主要初侵染源。头年秋冬温暖、干燥、雨雪少，翌年春天气温回升早，播种过早，有利于灰飞虱等害虫越冬和繁殖及为害传毒，有利于该病的发生发展。氮肥施用太多，生长过嫩、播种过密、株行间郁闭，多年重茬、肥力不足、耕作粗放、杂草丛生的田块，易发病。

防治措施：①选种抗病品种；②加强田间管理，适时播种。精细整地，增施磷钾肥，提高植株抗病力。播种前，清除田间及四周杂草，集中烧毁或沤肥；深翻地灭茬，促使病残体分解，减少病原和虫源；③选用排灌方便的田块，开好排水沟，降低地下水位，达到雨停无积水，大雨过后及时清理沟系，防止湿气滞留，降低田间湿度；④加强对灰飞虱的防治。

44. 玉米红叶病

病原：由大麦黄矮病毒（Barley yellow dwarf virus，BYDV）侵染所致。

症状：主要为害叶片。染病后，玉米植株上部叶片先发病，叶片由叶尖沿叶缘向基部变紫红色，病叶光亮，质地略硬。病株矮小，茎秆细瘦，多不结实。病害典型症状图片请参考 http://shuju.aweb.com.cn/technology/2009/0630/142740100.shtml。

发病规律：该病发生与品种灌浆快有关，在灌浆期若遇低温、阴雨，当大量合成的糖分因代谢失调不能迅速转化则变成花青素，叶片发红，发生该病。

防治措施：①选用抗病品种；②严重发生地区，不要在黏湿地上种植；③注意防低温，增施磷钾肥；④搞好麦田黄矮病和麦蚜的防治，减少侵染玉米的毒源和介体蚜虫。

45. 玉米线虫病

病原：主要由植物寄生线虫斯克里布纳短体线虫（*Pratylenchus scribneris* Steiner.）引起。

症状：主要为害根部。玉米根部受外寄生线虫为害后，根群发育受抑，根的数量减少，地上部生长不良，发生严重的植株矮小、黄化，对产量影响很大。根结线虫能引起肿瘤，根腐线虫引起褐色病斑，严重的烂腐。病害典型症状图片请参考 http://p9.

qhimg.com/dr/250_ 500_ /t01f5dc0a6b051ef165.jpg 和 http://img8.agronet.com.cn/Users/100/586/678/2017921152345796.jpg。

发病规律：线虫的幼虫和卵散落在土壤或粪肥里越冬，成为翌年的初侵染源。也可通过人、畜和农具携带进行传播，在田间主要靠灌溉水和雨水传播。连作地，发病重。比较干燥疏松的沙质地，发病重。

防治措施：①前茬收获后及时清除病残体，集中烧毁；②与葱、蒜、韭菜、水生蔬菜或禾本科作物等进行 2~3 年轮作；③加强栽培和田间管理，采用高垄栽培，配方施肥，地膜覆盖的措施，及时排涝；④药剂防治，整地时用 3% 米乐尔颗粒剂、95% 棉隆颗粒剂、3% 甲基异柳磷颗粒剂等沟施或撒施进行预防和防治。

三十九 芝麻主要病害

1. 芝麻茎点枯病

病原：由半知菌亚门真菌菜豆壳球孢菌［*Macrophomina phaseoli*（Maubl.）Ashby.］引起。

症状：主要为害根部和茎基部，有时也为害荚果，开花结果期为主要发病期，苗期偶发。开花结果期从根部或茎部开始染病，根部感病后变褐枯死，皮层下布满黑色小菌核。茎部感病后迅速形成绕茎的黄褐斑，边缘无明显界线，逐步绕茎一周，易折断，上部叶片脱落枯亡。发病严重时，叶片自下而上卷缩萎蔫，顶梢弯曲下垂，叶片和蒴果变成黑褐色，株型矮小。蒴果受害，呈黑色干枯状，严重时种子亦变为黑褐色。苗期发病时根部变褐腐烂，地上部分随之萎蔫枯死。病害典型症状图片请参考 https://p1.ssl.qhmsg.com/t012f839ca9bc2d42e9.jpg 和 https://p1.ssl.qhmsg.com/t011f8007a6bae07e7c.jpg。

发病规律：病菌以分生孢子器或菌核在种子、土壤、病残体中越冬。湿度大时菌核萌发，以菌丝进行初侵染，以分生孢子进行再浸染，主要从伤口、根部及叶痕处侵入，条件适宜时分生孢子萌发后直接侵入。高温高湿有利于病害发生，种植过密、偏施氮肥、种子带菌率高，发病重。

防治措施：①选用抗病品种，并进行温汤浸种；②轮作或套种，减轻病害；③改良土壤，增施有机肥，深沟高畦，注意排渍，适度密植，拔除病株；④药剂防治，一是用种子重量 0.2%的 25%嘧菌酯拌种；二是发病前或发病初期用 59.7%咪锰・多菌灵可湿性粉剂等药剂兑水喷雾进行防治；蕾期、盛花期用 10%苯醚甲环唑水分散粒剂等，终花期用 30%己唑醇悬浮剂等药剂兑水喷雾进行防治。

2. 芝麻枯萎病

病原：由半知菌亚门真菌尖孢镰孢芝麻专化型［*Fusarium oxysporum* f. sp. *sesami*（Zaprometoff）Castellani］引起。

症状：芝麻枯萎病从苗期到成株期均可发生。苗期发病，全株猝倒；后期发病，半边根系变为褐色，并向上发展，在相应的半边茎部出现呈红褐色干枯的条斑，叶片由下向上逐渐枯萎脱落，且叶片呈半边黄的现象。一般病株较健株节间缩短、变矮，病株易早熟，蒴果易裂，籽粒多瘦瘪，收获前易炸蒴。病害典型症状图片请参考 https://p1.ssl.qhmsg.com/t01ee614c1ac8670fbf.jpg。

发病规律：病菌以菌丝潜伏在种子内或随病残体在土壤中越冬。翌年侵染幼苗的根，从根尖或伤口侵入，也能直接侵染健根，进入导管，向上蔓延到植株各部。连作地、土温高、湿度大的瘠薄沙壤土，易发病。品种间抗病性有差异。

防治措施：①选用抗病品种，并进行播前种子消毒或杀菌剂拌种；②进行 3~5 年轮作；③收获后及时清除病残体；④注意防治地下害虫；⑤药剂防治，苗期，用 70% 代森锰锌可湿性粉剂+25% 瑞毒霉可湿性粉剂或 37% 枯萎立克可湿性粉剂等杀菌剂兑水喷雾进行防治；蕾期、盛花期喷施 10% 苯醚甲环唑水分散粒剂等药剂，终花期喷施 30% 己唑醇悬浮剂等药剂，连喷 1~2 遍效果较好。

3. 芝麻立枯病

病原：由半知菌亚门真菌立枯丝核菌（*Rhizoctonia solani* Kühn.）引起。

症状：主要为害茎部，主要发生在苗期。初发病时，幼苗茎部产生褐色病斑，之后绕茎部扩展，最后茎部缢缩成线状，幼苗折倒。发病轻的可继续生长，病部皮层变褐缢缩，遇有天气干旱或土壤缺水时，下部叶片萎蔫，严重的枯死。病害典型症状图片请参考 http://img004.file.rongbiz.cn/uploadfile/201701/15/10/10-43-18-71-839233.jpg 和 http://www.haonongzi.com/pic/news/20181126173706445.jpg。

发病规律：病菌以菌丝或菌核随病残体在土壤中越冬，成为翌年初侵染源。气温 15~22℃ 或低温多雨，易发病。

防治措施：①选用抗（耐）病品种；②精细整地，采用高畦栽培；③药剂防治，一是播种前，用种子重量 0.2% 的 40% 福美双可湿性粉剂或 60% 多福合剂、50% 多菌灵可湿性粉剂拌种；二是发病初期用 75% 百菌清可湿性粉剂、5% 井冈霉素水剂、20% 甲基立枯磷乳油等杀菌剂兑水进行喷雾防治。

4. 芝麻疫病

病原：由鞭毛菌亚门真菌烟草疫霉（*Phtophthora nicotianae* van Breda de Haan.）引起。

症状：主要为害叶、茎和蒴果。叶片染病，初始出现褐色水渍状不规则斑，湿度大时病斑扩展迅速呈黑褐色湿腐状，病斑边缘可见白色霉状物，病健组织分界不明显，干燥时病斑为黄褐色。在病情扩展过程中遇有干湿交替明显的气候条件时病斑出现大的轮纹圈，干燥条件下，病斑收缩或成畸形。茎部染病，初始为墨绿色水渍状，随后逐渐变为深褐色不规则形斑，环绕全茎后病部缢缩，边缘不明显，湿度大时迅速向上下扩展，严重的导致全株枯死。生长点染病，嫩茎收缩变褐枯死，湿度大时易腐烂。蒴果染病，产生水渍状墨绿色病斑，之后变褐凹陷。病害典型症状图片请参考 https://p1.ssl.qhmsg.com/t0143b2de7ea3265acd.jpg 和 https://p1.ssl.qhmsg.

com/t01668e33030bf509a4.jpg。

发病规律：病菌以菌丝在病残体上或以卵孢子在土壤中越冬。苗期进行初侵染，病菌从茎基部侵入，在潮湿的条件下，经 2~3 天病部孢子囊大量出现，从裂开的表皮或气孔成束地伸出，并释放出游动孢子，经风雨、流水传播蔓延，进行再侵染。高温高湿病情扩展迅速，大暴雨后降温有利于病害发生和流行。土壤温度在 28℃ 左右，病菌易于侵染，发病重。

防治措施：①选用抗病品种；②采用高畦栽培，雨后及时排水，防止湿气滞留；③实行轮作；④理密植，不可过密；⑤药剂防治，发病初期及时用 58% 甲霜灵锰锌可湿性粉剂、75% 百菌清可湿性粉剂、50% 甲霜铜可湿性粉剂、64% 杀毒矾可湿性粉剂、72% 杜邦克露可湿性粉剂、69% 安克锰锌可湿性粉剂等杀菌剂兑水喷洒进行防治。

5. 芝麻叶斑病

病原：由半知菌亚门真菌芝麻尾孢菌（*Cercospora sesami* Zimm.）引起。

症状：主要为害叶片、茎及蒴果。叶部症状常见有两种：一种叶斑多为圆形小斑，中间灰白色，四周紫褐色，病斑背面生灰色霉状物，后期多个病斑融合成大斑块，干枯后破裂，严重的引致落叶；另一种叶斑为蛇眼状病斑，中间生一灰白色小点，四周浅灰色，外围黄褐色，圆形至不规则形，大小 3~10 毫米。茎部染病，产生褐色不规则形病斑，湿度大时病部产生黑点。蒴果染病，产生浅褐色至黑褐色病斑，易开裂。病害典型症状图片请参考 http://www.zgny.com.cn/eweb/uploadfile/20091203150719785.jpg 和 https://p1.ssl.qhmsg.com/t019f8783bb18be351e.jpg。

发病规律：病原菌以菌丝在种子和病残体上越冬，翌春产生新的分生孢子，借风雨传播，花期易染病。

防治措施：①选用无病种子，并用 53~55℃ 温汤浸种 10 分钟，杀灭种子上菌丝；②实行轮作；③收获后及时清洁田园，清除病残体，适时深翻土地；④药剂防治，发病初期用 70% 甲基硫菌灵可湿性粉剂、75% 百菌清可湿性粉剂、50% 苯菌灵可湿性粉剂、30% 绿得保悬浮剂、47% 加瑞农可湿性粉剂、12% 绿乳铜乳油等杀菌剂兑水进行喷雾防治，隔 7~10 天 1 次，连续防治 2~3 次。

6. 芝麻白粉病

病原：由子囊菌亚门真菌菊科白粉菌（*Erysiphe cichoracearum* DC.）引起。

症状：主要为害叶片、叶柄、茎及蒴果，多发生在迟播或秋播芝麻上。叶片染病，叶表面产生白粉状霉（病菌菌丝和分生孢子）。严重时白粉状物覆盖全叶，致使叶片变黄。病株先为灰白色，后呈苍黄色。茎、蒴果染病亦产生类似症状。种子瘦瘪，产量降低。病害典型症状图片请参考 https://p1.ssl.qhmsg.com/t0174bd829a60569ad0.jpg。

发病规律：北方寒冷地区以闭囊壳随病残体在土表越冬。翌年条件适宜时产生子囊孢子进行初侵染，病斑上产出分生孢子借气流传播，进行再侵染。在南方终年均可发生，无明显越冬期，温暖多湿、雾大或露水重易发病。生产上土壤肥力不足或偏施氮肥，易发病。

防治措施：①加强栽培管理，注意清沟排渍，降低田间湿度。增施磷钾肥、避免偏施氮肥或缺肥；②药剂防治，发病初期用25%三唑酮可湿性粉剂、60%防霉宝2号水溶性粉剂、50%硫黄悬浮剂、2%农抗120水剂、40%杜邦福星乳油等药剂兑水及时喷雾进行防治，视病情隔10~15天1次，连续防治2~3次。

7. 芝麻叶枯病

病原：由半知菌亚门真菌芝麻长蠕孢菌（*Helminthosporium sesami* Miyake）引起。

症状：主要为害叶片、叶柄、茎和蒴果。叶片染病，初始产生暗褐色近圆形至不规则形病斑，大小4~12毫米，具不明显的轮纹，边缘褐色，其上生黑色霉层，严重的叶片干枯脱落。叶柄、茎染病，产生梭形病斑，之后变为红褐色条斑。蒴果染病，产生红褐色稍凹陷圆形病斑。病害典型症状图片请参考 https://p1.ssl.qhmsg.com/t01db3f5983f4828722.jpg。

发病规律：病菌以菌丝或分生孢子在病残组织内或种子及土壤中越冬，芝麻播种后形成的分生孢子借风雨传播，在叶片上产生病斑进行多次再侵染，引起叶、茎、蒴果发病。均温25~28℃，田间相对湿度高于80%，易发病。芝麻生育后期，雨日多、降降水量大的年份，发病重。

防治措施：①选用无病种子或用53℃温水浸种5分钟；②实行轮作，收获后及时清除病残体；③加强芝麻田管理，避免枝叶覆盖地面，雨后及时排水，防止湿气滞留；④药剂防治，发病初期用70%甲基硫菌灵可湿性粉剂、75%百菌清可湿性粉剂、50%苯菌灵可湿性粉剂、30%绿得保悬浮剂、47%加瑞农可湿性粉剂、12%绿乳铜乳油等杀菌剂兑水及时喷雾进行防治，隔7~10天防治1次，连续防治2~3次。

8. 芝麻黑斑病

病原：由半知菌亚门真菌芝麻链格孢菌［*Alternaria sesami*（Kawamura）Mohanty et Behera.］引起。

症状：主要为害叶片和茎秆。叶片染病，在叶片上出现圆形至不规则形褐色至黑褐色病斑。田间常见大病斑和小病斑两种类型。大病斑直径1~10毫米，有同心轮纹，其上有黑色霉状物；小病斑圆形至近圆形，轮纹不明显，边缘略具隆起，内部浅褐色。叶脉、茎秆染病，其上出现黑褐色水浸状条斑，病情严重的导致植株枯死。病害典型症状图片请参考 http://www.haonongzi.com/pic/news/20190626173000563.jpg 和 https://p1.ssl.qhmsg.com/t01bdc4b9d0ba2bde61.jpg。

发病规律：病菌以菌丝存在于病种子种皮内，偶尔进入胚或胚乳。病菌随种子或蒴果传病。降雨频繁和高湿，易发病。傍晚的相对湿度和日最高温度对该病影响很大，芝麻生长期时晴时雨或晴雨交替频繁的年份，发病重。

防治措施： ①选用抗病品种；②药剂防治，在播种后 30 天、45 天、60 天时用 70% 代森锰锌可湿性粉剂、40% 百菌清悬浮剂、80% 喷克可湿性粉剂、50% 扑海因可湿性粉剂等药剂兑水喷雾，可有效预防和治疗该病。

9. 芝麻褐斑病

病原： 由半知菌亚门真菌芝麻壳二孢菌（*Ascochyta sesami* Miura）引起。

症状： 主要为害叶片。叶上病斑有棱角，初始暗褐色，随后变灰色，其上有黑褐色小点，无轮纹。病害典型症状图片请参考 https://ps. ssl. qhmsg. com/sdr/400＿/ t01816ebc964a5803d7.png 和 https://p1.ssl.qhmsg.com/t0103c8e825237703f4.jpg。

发病规律： 病菌以分生孢子器随病残体留在土中越冬，翌春产生分生孢子进行初侵染和再侵染，夏季阴雨连绵或相对湿度高于 90%，易发病。管理粗放的连作地或植株生长衰弱，发病重。

防治措施： ①实行轮作；②收获后及时清除病残体；③雨后及时排水，防止湿气滞留；④加强田间管理，适时间苗，及时中耕，增强植株抗病力；⑤药剂防治，在播种后 30 天、45 天、60 天时用 70% 代森锰锌可湿性粉剂、40% 百菌清悬浮剂、80% 喷克可湿性粉剂、50% 扑海因可湿性粉剂等药剂兑水喷雾，可有效预防和治疗该病。

10. 芝麻轮纹病

病原： 由半知菌亚门真菌芝麻生壳二孢菌（*Ascochyta sesamicola* P. K. Chi）引起。

症状： 主要为害叶片。叶片上病斑不规则形，大小 2～10 毫米，中央褐色，边缘暗褐色，有轮纹。叶斑与黑斑病相近，但病斑上有小黑点。病害典型症状图片请参考 http://www.haonongzi.com/pic/news/20190626171015827.jpg 和 https://p1.ssl.qhmsg. com/t013edf4cc762972862.jpg。

发病规律： 病菌以分生孢子器随病残体遗留在土壤中越冬，成为翌年初侵染源。气温 20～25℃，相对湿度高于 90% 或长期阴雨，易发病。

防治措施： ①实行轮作；②收获后及时清除病残体；③雨后及时排水，防止湿气滞留；④加强田间管理，适时间苗，及时中耕，增强植株抗病力；⑤药剂防治，在播种后 30 天、45 天、60 天时用 70% 代森锰锌可湿性粉剂、40% 百菌清悬浮剂、80% 喷克可湿性粉剂、50% 扑海因可湿性粉剂等药剂兑水喷雾，可有效预防和治疗该病。

11. 芝麻青枯病

病原： 由细菌青枯假单胞杆菌［*Pseudomonas solanacearum*（Smith）Smith］引起。

症状： 该病俗称芝麻瘟，多在芝麻生育中后期发生，主要为害叶片和茎，蒴果和种子有时也可受害。发病初期，茎部病斑初始呈暗绿色，之后呈深黑色，茎部内外均有菌脓，最后蔓延至茎髓部，造成茎秆空洞，根部变褐。叶片发病后，叶脉呈网状墨绿色条斑，中心油浸状，叶片从上到下急剧萎蔫，上部叶片一般保持青绿色不脱落，下部叶片挂垂，傍晚恢复正常，几天后整株呈青色枯死。蒴果表面也有深褐色波浪状病斑，种子变成红褐色、干瘪、皱缩、油分减少、不能萌发。病害典型症状图片请参考 https://p1.ssl.qhmsg.com/t01780a9d72aa4e0bbc.jpg 和 https://p1.ssl.qhmsg.com/t0145a440a909ef7284.jpg。

发病规律：病原细菌主要随病残体在土壤中越冬，从根部或茎基部伤口或自然孔口侵入。在田间主要通过灌溉水、雨水、地下害虫、农具或农事操作传播。田间地温12.8℃病菌开始侵染，在21~43℃范围内，温度升高，发病重。

防治措施：①选用抗病品种；②与禾本科作物或棉花及甘薯进行2~3年以上轮作；③加强芝麻田管理，雨后及时排水，防止湿气滞留，避免大水漫灌；④合理密植、避免偏氮肥等措施，可增强对该病的抵抗力。并加强田间肥水管理，防止积水，增施有机肥、磷肥和钾肥；⑤药剂防治，在发病初期用18%松脂酸铜乳油或33.5%喹啉铜悬浮剂等药剂兑水喷雾进行防治，隔7~10天防治1次，连续防治2~3次。

12. 芝麻细菌性角斑病

病原：由细菌丁香假单胞菌芝麻致病变种 [*Pseudomonas syringae* pv. *sesami* (Malkoff.) Young et al.] 引起。

症状：主要为害叶片，苗期、成株均可发病。幼苗刚出土即可染病，近地面处的叶柄基部变黑枯死；成株叶片染病，病斑呈多角形，大小2~4毫米，黑褐色，前期有黄色晕圈，后期不明显。湿度大时，叶背溢有菌脓，干燥时病斑脱落或穿孔，造成早期落叶。病害典型症状图片请参考 https://p1.ssl.qhmsg.com/t01df837e7230f7226f.jpg 和 https://p1.ssl.qhmsg.com/t01839cfe81ccd9496b.jpg。

发病规律：病菌在种子和叶片上越冬，播种带菌种子是该病主要初侵染源，病菌也可在病残体中越冬，病菌在土壤中能存活1个月，4~40℃条件下病菌可在病残体上存活165天，在种子上能存活11个月。降雨多的年份，发病重。

防治措施：①播种前进行种子消毒；②加强管理，抓好栽培防病，采用配方施肥技术，科学管水，雨后及时清沟排渍降湿，清洁田园，收集病残落叶烧毁；③药剂防治，发病初期用12%绿乳铜乳油、30%氧氯化铜悬浮剂、77%可杀得悬浮剂、20%喹菌酮可湿性粉剂、72%农用硫酸链霉素可湿性粉剂、47%加瑞农可湿性粉剂等药剂兑水喷雾进行防治，隔7~15天喷1次，连喷2~3次，注意药剂交替施用，喷匀喷足。

13. 芝麻黄花叶病毒病

病原：由花生条纹病毒（Peanut stripe virus，PStV）侵染引起。

症状：主要为害叶片，影响全株。田间典型症状表现为全株叶片由于褪绿而偏黄，表现黄色与绿色相间的黄花叶症状，有的病叶叶尖和叶缘向下卷曲，病株长势弱，表现不同程度的矮化。发病早的植株则严重矮化，不结蒴果或蒴果小而畸形。病害典型症状图片请参考 https://www.nyzy.com/UploadFiles/User/liuyaqi/201507/2015071617274388311.jpg 和 http://www.zgny.com.cn/eweb/uploadfile/20091231142738619.jpg。

发病规律：种子不传毒，由花生条纹病毒感染的花生是芝麻黄花叶病毒病的主要初侵染源，在气候条件适宜蚜虫发生和活动的情况下，通过蚜虫向芝麻、大豆上传播。PStV 被蚜虫以非持久性方式在芝麻田间传播，主要传毒蚜虫有桃蚜、豆蚜和大豆蚜。气温低、雨日多但降水量少，有利于蚜虫发生与活动，病害发生重，反之病害发生轻。

防治措施：①避免花生与芝麻邻作或间作；②清除周围芜菁花叶病毒的寄主，适时晚播，避开蚜虫迁飞高峰；③药剂防治，一是防治蚜虫，用 10%吡虫啉可湿性粉剂、40%乐果乳油、25%溴氰菊酯乳油兑水喷雾防治蚜虫；二是发病初期用 20%病毒 A 可湿性粉剂、1.5%植病灵乳剂等药剂兑水喷雾进行防治。

14. 芝麻普通花叶病毒病

病原：由芜菁花叶病毒（Turnip mosaic virus，TuMV）侵染引起。

症状：主要为害叶片，影响全株。病株叶片表现浅绿与深绿相间花叶症状，叶片稍皱缩，病叶上常出现 1~3 毫米大小的黄斑，单个或数个相连，叶脉变黄或褐色坏死。病毒可沿着维管束侵染部分叶片或半边叶片，受感染叶片变小、扭曲、畸形，病株明显矮化。在严重情况下，病株叶片、茎或顶芽出现褐色坏死斑或条斑，最后引起全株死亡。病害典型症状图片请参考 http://www.zgny.com.cn/eweb/uploadfile/20091231142658531.jpg。

发病规律：芝麻种子不传毒，感染 TuMV 的十字花科油菜、蔬菜和其他寄主植物是芝麻普通花叶病毒病的主要初侵染源，通过蚜虫以非持久性方式向芝麻传播，主要传毒蚜虫有桃蚜、大豆蚜，豆蚜不传该病毒。气温低、雨日多但降水量少，有利于蚜虫发生与活动，病害发生重，反之病害发生轻。

防治措施：①选用抗性强的芝麻品种；②与花生和十字花科蔬菜等毒源作物隔离种植；③适期播种，根据各芝麻产区的气候特点和蚜虫发生规律，选择合适的芝麻播种期，避开芝麻苗期、蕾期同蚜虫高峰期相遇，减少蚜虫传播和病害的发生；④防治蚜虫，芝麻生长早期及时防治蚜虫，可减少病害发生。

15. 芝麻变叶病

病原：由类菌原体（Mycoplasma-like Organism，MLO）引起。

症状：染病植株矮化，叶片变小丛生，节间缩短，花柄拉长，花瓣转绿，柱头伸长，长出叶子，病株不能结实。病害典型症状图片请参考 https://p1.ssl.qhmsg.com/t0113f79b9df25b9efd.jpg。

发病规律：该病发生与传毒叶蝉数量、种群密度、播期有关。播期早、叶蝉密度高，易发病。

防治措施：①种植抗病品种；②用甲拌磷或久效磷等颗粒剂进行土壤处理；③早期发现病株，立即拔除，以防蔓延扩展；④用杀虫剂（如异狄氏剂）对刺吸式口器害虫进行防治，可有效抑制该病扩展。

参考文献

布阿加·阿布拉米提. 2019. 无公害农产品甜瓜根部病害和叶部病害的发生与防治技术 [J]. 农民致富之友 (7)：86.

蔡涛. 2006. 甘薯疮痂病的发生规律及防治技术 [J]. 福建农业 (9)：23.

蔡莹莹，宫千淳，屈晓泽. 2017. 大豆疫霉根腐病的综合防治措施 [J]. 生物化工，3 (3)：62-63.

曹涤环. 2019. 种子处理防水稻种传病害 [J]. 农药市场信息 (5)：48.

曹慧芳. 2018. 浅谈棉花病害的种类及防治措施 [J]. 河南农业 (3)：45-46.

曹立耘. 2019. 大棚西瓜主要病害的识别与防治 [J]. 山东农药信息 (2)：40-41.

曹赞丽，张振海，孟世峰. 2008. 绿豆病害的主要症状及防治措施 [J]. 河南农业 (17)：14.

车德军，王海，高海军. 2014. 南瓜病毒病的发生与防治 [J]. 农业与技术，34 (9)：126.

陈彪，李战彪，郑联顺，等. 2019. 水稻条纹花叶病田间调查及分子检测 [J]. 中国植保导刊，39 (2)：12-16.

陈高勋，尹万增，舒占涛，等. 2017. 茄子黄萎病的发生与防治 [J]. 现代农业 (12)：16-19.

陈捍军，龚伦香. 2010. 芝麻主要病害及其防治技术 [J]. 农村经济与科技，21 (6)：151，144.

陈泓宇，徐新新，段灿星，等. 2012. 菜豆普通细菌性疫病病原菌鉴定 [J]. 中国农业科学，45 (13)：2618-2627.

陈杰，白文文，陈洁，等. 2016. 桑叶穿孔病病叶表面的微生物分离鉴定和微型害虫调查 [J]. 蚕业科学，42 (6)：979-987.

陈亮. 2018. 油菜猝倒病的类症鉴别及防治措施 [J]. 农业灾害研究，8 (6)：10-11.

陈茂春. 2017. 棚室西葫芦八种常见病害的药剂防治 [J]. 农药市场信息 (2)：60-61.

陈卫民. 2013. 我国向日葵白锈病发生概况及研究进展 [J]. 植物检疫，27 (6)：13-19.

陈文胜，谢传锋，林建鑫，等. 2016. 南瓜霜霉病防治技术探讨 [J]. 现代园艺 (2)：96.

陈修宏. 2018. 小麦主要病虫草害综合防治及田间管理技术 [J]. 现代农业科技 (10)：136，143.

陈秀艳. 2018. 西葫芦主要病害的发生与防治措施 [J]. 吉林蔬菜 (5)：25-26.

陈学军. 2017. 循化县油菜菌核病的发生与防治 [J]. 现代农业科技 (17)：120，123.

成卓敏. 2008. 新编植物医生手册 [M]. 北京：化学工业出版社.

迟春高. 2017. 烟叶主要真菌病害的发生与防治 [J]. 现代园艺 (23)：163.

迟玉成，许曼琳，谢宏峰，等. 2012. 蓖麻主要病害及其防治技术 [J]. 现代农业科技 (22)：123-123，140.

单红丽，李文凤，黄应昆，等. 2012. 甘蔗叶焦病发生危害特点及防控对策 [J]. 中国糖料 (2)：52-54.

丁爱国. 2015. 南瓜主要病害的防治 [J]. 农民致富之友 (22)：57.

丁和明. 2014. 油菜主要病害的发生及防治技术 [J]. 植物医生 (2)：18-19.

窦淑华. 2019. 芝麻主要病害综合防治技术 [J]. 农家参谋 (6)：51.

杜公福，牛玉，戚志强，等. 2019. 豇豆轮纹叶斑病诊断与综合防治 [J]. 长江蔬菜 (3)：47-49.

杜孝松. 2018. 油菜叶片病害的症状识别及防治方法 [J]. 农业灾害研究，8 (3)：85-86，91.

段景海. 2015. 黑龙江省主要烟草病害的防治 [J]. 黑龙江农业科学 (12)：194-195.

段志龙，赵大雷，刘小进，等. 2009. 绿豆常见病害的症状及主要防治措施 [J]. 农业科技通讯 (6)：151-152，160.

付立俊. 2011. 谷子主要病害症状及防治措施 [J]. 现代农业科技 (3)：185，189.

傅华英，葛丹凤，李晓燕，等. 2017. 甘蔗赤条病菌巢式 PCR 检测 [J]. 植物保护学报，44 (2)：276-282.

甘彩霞，崔磊，於校青，等. 2018. 萝卜黑腐病、黑斑病和根肿病发生规律及防治方法 [J]. 长江蔬菜 (23)：47-49.

郭涛，丁伟. 2018. 棉花主要病虫害防治方法 [J]. 植物医生 (8)：59-60.

郭安，杜成章，张晓春，等. 2017. 绿豆尾孢菌叶斑病研究进展 [J]. 安徽农业科学，45 (33)：163-165.

韩福太. 2016. 黑龙江省向日葵常见病害综合防治技术 [J]. 现代农业科技 (1)：166，169.

韩雷. 2018. 建平县向日葵主要病害的发生及其防治技术 [J]. 园艺与种苗 (2)：41-42.

贺海霞. 2018. 温室辣椒根腐病发生与综合防控 [J]. 西北园艺 (7)：54-55.

胡海娇，魏庆镇，王五宏，等. 2018. 茄子枯萎病研究进展 [J]. 分子植物育种，16 (8)：2630-2637.

胡益福，刘化宙，王诚. 2018. 黄瓜五种生理性病害为害症状与综防技术 [J]. 长江蔬菜（23）：49-50.

黄敏佳. 2016. 高粱镰孢菌茎腐病研究进展 ［J］. 中国农学通报，32（14）：90-95.

黄应昆，李文凤. 2002. 甘蔗主要病虫草害原色图谱 ［M］. 昆明：云南科技出版社.

黄云. 2015. 桑园主要病害的识别与防治 ［J］. 农业灾害研究，5（9）：1-2，18.

吉根林，孙忠信，张岳峰. 2012. 早春菜豆灰霉病综合防治技术 ［J］. 西北园艺（3）：44.

吉根林. 2019. 白菜霜霉病综合防控 ［J］. 西北园艺（5）：50-51.

贾群芳. 2014. 大葱病虫害防治技术研究 ［J］. 北京农业（18）：150.

江艳，桑维钧，曾尔玲，等. 2018. 烟草茎点病在贵州省的发生及病原鉴定 ［J］. 江苏农业科学，46（10）：92-95.

江铮. 2019. 温棚秋延晚厚皮甜瓜常见病虫害及其防治 ［J］. 农村经济与科技（6）：23-24.

李翠英. 2009. 蚕豆几种主要病害的发生与药剂防治 ［J］. 农业市场信息（3）：45.

李翠英. 2016. 几种苦瓜病害症状识别与防治 ［J］. 农药市场信息（11）：57-58.

李翠英. 2018. 油菜病毒病的症状识别与防治 ［J］. 山东农业信息（6）：41.

李东游，李伟敏. 2019. 冬种茄子主要病害及防控技术 ［J］. 吉林农业（14）：82.

李冬芹. 2015. 西瓜常见病害防治技术 ［J］. 西北园艺（1）：32-33.

李宏伟. 2016. 大豆病虫害种类及综合防治技术 ［J］. 农民致富之友（17）：51.

李金彪. 2019. 甜瓜病虫害的综合管理 ［J］. 农民致富之友（15）：105.

李金华. 2019. 花生主要病害的发生与防治 ［J］. 现代农业科技（3）：97-98.

李敬娜，王乃顺，宋伟，等. 2018. 玉米褪绿斑驳病毒研究进展及防治策略 ［J］. 生物技术通报，34（2）：121-127.

李科云. 2016. 花生常见病害症状及其防治技术 ［J］. 现代农业科技（7）：119，124.

李克梅，日孜旺古丽，董艳秋. 2014. 新疆大豆孢囊线虫病的初步研究 ［J］. 植物保护，40（2）：132-134.

李立煌. 2003. 甘薯羽状病毒病的发生与防治 ［J］. 福建农业（11）：21.

李亮、邱传明. 2018. 菜豆主要病害的发生及防治 ［J］. 吉林农业（10）：82.

李明安. 2012. 绿豆锈病的发生与防治 ［J］. 乡村科技（8）：18.

李仁慧，闫智臣，段廷玉. 2019. 蚕豆真菌病害及其研究进展 ［J］. 草业科学，36（8）：1976-1987.

李瑞芬. 2017. 黄秋葵主要病虫害及其防治措施 ［J］. 现代农业科技（16）：113，121.

李瑞美. 2015. 黄秋葵疫病的发生与防治 ［J］. 福建农业科技（5）：57-59.

李素媛. 2015. 保护地大葱病害的发生与综合防治措施 ［J］. 吉林蔬菜（11）：30-31.

李文中. 2017. 玉米苗期病虫害的发生与综合防治 ［J］. 河南农业（22）：38.

李显石. 2016. 豇豆疫病与细菌性疫病的区别与防治措施 [J]. 农技服务, 33 (6): 121.

李英, 钟文. 2015. 棉花疫病和灰霉病的发生规律与防治措施 [J]. 农业灾害研究, 5 (4): 1-2, 11.

李泽龙. 2015. 丝瓜病害的无公害防治措施 [J]. 吉林蔬菜 (11): 35-36.

李增春. 2018. 青海油菜主要病虫害发生特点及防治措施 [J]. 农业工程技术 (20): 33-34.

李增辉, 蒋绿荣, 冷冰雪, 等. 2017. 安徽省大豆疫霉根腐病菌的鉴定及 rDNA-ITS 序列分析 [J]. 植物保护学报, 44 (1): 121-128.

李增平, 张树珍. 2014. 海南甘蔗病虫害诊断图谱 [M]. 北京: 中国农业出版社.

连书恋, 王淑风, 王燕. 2001. 甘薯紫纹羽病的发生危害及综合防治技术 [J]. 河南农业科学 (4): 33.

刘伟, 冷廷瑞, 张云万, 等. 2009. 蓖麻枯萎病研究初探 [J]. 吉林农业科学, 34 (1): 27-28, 46.

刘殿敏, 陈志忠, 程海茹. 2014. 黄瓜常见病害的发生与综合防控措施 [J]. 长江蔬菜 (17): 48-49.

刘峰. 2015. 丝瓜常见病害及其防治技术 [J]. 上海蔬菜 (4): 56, 58.

刘红光, 张宝贤. 2010. 蓖麻疫病的发生规律与防治技术 [J]. 中国农村小康科技 (3): 43.

刘金彩, 吴琼. 2017. 桑萎缩病的发生与防治 [J]. 现代农村科技 (2): 40.

刘俊红. 2009. 大棚丝瓜主要病害的防治 [J]. 农家参谋 (9): 12.

刘淑新, 刘丽云, 樊俊明, 等. 2010. 玉米叶部病害症状特征、发生规律及综合防治措施 [J]. 农业科技与装备 (6): 44-46, 50.

刘旭, 吴斌, 陈松, 等. 2018. 四川烟草蚀纹病毒病 (TEV) 的发生及其防控措施 [J]. 四川农业科技 (8): 33-34.

刘艳. 2018. 葱类主要病害的发生与防治 [J]. 河北农业科技 (18): 22.

刘月华. 2019. 水稻常见病虫害的发生及防治策略研究 [J]. 农家参谋 (17): 52.

龙飞. 2018. 水稻常见病虫害防治技术 [J]. 现代农业科技 (12): 35.

龙友华, 刘洋洋, 吴小毛, 等. 2015. 贵州甘蔗真菌病害初步调查及褐斑病防治药剂筛选 [J]. 植物保护, 41 (4): 186-190.

隆志方, 王迪轩, 李丽蓉, 等. 2018. 茄子青枯病的识别与综合防治 [J]. 长江蔬菜 (9): 50-51.

鲁广宇, 任竹. 2019. 丝瓜常见生理性病害的发生与防治 [J]. 园艺与种苗, 39 (7): 6-8.

鲁广宇. 2019. 莴笋根茎部病害的病状特征及防治措施 [J]. 农业灾害研究, 9 (4): 26-27, 39.

陆晓峰, 孟爱中, 孙春来, 等. 2005. 冬瓜栽培方式及主要病虫发生与防治技术 [J]. 上海农业科技 (5): 71-72.

路通，杨秀荣，霍建飞，等. 2019. 天津地区水稻苗期病害的防治研究 [J]. 天津农学院学报，26（2）：46-50.

吕佩珂，高振江，张宝棣，等. 1999. 中国粮食作物、经济作物、药用植物病虫原色图鉴 [M]. 呼和浩特：远方出版社.

吕佩珂，苏慧兰，李明远，等. 2008. 中国现代蔬菜病虫原色图鉴 [M]. 北京：学苑出版社.

马记良. 2004. 茄子病害的识别 [J]. 农业科技与信息（2）：13.

马建华. 2018. 小麦生长后期引起枯白穗的原因及化控措施 [J]. 河南农业（12）：37.

马新力，熊韬，李寐华，等. 2014. 哈密瓜根部病害综合防治技术 [J]. 农村科技（6）：33-34.

马新力，熊韬，李寐华，等. 2014. 哈密瓜叶部病害综合防治 [J]. 农村科技（5）：41-42.

马艳彬. 2019. 小麦全蚀病的发生与防治 [J]. 河南农业（3）：38.

梅再胜，万晟杰. 2016. 蔬菜幼苗立枯病的诊断和综合防治技术 [J]. 长江蔬菜（17）：56-57，58.

孟继彬. 2019. 小麦条锈病的发生及防治 [J]. 现代农业科技（7）：91，94.

潘立丽，王德智. 2011. 苦瓜常见病害的发生与防治措施 [J]. 吉林蔬菜（5）：66-67.

潘颖慧，薛丽静，梁秀丽，等. 2010. 向日葵主要病害及防治方法 [J]. 吉林农业（4）：74-75.

蒲志刚，曲继鹏，王大一，等. 2007. 四川省甘薯病毒病调查及病原血清学鉴定 [J]. 西华师范大学学报，28（4）：270-273.

朴福万. 2017. 辣椒常见病害的发生与防治 [J]. 中国园艺文摘（4）：187-188.

齐力然，李化民. 2007. 丝瓜主要病害的发生与防治 [J]. 河北农业科技（9）：20-21.

齐莹莹. 2019. 设施番茄生理性病害防治技术 [J]. 江西农业（6）：37.

乔晓玉. 2012. 大葱五大病害的发生与综合防治技术 [J]. 中国果菜（2）：44-45.

秦伟. 2018. 北方玉米常见病害防治建议 [J]. 农民致富之友（3）：128.

任竹. 2016. 安徽省油菜主要病虫害发生规律及防治方法探析 [J]. 农业灾害研究，6（7）：1-4，8.

申荣萍，韦鸿雁. 2015. 水稻细菌性褐条病发生特点及防控对策 [J]. 安徽农学通报，21（16）：78-79.

史云国. 2018. 黄瓜常见病害种类及其防治技术 [J]. 上海蔬菜（6）：34-35.

宋聚红，卢天啸，姜贵平. 2016. 石家庄地区黄秋葵病虫害综合防治 [J]. 河北农业（2）：27-28.

宋培玲，吴晶，史志丹，等. 2018. 油菜黑胫病的病原、病害循环及其传播危害 [J]. 北方农业学报，46（2）：88-93.

宋永海. 2017. 高粱高产栽培技术 [J]. 现代农业科技 (7)：38.

宋哲，胡龙保，宏远，等. 2018. 宛东地区芝麻病虫害发生情况及无害化综合防控技术 [J]. 农业科技通讯 (5)：257-259.

孙宏琳. 2019. 小麦病害症状识别与药剂防治 [J]. 植物保护 (11)：59.

孙慧珠. 2019. 番茄主要病害诊断及防治技术 [J]. 吉林农业 (14)：72.

孙慎强. 2018. 西葫芦主要病害绿色防控技术 [J]. 植物医生 (7)：33-34.

孙淑敏. 2014. 棉花枯萎病与黄萎病的异同点及其防治措施 [J]. 河北农业 (10)：37-38.

覃华兰，田金辉，刘露，等. 2016. 豇豆锈病与细菌性叶斑病的识别与预防 [J]. 长江蔬菜 (23)：54-55.

仝连芳，尹洪俊，徐晓丽. 2018. 大棚西瓜苗期病害发生与无公害防治技术 [J]. 现代农业科技 (15)：143，146.

王春雷. 2018. 黑龙江省高粱主要病害的发生及防治 [J]. 现代农业科技 (17)：119，123.

王芳，谢关林，邹珍友，等. 2015. 桑树细菌性枯萎病菌的 PCR 检测技术研究 [J]. 台州学院学报，37 (6)：26-31.

王建萍，王亚新，王肖锋. 2016. 西瓜苗期细菌性果腐病发生与防治 [J]. 蔬菜 (4)：75-76.

王金成. 2019. 水稻生理病害的防控策略 [J]. 农业与技术 (2)：104，106.

王俊良，龙启炎，徐翠容. 2015. 苦瓜猝倒病的识别及防治 [J]. 长江蔬菜 (5)：61-62.

王梦奇，白庆荣，王大川，等. 2019. 吉林省大豆茎点霉叶斑病病原鉴定 [J]. 大豆科学，38 (3)：428-433.

王延龙，宋爱华. 2015. 保护地甜瓜病害症状及防治方法 [J]. 现代农业 (6)：27-28.

王玉珍，吴昌伟. 2016. 南瓜炭疽病的发生与防治 [J]. 上海蔬菜 (4)：34.

韦士成. 2017. 皖北芝麻生产现状及病虫害发生与防治策略 [J]. 现代农业科技 (23)：93-95.

魏林，梁志怀，张屹. 2016. 白菜黑斑病的发生规律及综合防治 [J]. 长江蔬菜 (17)：52-53.

吴大椿，张传清，吴小刚. 2000. 苏丹草小斑病病原鉴定 [J]. 湖北农学院学报，20 (4)：308-311.

吴仁锋，杨绍丽. 2013. 莴笋主要病害的识别与防治 [J]. 长江蔬菜 (7)：45-46，65.

吴仁锋，杨绍丽. 2014. 留种萝卜霜霉病的识别与防治 [J]. 长江蔬菜 (11)：50-51.

吴玉金，崔师广. 2019. 小麦全生育期病虫草害防治技术 [J]. 农家参谋 (2)：65，71.

肖圣燕，朱峰，冉瑞法，等. 2018. 云南桑树褐斑病的发生与防控［J］. 蚕业科学，44（5）：778-782.

熊国如，李增平，赵婷婷，等. 2010. 海南蔗区甘蔗病害种类及发生情况［J］. 热带作物学报，31（9）：1588-1595.

熊国如，张雨良，赵婷婷，等. 2011. 海南蔗区甘蔗黄叶病与花叶病发生情况的分子鉴定［J］. 热带作物学报，32（12）：2307-2311.

徐轩，王秀颖. 2015. 高粱黑穗病的识别与防治［J］. 农业灾害研究，5（2）：1-3，22.

徐长春. 2017. 萝卜常见病害及防治技术［J］. 农民致富之友（21）：91.

徐小惠. 2017. 常州市金坛区桑树病虫害的发生及防治［J］. 现代农业科技（18）：96.

徐秀德，赵廷昌，刘志恒. 1995. 我国高粱上一种新病害：黑束病的初步研究［J］. 植物保护学报（2）：123-128.

徐英. 2018. 小麦病虫草害综合防治技术［J］. 农业与技术（3）：124-125.

杨昊霖，饶旭东，余雪梅. 2019. 不同移栽期对烟草黑胫病和花叶病发生的影响［J］. 南方农业，13（3）：5-6.

杨克泽，马金慧，吴之涛，等. 2018. 玉米种子病原菌检测法及所致主要病害概述［J］. 大麦与谷类科学，35（1）：33-37，56.

杨龙，吴明德，张静，等. 2018. 油菜黑胫病研究进展［J］. 中国油料作物学报，40（5）：730-736.

杨其保，罗群，安春梅，等. 2016. 几种常用土壤杀菌剂对蓖麻苗期枯萎病的防效研究［J］. 广东蚕业，50（3）：27-30.

杨应尧. 2018. 烤烟病害防治策略分析［J］. 南方农业，12（24）：31-32.

杨玉范，李亚，高洁，等. 1991. 蓖麻叶斑细菌病病原鉴定［J］. 中国油料作物学报（2）：60-62.

叶晓辉，陈学荣，朱亚波，等. 2009. 芦笋主要病虫害的发生及防治［J］. 现代农业科技（7）：113.

叶云峰，杜婵娟，覃斯华，等. 2018. 甜瓜尾孢叶斑病病原分离与鉴定［J］. 西南农业学报，49（3）：476-480.

易月红. 2019. 玉米主要病害种类及防治措施［J］. 种子科技（4）：109，111.

游春平，陈炳旭. 2010. 我国甘薯病害种类及防治对策［J］. 广东农业科学（8）：115-119.

喻春林. 2014. 白菜软腐病的发生特点与综合防治［J］. 现代园艺（5）：94-95.

曾向萍，何舒，符美英，等. 2017. 海南省冬瓜炭疽病菌对嘧菌酯的敏感基线及抗药性监测［J］. 中国蔬菜（8）：41-46.

曾向萍，肖敏，王会芳，等. 2018. 海南白菜软腐病病害调查及流行规律研究［M］. 农业开发与装备（7）：177，181.

曾学军，秦冲，韩群营，等. 2016. 西甜瓜根结线虫病的发生规律及防治对策［J］.

长江蔬菜（23）：52-53.

张宝贤，孙丽娟，谭德云，等. 2010. 蓖麻灰霉病的发生规律与防治技术 ［J］. 农业科技通讯（4）：155-157.

张彩丽. 2016. 安徽省烟草主要病害的发生及防治对策 ［J］. 农业灾害研究，6（8）：5-8，42.

张超，郝勤科. 2013. 大葱霜霉病的发生与防治 ［J］. 河北农业（9）：35-36.

张凤芸，张建梅，任涛. 2006. 甜高粱主要病害的发生与防治技术 ［J］. 中国农业信息（8）：25-26.

张海军，李政，李娜. 2008. 蓖麻枯萎病的发生规律与防治技术 ［J］. 农技服务，25（1）：55-56.

张鸿书，马福. 1996. 新疆奇台苏丹草主要真菌病害的发生及防治 ［J］. 草业科学，13（1）：41-43.

张俊姝. 2018. 大棚甜瓜病害综合防治技术 ［J］. 吉林蔬菜（3）：37-38.

张敏. 2017. 小麦病虫草害综合防治技术 ［J］. 农业开发与装备（11）：148.

张明红，张李娜，谭忠. 2018. 花生疮痂病的发生特点及综合防控对策 ［J］. 农业科技通讯（5）：260-262.

张社坤. 2014. 莴笋主要病害识别与防治技术 ［J］. 河南农业（7）：29.

张艳. 2019. 花生白绢病的发生规律和综合防治 ［J］. 农业科技通讯（1）：187-188.

张友青. 2017. 设施西瓜主要病害特征及防治技术 ［J］. 河北农业（6）：48-50.

张瑜琨，唐勇，卢亭竹，等. 2015. 露地豇豆病害综合防治技术 ［J］. 农村科技（6）：39-40.

张雨良. 2014. 南繁区水稻和玉米主要病虫害鉴定与防治 ［M］. 哈尔滨：黑龙江科学技术出版社.

赵洪德，渊建民，王东侠. 2017. 油菜根肿病的发生及综合防控措施 ［J］. 现代农业科技（20）：117，120.

赵明. 2019. 番茄生产中常见病害防治技术 ［J］. 河北农业（5）：34-36.

赵淞. 2013. 菜豆生产中主要病害的综合防治措施 ［J］. 吉林蔬菜（11）：33-34.

赵婷婷，王俊刚，杨本鹏，等. 2011. 甘蔗叶片宿根矮化病的 PCR 检测 ［J］. 热带作物学报，32（5）：870-873.

郑庆伟. 2017. 芝麻常见病害及防治技术 ［J］. 农药市场信息（20）：61.

郑肖兰，徐春华，郑行恺，等. 海南省南繁种植区玉米病害调查 ［J］. 热带农业科学，39（6）：56-66.

郑肖兰，郑行恺，赵爽，等. 2019. 南繁区玉米弯孢霉叶斑病菌的鉴定及其生物学特性研究 ［J］. 热带农业科学，39（3）：44-50.

郑燕云. 2016. 大豆花叶病发生原因与控制方法 ［J］. 农业工程技术（17）：37.

钟小仙，蔡凤，顾洪如. 2004. 苏丹草叶斑病病原鉴定 ［J］. 江苏农业科学（6）：121-123.

周海洋，于丽红，韩焕忠. 2017. 黑龙江省茄子主要病害的发生与防治 [J]. 现代农业科技（24）：94，97.

周洪友，刘正坪，胡俊. 2009. 苏丹草大斑病菌的生物学特性研究 [J]. 华北农学报，24（1）：174-177.

周建生，张礼霞，何池，等. 2014. 无公害冬瓜吊蔓栽培技术 [J]. 上海农业科技（3）：83，85.

周立喜，陈向东，梁本敏，等. 2013. 冬季大棚莴笋主要病害调查及综合防治技术 [J]. 湖北植保（3）：39-40.

周勤，王汉荣，谢关林，等. 2016. 桑细菌性枯萎病的病原诊断与病因分析 [J]. 蚕桑通报，47（4）：12-17.

朱福来. 2018. 菜豆根腐病的症状及防治方法 [J]. 农药市场信息（13）：45.

朱淼. 2014. 棉花主要病虫害发生特点及防治方法 [J]. 农业灾害研究（10）：21-27.

朱赛男，王洪秋，刘顺序. 2015. 菜豆锈病防治技术 [J]. 吉林蔬菜（12）：31.